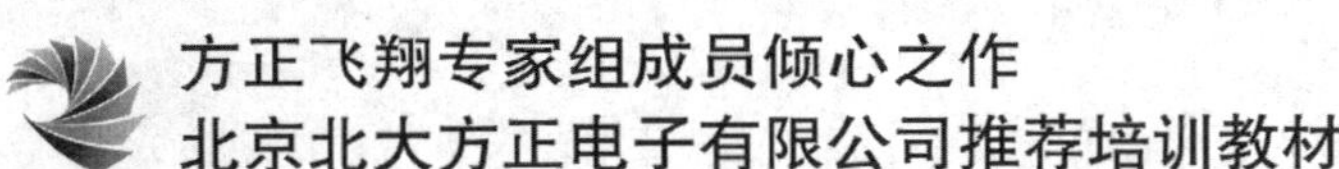

方正·飞翔 FounderFX 排版实战教程

韦 冰◎编著

内容提要

本书在众多排版软件纷争天下的今天，在北京北大方正电子有限公司推出全新的方正飞翔排版软件之际，集结方正飞翔研发团队，及具有一流排版经验的实战队伍经过多方面的调研、修正后合力打造编写出版的。在写法上也以实用和实战为主，结合大量的排版实例、经验、使用技巧，针对每个步骤进行指导，图文并茂。

本书可使该软件的使用者节约大量摸索、试验的时间和精力，大大提高排版的熟练程度，提高学习和工作效率，将设计思路更完美的展现。

图书在版编目（CIP）数据

方正飞翔排版实战教程/韦冰编著．-北京:文化发展出版社有限公司，2011.10
ISBN 978-7-5142-0000-3

Ⅰ.方… Ⅱ.韦… Ⅲ.排版-应用软件，方正飞翔-教程 Ⅳ.TS803.23-62

中国版本图书馆CIP数据核字(2011)第185592号

方正飞翔排版实战教程

编　著：韦　冰

责任编辑：艾　迪　王　丹　　责任校对：郭　平
责任印制：孙晶莹　　责任设计：张　羽
出版发行：文化发展出版社（北京市翠微路2号 邮编：100036）
网　址：www.printhome.com　　www.keyin.cn
经　销：各地新华书店
印　刷：三河国新印装有限公司

开　本：787mm×1092mm　1/16
字　数：537千字
印　张：24.25
印　数：9501～10500
印　次：2011年10月第1版　2015年7月第9次印刷
定　价：58.00元
ISBN：978-7-5142-0000-3

如发现印装质量问题请与我社发行部联系　直销电话：010-88275710

序　言

方正电子做排版软件已经有了30多年的历史，出版业同人给予了方正电子极大的认可，扶持了方正电子的产品和技术的发展。我们看到，今天，90%以上的中文报纸、60%以上的的中文图书、期刊都采用了方正电子的排版软件来生产。同时，方正电子还承担了我们国家少数民族出版信息化建设的重任。

30多年前，随着“748”工程的开展，方正电子就开始做排版、做RIP、做输出，最早是书版系统，到1988年成功开发名为“NPM”的第一代交互式排版软件。沿着这一技术路线，方正电子的研发团队在1991年成功开发了基于Windows的第一款交互式排版软件——方正维思；1994年作为第三代排版软件的方正飞腾正式诞生；2007年方正飞腾升级换代产品方正飞腾创艺5.0隆重发布；在方正飞腾创艺5.0的基础上，经过了3年多的潜心研究，于2011年3月31日发布了方正飞翔2011，它是方正电子多年经验的积累，终于破茧成蝶。

今天的出版业已经迎来了数字出版时代，以互联网、移动阅读、电子书为代表的新传播技术和阅读方式、阅读体验不断涌现，出版业也面临着转型升级。飞翔2011的推出将为出版业的转型和升级打下坚实的基础。

为了进一步提高方正软件的应用水平，方正电子组织编写了一本真正具有参考意义的《方正飞翔排版实战教程》，本书的作者韦冰先生是方正飞翔专家组成员，有着20多年的排版经验。本书的讲解不仅深入浅出、通俗易懂，更重要的是书里许多案例和使用技巧融合了韦冰先生多年的实际生产和工作经验。实用性和实战性是本书最大的特点，希望广大读者能从本书中受益，并在本书的辅导下，顺利通过方正的培训及认证考试，真正提高软件应用技能，成为优秀的电脑艺术设计师。

在排版软件领域，全球的厂商不多。在中国，方正电子是一个代表，我们的梦想不仅在中国的排版软件市场有所建树，同时希望，在别的语种的排版上，在全球也能够有所建树。希望大家能够支持我们，共同去实现这样一个梦想。

杨斌

北京北大方正电子有限公司总裁

2011年3月

前　　言

《方正飞翔排版实战教程》一书从实战的角度结合了大量的应用实例来编写，详细讲解了飞翔所有功能的操作方法，可以作为学习飞翔和使用时查询的参考手册，也可以与飞翔安装光盘里的《使用手册》配合使用。本书根据飞翔排版软件的特点，有针对性地对各种复杂版式进行了介绍与讲解，熟练掌握相应实例练习，就能够进行书刊、杂志、表格、科技版面、宣传品、教辅等版面的制作。

《方正飞翔排版实战教程》全书分为几大部分，面对不同领域的用户群体，由浅入深地安排章节，不同的用户群体可以挑选适合自己的章节学习。

一、本书主要内容

第一部分为入门和基础内容讲解，包括第1~4章。第1章书刊排版入门帮助读者熟悉方正飞翔的整个界面，并通过一本书的实际排版来初步掌握书刊排版的技能。第2章的环境设置使读者熟练掌握飞翔排版软件的环境参数设置。第3章和第4章分别为文件操作和排版素材操作的讲解，这里排版素材指的是要排入版面的各种格式文件，如Word文件、TIFF文件、EPS和PDF文件等，由于飞翔支持排入的文件格式较多，并且有些格式在排入时需要设置相应的参数，所以单独把排版素材作为一章讲解。

第二部分为中级的排版操作，包括文字处理、段落处理、文字版面格式处理等。本部分包括了第5章的文字处理、第6章的段落排版、第7章的文字版面制作，是方正飞翔进行文字排版的核心部分。

第三部分从第8章到第11章，依次讲解了图像版面的处理、颜色排版、图形处理、版面对象处理。掌握本部分内容，就可以很好地对飞翔的版面进行各种图像排版、版面装饰以及盒子及锚定对象的排版等。

第四部分为第13章和第14章，包括表格排版、科技排版，是科技类版面排版必须要掌握的部分。

第五部分包括第15章书刊排版高级应用教程，介绍了长文档排版所需要的功能，熟悉本部分内容，则可以大大提高专业书刊排版的质量与效率，是进行专业书刊排版必读部分。

附录一和附录二主要讲解了正则表达式和方正飞翔书版插件的初步用法，需要读者注意的是正则表达式的讲解内容只适用于方正飞翔2011–803版本，方正飞翔的下一个版本将会正式推出非常完善、功能非常强大的正则表达式查找与替换操作，对于有一定规则的文字版面，排版效率有时能提高几倍甚至十几倍。

二、如何阅读和学习本书

本书以实例讲解为主，每一章节的后面都会有相应的实例练习和实例制作讲解，如果是初学者可以先看基础部分，掌握书刊排版入门的内容，以便能快速进行排版工作。

有一定基础的读者，可以直接阅读实例与技巧部分，主要是掌握解决疑难问题的思路，通过各种直接或间接的办法，把实际生产中遇到的难点解决掉。

本书版面排版设计分为主栏和边栏，主栏为功能性讲解和主要实例讲解，边栏里一般会是和本功能有关的小常识、小技巧和小知识等。

根据部分正文小题的复杂与重要程度，会用五角星标出级别，五角星数量越多，表明本部分内容越重要，推荐读者重点阅读和实践掌握。

三、本书的辅助学习

一本书不可能解决用户的所有需求，如果碰到无法解决的问题，可以在社区、QQ群中询问，众多网友可以为您出谋划策，相信能帮助到您。

在方正飞翔的社区论坛里，有大量的教程、视频、版面范例等丰富的资源可以利用，即使是初学者，也可以快速入门。

通过方正飞翔的QQ群，你也有机会直接和方正的技术支持人员甚至是开发人员交流信息，反馈问题。

如果您对方正飞翔未来的发展有什么奇思妙想，也可以告诉方正飞翔的技术支持人员，这样，方正飞翔会越来越好。

本书的全部编写，包括图片特效、图形绘制、流程图的制作、边栏、主栏等均使用方正飞翔2011-803版本排版制作完成。本书的版式设计，可作为读者练习的范本。

本书编写之初，方正飞翔2011版还未正式发布，笔者亲身经历了方正飞翔2011测试版开始到现在的正式版本发行的全过程，方正飞翔2011开发人员对软件使用过程中出现的问题解决之迅速、对用户提出的改进意见之重视，无不给笔者留下深刻印象。在与方正飞翔开发人员、技术支持人员等的交流中，也感受到方正人对于属于中国人自己的排版软件的那一份深厚感情。

由于笔者初次编写此类书籍，经验欠缺、知识积累不够，在编写过程中，得到了印刷工业出版社责任编辑艾迪老师、北大方正电子有限公司杨雷鸣老师、林江发老师以及方正飞翔技术支持人员的大力支持与帮助，方正飞翔专家组成员也对本书的编写提出了许多意见，在此感谢所有参与本书的老师与朋友们。

- 方正飞翔官网网址：http://dp.founder.com.cn
- 在线咨询专用QQ群

  交流1群 78646382

  交流2群 24960638

  交流3群 28638815

  交流4群 146686134
- 方正技术服务联系方式

  电话：+86 10 82531688-2

  E-mail:ccts@founder.com

韦 冰

2011年8月28日于哈尔滨

目　录

第1章　书刊排版入门

本章通过对一本书刊完整的排版流程，帮助读者掌握初步的书刊排版技巧，同时对杂志、报纸及其他商业印刷品的制作也同步进行入门的学习。

第1节　工作区浏览

❖ 同时打开多个文件

方正飞翔里可以同时打开多个文件，但同一台计算机只能启动一个方正飞翔应用程序。

❖ 显示或隐藏工具条

在主控制条上弹出右键菜单可以显示或隐藏一些常用工具条。

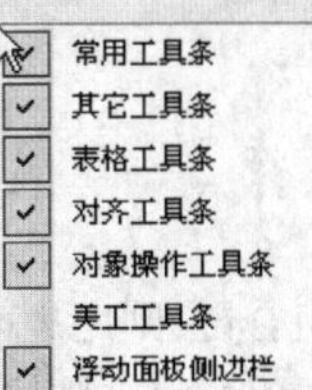

一、界面浏览

1. 软件界面（图1–1）

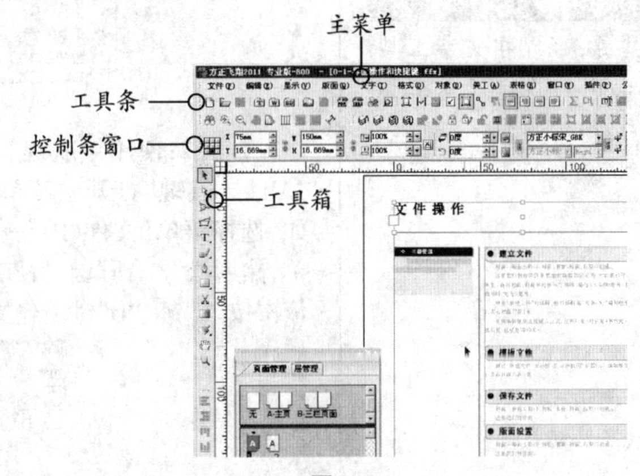

图1–1

2. 打开/关闭工具条、工具箱等窗口

在主菜单【窗口】里，可以选择打开/关闭工具条、工具箱、控制窗口，单击浮动窗口名称可打开浮动窗口，如图1–2所示。

在主菜单【显示】里可以选择打开/关闭标尺、状态栏和滚动条，如图1–3所示。

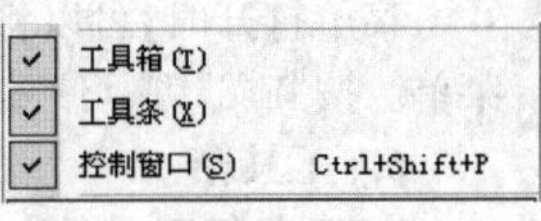

图1–2

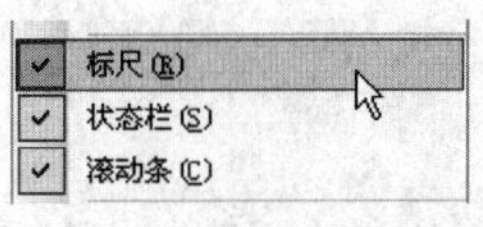

图1–3

❖ 图标提示信息

- 方正飞翔界面上有大量图标，需要了解图标功能，可以将光标停留在图标上几秒钟，在光标的右下角位置即可显示出此功能的提示信息。

- 对于不熟悉界面的用户，可以通过这种方法了解图标所代表的功能。
- 当鼠标移动到工具条或菜单上时，也会在状态条上给出重要的提示。

3. 常规显示、简洁显示和全屏显示的切换

为了扩大排版工作空间，可以将工具条、工具箱、控制窗口和浮动窗口隐藏。按快捷键“Ctrl+F9”即可在常规显示、简洁显示和全屏显示三种界面显示状态之间切换。简洁显示仅保留主菜单，全屏显示则隐藏所有窗口。

4. 修改界面布局

方正飞翔主菜单、工具箱、控制窗口、浮动窗口和工具条是活动窗口，可以根据使用习惯，使用鼠标拖动到合适的位置，调整界面布局。

当拖动工具条、浮动窗口等活动界面离开边框时，即可显示蓝色标题栏，鼠标双击标题即可快速使其贴齐边框，如图1–4所示。

图1–4

5. 主菜单操作

（1）打开主菜单，选择命令

方法1：使用鼠标单击主菜单。将鼠标移到某一主菜单项上单击即可弹出该菜单。单击菜单名称即可选择该功能。如果菜单后带有三角符号▸，表示有下级菜单，如图1–5所示。

图1–5

方法2：使用导航键。除了使用鼠标单击主菜单项外，还可以按下“Alt+导航键”打开主菜单，导航键即菜单名称后带下划线的字母。例如，选择菜单【文件(F)】→【新建(D)】，可以按“Alt+F”键，弹出【文件】菜单，然后松开“Alt”键，按“D”键即可新建文件。也可以一直按住“Alt”键，依次按“F”键、“D”键新建文件功能，如图1–6所示。

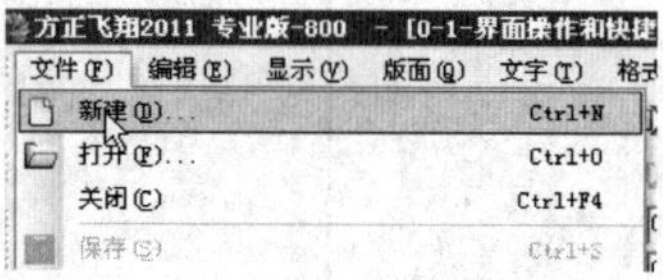

图1–6

方法3：使用快捷键。如果某菜单项后面有组合键，则用户可以直接按下快捷键。例如，选择【文件(F)】→【新建(D)Ctrl+ N】，可以直接按快捷键“Ctrl+ N”。

(2)关闭菜单

菜单打开时，可以将鼠标单击版面任意一处，或按“Alt”键即可关闭菜单。按“Esc”键，可逐级向上关闭菜单。

6. 工具箱

方正飞翔工具箱如图1–7所示。单击工具图标即可选取相应工

❖ 重要的Ctrl+Q工具切换

按“Ctrl+Q”键，可以在文字工具和选取工具间切换。任意工具状态下都可以按“Ctrl+Q”键回到选取工具状态。

❖ 编辑框的加减乘除运算

方正飞翔界面上的窗口编辑控件大部分支持简单的"+、-、×、/"四则运算，其中"×"使用键盘上的"*"号，如：12mm+5mm/2、1mm+2mm。

具。如果工具图标右下角带三角标识，表示该工具带有扩展工具。鼠标按在工具上几秒不放，可以展开扩展工具。也可以按住"Alt"键，单击图标，可循环选取扩展工具。也可以使用工具箱快捷键直接选取工具，将鼠标放置在工具上几秒钟，即可从图标上看到快捷键。

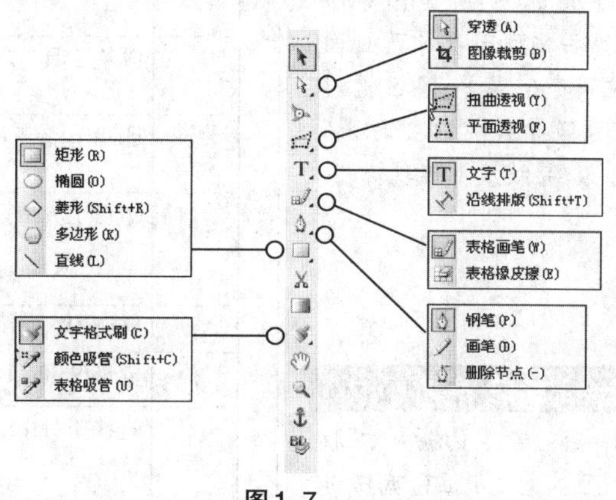

图 1–7

表 1–1　工具条说明

	工　具	描　述
	选取工具(Q)	选择对象
	穿透工具(A)	主要用来选取成组物件里的单个对象，或编辑节点。用钢笔工具绘图后，可利用它来编辑节点。此外，穿透工具还可以透过图像框，单独选中框内的图像，移动图像在框内的位置或编辑框内的图像大小
	图像裁剪(B)	裁剪图像
	旋转变倍(X)	选择变形工具，点击到对象上，可以对对象进行缩放、旋转或倾斜操作。单击到文字块或图像上，可以使文字或图像随外框一起缩放
	扭曲透视工具(Y)	使图元产生扭曲透视效果
	平面透视工具(F)	使图元产生平面透视效果
	文字工具(T)	又称为T工具。在方正飞翔里必须选择文字工具才能进入文字编辑状态，进行录入文字、修改文字、选中文字等操作。文字工具下，按住"Ctrl+Q"键可切换到选取工具
	沿线排版(Shift+ T)	展开文字工具，可选择沿线排版工具，点击到任意的线段或封闭的图元上，即可输入文字，输入的文字沿图元形状走位
	表格画笔(W)	选择表格画笔工具在版面拖拽，可以手动创建表格，或者绘制表线
	表格橡皮擦(E)	在表格画笔的展开工具下有表格橡皮擦，可点击到表线上，即可方便地擦除表线

❖ 出血尺寸

页面的成品尺寸之外，上下左右一般会根据习惯留3mm的出血边空，出血值的设定，是因为印刷、装订等一些环节会导致页面的相应位置产生误差，不设置出血空，有可能导致在裁切时，切掉正文部分，导致废品出现。

❖ 不选全部标记

如果文件要在专业的折手拼版软件如方正文合、方正畅流中进行折手操作，则也可以不选全部标记，但出血尺寸仍要设置。

续表

	工　具	描　述
	钢笔工具(P)	主要用来绘制贝塞尔曲线、折线。也可以使用钢笔工具连接多个独立的折线或曲线，或在线段或曲线上续绘，以延长该线段或曲线
	画笔工具(D)	可以像绘图铅笔一样，绘制任意封闭或非封闭的图元
	删除节点工具(–)	可以删除曲线上的任意一个节点，或同时删除多个节点
	矩形工具(R)	选择矩形工具，点击版面，按住鼠标左键不放，在页面上拖拽，可绘制矩形，按住"Shift"键可绘制正方形
	椭圆(O)	绘制椭圆，按住"Shift"键可绘制正圆
	菱形(Shift+ R)	绘制菱形，按住"Shift"键可绘制正菱形
	直线工具(L)	绘制直线或任意方向的斜线。选择直线工具，在版面上按住鼠标左键不放，直接在页面上拖拽可生成直线。按住"Shift"键可画出倾斜度为45°的直线线条
	多边形工具(K)	绘制多边形，按住"Shift"键可绘制正多边形。双击多边形工具还可在弹出的对话框内设置多边形的边数及内插角度数，绘制出需要的多边形
	剪刀工具(S)	使用剪刀工具可以像剪刀裁纸一样，将图元或图像分割为几个部分
	渐变工具(G)	设置渐变颜色后，点击渐变工具，在版面拖拽，可按拖拽的方向、角度应用渐变色，设置线性或放射状渐变的起点或终点，以及渐变中心
	文字格式刷(C)	文字格式刷点击到文字上，可以快速吸取文字的属性，再注入目标文字上，避免烦琐、重复的设置
	颜色吸管(Shift+C)	格式刷展开工具中有颜色吸管，仅复制颜色属性，如果要复制包含颜色属性在内的所有属性，必须选择格式刷
	表格吸管(U)	吸取表格单元格底纹、颜色等效果，作用于其他单元格
	小手工具(H)	选中小手工具，可以移动版面，调整版面在屏幕上的位置
	放大镜工具(Z)	调整版面及对象的显示比例，方正飞翔显示比例范围在5%～5000%之间。按住"Ctrl"键，光标变为缩小显示状态
	锚定工具	通过锚定工具，可以设置图片、表格等对象的锚点，并设置锚定对象与锚点之前的锚定关系

7. 浮动窗口

方正飞翔大部分功能集中在浮动窗口，通过【窗口】菜单，可调出所需要的浮动窗口，如图1–8所示。

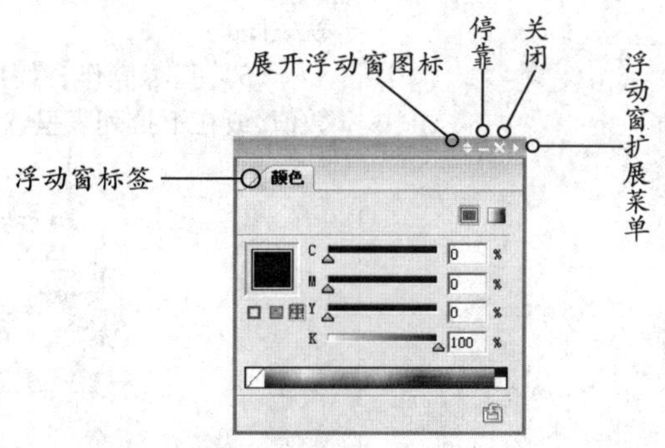

图 1–8

(1)【移动浮动窗口】:光标置于浮动窗口的标题栏上,拖动浮动窗口即可将浮动窗口移动到任意位置。

(2)【组合浮动窗口】:为节省编辑空间,可将多个浮动窗口组合在一起。

❖ 对话框合并的灵活应用

实际排版时,可以把相同类别的浮动窗口合并在一起,如字体、文字样式、段落样式合并在一起。颜色、色样合在一起等,这样可以方便排版。

拖动【色样】标签到【颜色】浮动窗口上,【色样】浮动窗口就和【颜色】浮动窗口组合在一起,如图 1–9、图 1–10 所示。组合后的浮动窗口如图 1–11 所示。

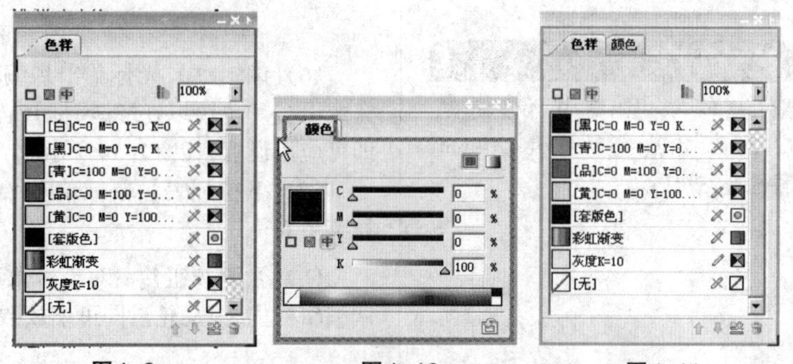

图 1–9　　图 1–10　　图 1–11

(3)【停靠浮动窗口】:双击标题栏,或单击停靠按钮,可以将浮动窗口停靠在界面边框上。按“F2”键,可以停靠所有展开的浮动窗口,再次按下“F2”键,展开刚停靠的窗口到上一个位置,如图 1–12 所示。

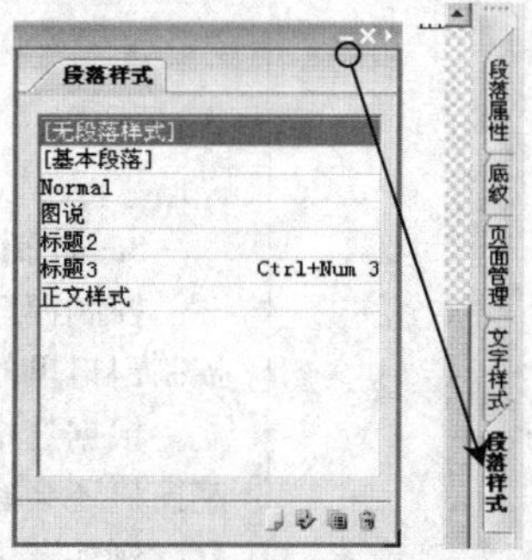

图 1–12

(4)【打开和关闭浮动窗口】:按一次浮动窗口的快捷键就弹出,再按就关闭。

(5)【基本操作】:使用时,选中对象,在浮动窗口的【编辑框】内输入数值,或在下拉列表里选择选项即可应用于对象,如图1-13所示。

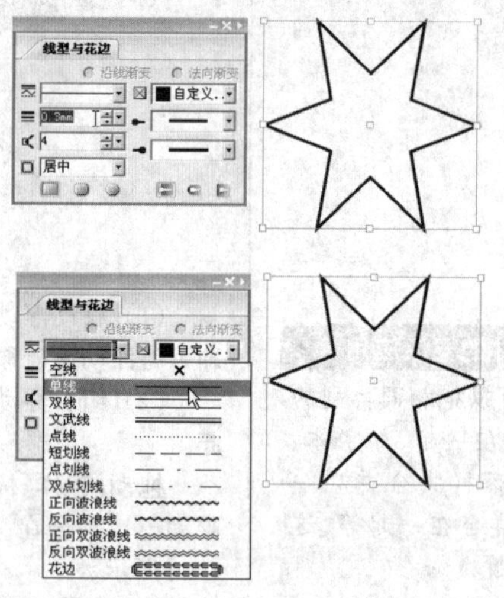

图1-13

> ❖ 默认的线宽
>
> 默认的线宽建议设置为0.12mm,花边线宽设置为4mm或6mm为好。

(6)【编辑框】:光标单击到编辑框内,输入数值后,按“Enter”键即可完成设置。也可以在【编辑框】内输入数值后,鼠标单击到版面其他位置即可应用设置,如图1-14所示。

(7)【下拉列表】:鼠标单击【编辑框】后向下的三角符号,可弹出【下拉菜单】。

(8)【微调按钮】:对于带微调按钮的编辑框,可以将鼠标单击到微调编辑框内,滚动轮滑即可缩放数值。

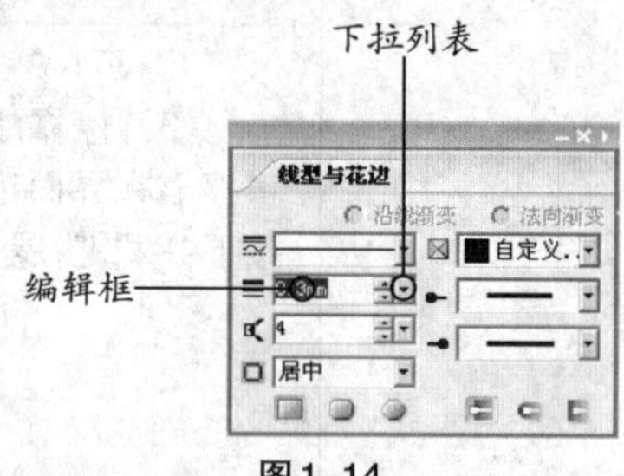

图1-14

8. 控制窗口

控制窗口集中了文字、图形、图像、表格等各类对象的常用功能。在控制窗口里的功能通常都可以在主菜单下找到。

根据选中的对象种类不同,控制窗口不同。选中文字、选中表格,控制窗口还会有主、辅两个窗口可选。

例如选中一个表格有主控制窗口,如图1-15所示。

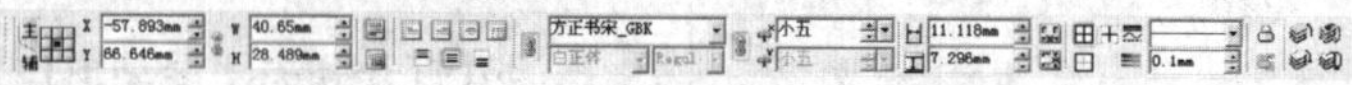

图1-15

❖ 右键菜单

- 选中文字块
- 选中文字
- 选中图元
- 选中表格
- 选中单元格
- 选中提示线
- 选中图像
- 选中路径和节点
- 选中盒子
- 选中锚点对象

❖ 模板

方正飞翔里带模板的对话框有：

- 版面设置
- 新建文件
- 色彩管理
- 字体替换
- 输出PDF
- 输出PS
- 新建表格
- 段落装饰

❖ 共享模板配置文件

- 进入到方正飞翔安装路径下的Templates文件夹里，复制版面设置模板配置文档PageSetting.cfg和PageSettingExtra.cfg。
- 将复制的文件粘贴到另一台机器上的飞翔安装路径下的Templates文件夹即可。

辅控制窗口如图1–16所示。

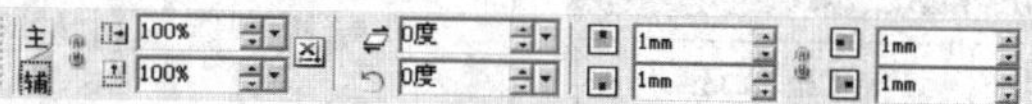

图1–16

选中表格单元格，如图1–17所示。

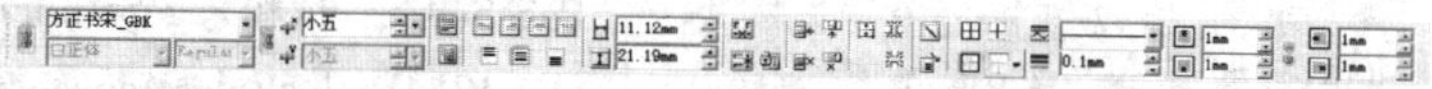

图1–17

9. 状态栏和工具条

状态栏位于窗口底部，主要用于显示操作过程中的各类信息，如图1–18所示。

图1–18

二、右键菜单

方正飞翔里在对象当前位置单击右键，可以显示该对象的右键菜单，选中对象不同，右键菜单不同。右键菜单大部分功能在主菜单里都能找到，使用右键菜单的目的是使功能的选取更加便捷。

操作方法：使用鼠标选择右键菜单功能。选中对象，单击鼠标右键，即可在当前位置打开右键菜单。鼠标移动到需要选择的功能上，单击左键即可执行该功能。

三、对话框模板 ★★

方正飞翔部分对话框提供模板，可以将对话框内的参数保存为模板，下次使用时直接选择模板即可。下面以【版面设置】对话框为例，介绍模板的操作，如图1–19所示。

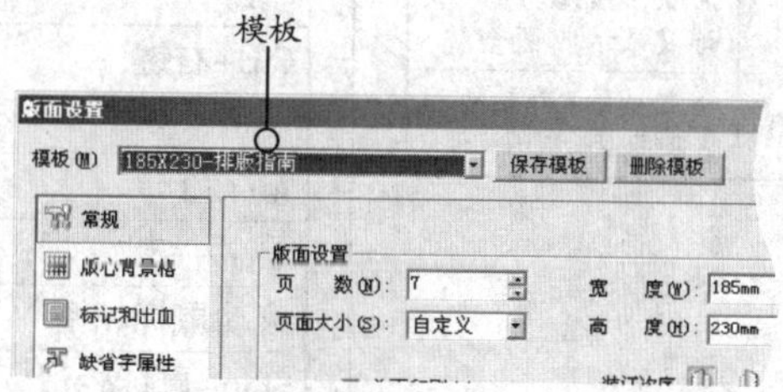

图1–19

单击【模板名称】下拉列表后面的三角按钮，可以选择一个已有的模板，单击【确定】按钮后将提示是否替换原来模板，如图1–20所示。

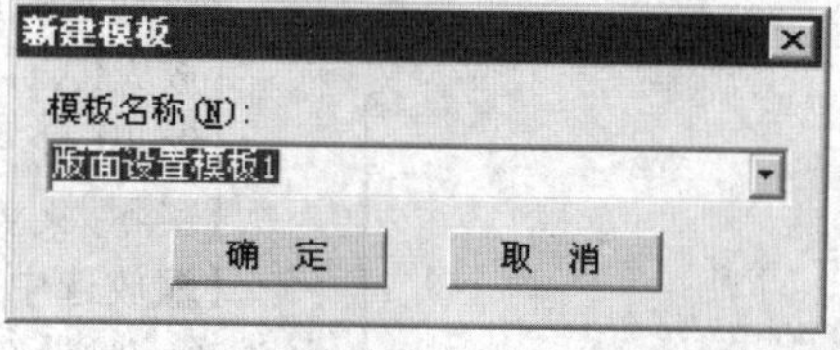

图1–20

模板除了在本机使用外，用户还可以将模板复制到其他机器上

❖ 显示常用快捷操作

鼠标操作	功能描述
Ctrl+W	全版面显示:缩放版面,显示全版面
Shift+右键	缩放版面,在实际大小和200%之间切换显示比例
Ctrl+右键	缩放版面,在实际大小和全页显示之间切换显示比例
Alt+F2	以选中对象为中心放大显示
Alt+左键	移动版面,光标变为小手状态
滚动鼠标轮滑	显示版面,垂直滚动显示版面
Shift+鼠标轮滑	显示版面,水平滚动显示版面
Ctrl+鼠标轮滑	逐级缩放版面,缩放范围介于5%~5000%之间
Alt+.	以微调步长放大显示版面
Alt+,	以微调步长缩小显示版面
Ctrl+1	以实际成品大小显示版面
Ctrl+W	全版面显示:缩放版面以显示版面全貌
Ctrl+数字0	全页显示:满屏显示当前页面

使用。

模板配置文件对应的信息,如表1-2所示。

表1-2

配置文件	说明
PageSetting.cfg和PageSettingExtra.cfg	版面设置和新建文件
CV12UIDialogColorManagement.cfg	色彩管理
CV12UIDialogPDFSettings.cfg	输出PDF
CV12UIPSettings.cfg	输出PS
CV12UIDialogCreateNewTable.cfg	新建表格
CV12UIBaseTemplateDialog.cfg	段落装饰

复制到目标机器上时,将覆盖目标机器上的模板配置文件。

输出PS、新建表格和段落装饰的模板配置文件,产生于版面上相应的实际操作之后,因此在进行实际操作之前,模板文件夹里是没有这三个配置文件的。

四、显示比例 ★

方正飞翔版面可以在5%~5000%之间缩放显示,方正飞翔提供多种操作途径改变显示比例,包括菜单、放大镜工具、版面导航和快捷键等,见表1-3。

表1-3

鼠标操作	功能描述
Ctrl+W	全版面显示:缩放版面,显示全版面
Shift+右键	缩放版面,在实际大小和200%之间切换显示比例
Ctrl+右键	缩放版面,在实际大小和全页显示之间切换显示比例
Alt+F2	以选中对象为中心放大显示
Alt+左键	移动版面,光标变为小手状态
滚动鼠标轮滑	显示版面,垂直滚动显示版面
Shift+鼠标轮滑	显示版面,水平滚动显示版面。
Ctrl+鼠标轮滑	逐级缩放版面,缩放范围介于5%~5000%之间

1. 使用菜单

选择【显示】→【显示比例】,即可在二级菜单里选择各种显示比例。

【放大(Alt+.)】:以微调步长放大显示版面。

【缩小(Alt+,)】:以微调步长缩小显示版面。

【实际大小(Ctrl+1)】:以实际成品大小显示版面。

【缩放选中对象至全屏(Alt+F2)】:如果版面上有选中对象,则激活该选项,选择【选中对象(Alt+F2)】,则使选中对象在工作窗口满屏显示。

【全版面显示(Ctrl+W)】:缩放版面以显示版面全貌。

【全页显示(Ctrl+数字0)】:满屏显示当前页面。

【上半页显示】和【下半页显示】：上下页面显示是针对当前页而言，上下页面的划分是以整个页面长度的一半为界限。选择【上半页显示】，则在屏幕上满屏显示当前页的上半页；选择【下半页显示】，则在屏幕上满屏显示当前页的下半页。

【自定义…】：单击该命令，弹出【自定义显示比例】对话框，如图1-21所示，可输入5%～5000%之间的数值。

2. 使用放大镜

单击【放大镜】：在工具箱里选择放大镜，光标变为，鼠标左键单击版面，放大显示；按住“Ctrl”键，放大镜光标变为，鼠标左键单击版面，缩小显示。

使用放大镜框选对象：选择工具箱中的【缩放工具】，按住鼠标左键，框选住需要放大的对象，如图1-22所示，然后松开鼠标左键，版面将以框选区域为中心放大显示对象。如果在拖动鼠标的同时按住“Ctrl”键，将缩小显示对象。

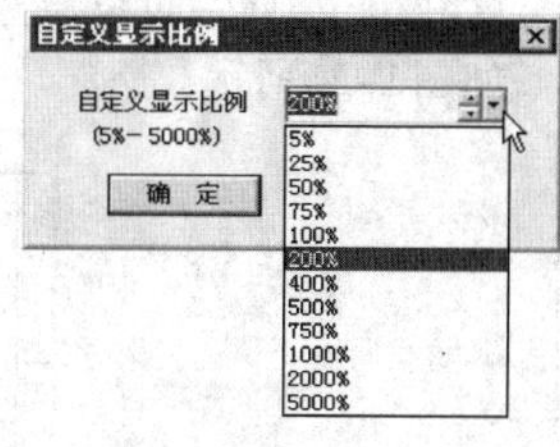

图1-21

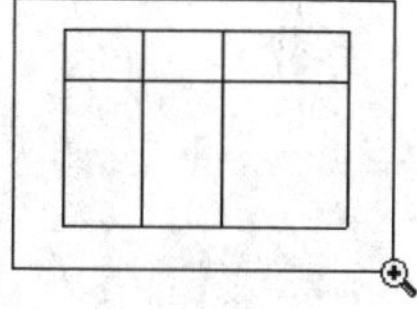

图1-22

❖ 界面捕捉与显示比例

使用屏幕捕捉软件捕捉方正飞翔界面或版面时，显示比大，则捕捉后的图像分辨率也大。

3. 显示比例编辑框

在页面窗口左下角，可以在显示比例编辑框内输入显示比例数值，或在下拉列表里直接选取合适的比例，如图1-23所示。

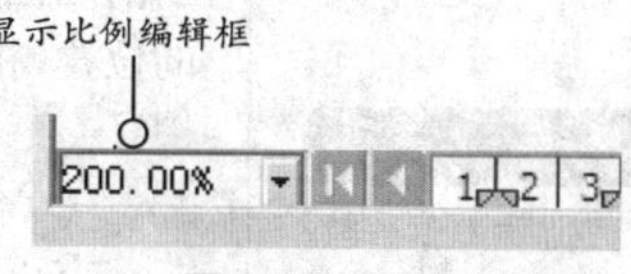

图1-23

4. 版面导航

选择菜单【窗口】→【版面导航】，弹出【版面导航】浮动窗口，窗口中红框部分为当前版面显示区域，使用鼠标拖动红色方框即可将框住的页面部分显示在当前屏幕中间。拖动预览区域下方的小滑块，可缩放显示版面，也可以直接在编辑框内输入显示比例数值，如图1-24所示。

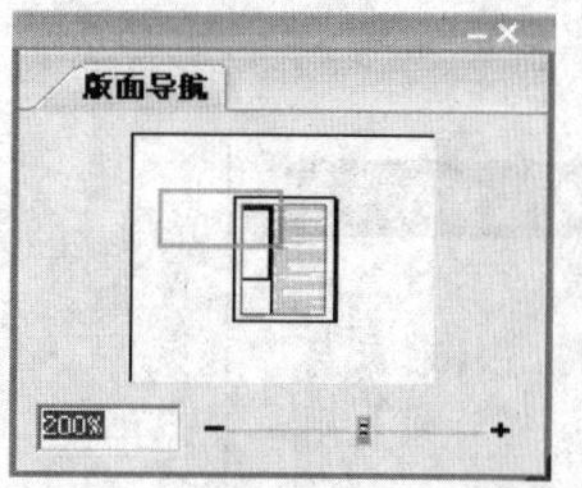

图1-24

❖ 标尺

标尺可以设置成以字、mm、磅等为单位，可以根据排版需求在【环境设置】里设置。

❖ 修改标尺刻度

使用文字工具T并且光标点在版面上时，光标移到刻度尺上弹出的右键菜单，不能修改标尺单位，文字工具无焦点时，才可以弹出使用其他工具。

❖ 提示线

框选区域内只能有提示线，不能有普通对象，且【偏好设置】的【常规】选项里【框选对象方法】必须选中【局部选择】。关于【局部选择】的详细介绍，参见【偏好设置】。

❖ 提示线全局参数设置

不选中任何提示线，在右键菜单里选择【提示线在后】、【对象与提示线连动】、【锁定提示线】，则操作对所有提示线有效。

五、标尺 ★

如果页面上没有显示标尺，选中菜单【显示】→【标尺】，在排版区域的上边和左边分别显示出水平标尺和垂直标尺，如图1–25所示。

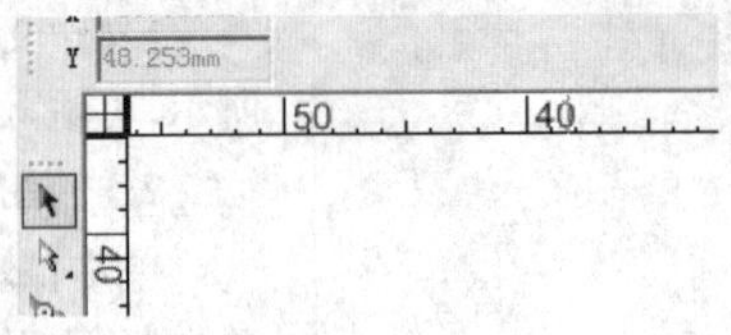

图1–25

修改坐标原点(0,0)：拖动两个标尺的交点，可以改变坐标原点。用鼠标双击两个标尺的交点，可以将坐标原点恢复为版心左上角；按住“Shift”键双击原点，则将原点设为页面左上角。

修改标尺刻度：标尺上的刻度单位，可以在【偏好设置】对话框的【长度和单位】属性页里设置。也可以将光标单击到标尺上弹出右键菜单，如图1–26所示。

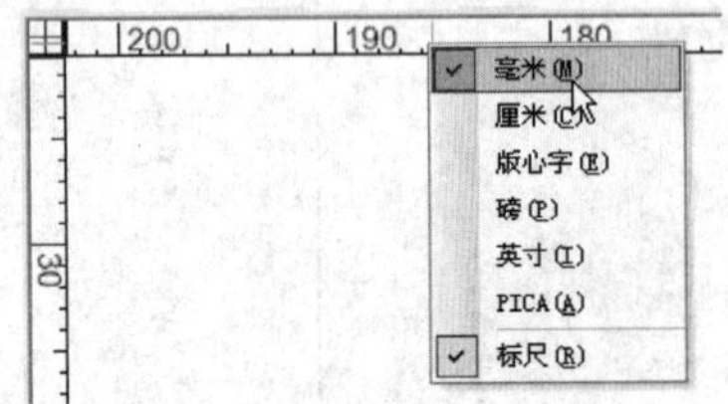

图1–26

当光标在窗口内移动时，标尺上会有虚线跟随光标移动，表明光标当前的位置。当选中版面对象进行移动时，标尺上会显示选中对象边框的位置，在控制窗口和状态栏中也会显示光标位置的数值。

六、提示线 

方正飞翔排版软件提供水平和垂直两种提示线，用于对象的精确定位。提示线用于辅助排版，只能显示，在后端并不输出。

1. 从标尺上方拖出提示线

按住鼠标左键从标尺上向页面内拖动鼠标，即可拖出提示线，如图1–27所示。将提示线拖回标尺，即可删除提示线。选中提示线，按“Del”键也可以删除提示线。

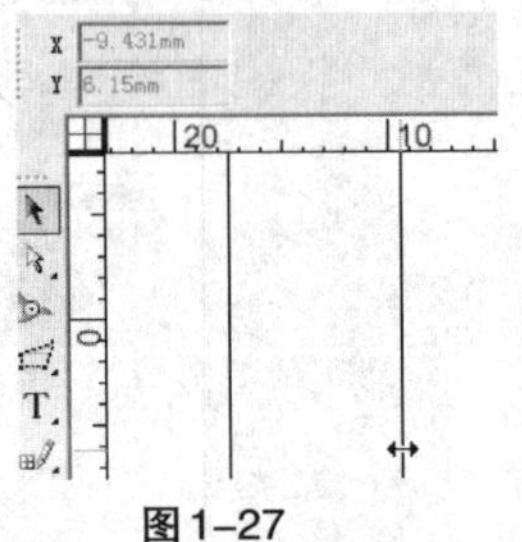

图1–27

2. 选中提示线

提示线的选中与普通对象一样，鼠标单击提示线，可选中提示线。按住“Shift”键单击，可选中多根提示线。此外，也可以按住鼠标左键，拖动鼠标，框选在鼠标移动区域内的提示线都将被选中。

3. 提示线操作

选中提示线，通过控制窗口或右键菜单可对提示线进一步操作，如图1-28所示。

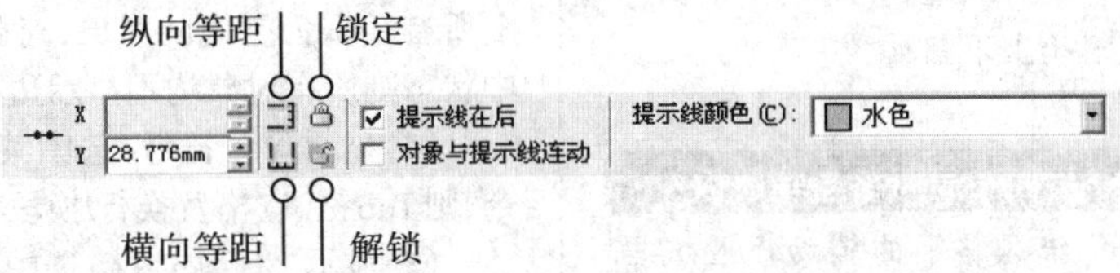

图1-28

(1)提示线位置：X、Y编辑框分别定义垂直提示线和水平提示线的精确位置。选中水平提示线，可在Y坐标编辑框内输入坐标值。选中垂直提示线，可在X坐标编辑框内输入坐标值。

(2)对象与提示线连动：选中此项，当移动提示线时，贴近提示线的对象也同时移动。

注意：对象边框必须与提示线重合。

(3)提示线在后：选中提示线，在右键菜单里选中【提示线在后】，则将选中提示线置于对象后面。

(4)提示线颜色：选中提示线，在控制窗口【提示线颜色】下拉列表里选择颜色即可。提示线被选中时，其颜色与所在层颜色相同，改变选中时提示线的颜色，参见层属性。

(5)锁定/解锁提示线：选中提示线，在右键菜单里选择【锁定】，则该提示线不能选中、编辑和移动。选择【解锁】即可取消设定。

(6)横向等距/纵向等距：如需要使提示线间的距离均等，可以选中多根提示线，单击控制窗口上的横向等距和纵向等距图标。

> ❖ 提示线操作
>
> - 创建提示线：按住鼠标左键从标尺上向页面内拖动鼠标，即可拖出提示线。将提示线拖回标尺，即可删除提示线。选中提示线，按“Del”键也可以删除提示线。
> - 选中提示线：提示线的选中与普通对象一样，鼠标单击提示线，可选中提示线。按住“Shift”键单击，可选中多根提示线。此外，也可以按住鼠标左键，拖动鼠标，框选在鼠标移动区域内的提示线都将被选中。
> - 框选区域内只能有提示线，不能有普通对象，且【偏好设置】的【常规】选项里【框选对象方法】必须选中【局部选择】。关于【局部选择】的详细介绍，参见偏好设置。

七、背景格

飞翔背景格分为版心背景格和文章背景格。选择工具条上版心背景格图标，可以显示或隐藏版心背景格。版心背景格的字型大小、栏数、种类、颜色等参数设置的详细介绍，参见版面设置。

选中文字块，在右键菜单里选择【文章背景格】，即可为文章添加背景格，如图1-29所示。

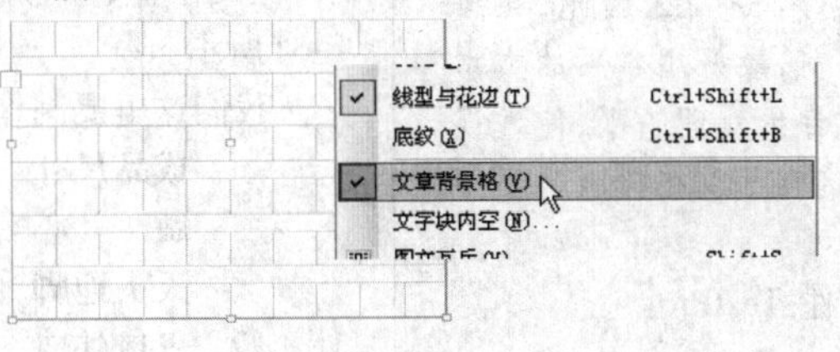

图1-29

> ❖ 文章背景格
>
> 文章背景格的大小，由版面设置中的缺省字属性决定。

❖ 页面布局风格

- 传统风格是传统的单屏幕显示方式，一屏内只能显示一页，多页文档可以单击窗口左下角页码标签翻页。
- 体验风格是多页显示方式，一屏内可以显示多页，使用鼠标滚轮上下翻页。

❖ 页面布局风格与辅助板

- 传统风格下的辅助板区域里的对象，翻页时，所有页的辅助板内容都会显示出来。
- 体验风格下的辅助区域里的对象，翻页时，只显示本页的辅助区里的对象，其他页的内容不显示。

八、显示设置

(1)显示版心线：选中菜单【显示】→【版心线】，则在版面上显示版心线。

(2)显示出血线和警戒线：选中菜单【显示】→【出血线和警戒线】，则在版面上显示出血线和警戒线。

(3)显示对象边框：选中菜单【显示】→【对象边框(F7)】命令，则版面上所有线型为空线的对象，对象边框被显示出来，取消【对象边框】的选中状态则所有对象均不显示边框，此选项默认选中。

(4)显示隐含符号：选中菜单【显示】→【隐含符号】或工具条上的命令，则Tab键、空格及换行/换段符等排版标记显示出来。

(5)显示文字块连接：选中菜单【显示】→【文字块连接】命令，在有连接关系的文字块之间显示出一条连接线。

(6)图像显示精度：选择菜单【显示】→【图像显示精度】，在二级菜单里可选择【粗略】、【一般】、【精细】(Shift+ :)、【RIP】或【取缺省精度】，如图1–30所示。图像的显示精度越高，显示速度越慢。

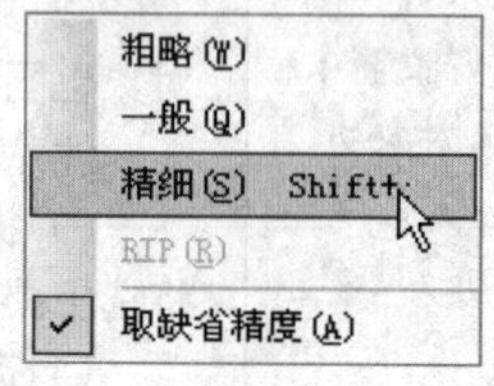

图1–30

(7)页面布局风格：设置页面显示风格为【传统风格】或【体验风格】。

第2节 建立版式文件

❖ 排版之初的预备工作

- 文本小样文件一般有TXT、Word、XLS、FBD等格式，小样文件内容有的比较规范、有的不规范，可能有大量不必要的空格，甚至有的有不可见不可打印的字符存在，因此，在排入小样前，最好用常用的文本编辑软件预处理一下，使之规范化，这样可以在排版时提高工作效率。
- 推荐软件：TextPro。

一、版式说明

一本书籍的版面，一般由以下部分组成：页眉、天头、地脚、切口、订口、版心、页码等组成，如图1–31所示。

排版前，首先要知道这本书的版式排版要求：页面尺寸、出血尺寸、版心大小、天头地脚、切口和订口大小、篇眉页码的格式、基本的分栏要求、正文字体、字号、字距、行距、标点的类型、多级标题的格式等，如图1–31所示。

我们这里要制作的这本书版式要求为：

成品尺寸	宽190mm，高230mm
版　　心	宽150mm，高200mm
天头地脚	上下高均为15mm
里口外口	左右均为20mm
页　　码	位于外口右下

篇　　眉　　单页为章名称，双页上为书名

多级标题　　分为节-小题。

分为两部分，第1部分为目录，页码从1起，第2部分为正文，页码也从1起。

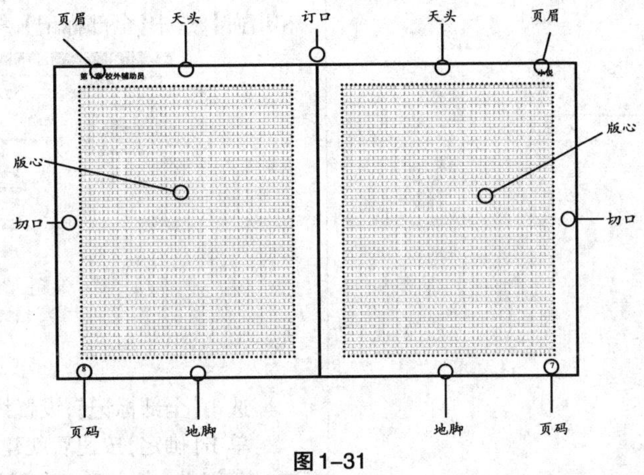

图1–31

二、新建文件

❖ 欢迎画面的操作

如果不希望出现欢迎画面，可以弃选【启动时显示欢迎画面】，如果需要恢复欢迎画面，可通过【环境设置】→【偏好设置】–【常规】里选中【显示启动页面】。

新建文件有两种方法。

一种是启动方正飞翔时，会出现欢迎画面，如图1–32所示。

图1–32

单击【新建】，出现新建对话框或者选择方正飞翔菜单：【文件】→【新建】，弹出【新建文件对话框】，如图1–33所示。

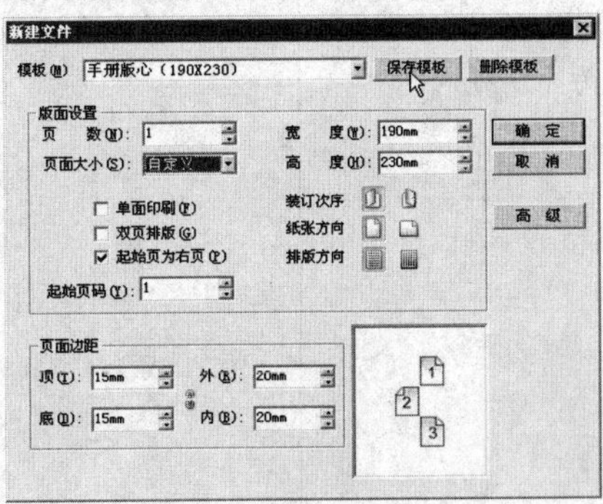

图1–33

对话框界面上可以直接设置页面的大小：宽、高，天头和里外的页面边空大小，在这里按书的版式要求键入各部分数值，完成本书的页面版式设置。

点一下【高级】按钮，进入【高级】对话框，如图1-34所示，选中【标记和出血】，选中【全部标记】，线长改为3mm，四面出血改为3mm。

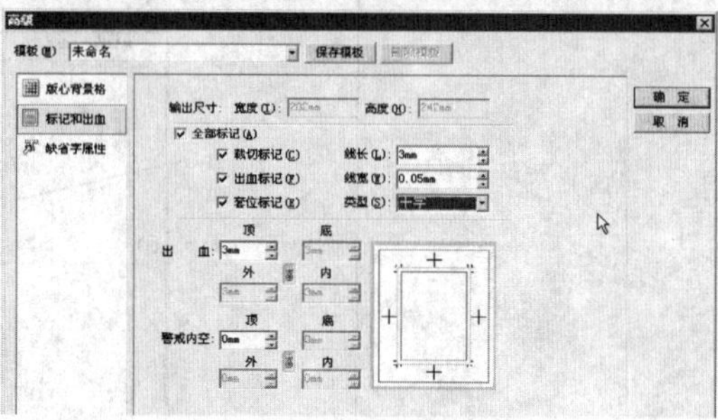

图1-34

选中【全部标记】，设置线长为3mm，出血空大小为3mm。

单击【确定】按钮后就建立了一个新的页面，这时文字光标会在版心左上角闪动，表示有一个默认的版心大小的文字块已经准备好了，可以进行录入文字或灌入小样的工作了，如图1-35所示。

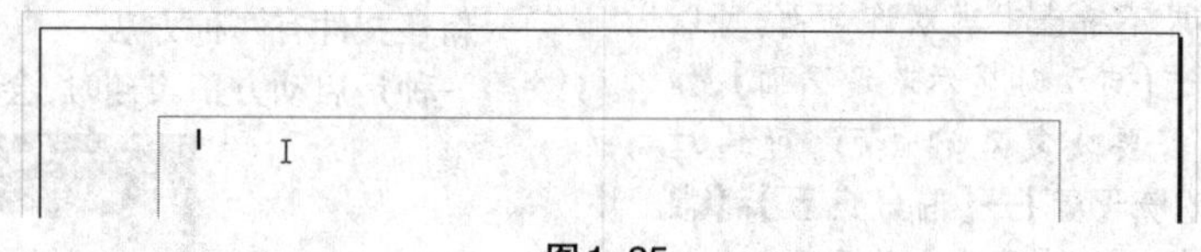

图1-35

第3节 排入小样

> ❖ 选中自动灌文
>
> 选中自动灌文，则可以自动灌满一页，如果未排完，继续排到下一页，直到排完为止。

一、排入小样文件

选择菜单【文件】→【排入】，如图1-36所示。

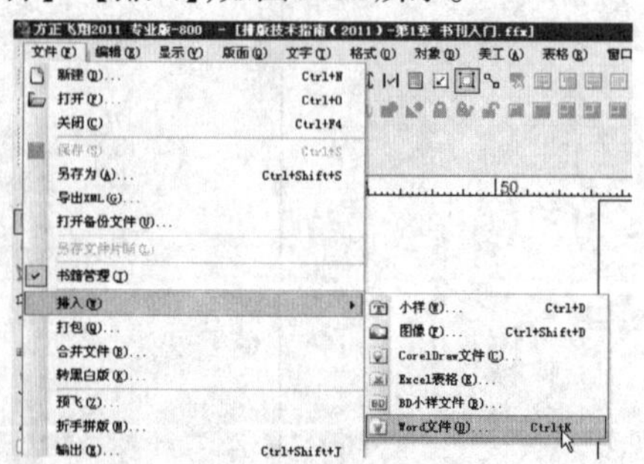

图1-36

或者在工具条上单击排入Word图标，如图1-37所示。

❖ 选择多个小样排入

在文件管理器中，可以同时选中多个小样文件排入版面中。

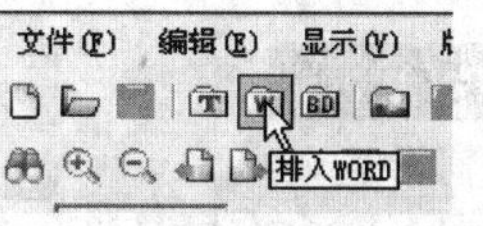

图 1–37

弹出【排入Word文件到版面或指定的文字块中】对话框，如图1–38所示。

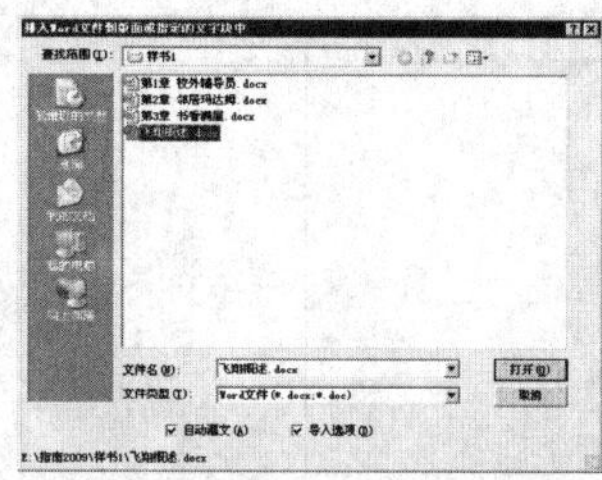

图 1–38

单击【打开】，则会弹出【Word导入选项】对话框，如图1–39所示。

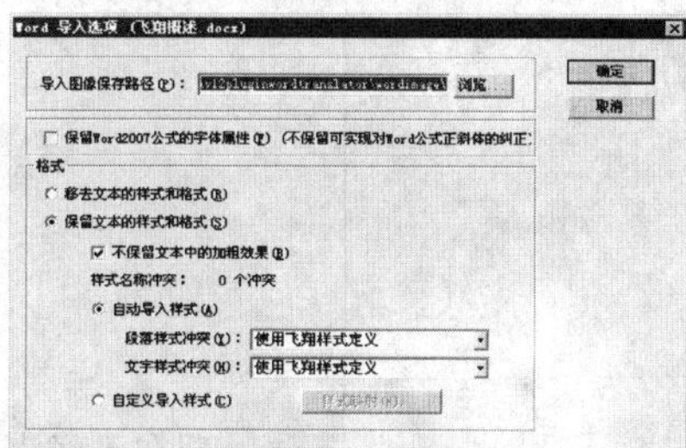

图 1–39

如果Word文档不规范，建议选择【移去文本的样式和格式】，否则不选择。单击【确定】按钮，这时，光标变成了灌文的形状，如图1–40所示。

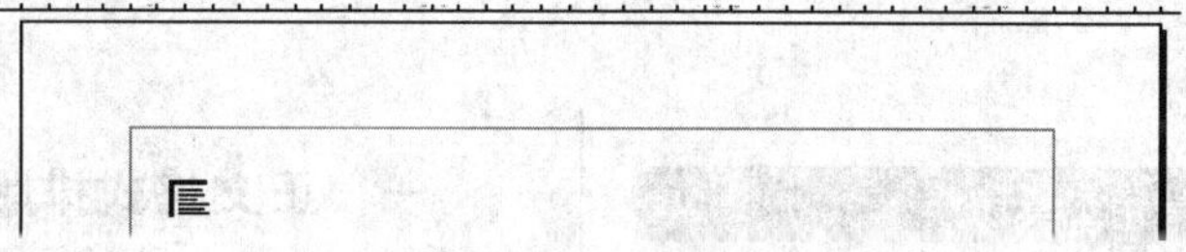

图 1–40

按住"Ctrl"键的同时在页面上单击鼠标左键，这篇文章就排进来了，如果文本很长，会自动进行续排，将所有的内容都排进来，如图1–41所示。

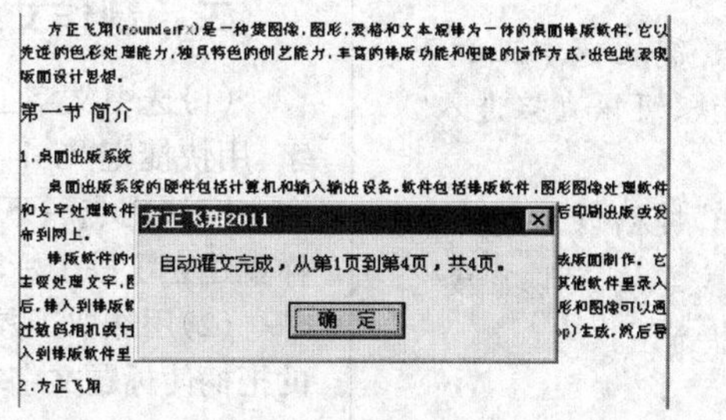

图 1–41

❖ 选择多个图像文件排入

在文件管理器中，可以同时选中多个图像文件排入版面中。

二、排入图像文件

选择菜单【文件】→【排入】→【图像(Ctrl+Shift+D)】，弹出【排入图像】对话框，如图1-42所示。

图1-42

选中一个图像，单击【打开】按钮，光标显示为▣，在版面上点一下或画一个矩形，即可在版面上排入一个图片，如图1-43所示。

图1-43

现在已经灌入文字小样了，也排入了图片，可以进入正文排版的操作了。

第4节 正文排版

❖ 常用工具切换

- 用"Ctrl+Q"键来从文本工具T切换到为选取工具↖，或者从选取工具↖切换为文本工具T。
- 按住"Shift"键在选中工具下双击文字块，可以直接进入T光标。
- 按住"Shift"键同时用选取工具↖双击文字块，可以直接进入T光标状态下

一、正文格式排版简介

正文排版主要利用文字属性浮动窗、段落样式浮动窗、文字和段落控制条来设置正文的文字属性和段落属性，同时也为目录的提取做好准备。

二、制作文章标题——插入文字盒子

(1)选中文字工具T，选中正文中作为大标题的【飞翔概述】这几个字，用快捷键"Ctrl+X"执行剪切功能，在辅助板区域画个文字块，T光标在文字块内点一下，执行"Ctrl+V"粘贴功能，把这几个文字粘进来。这样就建立了一个标题文字块。

(2)用选取工具↖选中标题文字块，调整块的位置到页面上，拖动块的把柄使标题文字块的宽等于页面版心的宽。

(3)T工具选中这几个标题文字，快捷键"Ctrl+U"弹出【纵向调整】对

话框，如图1-44所示，来设置标题行所占的行高。

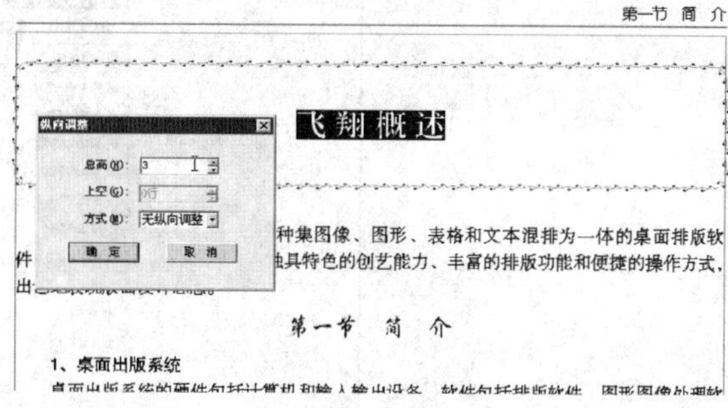

图1-44

标题块排结果如图1-45所示。

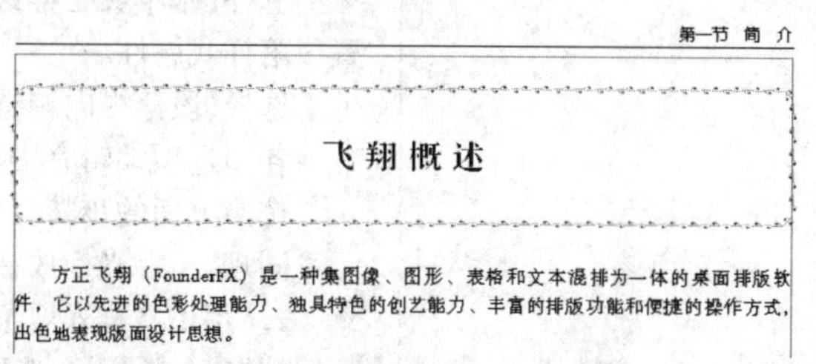

图1-45

设置好标题块文字的排版后，就要进行正文部分标题的排版了，正文标题包括了节标题和正文小题两种。

❖ 智能化的样式排版

- 应用【下一段落样式】，设置下一段文本在当前段样式之后应用的段落样式。能对某些版面类型进行自动化排版。
- 在一个段落结尾处按"Enter"键新起一段，如果这个段落样式设置了下一段落样式，那么新建的段落就会自动应用设置的下一段落样式。

三、制作正文小题——使用段落样式

1. 建立段落样式

正文中小节的标题格式为：四号行楷，占2行，居中排。

按以上排版要求先在正文中排一个小节标题，如图1-46所示。

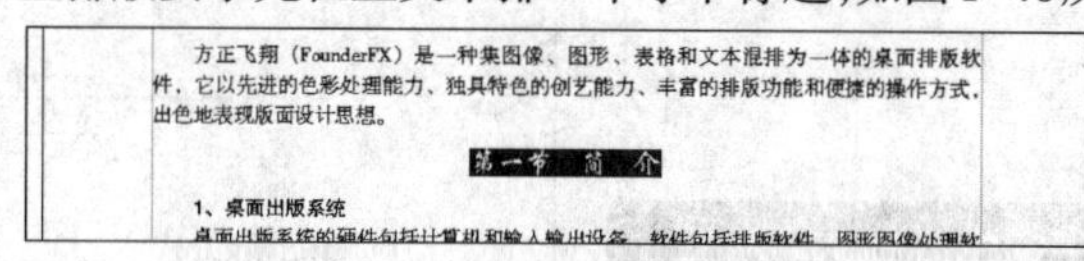

图1-46

这个节标题排好了，再把文字光标放在节标题文字中，右键菜单【创建段落样式】，如图1-47所示。

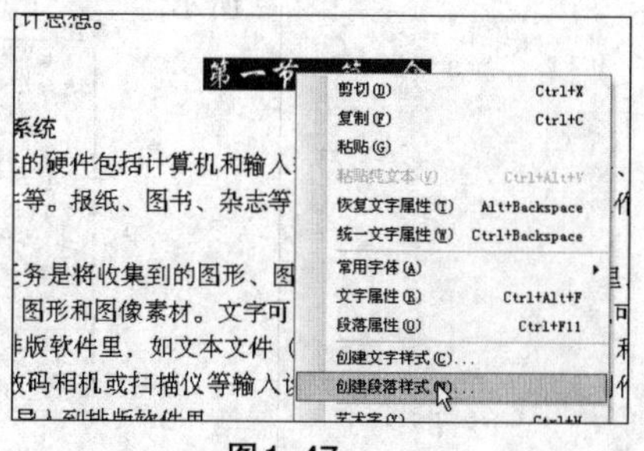

图1-47

弹出【段落样式编辑】对话框，图1-48所示。

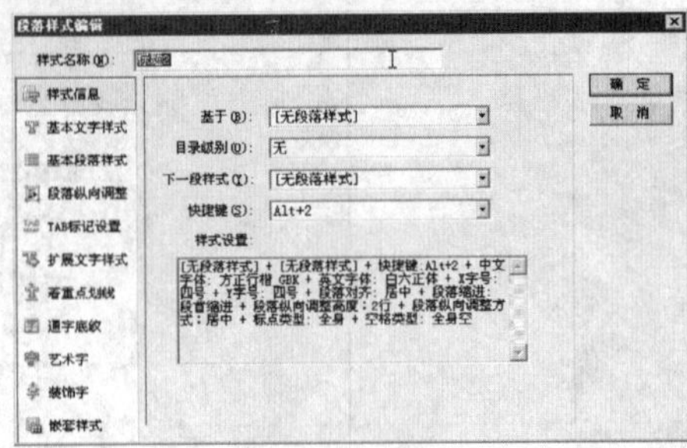

图1-48

在【样式名称】编辑框中键入【标题2】，作为节标题的名称。

选择【基本文字样式】，设置文字样式属性；选择【基本段落样式】，设置段落样式属性。

选择【段落纵向调整】，设置标题所占的行数。

各项选项编辑完毕后，点【确定】按钮结束段落样式创建操作。

按照上面的步骤，创建正文小题的段落样式，起名为【正文小题】。

同理，文字光标放在正文部分文字里，按上面的步骤生成正文样式。

2. 用正文样式规范全部文字

按"Ctrl+A"键全选所有文字内容，双击【段落样式】窗里的【正文】段落样式，对所有文字执行正文样式操作，如图1-49所示。

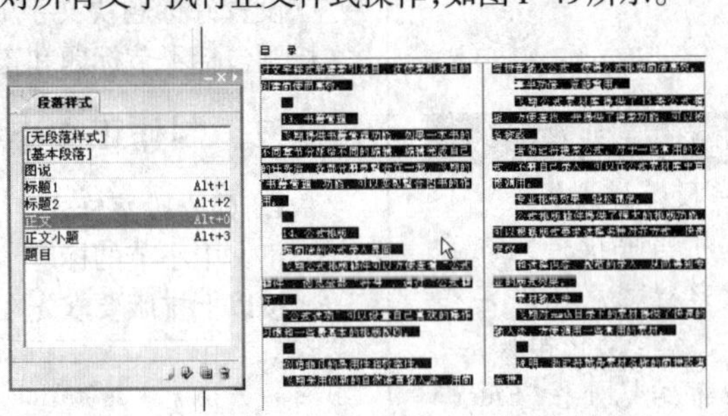

图1-49

❖ 从文字中生成样式

利用版面已经有的文字内容，形成样式，用于多次使用，提高排版效率。

3. 标题样式

把T工具放入标题文字中或选中标题文字，执行对【标题2】和小节标题文字做样式排版，正文小题的排版与节标题排版一样，如图1-50所示。

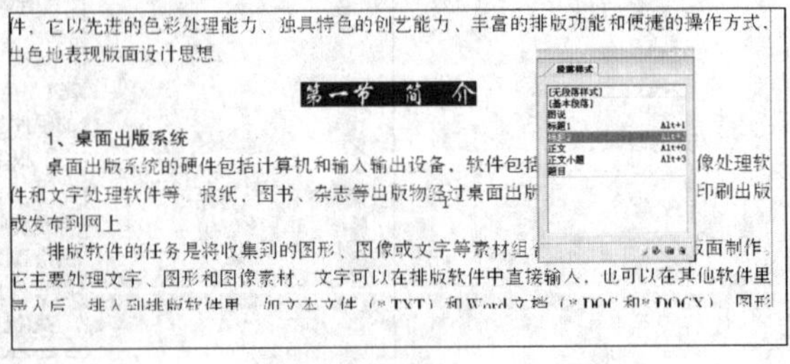

图1-50

四、排一个随文注——使用脚注功能

文字光标放在要使用脚注的地方，按“Ctrl+F10”键，插入一个脚注，在脚注区域里填入脚注内容。

点选菜单【版面】→【脚注】→【脚注选项】，弹出【脚注选项】对话框，如图1–51所示。

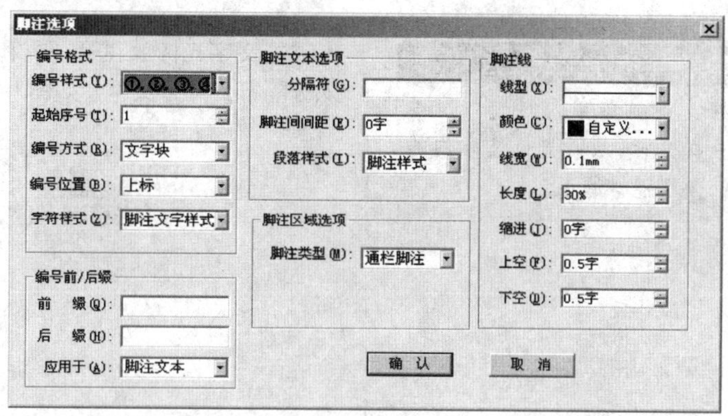

图1–51

❖ 检查版面

对于背题、段末孤字等，以及文中各级小题序号的半角、全角格式、小题的层级关系、小题的字体、字号样式等，要一一检查，能使用样式来排版的，尽量使用样式，这样便于以后全书统改。

设置好脚注文本的段落样式，设置好编号样式，按【确认】按钮后，完成脚注排版，如图1–52所示。

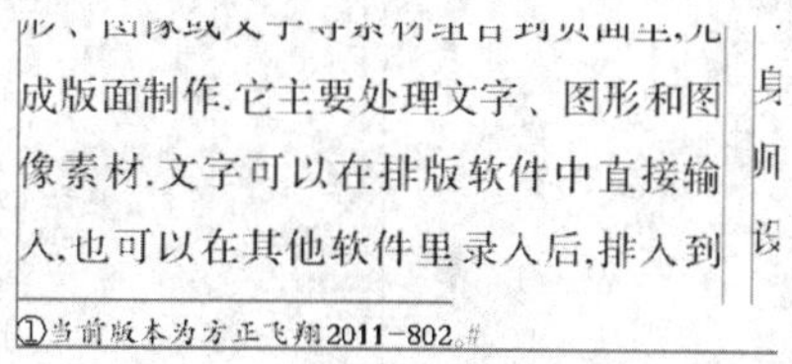
成版面制作.它主要处理文字、图形和图
像素材.文字可以在排版软件中直接输
入.也可以在其他软件里录入后,排入到
①当前版本为方正飞翔2011-802.#

图1–52

五、检查版面格式——缩放和移动版面

Shift+右键：缩放版面，在实际大小和200%之间切换显示比例。

Ctrl+右键：缩放版面，在实际大小和全页显示之间切换显示比例。

Alt+左键：移动版面，光标变为小手状态。

滚动鼠标轮滑：显示版面，垂直滚动显示版面。

Shift+鼠标轮滑：显示版面，水平滚动显示版面。

Ctrl+鼠标轮滑：逐级缩放版面，缩放范围介于5%~5000%之间。

Ctrl+1：以实际成品大小显示版面。

Ctrl+W：全版面显示，缩放版面以显示版面全貌。

Ctrl+PageDown：翻页。

Ctrl+PageUp：翻页。

六、文章另页起——插入分页符

文章中第一节和第二节文章是连在一起的，现在要把它们分开，第二节文章排在另一页上，原版式如图1–53所示。

和版面规范方面省心省力，可以放心地专注于设计工作。

飞翔的售后技术服务团队将及时提供飞翔的指导，通过各种渠道解答用户使用中的问题，保证飞翔每天高效、稳定地运行在每台计算机上。

第二节 书刊排版功能

1、支持多主页

主页记载了普通页面共有的内容，例如每页上都有的页眉或者修饰等内容，飞翔支持建立多个主页，满足不同章节的需要。

6、流式分栏

飞翔支持流式分栏，可以将文字块内的部分内容进行分栏。通过流式分栏，可以方

图 1–53

> ❖ 文字内部的流式分栏
>
> 飞翔支持在文字内对选中段进行流式分栏，从而支持文章内的通栏分栏混排版面。

把文字光标放在第一节和第二节文字中间，选择菜单【文件】→【插入分隔符】→【分页符】，如图 1–54 所示。

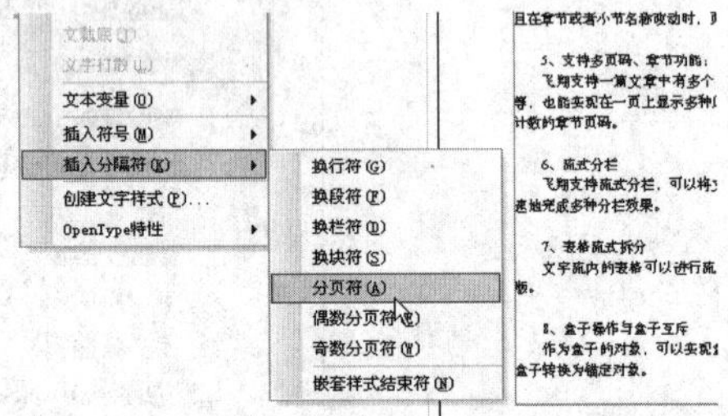

图 1–54

插入分页分隔符后版式，如图 1–55 所示。

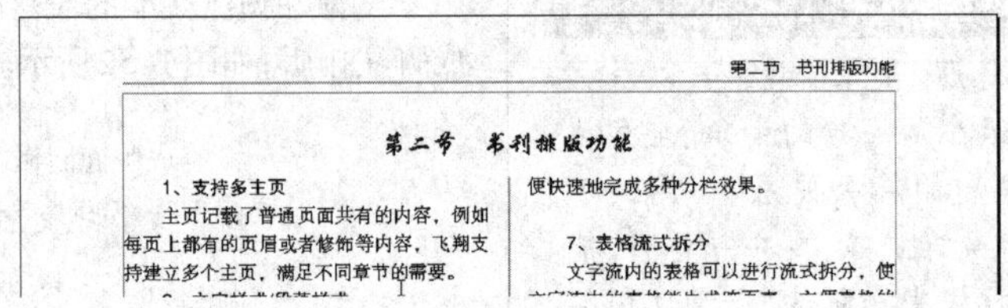
第二节 书刊排版功能

第二节 书刊排版功能

1、支持多主页

主页记载了普通页面共有的内容，例如每页上都有的页眉或者修饰等内容，飞翔支持建立多个主页，满足不同章节的需要。

便快速地完成多种分栏效果。

7、表格流式拆分

文字流内的表格可以进行流式拆分，使

图 1–55

七、锚点对象制作 ★

用锚点工具 ⚓ 选中已经排入的图像，拖到正文中指定的文字上，图片就和这个文字建立了锚点关系，如图 1–56 所示。

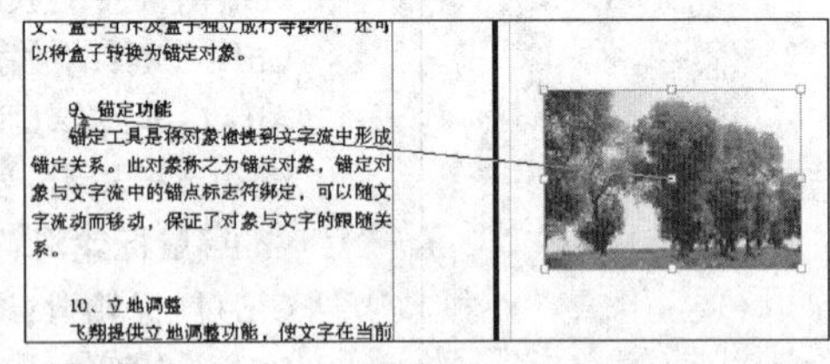
以将盒子转换为锚定对象。

9、锚定功能

锚定工具是将对象拖拽到文字流中形成锚定关系。此对象称之为锚定对象，锚定对象与文字流中的锚点标志符绑定，可以随文字流动而移动，保证了对象与文字的跟随关系。

10、立地调整

飞翔提供立地调整功能，使文字在当前

图 1–56

建立锚定关系后的版式如图 1–57 所示。

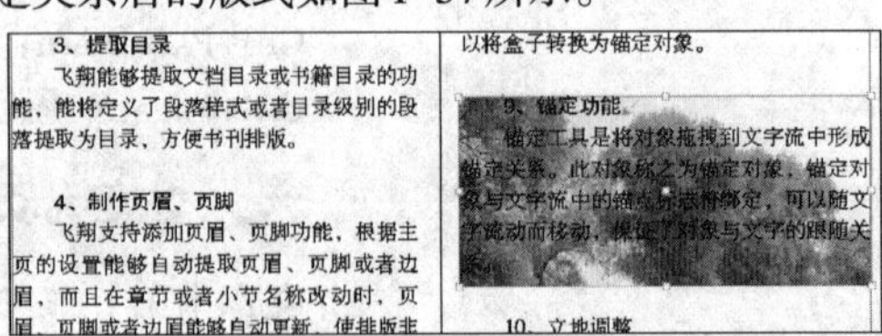
3、提取目录

飞翔能够提取文档目录或书籍目录的功能，能将定义了段落样式或者目录级别的段落提取为目录，方便书刊排版。

4、制作页眉、页脚

飞翔支持添加页眉、页脚功能，根据主页的设置能够自动提取页眉、页脚或者边眉，而且在章节或者小节名称改动时，页

以将盒子转换为锚定对象。

9、锚定功能

锚定工具是将对象拖拽到文字流中形成锚定关系。此对象称之为锚定对象，锚定对象与文字流中的锚点标志符绑定，可以随文字流动而移动，保证了对象与文字的跟随关系。

10、立地调整

如图 1–57

❖【嵌套样式】样式排版

在【嵌套样式】标签里，可以在段落样式中嵌套文字样式，即在段落中如果出现有规律的字符，可以对字符设置文字样式，然后将文字样式嵌套在段落样式中，那么在应用段落样式的同时也会应用文字样式。

❖ 常用分隔符类型

- 换栏符
- 换页符
- 换块符
- 偶数分页符
- 奇数分页数

❖ 盒子与锚定对象

- 盒子只能嵌在文字内，不能移动到文字块外面。
- 锚定对象可以在版面的任意位置，还能实现镜像流动。

双击图片，弹出【锚定对象选项】对话框，如图1–58所示。

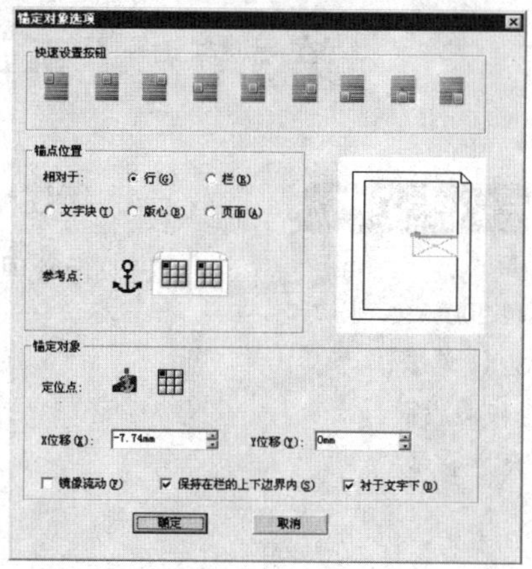

图1–58

把Y位移的值设为0，让图片上边与行上边对齐。选中衬于文字下，让图片做这段文字的背景。

现在已经完成正文部分的排版，下面要进行主页设置，包括了页码 、书眉等的排版。

八、文章分栏——流式分栏

第二节部分的文字要分栏，用文字光标选中第二节除标题以外的所有文字，然后用“Ctrl+B”快捷键弹出【分栏】对话框，如图1–59所示。

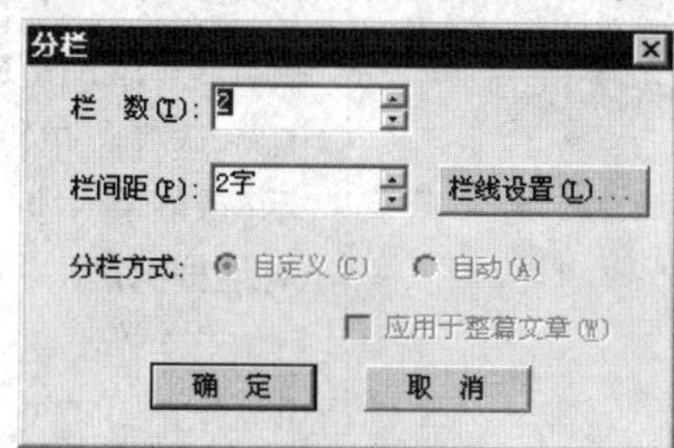

图1–59

排版结果如图1–60所示。

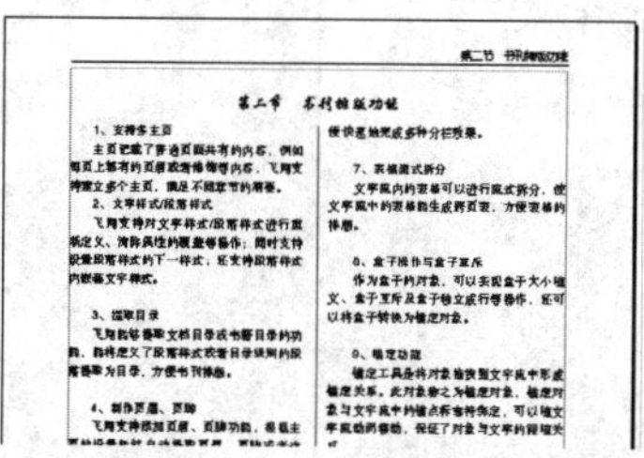

图1–60

此种分栏为流式分栏。

第5节　主页设置

❖ 常用页面显示操作

- 全页显示:"Ctrl+0";
- 在实际大小和200%之间切换:Shift+鼠标左键单击;
- Alt+鼠标左键:移动版面;
- "Ctrl+1":实际大小显示。

❖ 文档页码与章节页码

只有章节页码,才可以实现同一文档内,多个起始页码的排版。

一、新建一个主页

在【页面管理】浮动窗中,双击【A主页】,如图1–61所示。

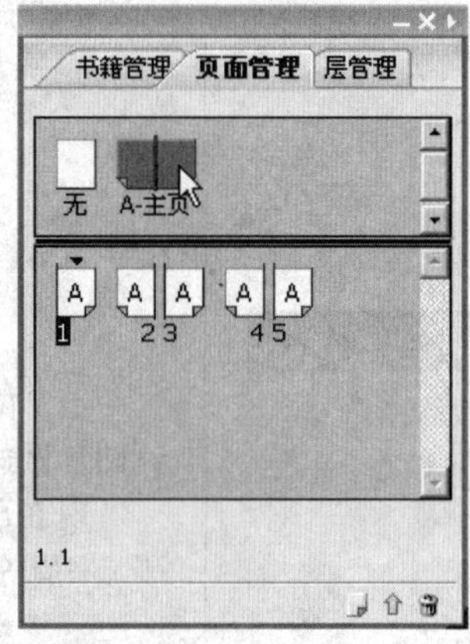

图1–61

进入主页页面后,可以进行加页码操作。

二、加入页码

1. 添加页码块

选择菜单【版面】→【页码】→【添加页码(Ctrl+Alt+A)】,如图1–62所示,或者在主页页面图标的右键菜单中选择【添加页码】,会弹出【页码】对话框,如图1–63所示。

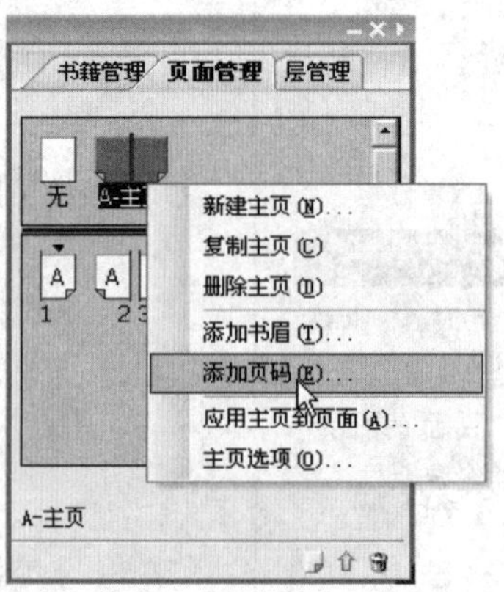

图1–62

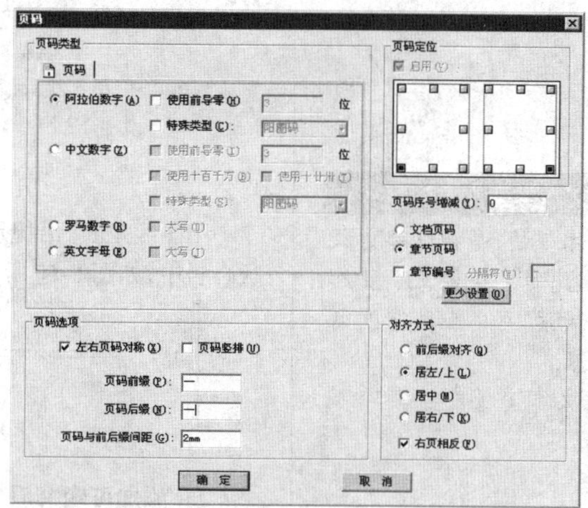

图1-63

这里我们选中【章节页码】,以便后面设置章节页码用。

页码选项中,选中【左右页码对称】,这样,调整一个页码块,另一个页码块也会自动做相应的对称调整。单击【确定】按钮即可在页面上添加页码,如图1-64所示。

2. 调整页码块位置

初次加的页码块位置可能需要调整,选中页码块,在控制条的XY位置编辑框中键入数值,这里只调整坐标的Y值,如图1-64所示。

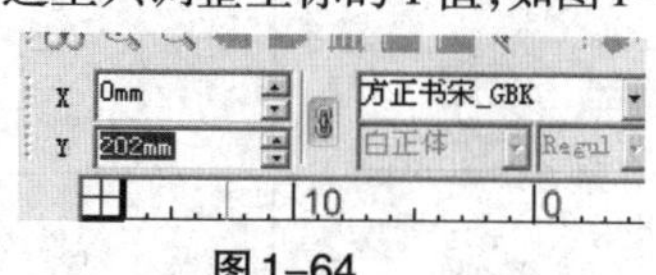

图1-64

调整好后的版式如图1-65所示。

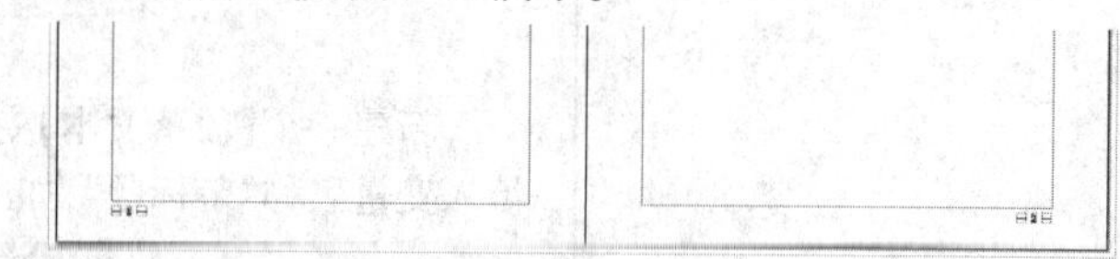

图1-65

❖ 高级书眉排版

- 更高级的可变书眉排版,可以使用书眉管理功能制作。
- 眉线、书眉文字块等可以定义成模板,根据版心变化,自动调整眉线、书眉文字块的大小和位置。

三、加入篇眉

主页上的内容在使用了这主页的每一个页面上都会显示出来。一般情况下,每一章节不同的篇眉,都要建立一个主页。在主页中,根据天头地脚的空间,画文字块、制作图形、排入图片,进行篇眉排版。

采用文本变量或【书眉管理】等功能,可以做更高级复杂的书眉版面。

1. 添加书眉线

在页面上画一个提示线,作为后面做篇眉的位置捕捉用。

提示线离版心框上边要有一个距离,如图1-66所示。

图 1–66

用画线工具，沿提示线画一条水平直线，线长度与版心等宽，并且与版心居中，如图 1–67 所示。

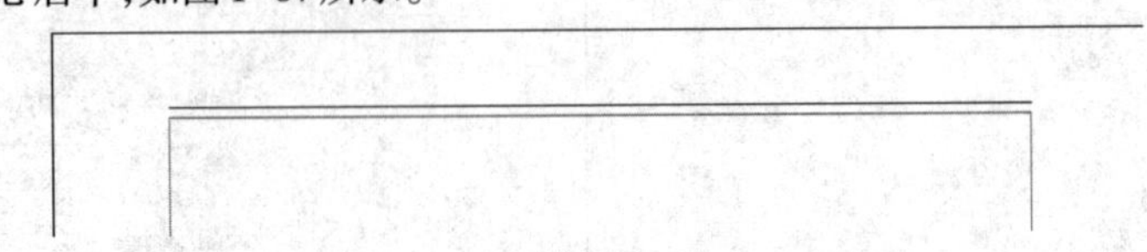

图 1–67

❖ 段落文本类型文本变量

- 段落文本变量，是指段落文本变量内容，是一个定义了段落样式的段落，可以自动把段文字抽出来。
- 用段落文本变量能够实现可变书眉。

2. 添加可变书眉

在书眉线上方画一个文字块，文字光标放在文字块中，选择菜单【文本】→【文本变量】→【插入变量】，弹出【文本变量】对话框，如图 1–68 所示。

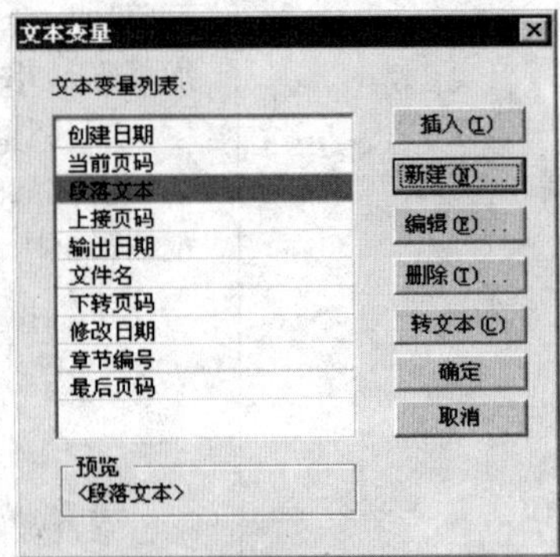

图 1–68

新建一个【段落文本】变量，在【新建文本变量】对话框的【变量名称】填入变量名称“节标题”，如图 1–69 所示。

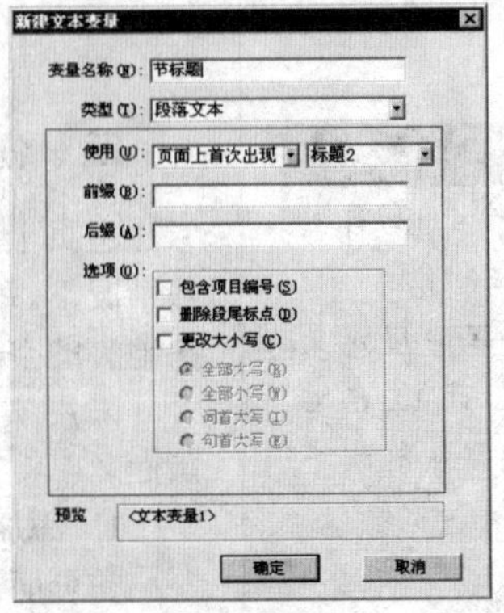

图 1–69

单击对话框中【使用】列表，选择【页面上首次出现】，并且选择段落

❖ 书眉文字块定位

书眉文字块的位置可以在控制条上的XY编辑框里直接输入数值实现，编辑框支持加减乘除运算，又准确又方便。

样式【标题2】，标题2为节标题，选中它以后，使用文本变量，每一页书眉的文字内容可以自动提取节标题的文字内容，实现书眉的自动排版。

单击【确定】按钮后，版式如图1–70所示。

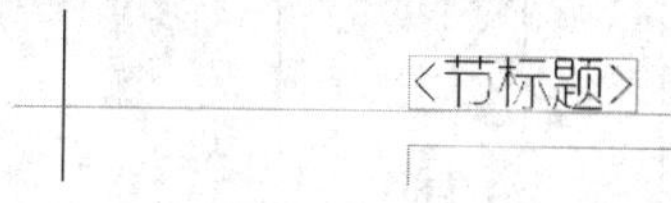

图1–70

书眉的位置和眉线重合，选中书眉文字块后，在控制条的坐标Y值编辑框里，减去1mm，调整后版式如图1–71所示。

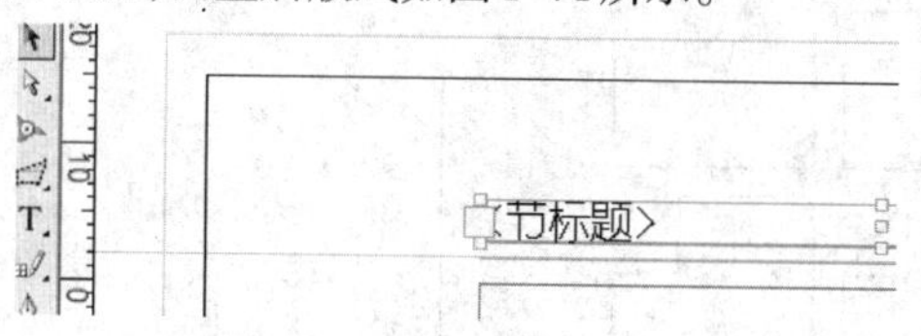

图1–71

书眉制作好后，回到页面区，节标题被自动提取到页眉中，预览一下左侧眉的版式如图1–72所示。

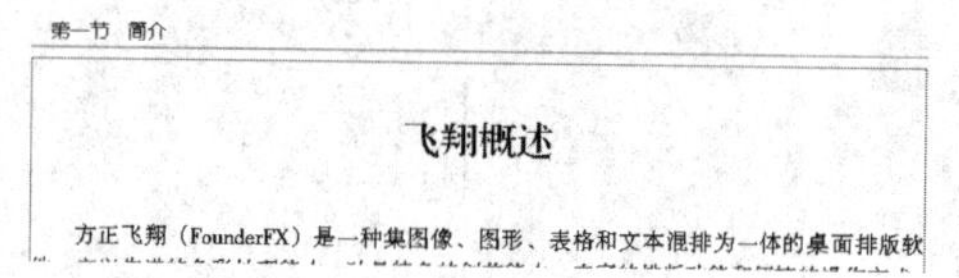

图1–72

❖ 应用主页

在页眉中

右侧眉的版式如图1–73所示。

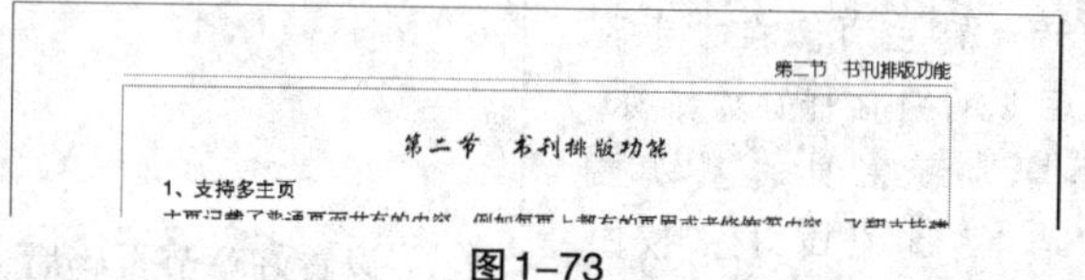

图1–73

四、设置多个起始页码

1. 插入目录页面

在正文页面前插入两页，目录内容要排在这两页上。页码从1起。正文部分的页码也从1起。

❖ 应用主页

拖动选中一个主页的图标，拖动它到页面图标记，也可以将所选主页应用于页面。

在页面上弹出右键菜单，选择菜单【插入页面】，如图1–74所示，弹出【插入页面】对话框，如图1–75所示。

图1–74

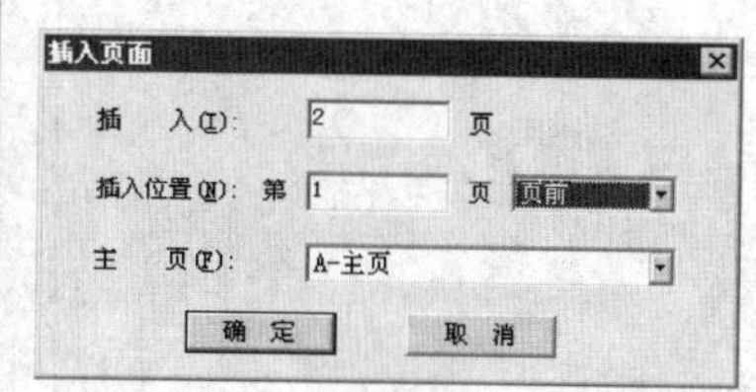

图1–75

❖ 多个起始页码

• 目录部分

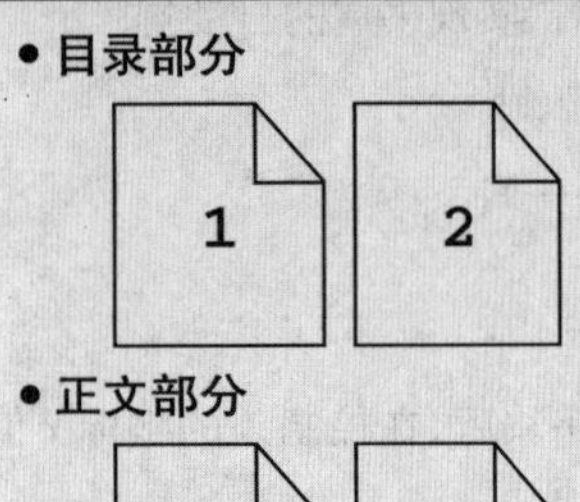

• 正文部分

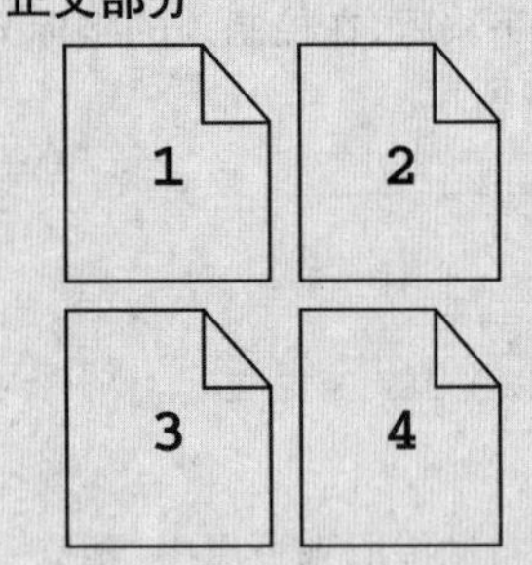

❖ 页面变主页

• 从页面新建主页。在方正飞翔里可以将页面保存为主页，页面即为新主页的基础主页。选中一个页面图标，按住鼠标左键拖动到"主页"窗口里，即可创建新的主页。
• 双页排版的页面，则必须按住"Ctrl"键或"Shift"键选中双页，然后拖动到"主页"窗口。
• 选中页面图标，在右键菜单里选择"保存为主页"。

2. 设置章节页码

加入目录页面后，在正文页面上右键菜单，选择【章节选项】，如图1–76所示。

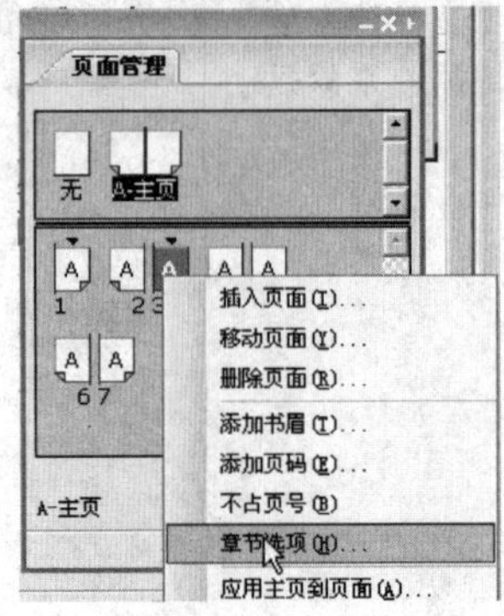

图1–76

在章节选项对话框中选中【开始新章节】、选中页码编号中的【自定义】，在页码编号编辑框里键入正文部分的起始页码为"1"，如图1–77所示。

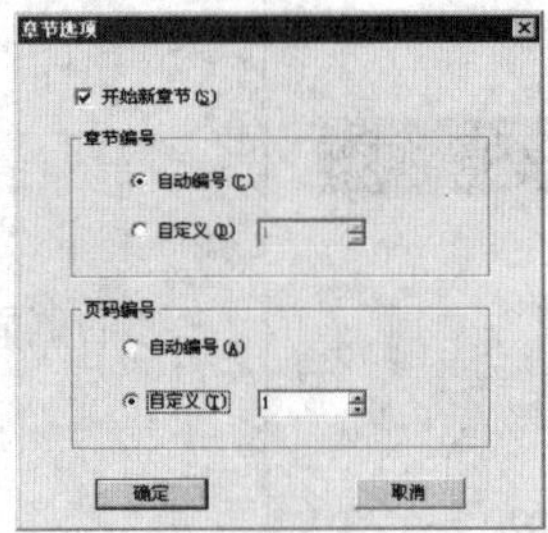

图1–77

设置好章节页码后，多个章节页面关系如图1–78所示。

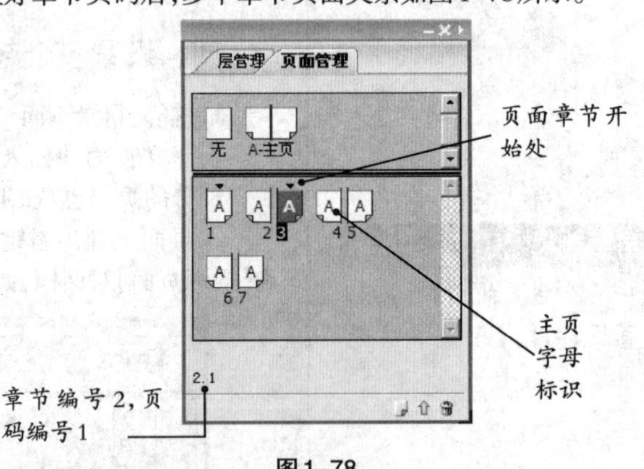

图1–78

页码设置结束后，就可以进行目录的提取工作了。

第6节　制作目录

一、提取目录

> ❖ 目录排版
>
> 方正飞翔的目录排版，可以提取指定的段落样式文本为目录条目，也可以用自动提取标记过目录级别的文本为目录条目。

选择菜单【版面】→【目录】→【目录提取】，如图1–79所示。

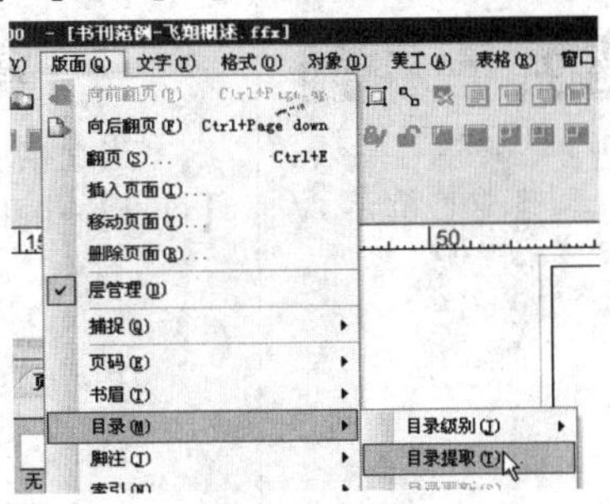

图1–79

弹出【目录提取】对话框，如图1–80所示。

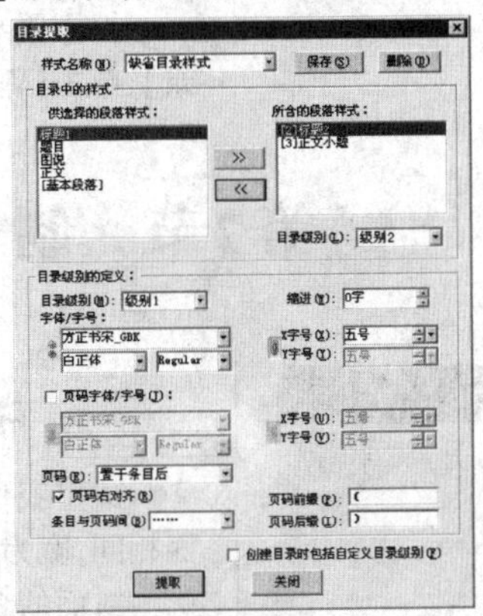

图1–80

在“供选择的段落样式”中把要提取的标题样式名称“标题2”和“正文小题”样式，点“>>”，使它们出现在“所含的段落样式”列表中。这就是要抽出的各级目录。

> ❖ 目录更新
>
> 目录更新时，可以选择更新内容和页码，也可以重新提取全部目录。
>
> 更新目录能够实现目录重新排版后，能保留目录排版的的效果。

选中加入“所含的段落样式”列表中。

设置页码右对齐方式，填写页码的前后缀以及目录的字体字号等属性，每个编辑框中可以填写要排到版面上的目录的文字格式属性设定好字体、字号、页码是在条目前还是在条目后、加三连点、加页码前后缀等，按“提取”，提取目录，这时光标变为灌文图标，如图1–81所示。

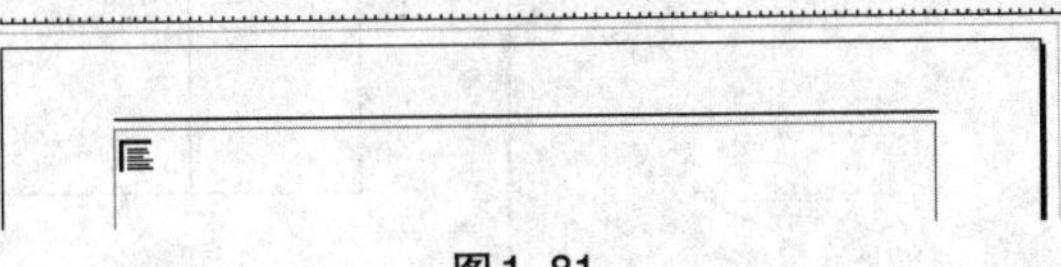

图1–81

把光标在版面上单击，就可以把目录排到版面上，版面如图1–82所示。

图1–82

❖ 更新目录说明

如果目录提取后，目录做了重新排版，能保留人工排版的效果，只更新目录的文字和页码。

二、更新目录

当文档内容发生变化时，文档目录也需要同步更新。选择【版面】→【目录】→【目录更新】，弹出【目录更新】界面，如图1–83所示。

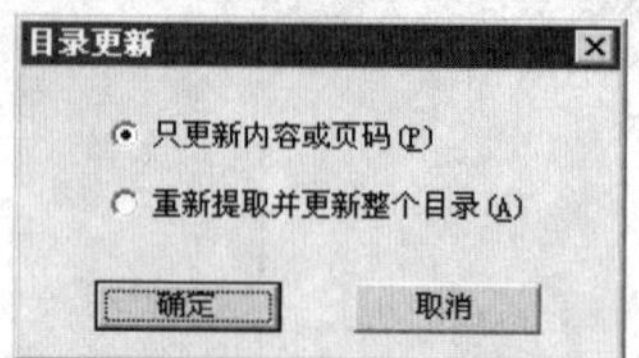

图1–83

根据需要选择【只更新内容或页码】或者【重新提取并更新整个目录】，单击【确定】按钮即可完成目录的更新。

第7节　制作封面

❖ 封面结构

封面一般由左勒口、封底、书脊、封面、右勒口组成。

一、封面尺寸说明

这里我们制作的这本书的成品尺寸为190mm×230mm；书脊高和封面相同，宽为5mm。

封面的总宽度=左勒口宽+封底宽+书脊宽+封面宽+右勒口宽，封面各部分，如图1–84所示。

左勒口	封底	书脊	封面	右勒口
70mm	190mm	5mm	190mm	70mm

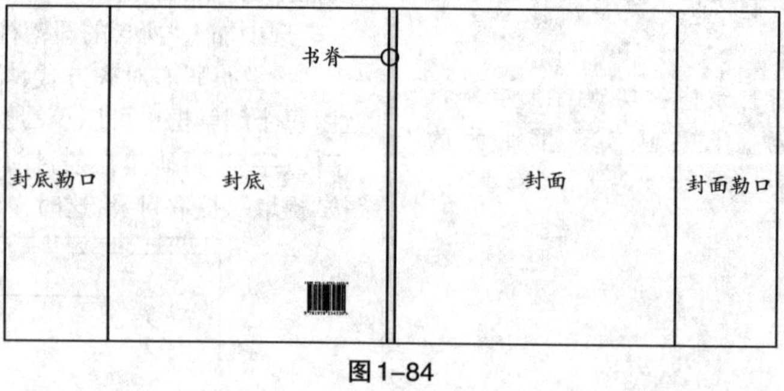

书脊
封底勒口　封底　封面　封面勒口

图1–84

弹出【新建文件】对话框，在对话框的【页数(N)】编辑框里填入数字1，表示封面只有1页，如图1-85所示。

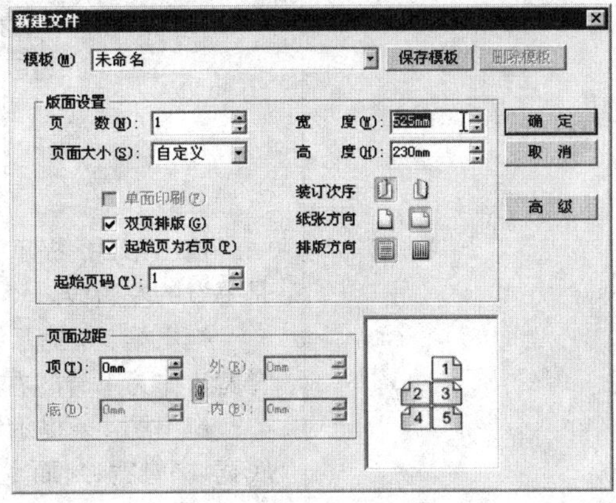

图1-85

页面宽度编辑框支持加减乘除计算，这里可以录入封面各部分的尺寸【70mm+190mm+5mm+190mm+70mm】，焦点移出，用“Tab”键移动到高度编辑框中，键入230mm。

页面边距的编辑框都设为0。另一种方法可以通过版心调整类型为【自动调整边距】，设置页面大小为总宽度=70mm+190mm+5mm+190mm+70mm=525mm，版心宽度为190mm+5mm+190mm=385mm，页面高和版心高均设为230mm。这种方法实际上是用左右边空区域做勒口区域，如图1-86所示。

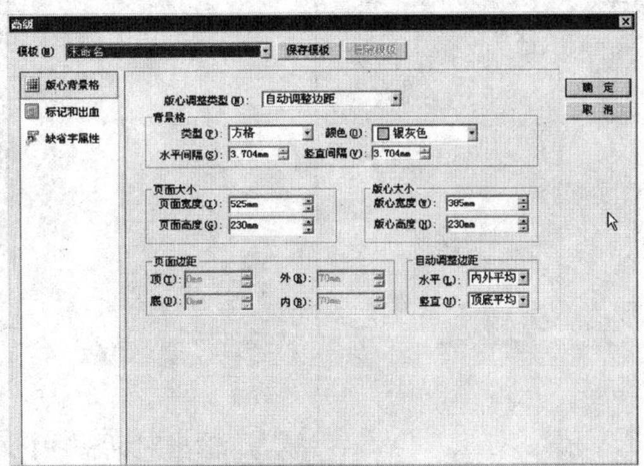

图1-86

二、封面版面布局

封面由于尺寸特殊，所以封面封底、书脊、勒口各个排版区域无法看到，因此要用提示线提示所在位置，如图1-87所示。

在无边空的页面中，先从标尺中拖出一条竖的提示线，用选择工具选中提示线，这时控制条上会出现提示线的位置信息，在X编辑框中填入70mm，则提示线移动到70mm处，作为左勒口右侧的提示线。

❖ 勒口

- 页面宽度尺寸可以直接留出两个勒口的宽度尺寸。
- 利用页面左右边距做勒口。

❖ 封面的标记

可以手工排一些直线，做为封面各部分的区域标记，在装订时也可以更精确地看到各部分开始、结束的位置。

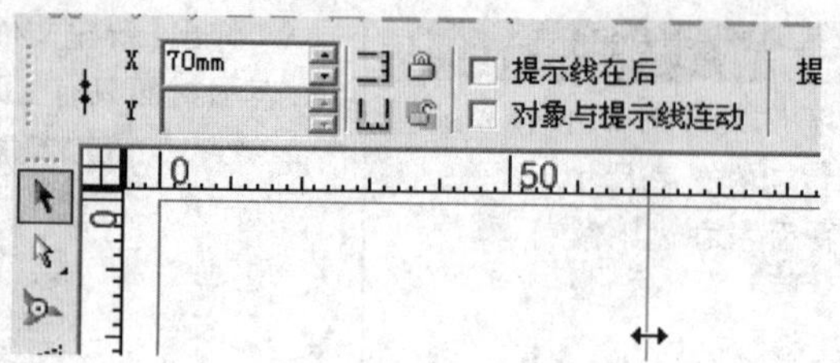

图1-87

拖出第2条提示线，键入70mm+190mm，作为封底右侧的提示线，也是书脊的左边线。

拖出第3条提示线，键入70mm+190mm+5mm(左勒口宽+封底宽+书脊宽)，作为书脊的右边线。

拖出第4条提示线，键入70mm+190mm+5mm+190mm(左勒口宽+封底宽+书脊宽+封面宽)，作为右勒口的左边提示线。

第8节　文件输出

> ❖ 透明效果
>
> 只有PDF1.4版本格式才支持透明效果，包含透明效果的PDF文件只能在RIP4或方正畅流上正确解释。

一、输出印刷用PDF

选择【文件】→【输出(Ctrl+Shift+J)】，或单击工具条上的输出图标，弹出【输出】对话框，如图1-88所示。

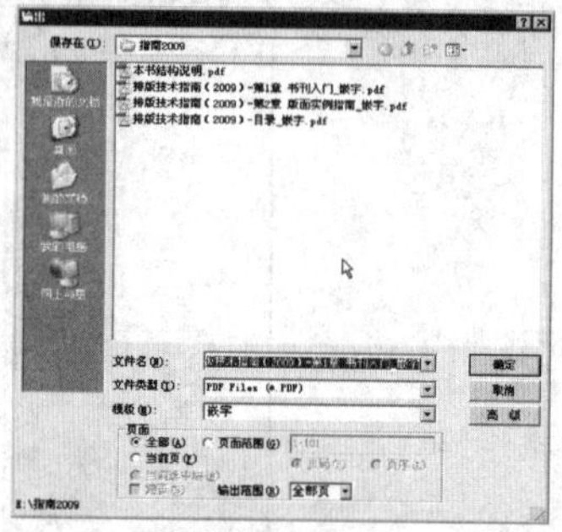

图1-88

输出对话框中【文件类型】选择PDF格式，模板默认状态是方正飞翔自带的几种预定好的模板，为得到高质量的输出，我们要自定义一个模板，单击【高级】。进入【输出PDF选项】对话框，如图1-89所示。

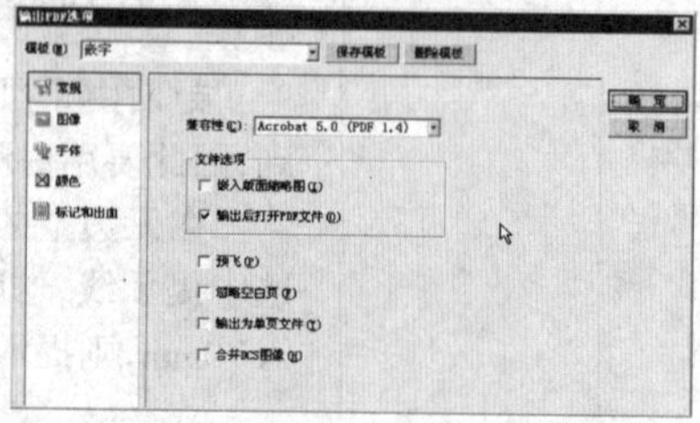

图1-89

兼容性：选择PDF1.4，PDF1.4版格式支持PDF的透明效果，在具备PDF1.4解释能力的RIP上，可以得到最高质量的输出。

如果想输出后自动在PDF阅读器上看，则可以选中【输出后打开PDF文件】。

（1）选择【图像】，编辑图像窗口里的各个设置，如图1–90所示。

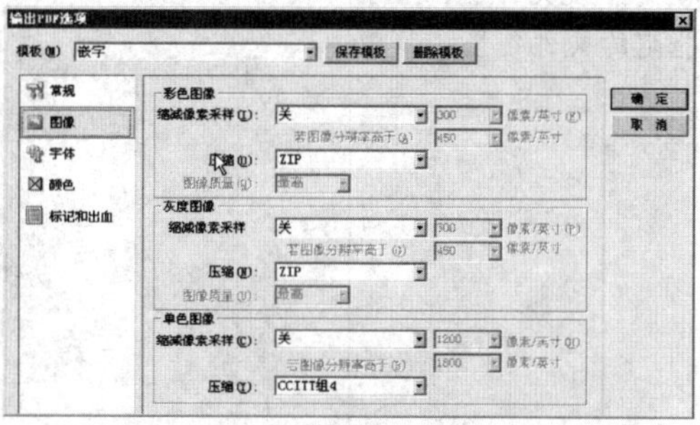

图1–90

（2）选择【字体】，编辑字体设置，如图1–91所示。

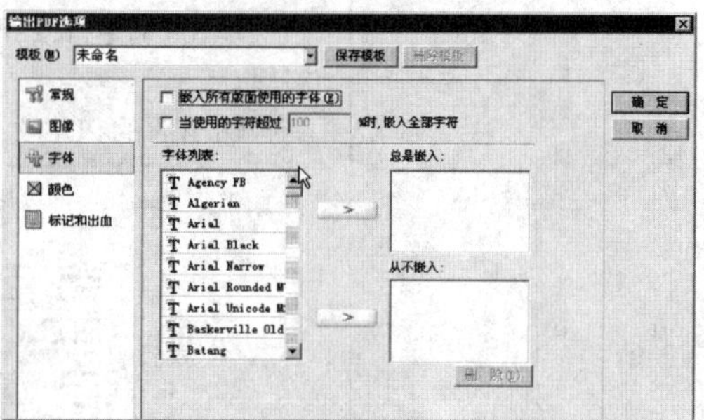

图1–91

> **❖ 注意事项：忽略空白页**
>
> 一般情况下，不选择【忽略空白页】选项，因为正文排版时，白页也是排版页，如某章节结束页要保持在双数页，如果不是双数页，就要加白页补上，选中此项，容易导致白页丢失，导致输出结果文件不对。

（3）如果选择【嵌入所有版面使用的字体】，则PDF中嵌入全部字体，否则不嵌入字体。

（4）选择【标记和出血】，编辑标记和出血选项，如图1–92所示。

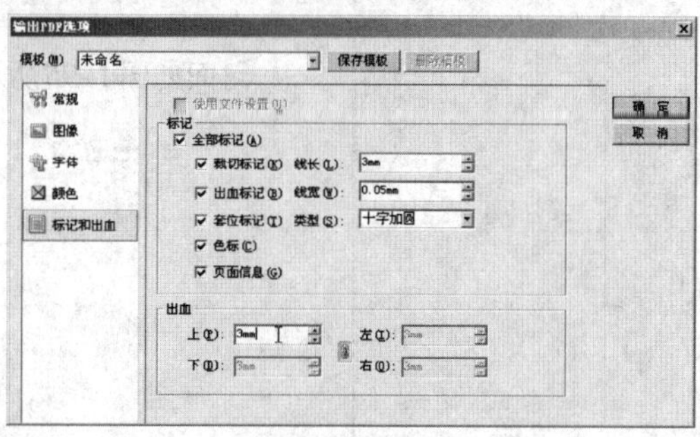

图1–92

线长一般设为3mm，出血空一般设为3mm。

如果在版面设置中设置了标记和出血，则选中【使用文件设置】。

【保存模板】，给出模板名称。

单击【确定】按钮，完成模板设置工作。

> **❖ 打包说明**
>
> 操作完后，需要存档或在异地重新编辑等，可以使用打包操作，把所有的图片、排版文件、排版信息等存到指定的文件夹里。

在输出对话框中单击【确定】按钮，开始PDF输出。

二、文件打包

选择【文件】→【打包】，弹出【打包】对话框，如图1–93所示。

图1–93

在文件夹名称里使用默认值或指定文件夹名称。

单击【打包】按钮，就可以把排版文件、图片文件等存入这个文件夹里。

输出后的PDF文件正文各页面如图1–94所示。

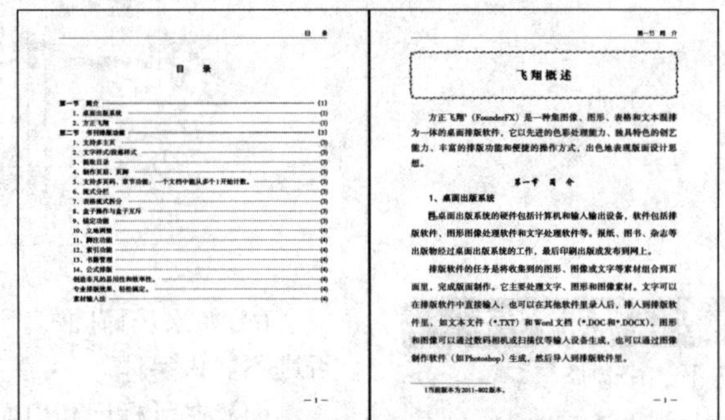

目　录

目　录

第一节　简介 …… (1)
1、桌面出版系统 …… (1)
2、方正飞翔 …… (1)
第二节　书刊排版功能 …… (3)
1、支持多主页 …… (3)
2、文字样式/段落样式 …… (3)
3、提取目录 …… (3)
4、制作页眉、页脚 …… (3)
5、支持多页码、章节功能：一个文档中能从多个1开始计数。 …… (3)
6、流式分栏 …… (3)
7、表格流式拆分 …… (3)
8、盒子操作与盒子互斥 …… (3)
9、锁定功能 …… (3)
10、立地调整 …… (4)
11、脚注功能 …… (4)
12、索引功能 …… (4)
13、书籍管理 …… (4)
14、公式排版 …… (4)
创造非凡的易用性和效率性。 …… (4)
专业排版效果，轻松搞定。 …… (4)
素材输入法 …… (4)

— 1 —

第一节 简介

飞翔概述

方正飞翔[1]（FounderFX）是一种集图像、图形、表格和文本混排为一体的桌面排版软件，它以先进的色彩处理能力、独具特色的创艺能力、丰富的排版功能和便捷的操作方式，出色地表现版面设计思想。

第一节　简介

1、桌面出版系统

桌面出版系统的硬件包括计算机和输入输出设备，软件包括排版软件、图形图像处理软件和文字处理软件等。报纸、图书、杂志等出版物经过桌面出版系统的工作，最后印刷出版或发布到网上。

排版软件的任务是将收集到的图形、图像或文字等素材组合到页面里，完成版面制作。它主要处理文字、图形和图像素材。文字可以在排版软件中直接输入，也可以在其他软件里录入后，排入到排版软件里，如文本文件（*.TXT）和Word文档（*.DOC和*.DOCX）。图形和图像可以通过数码相机或扫描仪等输入设备生成，也可以通过图像制作软件（如Photoshop）生成，然后导入到排版软件里。

1当前版本为2011–802版本。

— 1 —

图1–94

封面如图1–95所示。

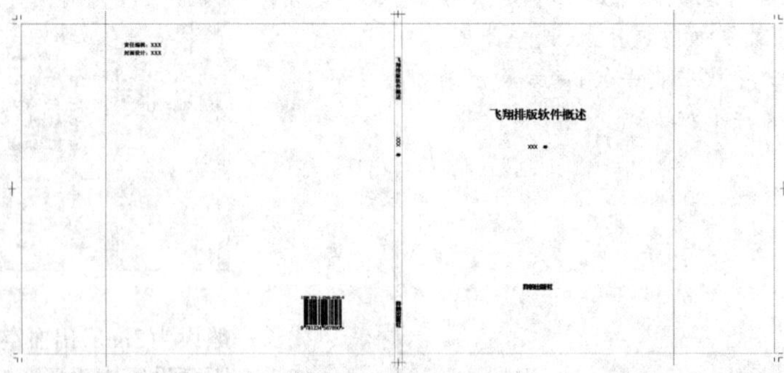

图1–95

第2章　环境设置

本章重点讲解了方正飞翔环境参数的设置操作，在工作之前，根据不同的版面类型，设定好工作环境参数，可以使方正飞翔更好地为您服务，提高整体运行效率。

第1节　工作环境的文件设置

❖ 工作环境参数的优先级

- 开版时设置的环境参数，优先级高于灰版时设置的参数。
- 在菜单【文件】→【工作环境设置】下，在二级菜单里选择需要设定的工作环境等。一般来说，没有打开文件情况下的设定是针对方正飞翔排版软件的环境参数，对以后新建的方正飞翔文件有效；打开文件情况下的设定对当前打开的方正飞翔文件有效。但【偏好设置】和设定显示提示线、捕捉和色样等设置都对所有文件有效。

一、常规

选择菜单【文件】→【工作环境设置】→【文件设置】，在下级菜单中选择设置项目【常规】的【文章背景格】或【默认图元设置】。如果需要将文件设置恢复到缺省状态，可以选择【恢复缺省设置】，如图2–1所示。

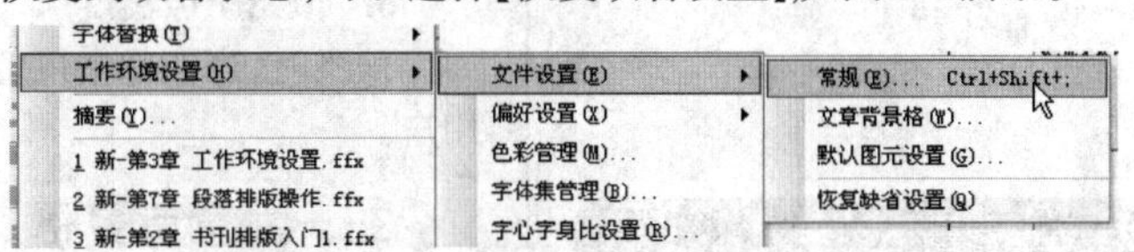

图2–1

【文件设置】中常规对话框如图2–2所示。

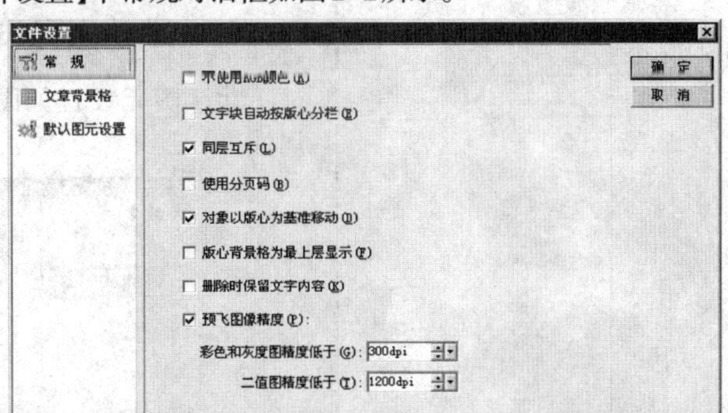

图2–2

1. 不使用RGB颜色

当排入RGB颜色的图像时，系统弹出提示框，警告排入的是RGB图。

所有有关颜色设置的窗口均不能使用RGB颜色模式，包括颜色窗口、色样窗口、新建色样、编辑色样、灰度图自定义着色、自定义颜色等。

2. 文字块自动按版心分栏

选中该项，则新创建的文字块自动按版心分栏方式进行分栏。

3. 同层互斥

选中该项，则当对象设置了【图文互斥】时，只对同一层的对象产生图文互斥效果；不选中，则对所有层的对象产生互斥效果。

4. 使用分页码

选中该项，则在文档中使用分页码。

5. 对象以版心为基准移动

当版心或边距调整后，版面上的对象移动时默认以【中心】为参考点。

6. 版心背景格为最上层显示

选中此项，则版心背景格处于所有物件最上层，但提示线和页码始终压住背景格。

❖ 删除时保留文字内容

【删除时保留文字内容】的设置，约定了"Delete"的操作效果与"Shift+Delete"的效果相反。

7. 删除时保留文字内容

(1)选中该项，当有续排关系的几个文字块分别放在不同的页面上时，删除其中的一个页面时将保留该页面上文字块的内容；否则该页面删除的同时也将删除文字块。

(2)选中该项，删除或剪切有续排关系的文字块时将只删除文字块，而保留文字内容，将文字内容流动到下一块或前一块的续排中；否则文字块与文字内容同时删除。

8. 预飞图像精度

预飞时，当图像精度低于设置的值，则在预飞对话框显示出来，提示用户。

二、文章背景格

❖ 文章背景格颜色

有时为了与文字块边框等颜色区别开，要单独设置文章背景格颜色。

在文章背景格对话框的【颜色】下拉列表里选择文章背景格颜色。

三、默认图元设置

默认图元设置如图2-3所示。可以设置默认图元线型和底纹的属性。

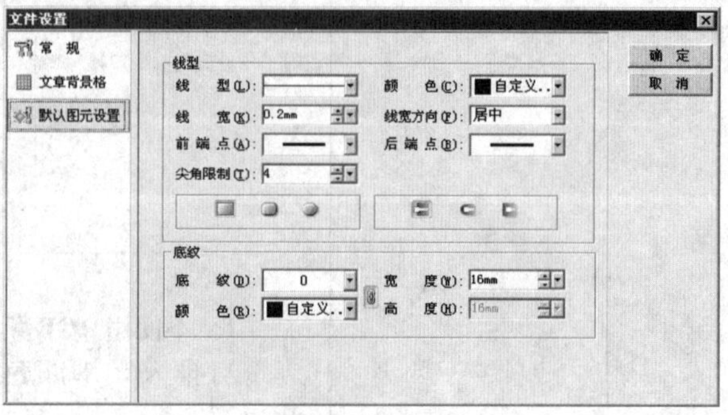

图2-3

第2节　工作环境的偏好设置

一、偏好设置概述

选择菜单【文件】→【工作环境设置】→【偏好设置】,在下级菜单中选择设置项目,包括常规、文本、单位和步长、图像、字体搭配、字体命令、常用字体、表格、文件夹设定和拼写检查。如果需要将偏好设置恢复到缺省状态,可以选择【恢复默认设置】。

二、常规设置

【偏好设置】常规选项,如图2–4所示。

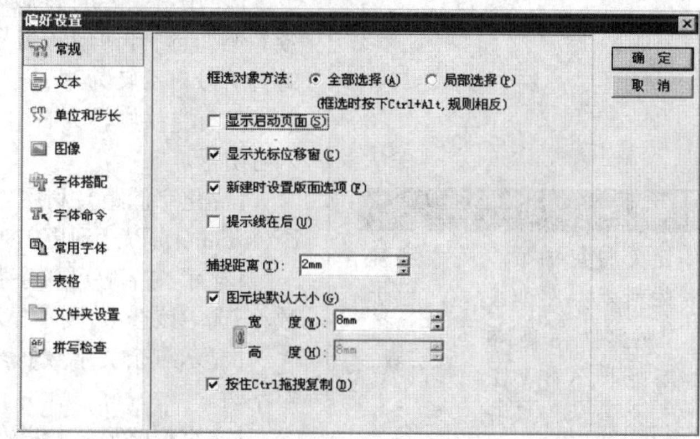

图2–4

> **❖ 框选对象方法**
>
> 在实际操作时,按下"Ctrl+Alt"键和不按"Ctrl+Alt"键的效果相反。

【框选对象方法】:方正飞翔默认【全部选择】,即使用鼠标框选对象时,必须将对象整体框选在矩形选取区域内才能选中该对象。

【显示光标位移窗】:绘制文字块,或绘制图形,或改变对象大小时,在光标旁显示对象尺寸。

【新建时设定版面选项】:选中该项,新建文件时弹出【新建文件】对话框;不选中该项,则新建文件时不弹出【新建文件】对话框。

【提示线在后】:提示线置于所有对象最下层。不选中该选项,则提示线置于对象最上层。

【捕捉距离】:设定捕捉有效范围,当捕捉对象靠近被捕捉对象时,两者之间的距离如果进入有效范围,即产生捕捉效果。

【图元块默认大小】:设定图元对象的默认大小。该项选中时,在版面上使用图元工具进行图元的绘制,单击版面则以设定的大小进行绘制。

三、文本

偏好设置里【文本】选项如图2–5所示。

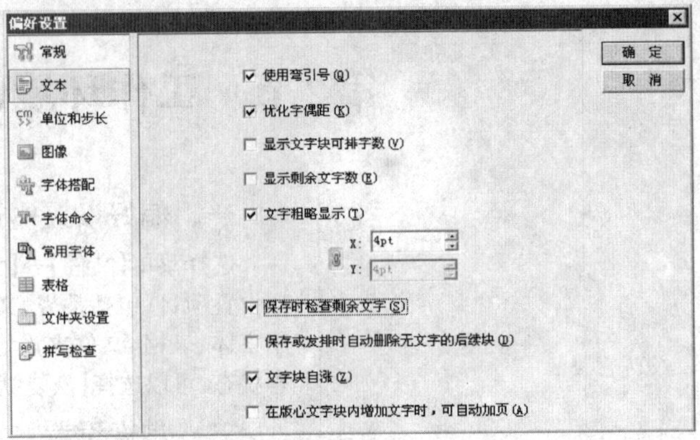

图2–5

【使用弯引号】:排版时通常需要将小样文件中的直引号转为弯引号。例如选中【使用弯引号】,则排入文字小样或输入文字时,把文件里的直引号自动转为弯引号,引号前面带有空格,则转为左引号(【),引号前面没有空格则转为右引号(】)。此外,用户在英文输入状态下,可以输入弯引号。

【优化字偶距】:利用方正飞翔优化的参数文件控制英文字体的字偶距(Kerning),以达到更美观的英文排版效果。

【显示文字块可排字数】:在空文字块上显示文字块可以容纳的字数,不选中该选项,则不显示空文字块的可排字数。

【显示剩余文字数】:当文字块无法容纳所有文字时,显示未排完文字字数。

【文字粗略显示】:缩放显示时,当屏幕显示字号缩小到指定字号时,以矩形条方式显示文本。在文字数量相当多时,如大版面的报纸等设置合适的粗略显示字号可以提高显示速度。

【保存时检查剩余文字】:保存文件时遇到文件里有未排完的文章,则弹出提示。不选中该选项,则保存文件时不检查是否有未排完的文章。

【保存或发排时自动删除无文字的后续块】:保存或输出文件时,如果文章的后续块为空文字块,则自动删除该空文字块。

如果版面中要保留空白的续排文字块,可在空白块中加入几个空格,这样才不会被删除。

【文字块自涨】:勾选此项,当文字块中排不下内容时,文字块会自动加行。

【在版心文字块内增加文字时,可自动加页】:勾选此项,当文字块在一页中排不下内容时,会自动进行加页。

❖ 字偶距说明

字偶距是特定的两个英文字符之间的间距。例如A和V,由于A和V的形状问题,在同等的字号和字距下,A和V在一起时,感觉它们之间的距离比其他字符之间的距离大,所以当它们在一起时,系统自动把距离调小一点,这样看起来更加美观。每一款字体里面也都有自己的字偶距,如果用户觉得该款字体本身的字偶距更美观,也可以不启用“优化字偶距”。

❖ 文字块自涨说明

文字块自涨也能控制文字流中的文字盒子(锚定对象)自涨。

四、单位和步长

偏好设置里【单位和步长】的选项如图2–6所示。

❖ 键盘步长

在使用键盘进行大量的块位置调整时，设置合适的键盘步长，能够大大提高效率。

❖ 单位说明

界面上所有编辑框内可以直接输入单位，“5.25Pt”、“12.23mm”等。

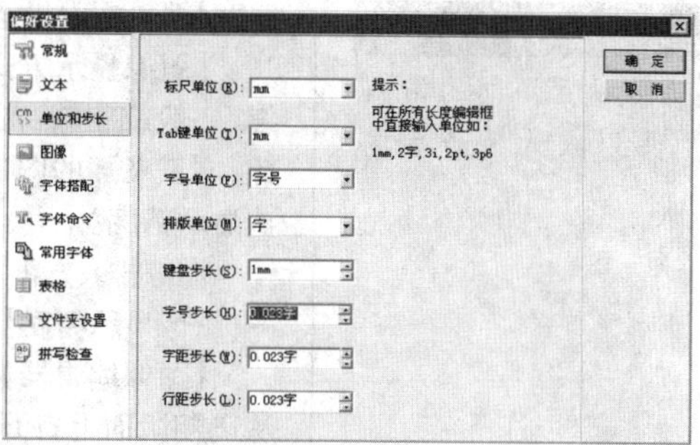

图2-6

排版时默认使用偏好设置里的【单位和步长】，可以设定的内容包括标尺单位、Tab键单位、字号单位、排版单位、键盘步长和字号步长等。

【标尺单位】：即版面上标尺的单位，也可以将鼠标置于标尺上，单击右键，在右键菜单里修改标尺单位。

【Tab键单位】：指定Tab键标尺单位。

【字号单位】：指定默认字号单位。

【排版单位】：包括字距单位、行距单位、字母间距单位、段落缩进单位（段首、悬挂）、段前/后距单位、左/右缩进、沿线排版中字与线的距离、装饰字、段落装饰的离字距离、分栏的栏间距。

【键盘步长】：使用键盘对版面元素进行微调时的步长，包括移动光标、微调对象位置等，按下“Ctrl”键时移动1/10步长，按下“Alt”键时移动10倍步长。

【字号步长】：通过快捷键微调字号属性时的步长，按下“Ctrl+8”键时以该步长缩小字号，按下“Ctrl+9”键时以该步长放大字号。

【字距步长】：通过快捷键微调字距属性时的步长，按下“Ctrl+‘+’”键时以该步长扩大字距，按下“Ctrl+‘-’”键时以该步长缩小字距。

【行距步长】：通过快捷键微调行距属性时的步长，按下“Alt+‘+’”键时以该步长扩大行距，按下“Alt+‘-’”键时以该步长缩小行距。

五、图像

偏好设置里【图像】的选项，如图2-7所示。

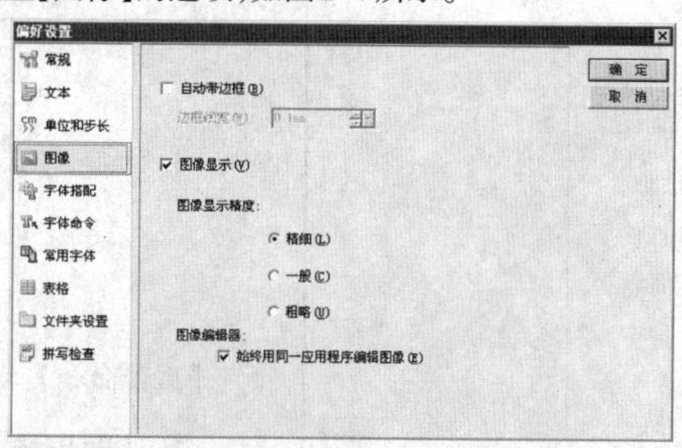

图2-7

【自动带边框】：灌入图像时自动为图像带边框，此时可以在【边框

> ❖ 图像显示精度
>
> 根据不同需要设置不同的图像显示精度，可以大大提高显示效率。

线宽】编辑框内指定线宽。不选中该选项，则排入的图像边框为空。

【图像显示方式】：图像排入方正飞翔时默认的显示精度，可选择精细、一般或粗略。图像显示精度越高，图像越清晰，操作速度越慢。因此，方正飞翔的图像显示精度分等级，用户可以根据需要选取合适的默认显示精度。

图像排入方正飞翔后，可以单独修改选中图像的显示精度，选择【显示】→【图像显示精度】，即可在二级菜单下选取需要的显示精度。

【图像编辑器】：始终使用同一应用程序编辑图像。该选项用于控制从飞翔版面上打开图像的程序。选中该项，则选中图像，单击【编辑】→【启动图像编辑器】后，用同一应用程序打开图像。

六、字体搭配

偏好设置里【字体搭配】的选项如图2-8所示

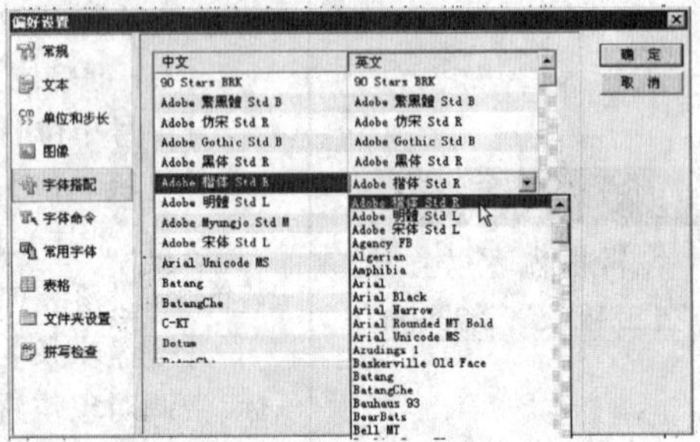

图2-8

每一款中文字体对应一款英文字体，双击【英文】列表栏里的某款字体，即可在弹出的字体下拉列表里，修改搭配的英文字体。当选取中英文混排的文字设置字体时，只需要设置中文字体，则英文字体自动设置为对应的英文字体。

七、字体命令

偏好设置里【字体命令】的选择，如图2-9所示。

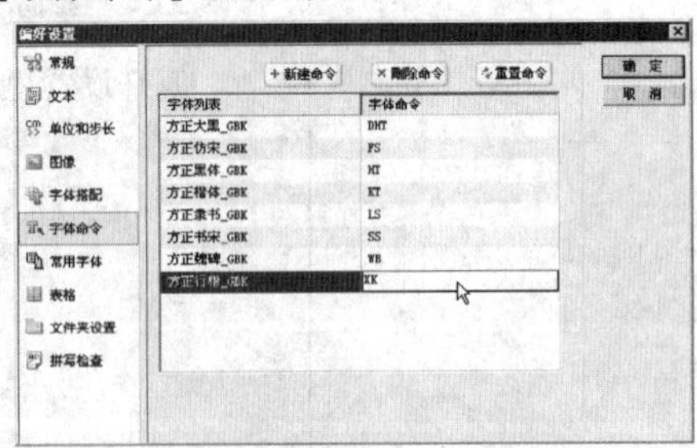

图2-9

【重置命令】：将字体命令恢复到安装后的初始状态。

八、常用字体

偏好设置里【常用字体】的选项，如图2-10所示。方正飞翔预留了6

个快捷键，用户可以指定对应的常用字体，设置字体时使用相应的快捷键即可。

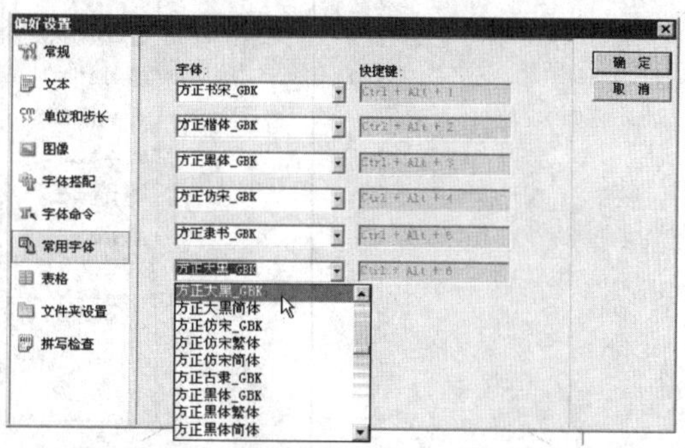

图2-10

九、表格 ★

偏好设置里【表格】的选项，如图2-11所示。

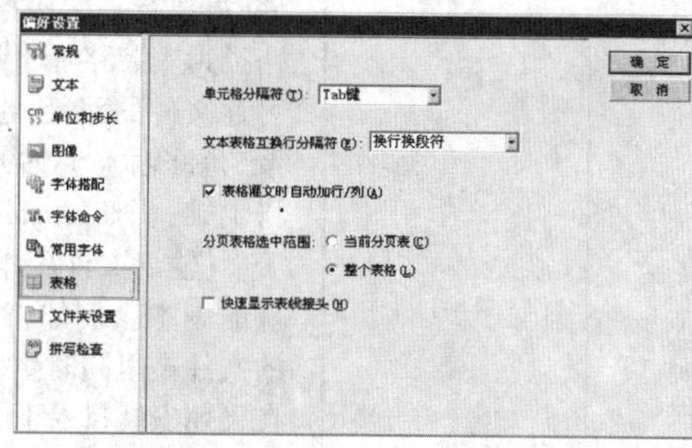

图2-11

【单元格分隔符号】：表格灌文、导出纯文本或者文本与表格互换时各单元格之间的分隔标记。方正飞翔默认以文本里的“\&”作为单元格的分隔符，根据不同情况，有时需要把它改为“Tab”。

【文本表格互换行分隔符】：版面上的文字块与表格互相转换时每一行的分隔符号。

【表格灌文时自动加行】：默认不选中此项，则表格无法容纳灌入的文字时，表格出现续排标记⊞。选中此项，则表格无法容纳灌入的文字时，将自动增加行或列排入文字。表格横排时在表格结尾处自动增加行，表格竖排时在表格结尾处自动增加列。

【分页表格的选中范围】：当表格为分页表类型时，在表格里按“Ctrl+A”键选中单元格范围。选择【当前分页表】，按“Ctrl+A”键时，只选中单元格所在的分页表；选择【整个表格】，按“Ctrl+A”键时，选中整个表格。

【快速显示表线接头】：当表线为双线或者其他线型时，表线接头需要特殊处理，此处选择是否对接头处进行快速显示。

十、文件夹设置

偏好设置里【文件夹设置】的选项如图2-12所示。

❖ 单元格分隔符号

- Excel等软件中单元格分隔符号一般为Tab符号。
- 其他软件一般情况下“Tab”为单元格分隔符，以“换行换段符”作为文本与表格互换行分隔符。

❖ 输出文件副本设定

- 有时输出文件存放在一个文件夹里，同时，要把这个输出文件保存到另一个文件夹作为他用，则可以使用此选项。例如：一个输出文件放在输出文件里用来输出。
- 同时在备份文件夹里输出一个副本，作为一个版本存档。

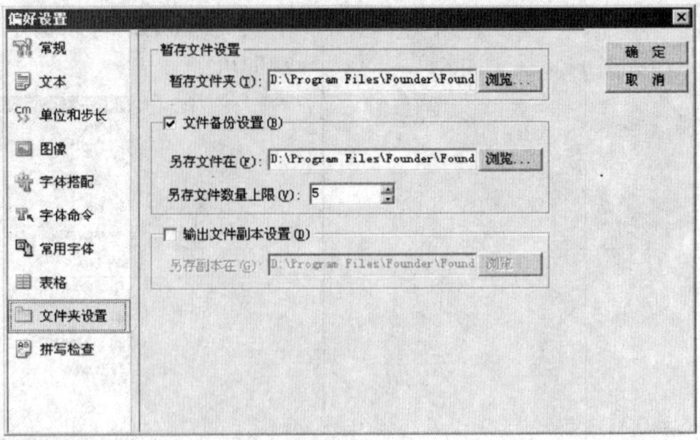

偏好设置

常规
文本
单位和步长
图像
字体搭配
字体命令
常用字体
表格
文件夹设置
拼写检查

暂存文件设置
暂存文件夹(T): D:\Program Files\Founder\Found 浏览...
☑ 文件备份设置(B)
另存文件在(F): D:\Program Files\Founder\Found 浏览...
另存文件数量上限(V): 5
☐ 输出文件副本设置(Q)
另存副本在(G): D:\Program Files\Founder\Found 浏览...
确 定
取 消

图2-12

> ❖ 文件备份设定
>
> 通过文件备份设定功能，可以找回保存的某一时期的版本文件。

【暂存文件设置】：默认时，方正飞翔将运行过程中的暂存文件保存在安装路径下的temp目录里。用户可以指定新的保存位置。

【文件备份设定】：保存文件的同时，自动在指定路径下另存一份文件，每执行一次保存文件命令，即生成一个备份文件。另存文件的默认路径为安装路径下的document目录。用户可以通过【另存文件在】修改另存文件的路径，也可以通过【另存文件数量上限】设定另存文件的数量，允许输入0~9999范围内的数值。另外在备份文件所在的路径下还将生成一个Lastname.txt的文本文件记录哪个文件为最后版本。

【输出文件副本设定】：在输出文件的同时，另外自动创建该输出文件的副本。例如将当前版面输出为【Founder.PDF】，在输出副本所指定的文件夹里同时生成【Founder(副本).PDF】。输出文件副本的缺省路径在飞翔安装目录下，用户可以通过【浏览】更改输出路径和文件夹。

十一、拼写检查

【偏好设置】里【拼写检查】的选择，如图2-13所示。

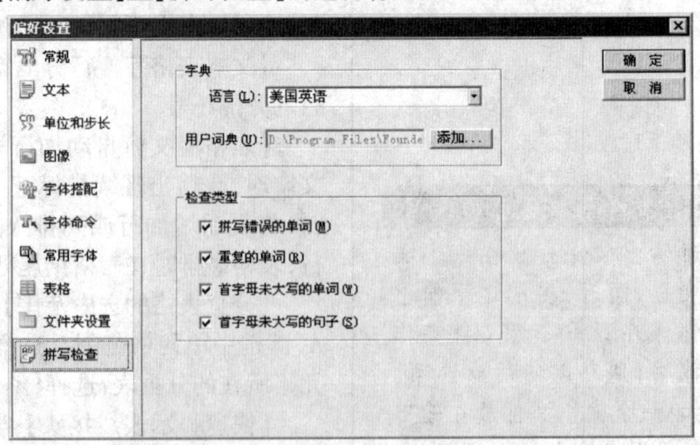

图2-13

系统默认对美国英语进行检查，用户可以改为其他语种。选择【文件】→【工作环境设置】→【偏好设置】→【拼写检查】，在“字典”里选择需要检查的语言即可。

在【检查类型】选项组里，用户还可以选择关闭一些检查，以加快版面检查的速度。

第3节　键盘快捷键

> ❖ 熟悉快捷键的使用
> - 不必记忆所有的快捷键，初学时，只要把最常用的反复练习就足够用了。
> - 根据个人排版习惯的不同，常用快捷键可能有所不同。

一、键盘快捷键界面浏览

单击菜单【文件】→【工作环境设置】→【键盘快捷键】，如图2–14所示。

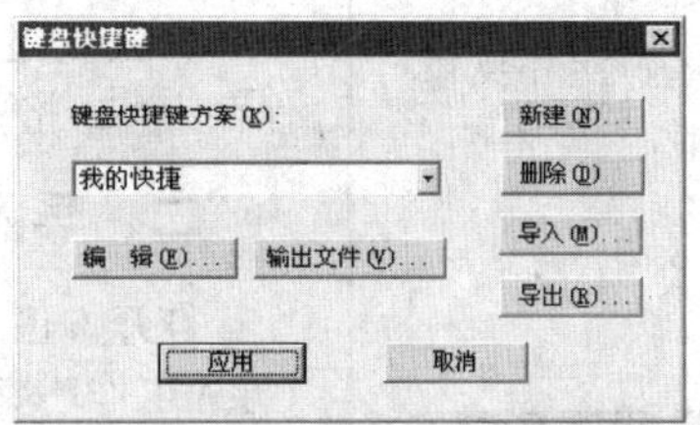

图2–14

> ❖ 编辑快捷键对话框信息
> 通过“已经分配给”显示的内容可以查看指定的快捷键是否跟现有的快捷键重复。如果用户希望覆盖已有快捷键，可以直接单击【确定】。然后在“是否继续分配”的提示框内单击【是】即可。

二、键盘快捷键常用操作 ★

(1)单击【新建】按钮，可以以某个快捷键方案为基础建立新的快捷键方案，如图2–15所示。

(2)单击【导入】按钮，可以导入定义好的键盘快捷方案文件。

(3)单击【导出】按钮，可以导出定义好的键盘快捷方案为一个文件。

(4)单击【编辑】按钮，可以编辑修改当前快捷键设置。

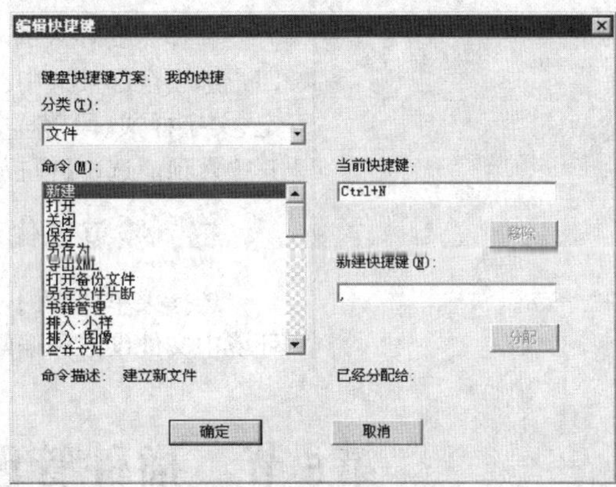

图2–15

(5)单击【输出文件】按钮，可以把当前快捷键设置输出为一个TXT文件，从中可以查看所有快捷键设置。

第4节 导入/导出工作环境

❖ 统一的环境设置

- 对同一类版面进行操作时，应该使用相同的环境设置参数，这样才能保证在不同的机器上排版得到相同的结果。
- 利用导出和导入工作环境操作，完成此类工作。

❖ 导出环境参数说明

*.set格式的文档包含文件设置及偏好设置(包括灰版下的所有设定)、文字样式、段落样式、复合字体、色样、颜色和模板。如果模板下没有用户自定义的模板，仅仅是系统初始安装后的自带模板或默认值，则模板内容不导出。

一、导出工作环境

在方正飞翔里，不打开任何文件情况下，可以通过【导入/导出工作环境】，将一台机器上设定的参数整体复制到其他机器上，搭建统一的工作环境。方正飞翔工作环境包括的功能有：文件设置、偏好设置、灰版下的所有设定、文字样式、段落样式、复合字体、色样、颜色、模板。

灰版下，选择【文件】→【建立工作环境】→【导出工作环境】，将环境保存为*.set格式的文档。

二、导入工作环境

打开方正飞翔后，在灰版下，选择菜单【文件】→【建立工作环境】→【导入工作环境】。

选择要导入的*.set文档，单击【确定】按钮，如图2-16所示。

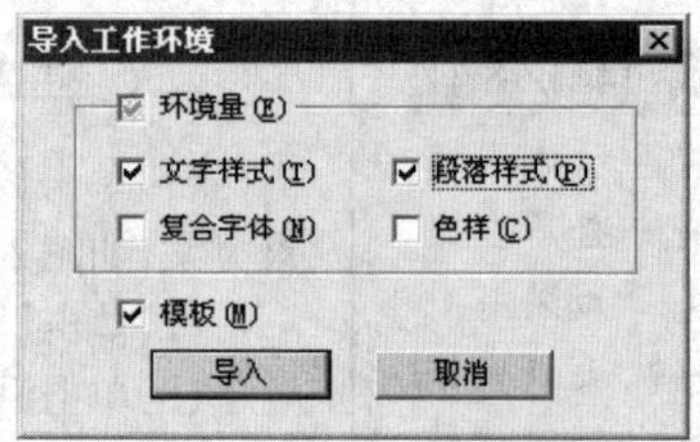

图2-16

选择需要导入的功能，单击【导入】即可。选中【环境量】，则该组的四个选项全部被选中，导入的内容包括文件设置、偏好设置、灰版下的设定、文字样式、段落样式、复合字体、色样，也可以取消该选项，单独选中其中几项。选中【模板】，则导入模板。

三、恢复工作环境

选择菜单【文件】→【建立工作环境】→【恢复工作环境】，即可将工作环境中文件设置和偏好设置恢复到飞翔安装后的初始状态。

第5节 插件管理

一、插件管理界面浏览

单击菜单【插件】→【插件管理】，弹出【插件管理】对话框，如图2-17所示，在【插件列表】中列出了方正飞翔已经安装的所有插件。单击某个插件，会在【插件信息】里显示该插件的基本信息。

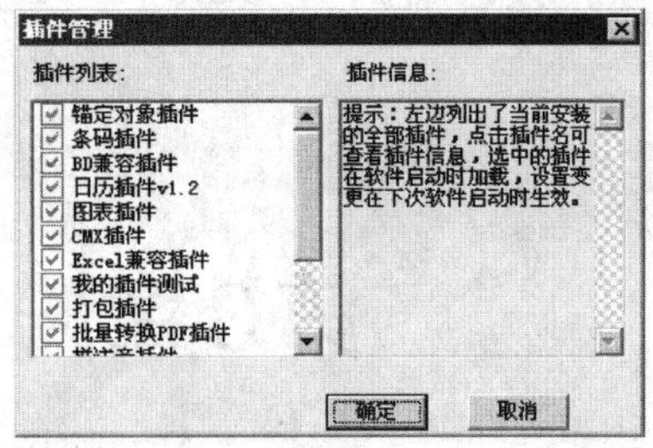

图2–17

二、插件管理操作

选中插件,即表示启用;不选中插件,表示关闭插件。完成设置后,重新启动飞翔,插件管理的设置生效。

第6节 字心字身比设置

❖ 多种风格的字心字身比

- 字心字身比设置是指保持字体占位大小不变,修改字体的外形大小。
- 如果要使用方正书版S92风格的字心字身比则要设置为92.5%,MPS风格则设置为98%。

一、设置一款或者多款字体的字心字身比

选择菜单【文件】→【工作环境设置】→【字心字身比设置】,如图2–18所示。

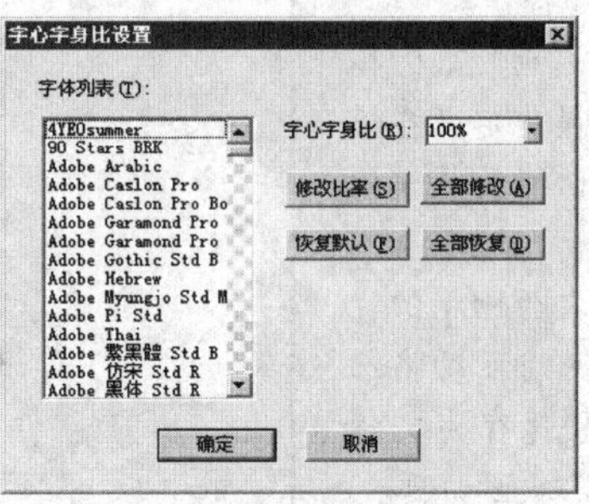

图2–18

在字体列表里选择需要设置比例的一款字体,例如选中“方正书宋”。按住“Ctrl”键或者“Shift”键可以选择多款字体。

在【字心字身比】编辑框内输入想要设置的比例,例如98%,点击【修改比例】按钮,然后点击【确定】按钮即可完成修改。

二、设置所有字体的字心字身比

如果需要对所有字体均设置为98%的比例,可以在【字心字身比】编辑框输入比例,然后点击【全部修改】即可。

三、恢复字心字身比设置

在【字心字身比设置】对话框里单击【全部恢复】即可将恢复所有字体的字心字身比。单击【恢复默认】则仅恢复选中字体的字心字身比。

第3章　文件操作

本章主要讲解了方正飞翔排版软件新建文件、保存文件、另存为片断文件、导出XML文档、关闭文件、打开文件、文件合并和灾难恢复等文件操作，也介绍了文件的版面设置。

第1节　文件操作入门

❖ 方正飞翔文件种类

- **排版文件**：后缀名为*.ffx的方正飞翔文件，用于排版。
- **模板文件**：后缀名为*.fxt的模板文件，将常用操作定义在模板文件里，需要时直接从模板新建文件。
- **片断文件**：后缀名为*.fsp的片断文件。方正飞翔可以将选中的版面块对象保存为文件片断，使用时置入版面即可。
- **PDML文件**：后缀名为*.pdml。PDML文档是XML压缩页面描述文档。
- **XML文件**：后缀名为*.xml的XML文件。XML使用一系列简单的标记描述版面数据，是当前处理结构化文档信息的有力工具。

一、建立文件

选择菜单【文件】→【新建(Ctrl+N)】或单击工具条上图标，如图3-1所示。

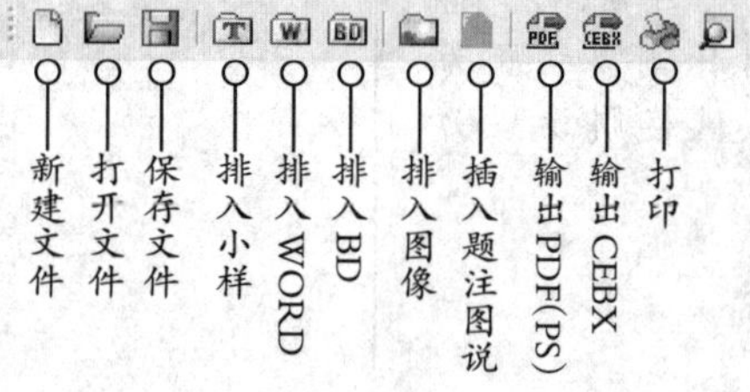

图3-1

弹出【新建文件】对话框，如图3-2所示，可以设置版心参数后，单击【确定】按钮即可进入版面。

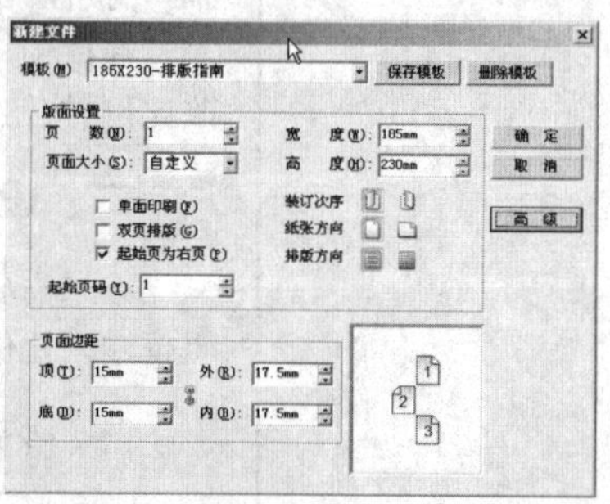

图3-2

在【新建文件】对话框上，按【确定】按钮前，执行【保存模板】，则弹出

❖ 片断文件

- **保存片断文件**

  菜单命令：【文件】→【另存文件片断】，弹出【另存文件片断】对话框。

  选中1个或多个版面对象，执行【保存命令】，保存为片断文件。

- 不能将页码块和提示线保存为文件片断。
- **排入片断文件**

  菜单命令：【文件】→【排入】→【图像（Ctrl+Shift+D）】，排入图像对话框里，文件类型选择“*.fsp”，也可以从Windows资源管理器里拖动到方正飞翔当前文件里。

- **打开片断文件**

  文件片断可以作为一个独立的文件打开，文件页面大小为导出的所有对象的共同外边框大小。

❖ 版面设置

- 自动调整版心：已知页面大小和页面边距，或者已知页面大小和版心宽高尺寸，从而自动调整版心大小。
- 自动调整边距：已知页面大小和版心的栏宽、栏数、栏间距、行数、行间距，自动调整页边距。

【新建模板】对话框，如图3–3所示。

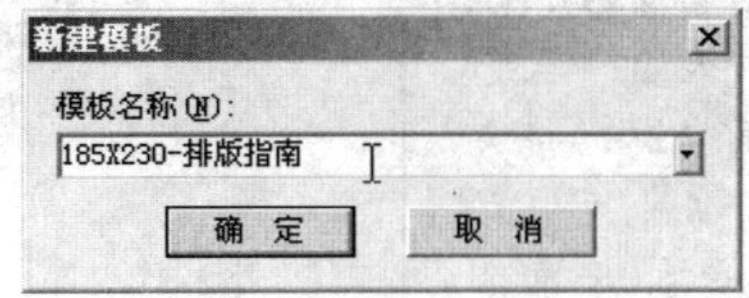

图3–3

可以把定义好的新建文件参数保存起来，起个模板名称存进模板列表里。以后新建同类型文件时，可以调出模板参数。

二、版面设置

1. 版面结构说明

新的文件开始排版前，首先根据版式要求，设定版面大小、页面边距等参数。在方正飞翔里，选择【文件】→【版面设置】，可以设定版面大小、版面边距等常规参数，也可以设定背景格、默认字属性、输出标记和出血。方正飞翔还可以将版面参数定义为模板，下次使用时直接使用模板即可。

版面边框线如图3–4所示，由内至外，依次为版心线、警戒内空线、页面边框、出血线。

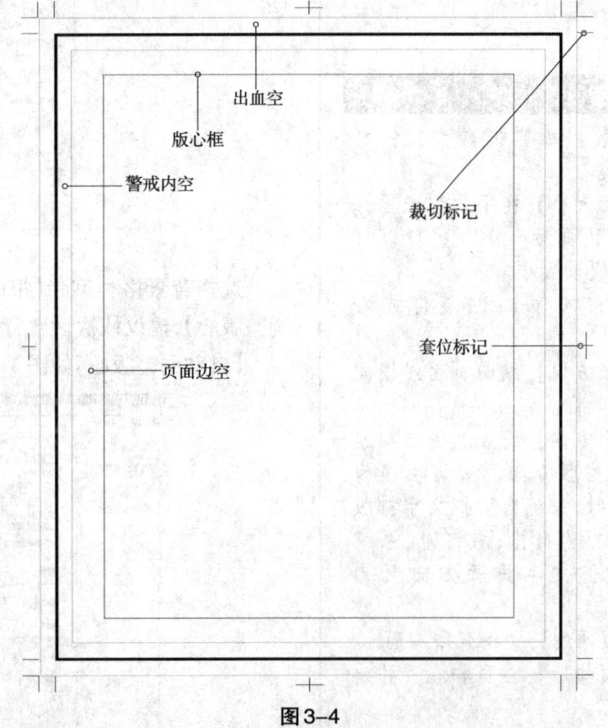

图3–4

2. 常规

选择菜单【文件】→【版面设置】，弹出【版面设置】对话框，选择【常规】标签，如图3–5所示，可以设置版面大小、页面边距、装订次序、纸张方向，单面印刷、双页排版、起始页为右页等参数。

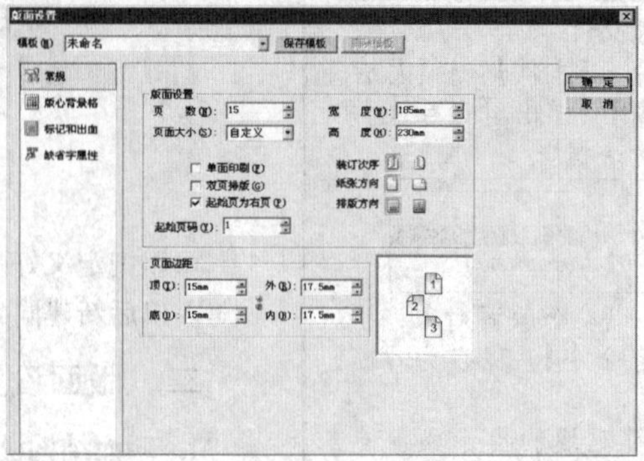

图3-5

3. 版心背景格

在【版面设置】对话框单击【版心背景格】标签，如图3-6所示，可以设置背景格类型和版心参数。

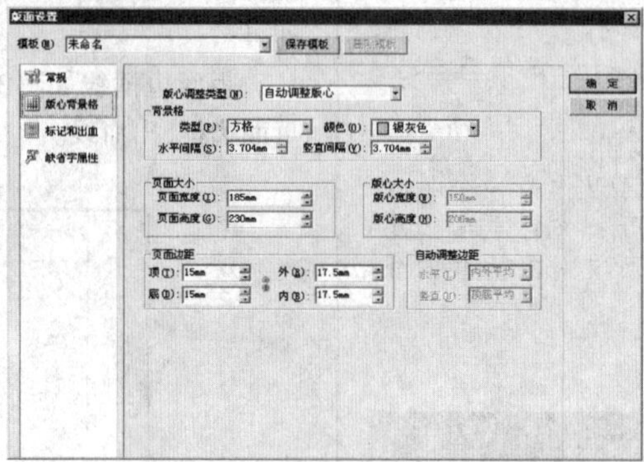

图3-6

选择背景格类型为【报版】或【稿纸】，并将版心调整类型设为【自动调整版心】，建议依次设置背景格字号、页面边距选项。

【自动调整版心】如图3-7所示。

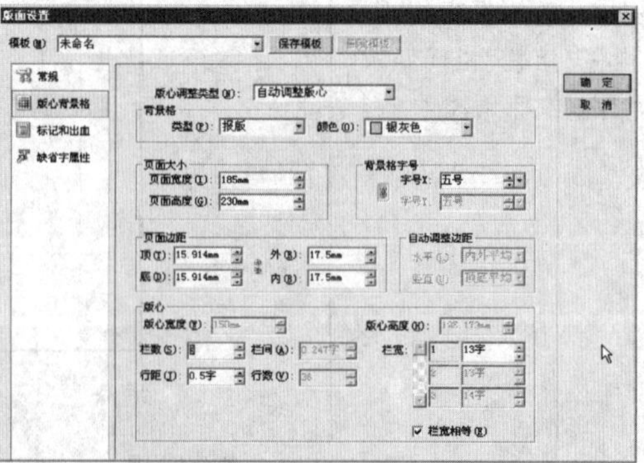

图3-7

【自动调整边距】如图3-8所示。

❖ 拖入方式打开文件

用户可以在文件列表窗口里选中文件，按住鼠标左键，将文件拖入方正飞翔里，也可以双击某个文件，快速打开单个文件。

❖ 打开文件参数

- **文件类型：** 打开飞翔文件，请在类型里选择*.ffx。文件类型列表里*.fsp是方正飞翔的文件片断，*.fxt是方正飞翔的模板文件。
- **预览：** 选中【预览】，则可以查看选中文件第一页的内容。
- **文件信息：** 单击【文件信息】按钮，可查看文件相关信息。

❖ 版面设置常规

- 【页数】：编辑框内为文件总页数。
- 【页面大小】：在下拉列表里选择默认页面大小。也可以自定义页面大小。
- 【装订次序】：左装订或右装订。
- 【纸张方向】：纵向页面或横向页面方向。
- 【排版方向】：设置文件文字默认的排版方向。装订次序为左订时，系统自动把文字排版方向置为横排；右订时，系统自动把文字排版方向置为竖排。
- 【单页印刷】：文档只印一面。
- 【双页排版】：左页和右页并列排版。
- 【起始页为右页功能】：主页为双页时，右页为起始页，否则左页为起始页。

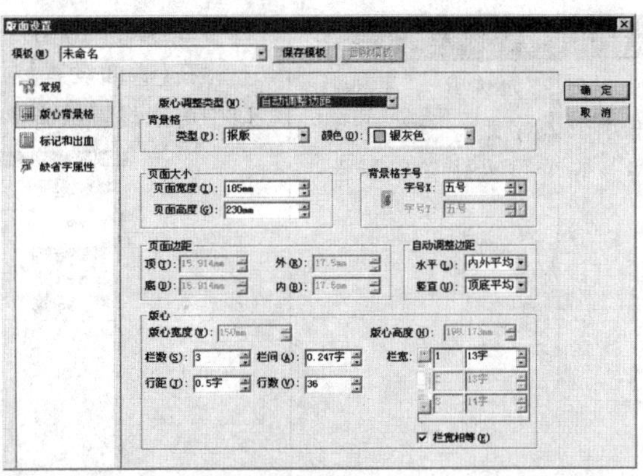

图3–8

选择背景格类型为【方格】或【方点】，并将版心调整类型设为【自动调整版心】，如图3–9所示。设置【页面大小】，并设置【边距大小】，系统自动计算【页面版心】。

> **❖ 同时编辑多个文件**
>
> 方正飞翔支持同时打开多个排版文件，可以在这些打开的文件里互相复制、粘贴排版内容。

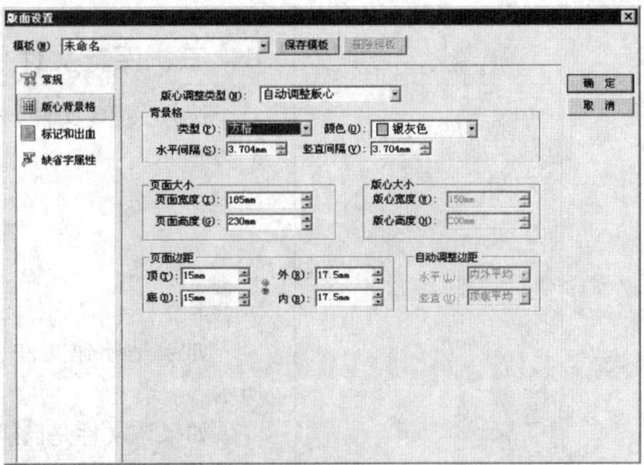

图3–9

4. 标记和出血(图3–10)

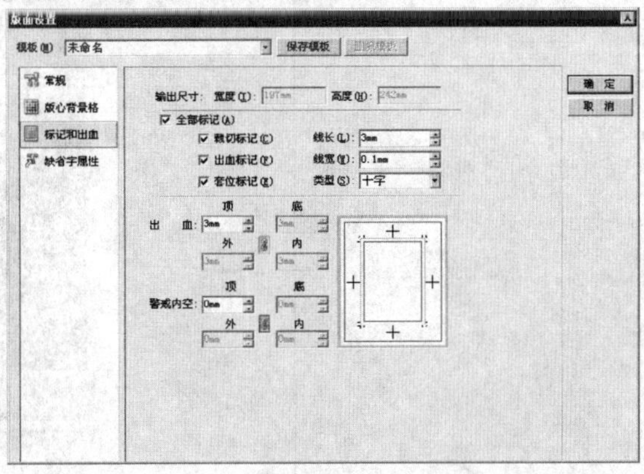

图3–10

> **❖ 标记和出血**
>
> - 【输出尺寸】：即页面的实际输出时胶片所需的最小尺寸，包括出血在内。该数值仅显示给用户参考用，不可修改。
> - 【设置标记】：设置裁切标记、出血标记、套位标记等，一般情况下，线长设置为3mm即可。
> - 【出血值】：为防止由于印刷时产生的误差导致裁切时裁掉成品内容，可在原有成品尺寸外四周加上出血空。
> - 【警戒内空】：文字警戒线位于页面框的内侧。

❖ 缺省字属性

某些操作时，如恢复字属性、编辑框中录入字距、行距、背景格字号等单位由缺省字属性决定。

5. 缺省字属性

在【版面设置】对话框单击【缺省字属性】标签，如图3–11所示，在窗口中可以设置缺省字的字体、字号、字距和字间、行距和行间等属性。

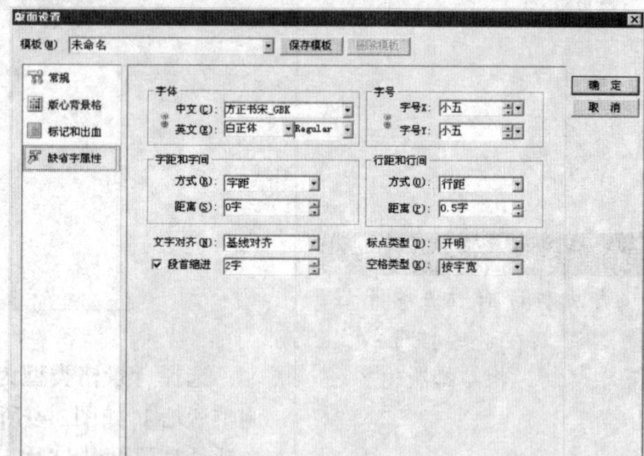

图3–11

三、保存文件

选择菜单【文件】→【保存(Ctrl+S)】或点击工具条中的图标，如图3–12所示。

图3–12

如果是新建文件，尚未保存，将弹出【另存为】对话框，如图3–13所示。

如果该文件是已经保存过的排版文件，则直接执行保存命令，将当前最新结果保存到文件里。

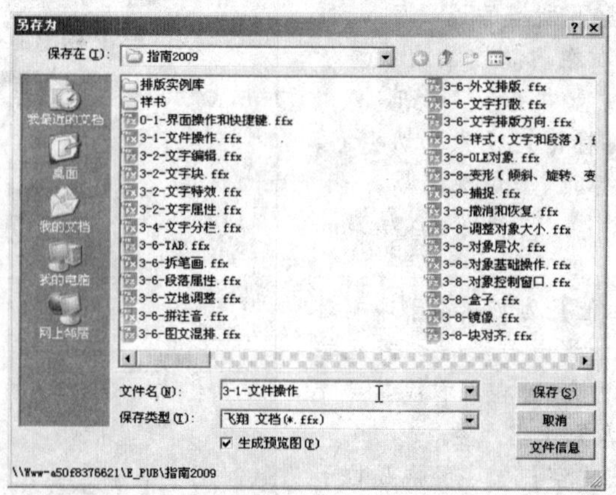

图3–13

保存为模板文件：在【另存为】对话框里，保存类型(T)，如果选择

飞翔 模板文档 (*.fxt),则保存文件类型为方正飞翔模板文件。

四、关闭文件

选择菜单【文件】→【关闭(Ctrl+ F4)】,则关闭文件。

右上角菜单栏中的 关闭窗口【关闭】按钮 ,用于关闭当前打开的文件。如果当前编辑的文件未经保存,则出现提示对话框,如图3–14所示,询问是否先保存然后关闭。选择【是】,系统将执行【保存】命令来保存文件的修改;选择【否】,文件将不保存而被立即关闭;选择【取消】,则不会关闭文件,直接返回版面。

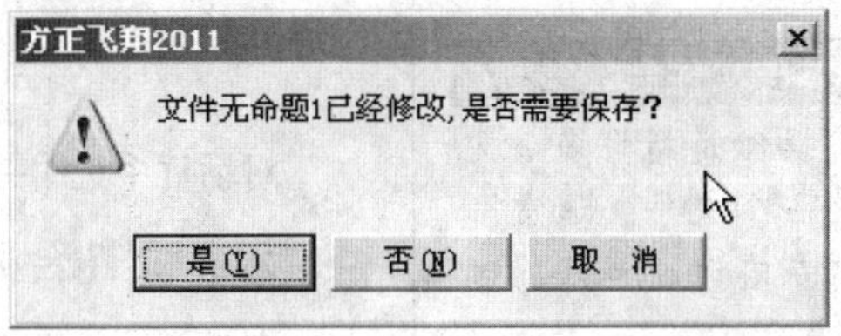

图3–14

五、打开文件

选择菜单命令:【文件】→【打开(Ctrl+O)】,或者单击工具条中的按钮,弹出【打开】对话框,如图3–15所示。在列表框中选择要打开的方正飞翔文件,按住“Ctrl”键或“Shift”键可选择多个文件,点击【打开】即可打开选中的文件。

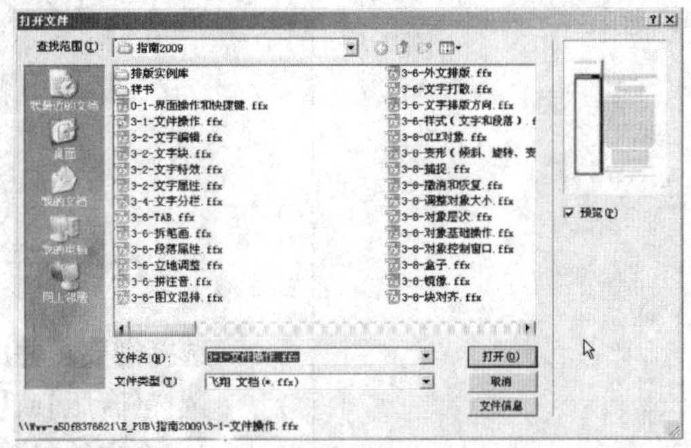

图3–15

如果在环境设置菜单命令中,设置了菜单【文件】→【工作环境设置】→【偏好设置】→【文件夹设置】选项,如图3–16所示。

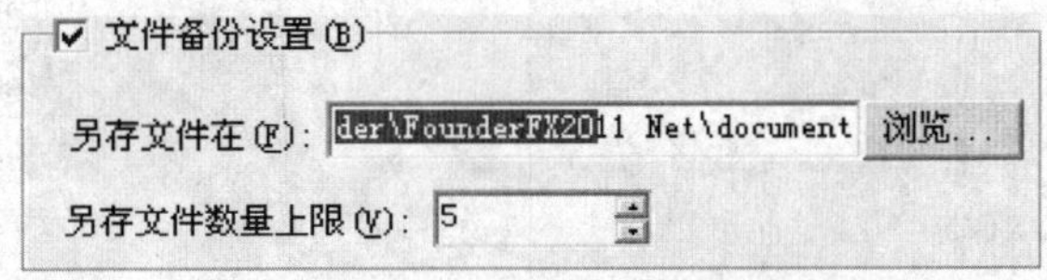

图3–16

以后可以用菜单【文件】→【打开备份文件(U)】打开备份文件对话

❖ 报版背景格设置

- 版心调整类型设为【自动调整版心】。
- 设置背景格字号:背景格字号是基本的排版单位,决定版心大小的参数,如分栏、行数和行距均以背景格字号为单位。
- 【版心】选项组参数:由背景格分栏数、栏间、栏宽、行数和行距决定版心大小。
- 行距和行数:按背景格字号大小指定行数及行距。
- 版心宽度和版心高度:根据设置的栏数、栏间、栏宽、行距和行数,自动调整该编辑框的数值。
- 设置页面边距在【页面边距】选项组里设置四个边距值。
- 版心调整类型还可以设为【自动调整边距】。

❖ 方格或方点背景格设置

水平间隔或竖直间隔设为相同的数值,如10mm或1mm等,如果设置了捕捉背景格,则可以进行整毫米单位的捕捉,实现精确的排版布局。

❖ 备份文件

当存的文件由于某种原因打不开时,可以到备份文件夹中尝试打开备份文件。

❖ 灾难恢复和备份文件

- 灾难恢复和备份文件功能无关，灾难恢复时，备份文件不存在也能恢复。
- 建议使用备份功能做再次的安全文件存储，如果灾难恢复由于某种原因不能恢复时，则可以用打开备份文件方法恢复。

❖ 文件合并与文件合版

- 文件合并操作是指将多个文件合并为一个文件，通常用于排书或杂志时，多人同时排版的情况。
- 文件合版操作是指将多个页面合到一个页面上。

框，如图3–17所示。

图3–17

对话框中选中一个方正飞翔排版文件，点击【打开】按钮执行。

六、文件合并

文件合并与文件合版操作是在当前打开的文件上进行的。

选择菜单命令：【文件】→【合并文件】，弹出【打开文件】对话框，如图3–18所示。

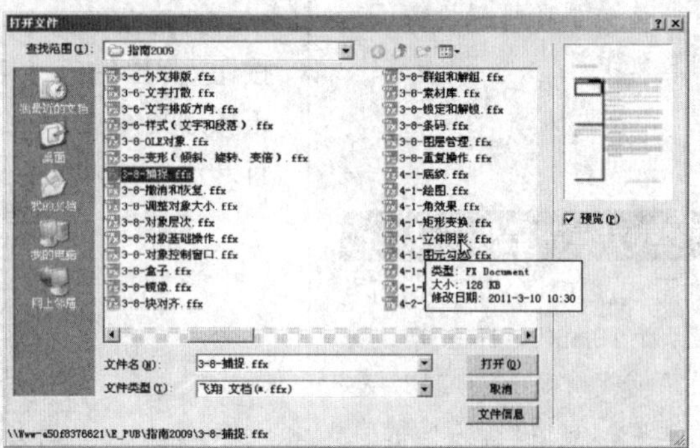

图3–18

选择需要合并的文件，单击 打开(O) ，弹出【文件合并】对话框。

选择【合版】或【合文件】，切换到不同的设置对话框进行操作。

1. 合文件参数设置(图3–19)

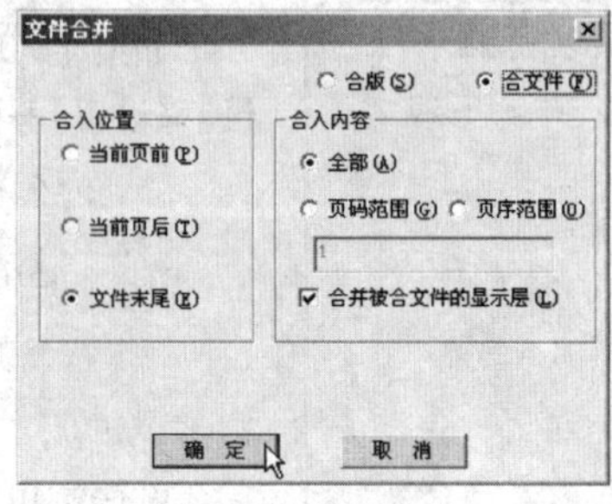

图3–19

合入位置：指定将文档合入当前文件的位置。

【当前页前】：合入内容插入当前页之前。

【当前页后】：合入内容插入当前页之后。

【文件末尾】：合入内容插入当前文件末尾。

合入内容：可以将合并文件的全部或部分页面合入当前文件。

【全部】：合入文件的所有内容。

【页码范围】：按【页码范围】或【页序范围】指定合入页面。例如【1,2】、【1-2】或【1,2-3】，书写时符号使用英文符号。

【合并被合文件的显示层】：不合并被合文档的隐藏层。

❖ 文件合并说明

- 合版或合文件时，当合入文件中某款字在当前版面中没有，即有缺字体的情况时，系统自动打开【字体管理】浮动窗口，提示缺字，参见字体管理。
- 合版或合文件时，若遇到同名的文字样式、段落样式或颜色色样时，系统自动给合入文件的样式命名。

2. 文件合版参数设置（图3-20）

在【文件合并】对话框里选中【合版】，可以在对话框上设置文件合版参数。

合入位置：指定将文档导入当前版面的位置。

【指定矩形区域】：选中的矩形图元，该选项被激活。选中该选项，则将合并文件指定页导入到矩形区域，并自动按照选中矩形区域的大小缩放。

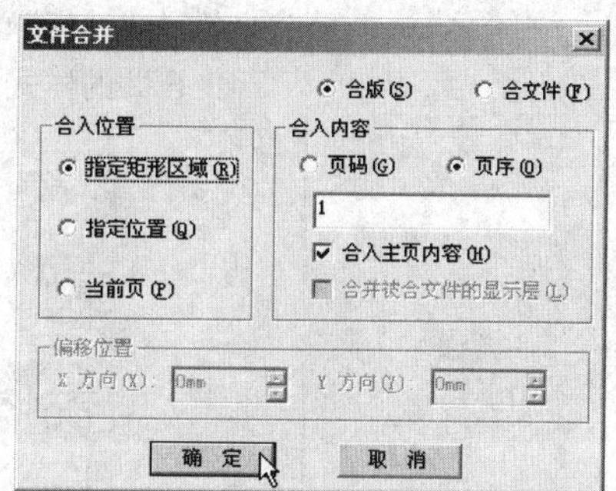

图3-20

【指定位置】：选择【指定位置】，在【文件合并】对话框，如图3-21所示，单击【确定】按钮后，光标变为▯，鼠标单击版面，即以该点为合入版面左上角位置，合入版面。

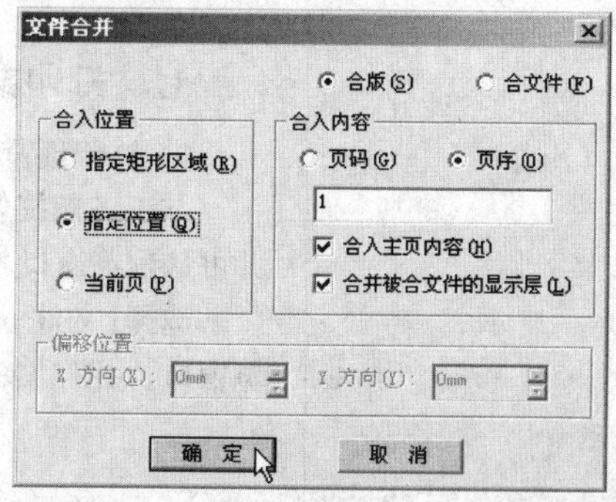

图3-21

【当前页】：在当前页插入合版内容。

> **❖ 文件合版说明**
>
> 合入位置：合入内容将与选中区域自动成组，并锁定位置。如果需要调整位置，可以选中成组对象，在右键菜单里选择【解组】和【解锁】。

合入内容：指定合入文档的第几页，以及是否合入主页、是否合入隐藏层。

指定页面：按【页码】或【页序】，在编辑框内输入合入的页面。注意编辑框只允许指定合入1个页面，输入多个页面无效。

【合入主页内容】：将被合文档的主页内容合并到当前文件。

【合并被合文件的显示层】：在【合入位置】选项组选中【指定位置】或【当前页】时，该选项置亮。选中该项，则仅合并被合文档的显示隐藏层，不合并隐藏层；不选中，则将被合文件的显示层和隐藏层全部合入进来。

偏移位置：在【合入位置】选项组选中【当前页】时，该选项置亮。在【X方向】和【Y方向】编辑框内输入数值，指定合入版面左上角在当前页的坐标值。X方向和Y方向值为0时表示当前页版心左上角。

3. 合并时的样式

合并时，相同样式的名称，如果样式设置完全相同，则不变。如下面一个文件的样式列表：要合并进来的第二个文件的样式列表，与第一个文件相同，但【标题1】这个样式的设置不同。如果两个文件的样式名称相同，样式设置不同，则自动为新增加进来的样式命名，如【标题1】为原来的样式，【标题1 拷贝】为第2个文件的样式。

合并的样式如图3-22所示。

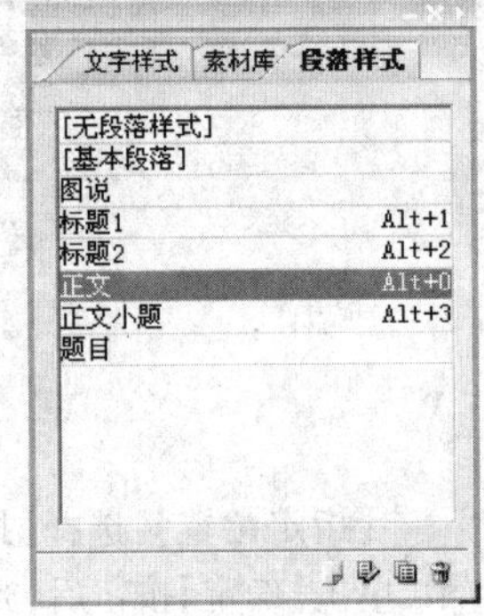

(a)合并样式前

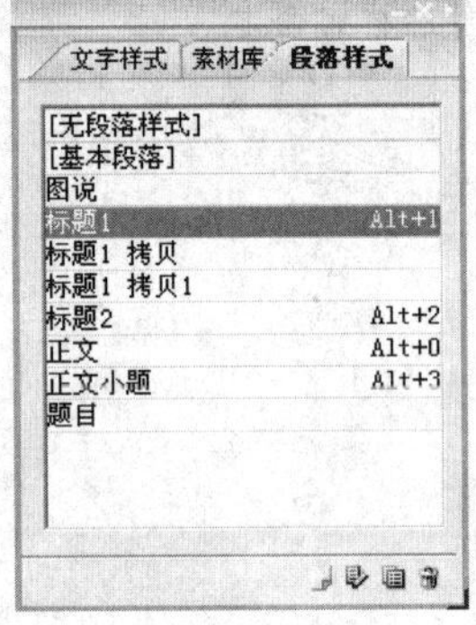

(b)合并样式后

图3-22

七、打印文件

1. 打印预览

方正飞翔提供打印预览的功能，可以通过打印预览查看排版结果，并可从预览窗口直接实现打印。

选择【文件】→【打印预览(F10)】，或单击工具条上的图标，进入预览窗口，如图3-23所示。

❖ 文件摘要

- 在排版过程中，可随时查看文件大小、保存路径、创建时间或作者等信息。选择【文件】→【摘要】，弹出【摘要】对话框，在文件摘要中，通过【版本号】和【构造号】可以查到该文件是采用方正飞翔哪个版本制作的。
- 在 Windows 资源管理器里，选中方正飞翔文件图标（*.ffx、*.fxt 或*.fsp），在右键菜单里选择【属性】，点击【信息】，可以查看上述文件信息。

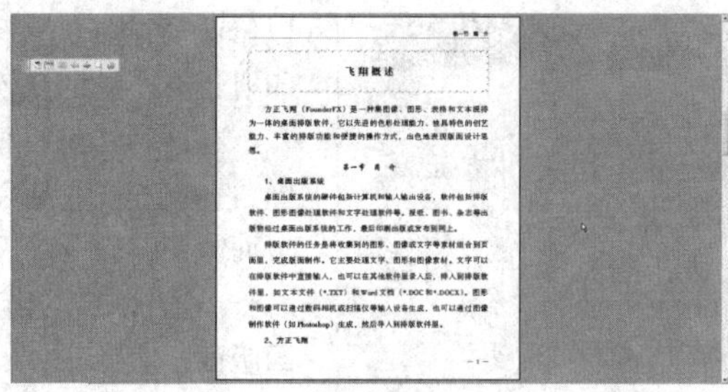

图3-23

2. 预览工具条

预览工具条如图3-24所示，可实现跨页预览、版面缩放、打印等功能。

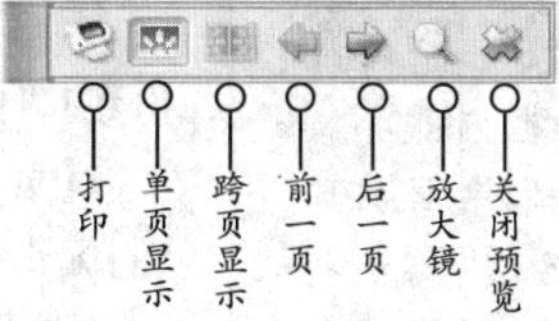

图3-24

打印：单击【打印】按钮，弹出【打印】对话框，设置打印参数后即可将版面打印到纸上。

单页显示：每个窗口只显示一个页面。

跨页显示：每个窗口显示两个页面，只有在【版面设置】里选中【双页排版】，才能激活跨页显示按钮，否则该按钮置灰。关于【双页排版】的介绍，参见版面设置。

前一页、后一页：单击【前一页】或【后一页】按钮可实现翻页。当按钮置灰时，表示已经翻到文档首页或尾页。

放大镜：选取放大镜，点击到页面上，则页面在100%显示和适应窗口高度显示之间进行切换。

单击【关闭】按钮，或按"Esc"键，退出预览窗口，返回版面。

3. 打印文件

机器上连接打印机后，可以在方正飞翔里将文档直接打印到纸上。

执行【文件】→【打印(Ctrl+P)】，弹出【打印】对话框，如图3-25所示。

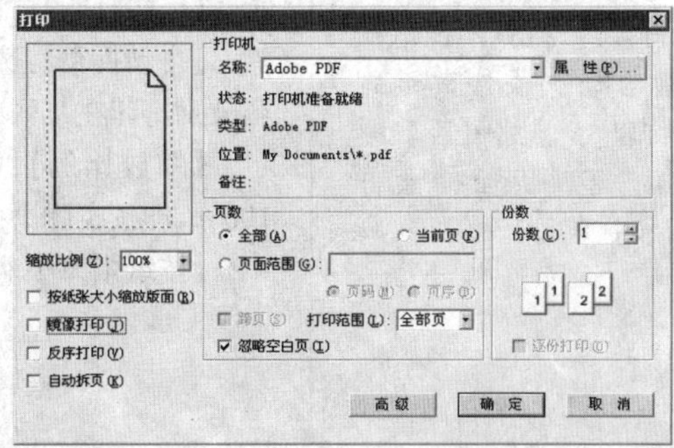

图3-25

在打印机名称下拉列表中选择合适的打印机。单击【属性】按钮，可以修改所选择的打印机属性，该属性设置由打印机自带，不同厂商的打印机带有不同的属性。

在【份数】编辑框内设置打印份数，并在【页数】选项组里选择打印范围，选择【全部】表示打印文件所有页面，选择【页面范围】即可指定打印页面范围。

单击【确定】按钮，即可开始打印。单击【取消】按钮，则取消打印，返回版面。

【打印】对话框其他选项介绍如下：

【逐份打印】：在【份数】编辑框内指定打印2份以上时，可以选择是否【逐份打印】。选中【逐份打印】，打印时首先将一整份文档打印完毕后，再打印第2份文档；不选中【逐份打印】，打印时首先将第1页按指定份数打印完毕后，再打印第2页。

【页面范围】：选中【页面范围】，选择【页码】或【页序】，并在【页面范围】编辑框内指定输出范围。

页面范围书写方式可以有多种，以下为几个例子。

(1)"1-6"表示打印第1页到第6页；

(2)"1,2,4,6"表示打印第1页、第2页、第4页和第6页；

(3)"1,2,7,8-10"表示打印第1页、第2页、第7页以及第8页到第10页的所有页面。注意书写时符号均为英文半角状态。

【跨页】：不选跨页，按单页打印。选中跨页，则【双页排版】时，将双页作为一个整体打印到纸上。关于双页排版的介绍，参见版面设置。

【打印范围】：在【打印范围】下拉列表里选择【全部页】、【奇数页】或【偶数页】。奇数页、偶数页表示只打印设定范围内的奇数页或偶数页。

【忽略空白页】：选中【忽略空白页】，则不打印空白页；否则，遇到空白页也正常打印。当选中【跨页】时，如果文档是双页排版，则将双页视为一个整体，整体为空才会被忽略。

【镜像】：【镜像】常用于硫酸纸打印，选中【镜像】，则版面打印到介质上时，从介质的背面看是正常的，同版面效果一样。镜像就相当于整个版面左右翻转一下(相当于方正飞翔的【垂直中轴线】镜像)。

【反序打印】：打印时按页序从后往前打印。

【自动拆页】：选中【自动拆页】，当版面大于打印的纸张时，版面的内容分别打印在几张纸上，直到打印完所有内容。

【缩放比例】：指定页面在打印时放大或缩小的比例。缺省值为100%，即按实际页面大小打印。

【按纸张大小缩放版面】：页面在打印时自动缩放，与纸张相适应。

❖ 打印

打印只作为普通校样使用，如果要精确校样，请使用方正高轻 RIP4.0 或方正写真彩色校样，或用方正畅流输出准确的样张。

❖ 打印驱动

- 如果在打印对话框内找不到连接的打印机，请检查该打印机是否采用了PS驱动，请将PS驱动换成PCL驱动后再运行打印。
- 打印前确保打印驱动正常，如果怀疑有问题，请使用打印驱动内的打印自检页功能检测。

❖ 缺图

打印如果版面上缺图，或存在修改过的图像（在其他软件里修改过原图像文件，在飞翔版面上尚未更新），则弹出提示框"此文件包含缺失或修改过的图，是否打印"，点击【否】则取消打印，返回版面；点击【是】则继续打印。

第2节　文件操作进阶

❖ 先进的灾难恢复

灾难恢复将会完美地恢复操作步骤，即使在操作过程中未做任何保存操作。

一、灾难恢复与备份

方正飞翔提供灾难恢复功能，即在排版过程中，遇到断电、死机等突发情况时，再次启动方正飞翔能恢复到文件退出时的编辑状态，防止丢失工作成果。

灾难恢复的操作：断电或死机后，再次启动方正飞翔，系统弹出【灾难恢复】对话框，询问用户是否恢复文件。选择【是】，即可恢复文件；选择【否】，则取消恢复。

二、文件预飞

对于安全生产，预飞功能非常重要，能够在输出前检查出一些可能产生错误的地方，同时可以生成预飞报告，以备用户查阅。

预飞前，要先打开一个文件，然后执行菜单命令：【文件】→【预飞】，弹出【预飞】对话框，如图3-26所示。

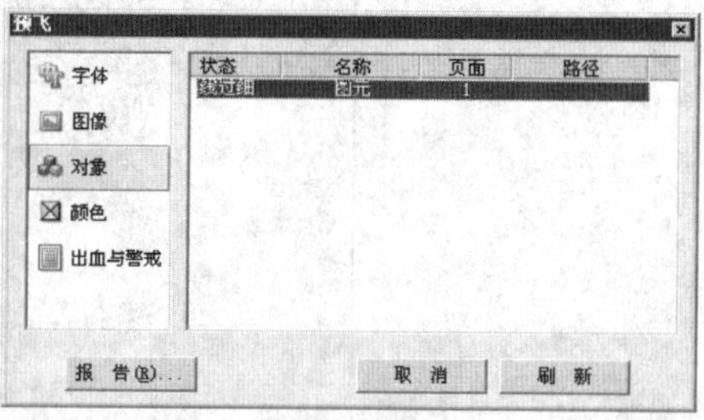

图3-26

鼠标双击窗口里列出的项目，可以跳转到该项目在文件中对应的位置。

单击【确定】按钮，则不保存结果，返回版面。单击【刷新】，则根据当前版面状态刷新预飞结果。单击【报告】，弹出【另存为】对话框，可以将预飞结果保存为文本文件。

【预飞】对话框显示信息如下。

【字体】：预飞时检查到文件中缺字体、缺字符、或存在字体受保护的状态，将在【字体】窗口中列出对应的字体名称、字体类型、【缺字体】等状态。

【图像】：预飞时检查到文件中缺图或图像被更新时，将在【图像】窗口中列出图像文件名、图像所在页面、图像文件的路径。

【对象】：预飞时检查续排文字块或表格块、空文字块、图压文、字过小、线过细和不输出的图层。【字过小】指字号小于2磅，【线过细】指线宽小于0.15磅。

❖ 检查内容

- 是否缺字体。
- 是否缺字符。
- 字体是否受保护。
- 是否缺图像。
- 是否存在出血。
- 是否存在续排。
- 是否存在空文字块。
- 是否字过小。
- 是否线过细。
- 是否存在图压文的状态。
- 是否使用了RGB颜色。

❖ 在其他软件中预检

在Adobe Acrobat中预飞PDF
在畅流中用预飞模块检查PDF

【颜色】:预飞过程中检查到文件中使用了RGB颜色时,在【颜色】窗口中显示采用了RGB颜色的对象、对象所在的页面,并显示采用RGB颜色的图像文件的路径。使用了RGB颜色的对象可以是文字、图元或图像。

【出血与警戒】:当预飞时检查到文件中有内容超越出血线或警戒内空时,将在【出血与警戒】窗口中列出该状态,并显示对应的页面。

三、打包操作

打包功能,可以把版面中的图片、排版文件等文件,同时还有能统计版面中用到的字体和图像等信息,将这些信息生成打包报告。

选择【文件】→【打包】,弹出【打包】对话框,如图3-27所示。

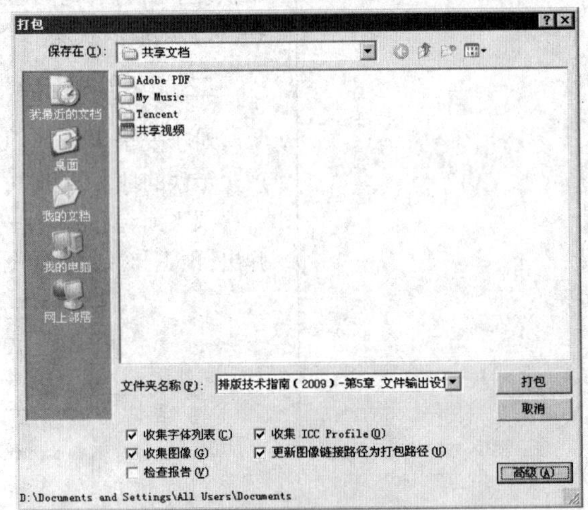

图3-27

选择一个存放打包文件的文件夹或创建一个文件夹。

执行【打包】命令,开始打包操作。

四、折手拼版操作

1. 常规

方正飞翔提供了【折手拼版】功能,可以直接输出印版。单击【文件】→【折手拼版】,弹出折手拼版对话框,如图3-28所示,可以选择拼版设置、拼版类型、拼版规格、拼版方式、活件页数、装订方式以及爬移量等,这里以一个8页骑马订的小册子为例进行范例操作。

❖ 打包选项

收集字体列表：生成*.txt 文件，里面存有列出版面中所用到的字体名称、使用状态、是否受保护等信息等。

- 收集图像：在打包路径下自动创建一个Image文件夹，用来存放收集到的版面中所有的图像文件。
- 更新图像链接路径为打包路径：选中【收集图像】后，激活此选项。选中此选项后，则打包所创建的飞翔文件副本里，其图像链接路径更新为打包路径下的Image路径。不选中此项，则图像路径保持原路径。

  说明：如果版面中缺图，则无论是否选中该项，缺图的图像路径不会改变。
- 检查报告：打包完成后立即打开*.txt格式的报告文件。
- 收集ICC Profile：打包时创建名为【ICC Profile】的文件夹，收集文件中使用的ICC Profile。

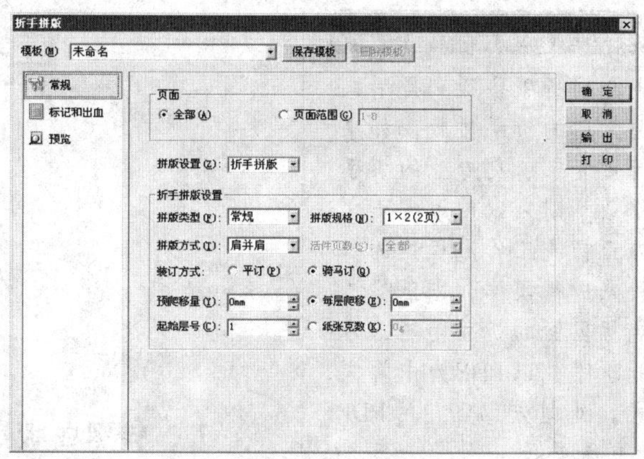

图 3–28

2. 标记和出血

在此，可以设置需要的标记和出血值，如图3–29所示。

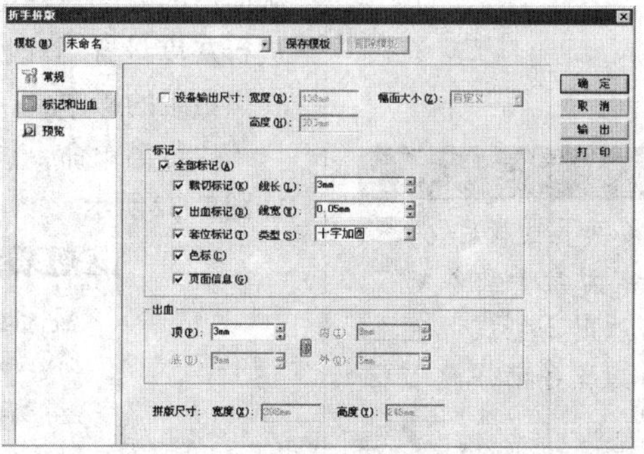

图 3–29

在预览中显示设置的效果，如图3–30所示。

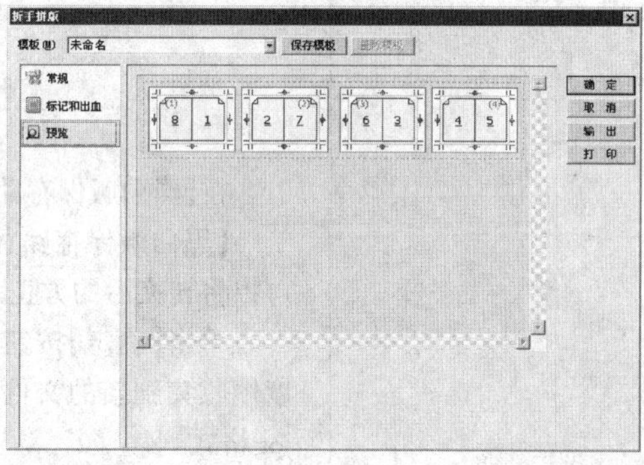

图 3–30

3. 折手输出

选择【输出】，可以生成PS或者PDF文件。在PS或者PDF文件里可以看拼版的效果，对于存储和传输文件非常方便。

打印出来的效果如图3–31所示，可以看到大版的正反页就是折手拼版的结果。

❖ 高级折手拼版

方正飞翔的折手拼版只是用来拼普通常用的折手拼版，如果要进行更复杂、更专业的折手拼版作业，则可以使用方正文合或方正畅流工作流程里的折手模块来进行操作，方正畅流工作流程里面的折手功能，号称万能折手，以PDF为中间文件格式，处理方正飞翔的PDF文件，效果更好。

❖ 注意事项

给文字加了彩色下划线后,如果将该文字块作为盒子插入到文字里,转黑白版时下划线颜色不会转换,此时建议手动修改下划线颜色。

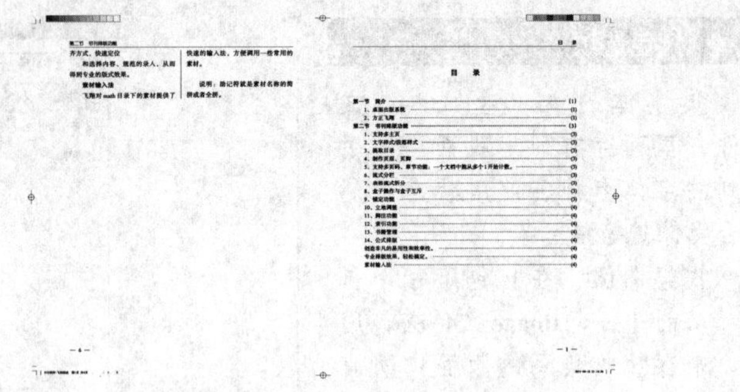

图3-31

五、转黑白版

出版物需要印刷为黑白(灰度)版面时,可以使用转黑白版的功能将原彩色版面的方正飞翔文件另存为一份黑白版面的方正飞翔文件,并将版面里的灰度图收集在新建的文件夹内。生成的黑白版文件可以打开,进行灰度设置、修改文字等操作。建议用户在完成排版后,输出前进行转黑白版的操作。

执行菜单命令【文件】→【转黑白版】,弹出【转黑白版设置】对话框,如图3-32所示。

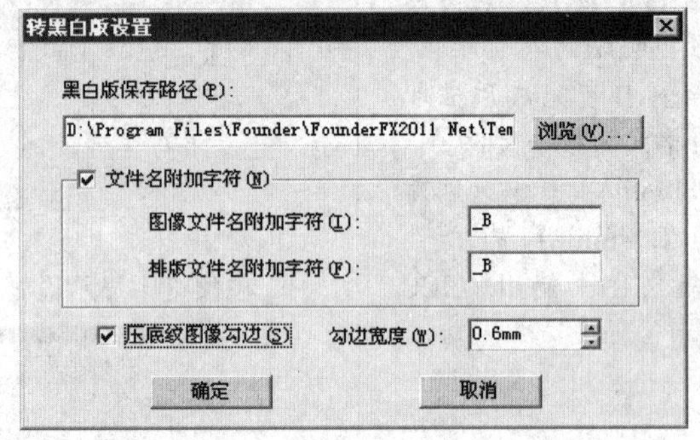

图3-32

在【黑白版保存路径】里设置保存路径,并设置其他选项。

【黑白版保存路径】:默认为方正飞翔安装目录的temp文件夹,用户可以将转换后的方正飞翔文件保存到新路径。

单击【确定】按钮,即可在指定路径下生成黑白版面的文件,并将灰度图收集到新的文件夹内。转黑白版时,将文字块转为全黑,灰度图为jpg格式。

【文件名附加字符】:选中【文件名附加字符】,在【图像文件名附加字符】编辑框内指定收集的黑白图像的文件名附加字符,如附加字符为“_B”,则黑白图像文件名为“*_B.jpg”。在方正飞翔【文件名附加字符】编辑框内指定黑白版方正飞翔文件名后添加的附加字符,如附加字符“_B”,则方正飞翔文件名为“*_B.ffx”。

【压底纹图像勾边】:选中该项,并在【勾边宽度】编辑框内设定勾边值，则对文字压在图像底纹上的部分勾边。

六、输出PS文件

执行【文件】→【输出(Ctrl+ Shift+ J)】，弹出【输出】对话框，在【保存类型】下拉列表里选择*.PS，如图3–33所示。

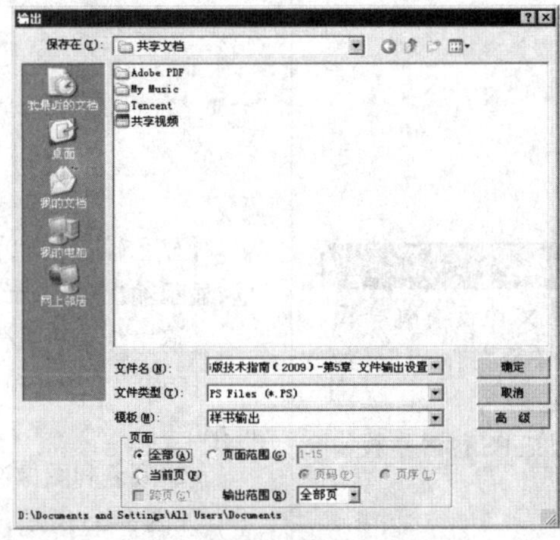

图3–33

1. 页面设置

【全部】：选择【全部】则输出所有页面。

【页面范围】：选择【页面范围】，可以按【页码】或【页序】，指定输出的页面，例如【1–2】、【1,2,3】、【1,2–5,6】。

【当前页】：输出当前正在编辑的页面。

【跨页】：双页排版时，【跨页】选项置亮，选中跨页，则双页输出。

【输出范围】：【全部页】即输出【页面范围】指定的所有内容；
【奇数页序】即可以输出奇数页；
【偶数页序】即输出偶数页。

【高级】按钮：可以在【输出PS选项】对话框里设置各种输出PS的参数。

【模板】输出：使用已经定义好的输出PS参数。

2. 输出PS选项

在【输出】对话框单击【高级】按钮，弹出【输出PS选项】对话框，如图3–34所示，该对话框包括【常规】、【颜色和图像】、【字体】和【标记和出血】4个窗口。

(1)常规选项卡

【忽略空白页】：输出时，忽略文件中的空白页，双页排版时，如果其中一页为空白页，则不会忽略空白页。

【预飞】：选中此项，输出时将用预飞功能检查排版文件。

❖ 输出注意事项

- 输出PS后，如果图片没有包含进PS文件里，就不要再编辑图片文件了，否则输出PS时，RIP会报错。只要对图片进行了编辑，就要使用方正飞翔输出一次PS文件。
- 图片文件编辑一次，方正飞翔就要重新输出一次PS。

❖ 注意：忽略空白页

- 空白页也是排版的一部分，排版时，要保证任何一个空白页都是有意义的，页面不要有多余的空白页，如果有，请手工删除。尽量不要选中“忽略空白页”选项。
- 如果选中“忽略空白页”，某些空白页又想保留，可以在空白页中录入几个空格。

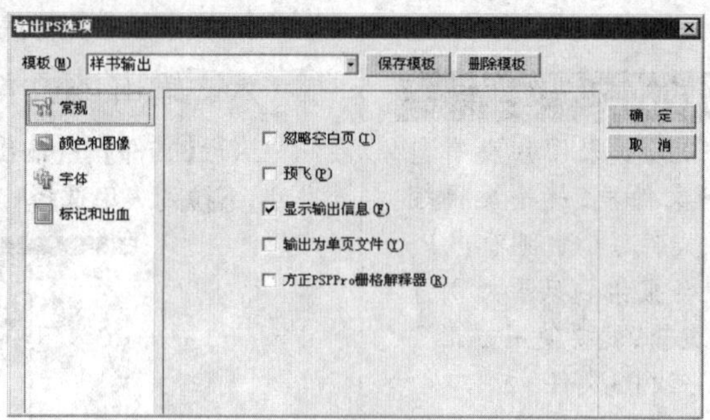

图3-34

【显示输出信息】:选中此项,则输出过程中将弹出【输出信息】对话框,显示输出进程和结果。

【输出为单页文件】:当多页输出时,将每一页输出为一个PS文件。

【方正PSPPro栅格解释器】:使用方正PSPPro软件输出PS时,选中此项。

(2)颜色和图像选项卡

如图3-35所示,在【颜色和图像】窗口内可以指定分色输出、是否包含图像、是否收集图像等设置。

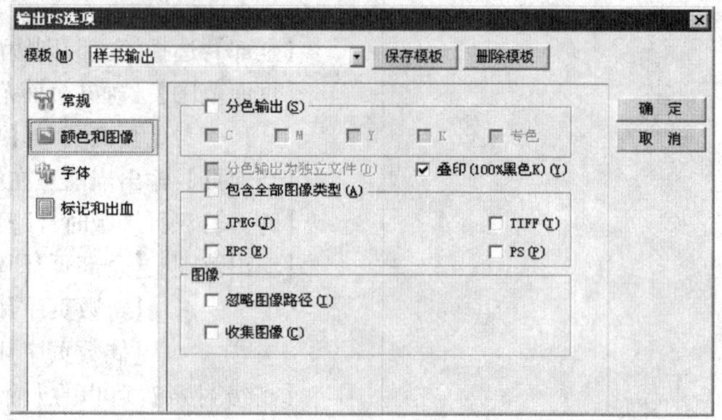

图3-35

【分色输出】:分色输出功能是RIP的基本功能,所以此项一般不选。

【叠印(100%黑色K)】:为了使黑色文字不出现漏白,方正飞翔设置了【叠印(100%黑色K)】选项,选中此项,则版面中K100的文字、线条和图形叠印。

【包含全部图像类型】:选中此项,则生成的PS文件包含这JPEG、TIFF、EPS、PS四种格式的图像,可以单选或多选,只对输出时可以外挂的图像起作用,其他类型图像是默认包含的。

【忽略图像路径】:此项决定PS文件中图像文件名是否包括图像文件的路径名。

【收集图像】:选中此项,则在输出时将文档中输出页面内的所有图像保存到PS文件同一路径下。系统自动在PS文件所在的路径下生成名

❖ 忽略图像路径

- 不选此项且文件没有包含图片,则RIP解释文件时,要指定图片路径。
- 一般情况下把PS和图片放一起就可以。

❖ 嵌入字体

- 强烈推荐不嵌入方正字体:不嵌入方正字体,可以在后端使用方正畅流PDF流程嵌入高质量的CID字库,从而得到高质量的文字输出。
- 嵌入TTF质量:嵌入TTF字体后,RIP解释时,汉字笔画可能过细,只能用来进行普通质量的输出。
- 嵌入优先级:【总是嵌入】和【从不嵌入】列表的优先顺序高于【嵌入所有字符】。即如果某款字体列入【总是嵌入】列表,则不论是否选中【嵌入所有字符】,该款字体也嵌入。
- 字体保护:如果版面上使用了受保护的字体,则始终无法嵌入。

❖ 透明、阴影、羽化

设置带有透明、阴影、羽化效果的对象的输出分辨率的方法：输出PS的时候，如果版面上的对象设置了透明、阴影、羽化效果，用户可以自定义提高该对象输出时的分辨率。在安装目录下新建文件OutputDPI.txt，在文本文件中输入分辨率数值，例如“300”，就表示带有透明、阴影、羽化效果的对象输出PS时，精度是300DPI。这样的设置可以提高该类对象的输出精度，但比较占用文件空间，可能影响PS输出效率和PS文件的大小，用户可以斟酌使用。

为【Image_of_文件名】的文件夹保存这些图像。

(3)字体选项卡

如图3-36所示，可以在【字体】窗口内将选择中的字体下载到PS文件里。

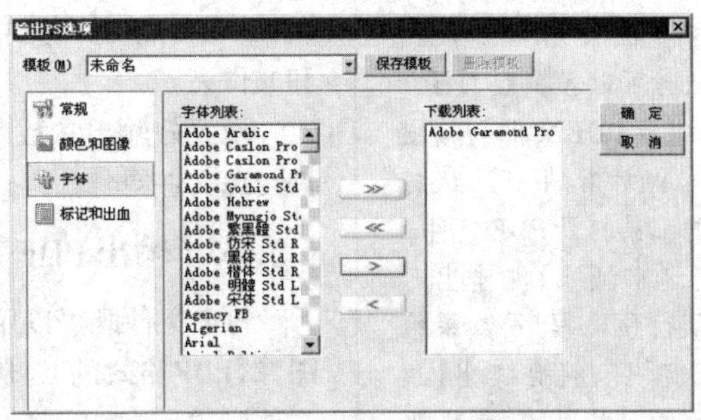

图3-36

单击 >> 全部下载； << 取消全部下载；

> 选中字体下载； < 取消选中的下载字体。

(4)标记和出血

本选项卡如图3-37所示，可以用来设置输出标记和出血参数输出。具体用法参见版面设置。

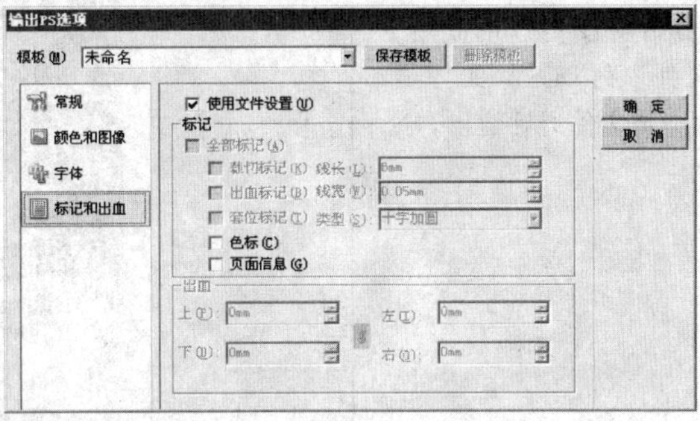

图3-37

3. 模板的操作

输出PS选项设置完后，可以执行【保存模板】，把设置的参数保存为模板，下次使用时，在【模板】下拉列表里直接选用即可。

七、批量输出PS

灰版下，选择【文件】→【输出(Ctrl+ Shift+ J)】，即可选中多个文件，批量输出为PS文件。

灰版下，执行【文件】→【输出(Ctrl+ Shift+ J)】，或单击工具条上的图标，弹出【输出】对话框，在【文件类型】下拉列表里选择*.PS。

选择要输出的多个文件。在【查找范围】里选择需要输出的文件路径，在列表框内按住“Ctrl”键或“Shift”键选中多个文件，也可以在【文件名】编辑框内输入多个文件的名称，各名称之间用英文分号“;”隔开

❖ 常规选项

- 【兼容性】：选择PDF1.4版本格式。
- 【嵌入版面缩略图】：选中此项，则在方正飞翔里排入该PDF图像时可以预览版面图。
- 【输出后打开PDF文件】：输出后使用当前计算机中默认打开PDF的工具打开PDF文件。
- 【预飞】：选中预飞，则输出时系统先执行预飞程序，如果检查到预飞项目，将会弹出【预飞】对话框，用来查看预飞信息。
- 【忽略空白页】：一般情况下不选中此项。
- 【输出为单页文件】：把多页方正飞翔文件中每一页输出为一个PDF文件。
- 【合并DCS图像】：选中此项，则将文件中的DCS格式图像合并为一个文件进行输出。

即可。

选择模板。在【模板】下拉列表里选择模板，并可单击【高级】修改模板参数，操作方法与打开文件输出PS相同。

选择输出的目标路径和文件夹。在【目标路径】编辑框内，输入目标路径；或者点击【浏览】，在【浏览文件夹】窗口里选择保存PS文件的路径和文件夹。

设置好输出参数后，点击【确定】按钮即可完成输出。输出的PS文件与源文件同名。

八、输出PDF

PDF文件既可以用来浏览，也可以用来输出，可以内嵌全部文字和图像，PDF格式的1.4版本开始支持透明等效果，描述能力全面超越PS文件格式。

方正飞翔输出推荐使用PDF1.4版输出。打开一个文件，执行【文件】→【输出(Ctrl+ Shift+ J)】，弹出【输出】对话框，在【保存类型】下拉列表里选择*.PDF；或单击工具条上的图标，如图3-38所示。

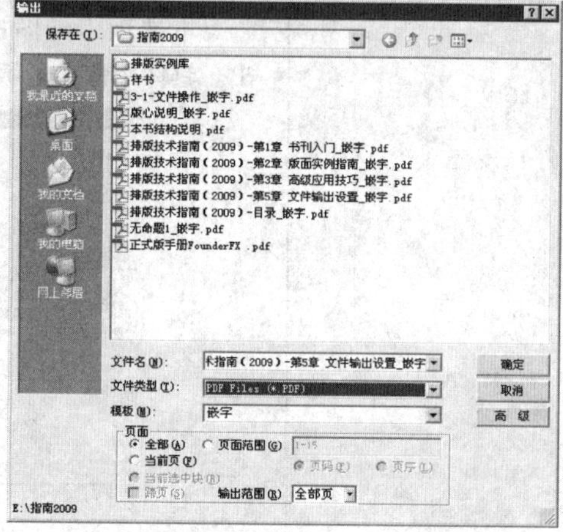

图3-38

选择PDF文件的保存路径。在【文件名】编辑框内输入PDF文件的名称。其他选项的设置请参考PS输出的相关设置。

【模板】：在【模板】下拉列表可以选择输出PDF参数模板，方正飞翔提供了三个模板：eBook、Print和Screen，分别适用电子书、打印和浏览，不同模板参数，对于PDF内在质量影响很大，因此要根据不同用途使用合适的模板文件，如果是照排输出，要按下面【输出PDF选项】的要求自定义一个专业输出用的模板。

方正飞翔还提供了批量输出PDF的功能。

九、输出PDF选项

单击【高级】按钮，即可弹出【输出PDF选项】对话框。

❖ 包含图像

- 包含图像类型、忽略图像路径、收集图像三者的设置，影响到RIP在解释PS文件时是否能读取到图像资料。主要是对排入方正飞翔的JPEG、TIFF、EPS、PS这四种格式的图像有影响。
- 选择【包含图像类型】。将图像资料包含在PS文件中，则选与不选【忽略图像路径】和【收集图像】都无影响。RIP在解释PS文件时总能读取到图像资料。
- 不选择【包含图像类型】。如果图像资料没有包含在PS文件中，RIP按照如下顺序读取图像文件。

  第一步：PS文件中指定的图像路径。此项路径由“忽略图像路径”控制，选中【忽略图像路径】，则RIP在这一步无法找到图像，继续下一步搜索。

  第二步：PS文件所在的路径。此项路径由【收集图像】控制，没有选择【收集图像】，PS文件所在的路径中没有图像文件夹，则RIP在这一步无法找到图像，继续下一步搜索。

  第三步：RIP指定的图像搜索路径。这个路径在RIP上设置。
- 如果这三个地方都没有找到图像文件，则该PS文件缺图。

❖ 字体选项

对于方正字体，推荐不嵌入，由方正畅流工作流程嵌入CID字体数据。可以得到最高文字质量的PDF。

1. 常规选项窗口(图3–39)

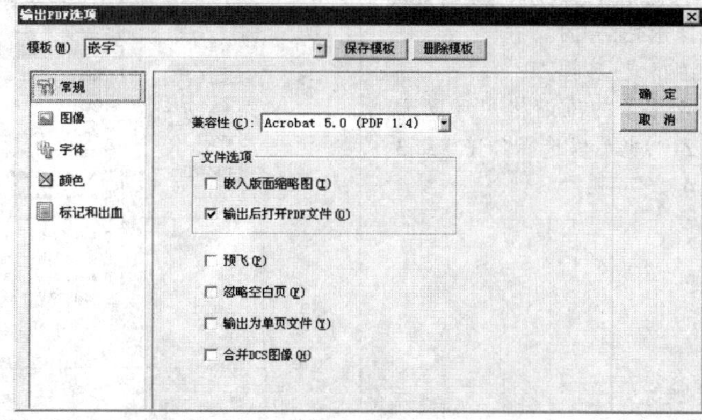

图3–39

2. 图像选项窗口(图3–40)

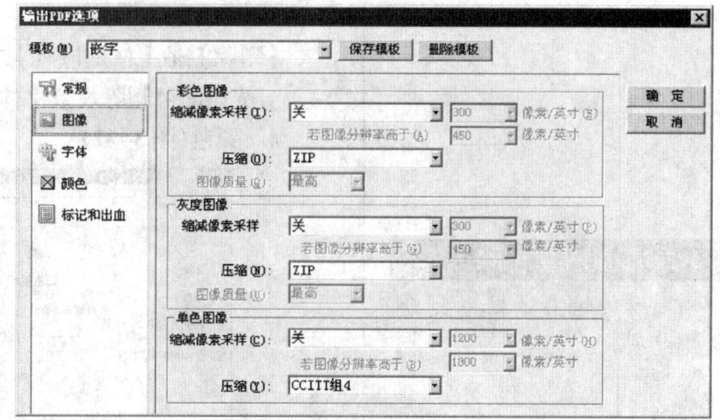

图3–40

图像采样、压缩格式等选项，都要按照对话窗口里的设置进行，可以保证最好的输出质量。

3. 字体(图3–41)

嵌入所有版面使用的字体：将版面中所有使用过的字体嵌入PDF里。列在【从不嵌入】字体列表里的字体，即使在版面上使用过，也不会嵌入PDF文件。当使用的字符超过一定百分比时，嵌入全部字符：选中此项，并在编辑框内输入字符使用百分比，当文档中用到的字符数超过该字体所有字符数的一个百分比时，将嵌入该字体所有字符。列在【总是嵌入】列表里的字体不在限制范围，即使列表里某款字体在版面上使用的字符数没有达到规定的百分比，该款字体也会嵌入PDF文件。

【总是嵌入】：从【字体列表】里选择字体，单击 > 按钮，加入【总是嵌入】字体列表里，无论何种限制，在此项列表里的字体总是嵌入PDF文件。此项用于确认后端没有某款字体时，即可使用总是嵌入，保持该款字体在后端不会缺字。

❖ 不失真图像压缩

- 图像采样：关闭。
- 压缩格式：选择ZIP。
  单色图像的压缩格式可以选择ZIP，也可以选择CCITT组3或4。

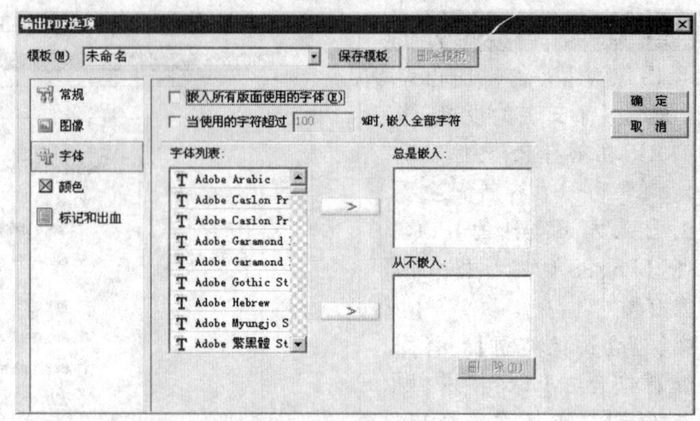

图3–41

【从不嵌入】：从【字体列表】里选择字体，单击 > 按钮，加入【从不嵌入】字体列表里，即使指明【嵌入所有版面使用的字体】，该款字体也不嵌入PDF文件。

【删除】：在【总是嵌入】或【从不嵌入】字体列表里选中字体，单击 < 按钮即可删除设置字体。

4. 颜色(图3–42)

❖ 叠印（100%黑色K）

除非有特殊的输出要求，否则默认选中此项。

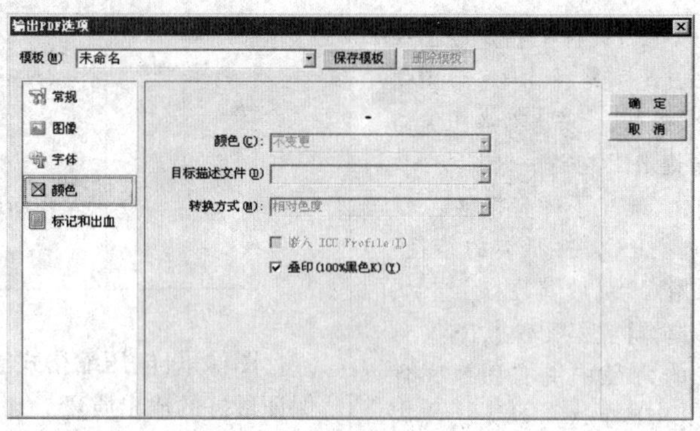

图3–42

【颜色】：选择【不变更】，即保持版面上对象所使用的颜色类型不变；选择【RGB】，则将版面上使用的所有颜色转换成RGB颜色空间；选择【CMYK】，则将版面上使用的所有颜色转换成CMYK颜色空间。

【目标描述档】：用于为重新产生颜色的设备选择配置文件。

【转换方式】：用户可选择转换的方式，色彩管理引擎提供可供选择的颜色转换方法称为转换方式，因此用户可以选择合适的方法来应用，以使彩色图像达到理想的使用效果。

【嵌入ICC Profile】：将方正飞翔文件里使用的ICC Profile文件嵌入到PDF文件。

【叠印(100%黑色K)】：一般采用套印。为了使黑色文字不出现漏白，方正飞翔设置了【叠印(100%黑色K)】选项，选中此项，则版面中K100的文字、线条和图元块叠印。

❖ 输出为单页文件

输出为EPS或单页的PDF，通常可以用它来拼版。

十、输出EPS

在方正飞翔里可以将单个页面输出为EPS格式的图像，也可以将版面上选中的对象单独输出为EPS格式的图像。选择【文件】→【输出(Ctrl+ Shift+ J)】，弹出【输出】对话框，在【保存类型】下拉列表里选择*.EPS，如图3–43所示。

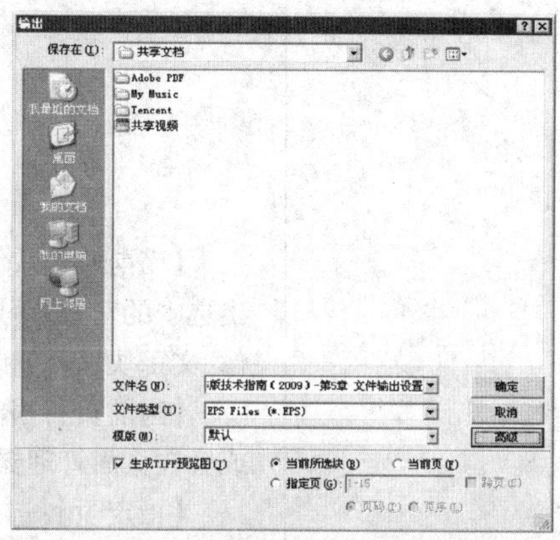

图3–43

【当前所选块】：当版面上有选中对象时，即可选择【当前所选块】，输出选中的对象，否则，【当前所选块】置灰。可以选中的对象包括图元、图像、文字块、表格和组合块等。

【当前页】：输出当前页面。当前页指处于编辑状态的页面，可以将鼠标点击的页面，或者在页面管理器里点击页面图标，将页面激活为当前页。

【指定页】：选中【指定页】，选择【页码】或【页序】，在【指定页】编辑框内输入数值，即可输出指定的页面。

说明：指定输出多页时，将每一个页面输出为一个EPS文件。

【跨页】：双页排版时，选中跨页，则将输出指定页所在的两个页面。关于双页排版的介绍，参见版面设置。

【生成TIFF预览图】：生成的EPS文件包含预览图像的信息，在方正飞翔里排入该EPS图像时可以在【排入图像】对话框预览到该图像。

【模板】：模板用于字体下载的设置。单击【高级】按钮，可以设置字体下载参数。

❖ JPG图的质量

输出为JPG时，由于JPG为有损压缩格式，压缩时，对质量有影响，生成文件时，要预览一下，再根据显示质量调整压缩参数。使生成的JPG图片能够达到要求。

十一、输出JPG

在方正飞翔里可以将单个页面输出为JPG格式的文件，也可以将版面上选中的对象单独输出为JPG格式的文件。选择【文件】→【输出(Ctrl+ Shift+ J)】，弹出【输出】对话框，在【文件类型】下拉列表里选择*.JPG，如图3–44所示。

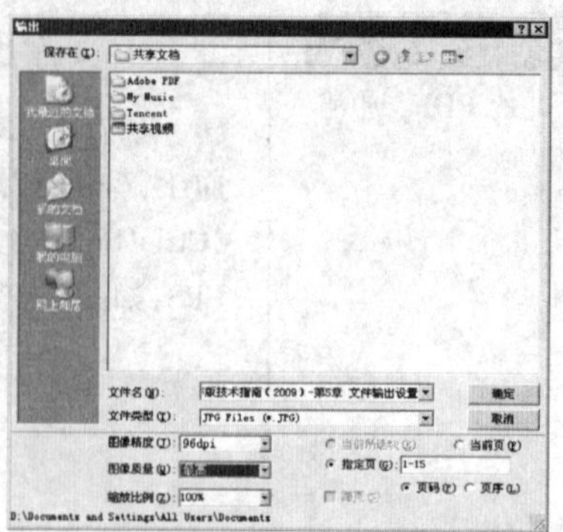

图3-44

【当前所选块】:当版面上有选中对象时,即可选择【当前所选块】,输出选中的对象,否则,【当前所选块】置灰。可以选中的对象包括图元、图像、文字块、表格和组合块等。

【当前页】:当前页指处于编辑状态的页面,可以将鼠标单击的页面,或者在页面管理器里单击页面图标,将页面激活为当前页。

【指定页】:选择【页码】或【页序】,在【指定页】编辑框内输入数值即可输出指定的页面。指定的页数只能是一页。

【图像精度】:有72dpi、96 dpi、150dpi和300dpi几个选项。

【图像质量】:有最高、高、中、低4个精度。品质越高,输出的JPG图像越精细,相应文件也越大。

【缩放比例】:在【缩放比例】编辑框内指定输出时图像缩放的比例,也可以在下拉列表里选择图像输出的缩放比例。

> ❖ TXT的内码
>
> 推荐Unicode内码输出,如果是Ansi,则可能丢失字符。

十二、输出TXT

在方正飞翔里可以将整个文件输出为文字文件*.TXT,也可以将版面上选中的对象单独输出为文字文件*.TXT。

方正飞翔支持输出为多种编码方式的TXT文件,包括Ansi、Unicode、Unicode Big Endian和UTF-8。输出时,在【输出】对话框【编码】下拉列表里选择编码方式即可,如图3-45所示。

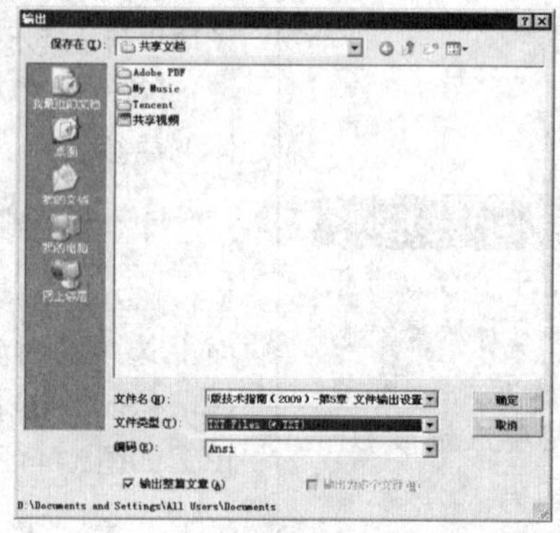

图3-45

十三、输出CEBX

> ❖ 电子书制作
> - CEBX是一种先进的电子书格式，使用阿帕比阅读器来浏览。
> - CEBX支持科技公式版面在移动终端上浏览并且版式可变。
> - 在Apple iPhone手机、iPad平板电脑等先进的平台上，要先安装ios版阿帕比阅读器。
> - Apabi Reader可以在以下地址下载：http://www.apabi.cn/

输出的CEBX版式文档，可以用于移动阅读终端设备，例如电纸书阅读器、手机、平板电脑等移动终端，实现原版原式的移动阅读。

选择【文件】→【输出(Ctrl+ Shift+ J)】，弹出【输出】对话框，在【文件类型】下拉列表里选择*.CEBX，或单击工具条上的图标，如图3-46所示。

图3-46

【文件序列化】：如果输出的文档有多个文字块，勾选后会按照从上到下、从左到右的顺序输出文字块内容。选输出带流式信息的CEBX。

【输出为单页文件】：如果文档有多页，每一页输出一个CEBX文件。

【包含文字背景】：如果文字块有背景图，勾选此项时，可以将文字块的背景图输出；弃选此项，只输出文字块内容，文字块的背景不予输出。

十四、输出XML格式文件

> ❖ 导出XML文档
> - 菜单命令：【文件】→【导出XML】，弹出另存为对话框。
> - 保存类型里可以选择压缩页面描述文档(*.pdml)或页面描述(*.xml)。

1. 另存XML

选择菜单【文件】→【导出XML】，弹出另存为对话框，可以将文件另存为PDML文件或者XML文件。

2. 打开XML文件(图3-47)

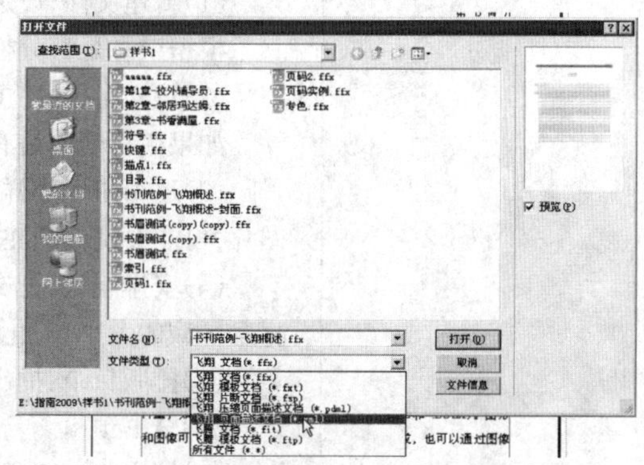

图3-47

第3节　文件操作实例练习

❖ 书刊常见成品尺寸

- 小32开：130mm×185mm
- 大32开：140mm×203mm
- 大32开：145mm×210mm
- 技术手册：190mm×230mm

一、书刊版式制作 ★

书刊一般由封面、扉页、内容提要、简介、版权页、前言、目录、正文、后记、参考文献、附录等部分构成，书刊的版面是统一的，因此对于书刊版面的设置，要通过统一的版面设计、段落样式、多主页来实现。

下面简介制作流程。

(1)新建文件，设置开本尺寸。

新建一个文件并在【版面设置】中，设计页面尺寸、版心尺寸、页面边距等，如果是分栏的书刊，则在背景格中设置背景格。

(2)制作多主页和页码，在主页上制作书眉、页码、主页上的版面装饰等。

(3)在页面上灌入文字、排入图像、调整正文版式，如排标题、排文中小题、分页。

(4)设置章节：一本书如果分为几部分章节的，可以在页面管理窗口里设置章节选项。

(5)抽取目录：正文完成排版，就要抽取目录。

(6)制作索引：如果有索引，在全书结束排版后，就要抽取索引。

(7)对全书进行预检，检查文字字体、颜色、图像等。

(8)输出为PDF文件。

❖ 杂志常见成品尺寸

- 16开：185mm×260mm
- 大16开：210mm×285mm
  210mm×297mm

二、期刊杂志版式制作 ★

普通16开本杂志成品尺寸一般为185mm×260mm。

大开本的杂志的成品尺寸一般为210mm×285mm或210mm×297mm。

(1)新建文件、设定页面成品尺寸、版心尺寸、定出边空大小。

根据杂志是否分栏，在版面上设置背景格。

(2)建立主页，在主页上根据杂志栏目，制作杂志眉、页码等。

如果栏目名称是有规律的，可以使用文本变量来制作。

(3)逐一排入小样文件，在版心内灌入文字、排入插图。如果是科技图片，可能要制作图注，图注可以单独制作一个模板。

(4)安排版式，把文字块、图片等安排好，对标题进行版面布局、调整标题区域的大小、美化美面。

(5)排版目录：抽出目录、在目录里按栏目分类。

(6)全书预检。

(7)输出为PDF文件。

三、三折页版式 ★

(1)版心尺寸定义：页面尺寸为高210mm，宽285mm。页面边距均为0，如图3-48所示。

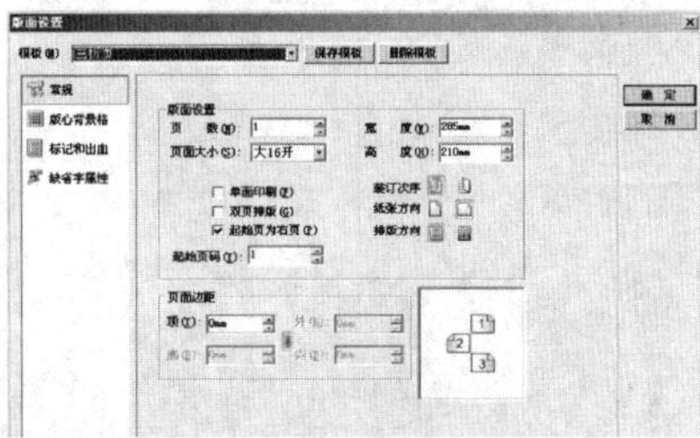

图3-48

(2)版心背景格设置：水平间隔设置为95mm，竖直间隔设为105mm，如图3-49所示。

图3-49

(3)标记和出血设置：选中全部标记，线长设为3mm，出血尺寸设为3mm，如图3-50所示。

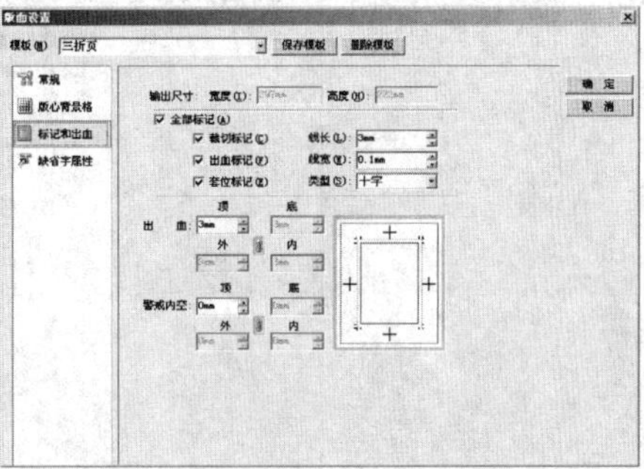

图3-50

(4)缺省字属性：设置版面内的文字字体和字号、行距，标点符号和空格的类型等，如图3-51所示。

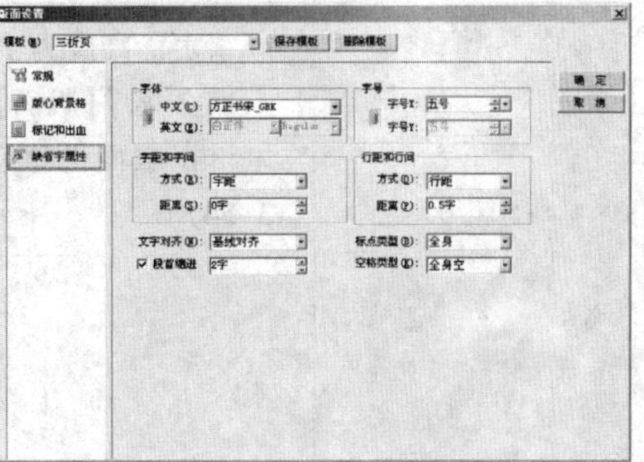

图3-51

❖ 宣传彩页（三折页）

- 成品尺寸：210mm×95mm
- 展开尺寸：210mm×285mm

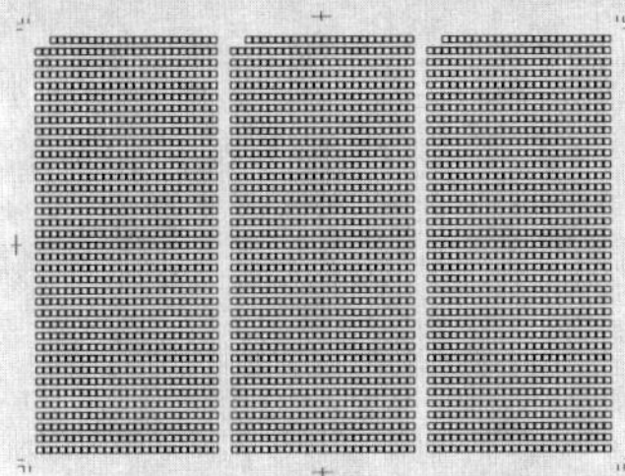

❖ 名片常见成品尺寸

- 横版：90mm×55mm<方角>
  85mm×54mm<圆角>
- 竖版：50mm×90mm<方角>
  54mm×85mm<圆角>
- 方版：90mm×90mm，
  90mm×95mm
- IC卡：85mm×54mm

❖ 报纸常见尺寸

- 对开尺寸报纸
  常见对开报纸尺寸为780mm×550mm，报纸版心尺寸为350mm×490mm×2，通常分8栏，每栏13个字、120行。
- 四开尺寸报纸
  常见四开报纸尺寸为540mm×390mm，版心尺寸为490mm×350mm，版心字数为（小五号）86行×71字（6106字），中缝（小五号）86行×12字（1032字）。

❖ 三折页的折缝

排版时，中间两折的折缝两侧要留出一定的空间，以免把文字等压在折线上。

(5)拖出两根竖提示线，选中一根提示线，在控制窗口的提示线X坐标编辑框里输入“95mm”，再选中另一根提示线，在控制窗口的提示线X坐标编辑框里输入“95mm*2”。这样就把两根提示线放在了折页的位置，如图3-52所示。

图3-52

❖ 利用背景格做块排列

利用背景格可以定义行列大小，并且可以捕捉的特点，任何一个有规律的块排列操作，都可以利用它来进行。

四、利用背景格快速排列对象块 ★★

设置背景格水平间隔为对象块宽90mm，垂直间隔为对象块高55mm，如图3-53所示。

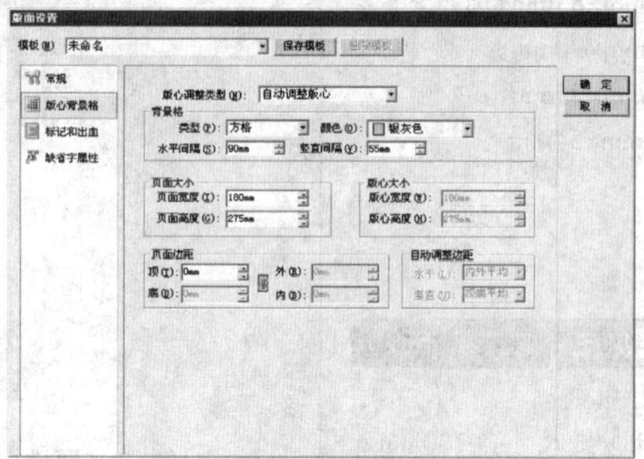

图3-53

页面大小中页面宽度为两列名片宽度大小：“90mm*2”=180mm

页面高度为5行，对象块高度：“55mm*5”=275mm

在菜单【版面】→【捕捉】中设置背景格捕捉。

在版面上拖动对象块，可以快速准确地放置到指定位置上，如图3-54所示。

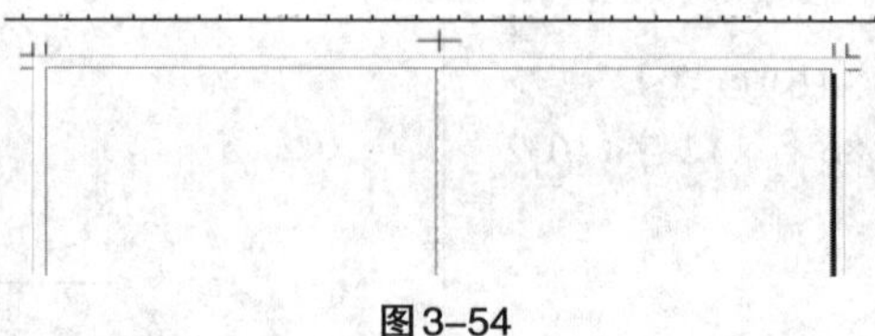

图3-54

❖ 学习要点

- 利用背景格捕捉，使棋子正好放在棋盘的合适位置上。
- 录入棋牌符号，把棋牌符号打散变成单一文字块，制作符号白色背景。
- 录入棋盘符号，逐一录入，逐渐形成棋盘，这里棋盘线，都是由一个个的棋盘符号组成的，好处是可以用鼠标选出局部棋盘。
- 也可以用符号输入法直接录入符号。

❖ 特殊符号输入法

按下“Ctrl+Alt+-”后，按空格键弹出输入条，在输入条里录入助记符，可以录入各种符号。

- 输入中国象棋
  助记符：xq、zgxq
- 输入国际象棋
  助记符：xq、gjxq

五、制作标准的象棋棋谱练习 ★

1. 设置版面背景捕捉

这里假设象棋的每个棋子大小为10mm，为捕捉到网格的中点，设置版面背景格的高宽均为象棋子高宽的一半大小，如图3–55所示。

图3–55

设置好后，再设置捕捉背景格。

2. 制作象棋棋子

选择菜单【窗口】→【文字与段落】→【特殊符号】，弹出特殊符号窗口，在窗口中选择棋牌符号类型，如图3–56所示。

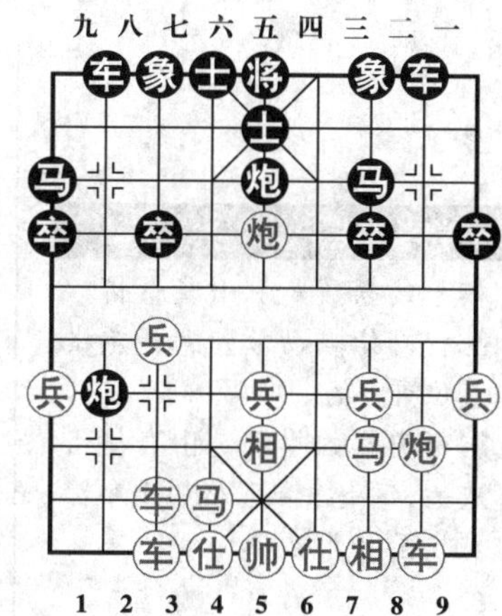

图3–56

3. 录入棋子

建立一个文字块，单击棋牌符号中的象棋子符号：车马炮兵相仕帅车马炮卒象士将。用文字光标选中这些字符，在字属性控制窗口中，字号大小给出“10mm”，设置象棋棋子大小为10mm。

然后做两个颜色，一个为棋子黑，另一个棋子红，分别存为色样，选中车马炮卒象士将设置色样【棋子黑】，选中【车马炮兵相仕帅】，设置色样【棋子红】，这样以后如果棋子要改颜色，在色样中编辑色样的颜色值就可以成批自动改变。

4. 制作单个棋子

用选取工具选中文字块，选择菜单【文字】→【文字打散】，使文字块中每个文字变为单独的一个小文字块。

5. 为棋子制作白色背景

按住“Ctrl”键不放，鼠标左键选中一个文字，拖放后可以复制出一个文字块，然后把文字块转曲。

选中转曲后的图元块，右键菜单【复合路径】→【取消】，然后，选择

> ❖ 学习要点
>
> 棋盘符号制作:字距和行距都必须设置为0,棋盘符号才可以紧靠在一起。段头空也要取消。

【对象】→【路径运算】→【并集】,处理后的图元块,是一个圆,它的轮廓线型为无,颜色填充为白色,目的是要用这个白色底,压住棋盘线。

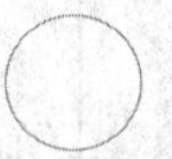

白色圆放最下层,棋子最上层,选中棋子和白色圆,选择对齐方式为中心对齐 相 ,然后成组,依次为每个棋子做白底。

6. 制作画棋盘

在特殊符号窗口里选择类型为:棋牌符号:录入棋盘线符号:┌、┐、└、┘、┬、┴、├、┤、┬、┬、┴、┴、┼、┼、┼、┼、╟、╢、╬、米、┼、┴、┬等。画一个文字块,按棋盘线型一行一行录入这些符号,录入的符号会逐渐组成棋盘,选中所有符号文字,设置字号高宽均为10mm,设置行距为0,字距为0,取消段头空设置。

7. 放置棋子

选中棋子,放到指定的位置上,完成排版。

> ❖ 学习要点
>
> - 棋子的摆放是利用背景格后捕捉功能自动放置到指定棋盘位置上的。
> - 国际象棋的棋盘是由表格组成的,每一个单元格的大小都与棋子大小相同。

六、制作国际象棋练习 ★

这里设置国际象棋的每个棋子大小为10mm,为捕捉到棋盘网格的中点,设置背景格的高宽均为象棋子高宽的一半大小,如图3-57所示。

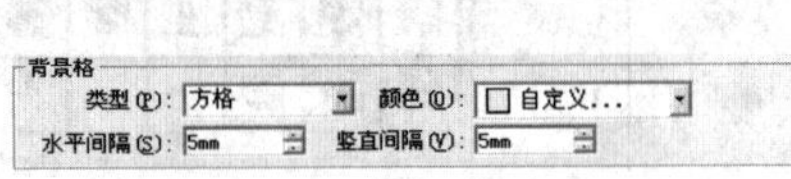

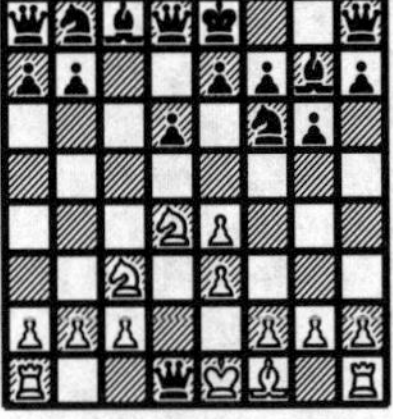

图3-57

1. 设置捕捉背景格

2. 制作象棋棋子

选择菜单【窗口】→【文字与段落】→【特殊符号】,弹出特殊符号窗口,如图3-58所示,在窗口中选择棋牌符号类型。

图3-58

3. 录入棋子

建立一个文字块，点击棋牌符号中的国际象棋子符号，录完后，如图3-59所示。

图3-59

4. 制作棋子

全选文字，字号大小设为10mm，然后，文字块打散。

5. 制作棋盘

画个表格，分列为8行、8列，行高和列宽均为10mm。

T工具选中全部单元格，设置表线粗细为0.5mm。

拖放棋子放在指定的位置，完成排版。

七、划分版式的几种方法

❖ 学习要点

- 学习掌握用矩形块的分割与合并划分局部版式的方法。
- 学习用剪刀工具划分异形排版区域。
- 利用背景格分栏和自动分栏，来实现文字块的自动规则整分栏。

1. 利用矩形分割与合并划分版式

(1)沿版心大小，画一个矩形块。

(2)选择菜单【美工】→【矩形变换】→【矩形分割】，弹出矩形分割对话框，如图3-60所示。

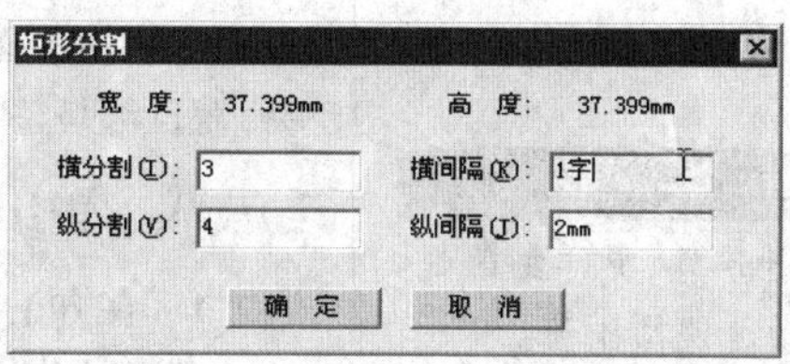

图3-60

(3)把矩形分割几个矩形块，横间隔和纵间隔，可以设为分栏时的栏间距大小，这里设为1字宽。

(4)选中几个矩形块，用矩形合并功能合并为一个矩形块，如图3-61所示。

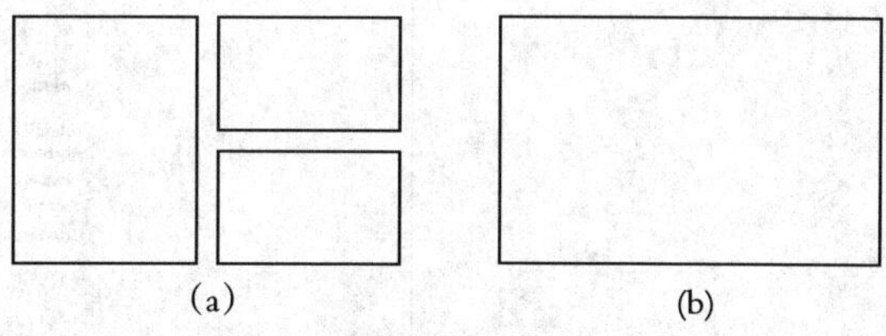

图3-61

2. 异形版面

可以先画好矩形块，然后使用剪刀随手划开矩形，形成异形排版区域，如图3-62所示。

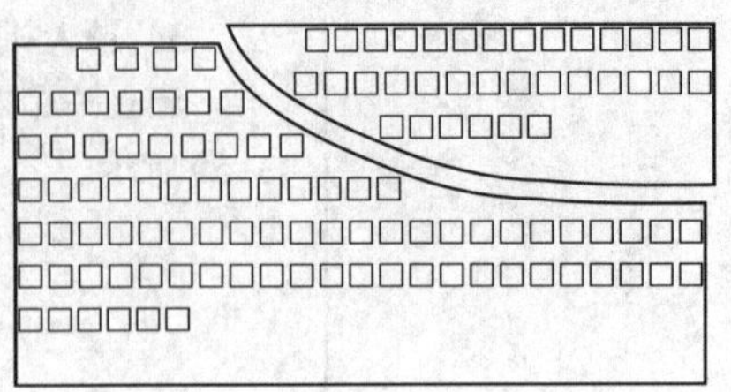

图3-62

3. 背景格自动分栏

如果版面设置了分栏背景格，则文字块分栏时，分栏方式设为【自动】，则文字块会根据背景格分栏方式自动分栏，如果页面内有大量此类操作，会节省不少时间，如图3-63所示。

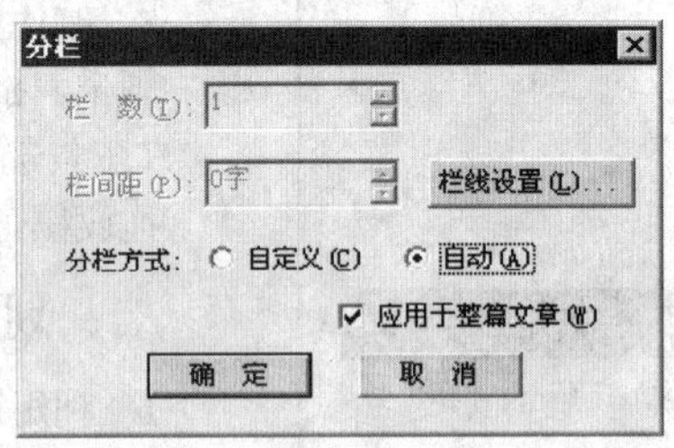

图3-63

4. 捕捉背景格

背景格大小设为1字或半字大小，在页面上设置捕捉背景格，这样在用文字块或图形划版时，能够正好捕捉到整字的位置，版面对齐更容易，而且都是整字大小，文字版块也非常规整！

❖ 学习要点

- 畅流中输出专色，更详细的说明可参见畅流使用手册。
- 方正世纪RIP4.0输出专色，更详细的说明可参见方正世纪RIP4.0使用手册。
- 方正世纪RIP3.0输出专色，更详细的说明可参见方正世纪RIP3.0使用手册。

八、输出专色

1. 在方正畅流中输出专色

在畅流中规范生成的PDF文件，然后双击PDF挂网处理器，弹出PDF挂网参数设置界面，如图3-64所示。

图3-64

选中【允许专色输出】一项，如果对专色输出有更多的设置，可以点击【设置专色】按钮，详细的设置请参见方正畅流相关文档。

❖ 叠印效果与输出

- 设置叠印：选中一个对象块，在透明浮动窗口里设置【叠底】。

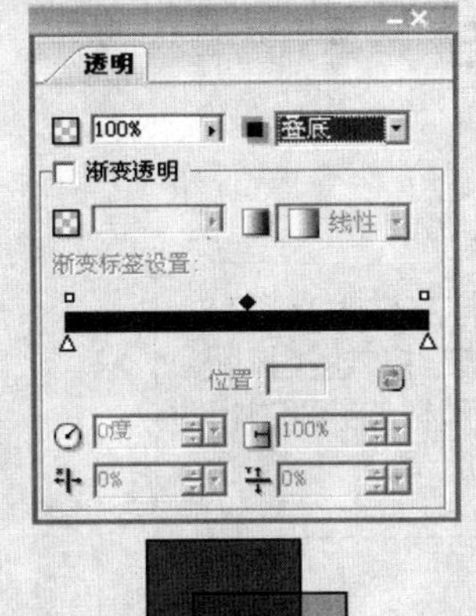

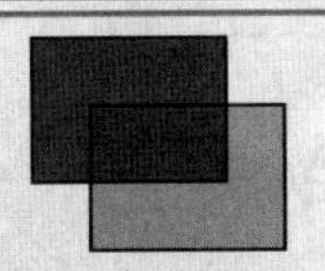

- 输出叠印：在输出的RIP设置会有【覆盖作业中的叠印参数】的选项，如果想使用文件中叠印，则要不选中。

在界面中，把规范化后的PDF文件拖到PDF挂网处理器图标上，开始挂网，结果如图3-65所示。

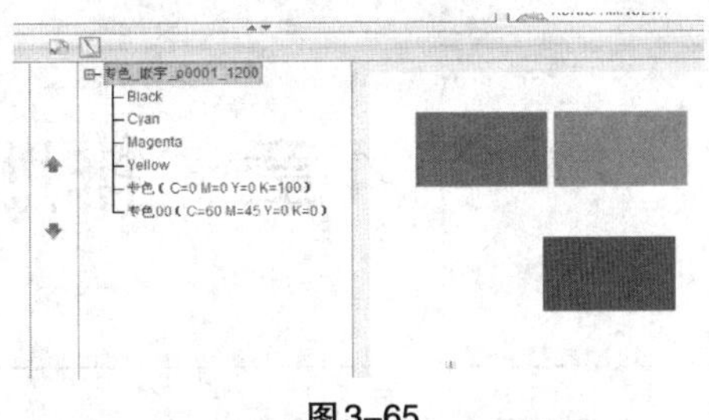

图3-65

2. 在方正RIP4.0输出专色

与畅流专色输出操作类似，具体可查找相应的使用手册。

九、输出与字体 ★★★

1. 不允许嵌入TrueType字库的情况

有版权保护的字库，不允许在PDF内嵌入，方正兰亭字库早期不允许嵌入，可以购买方正兰亭5.0版字库，就可以嵌入了。

2. 嵌入CID字库

如果输出PDF文件时，字体没有嵌入，则需要在工作流程中，用规范化器进行规范化，把CID字体数据嵌入PDF中，这样的PDF的文字质量是最高的，方正CID字库制作质量高，文字笔画变倍均匀、不失真，在进行多色印刷时，对提高彩色印刷的文字套印质量有特别的意义！

3. 嵌入OpenType字库

OpenType字库是目前最先进的字库格式，既可用来浏览，也可以用来专业输出，OpenType还具有许多独特的字体排版属性，可以让一些文字排版效果更精确美观。方正飞翔使用方正OpenType字库生成的PDF，可以得到很高的文字质量输出结果。

第4章　排版素材操作

本章主要介绍了包括Word文件、Excel文件、方正书版小样文件等文本文件，以及PSD文件、TIFF文件、PDF文件、EPS文件等图形图像文件。这类排版素材种类繁多、排入要求各不相同，因此本章以各种实例对排版素材的处理进行了详细的讲解。

第1节　排版素材——文字小样

一、排入TXT文件

排入文本文件(*.txt)时，可以从Windows资源窗口将文件拖入飞翔里，自动创建文字块。

排入TXT文字的方法：

选择菜单【文件】→【排入】→【小样】或按快捷键“Ctrl+D”，或者单击工具条上的图标，弹出【排入小样】对话框，如图4-1所示。

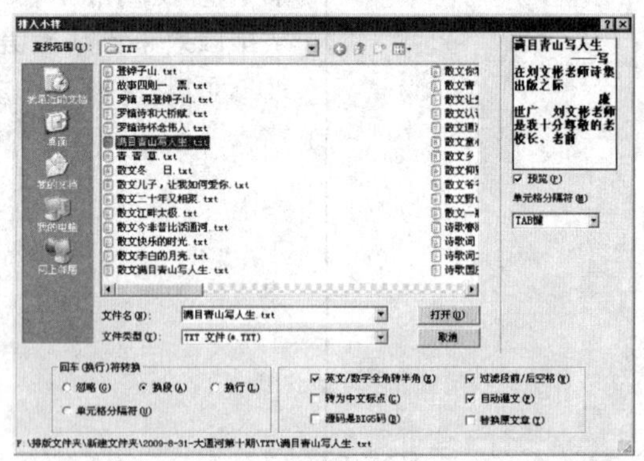

图4-1

文字排版光标单击版面时，如果按住“Ctrl”键单击版面中，版心以内的区域，则生成与版心大小相同的文字块，并自动贴齐版心。

在方正飞翔里或其他软件里复制文字，然后用T工具在版面上点一下，执行粘贴操作，在版面上会自动生成文字块。

如果按单击T工具后，按“Ctrl+Alt+V”键，则文字块内的文字为不带任何文字属性的纯文本文字。

❖ 排TXT选项

- 【回车(换行)符转换—换段】：将TXT里的回车符转换为方正飞翔的换段符。
- 【回车(换行)符转换】—【单元格分隔符】：该选项用于表格灌文。可以在【单元格分隔符】下拉列表中选择其他的单元格分隔符。表格灌文的详细介绍，参见表格灌文。
- 【英文/数字全角转半角】：全角英文或数字转换为半角。
- 【转为中文标点】：英文标点转换为中文标点。
- 【源码是BIG5码】：排入BIG5内码的小样。
- 【过滤段前/后空格】：去掉段前空格或段后空格，起到规范小样文件的作用。
- 【自动灌文】：选中此项，排入文字时，当一页排不下时，自动生成新页排入内容，直到小样内容排完为止。
- 【替换原文章】：保持原文字块形状不变，用新文字替换原文字。

二、排入Word文件

方正飞翔提供了强大的Word导入功能，能够把文字、文字属性及文字样式、段落属性及段落样式、图片、表格、公式、文本框及属性、拼音导入。等直接导入方正飞翔版面。

菜单命令：【文件】→【排入】→【Word文件】，或按快捷键“Ctrl+K”，或者单击工具栏中的按钮，弹出【打开】对话框，如图4–2所示。

图4–2

选择需要排入的文件，可以是doc格式或者docx格式。

选中【自动灌文】，方正飞翔会自动加页，直至将整篇文档全部排完。

选中【导入选项】，单击【打开】后，在导入前会弹出【Word导入选项】对话框，如图4–3所示。

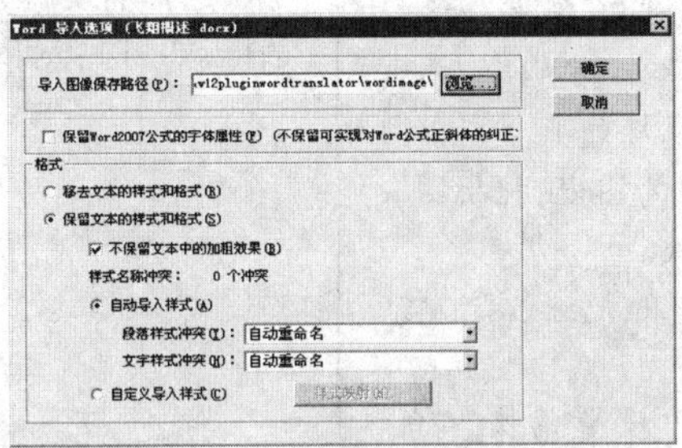

图4–3

导入的样式可以保留Word里的样式，也可以把Word的样式替换为方正飞翔已有的样式。导入时，可以根据排版的实际要求决定是否替换样式，自定义导入样式对话窗，如图4–4所示。

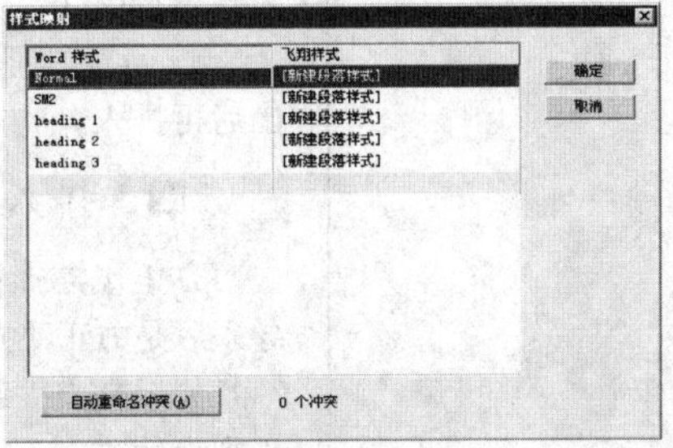

图4–4

Word图形、图表流程图的处理方法是在Word中选中图形，然后打

❖ 排入Word环境参数

- 若本机没有安装Word 2007，需要安装Microsoft Office 兼容包。
- 若需要导入含有mathtype公式的Word文档，则本机需要安装有Mathtype 6.5或以上版本。

❖ 文字内码与符号字体

- 从Word中复制文字块，在方正飞翔的文字中，按Ctrl+alt+V”键，粘入纯文本，如果Word中使用了一些特殊的符号字体，方正飞翔中显示的可能不对，这时可以选中这些字符，设置字体为相对应的符号字体。
- 某些文字编辑器中另存为txt格式时，一定要存成支持Unicod内码的格式，它拥有最多的文字内码支持，不会因为内码转换而导致字符丢失。

❖ Word不带格式和样式

如果选择【移去文本的样式和格式】，导入方正飞翔时将删除应用在Word文本上的样式与格式，以纯文本导入，但上标和下标会保留。

开Adobe Illustrator软件，执行粘贴，这时Word图形就会被粘进来，打散，成为Illustrator可编辑的图形，修改制作完毕后，使用Illustrator的画版功能，把画版大小调整到图形的大小。另存为PDF文件，在方正飞翔中把这个PDF文件排进来。

三、排入Excel电子表格

方正飞翔能够将Excel表格转为方正飞翔的表格，排入后再进行编辑。方正飞翔兼容的Excel表格版本包括：Excel 2000、Excel XP、Excel 2003。

选择【文件】→【排入】→【Excel表】，弹出【打开】对话框，如图4-5所示。

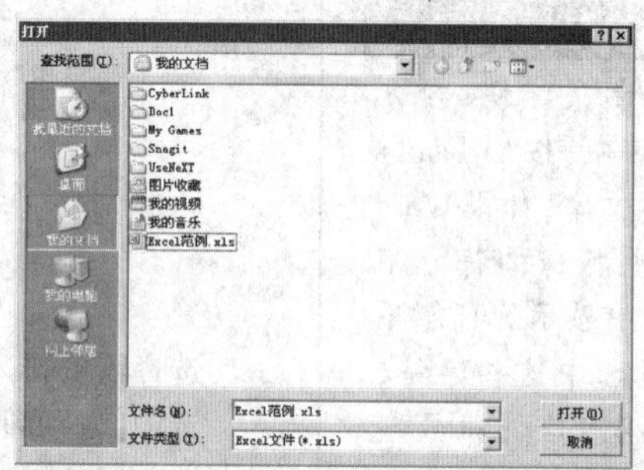

图4-5

选择需要排入的Excel文件，单击【打开】，弹出【Excel置入选项】对话框，如图4-6所示。

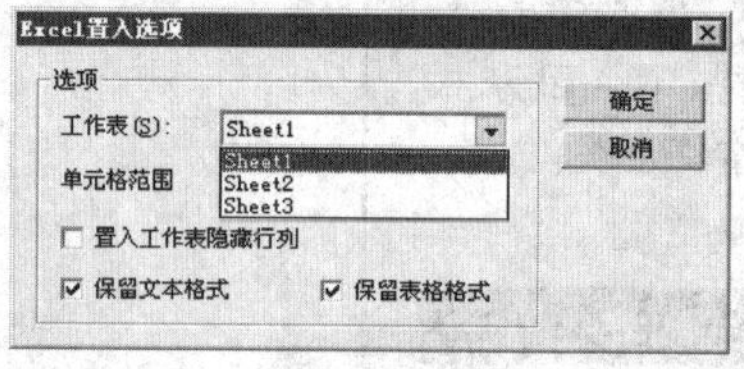

图4-6

选择需要排入的工作表，并可以指定排入的单元格范围。

【保留文本格式】：不选中，单元格内容转为纯文本。

【保留表格格式】：不选中，表格的属性不导入。

如果希望将Excel表里隐藏的行/列排入到方正飞翔，可以选中【置入隐藏行/列】。

Excel快速排入方法：重命名表格，然后将Excel表拆分为单个表导出后再排入。

四、排入方正书版BD小样

方正飞翔提供了将BD书版小样文件排入到方正飞翔版面的功能，导入后是方正飞翔的版面对象，可以进行各种编辑排版工作。

如果是文件结构规范的小样文件，可以在一些文本编辑软件中使用正则表达式对小样进行处理，自动加入BD注解。再导入飞翔，可以实现

❖ Word图形图表的导入

- 先在Word中复制图形，然后在方正飞翔的选取工具状态下粘贴进方正飞翔生成OLE块。
- Word生成PDF，在CorelDRAW或Adobe Illustrator里打开指定的页，把需要的部分单独输出为EPS或PDF再排入方正飞翔。

❖ Excel表导入环境要求

排入Excel表格前，本地计算机上必须安装有Excel 2000以上的版本。

❖ Excel排入选项

可以导入Excel表格的属性包括：结构、尺寸、线型、底纹、文字属性及格式等。

不支持导入的属性如下。

- 原Excel表中的图表、柱状图、趋势线不转换。
- 原Excel表中的批注、超链接等不转换。
- 原Excel表中设置的文字角度，转换后变为水平方向0°。
- 可转换的Excel表的高/宽最大值为10000mm，超过此范围的内容不转换。

一定程度的自动排版功能，大大提高效率。

目前可以导入以下BD注解功能：普通文字，补字，书版748盘外符，拼音，图片，字符的基本属性，如字体、字号、字符颜色、加粗、倾斜、上下标、着重、文字划线都会维持；基本段落格式的段落对齐方式和段首缩进（默认缩进2个字）会维持；数学公式转换为OMATH，化学公式转换为图片。

进行特殊处理的注文、割注、边文和边文边注，会根据书版注解中的位置放在对应正文之后，并以括号括起来；对照和方框分区的内容保留，对照内容放到对应内容的后面，用括号括起来；多页分区只保留第一个；表格的线型全部处理为单线，表格尺寸处理为表格大小自适应内容，斜线单元格内容排到一个飞翔单元格内，以换行区分；项目编号丢弃，编号转为普通文字。

第2节　排版素材——图像文件

一、排入TIFF文件

TIF/TIFF：支持不压缩的TIFF图和LZW、ZIP、JPEG格式压缩的TIFF图。

二、排入BMP文件

BMP：支持不压缩和RLE4、RLE8方式压缩的BMP图，包括单色、16色、256色、增强16位（被转成24位真彩显示）和24位真彩。

三、排入JPG文件

JPG/JPEG：支持8位灰度图像、24位RGB图像、32位CMYK图像。支持带裁剪路径的JPG/JPEG图。

四、排入GIF文件

GIF：支持GIF，支持顺序和交错扫描两种方式的GIF。排入多幅的GIF图像时，默认只读取第1幅图。

五、排入PSD文件 ★

PSD：支持Photoshop CS及以前版本生成的各种图片文件，支持位图、灰度、索引、RGB、CMYK和Lab这几种模式的PSD图片。支持无压缩和RLE压缩格式的PSD图片。

（1）强烈推荐用户使用TIFF、PSD、EPS、PDF文件排入。尽量不使用其他格式。

（2）图像压缩时，不要使用JPG等有损压缩格式，尽量使用LZW、ZIP、JPEG2000（选无损压缩）等压缩图像。

❖ TIFF图

Photoshop中TIFF存储选项：

飞翔支持

飞翔不支持

❖ PSD

Photoshop CS5中PSD兼容选项：有图层的图存储时，会有提示框：

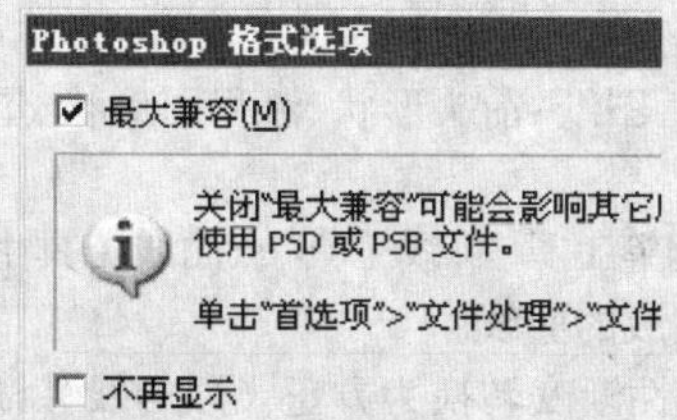

应选中【最大兼容】，否则方正飞翔不支持。

六、排入PNG文件

PNG:支持32位的PNG图像。PNG图在存储时,要存为8通道的,如果是16位通道的,图片质量可能会出问题。

PNG图一般有透明通道,排入时如果有黑底等现象,要检查一下排入时是不是没有正确选择Alpha通道。

第3节　排版素材——图形及其他文件

> ❖ 特殊的PDF文件
>
> - Photoshop保存生成的可编辑的PDF文件,Photoshop既可以编辑这个PDF文件,也可以作为PDF文件块排入方正飞翔中。Photoshop编辑这种PDF和编辑PSD图片是一样的。
> - Illustrator保存生成可编辑的PDF文件,也是既可以编辑也可以输出的。

> ❖ Word图形的导入
>
> 要想把Word的图形导入方正飞翔形成编辑的图形,可以先导入CorelDRAW中,再用CorelDRAW导出为CMX。

> ❖ CMX排入说明
>
> - 不支持的CorelDRAW的正常模式外的透明、阴影和位图。
> - 文本转换为曲线才能支持。
> - 所有交互式操作都要打散才能支持。

一、EPS格式

EPS:支持Photoshop带裁剪路径的EPS图;支持EPS的RIP方式显示(可以显示EPS的透明效果);支持带有TIFF预览数据的EPS图片(可以显示EPS的透明效果);支持EPS中有连接的文件(此文件使用相对路径);支持DCS格式;支持排入Adobe InDesign导出的EPS。

二、PS格式

PS:支持排入标准的PS文件。对于多页的PS文件,支持排入第1页。

应当保证PS或EPS文件中嵌入全部字体后再排入飞翔版面。

三、PDF格式 ★

PDF:支持排入多页的PDF文件,并可以选择任意页排入。目前可排入PDF 1.6/1.7版本的文件。

排入分色的PDF图像时,要先将分色的PDF图像合并色版后再排入方正飞翔的版面。

四、排入CorelDRAW的CMX文件

1. 支持的CorelDRAW文件特性

(1)支持对象间的层次关系。

(2)支持CMYK模式、RGB模式和灰度模式的图形;不支持其他颜色空间转换。

(3)支持矩形、椭圆、多边形、螺纹、图纸、箭头形状、流程图形状、星形形状和标注形状等图形。

(4)支持手绘工具、贝塞尔工具、钢笔工具、折线工具、点曲线工具生成的比较复杂的图形,以及文本转换生成的曲线。

(5)支持填充部分渐变效果:如线性渐变转换为方正飞翔的线性渐变;射线渐变转换为方正飞翔的圆形渐变;圆锥渐变转换为方正飞翔的锥形渐变;方角渐变转换为方正飞翔的方形渐变。

(6)支持图形的旋转和错切的角度数值、变倍的百分比数值。

(7)支持轮廓的尖圆折角和平圆方头与方正飞翔对应转换。

（8）支持CorelDRAW输出或另存为Corel Presentation Exchange的格式。

2. 排入CorelDRAW文件

选择菜单【文件】→【排入】→【CorelDRAW文件】，弹出【打开】对话框，选择CorelDRAW的CMX文件，单击【打开】按钮后，在版面中出现排入图标，单击即可完成图形的灌入。

第4节　素材库

❖ 素材库的编辑

- 在素材列表里选择一个素材，右键菜单里可进行编辑操作。
- 属性菜单可以重新改变一个素材的属性。

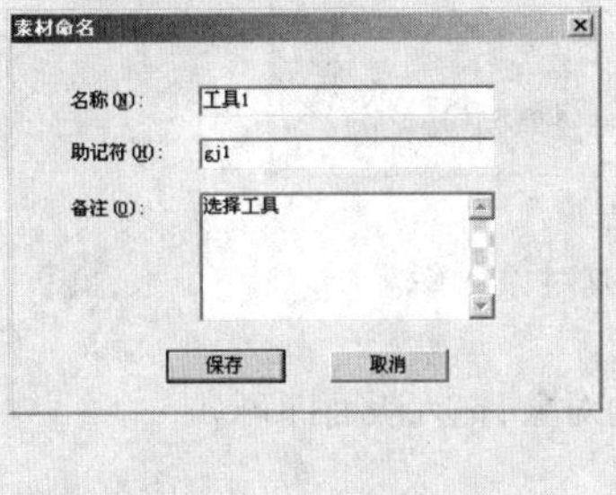

一、素材库窗口浏览

为了将版面上排好的对象保存起来，供今后工作时调用，方正飞翔提供了素材库管理工具。用户将版面上已排好的对象随时放在素材库浮动窗口中，并保存为*.odf类型的库文件。日后需要调用该对象时，可以随时在素材库窗口中打开库文件，将保存的对象拖到版面上直接使用。

在“库文件名”下拉列表框里选择库文件，【素材库窗口】显示对应库文件里的对象。单击素材库标题栏的三角按钮，可弹出素材库的扩展菜单，如图4–7所示。

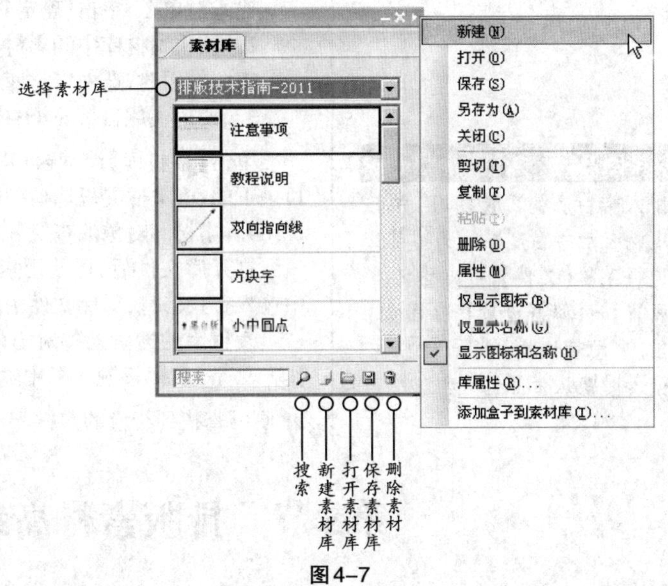

图4–7

1. 新建、保存素材文件*.odf

在素材库窗口的扩展菜单里选择【新建】，素材库窗口刷新为空白，为当前新建素材库对话框。

完成素材库编辑后，选择素材库菜单里的【保存】，弹出【保存】对话框。键入文件名，选择【确定】按钮即可保存一个素材库文件。

选择素材库菜单中的【另存为】,还可将当前文件另存一份。

2. 打开及显示素材文件*.odf

在素材库窗口的扩展菜单里选择【打开】,在【打开】对话框选择要打开的odf文件,单击【确定】按钮,在素材库【库文件名】下拉列表里显示打开的库文件名,在素材库窗口中显示库文件中的对象。

> ❖ 常用素材库
> - 传统素材库:ODF文件存放在方正飞翔安装目录下的odf文件夹里。
> - 新增科技素材库:ODF文件存放在方正飞翔安装目录下的odf子目录math文件夹里。

二、使用和编辑素材库

打开库文件后,可在素材库窗口对库文件中的对象进行编辑等操作。

1. 加入一个对象

新建或打开一个素材库后,选中版面上的对象,按住鼠标左键,拖入素材库窗口,弹出【素材命名】对话框,如图4-8所示。

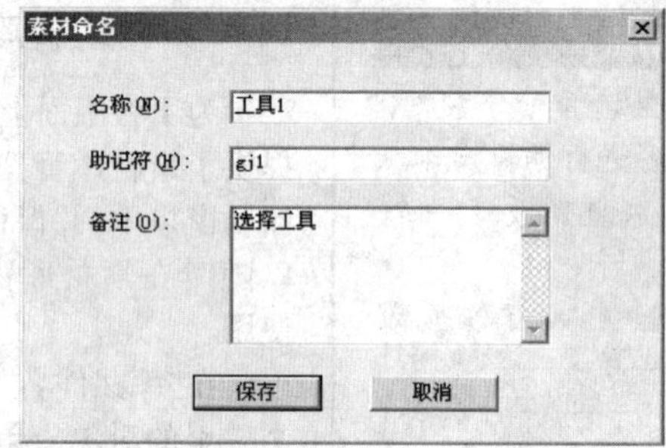

图4-8

输入对象名,单击【确定】按钮,完成对象入库。

2. 使用素材库中的素材

需要使用时,选中素材库窗口中的对象,拖入版面即可。

3. 使用飞翔自带的odf库

单击【素材库】浮动窗口下方的【打开素材库】按钮,在系统安装目录下的odf文件夹里选择一个odf文件,单击【打开】即可使用。

> ❖ 排图设置
> - 排入带白底的二值图时,方正飞翔自动将白底默认为透明。
> - 选择菜单【文件】→【工作环境设置】→【偏好设置】→【图像】里【自动带边框】选项,则图像排入时默认带黑色边框。

4. 素材库对象的查找

打开库文件后,可使用素材库窗口下方的搜索功能,在搜索编辑框中输入查找信息,对库文件中的对象进行查找操作。

素材库的搜索支持对当前打开的库文件进行素材名称的搜索。操作方法是:在搜索输入框中输入想要查找到的素材名称,单击搜索按钮便可查找到相应的素材。

第5节 排版素材高级应用

一、排入图像 ★

(1)选择菜单【文件】→【排入】→【图像(Ctrl+Shift+D)】,或者单击标准工具条中的按钮,弹出【排入图像】对话框,如图4-9所示。

❖ PDF排入说明

- PDF排入版面的显示：显示速度与PDF文件的复杂程度有关，因此，建议在排PDF时，在环境设置里，设置不显示图像，这样排入的速度极快，PDF排入结束后，为显示其他图像，可以再次设置环境设置为显示图像。
- 排入的PDF文件的输出：输出文件是把PDF块直接嵌入要输出的PDF中，原样输出。因此，如果PDF块在输出时发现有问题，仍然要回到生成它的软件中编辑修改，然后导出为PDF，然后方正飞翔里也要重新输出PDF。

选中需要排入的图像，同时按住“Ctrl”键或“Shift”键可以选取多个图像，一次性排入版面。

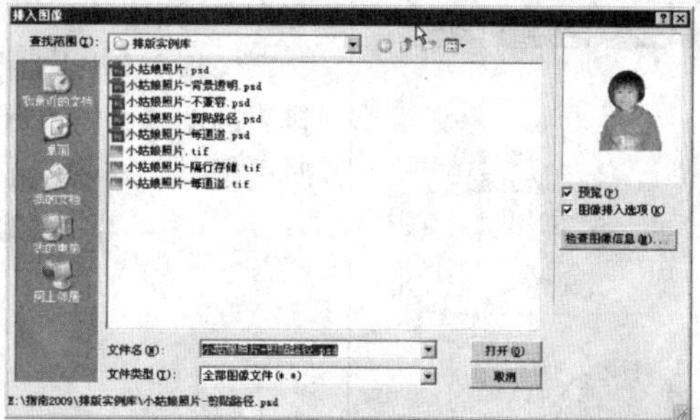

图4–9

选中【预览】，可显示选中图像。在预览区域下方单击【检查图像信息】按钮，即可查看图像原始信息。单击【确定】按钮即可排入图像状态，此时光标变为▣。

(2)原大排入：将光标▣在版面中单击，即可按原图大小排入图像。

(3)划定大小排入：按住鼠标左键，鼠标在版面画框，可以按照框大小排入图像。按住“Shift”键拖画，则可以将图像等比例排入版面。

(4)文字中直接排图：文字T工具在文字中点一下，执行排入图像操作，可将图像排入文字之中。

(5)将图像排入图框：选中图框，可以将图像排入图框内。

二、排入多页的PDF ★★

在【排入图像】对话框选中PDF文件，选择【图像排入选项】，单击【打开】，弹出【图像排入选项】对话框。在【页面设置】中选择所需要排入的页面；可以进行裁切范围的设置以及透明背景的选择，如图4–10所示。

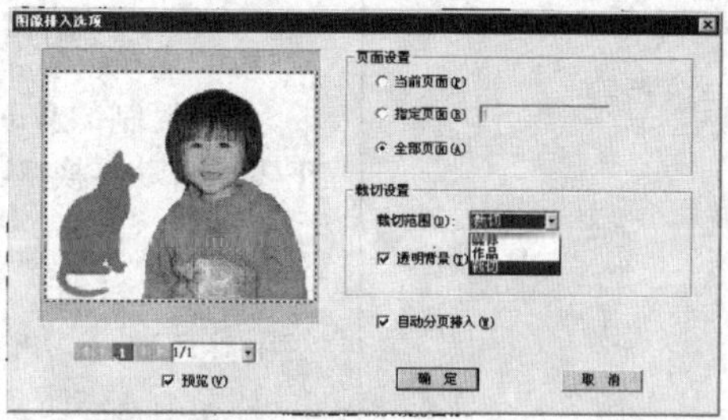

图4–10

裁剪范围：是指描述PDF内的裁切框、媒体框、作品框的大小，以此为排入的图像大小。

选中【自动分页排入】，则PDF文件自动按照所选页码依次顺序分页排入当前文件的相应页面。

三、排入透明背景的图像 ★★★

带裁剪路径或通道的图像、透明背景的PSD图像的时候，可以选中【图像排入选项】，选择需要的模式排入。

❖ 透明通道与裁剪路径

• 有透明度选项

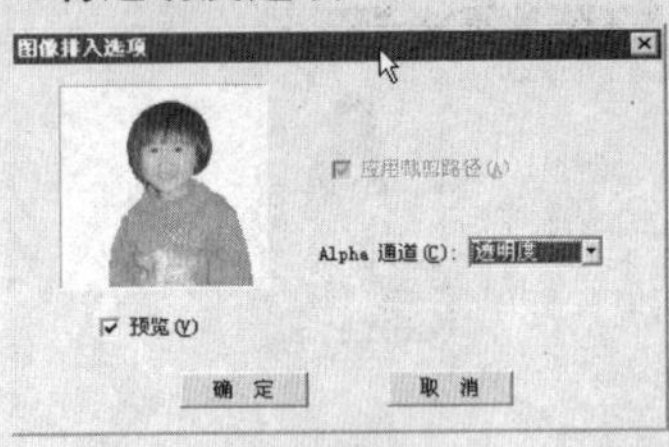

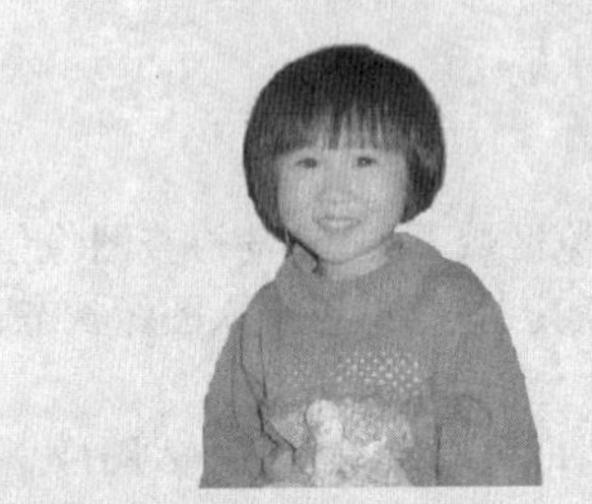

• 裁剪路径

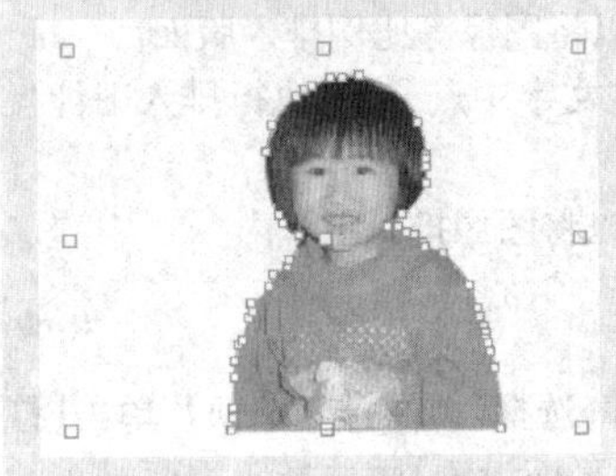

排入带裁剪路径或通道的图像：方正飞翔导入图像时，支持选择排入图像里的多条裁剪路径中的一条、多条Alpha通道（包括选区和蒙版）和专色通道。

选择菜单【文件】→【排入】→【图像】，在【排入图像】对话框内，选中排入的图像，并选中【图像排入选项】，单击【打开】，弹出【图像排入选项】对话框，如图4-11所示。

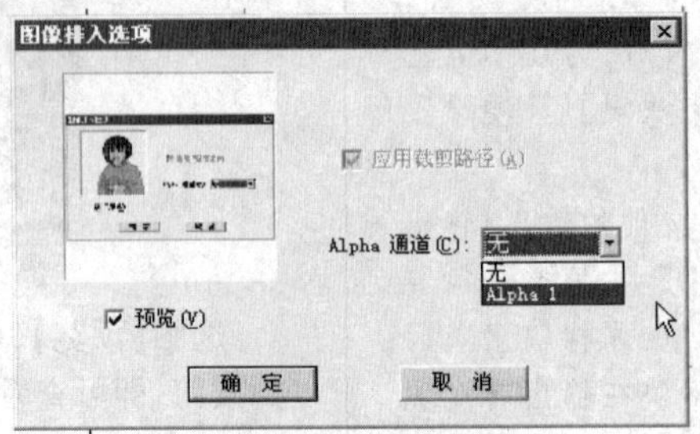

图4-11

四、排入不带格式的Word文件

我们在实际生产中经常能遇到这样的Word文件，有时由于作者不懂得排版方面的最基本的知识，版面格式混乱，无规律可言，甚至文档的层次关系都是错误的，此类Word文件在排入Word对话框中，要选择【移去文本的样式和格式】，只保留表格、上下标等格式。

五、从其他程序向版面中拖放图片文件 ★

方正飞翔支持从文件管理器、Adobe Bridge图像浏览器中拖放图像到版面中来，支持单文件拖放也支持多文件拖放，使用起来非常方便。

六、粘贴进OLE块对象

(1)复制的Word文件内容，方正飞翔中文字光标在文字块中时，方正飞翔自动转换Word文件为方正飞翔格式粘入，反之，会在版面上生成OLE块。

(2)Excel粘入的都会生成OLE块，如果想转成方正飞翔表格，则要使用排入Excel功能。

七、排入指定区域（图中排文） ★★

方正飞翔可以在任意的图形内排入文字。如图4-12所示，在椭圆内排入文字，有录入文字和排入文字两种方式。

图元内录入文字的方法：选择文字工具T，按住“Alt+Ctrl”键，单击图元块内部区域，即可将其转换为一个可以输入文字的排版区域。

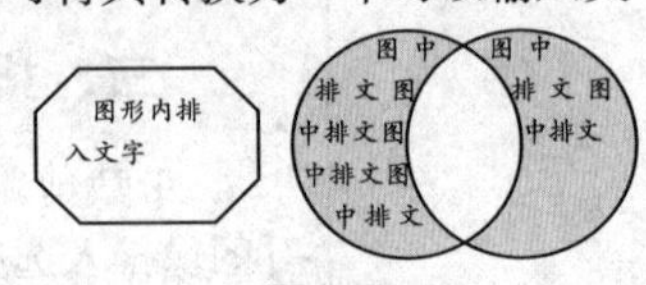

图4-12

❖ 学习要点

批处理改Excel表名称和自动拆分Excel多表为单表文件。拆分为单独的表格文件在排入Excel表时,有时可以提高效率。

八、批量修改Excel名称 ★★

Excel电子表中,如图4-13所示。有很多页表格的情况下,各页表的顺序,不易在表格名称上看出,可以用脚本自动按序号命名。

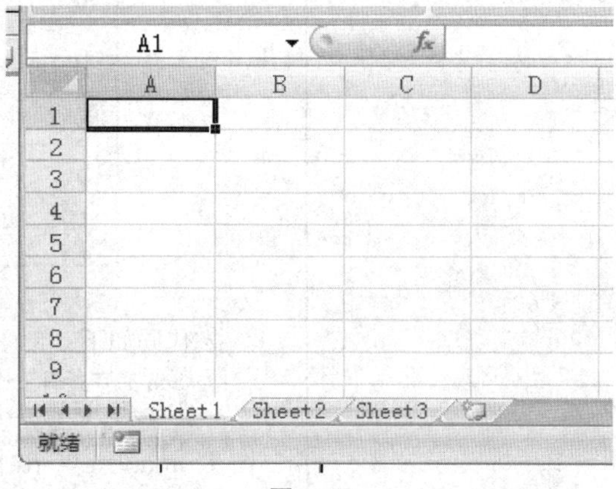

图4-13

宏代码如下:

```
Sub re_name_wst()
Dim ws_name As String, new_name As String
Dim n As Integer, i As Integer
n = ThisWorkbook.Worksheets.Count
For i = 1 To n
  ws_name = Worksheets(i).Name
  new_name = i & "_" & ws_name
  Worksheets(i).Name = new_name
Next
End Sub
```

改名后如图4-14所示。

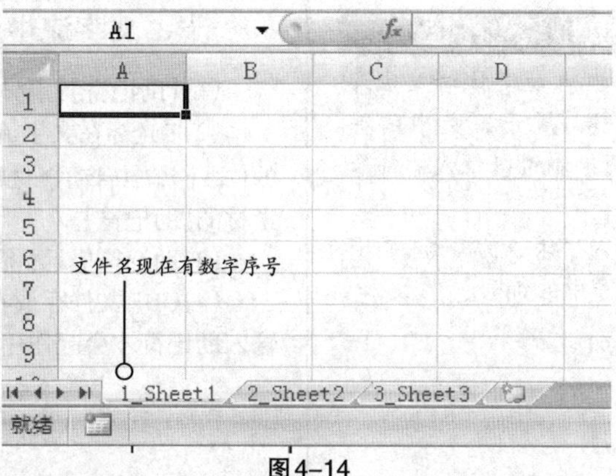

图4-14

❖ 学习要点

- 知道Excel电子表中预处理的方法,如何使用宏。
- 批处理改Excel表名称和自动拆分Excel多表为单表文件。

九、拆分Excel电子表 ★

一个多页的Excel表拆分成多个独立的Excel文件,有时可以在排Excel表时,带来方便,如图4-15所示。

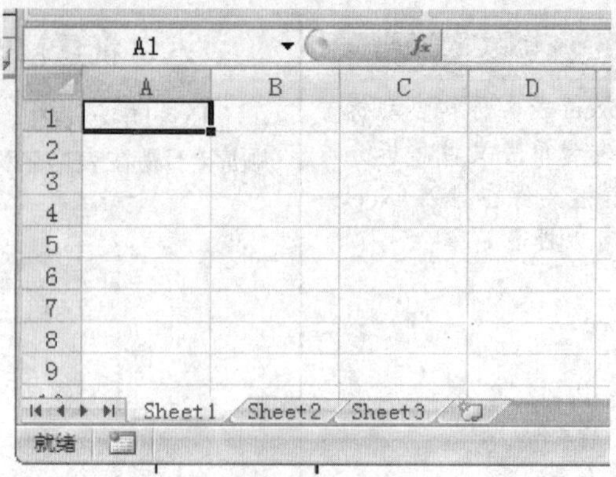

图4-15

宏代码如下：

```
Sub 另存所有工作表为工作簿()
Dim sht As Worksheet
Application.ScreenUpdating = False
ipath = "e:\"  '(保存路径,自己修改)
For Each sht In Sheets
   sht.Copy
   ActiveWorkbook.SaveAs ipath & sht.Name & ".xls"  '(表名称为文件名)
   ActiveWorkbook.Close
Next
Application.ScreenUpdating = True
End Sub
```

执行后，生成三个文件，如图4-16所示。

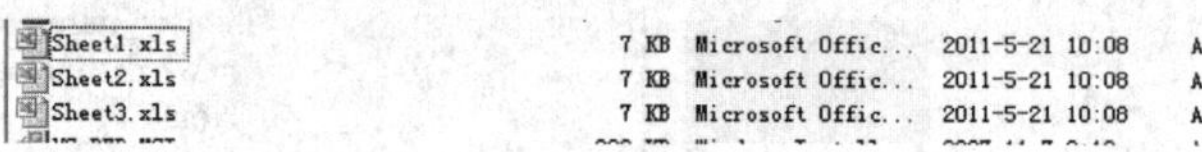

图4-16

十、文字流中启动素材输入法 

(1)【助记符】：素材名称的简拼或者全拼。

(2)T光标在文字流中，按下快捷键“Ctrl+Alt+=”，或者单击工具箱中的【文字流中启动素材输入法】按钮，启动素材输入法，在输入框输入素材的【助记符】。

(3)助记符提示：将光标移到素材名称时，会提示该素材的助记符。

(4)ODF文件存放在飞翔安装目录下的odf子目录math文件夹里时，输入助记符才会起作用。

❖ 学习要点

- 文字流中启动素材输入法录入的符号，属于正文中的符号，与用控制键盘录入的符号相同。
- 公式输入法录入的符号，属于公式盒子中的符号。

第5章　文字处理

本章介绍的文字处理部分包括了字符处理、文字编辑操作、文字的属性操作、文字内码转换、文字的美工设计等，它与下一章段落排版同为方正飞翔最基础、最核心的功能之一。

第1节　文字的字符处理

❖ 文字的前后属性

• 在文字中录入

录入时的文字属性默认与前一个字的属性相同，按"Ctrl+Alt+→"键则录入文字属性同后一个字属性。T工具放在"前字属性"后：

前字属性**后字属性**

在"前字属性"后录入文字"插入"，属性同前一个字的属性，排版结果如下：

前字属性"插入"**后字属性**

在"前字属性"文字后按"Ctrl+Alt+→"键则属性同后一字属性，排版结果如下：

前字属性**"插入"后字属性**

• 文章末尾录入

在文章末尾录入文字时，按"Ctrl+Alt+→"键，录入的文字属性同缺省字属性。缺省字属性在【版面设置】里定义。

文章结束。**"插入"**

一、文字录入

1. 主文字流

方正飞翔新建文件后，默认进入主文字流状态，可以直接录入文字，文字块大小同版心大小，如果单击鼠标左键后再输入文字，则在鼠标单击的位置开始进行文字的输入。

2. 粘入纯文本

如果在其他文字编辑软件中复制了文本，可以用纯文本方式(快捷键"Ctrl+Alt+V")粘入到方正飞翔中。

二、符号录入　★★

1. 控制键盘录入符号

启动【动态键盘】5.0，如图5-1所示。

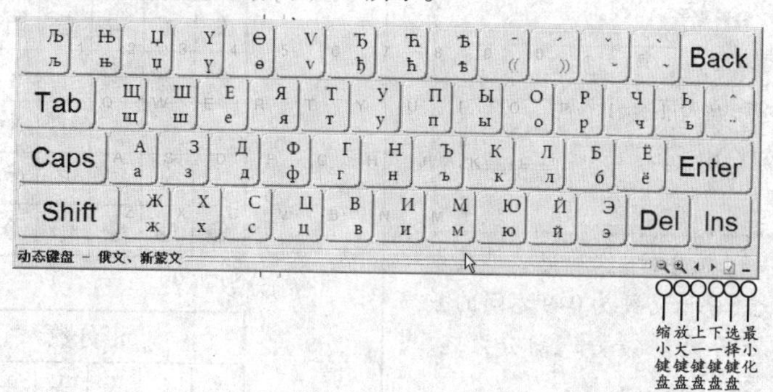

图5-1

在动态键盘的状态条上单击图标，可选择码表 选择码表(T)，单击最小化按钮 -，可以暂时收起动态键盘 动态键盘 - 俄文、新蒙文。

2. 【特殊符号】窗口录入符号

选择菜单【窗口】→【文字与段落】→【特殊符号】，弹出浮动窗口，如图5-2所示。

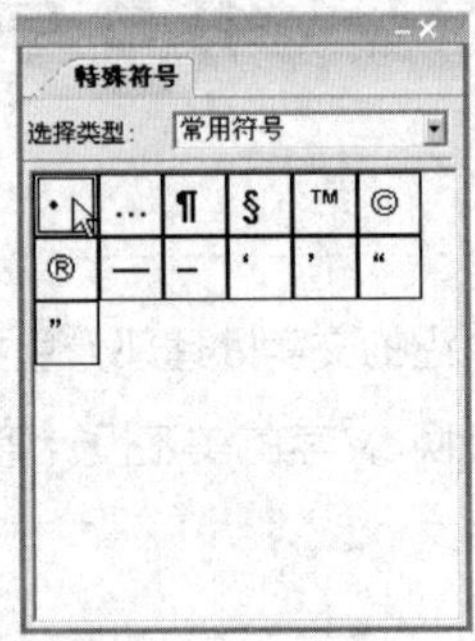

图5-2

通过【特殊符号】浮动窗口可以录入一些常用和特殊的符号。

(1)常用符号

•	…	¶	§	™	©	®	—	–	‘	’	“
”											

(2)乐谱音符

○	□	‖	‖	1	2	3	4	5	6	7	8
9	▾	𝄎	♪	𝅗𝅥	v	♩	♩	𝄡	𝄢	𝄞	𝄓
𝅝	•	𝅮	𝅮	𝅗𝅥	𝄽	𝄾	𝄿	𝅀	𝅁	♯	♮
♭	𝄪	𝆗	𝆗	𝆗	∾	𝄋	𝄌	𝄐	𝄑	>	∨
𝆮	⌐	ǀ	⌊	𝅗𝅥	𝅘𝅥𝅯	𝅘𝅥𝅰	♩	♩	♩		

(3)棋牌符号

俥	傌	炮	兵	相	仕	帥	車	馬	包	卒	士
象	將	♔	♕	♖	♘	♗	♙	♚	♛	♜	♞
♝	♟	♔	♕	♖	♘	♗	♙	♚	♛	♜	♞
♝	♟	▨	┌	┐	└	┘	┬	┴	├	┤	┬
┬	┴	┴	┼	┼	┼	┼	╟	╢	╬	✳	┼
┴	┬	车	马	炮	兵	相	仕	帅	车	马	炮
卒	士	象	将	♠	♥	♦	♣	○	●		

(4)分数码表

正分数						斜分数					
$\frac{0}{0}$	$\frac{1}{1}$	$\frac{1}{2}$	$\frac{1}{3}$	$\frac{1}{4}$	$\frac{1}{9}$	1/1	1/2	1/3	1/4	1/5	1/9

❖ 特殊符号输入法

可以使用特殊符号输入法来输入控制键盘和特殊符号窗口中的特殊符号。

单击控制窗口中工具按钮如下图。

按下空格时启动特殊符号输入法(Ctrl+Alt+-)

按“Ctrl+Alt+-”键启动特殊符号输入法，特殊符号输入法可以与普通文字输入法同时使用。

例如启动用特殊符号输入状态后，在用五笔字型录入汉字时，不用切换键盘，要录入符号的时候，按下空格，弹出特殊符号输入条，输入助记符“qm”，在弹出的输入条里输入“4”，就可以在正文插入一个符号“①”。

qm

1 𝄞 2 ⊖ 3 km 4 ① 5 ② 6 ③

熟练掌握特殊符号输入法，可以避免不断地在控制键盘上查找符号，可以在文字录入过程中随时录入符号，实际应用时更为快捷。

❖ 分数码

特殊符号

选择类型：分数码

分数类型：正分数

数　值：0/0

<分子>/<分母>这种形式排版中分子、分母必须为0~9之间的数如：正分数 $\frac{1}{2}$、$\frac{5}{6}$、$\frac{9}{9}$、斜分数1/2、2/7、9/9。

(5)其他符号表

Ⅰ	Ⅱ	Ⅲ	Ⅳ	Ⅴ	Ⅵ	Ⅶ	Ⅷ	Ⅸ	Ⅹ	Ⅺ	Ⅻ
ⅩⅢ	ⅩⅣ	ⅩⅤ	ⅩⅥ	㈠	㈡	㈢	㈣	㈤	㈥	㈦	㈧
㈨	㈩	⑴	⑵	⑶	⑷	⑸	⑹	⑺	⑻	⑼	⑽
⑾	⑿	⒀	⒁	⒂	⒃	⒄	⒅	⒆	⒇	⒈	⒉
⒊	⒋	⒌	⒍	⒎	⒏	⒐	⒑	⒒	⒓	⒔	⒕
⒖	⒗	⒘	⒙	⒚	⒛						

(6)748汉字表

异	迋	尋	猒	鉥	噂	璨	燳	爿	鴟	廲	刑
噕	슬	杞	吆	糌	舐	屺	縢	鰺	砻	毶	牐
寫	虢	賷	鄚	鰜	轂	侄	儹	囬	圓	坰	埒
坆	埗	窦	龑	廖	氰	焇	焻	熌	獊	鐕	诂
伷	侬	苄	蒸	簪	磚	弧	箧	膘	舨	蒜	虉
拏	禯	穖	隬	霖	哌	嚧	猫	缥	骢	炝	樫
彀	氣	睇	剬	拯	咓	哌	哩	扭	牂	啶	哑
姱	喋	脟	葛	嘲	嗰	噁	嚓	熇	腽	跆	酭
嚧	嚹	樸	辇	醦	鮀	儫	礅	嚱	擲	纏	臛
蹿	痦	癫	磏	睸	钨	锫	锚	镈	镌	羚	蚌
廬	筴	舨	覆	譸	鮭	欞	爔	鰻	坳	擳	猈
襉	鮐	鑓	嚸	鮃	鮟	鮸	鯱	鰊	〇	々	呙
掲	铱	眲	铆								

(7)阿拉伯数码表

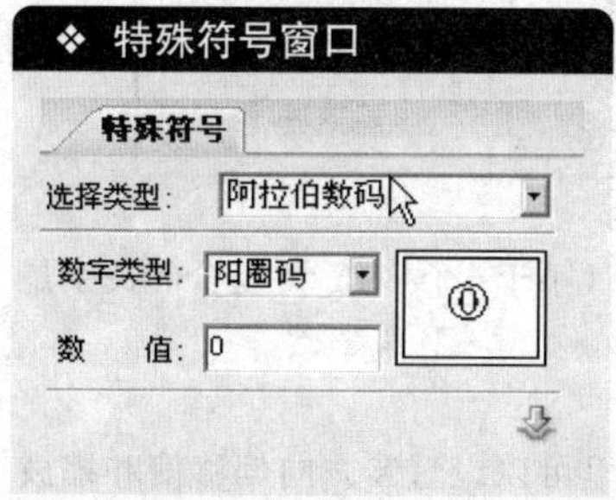

阳圈码	①、②、③、⑽
阴圈码	❶、❷、❸、⓿
阳框码	1、2、3、100、200
阴框码	1、2、3、99（阴框码范围为0–99）
立体方框码	1、2、3、100、500
点码	1.、2.、3.、100.、500.
横括号码	(1)、(2)、(3)、(100)、(500)
竖括号码	1、2、3、100
多位数字	11、12、13、100、500

(8)中文数码表

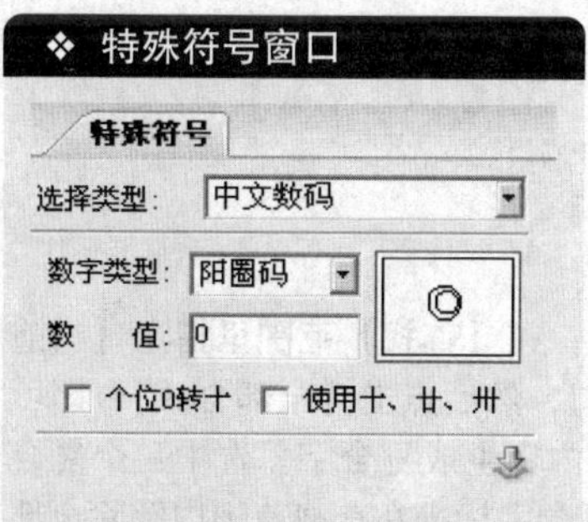

阳圈码	㊀、㊁、㊂、㊉、㊍
阴圈码	一、二、三、九十九（阴圈码数值范围0–99）
阳框码	一、二、三、九十九
阴框码	一、二、三、九十九
立体方框码	一、二、三、十
点　码	一、二、三、十
横括号码	㈠、㈡、㈢、㈩
竖括号码	二、三、三、十
多位数字	一、二、三、十

❖ 附加字符

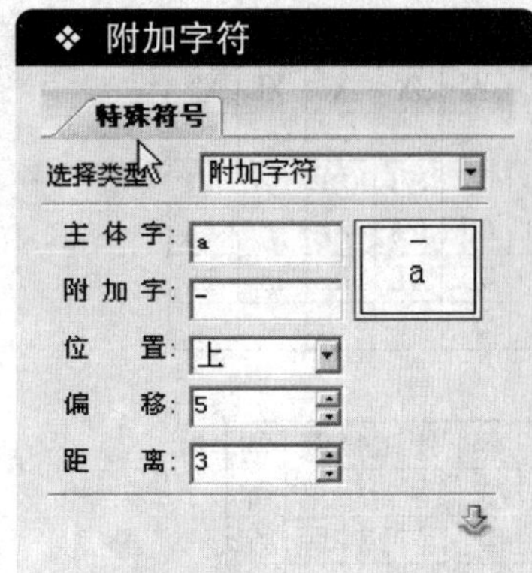

(9）附加字符表

a、a、–a、a–、永、永、·永、永·、字◎、字、字

三、制作复合字

复合字的功能是将几个文字合成一个字，或者将文字与符号合成一个字，占一个字宽、一个字高。复合后的文字和普通文字一样可以进行文字属性的操作。

选择菜单命令【格式】→【复合字】，弹出【复合字】对话框，如图5–3所示。

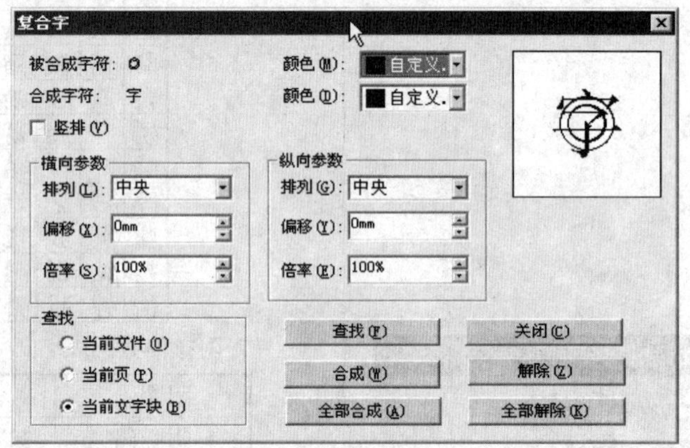

图5–3

使用文字工具选中要复合的文字（小于6个字），要复合的文字是

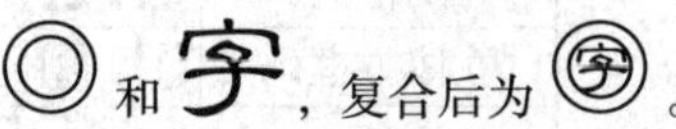

【横向参数】或【纵向参数】组里可以设置X方向偏移值和缩放比例。

【偏移】：合成字符相对被合成字符在X方向的偏移距离。

【排列】：合成字符缩放时的基准点，选择【中央】、【左】或者【右】，分别表示以合成字符中心、左边或者右边为固定基准点缩放合成字符，默认选择【中央】。

【倍率】：合成字符X方向的缩小比例。

【合成】：即可形成复合字。

【解除】：即可解除复合字。

【全部合成】：完成复合字设置后，在【查找】范围里指定【当前文件】、【当前页】或者【当前文字块】，然后点击【全部合成】，即可一次性将查找范围内所有符合条件的内容生成复合字。选中一个复合字，点击【全部解除】，即可按选中复合字标准在查找范围内解除全部复合字。

【查找】：复合字的查找需要通过复合字对话框操作。选中一个复

❖ 复合字查找和颜色设置

复合字的查找替换和文字颜色的操作需要通过复合字对话框设置，其他文字属性的设置与普通文字一样。

合字，在【查找】范围里指定在【当前文件】、【当前页】或者【当前文字块】里查找。然后点击【查找】按钮，即可在查找范围内依次选中复合字。

第2节　文字的编辑操作

❖ 选中文字

- 选中行：将光标移到要选中的行上双击。
- 选中文字块文字：把光标移到要选中的段中，按下"Ctrl"键后再双击(不包括未排完的文字)。
- 选中文章文字：按快捷键"Ctrl+A"(包括未排完文字)。
- 选中光标所在段：三击鼠标左键。
- 向左选中1字："Shift+←"
- 向右选中1字："Shift+→"
- 从插入点向上选中一行："Shift+↑"
- 从插入点向下选中一行："Shift+↓"
- 当前位置选到行首："Shift+Home"
- 从插入点选到行尾："Shift+End"
- 从插入点向前选到文章首："Ctrl+Shift+Home"
- 从插入点向后选到文章尾："Ctrl+Shift+End"
- 向左选中10字："Ctrl+Shift+←"
- 向右选中10字："Ctrl+Shift+→"
- 选中多个续排文字块中的文字：T光标放在首个文字块中，按"Shift"键在另一个文字块中再按下一个T光标，能够选中两个T光标之间的文字流。

一、用方正小样编辑器编辑文本文件

方正小样编辑器是北大方正开发的文字编辑器，可以新建、编辑文字稿件，类似于Windows记事本，其特点是：(1) 支持特殊符号的显示和输入，可以使用方正动态键盘输入各种特殊符号，从方正飞翔版面上拷贝过来的特殊符号也不会丢失或变形；(2) 支持Unicode编码。

安装方正飞翔主程序时，选择【全部安装】或在【自定义安装】时选择【方正小样编辑器】即可安装小样编辑器。

安装完成后双击桌面上的【方正小样编辑器】图标即可打开小样编辑器。您也可以选择【开始】→【所有程序】→【Founder】→【方正飞翔】→【方正小样编辑器】来打开方正小样编辑器。

二、选中文字

文字光标插入文字后，按住鼠标左键不放，拖动鼠标选中文字。也可以使用快捷键选中文字。常用的选中操作如下。

(1)选中一行文字：将光标移到要选中的行上双击。

(2)选中一个文字块中的所有文字：把光标移到要选中的段中，按下"Ctrl"键后，再双击。

(3)选中一篇文章的全部文字：按快捷键"Ctrl+A"。

(4)T工具在文字流中，以各种方式切换页后，按住"Shift"键，在同一文字流中再按下一个T光标，能够选中两个T光标之间的文字流。

三、复制、剪切和粘贴文字

1. 复制文字

选中一段文字后，快捷键"Ctrl+C"(复制)、"Ctrl+X"(剪切)。

2. 粘贴文字

T光标移动或点击到指定位置，按快捷键"Ctrl+V"或"Shift+Ins"为粘贴文字，快捷键"Ctrl+Alt+V"则为粘贴纯文字。

四、文字的查找操作

1. 通用查找

选择菜单【编辑】→【查找/替换】或者按快捷键"Ctrl+Shift+F"，弹出

“查找/替换”对话框，如图5-4所示。

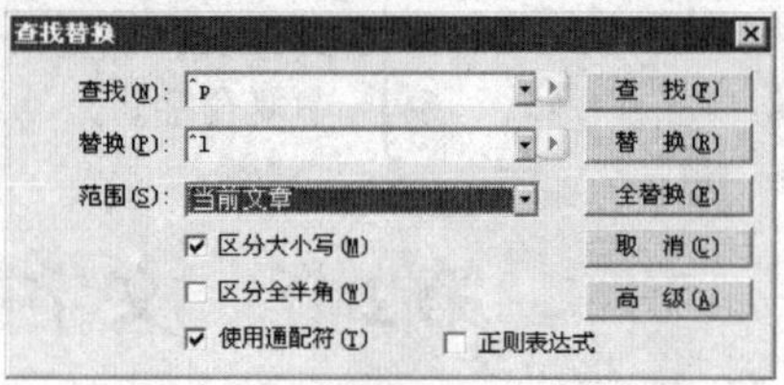

图5-4

在【查找】编辑框中输入需要查找的字串，在【替换】编辑框中输入需要替换的字串。

(1)查找替换字符不能超过20个中文字(包括换行、换段符等特殊符号在内)。

(2)区分大小写：选中此项，只查找大小写完全匹配的字串。不选中，查找时忽略大小写。

(3)区分全半角：选中此项，只查找全/半角完全匹配的字串。不选中，与“查找字串”内容相同的全半角字符都查找。

(4)使用通配符：选中此项，*和?作为通配符进行查找。不选中，“*”和“?”作为字串进行查找。

(5)正则表达式：选中此项，支持使用正则表达式进行查找。具体请参照附录二正则表达式部分。

2. 高级查找

单击【查找/替换】对话框内的【高级】按钮，弹出查找的高级选项。设置查找替换的字符属性，包括：字体、字号、颜色(命名颜色)、样式，如图5-5所示。

图5-5

(1)完成设置后，可以单击【查找】按钮，开始查找，找到的查找范围内第一个字串。

(2)单击【替换】按钮，则替换当前查到的字串。如果只想执行查找操作，可以跳过这一步。继续查找替换，可以反复进行上述几步的操作。

(3)如确信需要替换当前查找范围内的所有字串，按【全替换】按钮一次完成替换。

(4)完成查找替换后，选择【取消】，则退出“查找/替换”对话框。

❖ 粘贴纯文字

- 粘贴时选择菜单【编辑】→【粘贴纯文本】。
- 快捷键为“Ctrl+Alt+V”。
- 右键菜单里选择【粘贴纯文本】。
- 那么粘贴后的文字属性与光标插入点的前一个文字属性相同。
- 如果粘贴的文本中有盒子、叠题等，则该类文字的属性保持不变，段首大字保留大字属性。

❖ 通配符

- “?”：表示可以用任意一个字符代替；
- “*”：表示该地方可以被多个字的内容代替

❖ 特殊符号

- TAB键 (^t)
- 换行符 (^l)
- 换段符 (^p)

❖ 查找范围

- 【当前文章】：查找光标所在的文章，包括所有续排或连接关系的文字块。
- 【到文章末】：查找从光标当前位置到文章末尾的所有字符。
- 【到文章首】：查找从光标当前位置到文章开始的所有字符。
- 【当前文件】：查找当前打开的文档，包括文档中的所有文章。

❖ 粘贴Word文本

- 首先在Word中，复制选中的文字。
- 然后回到方正飞翔，用T工具在文字中点一下或用T工具画一个文字块，然后执行粘贴命令，会把Word中复制的文本粘进方正飞翔中变成方正飞翔的文字，粘进来的文字可以是有格式的，也可以无格式。上次用过的Word转换时使用的相关选项，为本次转换原选项。

五、文字环境参数设置

选择菜单【文件】→【工作环境设置】→【偏好设置】，弹出【偏好设置】对话框，在【常规】选项卡中，如图5–6所示。

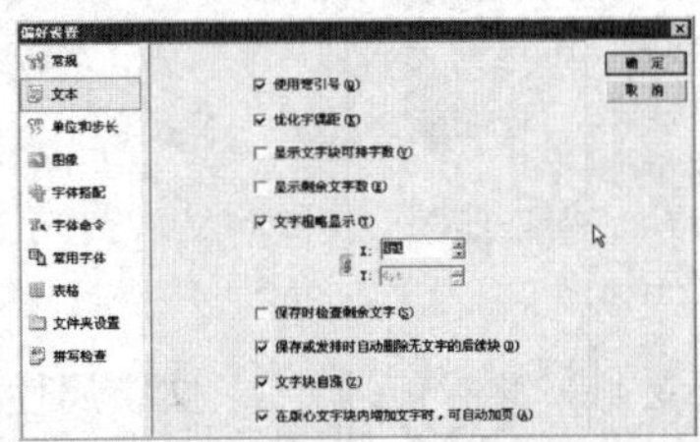

图5–6

【文字粗略显示】：缩放显示时，当屏幕显示字号缩小到指定字号时，以矩形条方式显示文本，能加快文本显示速度。

【保存时检查剩余文字】：保存文件时遇到文件里有未排完的文章，则会弹出提示对话框。不选中该选项，则保存文件时不检查是否有未排完的文章。

【保存或发排时自动删除无文字的后续块】：保存或输出文件时，如果文章的后续块为空文字块，则自动删除该空文字块。

如果文章是由于前后编辑调整造成的，以后还可能移回来，需要保存空的续排文字块，则此项不能选。

【文字块自涨】：勾选此项，当文字块中排不下内容时，文字块会自动加行，文字块自涨也能控制文字流中的文字盒子(锚定对象)自涨。

第3节　文字的属性操作

❖ 文字块的字属性

- 如果使用选取工具选中文字块设置文字属性，此时的设置对整篇文章有效。
- 若要改变盒子里的文字属性，则需使用穿透工具选中盒子或用文字工具选中盒子里的文字。
- 通过菜单【文件】→【版面设置】，在【缺省字属性】选项窗口可以设置文档缺省字的属性。

一、【文字属性】浮动窗口浏览

选择菜单【窗口】→【文字与段落】→【文字属性（Ctrl+Alt+F）】，弹出【文字属性】浮动窗口，如图5–7所示。

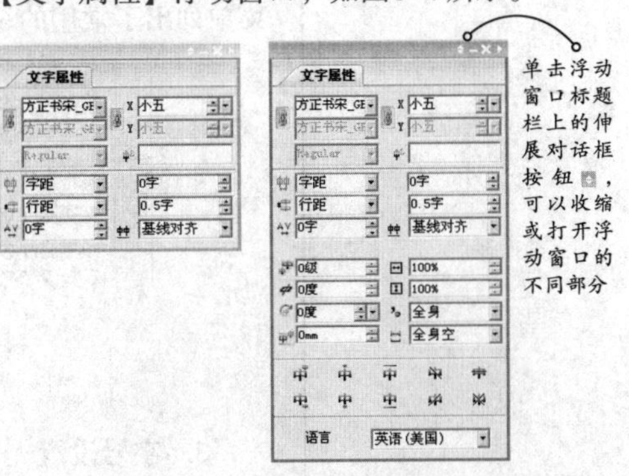

图5–7

❖ T光标移动键盘操作

- 光标上、下移动1行：↑、↓
- 光标左、右移动1字：←、→
- 选黑文字后按←、→定位到选黑区域首、末字的前、后
- 光标在盒子前面：按→向右进入盒子
- 光标在盒子后面：按←向左进入盒子
- 光标在盒子内：按←向左跳出盒子 按→向右跳出盒子
- 移到文字块的块首："Alt+Home"
- 移到文字块的块尾："Alt+End"
- 光标向左移动10字："Ctrl+←"
- 光标向右移动10字："Ctrl+→"

单击标题栏上的按钮，可弹出【文字属性】浮动窗口的菜单，如图5-8所示。

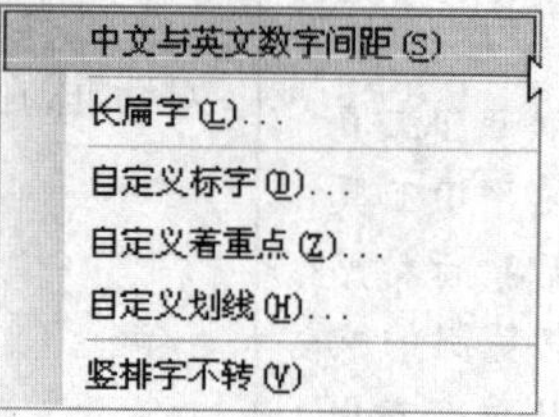

图5-8

文字属性控制窗口也可以设置文字属性。文字工具选择文本后，控制窗口中会出现对应文字属性的控制窗口。

:X字号　:字距　:加粗　:下着重点

:Y字号　:行距　:倾斜　:下划线

:上标　:恢复字属性　:标点类型　:文字样式

:下标　:统一字属性　:空格类型

二、设置字体和字号

1. 字体列表

可以在字体下拉列表里选择字体，或直接在字体编辑框内输入字体，如图5-9所示。

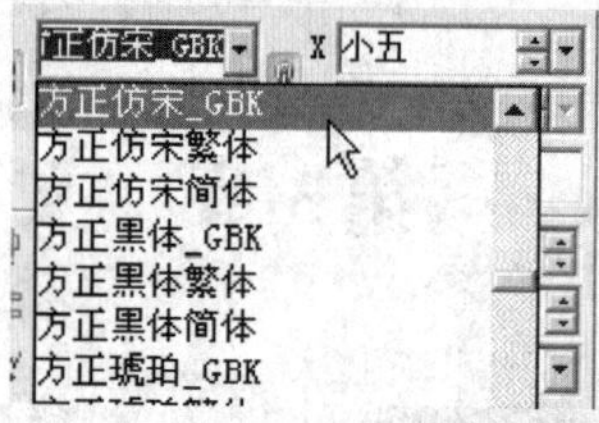

图5-9

2. 常用字体

用户可以选中文字，单击右键，在右键菜单里选择【常用字体】，二级菜单列出了常用的6款字体，并配以快捷键，如图5-10所示。

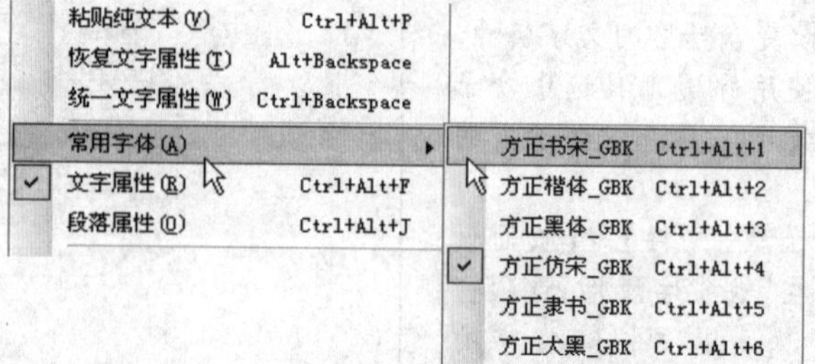

图5-10

3. 字号设置

可以在字体下拉菜单里选择文字的X、Y字号，或在编辑框输入字

号。如果按下字号连接按钮，则XY字号连动。

4. 字体字号命令

可以在字体字号命令框中输入字体字号命令，如"2HT"为二号黑体，"10.HT"为10磅黑体。要修改字体命令，可以在菜单【文件】→【工作环境设置】→【偏好设置】→【字体命令】窗口中修改和增加字体命令，如图5–11所示。

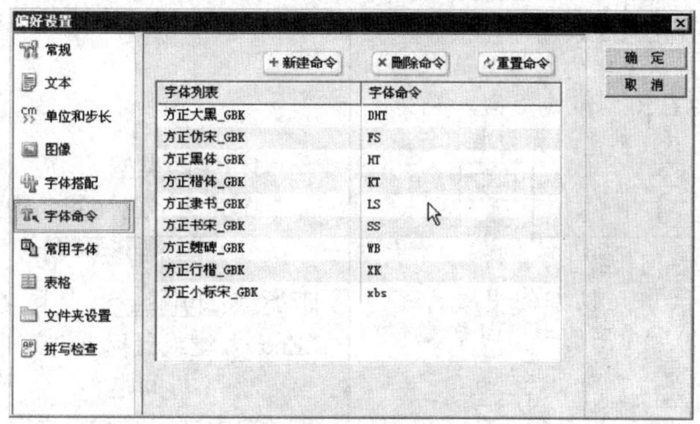

图5–11

使用快捷键"Ctrl+F"，弹出【字体字号设置】对话框如图5–12所示。

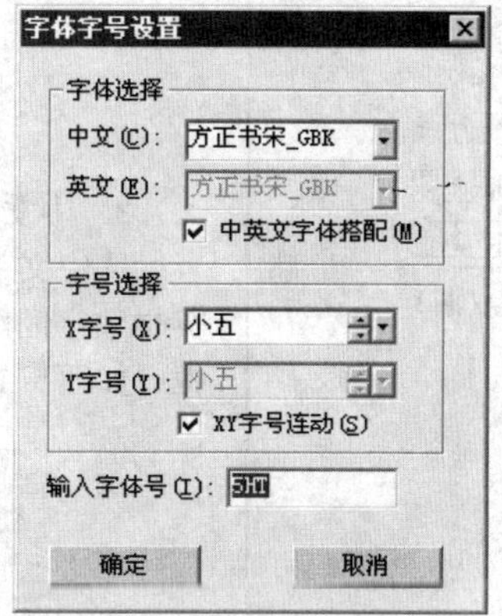

图5–12

在【输入字体号】编辑框中也可以输入字体命令。

三、设置字距

菜单【文字】→【字距与字间（Ctrl+M）】调文字属性浮动窗，同时，窗口上焦点落在字距编辑框内，可以直接输入字距值或用鼠标操作，如图5–13所示。

> ❖ 字体命令说明
>
> - 系统自带字体命令如下：
>   方正大黑体_GBK:DHT
>   方正仿宋_GBK:FS
>   方正黑体_GBK:HT
>   方正楷体_GBK:KT
>   方正隶书_GBK:LS
>   方正书宋_GBK:SS
>   方正魏碑_GBK:WB
>   方正行楷_GBK:XK
> - 可以新建字体增加一个字体命令如下：
>   方正小标宋_GBK:XBS
> - 自定义字体命令时，必须使用两个或两个以上的字母命名字体。

> ❖ 字距快捷键
>
> - 增加字距:Ctrl+"+"。
> - 减少字距:Ctrl+"–"。

❖ 字距种类

- 字距:第一个字的右边框距离第二个字的左边框之间的距离。

- 字间(左/上):以字的左侧为基准,第一个字的左侧与第二个字的左侧之间的距离。竖排时则以字的上边界为准。

- 字间(中):以字的中心为基准,第一个字的中心与第二个字的中心之间的距离。

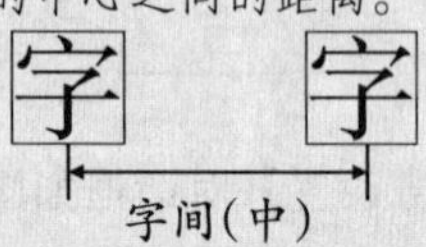

- 字间(右/下):以字的右侧为基准,第一个字的右侧与第二个字的右侧之间的距离。竖排时则以字的下边界为准。

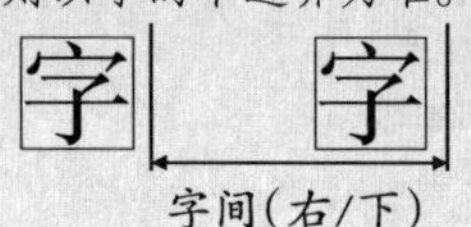

❖ 文字对齐实例

文字对齐操作对选中的文字或文字块起作用。

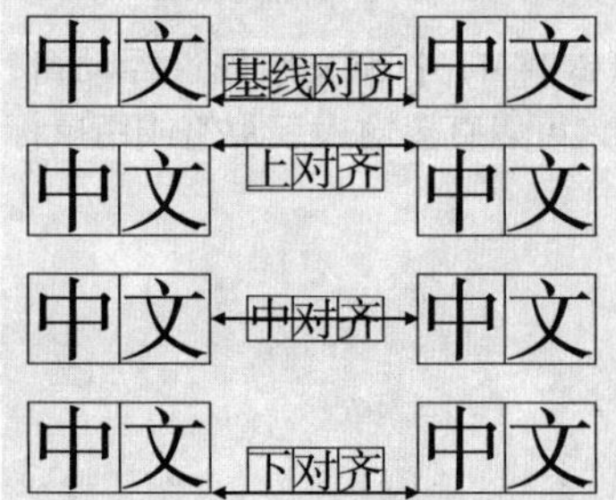

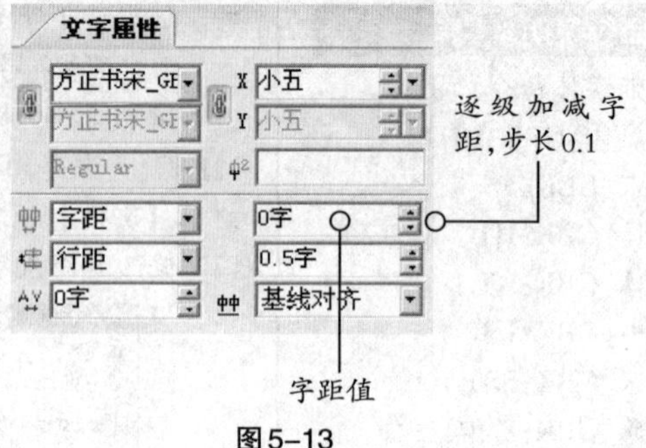

图5-13

1. 字距类型

在【文字属性】浮动窗口里,单击【字距】下拉菜单,选择字距类型: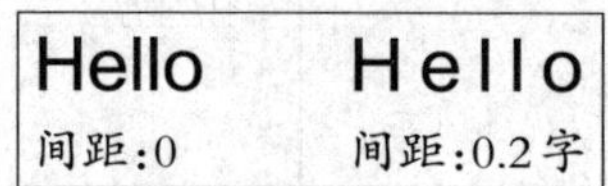,在【字距】后面的编辑框内输入间距值,按"Enter"键或鼠标点击其他位置即可完成设置。

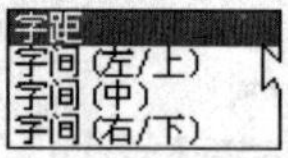

2. 字母间距

选中文字,在【文字属性】浮动窗口的字母间距编辑框里,设置字母(包括拉丁字母与数字)之间的间距值即可,如图5-14所示。

Hello	H e l l o
间距:0	间距:0.2字

图5-14

3. 中文与英文数字间距

选中文字,在【文字属性】浮动窗口的扩展菜单里选择【中文与英文数字间距】,如图5-15所示。弹出【中文与英文数字间距】对话框,如图5-16所示。

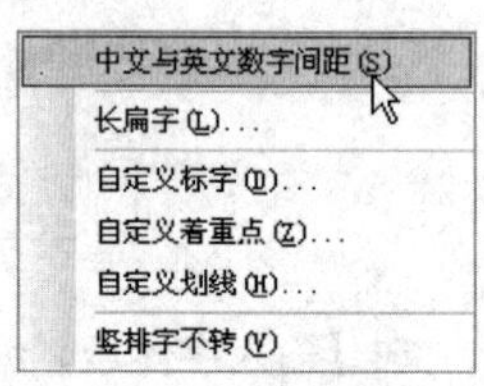

图5-15

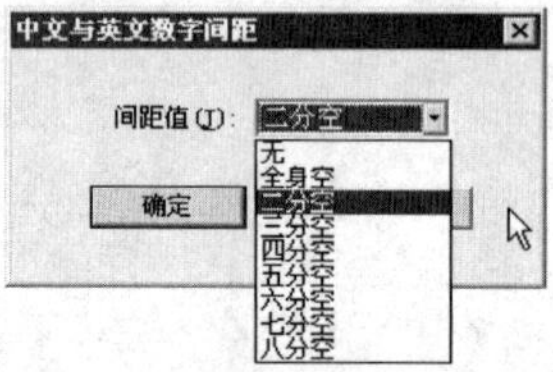

图5-16

在列表里选择一个间距值,可以改变中文与英文、中文与数字间距。

间距值:无　　　窗口Window 2011

间距值:二分空　窗口　Window 2011

4. 文字对齐

使用选取工具选中文字块,或者拖黑需要设置对齐的文字,在【文字属性】浮动窗口里,单击【文字对齐】下拉列表,

❖ 行距类型

● 行距：本行下边框与下行上边框之间的距离。

● 行间(顶)：本行顶侧与下行顶侧之间的距离。

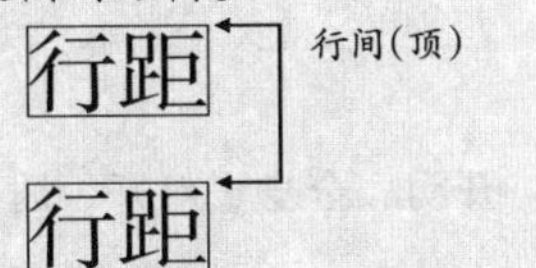

● 行间(中)：本行中心与下行中心之间的距离。

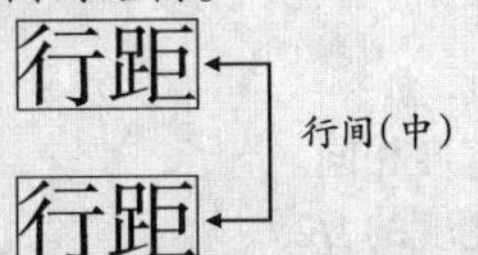

● 行间(底)：本行底侧与下行底侧之间的距离。

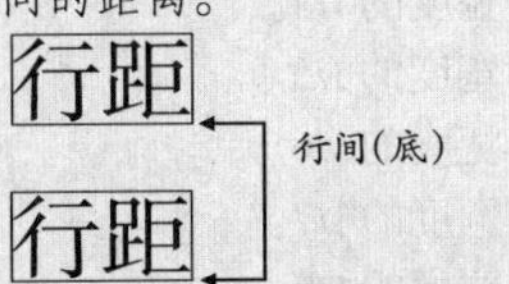

● 行间(基线)：本行基线位置与下行基线位置之间的距离。

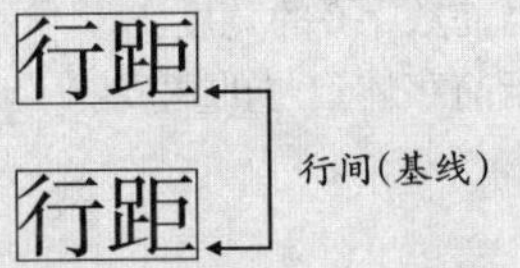

❖ 长扁字实例

● 长字

记忆中的场景 百分比200%

记忆中的场景 百分比50%

● 扁字

记忆中的场景

百分比200%

记忆中的场景 百分比50%

在【上对齐 / 中对齐 / 下对齐 / 基线对齐】中选择对齐类型。

四、设置行距

选择菜单【文字】→【行距和行间（Ctrl+J）】，如图5-17所示，设置需要的行距。

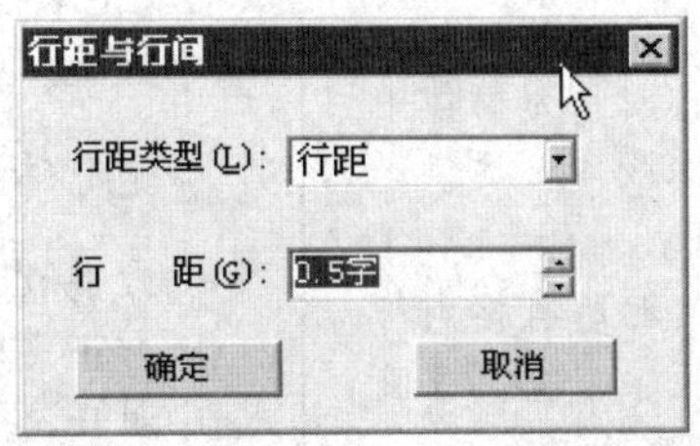

图5-17

在文字属性窗口中设置：行距 0.5字

在文字控制条中设置：0.5字

行距类型：选中需要设置行距的文字，单击【行距】下拉菜单，选择行距类型。

设置行距：在【行距】后面的编辑框内输入间距值，按“Enter”键、鼠标点击其他位置或者“Tab”键移动对话框焦点，即可完成设置。

行距快捷键：行距增加：Alt+“+”、行距减少：Alt+“–”。

五、字心微调

选中文字，在【文字属性】浮动窗口里，通过设置字心宽微调、字心高微调的百分比，可以对文字做字宽或字心微调，如图5-18所示。

字心宽微调（50）　字心宽微调（150）

字心高微调（50）　字心高微调（150）

图5-18

六、设置长扁字

选中文字，在【文字属性】浮动窗口【扁字】和【长字】编辑框内输入缩放百分比或选择默认的几种缩放比即可，如图5-19所示。

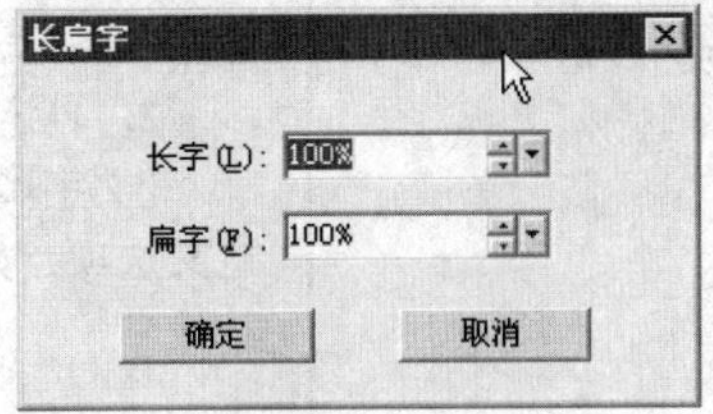

图5-19

❖ 标点类型实例

- 范例
  开明：□□,□□。□“□”!
  全身：□□，□□。□ “□”!
  对开：□□,□□。□“□”!
  居中：□□，□□。□ “□” !
  居中对开：□□,□□。□“□”!
- 全身、开明和对开为简体中文用法，繁体版本仅提供居中和居中对开。
- 居中：不论何时所有标点符号均为一个汉字字宽，并且标点的位置在字的中心。
- 居中对开：不论何时所有标点符号均为半个汉字字宽，并且标点的位置在字的中心。

❖ 空格实例

- 按字宽—平板电脑_Apple_iPad
- 全身空—平板电脑__Apple__iPad
- 二分空—平板电脑_Apple_iPad
- 三分空—平板电脑_Apple_iPad
- 四分空—平板电脑_Apple_iPad
- 五分空—平板电脑_Apple_iPad
- 六分空—平板电脑_Apple_iPad
- 七分空—平板电脑_Apple_iPad
- 八分空—平板电脑_Apple_iPad
- 细空格—AppleiPad
- 数字空格—2011_2012
- 标点空格—这是_逗号的宽度

❖ 纵向偏移范例

设置纵向偏移(1mm)

设置纵向偏移(2mm)

设置纵向偏移(-1mm)

设置纵向偏移(-2mm)

长扁字缩放的百分比默认值为：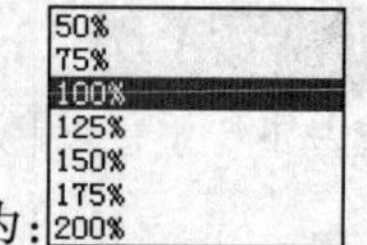

【扁字】：输入横向缩放的百分比，文字的宽度不变，压缩高度，达到扁字效果。

【长字】：输入纵向缩放的百分比，文字的高度不变，压缩宽度，达到长字效果。

七、标点和空格设置

1. 标点类型

方正飞翔提供中文标点的五种类型：开明、全身、对开、居中和居中对开。

2. 空格类型

共12种空格类型，系统默认为按字宽。

（1）按字宽——实际字体中空格的宽度。
（2）全身空——设置空格宽度与汉字宽度相同。
（3）二分空——设置空格宽度为汉字宽度的1/2。
（4）三分空——设置空格宽度为汉字宽度的1/3。
（5）四分空——设置空格宽度为汉字宽度的1/4。
（6）五分空——设置空格宽度为汉字宽度的1/5。
（7）六分空——设置空格宽度为汉字宽度的1/6。
（8）七分空——设置空格宽度为汉字宽度的1/7。
（9）八分空——设置空格宽度为汉字宽度的1/8。
（10）细空格——设置空格宽度为英文字母m宽度的1/24。
（11）数字空格——设置空格宽度为当前数字0的宽度。
（12）标点空格——设置空格宽度为当前字体逗号的宽度。

八、设置纵向偏移

对一行中的某些文字，在【文字属性】浮动窗口里图标处设置纵向偏移数值。

九、划线、标字和着重点

1. 划线、标字、着重排版

选中要排版的文字，在控制条中或【文字属性】浮动窗口里点击相应的图标，就可以进行设置上标、下标、着重点和各种划线的排版。

2. 自定义设置

【文字属性】浮动窗口的扩展面板可以设置着重、标字、划线的自定义选项，如图5-20所示。

❖ 着重实例

上重点中、下重点中

上下着重点

自定义着重

❖ 上下标字与盒子

对选中的文字块中的盒子设置标字时，仅做位置偏移，不改变盒子大小。

❖ 划线实例

划线类型

- 中：上划线
- 中：下划线
- 中：正斜线
- 中：反斜线
- 中：删除线
- 中：交叉线

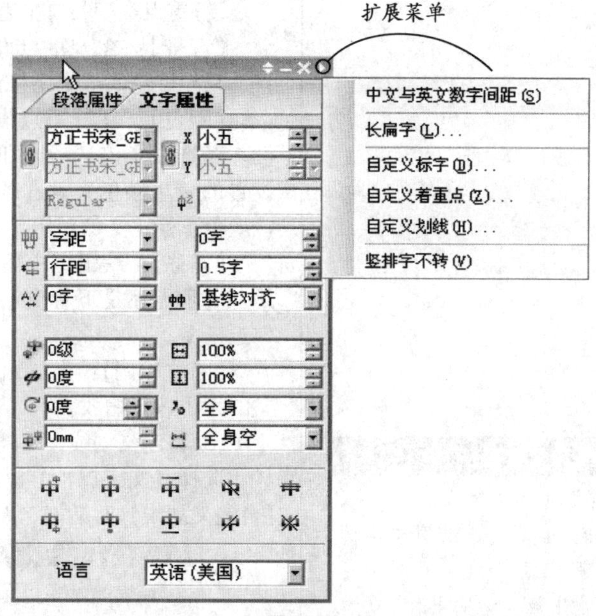

图5-20

(1)【自定义标字】

【标字类型】：包括【上标字】和【下标字】。

【缩放比例】：预设值为【50%】，表示标字和文章字字号的缩放比例，用户可以自定义该比例。注意不能同时设上下标。选择【文字属性】浮动窗口菜单中的【自定义标字】后，将弹出【自定义标字】对话框如图5-21所示。

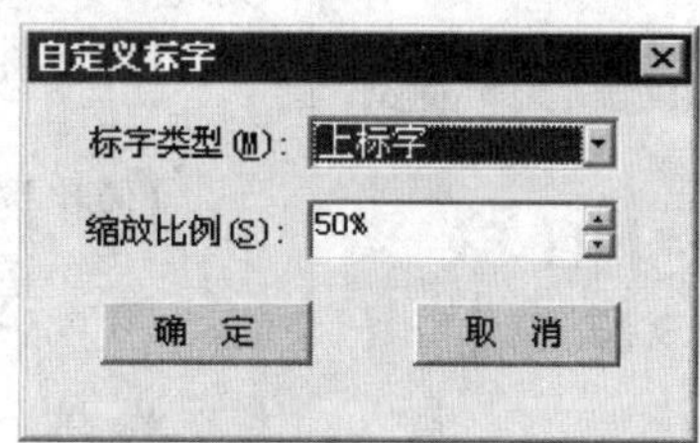

图5-21

(2)【自定义着重点】

选择【文字属性】浮动窗口菜单中的【自定义着重点】后，将弹出【自定义着重点】对话框，如图5-22所示。

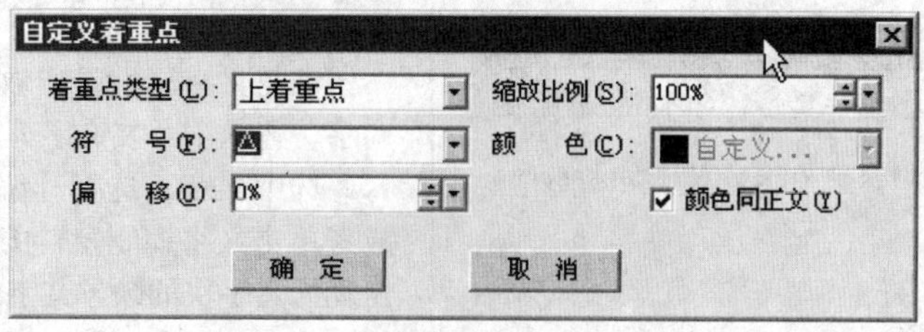

图5-22

【着重点类型】:【上着重点】、【下着重点】。

【符号】:在着重点设置对话框的【符号】中直接编辑着重点符号，只允许输入一个字符作为着重点符号，多输入的字符无效。

【颜色】:在着重点设置对话框中存在【颜色同正文】核取对话框，若选中了该选项，那么文字着重点的颜色将依赖于正文的颜色，设置的着重颜色失效；若不选中该选项，那么可设置着重点的颜色，该颜色不受正文颜色影响，可通过颜色面板进行颜色设置。

【偏移】:编辑框中输入需要偏移的值，可支持正值和负值，不管是上着重点还是下着重点，正值都表示远离正文的偏移，负值都表示靠近正文。

【缩放比例】:设置缩放比例后，着重点的大小将根据所对应的正文的大小进行缩放。

(3)自定义划线

选择【文字属性】浮动窗口菜单中的【自定义划线】后，将弹出【自定义划线】对话框，如图5-23所示。

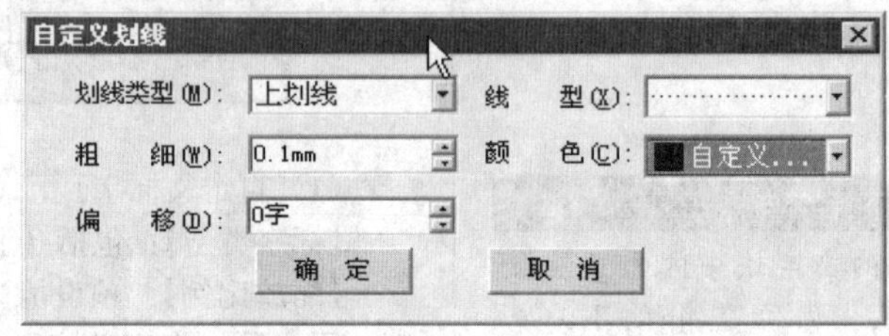

图5-23

【划线类型】:上划线、下划线、删除线、正斜线、反斜线、交叉线。

【线型】:单线、双线、文武线、点线、短划线、点划线、双点划线等。

【偏移】:设置划线相对文字位置的偏移值。

> ❖ 划线和文字距离
>
> 有些划线距离文字太近，可以调整偏移值，使划线到文字的距离合适。
>
> - 数值是正数，为向上移。
> - 数值是负数，为向下移。

十、文字属性的统一与恢复操作 ★★

1. 统一文字属性

选中文字中的属性，都改变成选中文字中首字的属性。

选中文字，选择【编辑】→【统一文字属性（Ctrl＋Backspace）】，或者单击文字控制窗口的【统一属性】按钮，选中文字的属性将与选中区域内的第一个文字相同。

2. 恢复文字属性

恢复文字属性是指取消单独对文字所设置的属性，如字体号、长扁字、艺术字、装饰字等，统一将选中文字恢复为缺省文字属性。

选中文字，选择【编辑】→【恢复文字属性（Alt+Backspace）】，或者单击文字控制窗口的【恢复文字属性】按钮，则选中的文字将恢复为文字块的缺省文字属性。

> ❖ 统一和恢复属性实例
>
> - **统一属性**
>
>   原字：赏心悦目
>
>   统一：赏心悦目
> - **恢复属性**
>
>   原字：赏心悦目
>
>   恢复：赏心悦目

> ❖ 统一和恢复属性快键
>
> - 统一属性：Ctrl+Backspace
> - 恢复属性：Alt+Backspace

第4节　文字的内码转换

❖ 简繁体转换

简繁转换,有时会有多种转换要求,如果方正飞翔的简繁体转换不合乎要求,可以在Textpro等文字编辑软件中转换好后再粘入方正飞翔中。

❖ 大小写转换

中英文混排内容比较多时,进行转换时,注意不要转换不应该转换的文字内容。

一、半角全角转换

用菜单命令【文字】→【编码转换】的二级菜单中，选择相应选项，即可完成编码转换。

1. 标点转换

半角转全角:**【大峡谷－风光，真美！】**

全角转半角:**"大峡谷-风光,真美!"**

2. 字母与数字转换

半角转全角:【Ｆｏｕｎｄｅｒｘ　２０１１！】

全角转半角:【Founderx　2011!】

二、大小写转换

对选中的文字或文字块中的英文字符进行大小写转换。

菜单命令【文字】→【大小写转换】，在二级菜单中选择相应命令。

1. 全部大写

将选定范围内英文字符全部转换为大写字符。

WHAT IS CEBX?

2. 全部小写

将选定范围内英文字符全部转换为小写字符。

what is cebx?

3. 词首大写

将选定范围内，每一个单词的第一个字符大写，其他字符小写。

What Is Cebx?

4. 句首大写

将选定范围内，每一个句子的第一个字符大写，其他字符小写。

What is cebx?

三、简繁体转换

可以对简体文字或繁体文字进行相互转换。

(1)简转繁:飛流直下三千尺

(2)繁转简:飞流直下三千尺

第5节 文字的美工设计

❖ 立体和重影的层次关系

一般来说，立体、重影置于正文下层，特殊情况下，如排版方向设为“正向竖排”或“反向竖排”时，重影、立体效果将置于正文上方，压住正文。

❖ 立体字范例

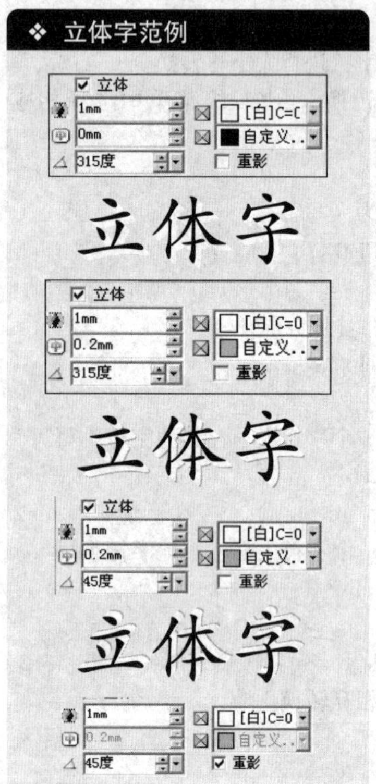

一、立体字

选择【窗口】→【文字与段落】→【艺术字(Ctrl+ H)】，选中【立体】，激活选项，如图5-24所示。

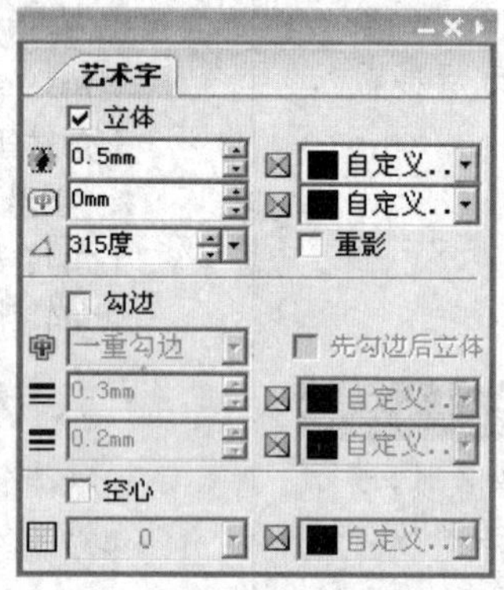

图5-24

:影长，阴影在立体方向上的长度。

:边框线宽，边框为0表示无边框。

:影长颜色和边框颜色，设置投影或边框的颜色。

:方向，设置投影方向。

重影 :重影的影长和颜色。

二、勾边字

选中文字，选择【窗口】→【文字与段落】→【艺术字(Ctrl+H)】，在【艺术字】浮动窗口里选中【勾边】，激活选项，如图5-25所示。

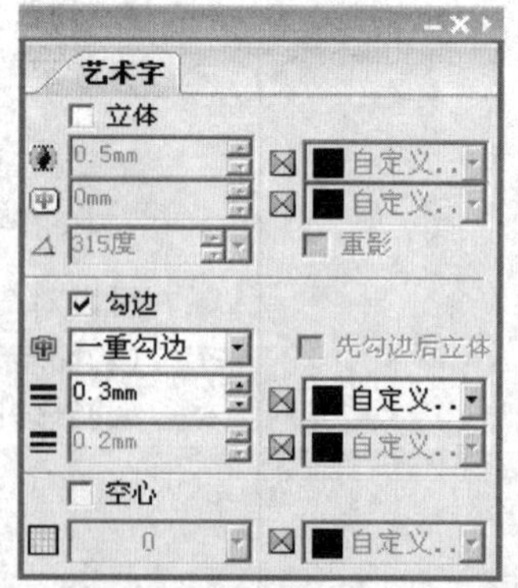

图5-25

【勾边类型】：选择【一重勾边】或选择【一重勾边+二重勾边】。

【先勾边后立体】：如果同时设置了勾边和立体，则在浮动窗口最下边【先勾边后立体】置亮，用户选中【先勾边后立体】，则文字按照浮动窗口上的设置，先勾边后立体；反之，则先立体后勾边。

【边框效果】：点击浮动窗口右上角的三角按钮 ，在菜单里选择【边框效果】，如图5–26所示。可以在弹出的【边框效果】对话框里选择【边框效果】为【尖角】时，可在【尖角设置】里输入数值，调整尖角幅度，如图5–27所示。

图5–26

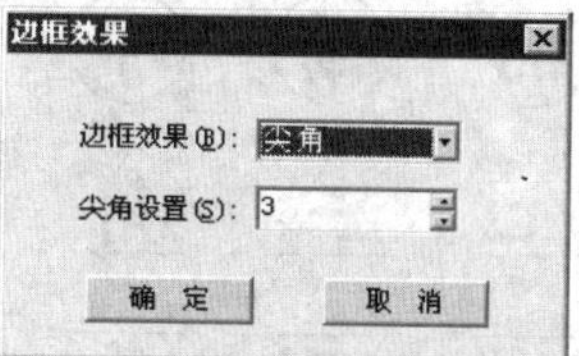

图5–27

三、空心字

选中文字，选择菜单【窗口】→【文字与段落】→【艺术字(Ctrl+H)】，在【艺术字】浮动窗口里选中【空心】，激活选项，如图5–28所示。

图5–28

【空心_边框粗细】：点击浮动窗口右上角的三角按钮，在菜单里选择【空心_边框粗细】，如图5–29所示，可设置边框粗细。

【边框效果】：同勾边字边框效果。

空心字

空心字填实地颜色　　空心字填渐变色

图5–29

四、装饰字

方正飞翔可以将文字置于菱形、心形、田字格、米字格等边框内，修饰文字并保留文字属性。选中文字，选择【窗口】→【文字与段落】→【装饰字】，如图5–30所示。需要取消装饰字时，可以在【装饰类型】里选择【无】即可。

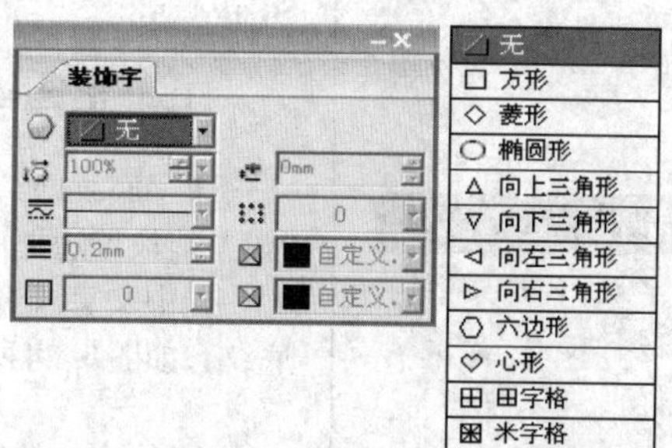

图5–30

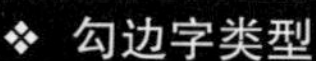

❖ 勾边字类型

勾边字

一重勾边

勾边字

二重勾边

❖ 边框角效果

边框尖角效果

边框截角效果

边框圆角效果

❖ 装饰字范例

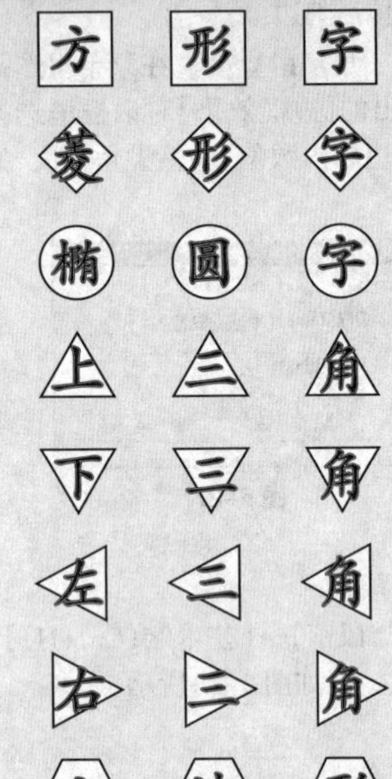

❖ 文裁底注意事项

文裁底前，不宜执行“框适应文”的操作，否则执行文裁底后，部分英文字母或符号不能被裁到。用户可以执行文裁底后，再执行“框适应文”的操作。

❖ 文字块转曲

带有盒子的文字块，只对文字块中的普通文字进行转曲，盒子的文字保持不变。

五、文裁底

文裁底是指用文字裁剪文字块的底纹或文字块背景图。

选中文字块，选中菜单【文字】→【文裁底】，则文字块中的文字对文字块底纹或文字块的背景图进行裁剪，如图5-31所示。

图5-31

若要取消文裁底效果，可以选中已经设置【文裁底】的文字块，取消菜单【文字】→【文裁底】选项即可。

六、文字块裁剪路径 ★★

文字块可以设置成裁剪路径，用其中的文字来裁剪其他块。方正飞翔中文字块和图元块都能设置裁剪路径。

选中文字块后选择菜单【美工】→【裁剪路径】，设置裁剪属性。

同时选中文字块与要裁剪的块，执行【成组(F4)】操作，图像被文字块裁剪，如图5-32所示。

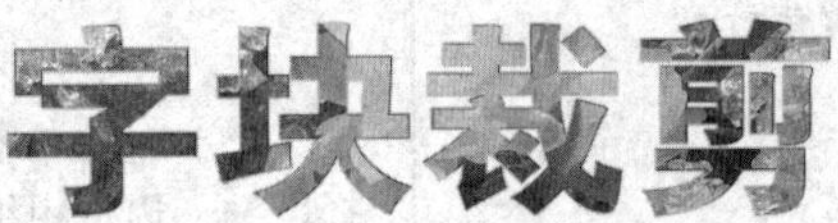

图5-32

七、转为曲线 

文字块通过文字转曲功能将文字转为图元，可以设置各种图形效果，如图5-33所示。

图5-33

选中文字块，选择菜单【美工】→【转为曲线(Ctrl+Alt+C)】，将文字转为曲线块。

八、通字底纹 

通字底纹即给文字铺底，方正飞翔可以设置多行底纹和单行底纹效果，并能设置边框以及边框与文字的距离，控制底纹的效果。

选中文字或选中文字块，选择菜单【窗口】→【文字与段落】→【通字底纹】，如图5-34所示。

❖ 通字底纹范例

单　行

金秋十月，方正飞翔公式排版工具重磅出击！其独具创新的公式输入法，凭借多项领先的专利技术，率先实现了数学公式的高效录入和便捷操作，是一次真正意义上的技术革新。

多　行

金秋十月，方正飞翔公式排版工具重磅出击！其独具创新的公式输入法，凭借多项领先的专利技术，率先实现了数学公式的高效录入和便捷操作，是一次真正意义上的技术革新。

不 封 口

金秋十月，方正飞翔独具创新的公式输入法，率先实现了数学公式的高效录入和便捷操作，是一次真正意义上的技术革新。

封　口

金秋十月，方正飞翔独具创新的公式输入法，率先实现了数学公式的高效录入和便捷操作，是一次真正意义上的技术革新。

矩　形

专业书刊排版

圆角矩形

专业书刊排版

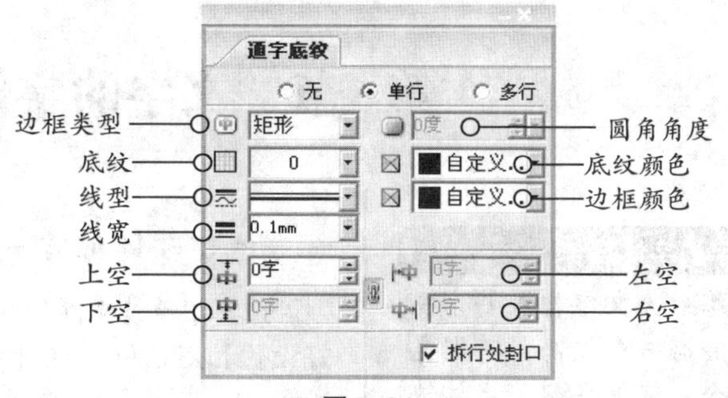

图5-34

多行通字底纹对齐效果：首尾不齐、首齐、尾齐、首尾齐，如图5-35所示。

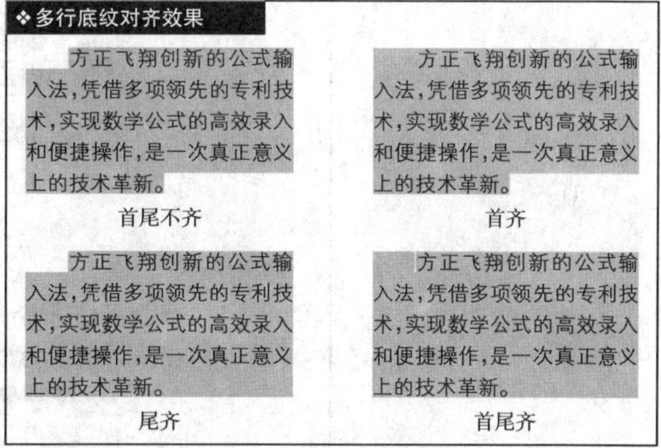

图5-35

九、字加粗细

【文字属性】浮动窗口中设置文字加粗，级数范围为0~7级。

文字加粗0级	文字加粗4级
文字加粗1级	文字加粗5级
文字加粗2级	文字加粗6级
文字加粗3级	文字加粗7级

十、文字旋转

（1）【文字属性】浮动窗口文字旋转图标，编辑框中填写旋转度数。

（2）当鼠标在编辑框 0度 中时，可以用键盘上的向上或向下箭头键操作：↑增加度数，↓减少度数。

（3）编辑框中图标，点击，可以弹出菜单，是一些常用的定义好的度数：-180度、-135度、-90度、-45度、0度、45度、90度、135度、180度。

十一、文字倾斜

【文字属性】浮动窗口倾斜图标，倾斜度范围为从-45°~45°之间。

第6节　文字的字体操作

❖ 文字的字体操作

本节熟练后，文字排版基本操作技巧会有一个提高，特别是字体命令、字体搭配、字体快捷键等。

一、字体命令 

选择菜单【文件】→【工作环境设置】→【偏好设置】，弹出【偏好设置】对话框，在【字体命令】选项卡设置字体命令，如图5–36所示。

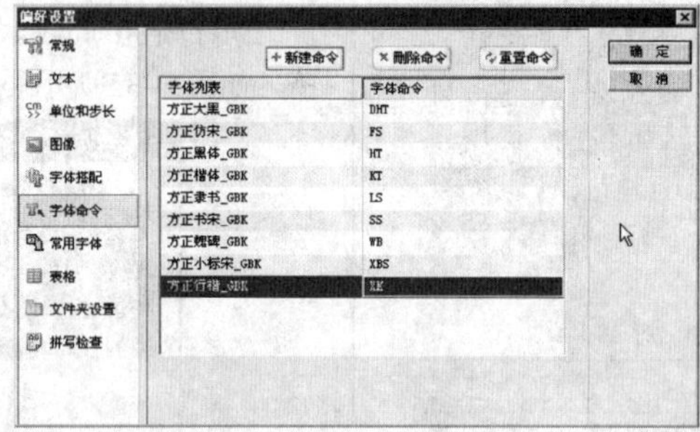

图5–36

（1）修改字体命令：用户在【字体命令】列表里双击某个字体命令，即可在编辑框内修改字体命令，如图5–37所示。

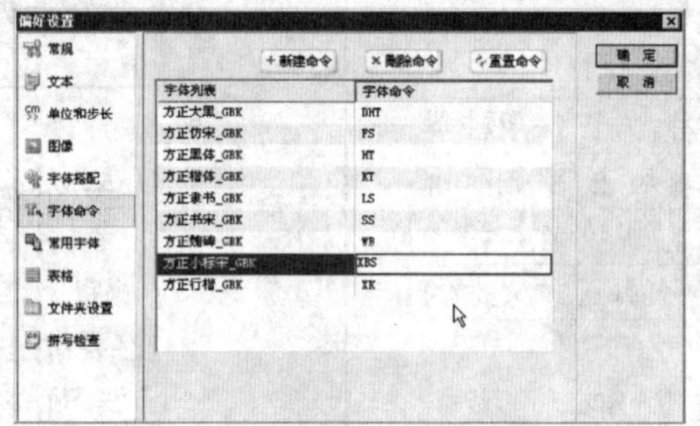

图5–37

（2）新建命令：单击【新建命令】按钮，如图5–38所示，在【字体】下拉列表里选择要指定命令的字体，在【字体命令】里设置命令符号。

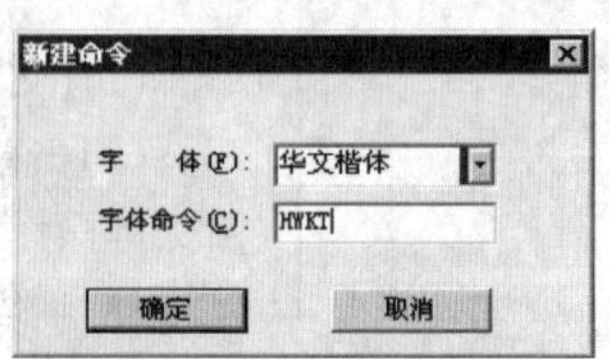

图5–38

（3）删除命令：在【字体列表】里选中某款字体，单击【删除命令】即可删除字体名和对应的字体命令。

（4）重置命令：单击【重置命令】即可将字体命令恢复到安装后

的初始状态。

二、复合字体 ★★

选择菜单【文件】→【工作环境设置】，如图5–39所示。

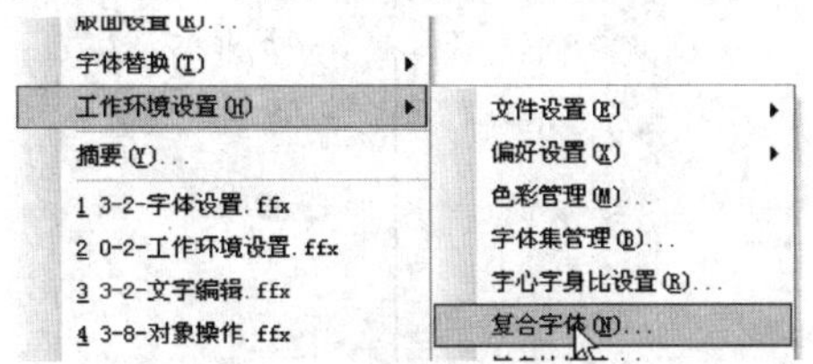

图5–39

选择【复合字体】菜单，即可弹出复合字体对话框，如图5–40所示。

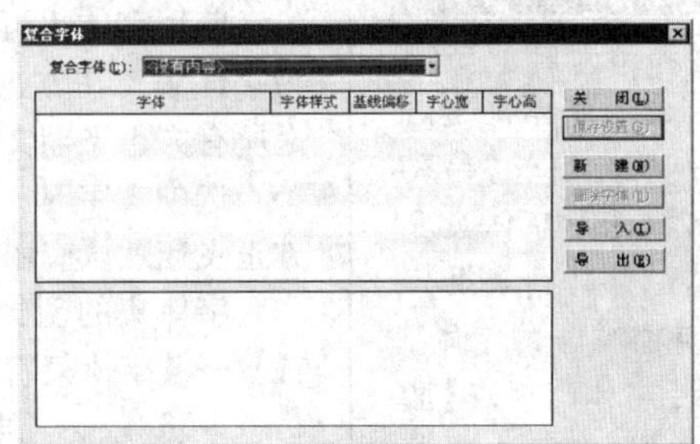

图5–40

（1）单击【新建】按钮，在【新建复合字体】里输入字体名，设置名称，并可以选择【基础字体】，以某个已定义的复合字体为模板建立新的复合字体。完成设置后点击【确定】按钮，图5–41所示。

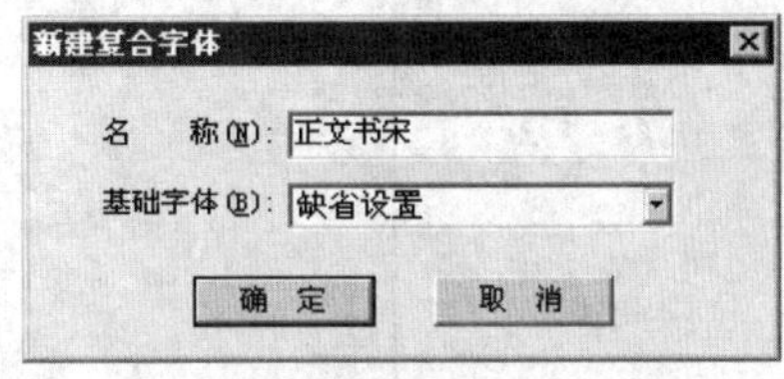

图5–41

（2）在【复合字体】下拉列表中选择【正文书宋】，设置【中文】和【英文】的字体、字体风格、基线等参数。设置过程中可以在对话框下方的窗口里预览设置效果，如图5–42所示。

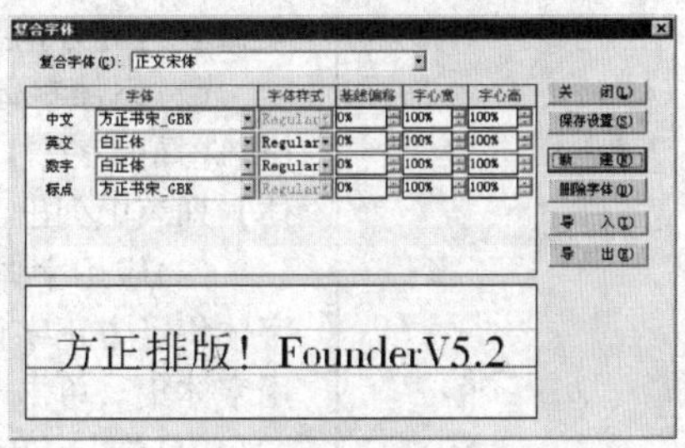

图5–42

❖ 复合字体

复合字体设置中文、外文、数字和标点的匹配关系，并可以调整中英文混排时中文、外文、数字和标点的字符基线、字心宽、字心高等参数。复合字体作为环境量，应用于本机上所有文档。

❖ 导入、导出复合字体列表

- 导出复合字体。在【复合字体】对话框单击【导出】，将复合字体保存为*.ffs文件。
- 导入复合字体。在【复合字体】对话框单击【导入】，选择复合字体文件即可导入复合字体。
- 可以通过整体导入导出工作环境实现复合字体的导入/导出，详细介绍参见导入/导出工作环境。

完成后点击【保存设定】即可保存设置。如果不点击【保存设定】，则会在关闭【复合字体】对话框时提示您保存设定。

单击【关闭】按钮，退回到版面。选中中英文混排的文字或文字块，在字体下拉列表里选择【正文书宋】即可应用复合字体，如图5-43所示。

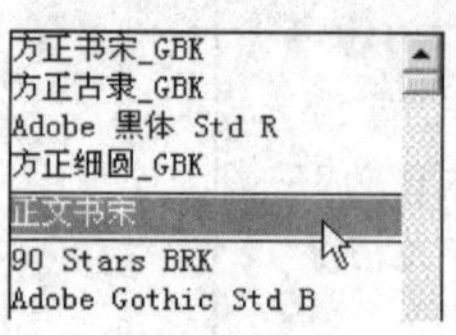

图5-43

三、字体集 ★

❖ 字体集

- 如果操作系统中安装的字体数量很多，在进行字体挑选操作时，字体列表会很长，导致挑选字体困难，采用字体集可避免这种情况，字体列表里只显示应用的字体集里的字体。
- 用户可以在【字体集列表】里创建多个字体集，但只有选中字体集，单击【应用字体集】后该字体集才被应用到方正飞翔。

使用字体集可以管理本机Fonts目录下的字体，将需要的字体创建为字体集，在方正飞翔里使用。字体集作为系统环境量，应用于本机上所有方正飞翔文档。

选中文字时，【字体】下拉列表里可以选择的字体由字体集决定。方正飞翔默认应用系统所有字体。

字体集的创建和应用操作为：选择菜单【文件】→【工作环境设置】→【字体集管理】，调出【字体集管理】对话框，如图5-44所示。

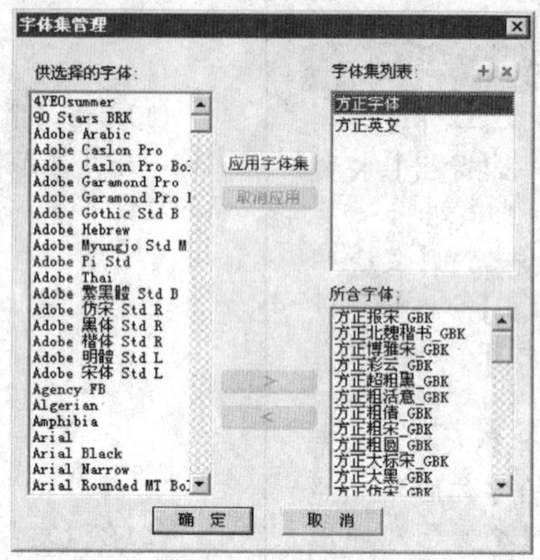

图5-44

(1)创建字体集【方正字体】：单击【新建字体集】按钮，将字体集命名为【方正字体】，按“Enter”键即可新建字体集。

(2)添加字体到【方正字体】：选中字体集【方正字体】，然后从【供选择的字体】中选取字体，单击【添加】按钮即可。【供选择的字体】列表中列出了本机上安装的所有字体。

(3)应用字体集【方正字体】：打开【字体集管理】对话框，选中字体集【方正字体】，单击【应用字体集】按钮，即可在方正飞翔里应用字体集。单击【取消应用】即可取消指定字体集的应用状态。

(4)单击【确定】按钮即可完成字体集的创建。

❖ 字体替换

某些文档要全文更换字体，可以利用字体替换功能来实现，更为方便简洁。

四、字体替换模板 ★

字体替换功能可以帮助替换文件里的字体。灰版下可以实现多文件字体替换，同时可以将替换结果自动发排为PS或PDF文件。

1. 在当前文件中进行字体转换

首先定义字体替换的模板，然后选择模板执行替换操作，如图5–45所示。

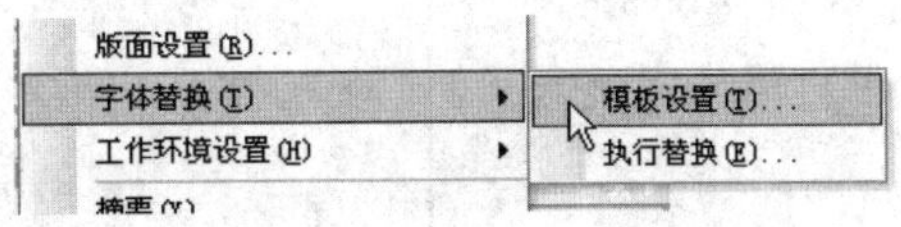

图5–45

打开一个文件，选择【文件】→【字体替换】→【模板设置】，弹出【模板设置】对话框,如图5–46所示。

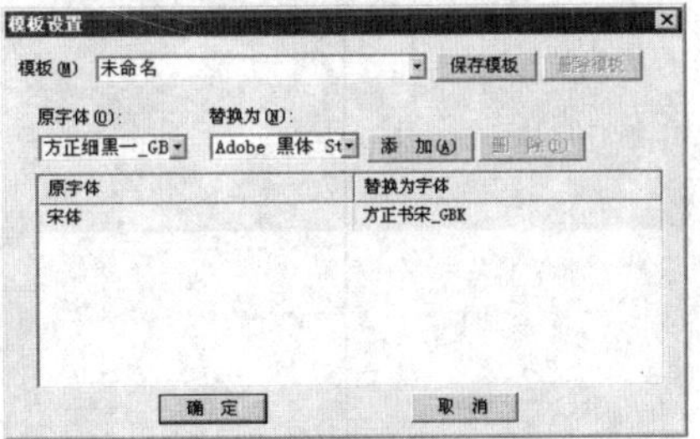

图5–46

在【原字体】下拉列表里选择被转换字体，在【替换为】下拉列表里选择替换字体，单击【添加】按钮，将确认的转换设置添加到转换列表中。反复操作可以添加多个替换设置。如果需要删除设定，可以在转换列表里选中要删除项目，单击【删除】按钮即可。

完成转换列表后，单击【保存模板】，将转换设置保存为模板，给模板取一个名字后，单击【确定】按钮完成模板设定，如图5–47所示。

图5–47

选择【文件】→【字体替换】→【执行替换】，如图5–48所示。

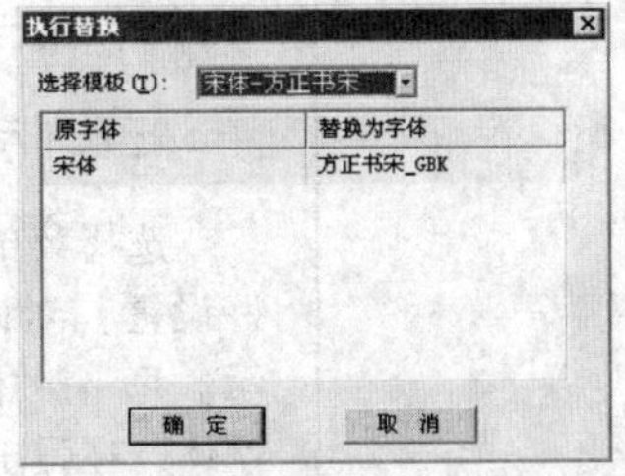

图5–48

在【选择模板】下拉列表里选择所需要的模板，单击【确定】按钮，即可完成字体替换操作。

2. 灰版下，对多个文件进行字体转换

执行字体替换操作时，可以在灰版下进行。首先通过【文件】→【字体替换】→【模板设置】定义替换模板，然后，在灰版下，选择【文件】→【字体替换】→【执行替换】，如图5-49所示。

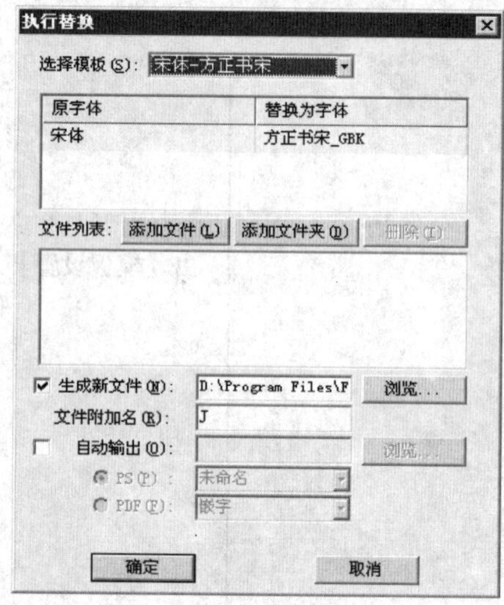

图5-49

在“选择模板”下拉列表里选择所需要的模板。

单击【添加文件】，可以将需要执行字体替换的方正飞翔文件添加到文件列表中。单击【添加文件夹】，可以添加整个文件夹的*.ffx文件。如果需要删除文件，可以在文件列表里选中文件，单击【删除】按钮。

单击【确定】按钮，即可使用指定字体替换多个文件里的字体。

【执行替换】对话框还可以实现如下操作。

> ❖ 附加名
>
> 附加名最多可输入20个中文、英文或数字字符，输入特殊符号无效。

（1）生成新文件：选中该项，则完成字体替换操作后，将转换后的结果生成一个新的方正飞翔文件。用户可以在后面的编辑框中指定生成的路径和文件夹。也可以在【文件附加名】编辑框为新文件指定附加名，例如附加名为“J”，则生成的文件名为“*_J.ffx”。

（2）自动发排：选中该项，完成字体替换操作后，将转换结果自动输出为PS或PDF文件。用户可以指定发排的路径，选择“PS”或“PDF”，在后面的下拉列表里可以选择输出的参数模板。

五、字体搭配 ★★

选择菜单【文件】→【工作环境设置】→【偏好设置】，弹出【偏好设置】对话框，在【字体搭配】选项卡设置字体搭配如图5-50所示。每一款中文字体对应一款英文字体，双击【英文】列表里的某款字体，在弹出的字体下拉列表里修改搭配的英文字体。

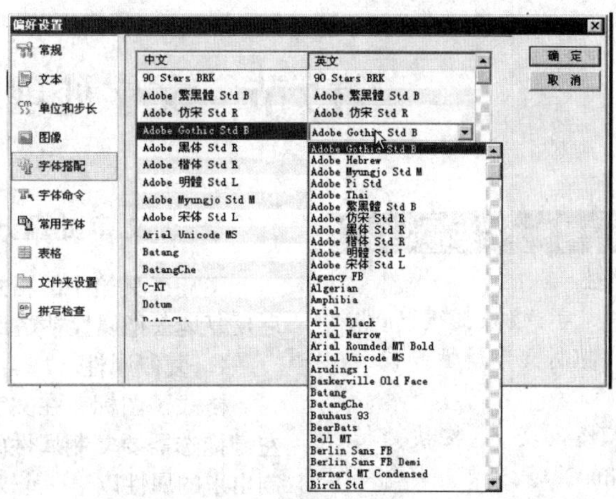

图5-50

当选取中英文混排的文字设置字体时，只需要设置中文字体，则英文字体自动设置为对应的英文字体。

❖ “字体管理”浮动窗口

- 名称：列出当前方正飞翔文件所用到的所有字体名。
- 类型：即文字的类型，例如：TrueType、OpenType等。
- 状态：列出字体状态，即缺字体或正常。
- 仅显示不正常字体：在字体列表中仅列出缺字的字体。

❖ 字体管理

若文件中应用了复合字体，复合字体在【字体管理】中是拆分列出的。如复合字体包括宋体与楷体，则在字体管理中列出宋体与楷体，复合字体名不会出现在字体管理中。

六、字体管理

当文件中缺字时，自动弹出【字体管理】浮动窗口，提示用户缺字，如图5-51所示。同时在版面上缺字的地方铺上粉红色底纹，所缺字体采用系统默认字体显示。

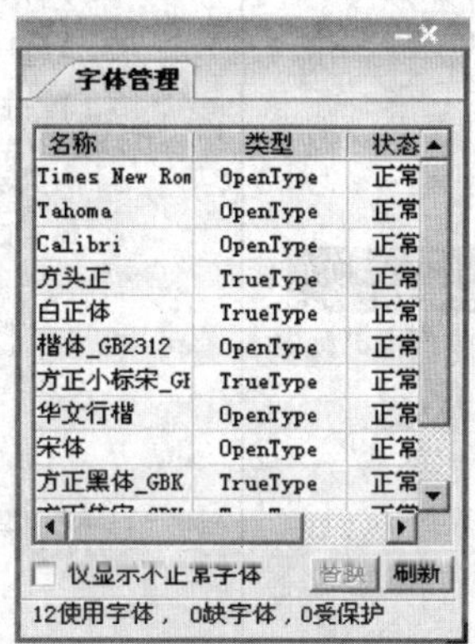

图5-51

在窗口里选中一款字体，单击【替换】按钮，弹出【替换字体】对话框，如图5-52所示。

图5-52

选择好字体后，单击【确定】按钮即可完成字体替换。

第7节　文字处理的高级应用

一、文字处理效率工具——格式刷 ★★★★

飞翔工具箱中的格式刷可以用来复制文字属性和段落属性，然后反复地去把属性粘贴到其他文字上，可以提高工作效率。

1. 复制属性

格式刷图标在文字中需要取得属性的地方点击一下或按住鼠标左键拖选需要复制属性的文字，如果选中的文字里有几种属性，则复制出来的属性以第一个文字的文字属性和段落属性为准。

复制属性是同时复制文字属性和段落属性，但粘贴属性随操作方法的不同而不同。

按Esc键，则清除格式刷复制的属性。

2. 粘贴属性

（1）格式刷选中部分文字时，应用的是文字属性。

（2）格式刷选中了一个或多个整段的文字时，则同时应用文字属性和段落属性，否则只应用文字属性。

（3）格式刷将光标插入文字中，则仅应用段落属性在所在段上。

3. 选中方式

（1）选中文字，如图5–53所示。

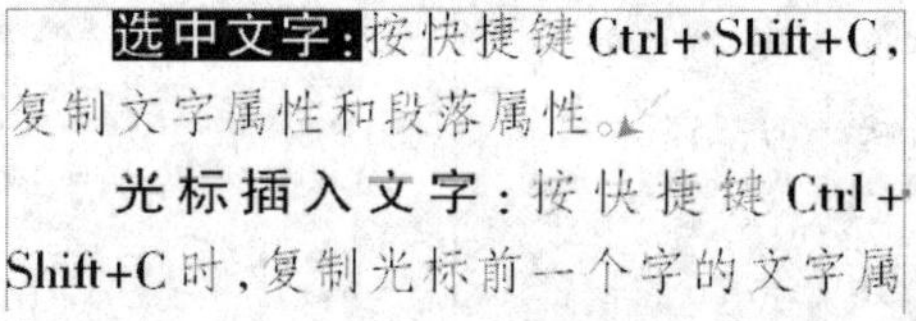

选中文字：按快捷键Ctrl+Shift+C，复制文字属性和段落属性。

光标插入文字：按快捷键Ctrl+Shift+C时，复制光标前一个字的文字属

图5–53

（2）选中整段，如图5–54所示。

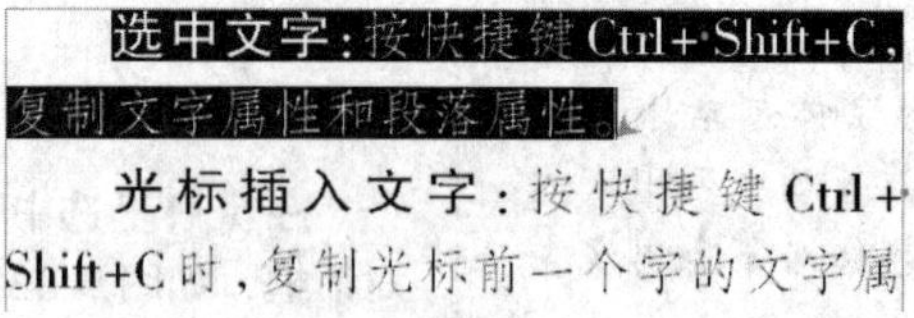

选中文字：按快捷键Ctrl+Shift+C，复制文字属性和段落属性。

光标插入文字：按快捷键Ctrl+Shift+C时，复制光标前一个字的文字属

图5–54

（3）插字符在文字中，如图5–55所示。

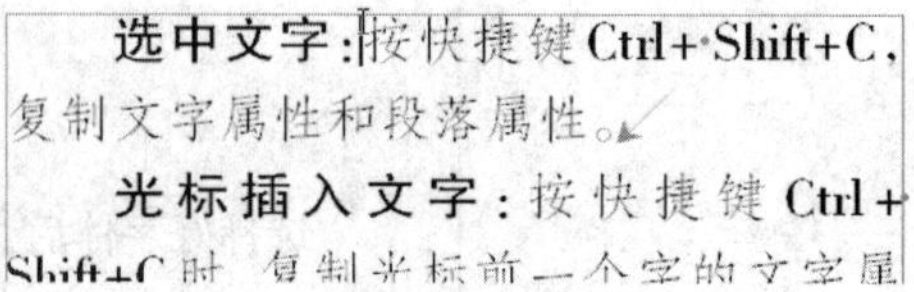

选中文字：按快捷键Ctrl+Shift+C，复制文字属性和段落属性。

光标插入文字：按快捷键Ctrl+Shift+C时，复制光标前一个字的文字属

图5–55

❖ 快捷键复制和粘贴属性

• 复制属性

选中文字：按快捷键“Ctrl+Shift+C”，复制文字属性和段落属性。

光标插入文字：按快捷键“Ctrl+Shift+C”时，复制光标前一个字的文字属性和段落属性。

• 粘贴属性

选中文字：按快捷键“Ctrl+Shift+V”，则应用文字属性。

选中整段：按快捷键“Ctrl+Shift+V”，则应用文字属性和段落属性。

T光标插入文字：按快捷键“Ctrl+Shift+V”，则仅应用段落属性。

❖ 格式刷

格式刷复制属性后，按“Esc”键后，可以清空格式刷的属性。

❖ 文字样式浮动窗口

文字样式窗口的状态条工具介绍：

- 新建样式　编辑样式
- 复制样式　删除样式

❖ 继承样式

【文字样式】浮动窗口里的【样式信息】的标签里，可以从【基于】下拉列表中选择一个已有的样式，在此基础上创建新的样式。

❖ 样式窗中应用样式

- 单击样式名称，可以实现应用样式的效果。
- 双击样式名称，可以实现应用样式同时清除无名属性的效果。

❖ 格式刷工具应用样式

使用文具箱中选择格式刷工具，在应用了文字样式的文字里点一下或选中文字后，格式刷就吸取了这个文字的格式属性，然后，在要应用文字样式的其他文字上用格式刷选中，就应用了文字样式。如果想清除格式刷吸取的文字格式属性，按Esc键。

二、文字处理效率操作——文字样式 

1. 创建样式

【文字样式】浮动窗口创建新样式：选择菜单【窗口】→【文字与段落】→【文字样式(Shift+ F11)】，如图5-56所示。

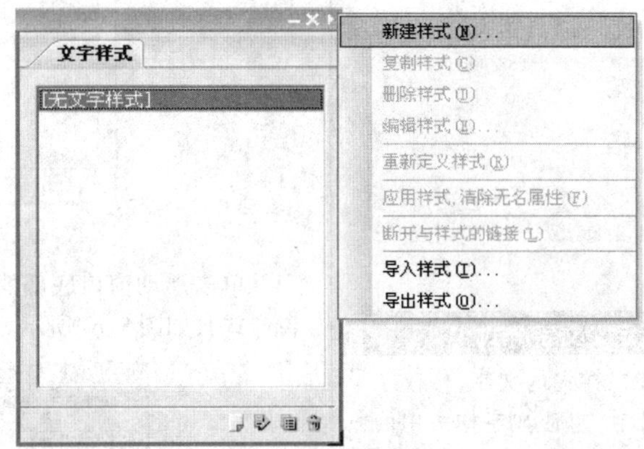

图5-56

在【文字样式】浮动窗口里，单击新建样式图标或在扩展菜单里选择【新建样式】，如图5-57所示。

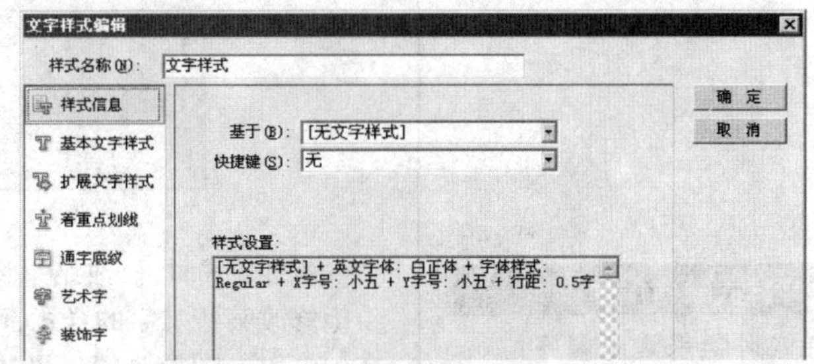

图5-57

用右键菜单创建文字样式：选择文字，在右键菜单里选择【创建文字样式】，即可基于选中的文字属性创建新的文字样式，如图5-58所示。

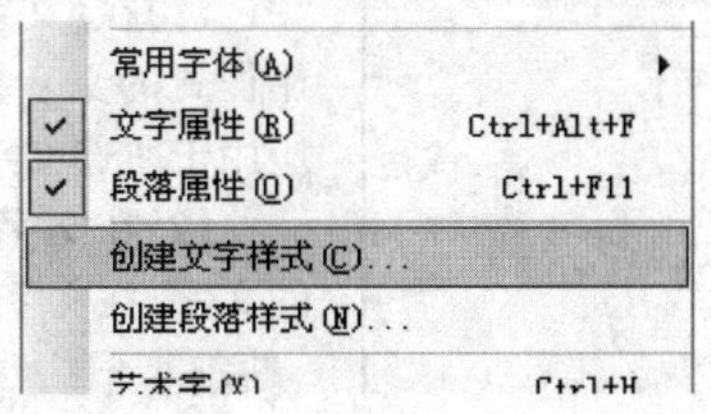

图5-58

2. 编辑样式

在【文字样式】浮动窗口里选中样式后，通过以下方式修改样式。

在右键菜单里选择【编辑样式】、【复制样式】或【删除样式】即可完成相应操作，如图5-59所示。

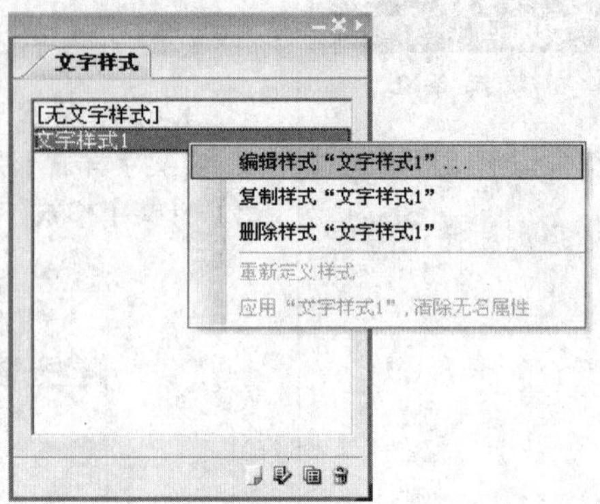

图5-59

单击浮动窗口底部的编辑按钮，浮动窗口的扩展菜单里选择【编辑样式】，如图5-60所示。

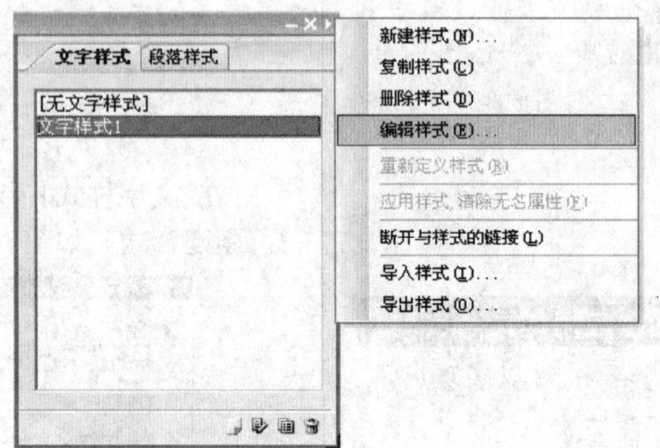

图5-60

修改样式时，修改结果将应用于所有应用了该样式的文字。如果不希望修改某些文字的样式，可以在修改样式前，选中应用了样式的文字，在【文字样式】浮动窗口里选择【断开与样式的链接】，或者单击【无文字样式】，都可切断选中文字与样式的联系。

3. 应用样式

(1)在【文字样式】浮动窗口中应用样式：使用文字工具选中需要应用样式的文字，在【文字样式】浮动窗口里单击样式名，即可将文字样式应用于所选文字。

(2)在文字控制窗口中应用样式：使用文字工具选中需要应用样式的文字，在文字控制窗口里选择文字样式，如图5-61所示。

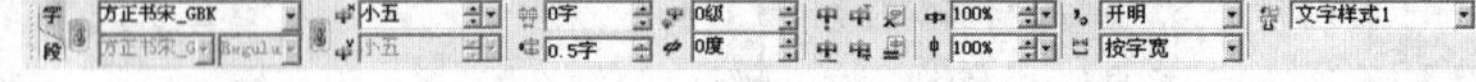

图5-61

文字控制窗口里单击【无文字样式】，可以断开样式链接。

4. 应用样式，清除无名属性

应用了文字样式的文字，修改了文字属性，则样式窗口中相对应的样式名称旁会出现【+】号，表示文字中的属性与样式中的定义不一样。如果想让文字属性恢复为样式中的属性，可以选中修改了文字属性的文

❖ 重新定义文字样式

使用了文字样式的文字，修改了文字属性后，想让文字样式中的各属性更新为所选文字所具有的属性，就需要重新定义文字样式功能，更新文字样式。

❖ 文字样式缺省属性

新建样式时如果选中文字的属性与方正飞翔文字样式缺省属性相同，则需要在【文字样式编辑】对话框内手动填写相应的文字属性参数。

字，在文字样式浮动窗口中选择扩展菜单的【应用样式，清除无名属性】，则对所选文字应用之前定义的文字样式。

5. 导入/导出样式

(1)导出样式：在【文字样式】浮动窗口的扩展菜单中选择【导出样式】，在【另存为】对话框里将文字样式保存为*.fcs文件。

(2)导入样式：在【文字样式】浮动窗口的扩展菜单中选择【导入样式】，在【打开】对话框里选择需要导入的*.fcs文件即可。

第8节 文字处理的实例练习

❖ 学习要点

- 常用字体命令的设置和使用
- 字体命令的使用
- 字号快捷键
- 字体集的应用

一、设置字体、字号练习

使用6个常用字体快捷键，把自己常用的字体定义常用字体快捷键，设置字体时，更为直接简便。

快捷键为："Ctrl+Alt+1"、"Ctrl+Alt+2"、"Ctrl+Alt+3"、"Ctrl+Alt+4"、"Ctrl+Alt+5"、"Ctrl+Alt+6"。

字体命令：选择菜单【文件】→【工作环境设置】→【偏好设置】→【字体命令】，在相应的对话框上可修改字体命名，可以为每个字体新建或设置字体命令。排版时，文字光标选中文字，用快捷键"Ctrl+ F"，弹出【字体字号设置】对话框，如图5-62所示。

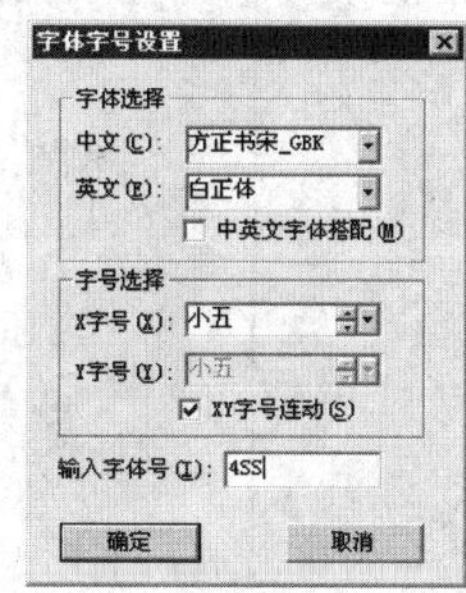

图5-62

在【输入字体号】编辑框里直接输入字体、字号就可以完成字体、字号设置。

常用字体字号快捷键：熟练快捷键，可以大大提高排版效率。

如果所使用的字体都在一定的范围内，如工作中只用方正兰亭字库或只用汉仪字库，或某些自己常用的字库，可以把它们定义为字体集，这样在挑选字体时，可大大缩小字体范围，也可以提高效率。

❖ 常用字号快捷键

- Ctrl+8 缩小字号
- Ctrl+9 放大字号
- Ctrl+Shift+< 缩小X方向字号
- Ctrl+Shift+> 放大X方向字号
- Ctrl+Shift+[缩小Y方向字号
- Ctrl+Shift+] 放大Y方向字号

❖ 学习要点

- 多级勾边、立体、空心等的组合，往往可以得到很好的装饰效果。
- 不同的勾边厚度，在输出时可能有一定差别，建议实际输出一张胶片做样张。

二、美工文字勾边、立体等练习

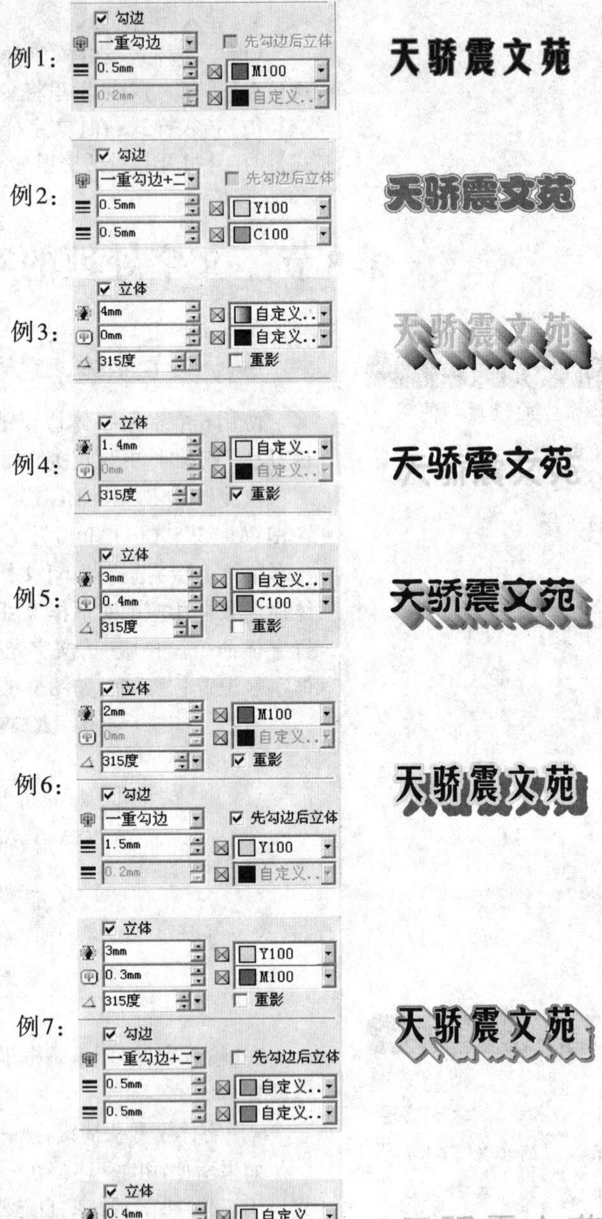

❖ 学习要点

- 装饰字是在文字外加边框，边框会导致字与字之间过于紧凑，建议此类操作都加些字距。
- 文字的颜色等要与装饰框和底纹颜色区分开，文字颜色一般不要太浅。

三、美工文字装饰字练习 ★

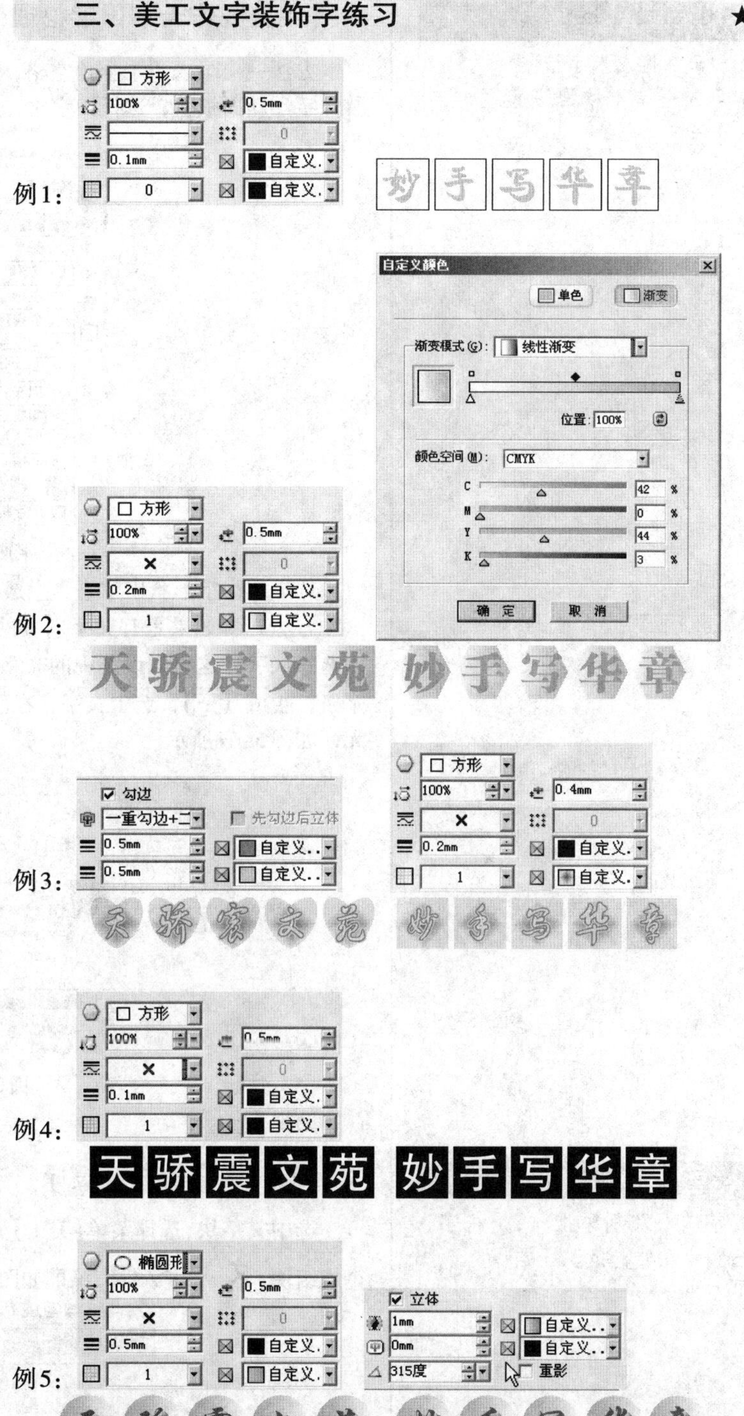

❖ 学习要点

- 加田字格或米字格。
- 录入全角空格或设置文字颜色为无。

四、制作无字田字格或米字格 ★★★

方法一：录入一个全角空格，选中全角空格“ · ”,选中空格，在装饰字浮动面板里，选择田字格，如图5–63所示。

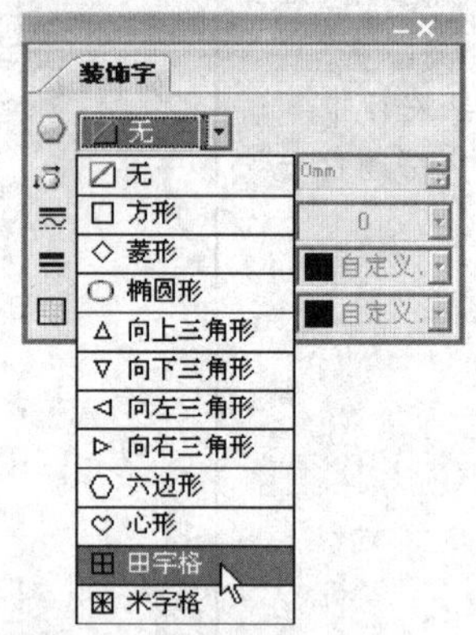

图5–63

选择装饰字形状田字格，生成【⊞】。

方法二：如果是有文字内容的，但不想显示文字的田字格，则可以选中汉字，这里假设选中的文字为“字”，设置装饰字形状类型为田字格，生成【字】，选中文字，在颜色浮动面板中，把文字颜色选择为无，如图5–64所示。

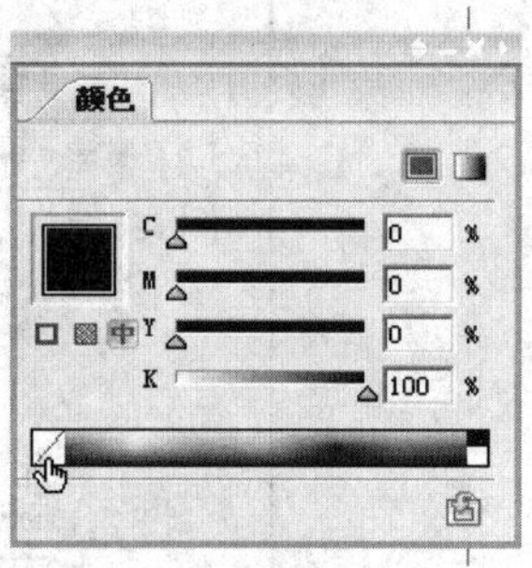

图5–64

结果为⊞。

❖ 学习要点

文字转曲及复原操作，是拼字、补字的重要步骤。

五、文字转曲及复原 ★★★

选中文字块，选择菜单【美工】→【转为曲线】，文字转为曲线后，是一个成组块：**文字转曲**，菜单如图5–65所示。

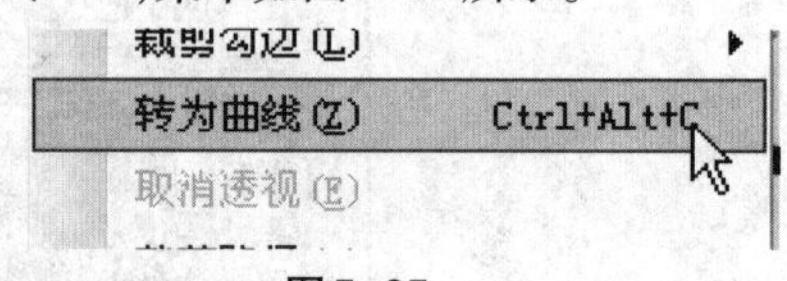

图5–65

转曲后，成组块执行解组操作，如图5–66所示。

文字转曲

图5-66

解组后的每个单独的字符块是一个复合路径，需要【取消】才能打散，如图5-67所示的菜单操作。

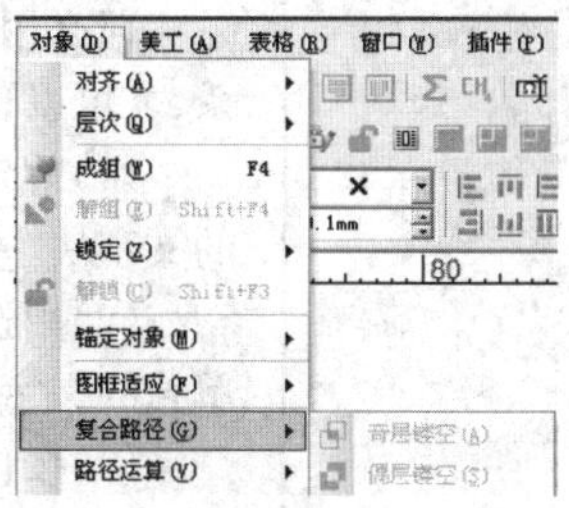

图5-67

拆散后如图5-68所示。

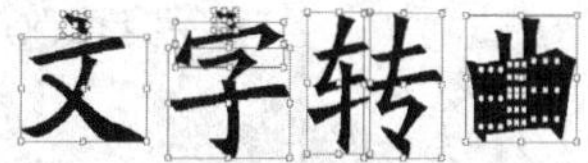

图5-68

选中有黑块的曲线块，如图5-69所示。

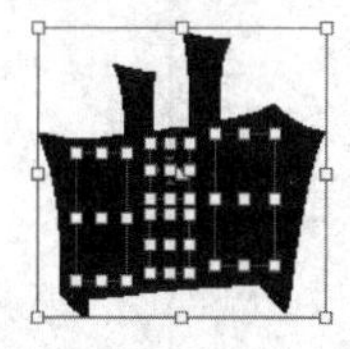

图5-69

在对象工具条上选择【偶层镂空】图标，执行【偶层镂空】操作，如图5-70所示。

图5-70

❖ 学习要点

注意“偶层镂空”操作结果与“求补”操作结果的不同。

如果使用【求补】操作，操作结果和【偶层镂空】效果一样，但文字不能执行【复合路径】的【取消】操作了，如图5-71所示。

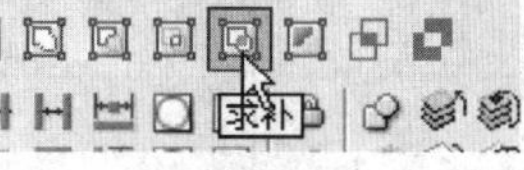

图5-71

结果如图5-72所示。

图5-72

❖ 字心字身比设置

练习补这个不存在的字

- 文字块打散
- 设置字心字身比
- 文字转曲
- 文字笔画打散
- 笔画重组

六、不同字心字身比的补字 ★★★★

方正书版输出时，字心字身比有两种：98%和92.5%。

补 92.5% 补 98% 补 100%

那么用方正飞翔为书版补字时，就要考虑到这两种字心字身比的关系，才可以让补的字和周围的文字比例协调，描述如下。

(1)首先，选中两个要用来补字的文字“草补”，复制出来，生成单独的文字块“草补”。

(2)用选取工具双击文字块，执行【文字打散】功能，使每个字都成为单独的文字块“草补”。

(3)按住“Ctrl”键同时用选取工具选中一个文字块，拖放复制出来两个，清空文字，作为以后对齐用“□”。

(4)选择菜单【文件】→【工作环境设置】→【字心字身比设置】，把字心字身比改成想要的百分比，如图5-73所示。

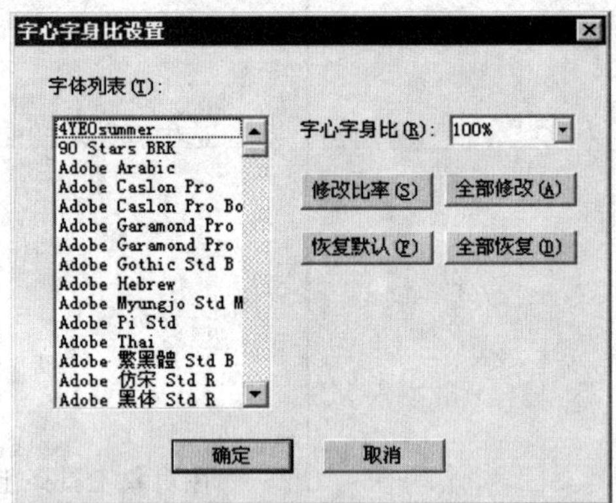

图5-73

(5)把两个文字块转曲，选中转曲后的图形块，执行菜单【复合路径】→【取消】。

(6)把“艹”这个部件取出，调整“补”字的大小，把两个部件放到适合的位置上，如“⿱艹补”。

(7)同时选中“□”和“⿱艹补”，执行中心对齐操作，完成补字“⿱艹补”。

❖ 字心字身比设置

- 计算空格宽度。
- 用盒子求出外文字符所在的XY坐标。

七、用准确的空格来对齐 ★★★

1. 中文撑满对齐

空心　空心
空心加网　空心加网
勾边字　勾边字

(1)计算公式:(最大宽度字串字数-本行字串字数)/(本行字串字数-1),首先要看一下第1列中文字最宽的那行字符数,如本例中,“空心加网”为4个字。

(2)第1行【空心】为两个字,则公式为:(4-2)/1=2,表示第1行字串中间加两个字就可以等宽。

(3)第3行“勾边字”为三个字,则(4-3)/(3-1)=0.5表示,第3行这三个字之间加0.5字宽就可以等宽。

空　　心　空心
空心加网　空心加网
勾 边 字　勾边字

2. 不等宽英文补空对齐(本例也可以用Tab键对齐制作)

未对齐	对齐后
Apple □对齐	Apple　□对齐
iPad □对齐	iPad　□对齐
Founder □对齐	Founder □对齐

(1)先从文字块中复制一个文字,放单独的文字块中,然后双击文字块,让文字块自动收齐为一个字的高宽,删除文字,文字块变成空块。

(2)文字块做为盒子放进文章中,每行放一个。

(3)用选取工具或穿透工具选中盒子,记录每个盒子的X值,并找出这些X值中的最大值。

(4)用最大X值减去当前行的盒子的X值,得出差,让盒子的宽度改为这个差。

(5)依此类推,每一行都这样调整结束后,则要对齐的列全部对齐了。

八、文字样式的空值设定 ★

样张如下:

本例文字艺术字属性由一个立体字效果和一个勾边字效果组成。

这里如果直接制作一个文字样式,在对一个不同字体、字号的文字也制作这样的效果时,字体和字号都会被改变,这时就要把样式中的字

> ❖ 样式的空值设置
>
> 从文字或段落里制作样式时，都是带有当前文字对象的属性，某些属性值不需要设置时，就要把它设置成空值。

体、字号值变成空值。

1. 制作一个文字样式

把文字光标放在这几个字母中，点击右键菜单【创建文字样式】，弹出的文字样式编辑框对话框中，样式名称改为【文字样式-立体勾边1】，如图5-74所示。

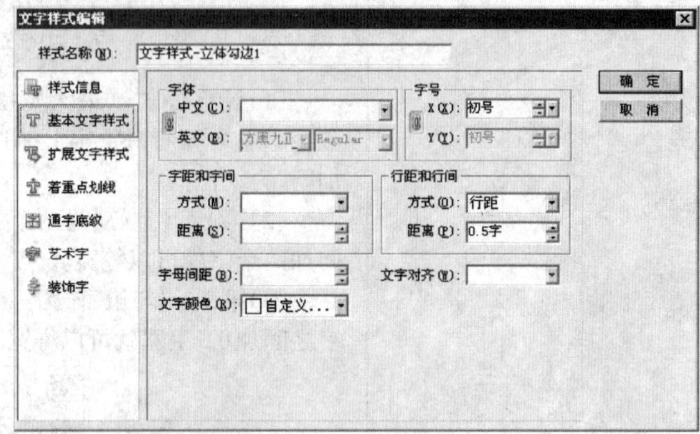

图5-74

2. 修改文字样式相应值为空值

选中【基本文字样式】面板，可以看到英文字体为【方黑九正体】，字号值为【初号】，点击字体和字号的联动按钮，使英文和XY字号两个下拉式编辑框处于可编辑状态，删去英文字名称、删除X和Y字号，使之都变成空值，如图5-75所示。

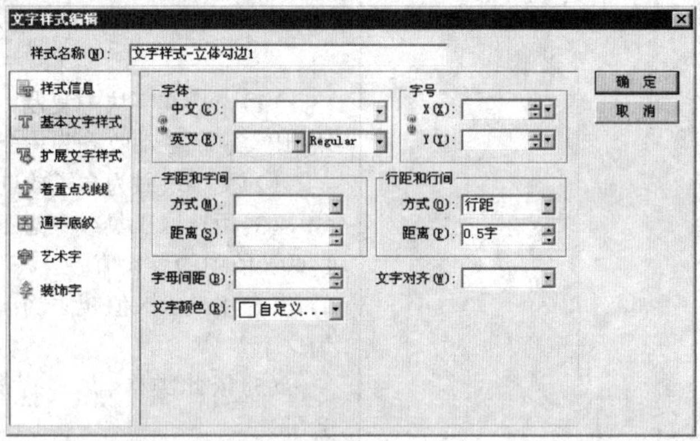

图5-75

点击【确定】按钮完成文字样式。

第6章　段落排版

文字和段落是组成文章的基本成员，本章主要讲解了段落的基本操作、段落的美工设计、段落样式，以及为图形化标题提取目录的高级应用等。

第1节　段落的基本操作

❖ 段落格式

居左：	□□□□□ □□□□□
居中：	□□□□□□□ □□□
居右：	□□□□□ □□□□□
端齐(居左)：	□□□□□ □□□□□
端齐(居中)：	□□□□□ □□□□□
端齐(居右)：	□□□□□ □□□□□
撑满：	□□□□□ □ □ □ □ □
均匀撑满：	□□□□□ □ □ □ □ □
段首缩进：	□□□□□ □□□□□
段首悬挂：	□□□□□□□ □□□
左缩进：	□□□□ □□□□□□
右缩进：	□□□□ □□□□□□

一、段落属性窗口浏览

方正飞翔可以通过【段落属性】浮动窗口(图6-1)、段落控制窗口(图6-2)设定段落格式。

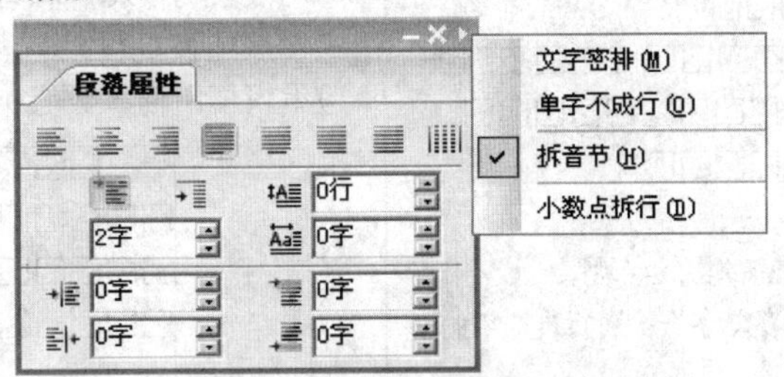

图6-1　段落属性浮动窗口

图6-2　段落控制窗口

设置段落属性的方法如下。

文字光标插入文字：对插入点所在的段设置段落属性。

文字光标选中文字：对选中文字所在的全部段设置段落属性。

选中文字块：为文章内所有段落设置属性，即对选中文字块有续排关系的文字块都起作用。

二、段落对齐

对齐方式是指排版后段落中每一行的对齐方式。

居左(Ctrl+Shift+W)：每一行文字都以文字块左侧对齐，右侧不进行对齐。

❖ 盒子互斥与段首大字

- 没有互斥属性的对象块,插入段首时,会导致段首大字效果无效。

  ①插入无互斥属性的对象块。

  ②取消盒子的独立成行属性。
- 选择工具选中的盒子,外框互斥,位置居左。

❖ 段首悬挂的精确对齐

- 有时因为排版匀空处理、外文字符不等宽原因导致无法知道准确的段首悬挂值,如图:
- 解决办法:

1,复制、粘贴这个字块。

2,主菜单“文字”下执行“文字打散”

3,选中“**A**,”二个块,成组,选中成组块,这时可以在控制窗口上看到成组块的宽度值为3.894mm。

4,光标放在“**A**,”所在的段中,设置段落悬挂值:3.894mm,完成段首悬挂排版。

“*B*,”处理方法同上。

❖ 段前距和段后距

对于文字块的首段和末段,段前距和段后距不起作用。

居中(Ctrl+I):每一行文字作为整体置于在文字块中间。

居右(Ctrl+R):每一行文字都以文字块右侧对齐,左侧不进行对齐。

端齐居左:每段最后一行为居左效果,其他行为两端对齐效果。

端齐(居中):每段最后一行为居中效果,其他行为两端对齐效果。

端齐(居右):每段最后一行为居右效果,其他行为两端对齐效果。

撑满(Ctrl+Shift+Q):所有行的左右端都对齐文字框内文字所能达到的左右边缘,文字之间的间距均匀分布。

均匀撑满(Ctrl+Shift+E):行中所有文字之间的间距和与文字框内文字所能达到的左右边缘的距离均匀分布。

三、段首缩进和段首悬挂 ★★

1. 段首缩进(段头空)

选中文字块或将文字光标插入段落可以设置段首缩进,默认值为“2字”。

2. 段首悬挂

选中文字块,或将文字光标插入段落,在【段落属性】浮动窗口上单击【段首悬挂】按钮,在编辑框内输入数值即可。

3. 取消段首缩进/段首悬挂

需要取消段首缩进(段首悬挂)时,单击【段首缩进】或【段首悬挂】按钮即可。也可以将光标置于段首,按“Backspace”键删除段首缩进/段首悬挂。

段落的左缩进和右缩进即在段落左侧或右侧空出一段距离。

该项设置可以与段首缩进/段首悬挂并存。取消缩进时,只需在相应编辑框中输入数值0即可,如图6-3所示。

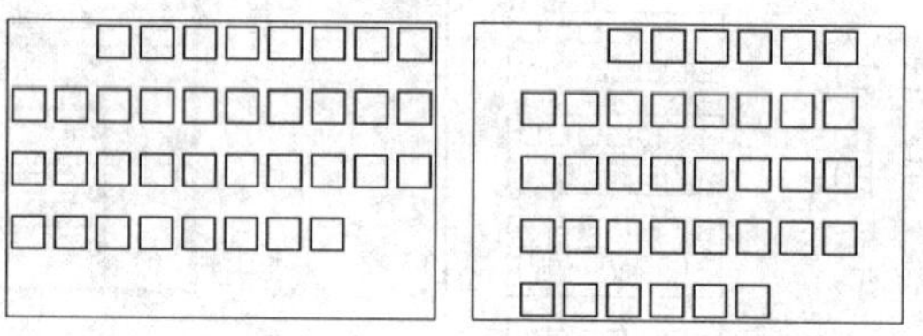

(a)正常　　(b)左右缩进各1字

图6-3

4. 换行与换段

在文字中按“Enter”键换段,按“Shift+Enter”键为换行。

四、段前距和段后距

文字光标插入段落,在【段落属性】浮动窗口上的【段前距】和【段后距】编辑框内输入数值即可。需要取消设置时,将编辑框的数值恢复为0。

五、段首大字

段首大字的设定包括设定段首大字所占行数和设定段首大字字数,这两个参数均应为整数。

第2节　段落的美工设计

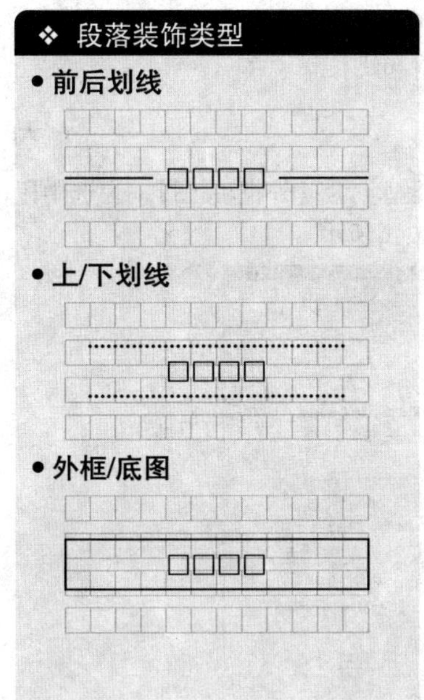

一、前后装饰线 ★★

把文字光标放在段落中，选择菜单【格式】→【段落装饰】，弹出段落装饰对话框，如图6–4所示：

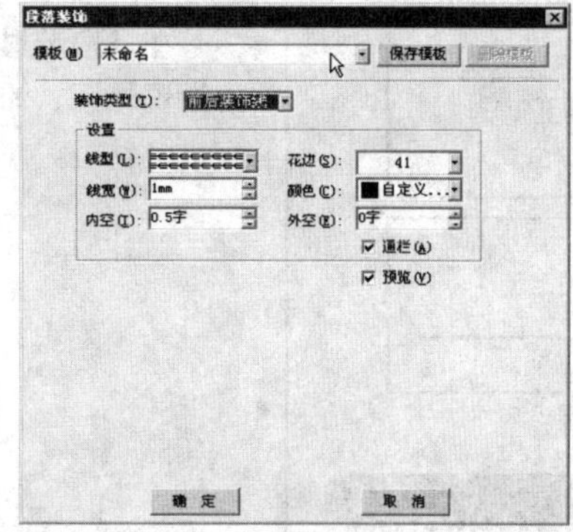

图6–4

段落文字宽度小于文字块宽时才起作用。

【线型】、【线宽】、【颜色】：设置装饰线的线型、线宽和颜色。

【内空】：设置装饰线与文字间的距离。

【外空】/【线长】：该选项随是否选中【通栏】而变化。当选中【通栏】时，该选项为【外空】，可指定前后划线与文字的距离。当不选中【通栏】选项时，该选项为【线长】，可指定划线长度。

【通栏】：选中【通栏】，则前后线撑满整行，此时可以设置内空和外空值。不选择【通栏】，可以设置内空和线长。

❖ 前后划线

前后装饰线·不通栏

前后装饰线·通栏

二、上/下划线 ★★

在【装饰类型】下拉列表里选择【上下划线】，设置段落上方或者下方的划线，如图6–5所示。

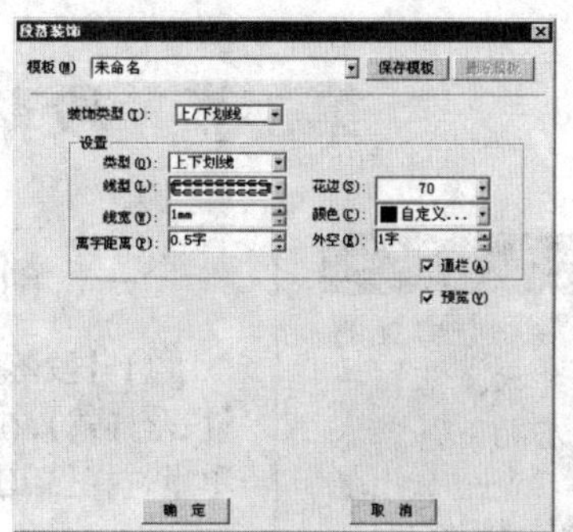

图6–5

❖ 上下装饰线

【类型】、【线型】、【线宽】、【颜色】:设置装饰线的线型、线宽和颜色。

【外空】/【线长】:该选项随是否选中【通栏】而变化。当选中【通栏】时,该选项为【外空】,可指定上下划线与文字的距离。当不选中【通栏】选项时,该选项为【线长】,可指定划线超出文字长度的数值。

【离字距离】:上下划线距文字的距离。

【通栏】:选中【通栏】,则前后线撑满整行,此时可以设置内空和外空值。不选择【通栏】,可以设置内空和线长。

三、外框/底图 ★★

❖ 外框/底图

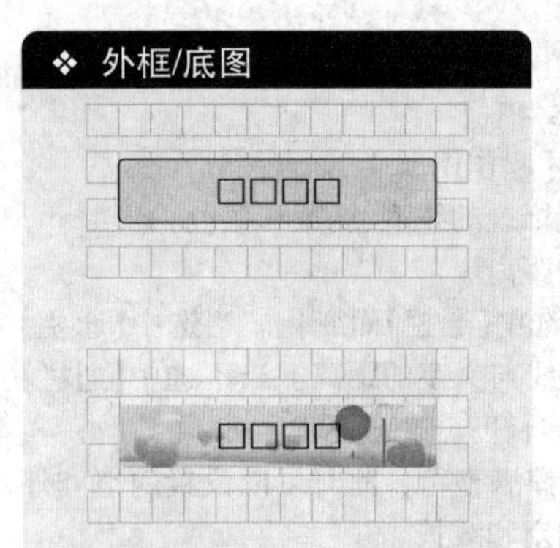

在【段落装饰】里选择【装饰类型】为【外框/底图】,为选中段落设置外框、铺设底纹或底图,如图6–6所示。

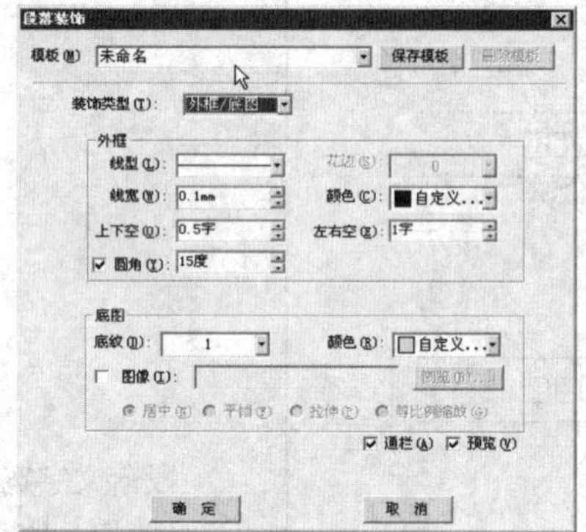

图6–6

(1)外框。【线型】、【花边】、【线宽】、【颜色】:设置装饰线的线型、线宽和颜色。

【上下空】、【左右空】:设置外框距文字的距离。

【圆角】:矩形外框角的弧度。

(2)底图。【底纹】、【颜色】:为段落铺上底纹,并设置底纹颜色。

【图像】:为段落铺上底图。选中【图像】,激活【居中】、【平铺】、【拉伸】、【等比例缩放】选项,可以设置图像铺底效果。

(3) 外框和底图通栏设置。选中【通栏】,则可以将外框或者底图铺满整行。

第3节　段落的样式处理

❖ 默认段落样式

方正飞翔默认提供一个内置的段落样式,名为【基本段落】,不可删除。在一般情况下,【基本段落】样式中的各项缺省属性值为版面设置中的各属性值。

一、创建样式

(1)【段落样式】浮动窗口创建新样式:选择【窗口】→【文字与段落】→【段落样式】,在【段落样式】浮动窗口里,单击新建样式图标,或在扩展菜单里选择【新建样式】,如图6–7所示。

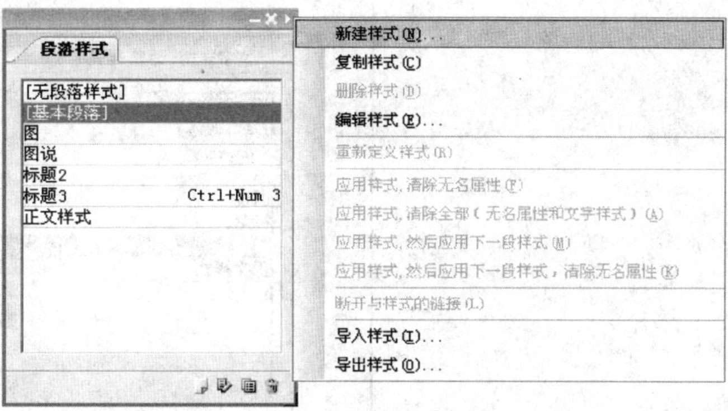

图6-7

(2)选中段落,在弹出的右键菜单里选择【创建段落样式】,即可基于选中的段落属性创建新的段落样式,如图6-8所示。

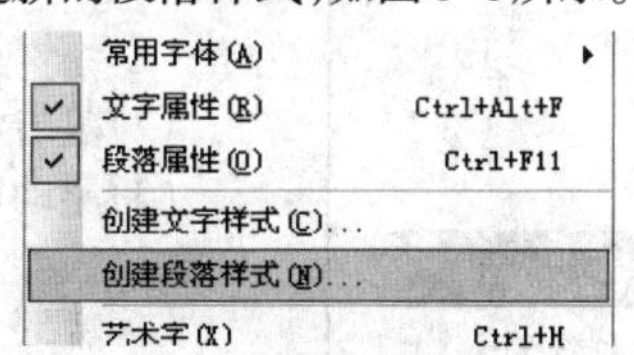

图6-8

弹出的【段落样式编辑】窗口如图6-9所示。【段落样式编辑】窗口设置好后,按【确定】按钮,返回【段落样式】窗口。

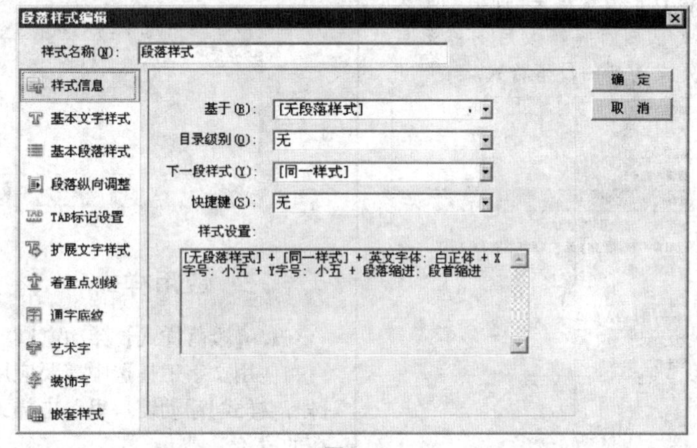

图6-9

❖ 段落样式快捷键

为了段落样式的应用方便,可以指定快捷键"Alt+1(大键盘)……Alt+9,Alt+0"。这些快捷键是存储的,只对新文件起作用,如果老文件定义的样式快捷键仍会维持原状。

❖ 目录级别

【段落样式编辑】窗口中样式信息标签里,可以从【目录级别】下拉列表中选择一个已有的设置段落的目录级别:

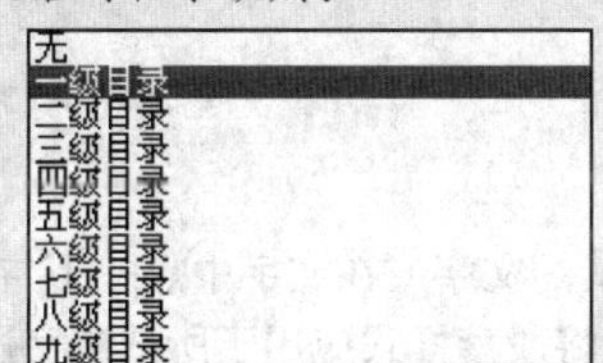

二、编辑样式

在【段落样式】浮动窗口里选中样式名称后,通过以下方式修改样式。

(1)在段落样式窗中段落样式的名称上右键弹出右键菜单【编辑样式】即可完成相应操作,如图6-10所示。

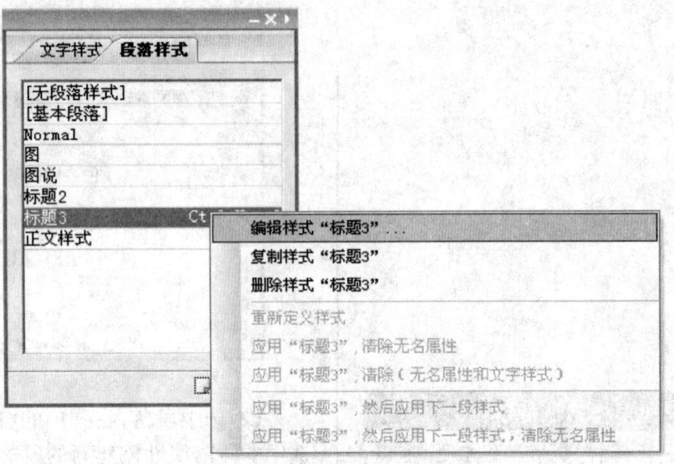

图6-10

(2)单击浮动窗口底部的【编辑】按钮。

(3)浮动窗口的扩展菜单里选择【编辑样式】,如图6-11所示。

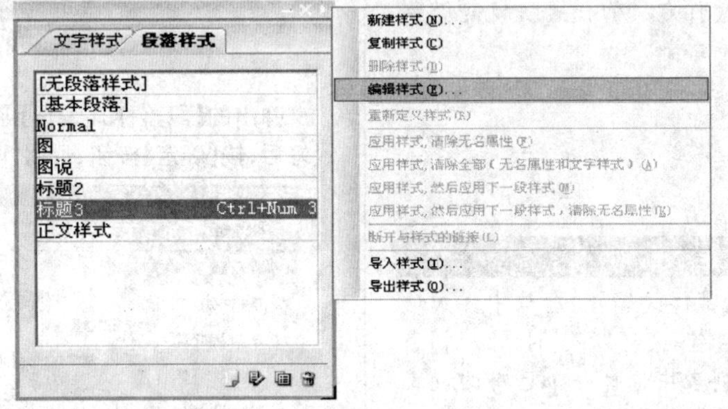

图6-11

> **❖ 重新定义段落样式**
>
> 如果想将修改后的段落的样式定义为新的段落样式,此时可以应用【重新定义样式】。单击浮动窗口扩展菜单中的【重新定义样式】,即可将修改后的段落样式定义为新的段落样式。
>
> 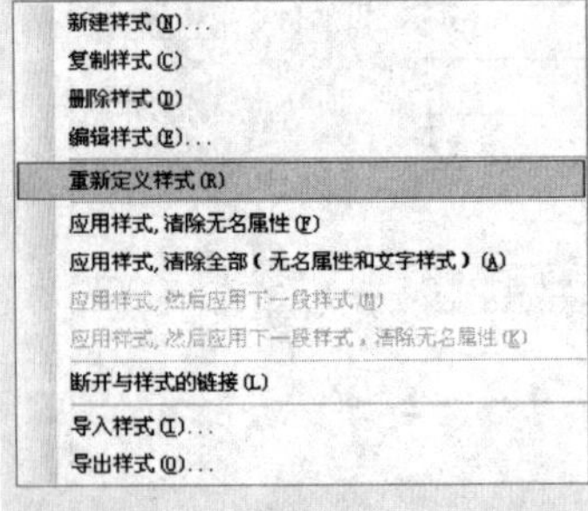
>

三、应用样式 ★★★

1.【段落样式】浮动窗口

使用文字工具选中需要应用段落样式的文字或在文字中点一下,在【段落样式】浮动窗口里单击样式名,即可将段落样式应用于所选文字所在的段落。

2. 段落控制窗口

使用文字工具选中需要应用样式的文字,在段落控制窗口里图标旁的段落样式列表里选择段落样式,如图6-12所示。

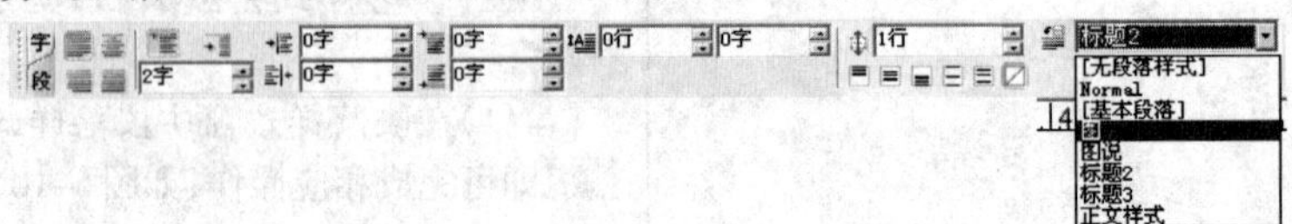

图6-12

段落控制窗口里单击【无段落样式】,可以断开样式链接。

3. 应用样式,清除无名属性

对应用了段落样式的内容,进行属性修改,例如修改了字体字号、字体颜色等,此时在段落样式中会出现"+"号,如果想将这些属性删除,可以使用【应用样式,清除无名属性】。

单击【应用样式,清除无名属性】,即可将段落中无名的属性格式删除。

4. 应用样式,清除全部

如果使用了文字属性,文字属性会保留。如果想删除文字属性,使用【应用样式,清除全部(无名属性和文字样式)】。

对应用了段落样式的内容,如果进行了属性修改,例如修改了字体字号,字体颜色等,或者对文字内容应用了文字样式,此时在段落样式中会出现"+"号。

如果要恢复原来的段落样式,将修改的属性和应用的文字样式全部清除,可以使用【应用样式,清除全部(无名属性和文字样式)】。

❖ 应用样式

- 单击样式名称,可以实现应用样式的效果。
- 双击样式名称,可以实现"应用样式,清除无名属性"的效果。
- 快捷键:"Alt+0……Alt+9"。

❖ 断开样式链接

- 段落控制窗口里单击【无段落样式】,可以断开样式链接。
- 段落样式窗口的扩展菜单执行【断开与样式的链接】命令。

四、导入/导出样式

(1)导出样式:在【段落样式】浮动窗口的扩展菜单中选择【导出样式】,在【另存为】对话框里将段落样式保存为*.fps文件。

(2)导入样式:在【段落样式】浮动窗口的扩展菜单中选择【导入样式】,在【打开】对话框里选择需要导入的*.fps文件即可。

利用样式导出导入,可以在多个文档中保持样式的规范,也可以在多人排版中实现样式共享。

五、样式的高级应用 ★★★★

1. 嵌套样式

文字样式嵌套在段落样式中,那么在应用段落样式的同时也会应用文字样式,在复杂样式排版中可以实现 定程度的自动化处理。

2. 应用下一段落样式

选中多个选中段:执行段落样式时,会自动执行下一段落样式功能。

选中一个段时:不会自动执行,但可以在样式对话框的扩展菜单中应用下一段样式命令。

新起段落:在一个段落结尾处按"Enter"键新起一段,如果这个段落样式设置了下一段落样式,那么新建的段落就会自动应用设置的下一段落样式。

第4节　段落处理高级应用

❖ 学习要点

- 定义文字样式
- 定义段落样式
- 设置嵌套样式

一、段落样式、嵌套样式练习

一个目录的排法如图6-13所示。

- 打　　包 ………………………… 1
- 折手拼版 ………………………… 2
- 转黑白版 ………………………… 4
    - 输出PS ………………… 5
    - 输出PS ………………… 6
    - 设置输出PS参数 ……… 7
- 批量输出PS ……………………… 11
    - 输出PDF ……………… 12
    - 输出PDF ……………… 14
    - 设置输出PDF参数 …… 16
    - 批量输出PDF ………… 18
- 输出EPS ………………………… 19

图6-13

(1)首先,光标放在实心点所在的行,建立一个段落样式,起名为【实心样式】。

(2)选中一个实心点,做空心字效果,然后选中这几个字,建立一个文字样式,取名为【空心】。

(3)在段落样式浮动面板中,复制【实心样式】为一个段落样式,重新起名为【实心样式_空心】。

在段落样式浮动面板里,选中【实心样式_空心】,右键菜单里选择【编辑样式】,在【段落样式编辑】的对话框里选中【嵌套样式】,在文字样式下列表里选择【空心】,个数为1个,如图6-14所示。

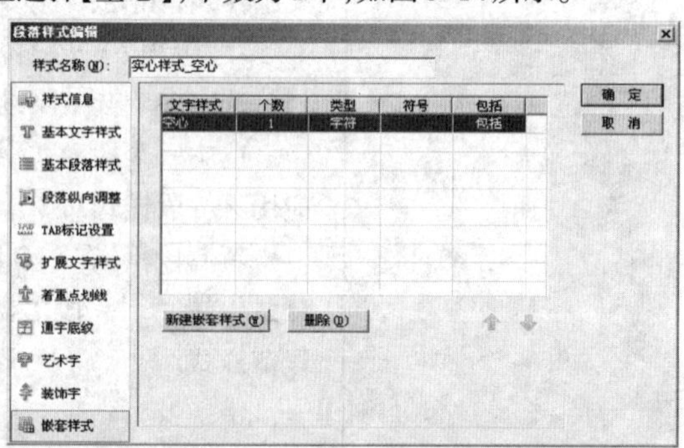

图6-14

(4)设置好后,在实心点的段落文字处,应用【实心样式】段落样式,在有空心圆点的段落文字处,应用【实心样式_空心】段落样式。

❖ 学习要点

- 锚定对象做标题。
- 正文标题文字属性设置。
- 正文标题文字无色处理，实现不显示。

二、图形化标题提取目录 ★★★★

如果标题是用复杂盒子制作的，提取目录时不参与抽取目录文字。如图6-15所示版式。

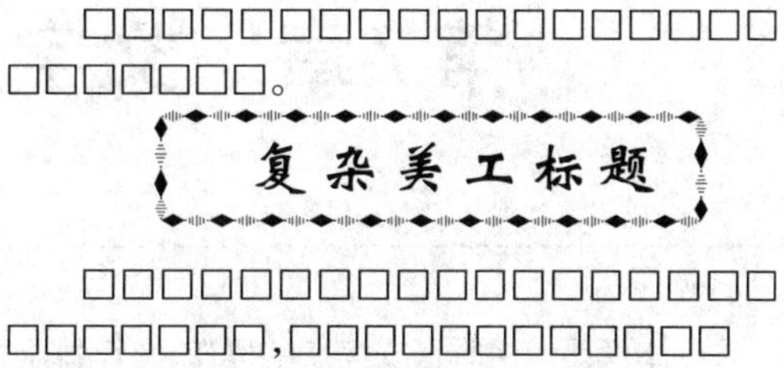

□□□□□□□□□□□□□□□□□□□□□□□□□□□□。

复杂美工标题

□□□□□□□□□□□□□□□□□□□□□□□□□□，□□□□□□□□□□□□□□

图6-15

(1)制作提取目录的段落文字。

正文中的标题文字“复杂美工标题”，设为段落样式，但是要应用文字样式改为正文样式，这样不至于因为字号太大，而导致超出美工设计的盒子大小，同时，要在这个文字样式中把文字颜色设为无色。这样文字颜色对背景对象无任何影响。

(2)把美工标题盒子用锚定对象，定位到正文中的标题文字中，位置左右上下居中，如图6-16所示。

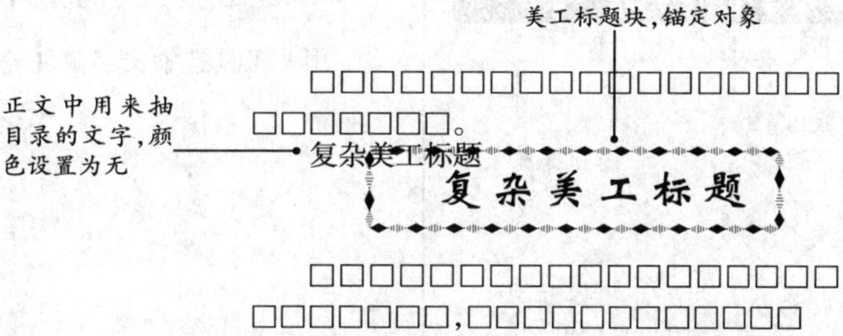

美工标题块，锚定对象

正文中用来抽目录的文字，颜色设置为无

□□□□□□□□□□□□□□□□□□□□□□□□□□□。

复杂美工标题

复杂美工标题

□□□□□□□□□□□□□□□□□□□□□□□□□□，□□□□□□□□□□□□□□

图6-16

这样就既可以实现复杂的标题制作，又满足了提取目录的需要。

(3)批量排版

此种排版步骤较多，文中标题也比较多时，可以复制标题文字行，在每个要做标题的段落里粘贴，把文字替换为当前标题文字。

第7章　文字版面制作

本章重点讲解了文字块的操作、文字排版格式、对齐操作、文字版面调整操作、拼注音、拆笔画、制作日历等排版功能及相关的实用技巧。

第1节　文字块基本操作

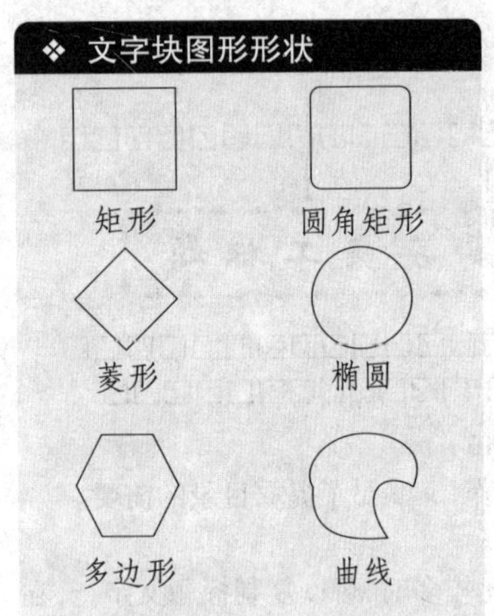

一、改变文字块形状

用工具选中文字块，【美工(A)】→【块变形】菜单，如图7–1所示。

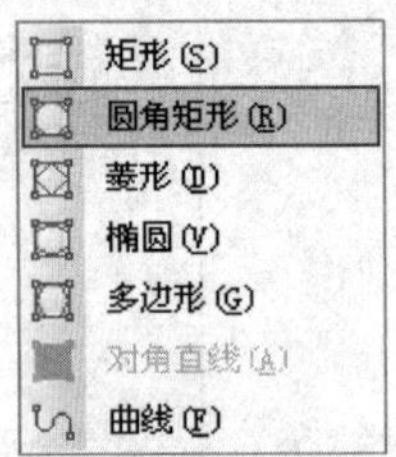

图7–1

可以把文字块变为飞翔的几种图形类型。

二、调整文字块大小

(1)使用选取工具选中文字块，将光标置于控制点，如图7–2所示。

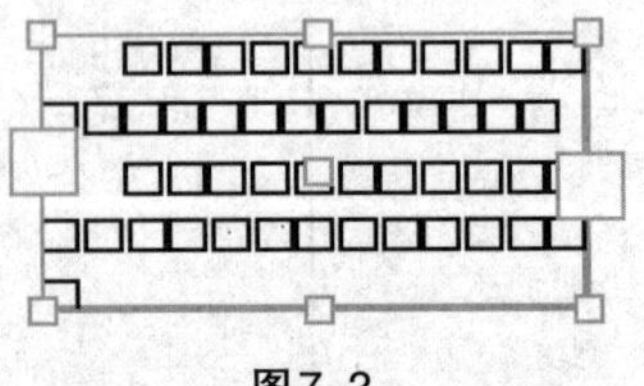

图7–2

(2)当光标呈双箭头状态时，按住鼠标左键拖动，即可调整文字块大小，如图7–3所示。

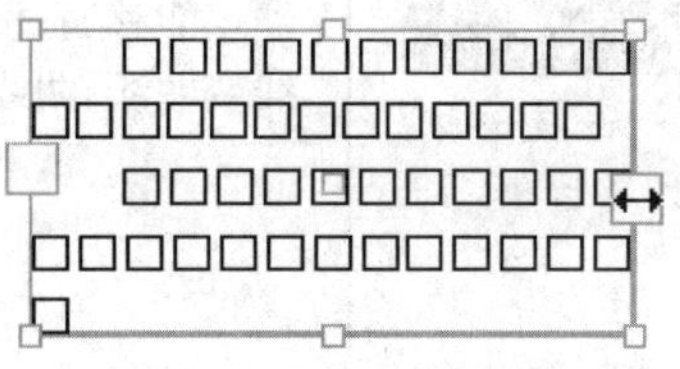

图 7–3

（3）松开鼠标左键即可完成调整，如图 7–4 所示。

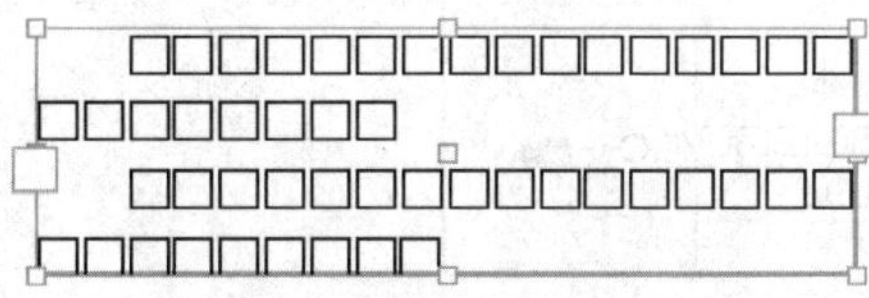

图 7–4

三、按住“Shift”键调整为直边文字块 

> ❖ 改变为直边文字块
>
> 必须先按住“Shift”键，再按住鼠标左键，然后拖动控制点，才能调整为不规则文字块。

（1）使用选取工具选中文字块，将光标置于控制点，如图 7–5 所示。

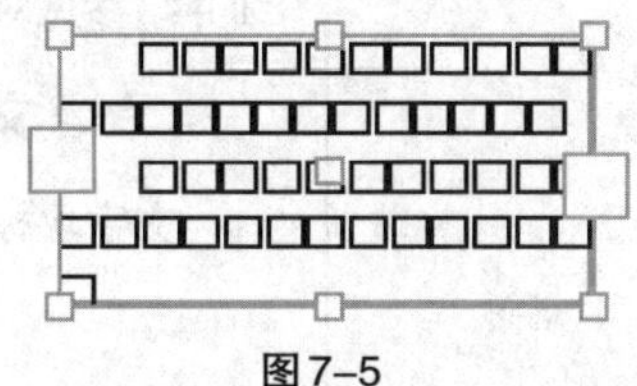

图 7–5

> ❖ 图形内排字的文字块
>
> 对于在图形内排入文字形成的文字排版区域，只有当文字块为矩形时，文字块适应的操作才有效。

（2）当光标呈双箭头状态时，按住“Shift”键，并按住鼠标左键，即可由水平、垂直折线构成直边文字块，如图 7–6 所示。

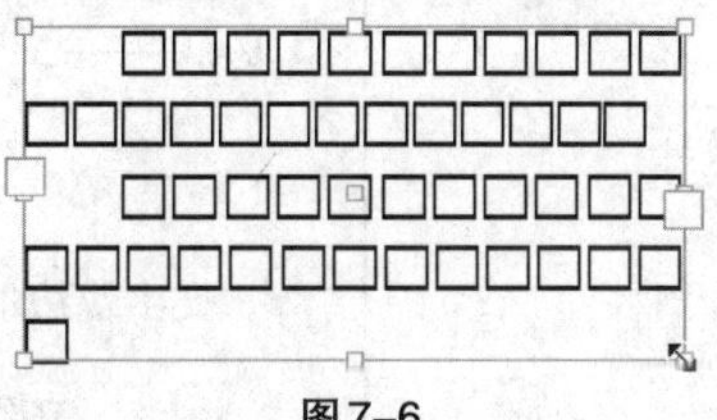

图 7–6

（3）松开鼠标左键和“Shift”键，即可完成调整，如图 7–7 所示。

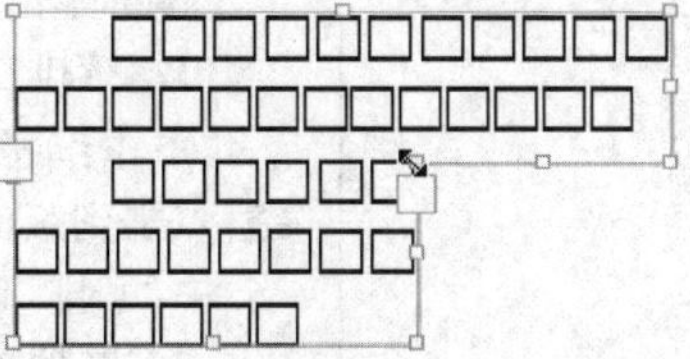

图 7–7

四、使用穿透工具调整为任意形状的文字块

穿透工具对文字块的轮廓可以进行任意形状的调整工作，这时，对文字块的路径操作和对一个图形块进行操作是一样的。

❖ 调整文字块形状方法

当文字块边框有同一高度的边线时，按住“Ctrl”键调整边框，同一高度的边同时连动。

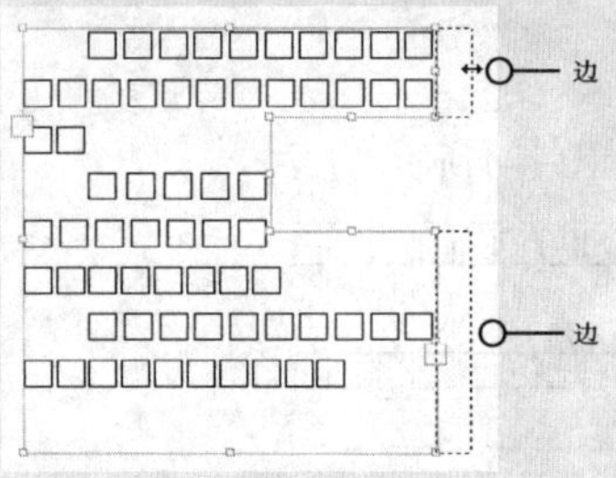

能够通过对控制把柄实现改变形状、边框上增加节点、删除节点、直线变曲线、曲线转直线等操作，如图7–8所示。

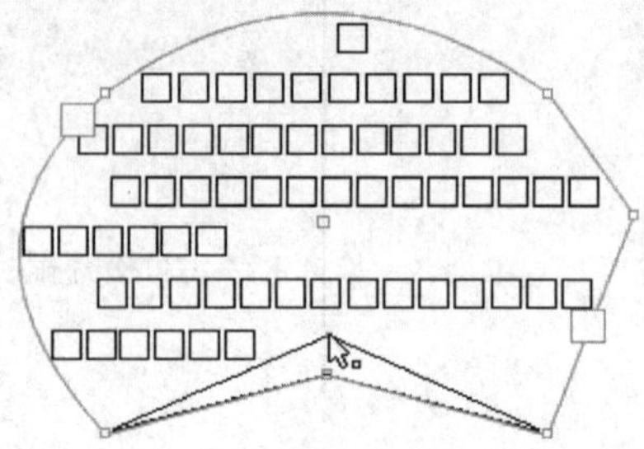

图7–8

经过调整后的文字块，不论形状是否规则，都可以进行分栏、横排、竖排等操作。

五、使用旋转变倍工具

可以使用旋转变倍工具对文字块进行倾斜、旋转和变倍操作，详细介绍参见对象的倾斜、旋转和变倍部分。

六、文字块标记

文字块标记如图7–9所示。

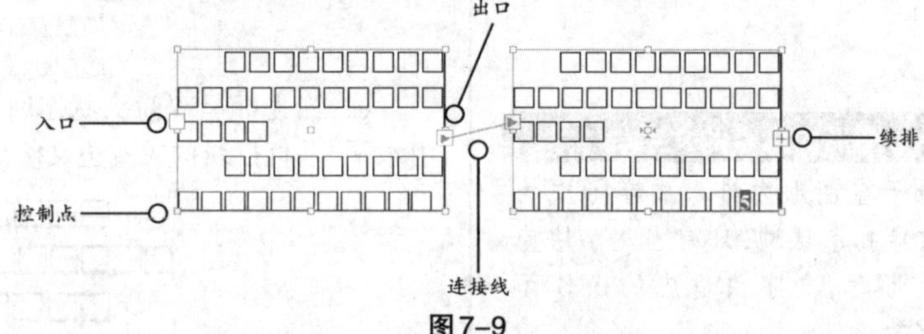

图7–9

文字块边框上的红色十字标记⊞，称为续排标记，表示有续排内容。

七、文字块续排

鼠标单击续排标记⊞，光标变为排版光标可进行续排操作。

1. 续排自动灌文方法

点击续排标记⊞，光标变为排版光标，按住“~”键或者“Ctrl+~”键，点击到版面上，或拖画出一个文字块，则可以使续排文字自动灌文，当一页排不下时，将自动加页，直至将文字排完为止。

2. 其他灌文方式

(1)按住“~”键，自动灌文生成的续排文字块与版心等高，与原始块等宽。

(2)按住“Ctrl+~”键，自动灌文生成的续排文字块与版心重合。

(3)按住“~”键，光标点击版面：生成的续排块与版心等高，与原始

❖ 字数显示

- 选择菜单【文件】→【工作环境设置】→【偏好设置】→【文本】,选中【显示文字块可排字数】和【显示剩余文字数】。
- 空文字块可以显示文字块可排字数。当文字块有续排内容时,将显示剩余文字数。

❖ 删除时保留文字内容

- 选择菜单【文件】→【文件设置】的【常规】选项卡中【删除时保留文字内容】一项。
- 选中:文字块没有连接时,"Delete"键删除文字块及内容;
  文字块有连接时,块删除,文字内容保留,转到相连的文字块中。
  同时删除块和文字内容:"Shift+Delete"键或用菜单命令:【编辑】→【删除文字块及内容】
- 不选中:选中文字块,按"Delete"键即可删除该文字块;如果文字块有连接,则删除文字块及文字块内的内容。

块等宽。

(4)按住"~"键,光标拖画出文字块:生成的第一个续排块按照拖画出来的大小,后续块与版心等高,与第一个续排块等宽。

(5)按住"Ctrl+~"键,光标点击版面:生成的续排块与版心等大小。

(6)按住"Ctrl+~"键,光标拖画出文字块:生成的第一个续排块按照拖画出来的大小,后续块与版心等大小。

(7)按住"~"键或者"Ctrl+~"键,点击到空文字块时:生成的第一个块随该文字块大小,后续续排块与版心等大小。

八、文字块连接

1. 建立文字块连接

选择选取工具,单击文字块出口或入口,此时光标变成排入状态。移动光标到需要连接的文字块上,此时光标变为连接光标,如图7-10所示。

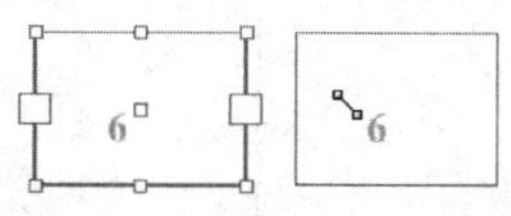

图7-10

点击该文字块便可把两个文字块连接起来,如图7-11所示。

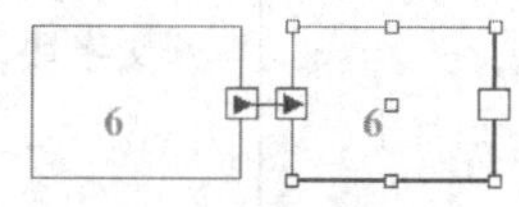

图7-11

2. 断开连接

(1)使用选取工具双击带有三角箭头的入口或出口,则取消文字块之间的连接。

(2)使用选取工具单击带有三角箭头的入口或出口,再将光标移动到有连接关系的另一个文字块上,光标变成,单击该文字块即可。

3. 改变文字块连接

单击连接线一端(入口或出口),移动到需要连接的文字块,单击文字块即可改变连接。

九、删除文字块

按"Delete"键删除选中文字块。

按"Shift+Delete"键删除选中的文字块及其内容。

删除文字块时,是否删除内容,和主菜单【文件】→【文件设置】→【常规】选项卡中【删除时保留文字内容】选项是否选中有关。

十、框适应图 ★★★

1. 普通文字块自适应

鼠标左键双击文字块,可调整文字块边框大小以或者选择【对象】→【图框适应】→【框适应图】来执行适应操作,如图7-12所示。

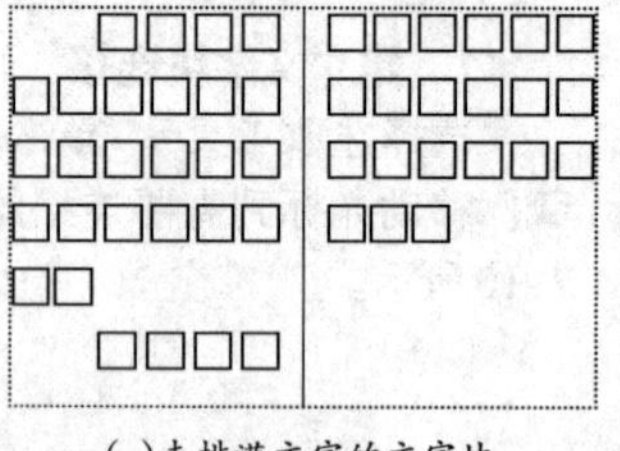

(a) 未排满文字的文字块

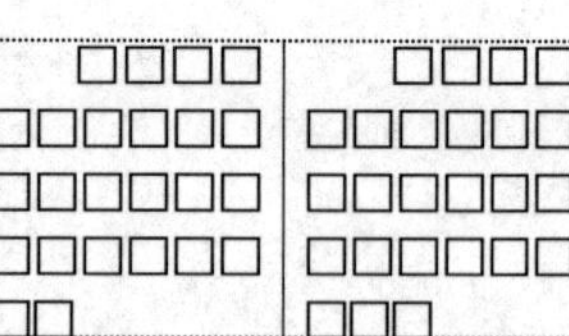

(b) 箭头工具双击文字块后

图7–12

2. 分栏文字块自适应

未排满的分栏文字块的框适应图操作，如图7–13所示：

(a)未排满文字的文字块

(b)箭头工具双击文字块后

图7–13

3. 纵向展开文字框

若文字框小于文字区域，也可以双击文字块，执行适应操作，纵向展开文字块，如图7–14所示。

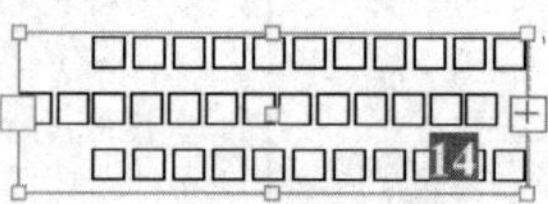

图7–14

箭头工具双击文字块后，如图7–15所示。

图7–15

4. 文字块横向自动展开

按住"Alt+Ctrl"键，双击文字块，可将文字块横向展开，以尽量将块内文字排在一行内，文字块展开的最大幅度同版心宽。该方法常用于将一段折行的文字调整为不折行。如图7–16所示。

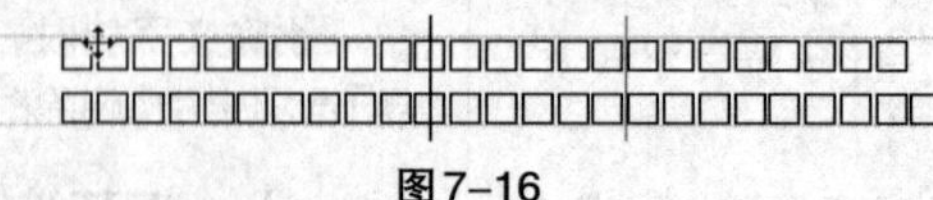

图7–16

❖ 文字块内空

- 依据版心设置中的文字缺省属性中的版心字号大小，以字为单位设置文字块空，能够达到文字块大小和内空大小数值规整。
- 上下或左右的内空大小数值相加，最后等于字的整数倍。

十一、文字块内空

文字块内空用于调整文字块边框与文字之间的距离。

设置文字边空值的方法如下。

(1)用选取工具选中文字块,选择菜单【格式】→【文字块内空】,弹出【文字块内空】对话框,如图7-17所示。

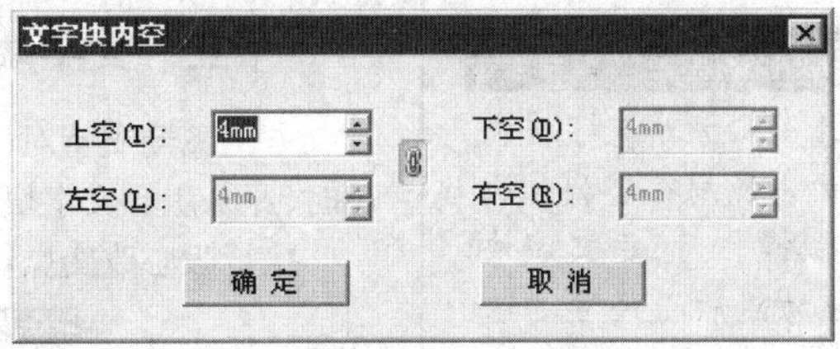

图7-17

(2)设置【上、下、左、右】数值,点击【确定】按钮,如图7-18所示。

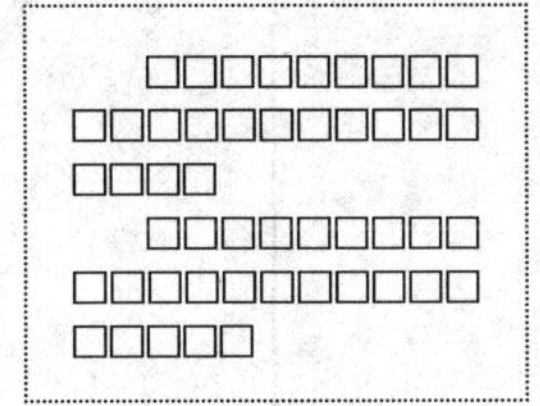

图7-18

(3)如果【文字块内空】对话框里的联动按钮不选中,则可以分别设置上、下、左、右四个方向的边空大小。

❖ 文本自动调整边空

选中文字块,右键菜单选中【文字块内空】命令,给文字块设置内空,这样文本可以和文字块边框有一定的空间,比较美观。

文本自动调整

十二、文本自动调整 

1. 设置文本自动调整

【文本自动调整】功能可以将文字调整成文字块的大小,大多时候用来制作标题,如图7-19所示。

图7-19

选中文字块,选择菜单【文字】→【文本自动调整】,或在控制窗口上单击按钮,效果如图7-20所示。

图7-20

2. 取消段头空

做标题的文本自动调整,一般不要加段头空,错误的排版如图7-21所示。

图7-21

选中文字块或文字光标在文字中时，按“Ctrl+Shift+空格”快捷键取消段头空。

❖ 文字块版心调整

版心调整后，版心大小文字块也随之改变，大多应用在书刊排版时，进行改版操作时，主文字块大小可以自动随版心尺寸的改变而改变，当书刊页数非常多时，能够极大地提高效率，减少工作量。

十三、文字块版心调整 ★★★

方正飞翔支持对以版心为基准录入的文字进行调整，当改变版心大小时，原来版心文字块也会随之改变为新的版心的大小。

执行版心改变操作时，会弹出【版心基准】对话框，如图7-22所示。

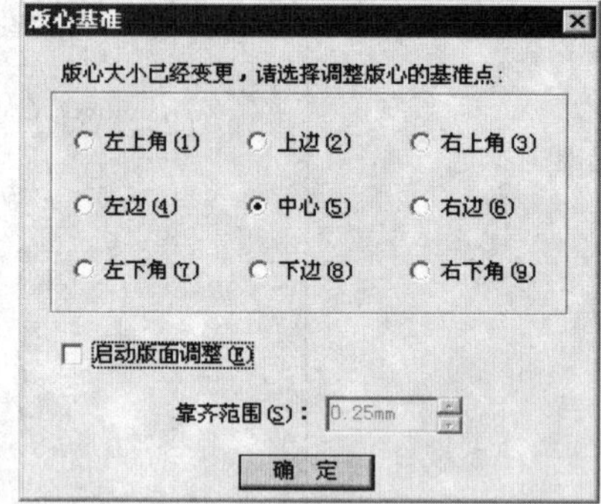

图7-22

选中【启动版面调整】。

❖ 文字打散

打散后的文字保留原来的字体字号、颜色等文字属性。

十四、文字打散 ★★

选中文字块，执行菜单【文字】→【文字打散】，可以把文字块的每个字符转为一个文字块。

打散后的文字保留原来的字体字号、颜色等文字属性。

拼音文字，打散后文字将没有拼音格式。

拼音文字：wén zì dǎ sǎn 文字打散　打散后拼音丢失：文字打散

可以用选取工具选中打散后的文字块，再次执行加拼音操作，这样每个文字就又加上拼音了。

第2节　文字排版格式

一、排版方向

方正飞翔提供4种排版方向：正向横排(Shift+F9)、反向横排(Shift+F12)、正向竖排、反向竖排。

1. 文字块改变排版方向

把T工具放在文字中、选择文字或选择文字块。

(1)执行【格式】→【排版方向】，在二级菜单中选择所需的排版方向，如图7-23所示。

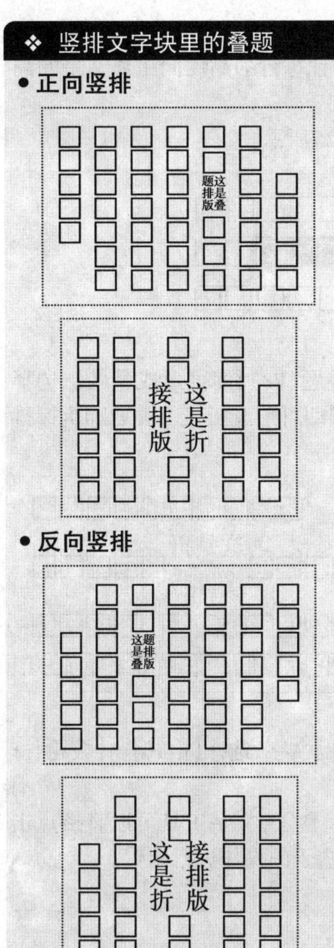

格式(O)
分栏(R)... Ctrl+B
排版方向(Q) ▸
对位排版(U) ▸
图文互斥(W)... Shift+S
沿线排版(L)
正向横排(Q) Shift+F9
正向竖排(W)
反向横排(E) Shift+F12
反向竖排(R)

图7-23

(2)在主工具条上点击四个排版方向按钮执行排版方向排版功能。

2. 表格单元格改变排版方向

选择单元格中的文字或选择单元格，设置文字排版方向，改变单元格内文字方向，如图7-24所示。

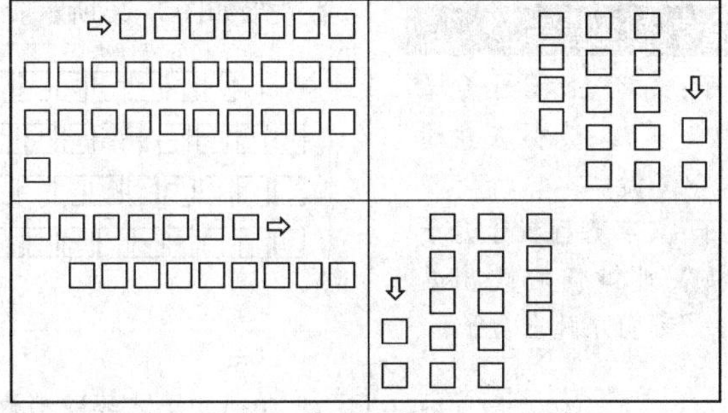

图7-24

3. 文字盒子改变排版方向

用T工具选择盒子中的文字或用直选工具选中文字盒子，设置文字排版方向，改变单元格内文字方向。

二、竖排字不转

竖排时文字中的英文和数字默认向右旋转90°，使用【竖排字不转】命令，可以使英文和数字与汉字方向保持一致。

三、纵中横排

在竖排文章里，将选中的文字调整为横排，并且转为一个盒子。

竖排的文字块，选中要横排的文字，然后选择主菜单【格式】→【纵中横排】，在二级菜单中选择压缩方式，包括不压缩、部分压缩和最大压缩(Ctrl+ Alt+ T)，则所选文字按指定压缩方式横排。

(1)不压缩：文字维持原有的大小和字距。

(2)部分压缩：按照一定比例将设置为纵中横排的文字进行压缩。

(3)最大压缩：将设置为纵中横排的文字总宽度压缩为当前所在行的行宽大小。

❖ 纵中横排范例

不压缩	部分压缩	最大压缩
方正飞翔 2011-800	方正飞翔 2011-800	方正飞翔 2011-800
方正飞翔 Founder	方正飞翔 Founder	方正飞翔 Founder

四、叠题

叠题、折接是将多个文字形成盒子。叠题方式有两种：一种是形成叠题，将多个文字排成几行，多行的总高度同外面主体文字的行高一致；一种是形成折接，将多个文字排成几行，且每行的高度同主体文字的高度一样高。

(1)使用文字工具选中文字，如图7–25所示。

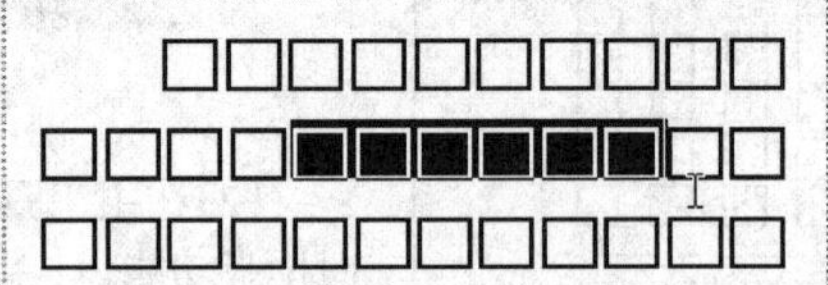

图7–25

(2)选择【格式】→【叠题】→【形成叠题(F8)】即可形成叠题。选择【格式】→【叠题】→【形成折接(Ctrl+ F8)】即可形成折接。叠题和折接排版效果如图7–26所示。

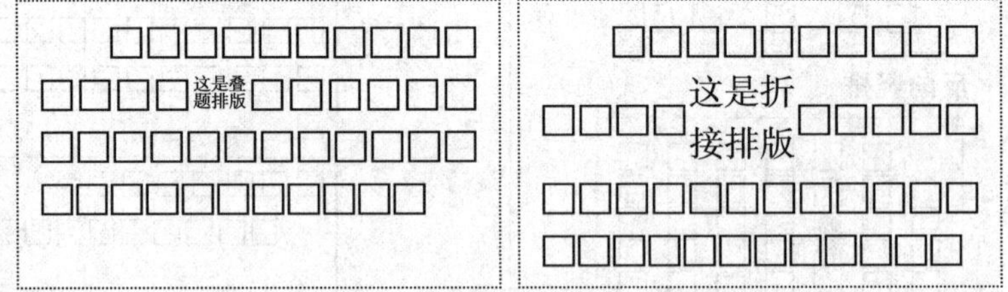

图7–26

(3)如果需要取消叠题，可以选中叠题文字，选择【格式】→【叠题】→【取消(Shift+ F8)】即可。

形成叠题/折接的文字即为一个普通盒子，文字工具可以直接点击叠题或折接的文字，修改文字，可以参照盒子的操作进行编辑。

五、分栏操作 ★★

1. 文字块分栏

选中一个文字块，选择【格式】→【分栏(Ctrl+B)】，弹出分栏对话框。

在【栏数(T)】编辑框中输入分栏数，在栏间距中输入栏间距，如图7–27所示。

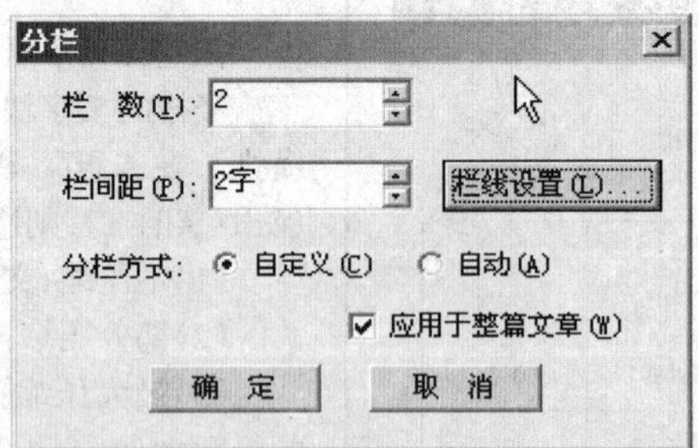

图7–27

单击 栏线设置(L)... 弹出【分栏线设置】对话框，如图7–28所示。

❖ 竖排字不转

普通竖排	温度℃	Founder
竖排字不转	温度℃	Founder

❖ 进入盒子、跳出盒子

- 进入盒子：文字光标置于盒子前面，按“→”键；光标在盒子后面，按“←”键。
- 跳出盒子：文字光标置于盒子内时，按“→”键向右跳出盒子；按“←”键向左跳出盒子。

❖ 分栏的环境参数

如果没有选中版面上任何文字块，设定【分栏】参数，则该参数作用于以后所有新建的文字块。

❖ 交互式调整栏宽

- 用选择工具选中栏间空，按住“Shift”键不放，同时用鼠标左键拖动，可以移动栏间空，实现不等宽分栏版面。

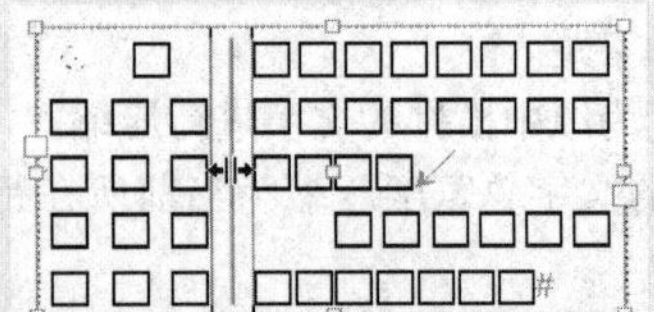

- 流式分栏不支持栏宽调整。

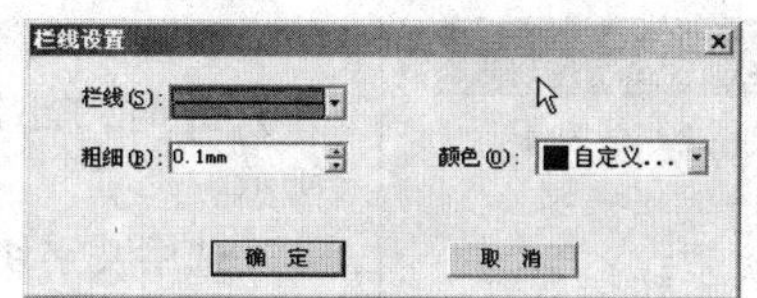

图7-28

对话框中【栏线(S)】里可以选择各种线型和花边,【颜色(O)】可以设置线型颜色。

2. 流式分栏

在文字块内部,可以进行流式分栏,不同的段可以设置不同的分栏数,流式分栏在期刊杂志中应用比较多,如图7-29所示。

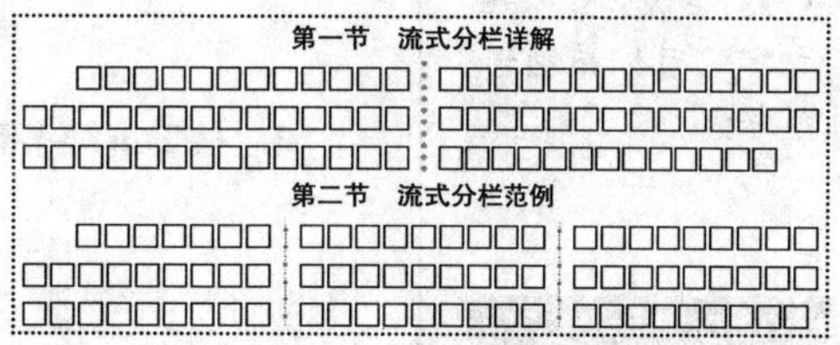

图7-29

流式分栏和文字块分栏操作方式基本一样,只是分栏时,要先选中要分栏的段落即可。

> ❖ 文字块分栏和流式分栏
>
> - 一个文字块已经进行了文字块分栏,则文字块内的文字段落不能再进行流式分栏。
> - 流式分栏的文字块,可以进行文字块分栏,分栏后,流式分栏自动取消。

第3节 文字版面对齐操作

一、Tab键对齐 ★★★

1. 按Tab键回行齐字

选中文字块或拉黑选中这几段文字,选择菜单【格式】→【Tab键】→【按Tab键对齐】,则Tab键后面的文字转行时,将以Tab键为标记进行对齐。

选中文字块,则文字块中所有Tab键对齐,选中文字,则选中的文字中的Tab键进行对齐,如图7-30所示。

图7-30

按Tab键对齐后,如图7-31所示。

1、□□ □□□□□□□□□□□
　　　 □□□□
2、□□ □□□□□□□□□□□
　　　 □□□□

图7-31

> ❖ Tab键默认步长应用范围
>
> - Tab窗口中扩展菜单【设置默认步长】命令后的【设置默认步长】窗口,在【TAB键默认步长】编辑框中填入指定数值:
>
> 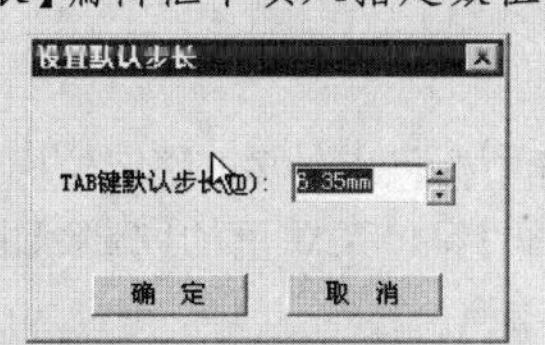
>
>
> - 系统默认步长为2字,默认步长对文章起作用,即一个文字块设置的Tab键默认步长,和这个文字块有续排关系的块都起作用。

取消Tab键对齐方式：选择【格式】→【Tab键】→【取消按Tab键对齐】，此时，Tab键对齐的文字又恢复为原来的不对齐效果，如图7-30所示。

选中文字块时是取消文章内的所有Tab键对位排版；

选中文字时是取消文字中的Tab键对齐，未选中的Tab键不取消。

2. Tab键浮动窗口

选中文字块后，选择菜单【格式】→【Tab键】→【Tab键(Ctrl+Alt+I)】。Tab键窗口及扩展菜单如图7-32所示。

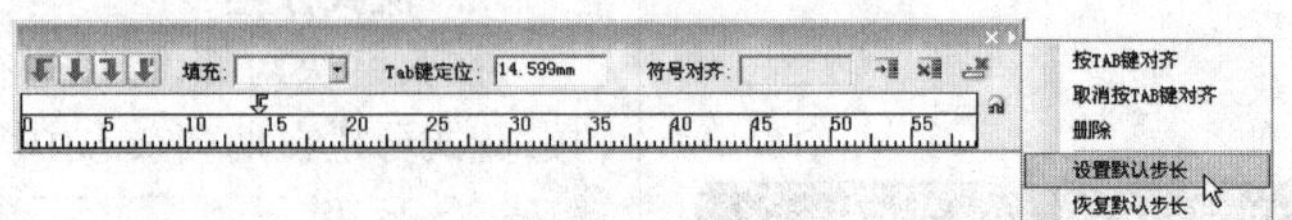

图7-32

3. 按Tab键多列对位(图7-33)

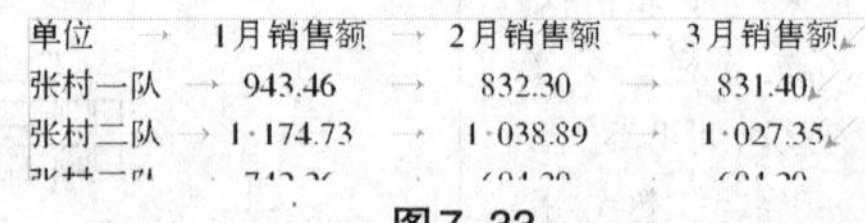

图7-33

在【Tab】窗口的标尺上点击，标尺上会出现Tab键定位标记，根据不同的对齐方式，可能会出现以下几种：左齐、中齐、右齐、按符号对齐。

4. 定位Tab键

选中标尺上的Tab键定位标记，拖动它，可以交互式改变Tab键位置，也可以通过在【Tab键定位】编辑框里输入数值进行精确定位，如图7-34所示。

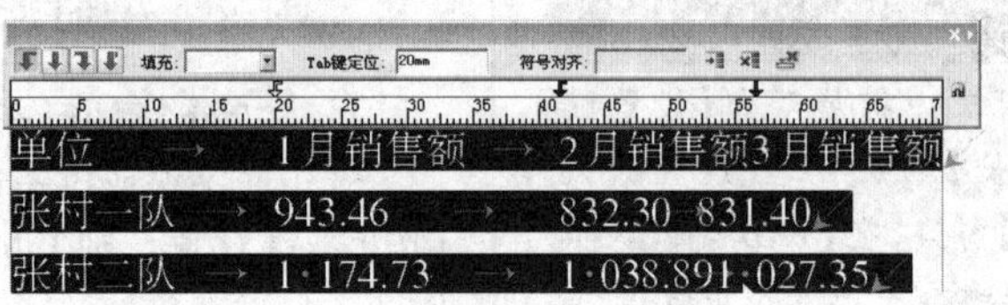

图7-34

5. 删除Tab键定位标记

如果需要消除某个Tab键定位标记，选中标尺上的Tab键定位标记，拖动到标尺左边或右边即可，也可以用【Tab】窗口菜单里的【删除】也可以删除Tab键定位标记。

如果需要删除标尺上的所有Tab键定位标记，选中文字块，点击全部清除按钮即可，同时取消文字的Tab键对齐效果。

6. 取消Tab键对齐

取消Tab键对齐：选中文字块是取消文章内的所有Tab键对齐；当选中文字时，取消文字内的Tab键对齐。

全部清除标尺上的Tab键对齐标记，同时当选中文字块时，取消文章内的所有Tab键对齐；当选中文字时，取消选中文字所在段的Tab键对齐。

❖ Tab键对齐范围

- 选中文字块，Tab键设置对文字块中的所有内容都有效。
- 选中行，或者将光标插入行，则Tab键设置对该行有效。

❖ 符号对齐

如果某一行没有指定的符号，则该行文字右边与符号对齐，如果想要调整该行文字，可以单独选中行，设置对齐方式。

❖ Tab窗与文字块对齐

点击定位图标，让【Tab】窗口与文字块对齐，方便排版操作。

❖ Tab键取消与删除的区别

- 为取消Tab键对齐，不删除Tab键浮动窗口标尺上的Tab键定位标记。
- 即取消Tab键对齐，同时删除Tab键浮动窗口标尺上的Tab键定位标记。

❖ Tab键对齐方式

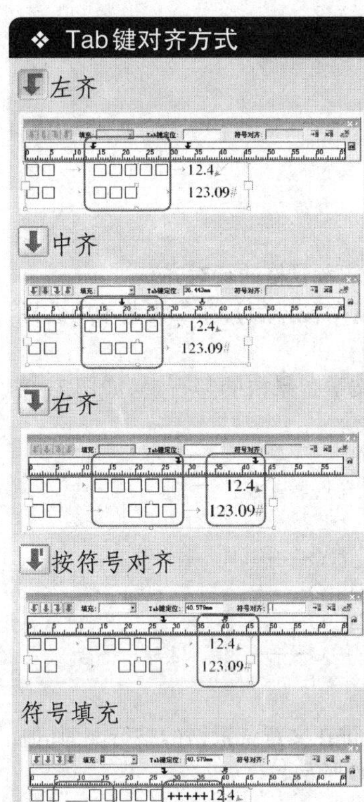

二、用【对齐标记】功能对齐

在文章里插入对齐标记后，则从下一行开始，文字起始位置与标记对齐。

1. 设置对齐标记操作

选择文字工具，点击到第一行文字中需要插入对齐标记的位置。

选择【格式】→【对齐标记】→【设置(Ctrl+F1)】，从第二行起，光标后的文字会自动按设定的位置对齐排，如图7–35所示。

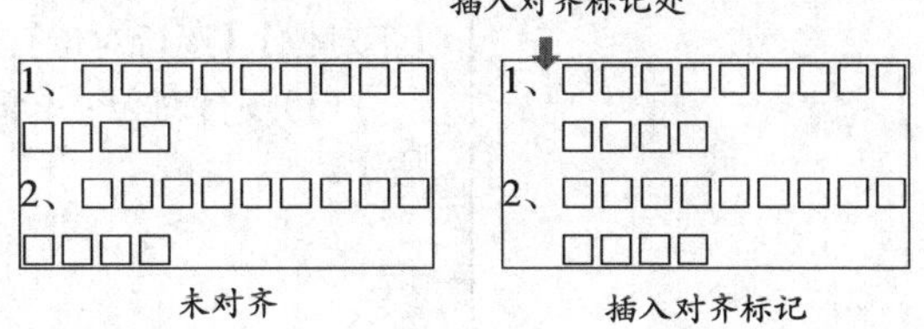

图7–35

2. 取消对齐标记

如果需要从某行开始取消对齐标记，选择【格式】→【对齐标记】→【清除(Ctrl+F2)】，则从光标插入行的下一行起，取消对齐效果。

三、部分文字居右 ★★

部分文字居右功能可以把选中的文字居右，居右文字与原文字之间以空格填充，也可以在居右文字与原文字之间用三连点【…】填充，三连点填充有时候也用来做目录排版。

(1)用文字工具选中段落末尾的文字，执行菜单【格式】→【部分文字居右】，在二级菜单中选择居右方式，效果如图7–36所示。

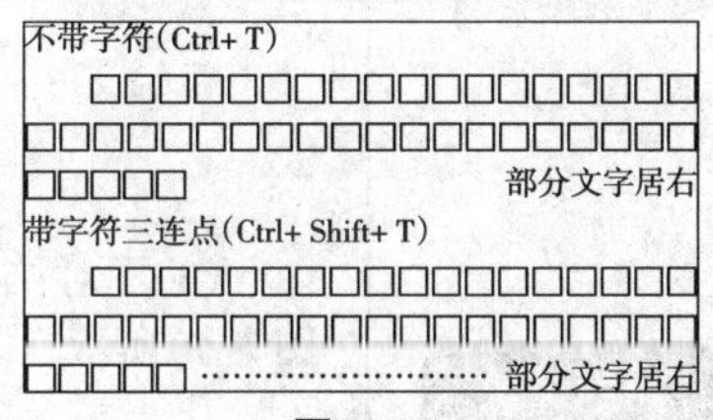

图7–36

(2)取消(Ctrl+Shift+A)：取消居右/尾的效果，恢复原状。

(3)部分居中具有字符属性，可以选中居右的中间空白部分或“三连点”符号复制，然后粘到其他的段落里，粘入点后面的文字会自动居右，如图7–37所示。

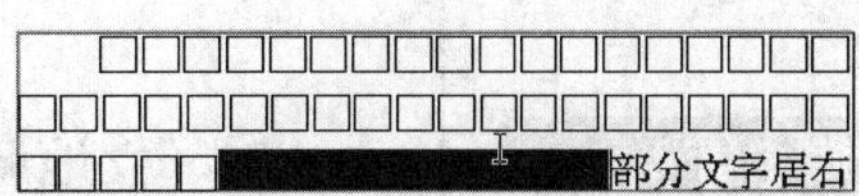

图7–37

第4节　文字版面调整

❖ 对位排版和行距

使用对位排版的文字块，行距不可微调。

一、对位排版

对位排版可以迫使文章里的行与文章背景格的行对齐。

选中文字块后选择主菜单【格式】→【对位排版】，在二级菜单中选择【不对位】、【逐行对位】、【段首对位】。

(1)逐行对位：文章每一行都排在文章背景格的整行上，如图7-38所示。

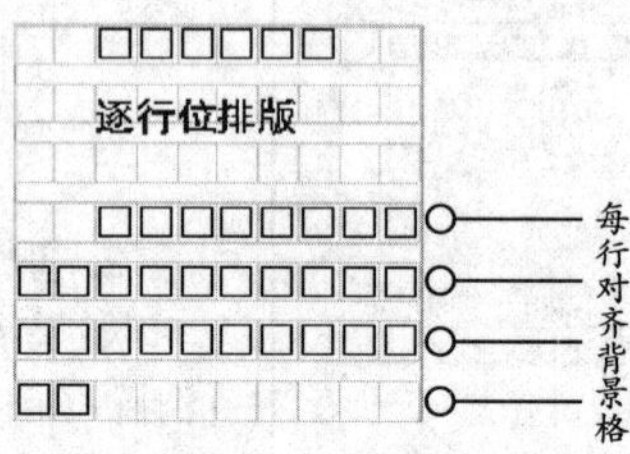

图7-38

(2)段首对位：文章中每段的第一行排在文章背景格的整行上，其他行可以不在文章背景格整行上，如图7-39所示。

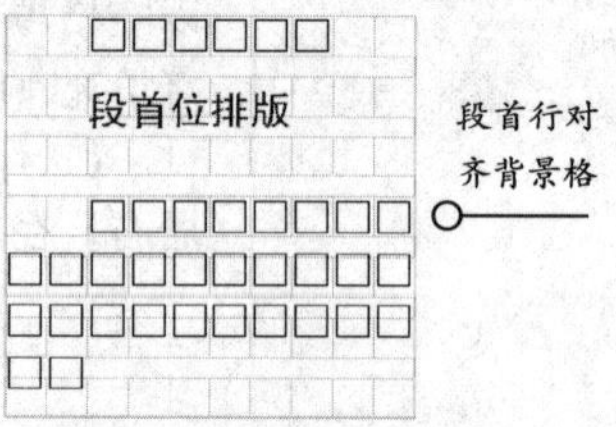

图7-39

(3)不对位：取消【逐行对位】和【段首对位】，恢复文章自然排放，如图7-40所示。

图7-40

❖ 立地调整不起作用的情况

- 栏中插入换栏符、换块符时，本栏的立地调整不起作用。
- 立地调整对流式分栏不起作用，只对文字块分栏起作用。

❖ 允许立地调整的情况

对本栏放不下一行的文字，而留出少于一行空白，才进行立地调整。

二、立地调整 

当文字块里的文字有留空时，可以使用立地调整功能，使文字在文字块中进行行距撑满。

(1)文字块立地调整，如图7-41所示。

❖ 纵向调整

• 行纵向调整

本例选中多行文字中两段总高为4行。

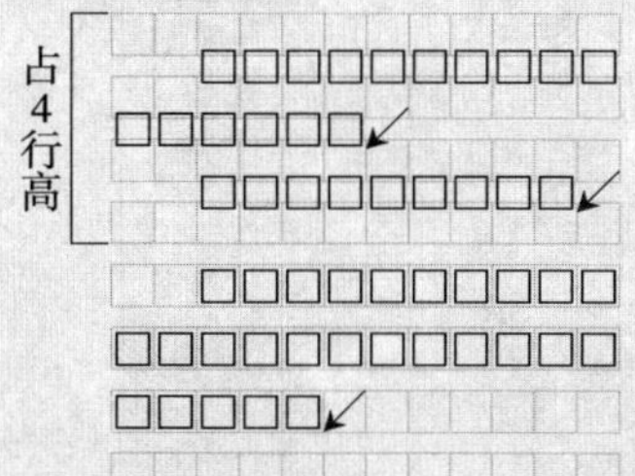

• 段纵向调整

本例中，每个段自己占4行。

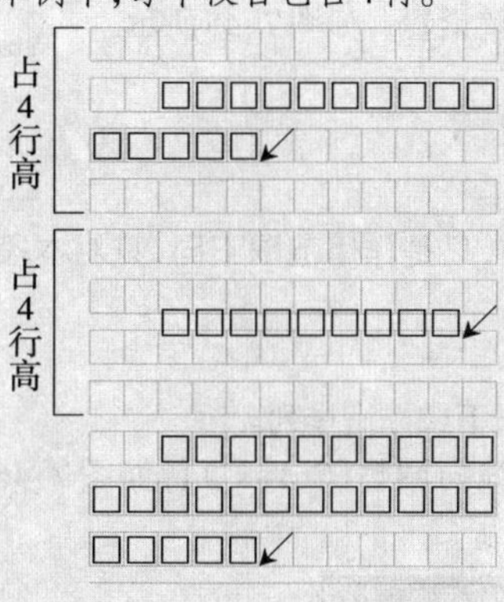

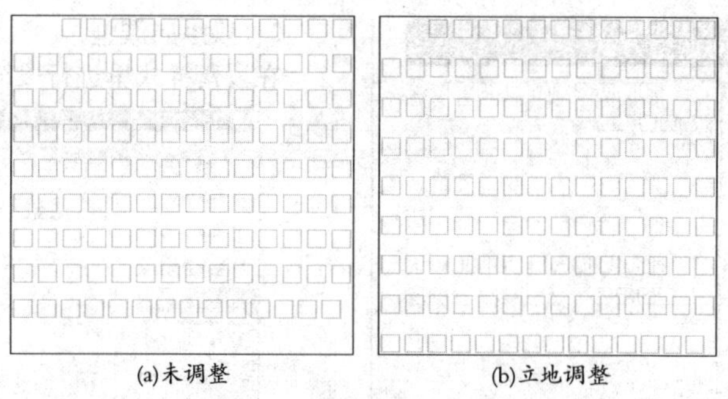

(a)未调整　　(b)立地调整

图7-41

(2)分栏文字块立地调整，如图7-42所示。

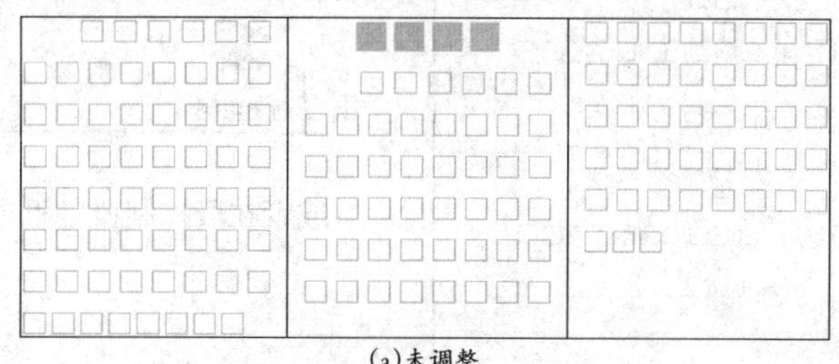

(a)未调整

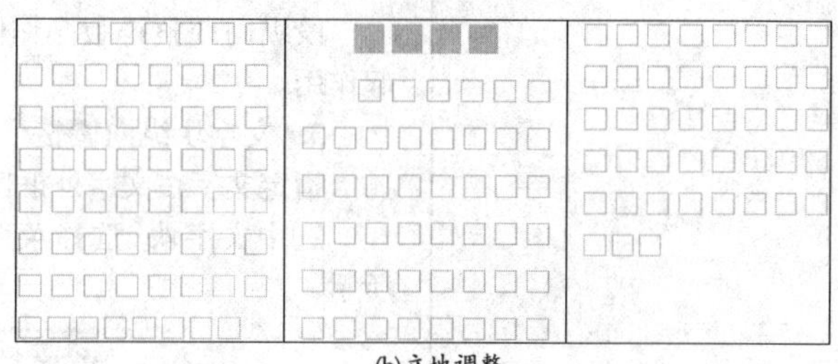

(b)立地调整

图7-42

三、纵向调整 

方正飞翔可以对文字流中的某一行或某一段落以及文字块做纵向调整，使某一行或某一段落以及文字块在指定的占位高度内排版，常用于进行标题类文字排版。

1. 行纵向调整

文字工具在文字中点击或选中多个文字行，选择【格式】→【纵向调整(Ctrl+ U)】，如图7-43所示。

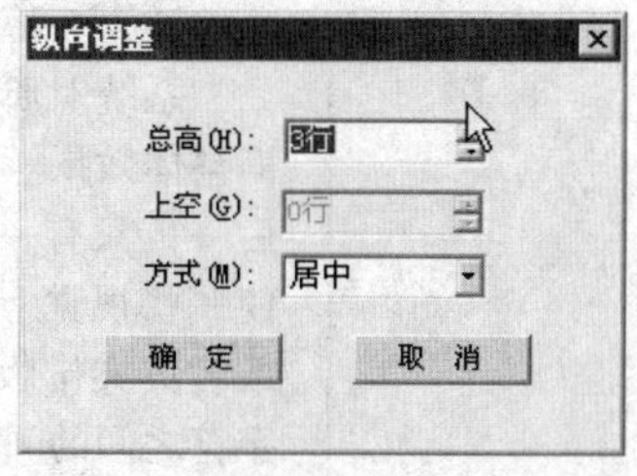

图7-43

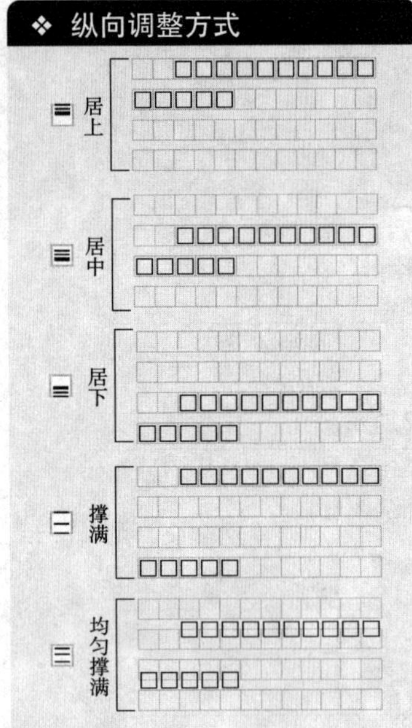

2. 段纵向调整

在段落样式里进行段纵向调整设置，如图7–44所示。

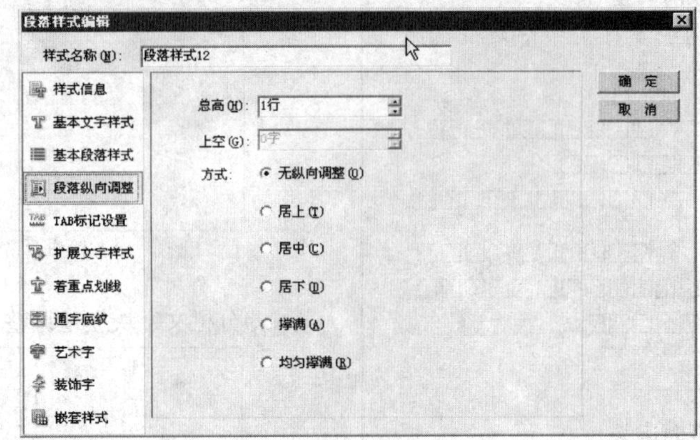

图7–44

或者在段控制窗口里进行段纵向调整设置，如图7–45所示。

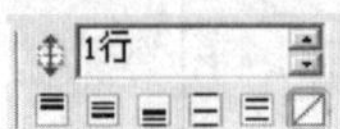

图7–45

段纵向调整排版操作同行纵向调整，只是作用范围不同，只对本段起作用。

3. 文字块纵向调整

指定文字在文字外框区域内居中、居下或撑满排列。

选中文字块，选择菜单【格式】→【纵向调整(Ctrl+ U)】，如图7–46所示。

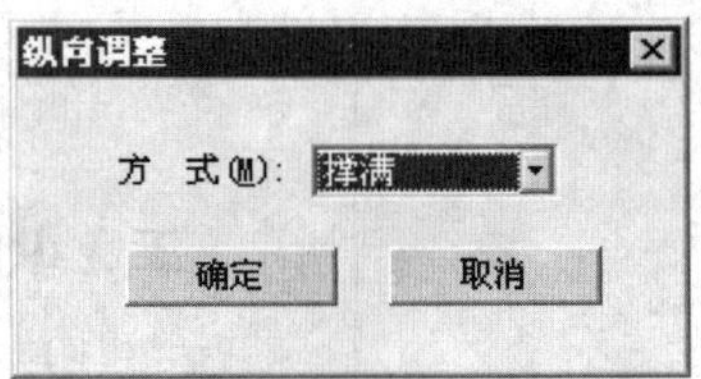

图7–46

【方式】：居上、居中、居下、撑满、均匀撑满。

文字块纵向调整，有时也会被用来制作大标题类型的版面，有时也利用文字块纵向调整撑满方式，达到文字块行距撑满的效果。

四、文字密排

系统对所有的字符自动进行密排处理，压缩字符间距，从而调整版面整体效果。该功能用于解决中文里面段尾独字成行的现象，即段落最后一行只有一个字符的时候，自动压缩到上一行。此外，该功能也可以使一些视觉上看起来比较稀松的字符更加紧凑，比如用于中英文混排，或者英文排版的版面，自动紧缩中文和英文之间的字符间距，或者英文字符之间的间距，从细微处调整排版效果。

❖ 禁排设置

禁排设置即标点或字符不允许出现在行首或行尾。方正飞翔根据中文排版规则，内置了一批禁排的符号，用户也可以添加或解除禁排符号。

❖ 禁排设置选项

- 行首禁排：行首禁排即指定的标点或字符不允许出现在行首，在字符编辑框内输入需要添加的字符，点击【追加】按钮，即可将指定字符设置为行首禁排。使用鼠标选中禁排字符，点击【解除】按钮即可解除禁排。
- 行尾禁排：行尾禁排即指定的标点或字符不允许出现在行尾，在字符编辑框内输入需要添加的字符，点击【追加】按钮，即可将指定字符设置为行尾禁排。使用鼠标选中禁排字符，点击【解除】按钮即可解除禁排。
- 应用禁排：设定禁排后，必须选中【应用禁排】选项，才能启用禁排设置。
- 恢复禁排默认设定：单击【重置】按钮即可重新设置。

选中文字或选中文字块，单击【段落属性】浮动窗口右上角的三角按钮，在扩展菜单中选择【文字密排】。也可以在主菜单中选择【格式】→【文字密排】，文字排版效果如图7–47所示。

系统对所有的字符自动进行密排处 理 ，Founder fx 2011.	系统对所有的字符自动进行密排处理，Founder fx 2011.
(a)正常	(b)文字密排

图7–47

五、禁排

1. 禁排设置对话框

选择【格式】→【禁排设置】，如图7–48所示。

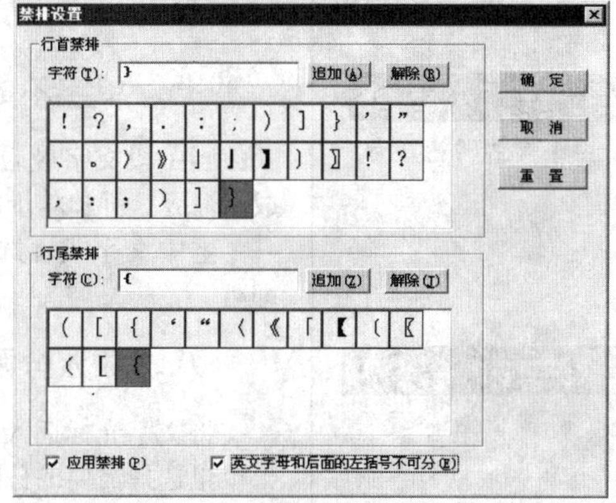

图7–48

2. 禁排设置实例(图7–49)

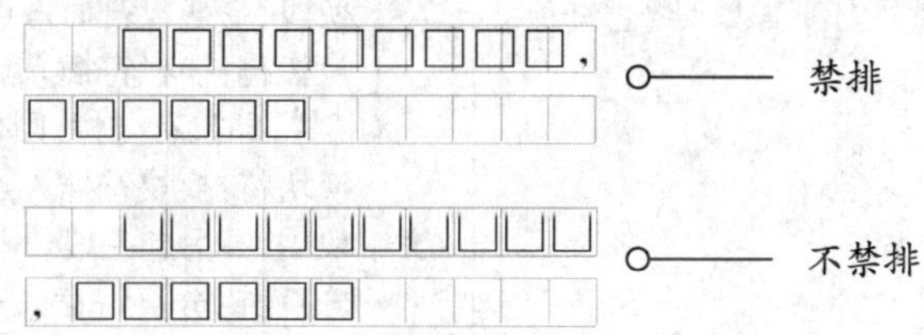

图7–49

3. 英文字母和后面的左括弧不可分

设定英文字母和后面的左括弧不可分。选中【禁排设定】对话框里的【英文字母和后面的左括弧不可分】选项，则转行时英文字母与后面的左括弧不拆行，始终保持在同一行里。

六、小数点拆行

飞翔可以通过小数点拆行命令，在段落转行时允许带有小数的数字从小数点处拆行。选中文字块或将文字光标插入需要拆行的段落，在【段落属性】浮动窗口的扩展菜单里选中【小数点拆行】即可，如图7–50

所示。也可以通过菜单【格式】→【连字拆行】→【小数点拆行】来实现。

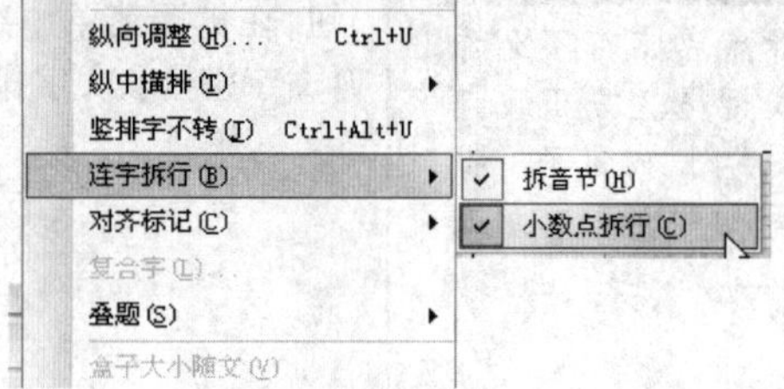

图7–50

小数点拆行效果，如图7–51所示。

小 数 点 拆 行 234.12	小数点拆行 234. 12
(a)正常	(b)小数点拆行

图7–51

七、单字不成行

❖ 单字不成行

该命令对少于9个字的段落不起作用。

当一段文字最后一行只有一个字加标点的时候，可以通过单字不成行命令，强迫将上行下来一个字变成两字加标点符号的形式。

选中文字或者选中文字块，选择菜单【格式】→【单字不成行】即可。

八、插入分隔符

❖ 奇数、偶数分页符

插入奇数分页符或偶数分页符后，不要在插入点前面进行页面的增删操作，这两个分页符不会自动使插入点后面的页面内容自动移到奇数页上或偶数页上。

将文字光标插入文字中，选择【文字】→【插入分隔符】，在二级菜单里选择需要的分隔符号即可。

1. 分隔符种类

换行符：换行符插入点后的文字另起一行。

换段符：换段符插入点后的文字另起一段。

换栏符：换栏符插入点后的文字另起一栏。若插入换栏符的文字块只有1栏，即没有分栏，则排入到存在连接（续排）关系的下一个文字块。

换块符：换块符插入点后的文字移到存在连接（续排）关系的下一个文字块中，并另起一段。

分页符：分页符插入点后的文字出现在其他页面的续排块内，并另起一段。

偶数分页符：插入点后的文字只出现在当前块在其他偶数页的续排块里。

奇数分页符：插入点后的文字只出现在当前块在其他奇数页的续排块里。

嵌套样式结束符：插入点之前结束嵌套样式的应用。

2. 显示分隔符

选择菜单【显示】→【隐含符号】或者单击工具条上的图标☑显示隐含符号。

第5节　外文排版设置

一、插入英文符号

文字工具点击需要插入英文符号的位置，选择菜单【文字】→【插入符号】，如图7–52所示。

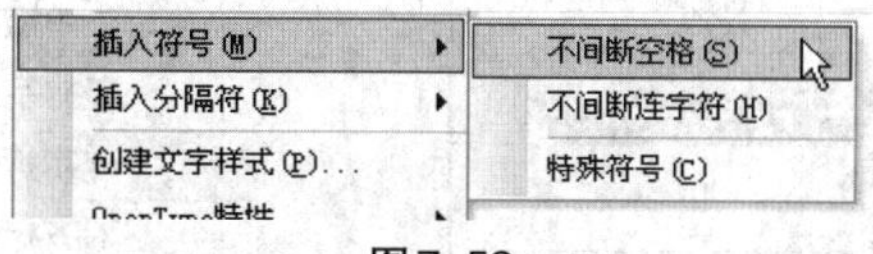

图7–52

二、中文与英文数字间距

该功能用于改善中文与英文、中文与数字间距。

选中文字，选择菜单【窗口】→【文字与段落】→【文字属性】，弹出【文字属性】浮动窗口，在窗口的扩展菜单里选择【中文与英文数字间距】，如图7–53所示。

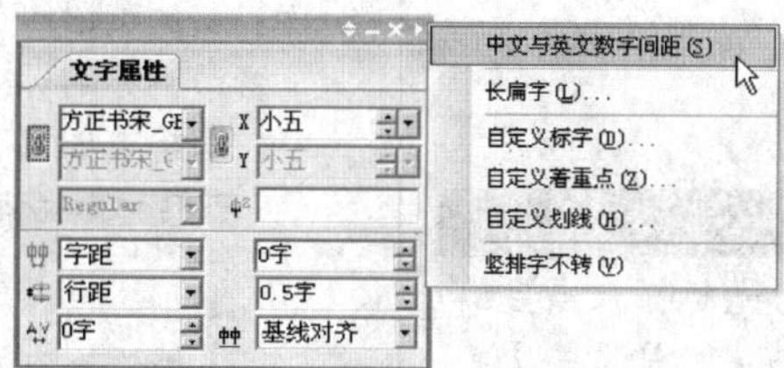

图7–53

从下拉列表里选择间距值即可，如图7–54所示。

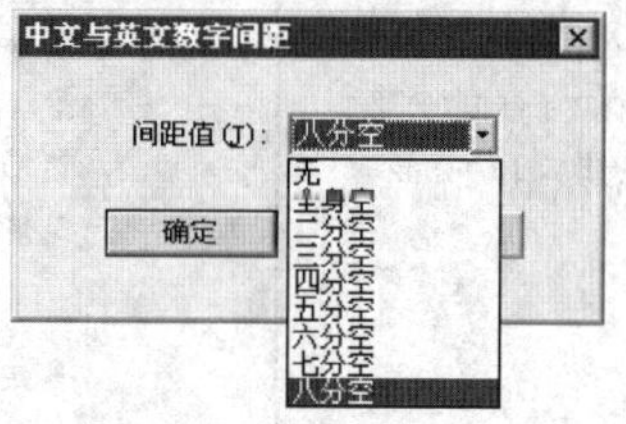

图7–54

三、使用弯引号

排版时通常需要将小样文件中的直引号转为弯引号。

选择菜单【文件】→【工作环境设置】→【偏好设置】，弹出【偏好设置】对话框，在【文本】选项卡中选中【使用弯引号】后，用户在输入文字或排入小样时，程序自动将直引号转换为弯引号。引号前面带有空格，则转为左引号（“），引号前面没有空格则转为右引号（”）。用户在英文输入状态下，可以输入弯引号。

❖ 插入符号类型

- 不间断空格：这种空格插入到文字中，该空格前后各1个字符与该空格连为一体，不可拆分；不间断空格和前后的字符中间的距离不拉伸、不压缩，同时也不受空格类型的影响，其宽度就为当前字库中空格的实际宽度。
- 不间断连字符：同不间断空格类似，只不过该字符显示为英文的连字符；不间断连字符和前后的字符中间的距离不拉伸、不压缩。
- 特殊符号：打开【特殊符号】浮动窗口，选择【常用符号】类型，里面包括一些英文排版常用的符号。

❖ 使用弯引号

使用弯引号功能对新录入的文字有效，在排版过程中修改该设置，不影响已经排好的文字。

名称	种类	字型	内码
直引号	单引号	'	0x0027
	双引号	"	0x0022
弯引号	单引号	‘	0x2018
		’	0x2019
	双引号	“	0x201c
		”	0x201d

四、拆音节

方正飞翔提供对英文字母进行拆音节操作的功能，即英文单词在转行时，自动按音节拆行，并添加连字符。选中文字块或将文字光标插入需要拆音节的段落，在【段落属性】浮动窗口的扩展菜单中选择【拆音节】，也可以在主菜单中选择【格式】→【连字拆行】→【拆音节】，如图7–55所示。

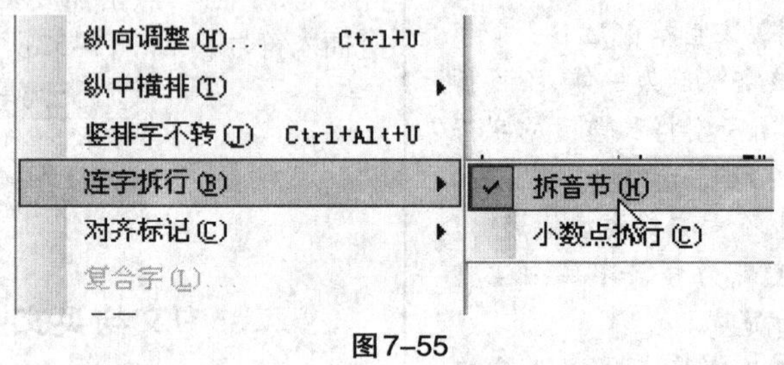

图7–55

五、拼写检查

单词的折行处理是英文排版中最常见的问题，专业的音节拆分是专业效果的保障，方正飞翔排版软件提供了五款专业的Hyphen音节拆分库：美国英语、英国英语、加拿大英语、法语和西班牙语。

音节拆分的标准默认使用美国英语。

拼写检查如图7–56所示。

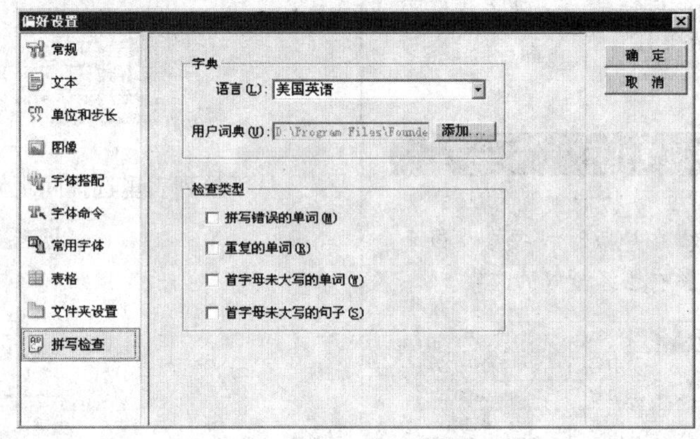

图7–56

方正飞翔内置多国标准词典，可以对多国语言执行拼写检查，包括美国英语、英国英语、加拿大英语、法语和西班牙语。

方正飞翔提供的拼写检查可以对英文内容进行全面的检查：拼写错误的单词、重复的单词（当且仅当连续输入两次）、可能具有大小写错误的单词、首字母未大写的单词和首字母未大写的句子。

六、优化字偶距

优化字偶距：利用飞翔优化的参数文件控制英文字体的字偶距(Kerning)，以达到更美观的英文排版效果，如图7–57所示。

❖ Hyphen音节拆分库

- 共5种拆分库：美国英语、英国英语、加拿大英语、法语和西班牙语。
- 使用不同的拆分库：菜单【工作环境设置】→【偏好设置】→【拼写检查】，如图所示，在五种语言中进行选择。

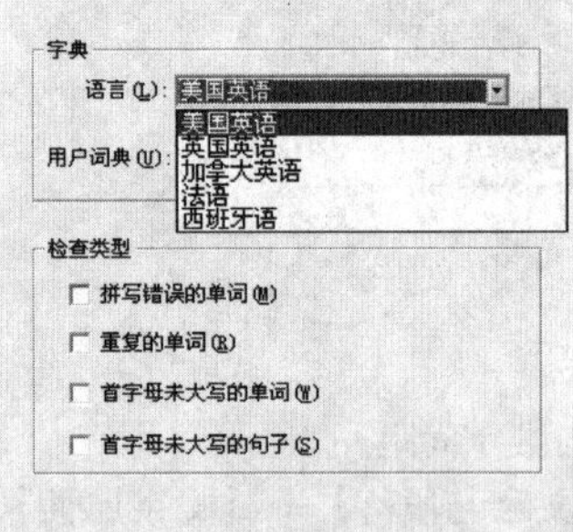

❖ 拼写检查

系统默认对T光标插入点后的内容进行检查，如果选中文字块，则默认对文字块进行检查，如果没有选中任何对象，T光标也无插入状态，则对整个文件执行检查。进入拼写检查的对话框后，可以在【查找】下拉列表里修改查找范围。

❖ 词典共享

词典保存在安装路径下的“Hyphen”文件夹下，如果增加了一些单词，可以实现与别人的共享。

字偶距是特定的两个英文字符之间的间距。例如A和V，由于A和V的形状问题，在同等的字号和字距下，A和V在一起时，感觉它们之间的距离比其他字符之间的距离大，所以当它们在一起时，系统自动把距离调小一点，这样看起来更加美观。每一款字体里面也有自己的字偶距，如果用户觉得该款字体本身的字偶距更美观，也可以不启用【优化字偶距】。

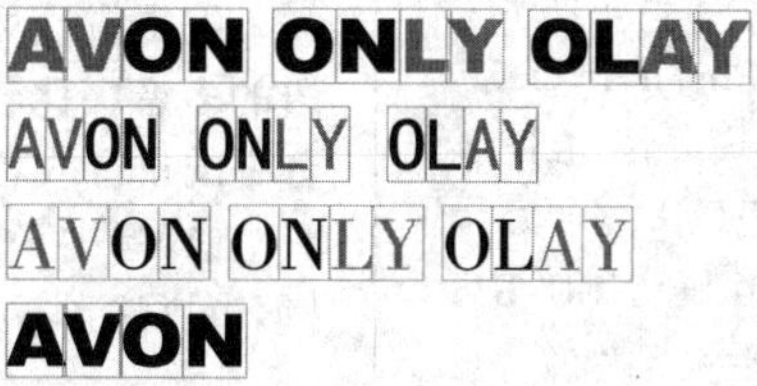

AVON ONLY OLAY

AVON ONLY OLAY

AVON ONLY OLAY

AVON

图7-57

第6节　拼注音排版

❖ 拼注音设置

- 【位置】：设置拼音排在文字哪个位置，可以选择排在文字的上、下、左、右。
- 【颜色】：设置拼音的颜色。选中“同正文”，表示拼音与正文颜色相同。不选中【同正文】，即可在颜色下拉列表里单独设置拼音的颜色。
- 【字体】：默认为细体。
- 【字号】：在“横”、“纵”字号里设置拼音的X字号和Y字号。
- 【间距】：拼音到汉字的距离。

一、自动加拼注音

选中需要加拼音的文字或文字块。

主菜单【版面】→【拼注音插件】→【自动加拼注音】，弹出【设置拼注音】对话框，如图7-58所示。

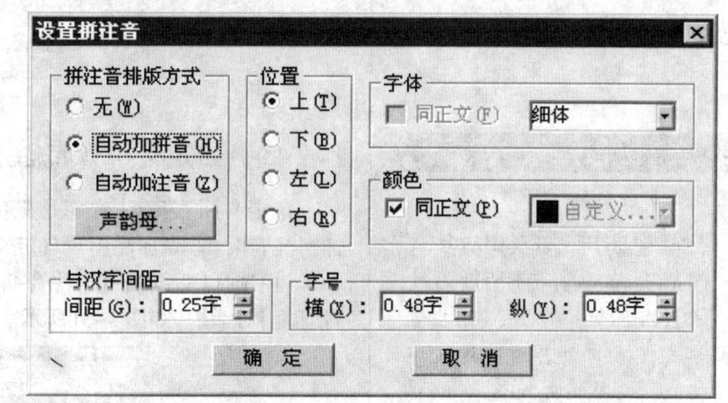

图7-58

在【设置拼注音】对话框中选中【自动加拼音】按钮，点击【确定】按钮即可完成拼音设置。

选中文字：

床前明月光　疑是地上霜

执行拼音排版：

chuángqiánmíng yuèguāng　yí shì dì shàngshuāng

床前明月光　疑是地上霜

二、取消拼音

可以选中文字，调出【设置拼注音】对话框，将【拼注音排版方式】修改为【无】。

三、编辑拼注音

编辑拼音可以对已经加了拼注音排版的文字重新编辑拼注音。汉语的多音字比较多，当遇到多音字时，可以使用编辑拼音的功能指定多音字的拼音或者自定义拼音。

(1)选中一个文字，选择【版面】→【拼注音插件】→【编辑拼音】，弹出【编辑拼注音】对话框，如图7-59所示。

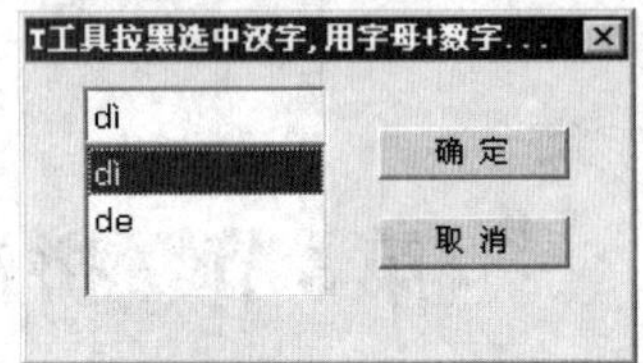

图7-59

(2)选中两个字或两个以上的文字，则弹出【编辑短语拼音】对话框，如图7-60所示。

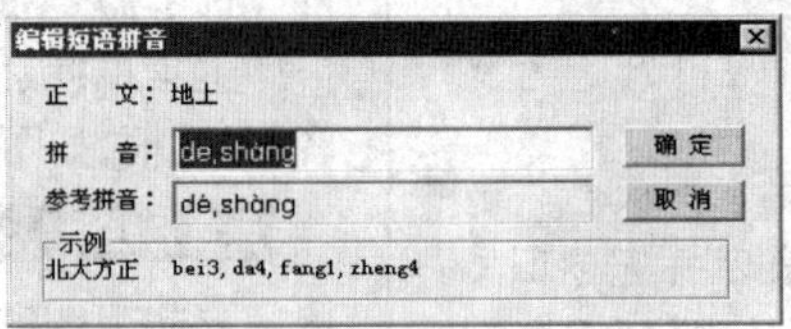

图7-60

四、自定义拼音库/注音库

自定义拼音库/注音库是提供给用户一个定义常用多音字的功能，加拼注音时，首先加注用户自定义的拼注音。

(1)选择【版面】→【拼注音插件】→【自定义拼音库】，弹出【自定义拼音管理】对话框，如图7-61所示。

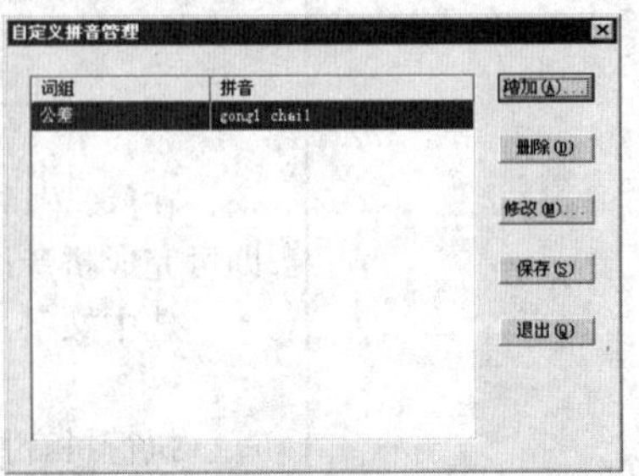

图7-61

(2)点击【增加】，弹出【增加自定义拼音】对话框，如图7-62所示。

> **❖ 自定义拼音字体**
>
> 拼音字体设置文件：安装目录下plugins/v12PluginPinYin/Pyf.ini，使用记事本打开该文件，在[PinYin]下面的列表里写入需要添加的拼音字体。例如：NEU-B1，NEU-B1X，保存后关闭文件，重新启动方正飞翔即可在拼音的字体下拉列表中看到添加的两款字体。

> **❖ 拼音文字转文本**
>
> - 选中拼音格式文字
>
>   jǔ tóu wàngmíng yuè　dī tóu sī gù xiāng
>
>   **举头望明月　低头思故乡**
>
> - 编辑菜单下执行【粘贴纯文本】(Crtl+Alt+V)命令，则拼音格式文本自动转为普通文字格式，如：举jǔ头tóu望wàng明míng月yuè低dī头tóu思sī故gù乡xiāng。

❖ 多音字

如果添加拼音的文字中含有多音字，则会弹出【选择多音字】对话框

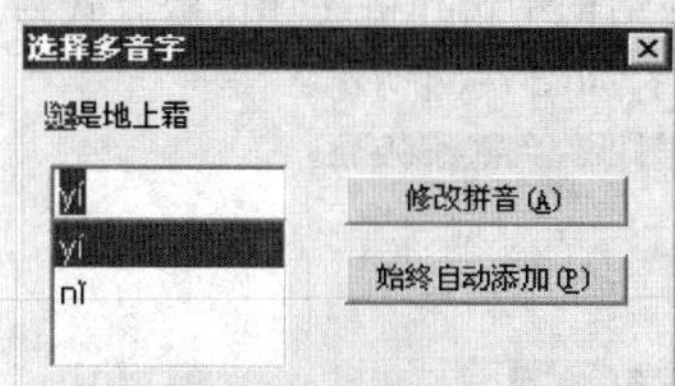

选择拼音后点击【修改拼音】按钮则采用选择的拼音，然后对其他含有多音字的文字继续进行选择；如果选择【始终自动添加】则使用软件默认的拼音给多音字添加。

在版面上显示拼音字中的多音字，可以选中选择菜单【显示】→【多音字拼音标记】，这样拼音是多音字的，会用不同颜色标出来。更醒目，便于校改。如：

hǎo gōng néng
多音字拼音标记—好功能

❖ 编辑短语拼音

在【编辑短语拼音】对话框中的拼音编辑框内输入【字母+数字】，数字表示声调，范围是1~5，1~4表示第一声到第四声，5表示轻声，不加数字也表示轻声。

❖ 自定义拼音词库

除方正飞翔默认提供的拼音词库外，用户可以在UserPinYin.txt文件里添加拼音词库。在安装目录下找到拼音词库文件plugins/v12PluginPinYin/UserPinYin.txt，加入词语即可。

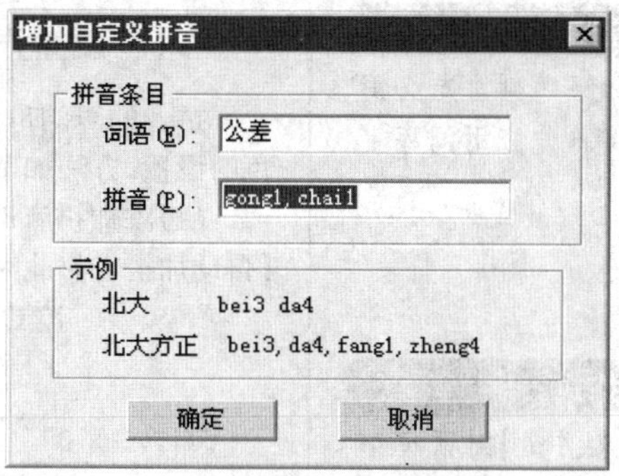

图7-62

(3)选中一个拼音文字，点击【修改】，弹出【修改拼音】对话框，如图7-63所示。

图7-63

(4)点击【确定】按钮，返回上级对话框，点击【保存】按钮即可保存设置。

五、拼音格式设置/解除拼音格式

解除拼音格式：选中设置了拼音的文字，选择【版面】→【拼注音插件】→【解除拼音格式】，可以将拼音设置到文字右边。此时的拼音变为一个一个的字符。

(1) 拼音格式：jǔ tóu wàng míng yuè dī tóu sī gù xiāng **举头望明月 低头思故乡**

(2) 解除拼音格式：**举**jǔ**头**tóu**望**wàng**明**míng**月**yuè **低**dī**头**tóu**思**sī**故**gù**乡**xiāng

形成拼音格式：将排列在文字右边的拼音添加到文字上方，或者形成其他拼音格式。

纯文本格式（书版小样或手工录入）：“举jǔ头tóu望wàng明míng月yuè低dī头tóu思sī故gù乡xiāng”。

选择【拼音格式设置】的命令，打开【设置拼注音】对话框，设置拼音格式，点击【确定】按钮，即可形成拼音格式。

jǔ tóu wàng míng yuè dī tóu sī gù xiāng
举头望明月 低头思故乡

❖ 自定义拼音词语优先级

添加拼音时，如果遇到自定义词库中的词语，将首先应用词库定义的拼音。

❖ 拼音条目格式

在【增加自定义拼音】对话框中拼音条目下的【拼音】编辑框中输入字母表示的拼音，不同字间的拼音用“，”逗号分隔开，数字1~5表示声调，不标注则表示轻声。

六、设置声韵母

拼音的声韵母设置允许用户对拼音的声母、韵母及韵腹分别进行颜色的设置，方法如下。

(1)添加拼音时，在【设置拼注音】对话框中选择拼注音排版方式为【自动加拼音】，此时【声韵母】按钮被激活，如图7-64所示。

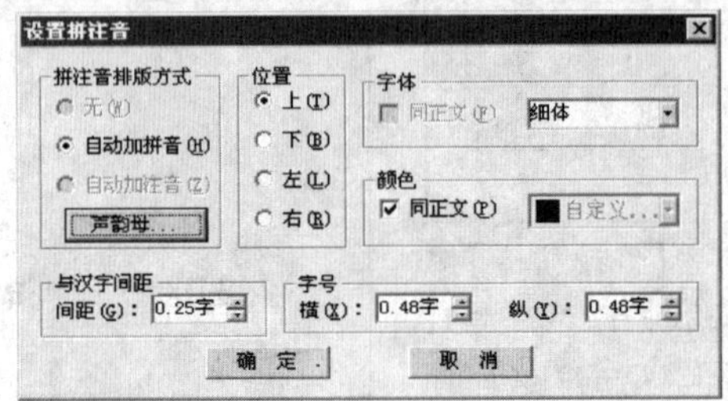

图7-64

(2) 点击【声韵母】按钮，弹出【声韵母设置】对话框，如图7-65所示。

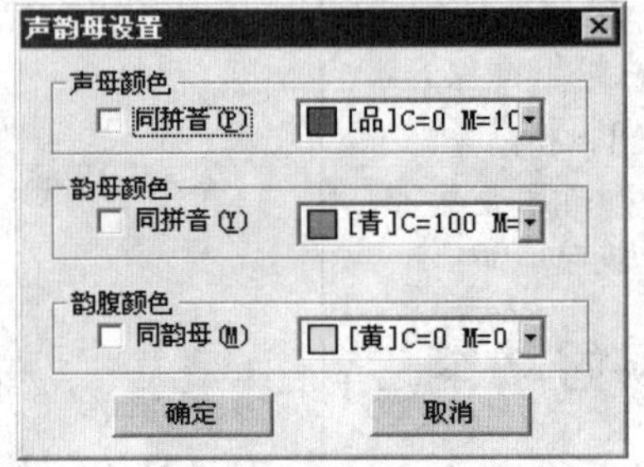

图7-65

不选中【同拼音】激活拼音的声母、韵母及韵腹的颜色设置，在颜色下拉列表中进行颜色的选择或者自定义，黑白效果如图7-66所示。

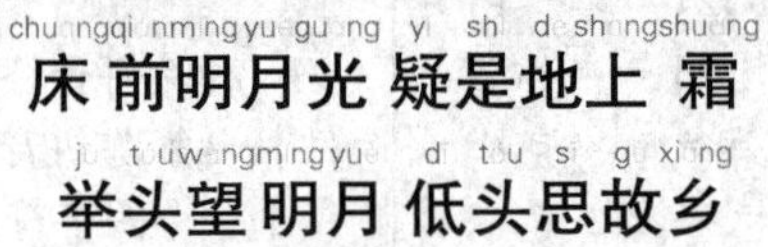

chu ngqi nmingyuegu ng y sh d sh ngshu ng

床前明月光 疑是地上霜

ju t uw ngm ngyu d t u s g xi ng

举头望明月 低头思故乡

图7-66

七、整体调整拼音间距

在调整设置有拼音的文字间距时，可以采用两种方式进行：整体调整拼音间距和不整体调整拼音间距。默认方式是不整体调整拼音间距，即以单独的文字为基本单位调整字距。

整体调整拼音间距的基本单位，实际上是取拼音的宽度和文字的宽度中的较大者作为基本单位。

在菜单【版面】→【拼注音插件】的扩展菜单中，选择【整体调整拼音间距】，则对当前版面上的设置有拼音的文字整体调整间距，即以拼音和文字为基本单位调整字距。

第7节　拆笔画

❖ 拆笔画界面

- 拆笔画分为跟随式、笔画式、描红等三种方式。
- 可以自定义笔画颜色和田字格、米字格颜色。
- 笔画也可以是空心的。

❖ 拆笔画美工设计

拆完的每一个笔画，都可以对装饰的田字格、米字格进一步设计调整。

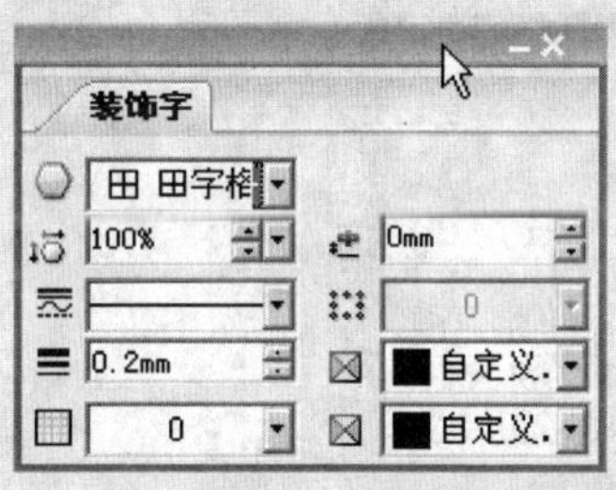

一、跟随式

在【汉字笔顺拆分设置】对话框中选中【跟随式】，如图7-67所示。

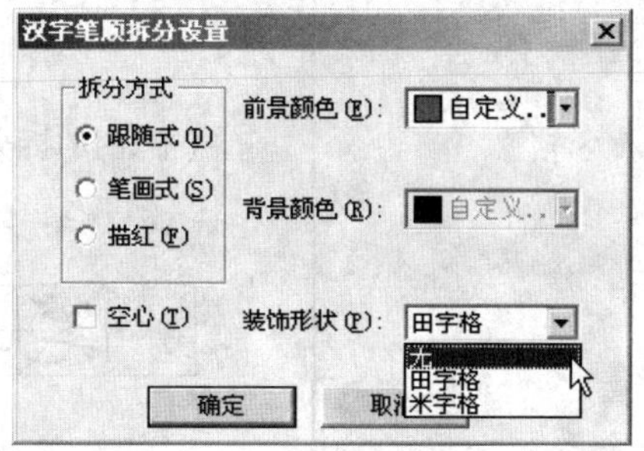

图7-67

笔顺拆分效果如图7-68所示。

图7-68

二、笔画式

在【汉字笔顺拆分设置】对话框中选中【笔画式】，如图7-69所示。

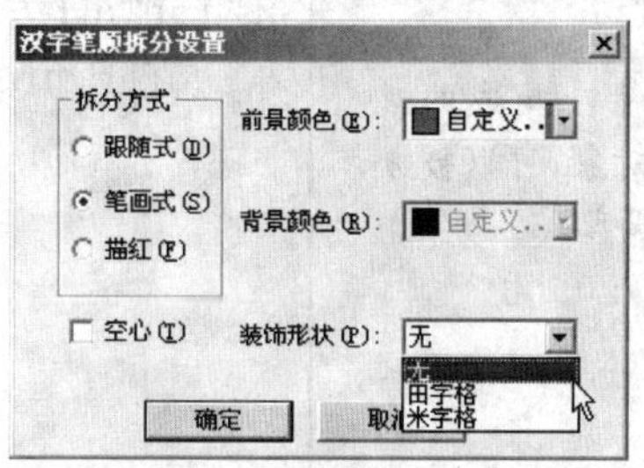

图7-69

【笔画】式的笔顺拆分效果如图7-70所示。

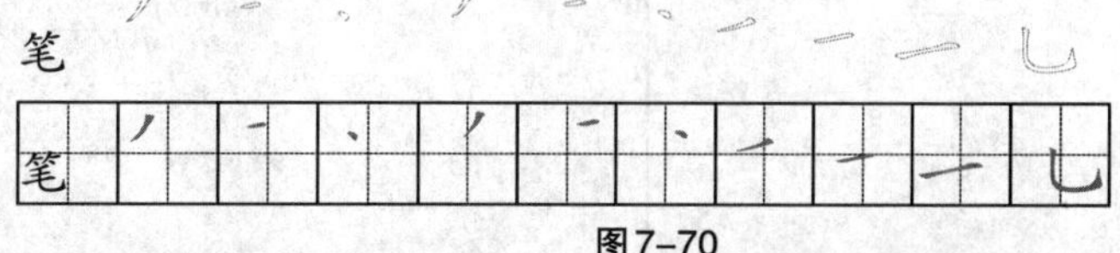

图7-70

三、描红式

在【汉字笔顺拆分设置】对话框中选中【描红】式，如图7-71所示。

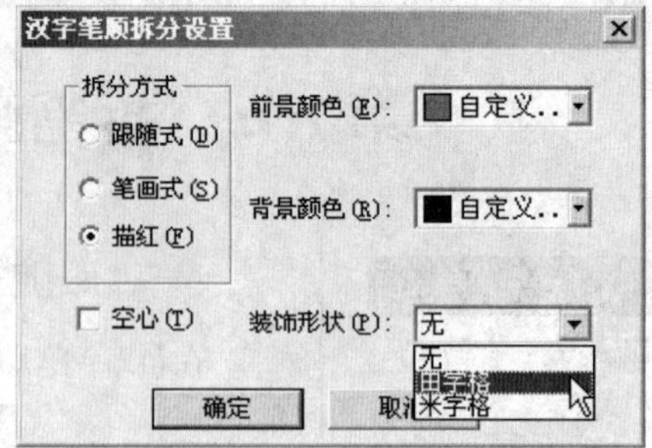

图7-71

【描红】的拆分效果如图7-72所示。

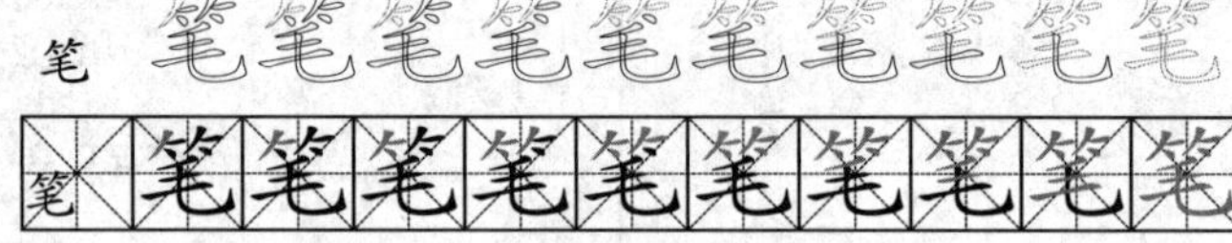
图7-72

第8节　方正日历插件

> **❖ 方正日历插件**
> - 方正画苑的老用户一定会知道有一个日历制作的功能，现在这个功能也作为方正飞翔的一个插件出现在方正飞翔中。
> - 日历插件在版面上生成的对象为方正飞翔对象，可以被方正飞翔所编辑调整。

方正飞翔的日历插件能够快速高效地制作精美的年历、月历和周历；还可以根据个性化的需要方便地制作不同的样式，存为模版重复使用。

1. 制作月历

在制作之前，先要对日历进行设置。选择主菜单【版面】→【日历插件】，弹出【方正日历插件】设置对话框，选择【日历设置】选项卡。

在【日历设置】中，【月】选择1，【每月日期数】选择全月，如图7-73所示。

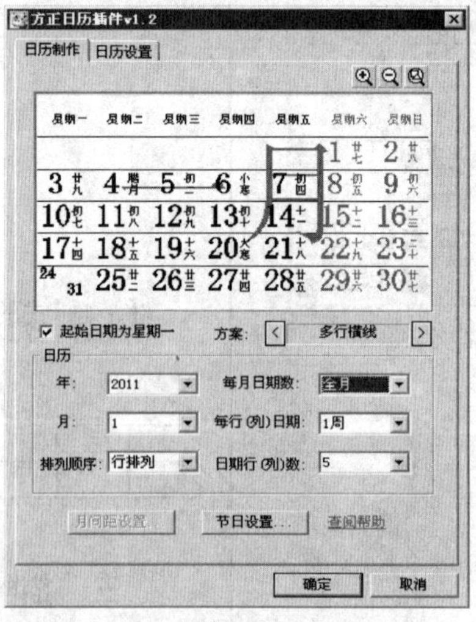

图7-73

效果如图7-74所示。

图7-74

2. 制作年历

在【日历设置】中，【月】选择全年，【每月日期数】选择【全月】，如图7-75所示。

图7-75

设置【月间距设置】为4行，如图7-76所示。

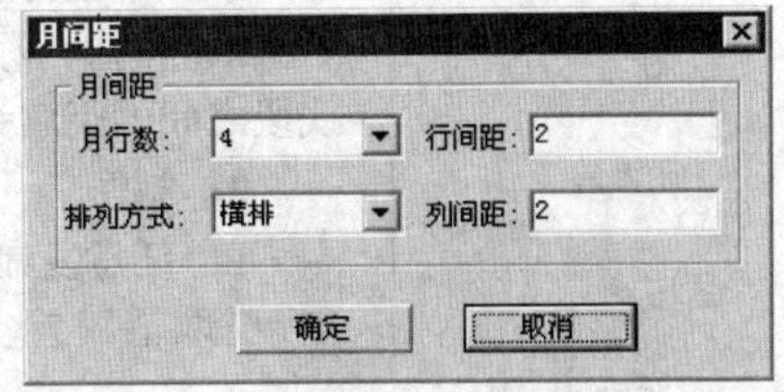

图7-76

效果如图7-77所示。

❖ 日期与农历

如果农历在日期下面排版，上下两行间距过小，可以改变日期的字号，改为合适的大小，可以让日期和下面的农历文字不重叠。如果不合适，可能需要多次调整。

❖ 阳历与阴历的位置

设置阳历和农历和位置。

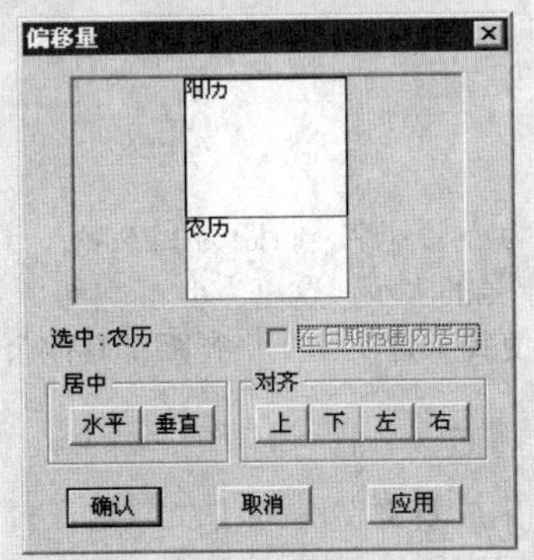

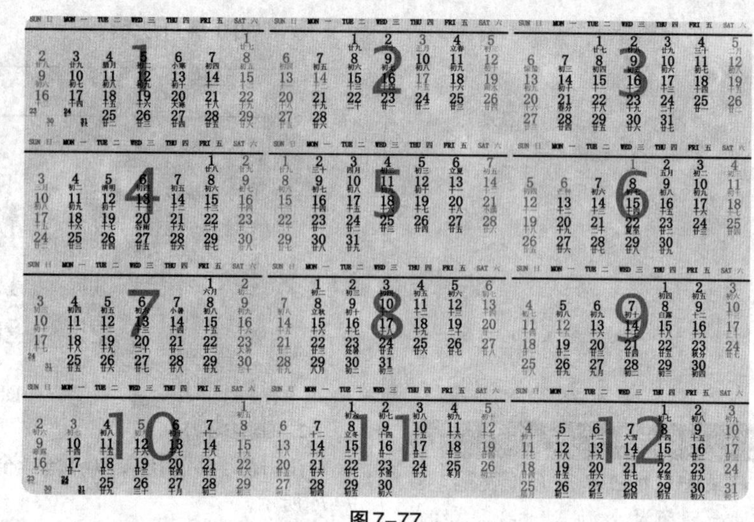

图7-77

第9节　文字版面制作练习

> ❖ 行距与线条排版说明
>
> - 根据字宽和行距计算线条的间距值。
> - 根据行距的一半计算出线条的起始位置。
> - 用多重复制功能一次性复制出多个指定间距的线条。

一、在每行的中间排列线条 ★★★

版式如图7-78所示。

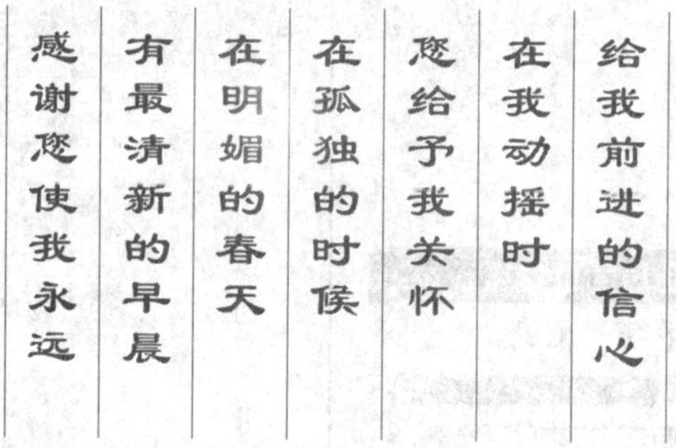

感谢您使我永远
有最清新的早晨
在明媚的春天
在孤独的时候
您给予我关怀
在我动摇时
给我前进的信心

图7-78

1. 分析

文字光标放在文字中，可知字号为小二号字，行距为1.75字，行距的默认单位为版心默认文字属性中字号的大小，这里为小五号字。

最左边的线条距离文字“感谢您使我永远”为半个行距，其他余线段之间的距离为字宽+行距。

2. 制作

(1)任意复制出一个文字如“感”，生成新文字块，如果文字有段首空，要取消段首空然后用选取工具双击文字块，这样文字为1字高宽如感。

❖ 标题装饰

- 本例也可以做为标题的装饰制作。

- 也可以用表格去掉上下边框线的方法制作这种版面，如上图是用表格制作的，表格位置和单元格的宽度的计算方法是一样的。

(2)复制这个1字高的文字块感，选中文字，用快捷键“Alt+Backspace”，恢复文字属性，这时这个文字块内的文字为版心默认的文字字号大小。然后再用选取工具选中文字块，双击文字块，这时文字块为1字高宽感，这个文字块的宽度用来计算行距，选中文字块，在文字控制窗口里的宽度编辑框里键入“1.75字”，回车，结果为感，这个文字块的宽度为行距的宽度。

(3)把一大一小两个文字块靠齐，成组，结果为感感，用选取工具选中这个文字块，记下控制条上显示的宽度值为“11.906mm”，做为以后复制的每个线条的间距值。

(4)再复制一个文字块感，在文字控制条里的宽度值除2，如图7-79所示。

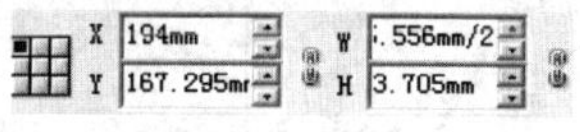

图7-79

使文字块的宽度缩小一半结果为：□，它和排版文字块左侧靠齐，如图7-80所示。

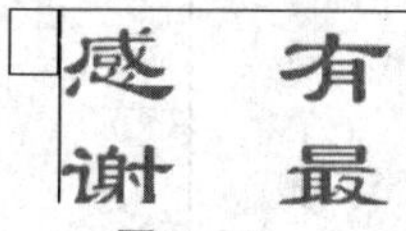

图7-80

(5)画垂直线条，与表示半个行距的文字块左齐，如图7-81所示。

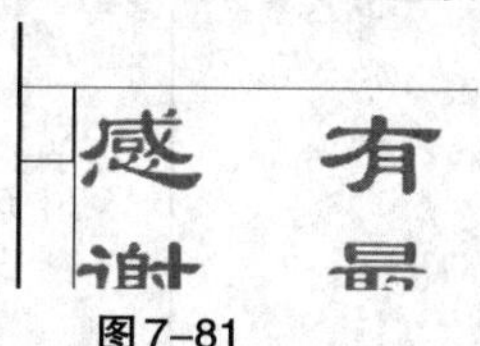

图7-81

选中这个线条，选择菜单【编辑】→【多重复制】，弹出【多重复制对话框】，如图7-82所示。

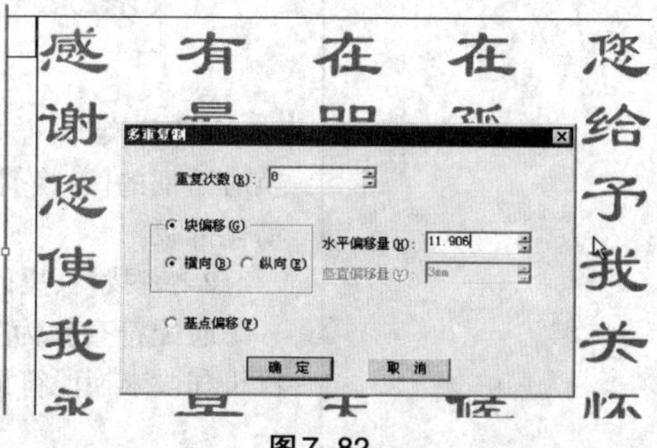

图7-82

水平偏移量里填入每个线距的间距值“11.906mm”。按【确定】按钮，完成排版。

❖ 通配符查找说明

通配符查找篇章节类型的标题文字。

二、通配符查找标题练习 ★★★

1. 查找替换章节标题

版面如图7-83所示，其中“**第一节 简介**”的文字样式名称为【样式-行楷】。“**1、桌面出版系统**”的文字样式名称为【样式-黑体】。

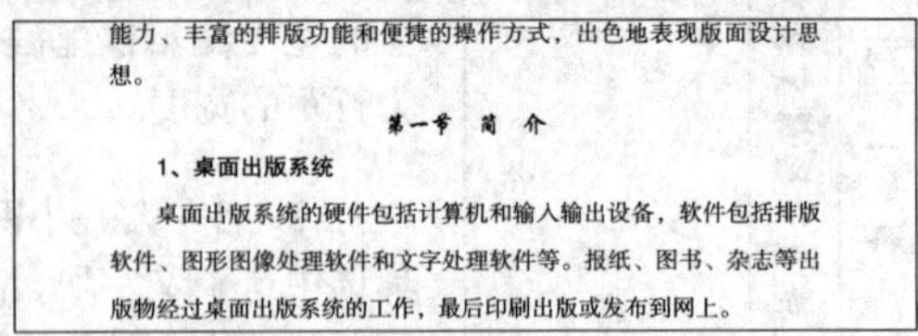

能力、丰富的排版功能和便捷的操作方式，出色地表现版面设计思想。

第一节 简 介

1、桌面出版系统

桌面出版系统的硬件包括计算机和输入输出设备，软件包括排版软件、图形图像处理软件和文字处理软件等。报纸、图书、杂志等出版物经过桌面出版系统的工作，最后印刷出版或发布到网上。

图7-83

通配符查找：第*节 *^p，如图7-84所示。

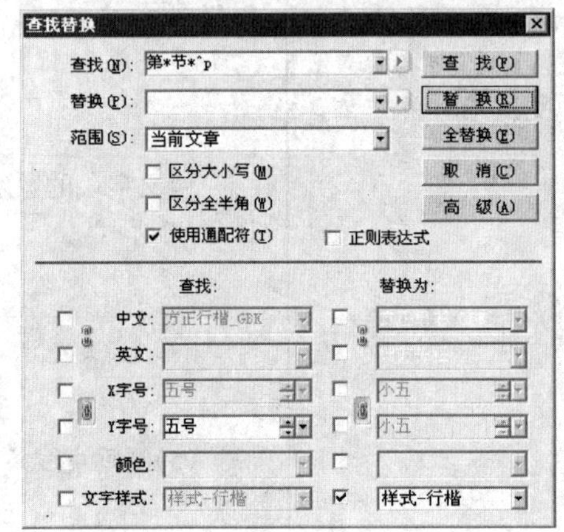

图7-84

这样可以选中节标题所在的段，效果如图7-85所示。

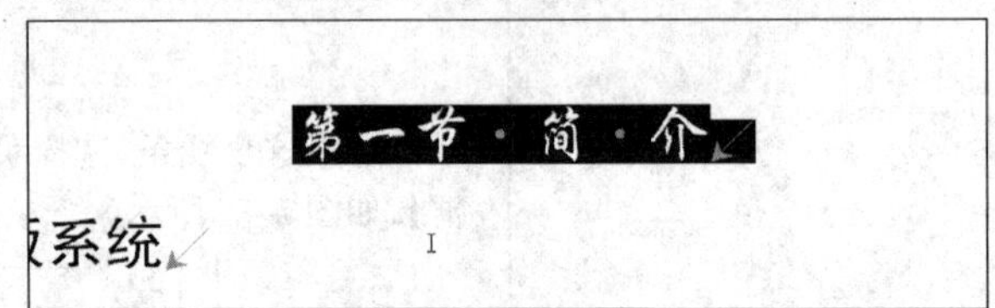

图7-85

在【替换为】样式文字里选择文字样式【样式-行楷】样式，按查找替换对话框的【替换】按钮，就可以对选中的节标题执行文字样式，实现自动化排版。

2. 查找【1、桌面出版系统】正文小题

通配符查找为“^p?、*^p”，可以查找正文小题所在段，包括段首前换段符和段末换段符都被选中。

❖ 查找替换字体

- 高级查找替换操作。
- 查找字体，替换字体。

三、查找替换字体练习 ★★

查找替换章节标题字体，把字体从方正行楷换为方正隶书体，如图7-86所示。

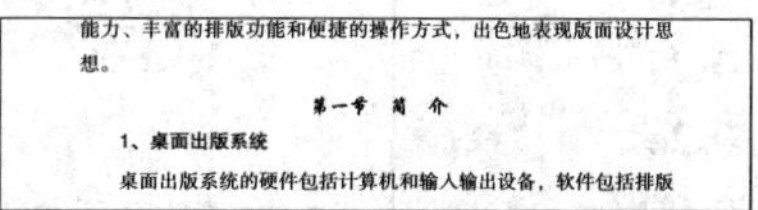

图7-86

使用高级查找替换对话框，如图7-87所示。

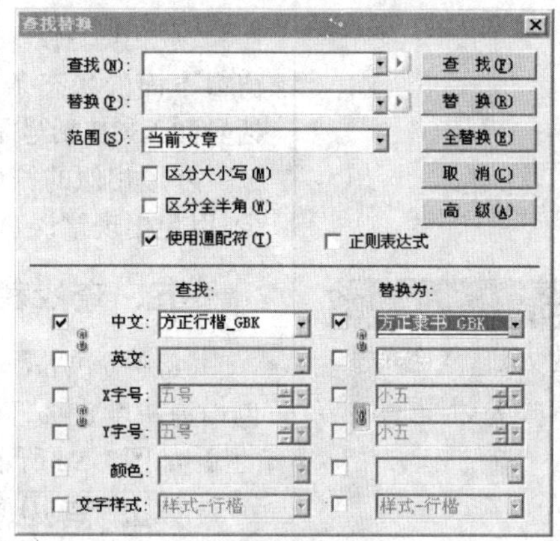

图7-87

在查找的字体下拉列表中，找到要查找的字体名【方正行楷】，在替换为的下拉列表中选中要替换为的字体【方正隶书】，如图7-88所示。

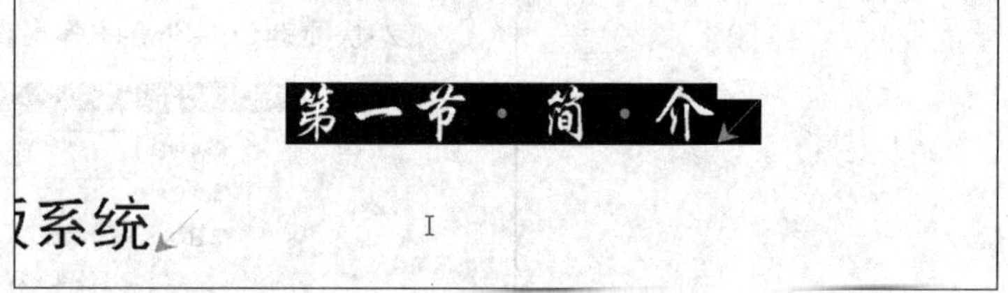

图7-88

执行【替换】按钮进行查找替换操作，如图7-89所示。

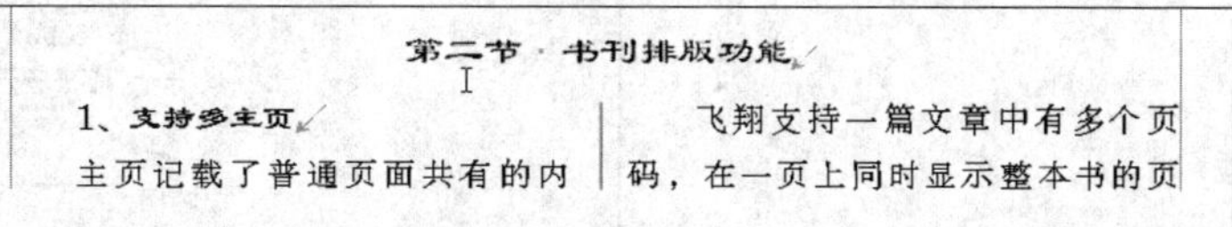

图7-89

同理，可以查找替换字号、颜色、文字样式等。

❖ 字心字身比设置

- 通配符查找。
- 看字符内码以避免查找错误。

四、查找替换成对符号内的文字

(1)查找成对括号内文字内容"(*.TXT)"、"(*.DOC和*.DOCX)"，通配符查找为(*)，查找结果如图7-90所示。

❖ 相似字符

中文括号:“(”　0xff08

“)”　0xff090

外文括号:“(”　x28

“)”　0x29

外文句点:“.”　0x2e

中文小数点:“.”　0xff0e

图7-90

(2)相似符号。有些符号外形相似,不易区分,可以把光标放字前,看窗口下面的状态条上的内码值,如图 行距:0.5字,字距:0字,内码:0xff08 。中文括号和ASCII 括号是不一样的。

外形相似的符号,一定要认真核对,如果判断不谁,就去看内码是多少,以免出现错误。

❖ 学习要点

掌握颜色替换的方法,颜色的查找替换可以查找色样、自定义颜色来查找替换。

五、查找替换字体颜色练习

(1)一个Word转过来的文字中,使用“楷体_GB2312”字体的文字,黑色均为灰度83%,而不是100%,需要使用查找替换功能将其改为100%的黑,如图7-91所示。

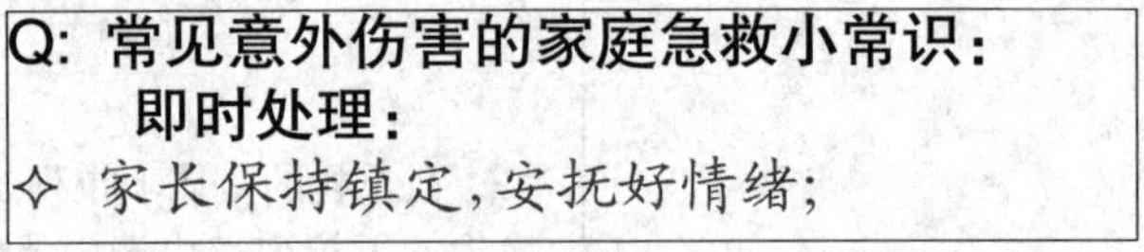

Q: 常见意外伤害的家庭急救小常识:

即时处理:

✧ 家长保持镇定,安抚好情绪;

图7-91

(2)快捷键Ctrl+Shift+F弹出查找替换对话框,如图7-92所示。

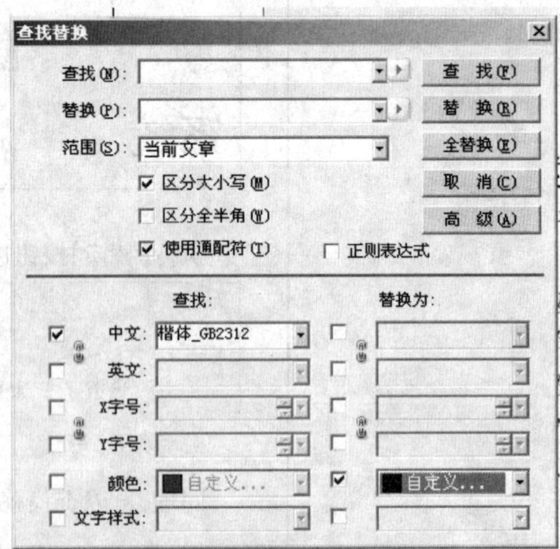

图7-92

(3)查找字体里填写【楷体_GB2312】,查找这个楷体字,在替换为的颜色里,选自定义颜色:弹出【自定义颜色】对话框,如图7-93所示。

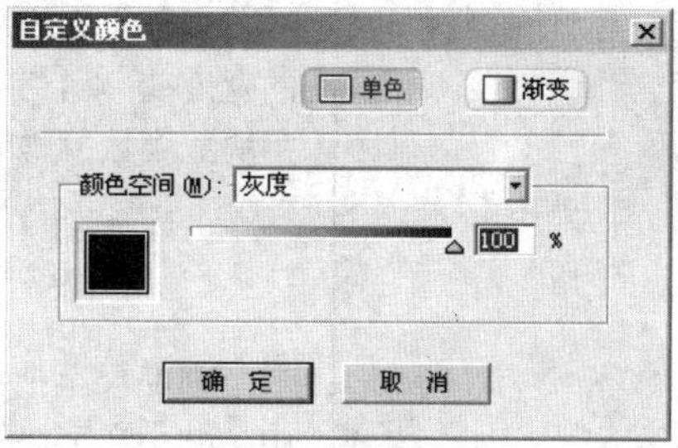

自定义颜色

单色 渐变

颜色空间(M): 灰度

100 %

确 定 取 消

图7–93

【颜色空间】选择为【灰度】,数值选100%。

(4)首先查找一下,看找到的文字是否正确,如果正确,执行替换。

六、拼音排版实例练习

> ❖ 学习要点
> - 插入Tab键符号。
> - 文字转表格。

(1)排拼音排版时,常常需要上下字对齐,如图7–94所示。

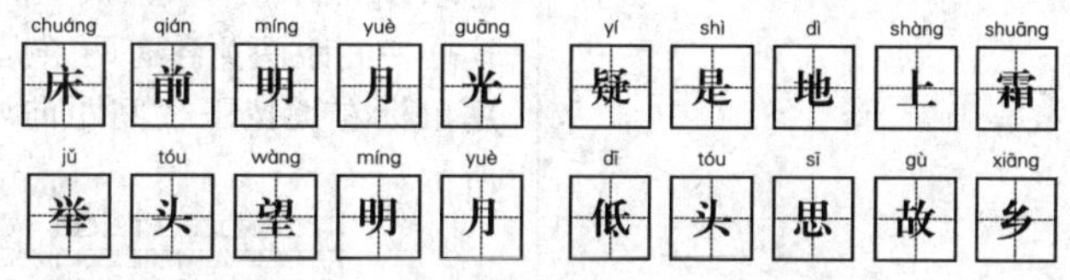

图7–94

通常情况下,是很难对齐的。

(2)在每个拼音字之间插入Tab键,如图7–95所示。

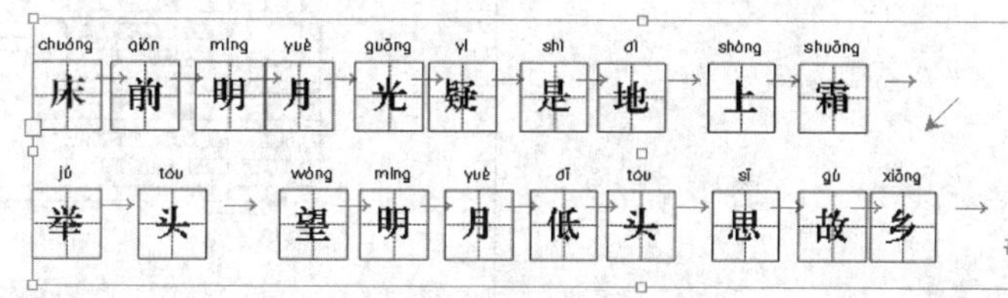

图7–95

选中这个文字块,选择菜单【表格】→【内容操作】→【文本转表格】:拼音字在单元格内居中就比较容易了,调整单元格的高宽,完成排版。

七、制作准确的不等宽分栏练习 ★★★

> ❖ 学习要点
> - 求出某一栏的宽度。
> - 根据栏宽和栏间距来画提示线。
> - 移动栏间时,通过提示线捕捉,实现不等宽精确分栏。

这里要制作的是不等宽分栏,左栏为14个字宽,栏间距为2字,首先,沿版心宽画一个文字块,如图7–96所示。

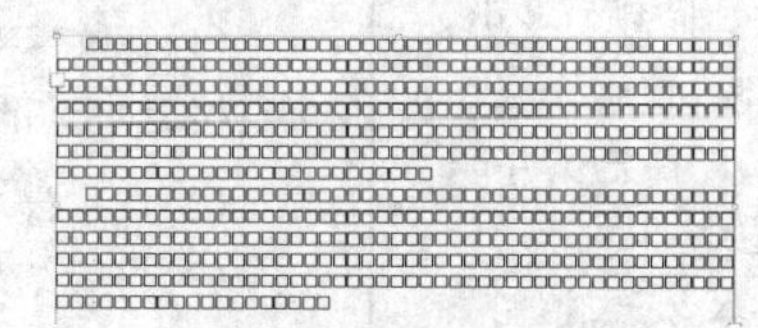

图7–96

在版心设置里设置缺省文字属性,字体字号要先设置好,同文字块保持一致,这样计算文字块大小时才准。

画个小文字块，在控制窗口的宽度编辑框中键入【14字】，小文字块的宽度变14个字宽，用选取工具选中这个小文字块，复制控制条上的文字块宽度数值，如图7–97所示。

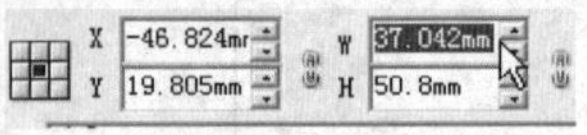

图7–97

刻度尺上拖出一个竖提示线，选中提示线，在提示线的坐标编辑框中粘贴小文字块的宽度数值，如图7–98所示。

图7–98

按"Enter"键后提示线移到分栏块的第一栏宽右侧，然后选中提示线，复制，原位粘贴，在原位置上再复制出一条提示线。选中提示线，在提示线的编辑框里键入栏间距的大小，提示线就会移到另一栏的左侧，这样栏间距两侧各有两条提示线，设置提示线捕捉，按下"Shift"键不放，用鼠标左键按下栏间距向两条提示线中间拖动，完成排版，如图7–99所示。

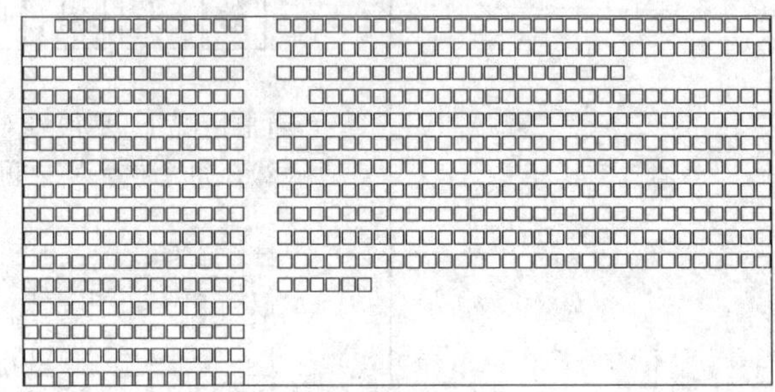

图7–99

八、纵向调整中的换行与换段

（1）标题里的文字纵向调整及换行处理（换段符和换行符的区别）

（2）用段落样式做纵向调整的标题文字换行处理（换段符和换行符的区别）

九、部分文字居右范例

下划线自动居右的方法如下。

（1）行文字最右边录入两个空格，两个空格加下划线，再选中最后那个空格，执行【部分文字居右】(CTRL+T)

（2）选中最右那个空格：□□□□□□□□□▌

（3）排版结果：□□□□□□□□□

十、文字内容的精确对齐 ★★

（1）把文字块左侧紧贴版心框左侧，这样文字块的左上角X坐标就

❖ 学习要点

- 文字排版时，由于有标点、外文等不等宽字符、多种空格、字距等导致某个字符的精确对齐变得非常困难。
- 可以把要对齐的那个位置的字符复制出来，生成文字块，鼠标双击文字块，使这个文字块框适应文本。再把文字块插入原来位置处。这时用选取工具选中文本盒子，控制条上会显示出盒子的精确坐标值。

为0,这样便于计算相应距离。

(2)复制一个字符,单独生成文字块,取消段头空,双击文字块,如图□,把这个文字块粘进文字中,如图7-100所示。

图7-100

(3)用选取工具选中这个文字盒子,在控制窗口上看它的X坐标值,如图7-101所示。

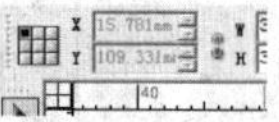

图7-101

(4)选中本段文字,在控制窗中录入段悬挂式对齐的数值,如图7-102所示。

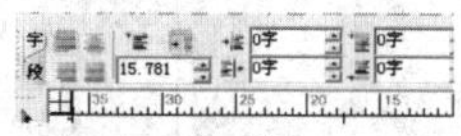

图7-102

排版结果如图7-103所示。

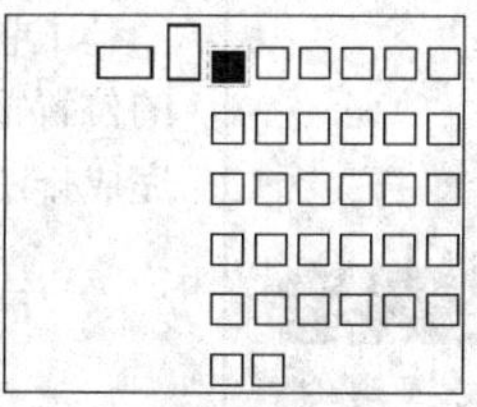

图7-103

十一、试卷类选择题对齐 

❖ 学习要点

- 计算文字块分栏宽度。
- 根据宽度定义每个Tab键的位置。
- 定义段落样式,自动设置Tab键。

选择题的排法,如图7-104所示。

8. 海南岛的地势特点是: （ ）
A. 中间高 B. 四周高 C. 北高 D. 西高

图7-104

1. 计算每列宽度

选中文字块,记下文字块的宽度值:文字块宽为70.565mm,则ABCD四项在一行的情况为分4栏,则一栏宽为“70.565mm/4”=17.641mm,同理,两栏的情况为“70.565mm/2”=35.282mm。

2. 定义每个Tab位置

对于ABCD都在一行上的情况,在BCD前面插入Tab键。

选中ABCD所在的行,用快捷键“Ctrl+Alt+I”弹出Tab窗口,如图7-105所示。

❖ 填空题制作

填空题“________”这样的版式制作，如果是手写填空部分，则填空部分所占的每个字大小，要比正文大，如正文5号字，这里填空的字号最好设为3号字大小，在要填空的地方设置3号字，录入几个全角空格后，加入下划线，如果下划线距离文字基线近或远，要调整好划线距离。

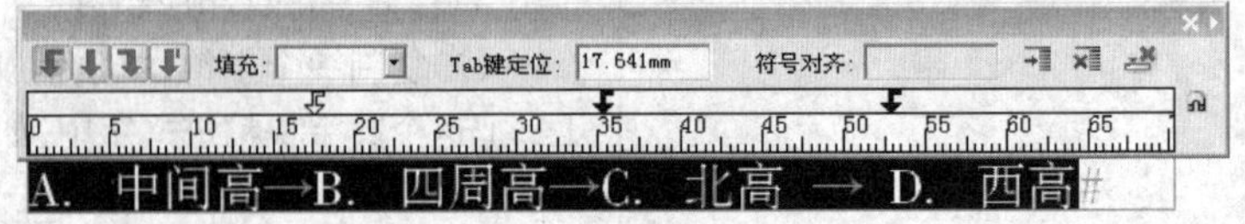

图7-105

Tab窗的标尺上面的第1个Tab标记选中，在【Tab键定位】编辑框里录入“17.641mm”，在第2个Tab标记的定位编辑框里录入“17.641*2”，同理，第3个Tab标记位置设置为“17.641*3”，完成Tab键的设置。

3. 创建段落样式

选中ABCD所在的段落，生成名称为“ABCD一行”的段落样式，这样ABCD在一行的情况下，插入Tab键，执行段落样式就可以自动实施上位排版了。依次类推，按上面的步骤，定义一个名称为“ABCD两行”的段落样式，排版结果如下图7-106所示。

9．海南岛的地势特点是: ( )
A．中间高，四周低 B．四周高中间低
C．北高南低 D．西高东低

图7-106

十二、试卷页码设置

试卷的页码通常为这样：“理科数学试卷 第2页 共8页”在“第×页”×的位置插入“当前页码”变量，在“共×页”×的位置插入“最后页码”变量，完成排版。

❖ 学习要点

英文单词在指定宽度内撑满的排版：一种方法是每个字母间插入细空格，然后执行撑满命令；另一种方法是先计算出字母撑满的间距，然后使用外文字母间距功能，此种方法比较准确，但也比较烦琐。

十三、英文单词撑满的方法

英文单词由于字母不等宽，所以撑满不是很容易，版面如图7-107所示。

图7-107

一个办法是，在每个字母间插入细空格，然后，用快捷键“Ctrl+Shift+Q”撑满。

另一个办法是用加字母间距的方法，操作如下。

(1)复制出一个文字块，复制“Health”最后的“h”，选中这个字母，用快捷键“Ctrl+T”使部分文字右齐，把字母居右。

(2)选中文字块，按快捷键“Ctrl+Alt+C”转成曲线，转后的块解组，如图7-108所示。

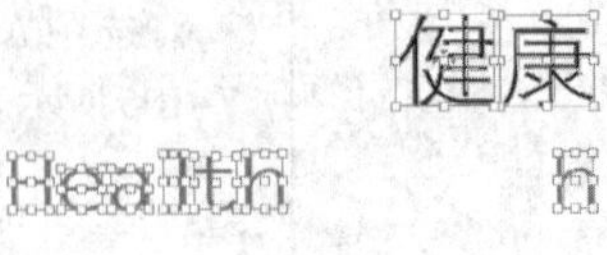

图7-108

❖ 学习要点

- 用计算字母间距的方法制作，用设置适当的字母间距的方法准确撑满。
- 用加字母间距的办法制作，但结果不是很准确。

(3)选中中间“H”曲线块，如图7–109所示。

图7–109

(4)九宫位在右上位置，复制这个块的X坐标值，拖出一条竖提示线，选中提示线，在提示线的坐标编辑框里粘贴，提示线移到块的右侧，如图7–110所示。

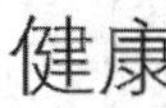

图7–110

(5)画一个文字块，选中文字块，文字块和最右侧“H”曲线块右对齐，如图7–111所示。

图7–111

(6)选中文字块，拖动文字块左侧把柄靠向提示线，如图7–112所示。

图7–112

(7)选中文字块后，看它在控制窗口上的宽度值，用以下公式计算：字母间距=文字块宽度/(字母个数–1)，这里是6个字母，就除以5，得出字母间距值，如图7–113所示。

图7–113

(8)在文字属性浮动面板的字母间距编辑框里录入字母间距值，效果如图7-114所示。完成字母撑满操作。

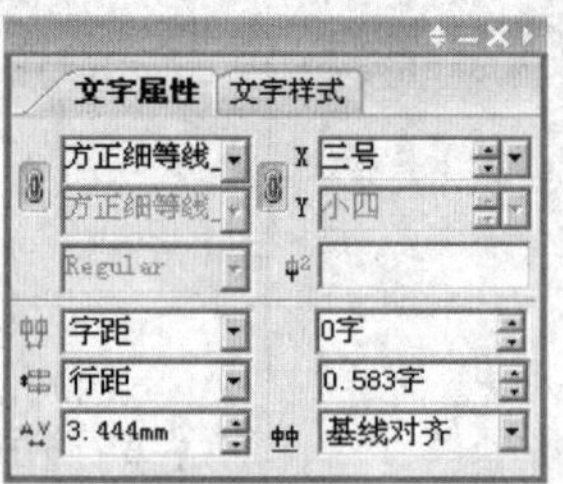

图7-114

十四、中文匀行处理导致段末对不齐的处理

因为文字匀行处理可能会在某种情况下造成文字对不齐，如图7-115所示。

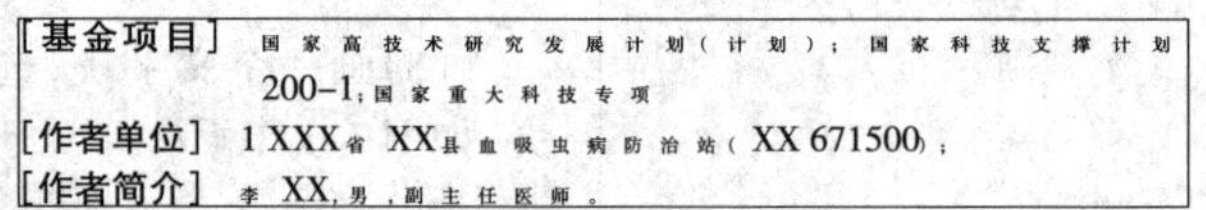

图7-115

解决办法是在换行处的合适位置，加入换行符，如图7-116所示。

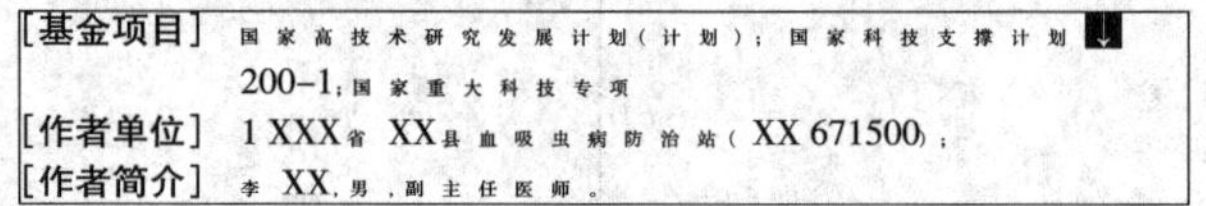

图7-116

十五、文字分栏与规整的图片大小 ★★★

> **❖ 提示线与盒子等栏宽**
>
> 用盒子等栏宽功能，得到栏的栏边位置，根据这个栏边位置，精确定位提示线，进而实现图片的规整大小与定位。

版面如图7-117所示。

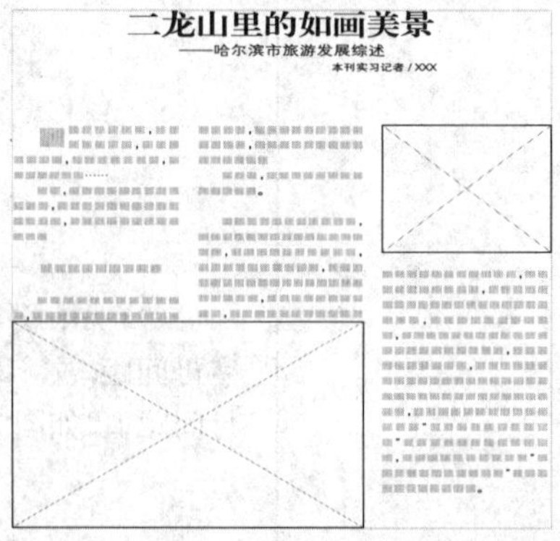

图7-117

1. 设置按边框捕捉

选择菜单【对象】→【对齐】→【按边框对齐】。

2. 用文字盒子求栏宽

然后画一个小的文字块，把文字块放入某一栏的文字中形成文字盒子，注意这个文字盒子是无段首空的。选中文字盒子，在弹出的右键菜单上选择【盒子】→【盒子等栏宽】，盒子的大小就会和所在栏等宽。

3. 定位提示线到栏边指定位置

选中这个等栏宽的文字盒，在控制窗的九宫位上选左上或右上位置，默认情况下，选中盒子时，控制窗的X、Y位置编辑框是置灰的，只能显示数值不能编辑。可以交换九宫位的位置选择，则编辑框可用，复制X位置值，画一个提示线，选中提示线，粘贴数值，则提示线移动到栏的边上。

同理，制作每个栏间距的提示线，如图7–118所示。

图7–118

设置提示线捕捉，然后把图片块等其他块，画到指定的位置，由于提示线都是在栏的某一边上，这样通过提示线捕捉所移到的位置，都是栏的某一边，可以很方便地制作出规整的版面布局。

十六、用数学公式排大括号类版面 ★★

> ❖ 用公式排大括号类版面
>
> 用间接的方法制作版面，甚至有时要用其他图形图像软件共同制作一个版面，可以解决软件自身功能的不足。

(1)大括号类版面用通用排版方法是做不到的，可以利用数学公式等间接方法制作，如图7–119所示。

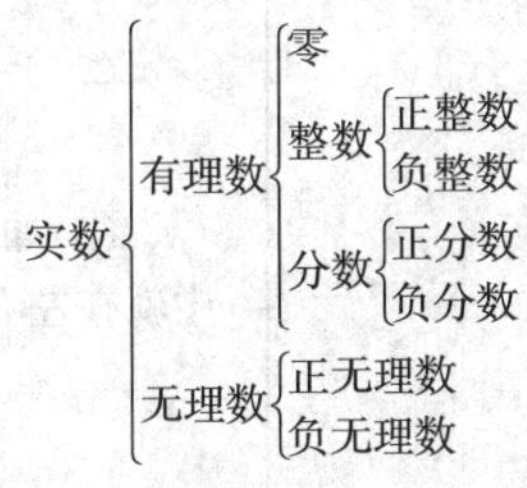

图7–119

(2)按下快捷键“Alt+=”生成数学公式块，按空格键，弹出公式输入条，输入“DKH”，dkh 得到界标符号“{ ”，以此为基础，逐级录入，即可形成以上版面。

❖ 保持标题高度

- 用字高和行距计算出标题的高度值，并生成一个和高度相同的空文字块。
- 把文字块粘贴在标题文字的左边或右边。
- 标题区文字基线设为中齐。

十七、用空文字块保持纵向调整的高度 ★★

由于版面调整等原因导致部分使用了纵向调整的标题高度被不正确地压缩了，如图7–120所示。

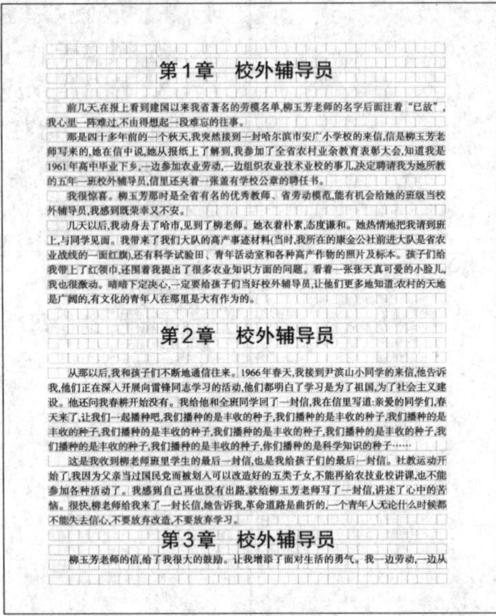

第1章　校外辅导员

前几天，在报上看到建国以来我省著名的劳模名单，柳玉芳老师的名字后面注着“已故”，我心里一阵难过，不由得想起一段难忘的往事。

那是四十多年前的一个秋天，我突然接到一封哈尔滨市安广小学校的来信，信是柳玉芳老师写来的，她在信中说，她从报纸上了解到，我参加了全省农村业余教育表彰大会，知道我是1961年高中毕业下乡，一边参加农业劳动，一边组织农业技术业校的事儿，决定聘请我为她所教的五年一班校外辅导员，信里还夹着一张盖有学校公章的聘任书。

我很惊喜。柳玉芳那时是全省有名的优秀教师、省劳动模范，能有机会给她的班级当校外辅导员，我感到既荣幸又不安。

几天以后，我动身去了哈市，见到了柳老师。她衣着朴素，态度谦和。她热情地把我请到班上，与同学见面。我带来了我们大队的高产事迹材料(当时，我所在的康金公社前进大队是省农业战线的一面红旗)，还有科学试验田、青年活动室和各种高产作物的照片及标本。孩子们给我带上了红领巾，还围着我提出了很多农业知识方面的问题。看着一张张天真可爱的小脸儿，我也很激动。暗暗下定决心，一定要给孩子们当好校外辅导员，让他们更多地知道：农村的天地是广阔的，有文化的青年人在那里是大有作为的。

第2章　校外辅导员

从那以后，我和孩子们不断地通信往来。1966年春天，我接到尹滨山小同学的来信，他告诉我，他们正在深入开展向雷锋同志学习的活动，他们都明白了学习是为了祖国，为了社会主义建设。他还问我春耕开始没有。我给他和全班同学回了一封信，我在信里写道：亲爱的同学们，春天来了，让我们一起播种吧，我们播种的是丰收的种子，我们播种的是丰收的种子，我们播种的是丰收的种子，我们播种的是丰收的种子，我们播种的是丰收的种子，我们播种的是丰收的种子，我们播种的是丰收的种子，我们播种的是丰收的种子，你们播种的是科学知识的种子……

这是我收到柳老师班里学生的最后一封信，也是我给孩子们的最后一封信。社教运动开始了，我因为父亲当过国民党而被划入可以改造好的五类子女，不能再给农技业校讲课，也不能参加各种活动了。我感到自己再也没有出路，就给柳玉芳老师写了一封信，讲述了心中的苦恼。很快，柳老师给我来了一封长信，她告诉我，革命道路是曲折的，一个青年人无论什么时候都不能失去信心，不要放弃改造，不要放弃学习。

第3章　校外辅导员

柳玉芳老师的信，给了我很大的鼓励。让我增添了面对生活的勇气。我一边劳动，一边从

图7–120

(1)从正文中复制出一个文字，粘到版面上形成一个新文字块，选取工具双击文字块，文字自动收齐为一个文字的大小，取消这个文字的段首空格，如□，再复制出第2个文字块，让第2个块的高度=行距，如▭。

(2)标题中高度是用纵向调整制作，纵向调整的高度为4行，上下居中，4行含义为4个字高+3个行距，几个小文字排列好后成组如图7–121所示。

图7–121

(3)如果标题是左齐，就在标题文字右边加上这个成组块，如果是居中就在左右位置都加，如图7–122所示。

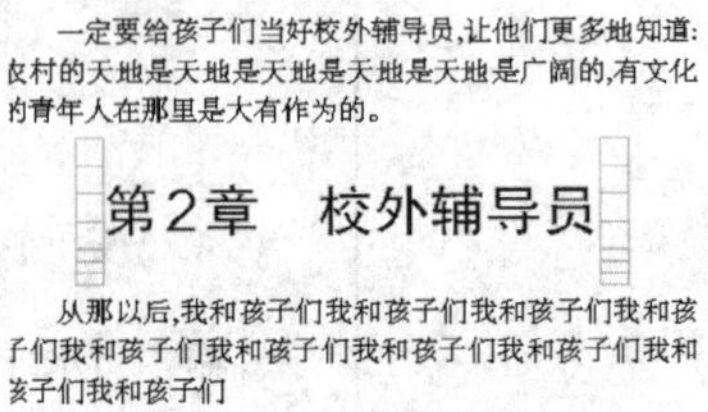

一定要给孩子们当好校外辅导员，让他们更多地知道：农村的天地是天地是天地是天地是天地是广阔的，有文化的青年人在那里是大有作为的。

第2章　校外辅导员

从那以后，我和孩子们我和孩子们我和孩子们我和孩子们我和孩子们我和孩子们我和孩子们我和孩子们我和孩子们

图7–122

第8章　图像版面处理

本章重点讲述方正飞翔为用户提供的图像排版功能与实用技巧，具有易用性、实用性的特点，使排版员可以在图像版面的设计与制作上，获得很大自由，极大地提高工作效率。

第1节　图片处理基本操作

❖ 图片处理要点

- 图片种类可以分为几大类，一大类是图像文件，一类为PDF和EPS类型文件，一类OLE块、BD块等。
- 二值图像显示速度慢，可以把二值图转成灰度图。
- PDF和EPS显示速度慢，可以单独设置PDF或EPS的显示精度。
- OLE块生成PDF后，要仔细检查。

❖ 调整图像大小

- 拖动图像块四边的控制点，可以进行不等比例调整，按住“Shift”键，为等比例调整。
- 用选取工具直接拉动图像块四角的控制点，为等比例缩放或把不等比例的图像恢复为等比例，再进行等比缩放。

一、图像编辑操作 ★★

1. 用选取工具 裁剪图像

按住“Ctrl”键不放，使用选取工具 拖动图像控制点。

2. 用图像裁剪工具 裁减图像

图像裁剪工具 选中图像，图像裁剪工具 放在图像的把柄上后，拖动出现双箭头光标，拖动图像边框控制点即可裁剪图像，如图8–1所示。

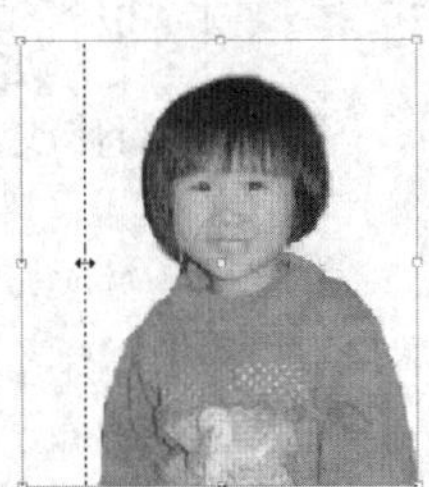

图8–1

3. 使用穿透工具 裁剪图像

选取穿透工具，点击图像，即可单独选中图像。拖动图像即可调整图像在框内的位置，超出图框的被裁掉，穿透工具还可以编辑图像边框，如移动边框、进行各种曲线调整操作等。

4. 使用选取工具 调整图像大小

选中图像，将光标置于控制点拖动即可调整图像大小，按住“Shift”键与不按“Shift”键效果不同。

❖ RIP预显

- 方正飞翔使用方正RIP对EPS、PDF等格式文件解释为图像后进行显示。
- RIP显示方式不能设置为缺省显示精度。
- RIP显示方式仅对PDF、PS及EPS格式的图像起作用。

❖ 图像预飞精度

选择菜单【文件】→【工作环境设置】→【文件设置】的【常规】选项卡中，可以定义预飞图像精度。预飞时，当图像精度低于设置的值，则在预飞对话框显示出来，提示用户。

5. 使用穿透工具 调整图像边框大小

使用穿透工具选中图像，将穿透工具置于节点上，按下鼠标左键拖动，即可调整图像边框大小。切换到选取工具后，将选取工具置于图像控制点，拖动可以调整图像大小。

6. 图框适应

用菜单命令进行图框适应操作：使用选取工具选中图像，选中菜单【对象】→【图框适应】，在二级菜单中选择【图居中】、【框适应图】、【图适应框】或【图按最小边适应】，右键菜单也可以设置。

使用控制条工具进行图框适应操作：选中图像后，在控制窗口中点击相应的按钮，如图8-2所示。

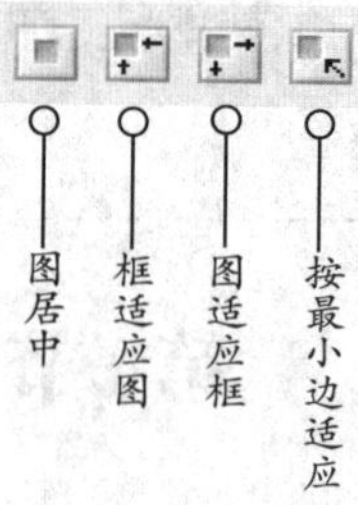

图8-2

二、图像显示操作

方正飞翔提供选择图像显示精度分级的功能，以便在图像的显示效果和显示速度之间取舍。精度越高，显示越清晰，但显示速度较慢。

1. 显示精度

选中一幅或多幅图像后，选择菜单【显示】→【图像显示精度】或者在右键菜单中选择【图像显示精度】，在二级菜单中可以选择粗略、一般、精细或取缺省精度。排入图像时默认按缺省精度品质显示。

缺省精度参数可以通过【工作环境设置】→【偏好设置】→【图像】进行修改，如图8-3所示。详细说明参见偏好设置。

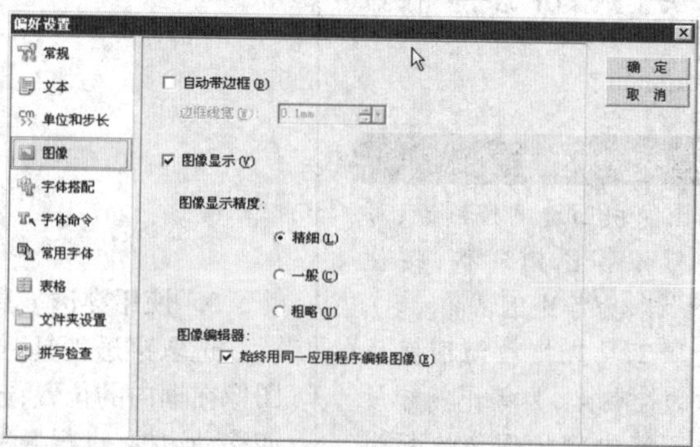

图8-3

2. 不显示图像

选择【显示】→【不显示图像】，或在右键菜单里选择【不显示图像】，则版面上只显示图像的轮廓和对应的文件名，如图8-4所示。

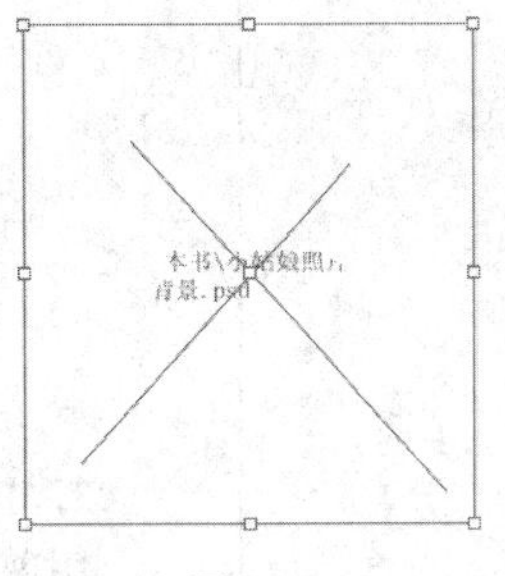

图8-4

❖ 规则图形的切割

- 一个圆,宽高都是20mm,控制条上选中九宫位中心点,再选中圆,看圆中心的Y坐标,复制数值备用,创建提示线后选中提示线,在控制窗口里的提示线坐标编辑框里粘贴圆中心坐标值。
- 提示线就会移到圆的中心。

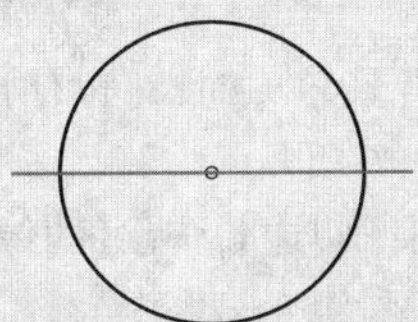

- 选中圆后,按住“Ctrl”键的同时,用剪刀工具✂沿提示线水平画线,即可切开为半圆。

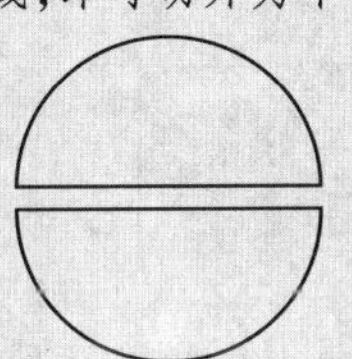

三、用剪刀工具切分图像 

使用剪刀工具✂,可以沿工具划出的曲线分割图元或图像。双击剪刀工具,弹出【剪刀工具】对话框,如图8-5所示,可以设置剪刀工具的精度,分为高,中,低三档。精度越高,剪刀轨迹越光滑,节点越多。

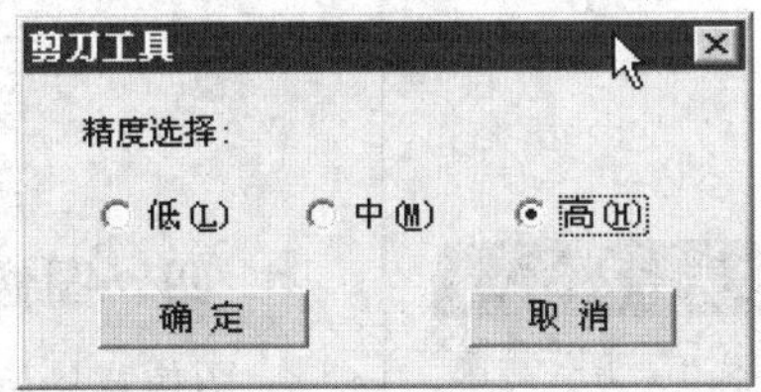

图8-5

1. 划线方式切开图像

选取工具箱里的剪刀工具,点击一次图像,选中该图像,然后在图像上划出分割线,即可裁剪图像。

划线时按住“Shift”键即可沿直线裁剪,如图8-6所示。按住“Ctrl”键可以沿垂直方向裁剪或者水平方向裁剪。

图8-6

2. 点剪方式切开图像方法

使用剪刀工具点击一次图像,选中该图像,然后将剪刀工具置于图像边框上,当光标变为✂时,单击边框,设置第一个断点,然后点击第二条边框,设置第二个断点,则以两点之间的直线为分割线裁剪图像,如图8-7所示。

图 8–7

3. 抠洞取图方式

用剪刀工具，点击一次图像，选中该图像，然后在图像内划出封闭区域时，即可提取图像中部区域，如图 8–8 所示。

图 8–8

> ❖ 图像的勾边和去背
>
> - 图像的勾边和去背，可以方便地在方正飞翔中去除图像背景，实现抠图效果，但要根据具体的图片类型来使用这些功能，才可以达到较高效率，有些图片类型是不适合在方正飞翔直接处理的。
> - 一些复杂、色差不明显或要求精细裁剪的图像，建议在 Photoshop 中或一些专业抠图插件或软件中做此类操作，可以使用透明图层功能或存储为裁剪路径的方法排入方正飞翔，方正飞翔在这个基础上再去进行下一步操作，就更精确也更有效率。

四、图像勾边操作 

图像背景与主体物对比度相差较大，或背景单一时，可以使用图像勾边直接清除背景图。

（1）选中带背景的图像，选择【美工】→【图像勾边】，弹出【图像勾边】对话框，如图 8–9 所示。

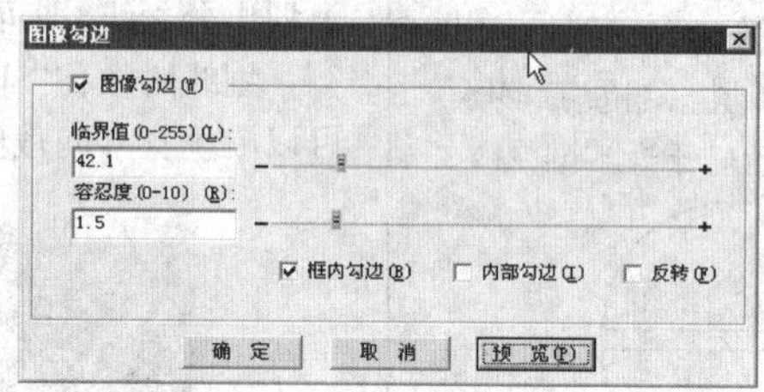

图 8–9

（2）选中【图像勾边】选项，激活设置，使用默认设置，点击【预览】，查看勾边效果。通常情况下，系统根据选中的图像，自动设置最佳临界值，如图 8–10 所示。

（a）勾边前　　（b）勾边后

图 8–10

如果效果不理想可调整【临界值】和【容忍度】。【内部勾边】和【反转】

❖ 将裁剪路径转为边框

• 选取工具 选中带裁剪路径的图片，右键菜单：

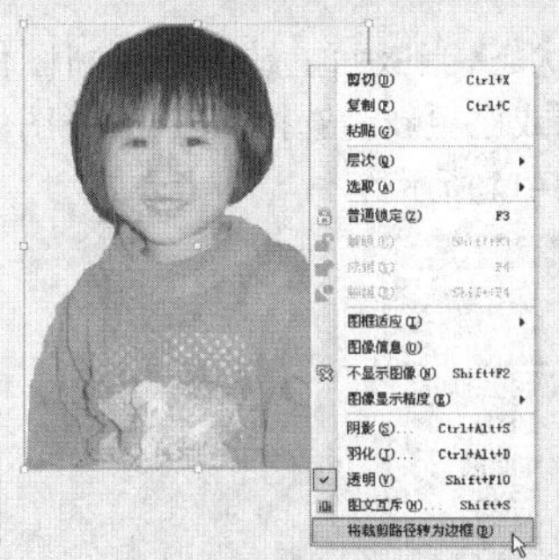

• 裁剪路径转成边框后：

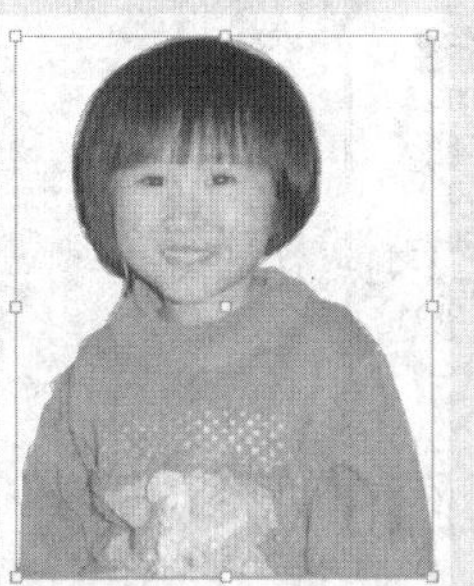

• 转后的图框默认线型为空线，可以设置线型和线型颜色，也可以用穿透工具编辑路径或单独选中图像。

参见后述介绍。

(3)操作过程中单击【预览】按钮，可以查看设置效果，点击【确定】按钮即可完成操作。

(4)清除图像勾边效果，恢复原图，可以选中图像，在【图像勾边】对话框取消【图像勾边】选项即可。

【图像勾边】对话框其他选项：选中【内部勾边】，则清除主体物内部与背景相似的颜色。

【反转】可实现勾边时清除主体物，保留背景。

五、图像框选去背操作 

当图像背景比较复杂，或者需要截取图像某一部分时，可以使用图像去背，去除图像背景。

使用选取工具选中图像，选择菜单【美工】→【图像去背】→【框选区域】，将光标置于图像上，绘制去背区域，可以松开鼠标后，重新绘制。

选中图像后，也可以执行下一步【自动去背】的操作，系统默认以整张图像外框为背景，执行去背。

去背后，如果图像周围有多余的部分，可以选中穿透工具，点击图像，可以看到图像的裁剪路径。使用穿透工具拖动节点裁剪掉多余的部分。可以双击节点删除节点，也可以双击曲线增加节点。

恢复去背的方法：

重新选择【美工】→【图像去背】→【框选区域】，则图像恢复原貌，可重新操作。

六、图像裁剪操作 ★★★★

方正飞翔提供裁剪图像功能，可以按图形外框形状裁剪图像。

1. 裁剪图像

在图像上绘制图形，使用选取工具，同时选中图像和路径，选中菜单【美工】→【裁剪图像】，即可自动用图形裁剪图像。

2. 裁剪路径

将图元或文字块设置为裁剪路径，与图像一起执行成组命令，即可用图元裁剪图像。

用选取工具选中图元或文字块，选中菜单【美工】→【裁剪路径】，把图元或文字块设置为裁剪路径，将需要被裁剪图像与图元重叠放置，在右键菜单里选择【成组(F4)】。

使用穿透工具选中图像，即可移动图像，调整图像在边框内的显示区域。

3. 将裁剪路径转为边框

使用选取工具选中带裁剪路径的图像，在右键菜单里选中菜单【将裁剪路径转为边框】，即可将图像裁剪路径转为边框。

图像的裁剪路径可以是排入方正飞翔的图像自带的路径，也可以是在方正飞翔里对图像执行【图像勾边】和【图像去背】后形成的图像裁剪路径。

使用选取工具选中执行了【图像去背】操作的图像，在右键菜单里选择【将裁剪路径转为边框】，使用穿透工具可以单独选中图像。

七、图像管理

通过图像管理窗口可以查看图像状态，当版面上缺图或更新图像时，将自动弹出图像管理窗口，显示缺图或已更新。选择【窗口】→【图像管理】，弹出【图像管理】浮动窗口，如图8-11所示。

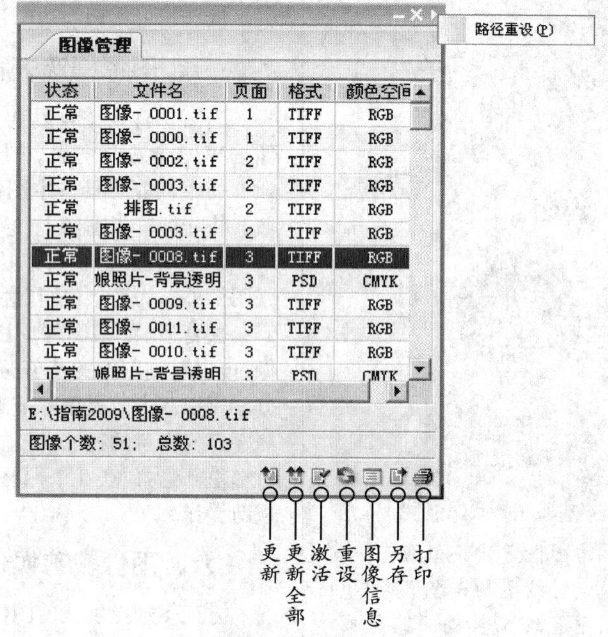

图8-11

(1)在【图像管理】浮动窗口里显示图像的状态、文件名、页面、格式和颜色空间。单击各个标签可以按点击标签顺序将图像重新排列。

(2)在打开文件时或编辑文件过程中，图像做过更新或版面上缺图时，系统将弹出【图像管理】窗口，提示用户图像文件修改过。

(3)图像个数：表示版面上排版并且不重复的图像个数。

(4)总数：表示版面上排版的图像总数，含重复排版的图像。

(5)当图像保存路径做过更改，或图像文档文件夹更名后需要重新建立图像路径，否则将报缺图。

在图像管理窗口内选中一个图像，在窗口的扩展菜单里选择【路径重设】，弹出【路径重设】对话框，如图8-12所示。

图8-12

❖ 图像管理

- 更新 和全部更新 ：做过修改的图像部分或全部更新到版面上。
- 激活 ：列表中选中一张图像，按“激活”按钮，跳转到该图像所在页面。
- 重设 ：在图像管理窗口内选中图像，单击窗口底部的重设按钮，弹出【排入图像】对话框。选择重设的图像，点击【打开】，弹出【重设图像】对话框：

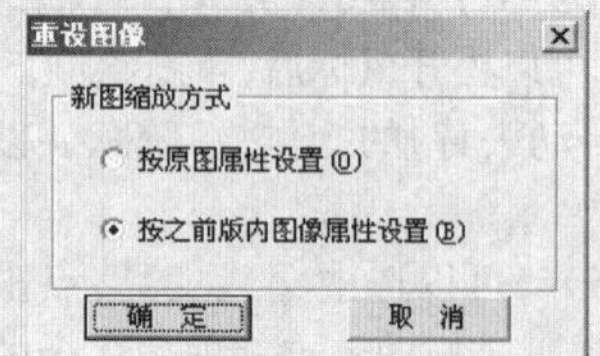

【按原图属性设定】表示按即将导入的图像原始大小导入版面。

【按之前版内图像属性设定】表示图像按照版面内图像的大小、缩放、旋转等属性导入。

- 图像信息 ：在列表中选中图像文件，单击【图像信息】按钮，弹出【图像信息显示】对话框。
- 另存 ：单击【另存】按钮，可以将【图像管理】窗口显示的图像信息输出为文本文件。
- 打印 ：单击【打印】，可以将【图像管理】窗口显示的图像信息打印到纸上。

❖ 缺图状态

缺图可能有以下几个原因：

- 图像改名；
- 图像被移动到另一个文件夹；
- 删除。

在【路径重设】对话框内选择图像新路径，选中【更新此路径下所有图片】，点击【确定】按钮即可更新所有图像链接路径。如果不选中此项，则仅更新选中图像的路径。

不选中图像，也可执行【路径重设】操作，此时重设全部图像路径。

八、图像信息

选中图像，在右键菜单中选择【图像信息】，弹出【图像信息显示】对话框，如图8-13所示。在该对话框中可以了解到选中图像的保存路径、更新时间、Profile文件、格式、颜色、大小和分辨率等信息。

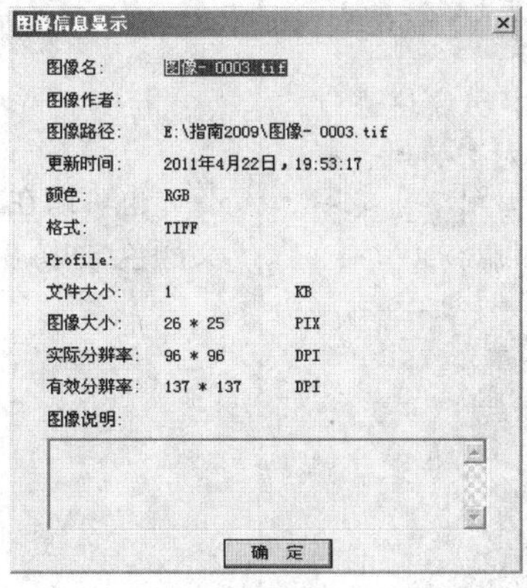

图8-13

实际分辨率是指图像未缩放时自身的分辨率；有效分辨率是指版面上图像块大小范围内每英寸像素个数。

商业印刷一般要求彩色图片分辨率在300~350dpi，黑白图像600~1200dpi，才可以比较好地保证输出质量。

九、转为阴图

使用选取工具 选中图像，选中菜单【美工】→【转为阴图】，将图片转为阴图，如图8-14所示。

(a)原图

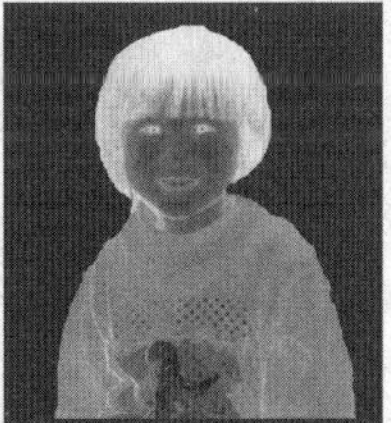

(b)阴图

图8-14

选中菜单【美工】→【转为阳图】，将阴图恢复到原始状态。

PDF、PS和EPS格式的图像不能转阴图。

十、灰度图着色 ★★

飞翔可以对灰度图、二值图着色，制作特殊的图像效果。

❖ 观察分辨率信息

● 例图1

图像信息对话框如下：

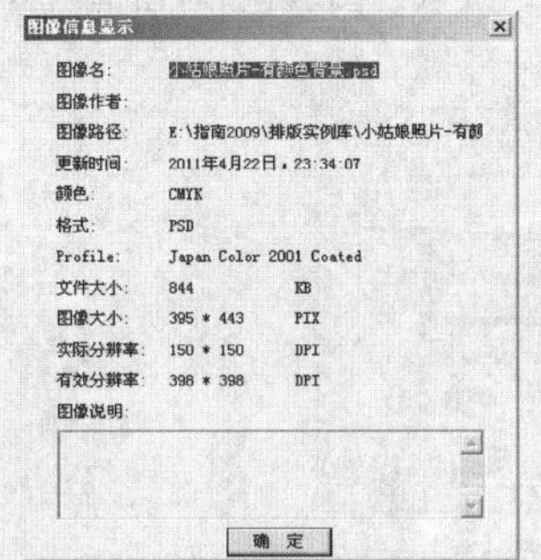

实际分辨率为150dpi，
有效分辨率变为398dpi。

● 例图2

图像缩小后如下图：

图像信息对话框如下：

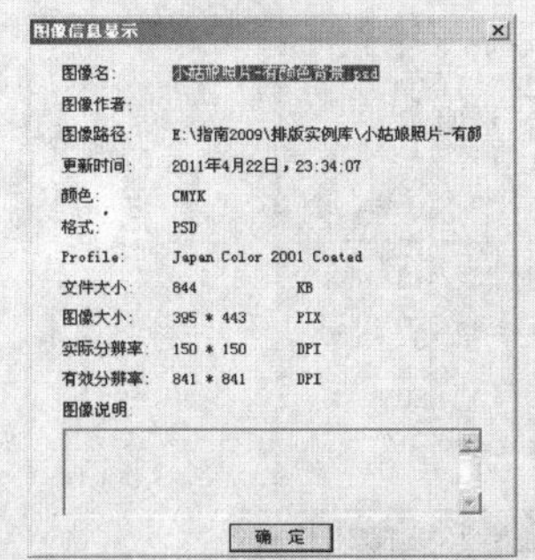

实际分辨率仍为150dpi，
但有效分辨率变为841dpi。

❖ 灰度图着色

• 原始图像

• 选择工具选中图像块进行灰度图着色，是对图像块边框填充颜色，图像与图像边框内的填充颜色是叠加关系。

• 穿透工具选中图像块进行灰度图着色，是对图像自身上颜色。

1. 使用菜单为灰度图着色

选中菜单【美工】→【灰度图着色】，在二级菜单里选择着色模式，如图8-15所示，方正飞翔在二级菜单中提供了多种颜色，包括：逆灰度、红色、绿色、蓝色、黄色、青色、品色。

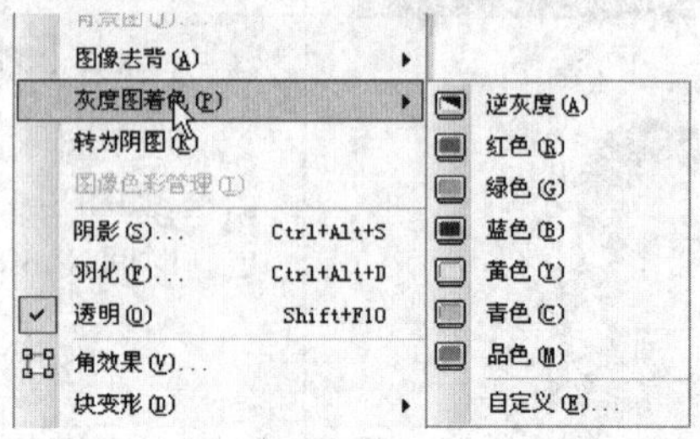

图8-15

也可以在二级菜单里选择【自定义】，在【灰度图着色】对话框内自定义颜色，如图8-16所示。

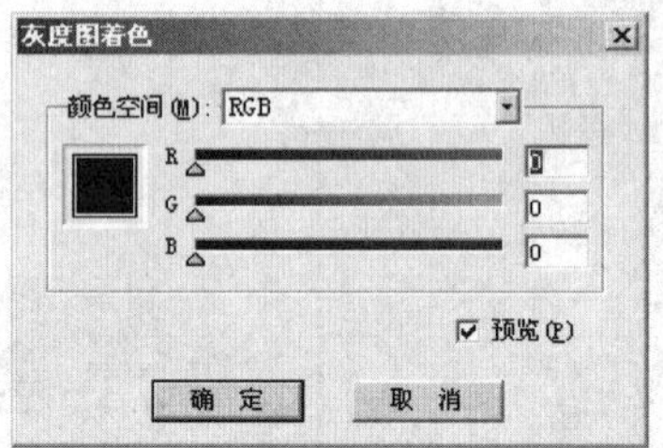

图8-16

2. 美工工具条着色(图8-17)

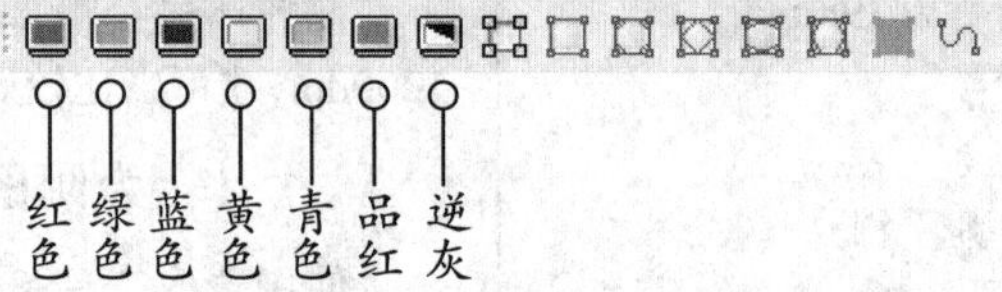

图8-17

3. 在【颜色】或【色样】浮动窗口里为灰度图着色

选中图像后，可以在【颜色】或【色样】浮动窗口里为灰度图着色，如图8-18所示。

图8-18

❖ 背景图

• 居中

• 平铺

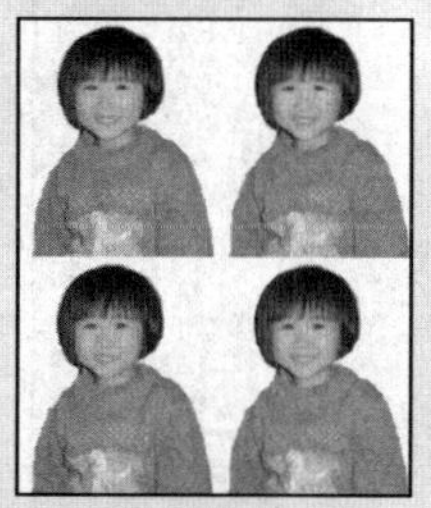

• 拉伸

• 等比缩放

十一、背景图 ★★

选中文字块或图元块，选中菜单【美工】→【背景图】，弹出【背景图】对话框，如图8-19所示。选中【背景图】，则激活对话框选项。

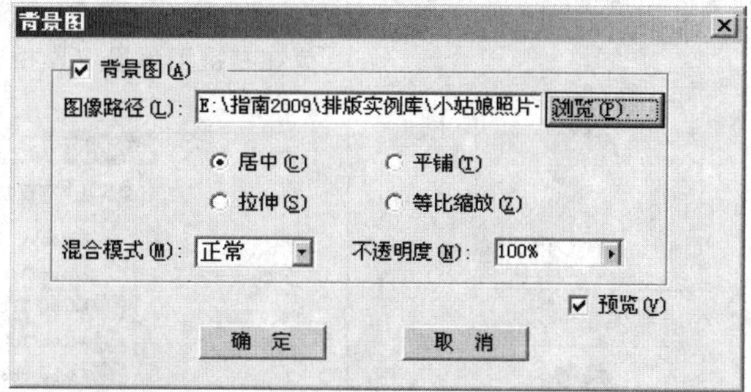

图8-19

不选中【背景图】，则可以清除已经设置的背景图。

在【图像路径】的编辑框里输入背景图的绝对路径以及文件名。也可以点击【浏览】按钮，在【排入图像】对话框选择背景图。

单击【确定】按钮即可完成铺底效果。

【背景图】对话框选项介绍如下。

(1)选择背景图排入后的效果：【居中】即背景图排入后居中放置；【平铺】即不改变图像大小，背景图排入后平铺；【拉伸】即背景图排入后，不等比例缩放，撑满整个区域；【等比缩放】即背景图排入后，以最短的一个边等比例缩放，适应排入区域。

(2)【混合模式】：可以选择【正常】或【叠底】效果，如图8-20所示。

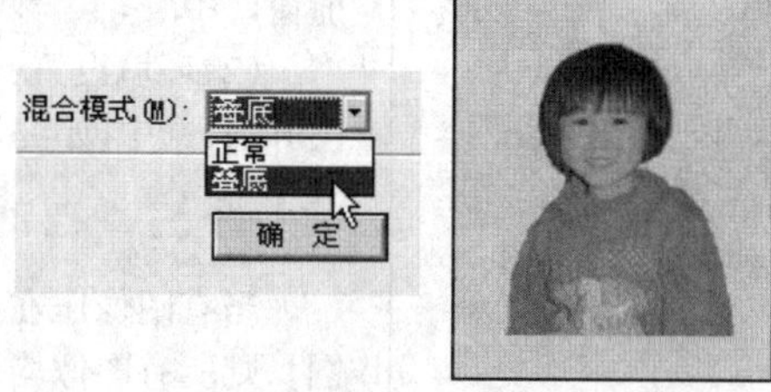

图8-20

(3)不透明度：在【不透明度】编辑框内设置铺底图像的不透明度，也可以单击编辑框右边的三角按钮，拖动滑块选择不透明度，如图8-21所示。

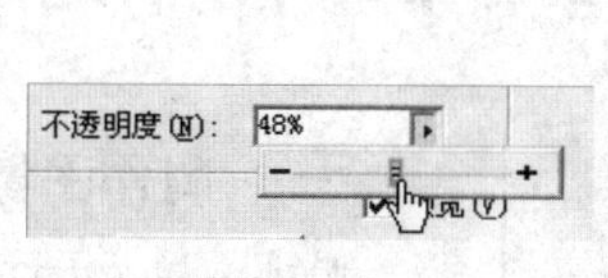

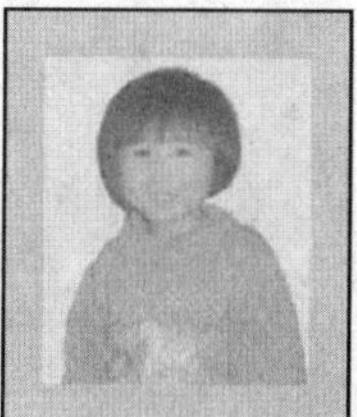

图8-21

❖ 图像边框与图像

- 图像带有边框，可以将图像和边框作为一个整体调整大小，也可以单独调整边框内图像的大小。
- 居中

- 框适应图

- 图适应框

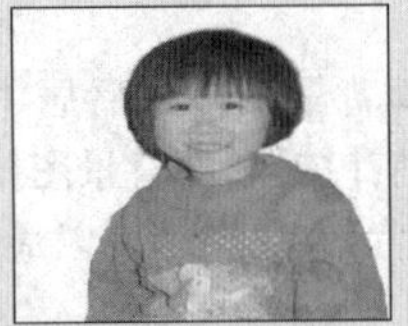

- 按最小边适应

十二、启动图像编辑器

启动图像编辑器方便用户直接从方正飞翔激活第三方图像处理软件，修改版面上的图像，修改结果将自动更新到版面上。

(1)选中一幅图像，选中菜单【编辑】→【启动图像编辑器(Shift+E)】或在右键菜单里选择相应选项，弹出【选择图像编辑器】对话框，如图8-22所示。

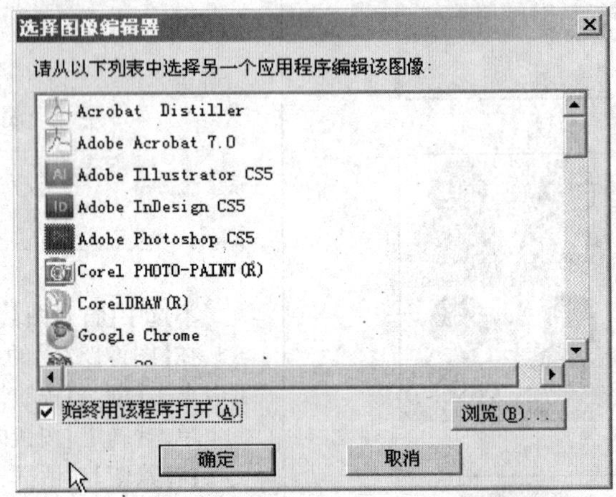

图8-22

选择一个图像处理软件。

选中【始终用该程序打开】，则以后不弹出对话框，始终用选中的同一个图像处理软件。

单击【确定】按钮，即可启动图像处理软件，并将图像文件开启在当前窗口中。

(2)环境设置：选中菜单【文件】→【工作环境设置】→【使用偏好】→【图像】，选中【始终用同一应用程序编辑图像】。

十三、自动文压图

当有图像压在文字块上面时，选中文字块，选择【美工】→【自动文压图】，则所有图像均调整到文字块下面，避免图压文字的情况。

自动文压图对文档中所有的图像块都起作用，因此，一个文档中，有的版面是图像块需要在文字块上面的，则不要使用这个功能。

第2节　图片处理高级应用

一、制作图像透明背景 

在Photoshop中打开图片，复制图层，然后，背景层不显示，如图8-23所示。

❖ 学习要点

- 在 Photoshop 中制作透明图层。
- Photoshop 中存文件时【存储透明度】要选中，否则无透明图层效果。
- 排版时要选择透明度通道。

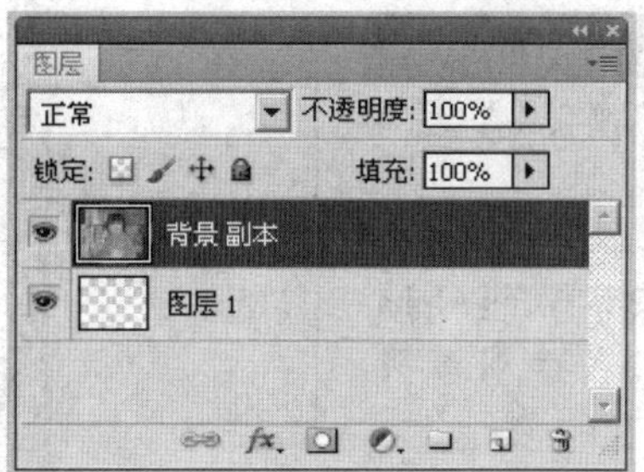

图 8–23

用魔棒或其他办法，选中背景，如图 8–24 所示。

清除背景，如图 8–25 所示。

图 8–24

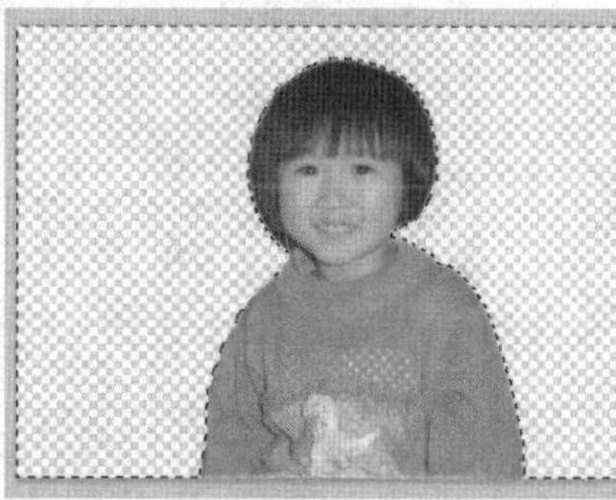

图 8–25

这时图片已经有透明背景效果了，在 Photoshop 中执行另存为菜单，另存成 TIF 或 PSD 格式。

弹出 TIFF 选项：【存储透明度】一项要选中，其他选项按对话框上显示的选中，如图 8–26 所示。

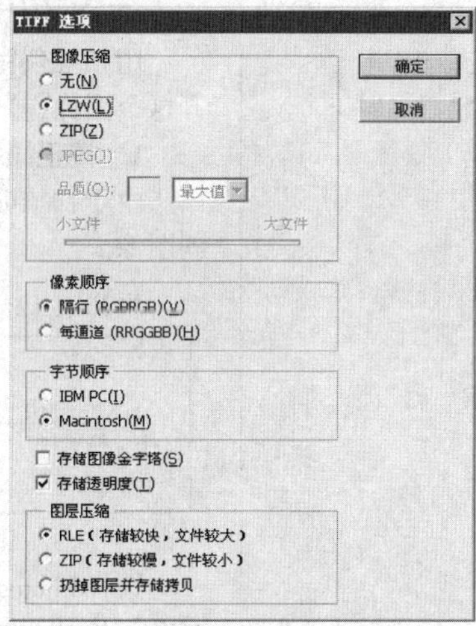

图 8–26

在方正飞翔中执行排入图像功能，如图 8–27 所示。

❖ 学习要点

- Photoshop 存图像时，要选中【存储透明度】。
- 排入图像时，方正飞翔的【图像排入选项】对话框里【Alpha 通道】列表里要选取透明通道。

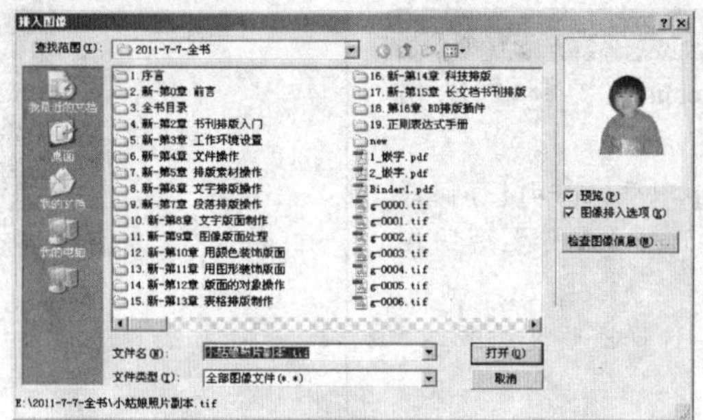

图 8–27

点击【打开】会弹出【图像排入选项】对话框，如图 8–28 所示。

在 Alpha 通道中选择【透明度】后，点击【确定】按钮，排入图像，如图 8–29 所示。

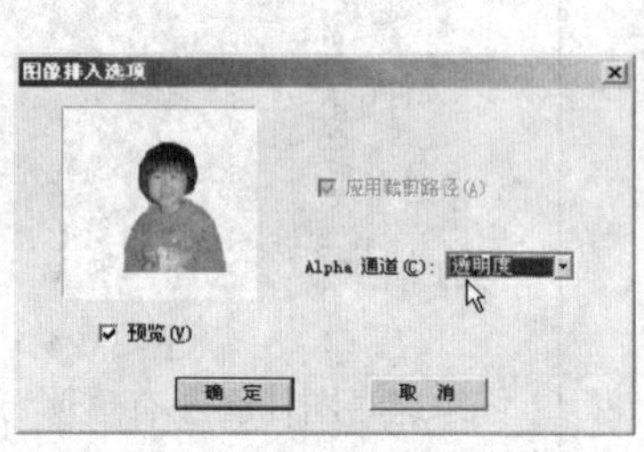

图 8–28

图 8–29

图像背景透明功能，没有颜色的地方，显示出了背景颜色。

二、用图像做背景来复制版面 ★★

用扫描仪里扫描表格样本，以二值图的方式扫描，在 Photoshop 里打开这个图像，转成灰度方式。

1. 校正倾斜图像

由于扫描时，表格样本扫描出来的图像一般是倾斜的，需要校正倾斜图像。

用 Photoshop 的标尺工具，沿表格线画线，如图 8–30 所示。

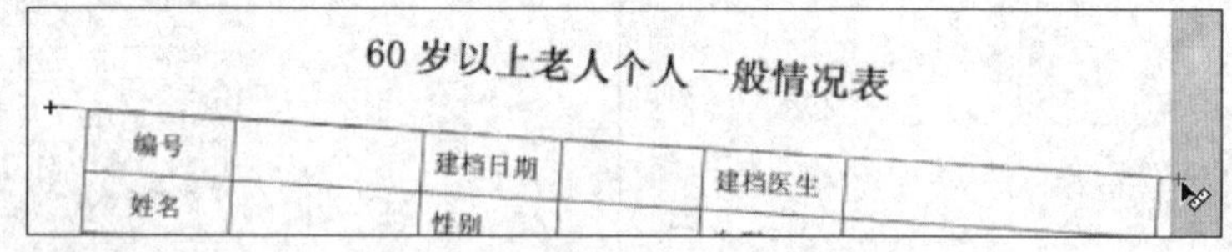

图 8–30

选择 Photoshop 菜单【图像】→【图像旋转】→【任意角度】，弹出【旋转画布】对话框，如图 8–31 所示。

图 8–31

❖ 学习要点

- 扫描图像。
- 建立图像背景图层,放置图像做背景。
- 在表格排版层上对照背景层上的图像表格,画表格。
- 图像的显示精度必须设为精细显示,否则图像中表格线与实际内容会有显示上的误差。
- 图像上颜色的目的是让表格排版层和背景图像能够区分开。

角度是根据标尺工具画线时的倾斜度自动生成的,点击【确定】按钮,则图像自动校正倾斜度,变为正向的图了。

2. 制作背景图层

排入图像:新建图层,起名为【背景图层】,表格图像放这个层上,如图8-32所示。

图8-32

选择菜单【美工】→【灰度图着色】→【品色】或者用美工工具条给表格图像设置颜色,图像为红色,能够与上层表格层内容区分开,如图8-33所示。

图8-33

背景图层设置不可编辑属性。

这样,在【表格排版】图层上排版,表格线、单元格大小等对照着背景图层上的表格图像,创建表格、画表线、调整单元格大小直到完成排版。

三、提取对象外轮廓线 ★★★★

❖ 学习要点

- 把选中的多个块输出为JPG图像。
- 然后利用JPG图像勾边生成图形路径,提取这个路径为对象外轮廓线。

1. 版面对象块转JPG

选中版面对象块后,输出为JPG图片,排入这个JPG图片,画一矩形块,填上颜色,做为JPG图的背景,这样图像勾边时可以看清勾边的轮廓,如图8-34所示。

图8-34

2. JPG图勾边

选中JPG图片后,选择菜单【美工】→【图像勾边】,弹出图像勾边对话框,如图8-35所示。

❖ 学习要点

图像勾边后执行【将裁剪路径转为边框】功能，就可以提出轮廓了。如果不适合，可以再次重复操作。

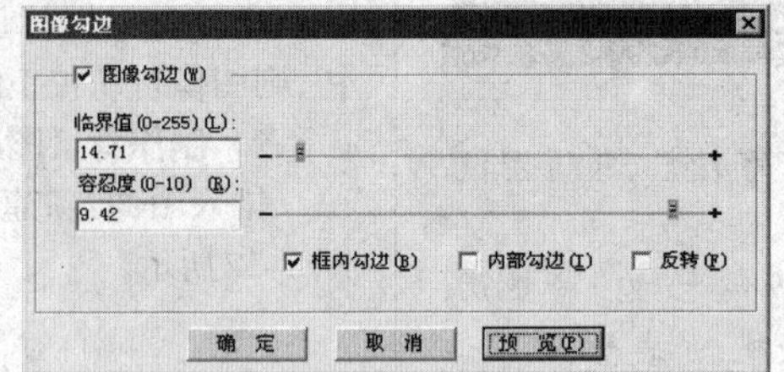

图8-35

调整对话框的临界值和容忍度为合适的值，调整过程中，不断地用预览来察看图像勾边的结果。

3. 裁剪路径转为边框

勾边结束后，图像块仍在选中状态，右键菜单中选择【将裁剪路径转为边框】，如图8-36所示。

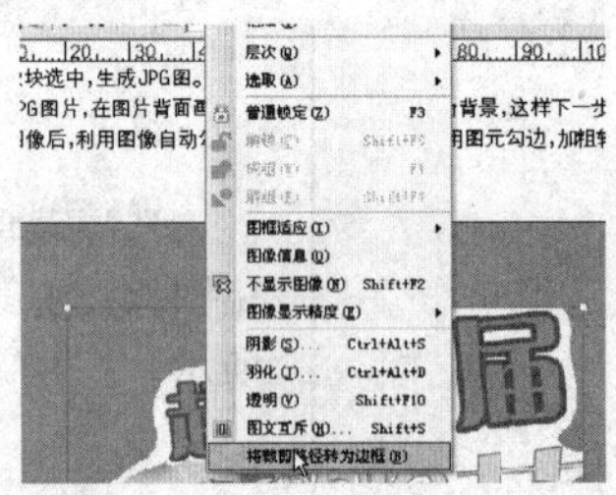

图8-36

转为边框后用选取工具选中图像块，使用菜单【美工】→【单线】为边框设置线型。

然后，用穿透工具选中图像，删除图像，保留边框，如图8-37所示。

图8-37

这时基本的轮廓线已经生成了。

4. 扩大边框轮廓

下一步扩大轮廓线，选中轮廓线，用【图元勾边】为它勾黑边，勾边粗细选择一个比较大的数值，图元内部填黑颜色。

如果轮廓线还不符合要求，就把这个轮廓线块再次选中生成JPG，进行图像勾边，提取边框，这时轮廓线距离原始块轮廓已经有一些距离了，选中轮廓线，设置线颜色和填充颜色。

把原始块放在轮廓线的上层，两个对象块居中。完成本次排版，如图8-38所示。

图8-38

❖ 学习要点

- 利用Photoshp的动作，批量制作图像缩略图。
- 建立原始图像文件夹和缩略图文件夹。用图像管理在这两个文件夹间互相切换。

四、使用不同分辨率精度图像排版

1. 建立文件夹

如果排版时想使用低精度图像排版，但输出时，又想使用高精度图像，或其他需要两种图像精度根据不同需求输出时，可以用下面的办法实现。

建立两个文件夹，一个是【E:\风景原图】，这个文件夹放原始图像，另一个是【E:\风景低分辨率】，这个文件夹现在是空的。

2. 建立Photoshp动作

（1）在Photoshop的动作浮动面板中，新建一个动作组，如图8-39所示。

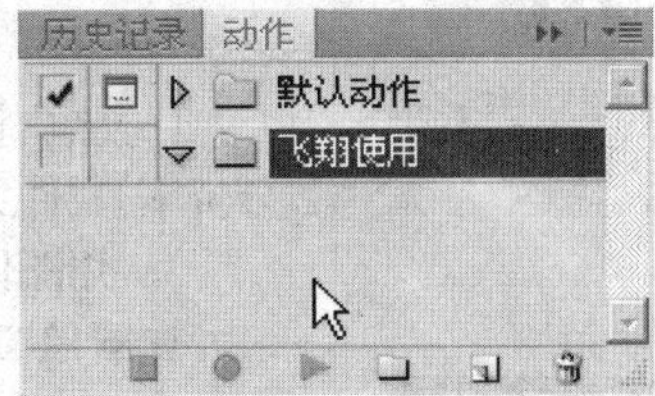

图8-39

（2）再新建一个新动作，起名为【转低分辨率96dpi】，然后，在【风景原图】文件夹中打开一个图像文件，在动作浮动面板中点击【录制】按钮，开始录制动作，改变原图大小。对话框设置如图8-40所示。

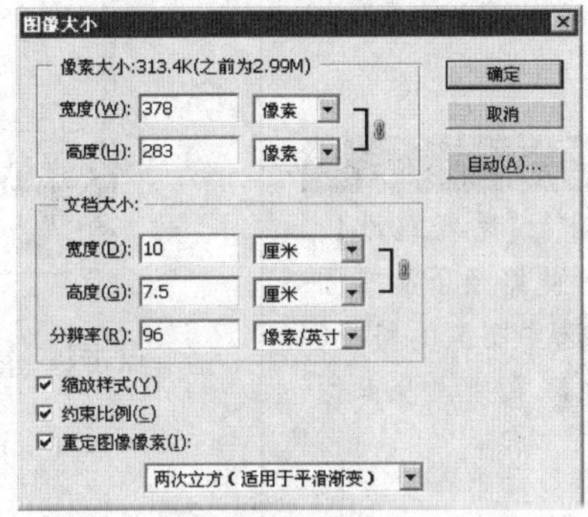

图8-40

（3）点击【确定】按钮后，点击动作浮动面板下面的【停止录制】按钮，结束动作的录制，如图8-41所示。

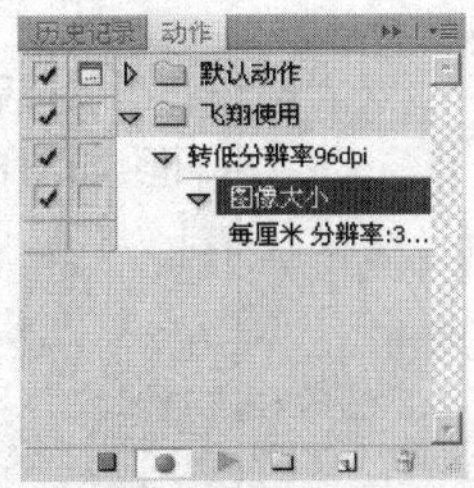

图8-41

（4）Photoshop中使用【转低分辨率96dpi】动作。

❖ 图片处理要点

- 按显示方式，图片种类可以分为几大类，一大类是图像文件，一类为PDF和EPS类型文件，要用RIP预显，速度较慢；一类OLE块、BD块是直接显示，速度比较快。
- 二值图像显示速度慢，可以把二值图转成灰度图。
- PDF和EPS显示速度慢，可以单独设置PDF或EPS的显示精度。
- OLE块生成PDF后，要仔细检查。

❖ 学习要点

- 使用低精度图，就用图像管理切换到低精度图像文件夹里。
- 使用高精度图，就用图像管理切换到高精度图像文件夹里。

❖ 路径重设

选中图像块，进行【路径重设】，然后执行【更新此路径下所有图片】后，只更新选中图像的路径，如果不选中图像，则重设全部图像路径。

(5)选择Photoshop的【文件】菜单下的【自动】→【批处理】，弹出【批处理】对话框，如图8–42所示。

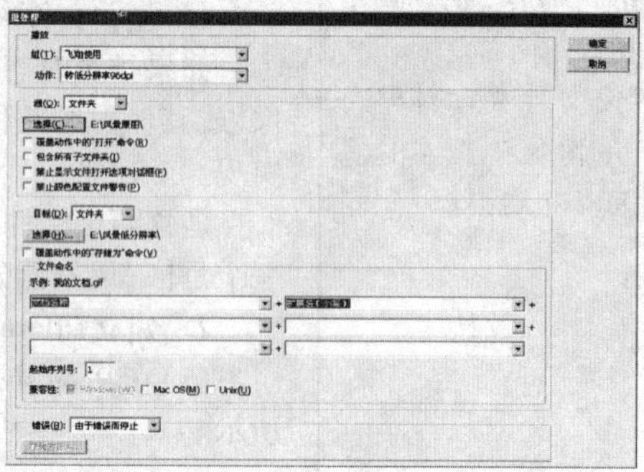

图8–42

(6)点击【确定】按钮，就会把全部原图降低分辨率后，存到【风景低分辨率】文件夹里，文件名和原来一样。

3. 用图像管理功能切换文件夹

在图像窗口菜单中选择【路径重设】，弹出【路径重设】对话框，如图8–43所示。

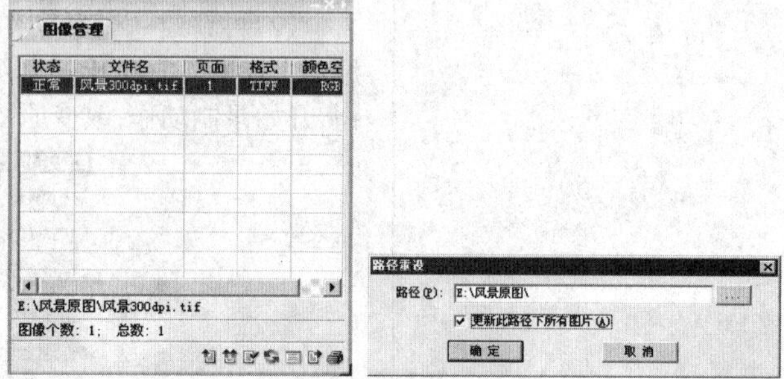

图8–43

点击【…】按钮，弹出【浏览文件夹】对话框，如图8–44所示。

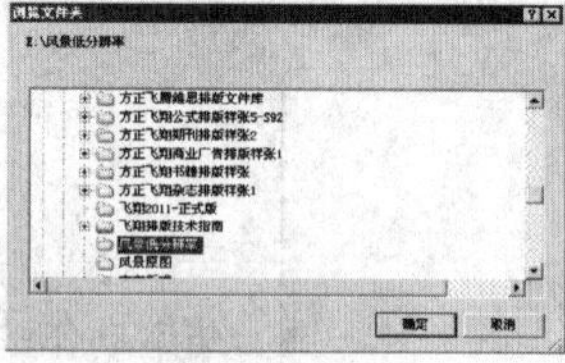

图8–44

对话框中选择【风景低分辨率】文件夹，点击【确定】按钮，返回对话框，如图8–45所示。

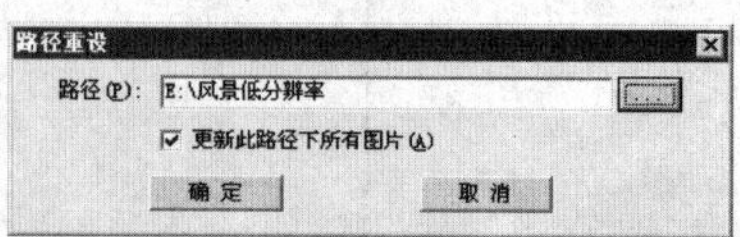

图8–45

点击【确定】按钮，则版面上所有图片都被更新到【风景低分辨率】文件夹下。

❖ 学习要点

给二值图或灰度图上颜色或上底色，选取工具和穿透工具操作结果不同。

五、二值图和灰度图上颜色

(1)选取工具 选中图像，在色样浮动窗口或颜色浮动窗口中，选中【底纹】按钮，如图8-46所示。

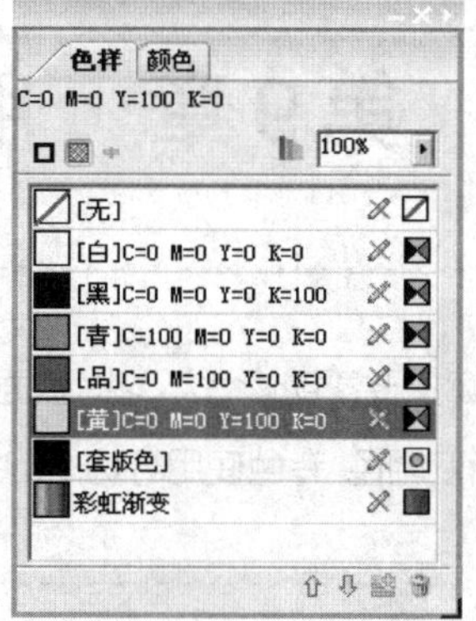

图8-46

选择一个黄色，作为灰度和二值图的背景上的颜色，如图8-47所示。

(a)二值图　　(b)灰度图

图8-47

(2)穿透工具 选中图像，依前面步骤给图像上颜色，可以看到是给图像自身上颜色，如图8-48所示。

(a)二值图　　(b)灰度图

图8-48

(3)使用选取工具或穿透工具选中图像，在美工工具条上颜色图标上点击，如图8-49所示。则直接给图像自身上颜色。

图8-49

第9章　用颜色装饰版面

本章主要帮助读者学习给版面对象块上颜色方面的知识，包括使用颜色样式排版、渐变颜色、专色使用等功能的技术手法和排版技巧。

第1节　颜色排版基本操作

❖【颜色】浮动窗口图标

- **实色与渐变色**
  - 单色
  - 渐变色
- **着色对象**
  - 边框：对块边框着色。
  - 底纹：对块的底纹着色。
  - 文字：对文字上颜色。
  - 存为色样：当前颜色存为色样。

❖ 颜色】浮动窗口菜单

【颜色】浮动窗口菜单扩展菜单

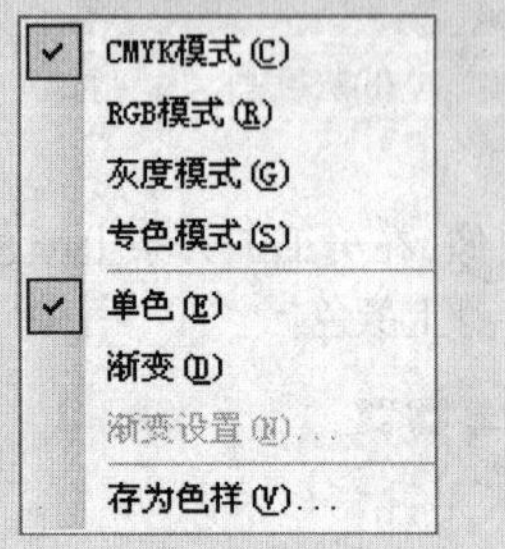

一、【颜色】浮动窗口总览

在方正飞翔里，可以通过【颜色】窗口为各种对象着色，并可以将颜色保存为色样。此外，方正飞翔支持导入ICC Profile文件，通过色彩管理使色彩在各种设备上的表现始终如一。

(1)选择【窗口】→【颜色(F6)】，弹出【颜色】浮动窗口，如图9-1所示。

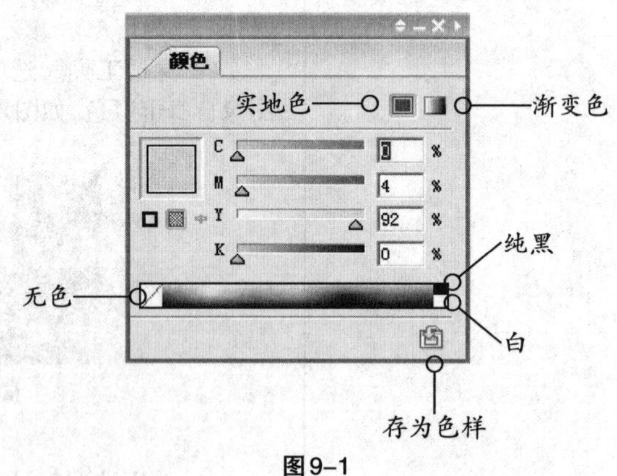

图9-1

(2)点击图标，则打开渐变色面板，如图9-2所示。

❖ 着色对象

- 图形对象：轮廓、填充、渐变。
- 文字对象：填充、渐变。
- 表格单元格对象：轮廓、填充、渐变。
- 成组对象：着色对象为成组对象中的每个子块，轮廓、填充、渐变。
- 二值和灰度图片：选择工具选中图片，选中图标填充颜色，图片背景着色。

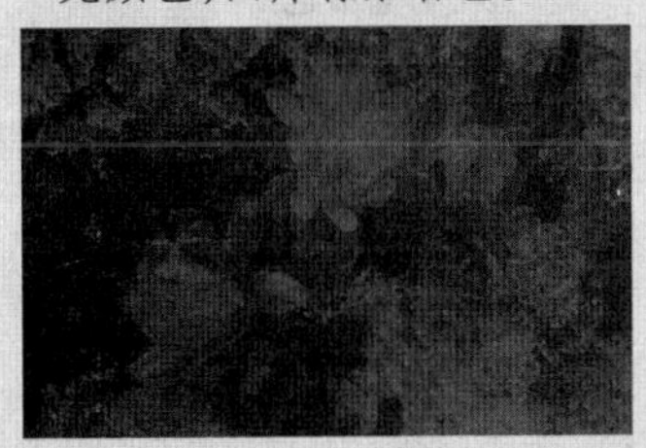

- 直选工具选中图片，选中图标填充颜色，图片着色。

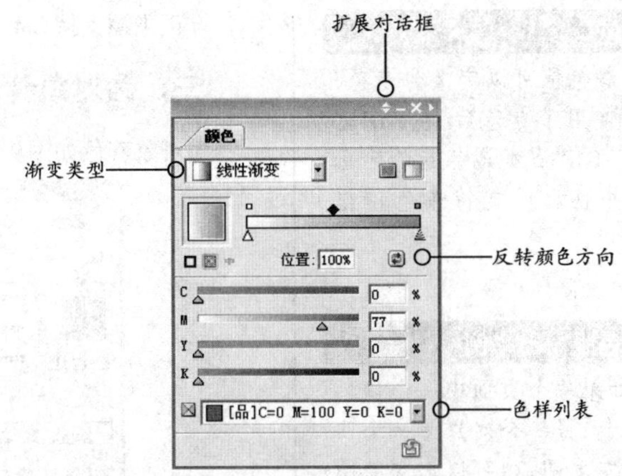

图9-2

(3)点扩展对话框图标，扩展后的对话框如图9-3所示。

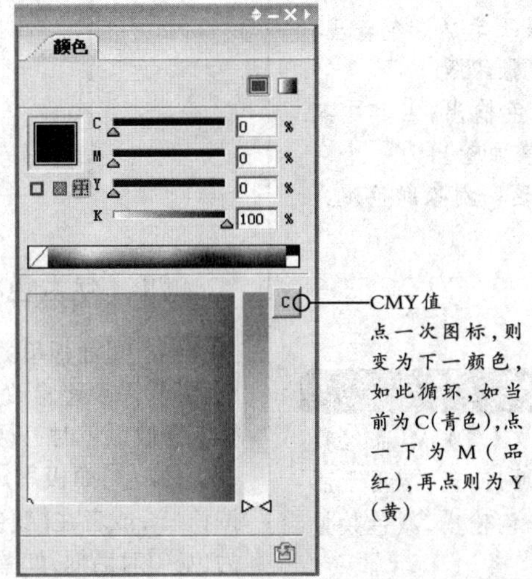

图9-3

二、颜色模式

颜色模式如图9-4所示。

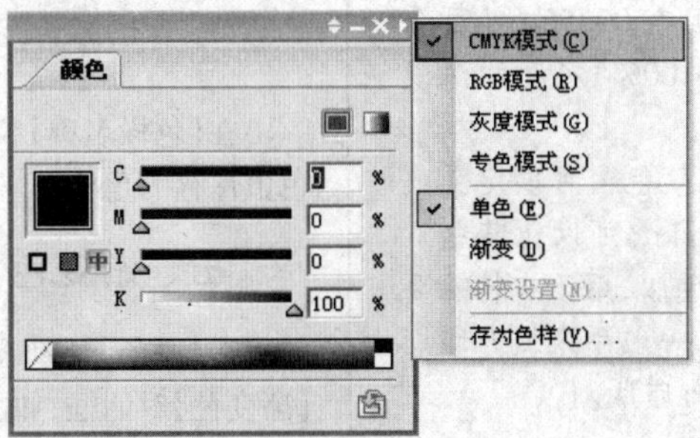

图9-4

> ❖ 专色
>
> 指定的颜色值可以定义为专色，文件中使用了专色后，在RIP上解释时，RIP必须具备专色输出功能，并且启动支持专色输出功能。

> ❖ 专色版输出举例
>
> - 例：如果一个页面中一个颜色为黑色，另一个对象为一个四色的灰度图，则可以把灰度图的颜色定义为专色输出。
>   这样只出一张黑版和一个专色版。如果不定义专色输出，则要输出四张印版。
> - 例：全版四色输出，但其中某一对象要单独输出为一个色版，可以将这一对象颜色定义为专色。

> ❖ 颜色模式
>
> - CMYK模式:C(青)、M(品红)、Y(黄)、K(黑)四色，常用于照排或CTP分色输出，颜色数量少。
> - RGB模式:R(红)、G(绿)、B(蓝)三原色，颜色最丰富，相片冲印、设备显示等常用。
> - 灰度模式:灰度只有一种颜色就是黑，但有0~255级(百分比值为0~100%)灰度的深浅变化。
> - 专色模式:颜色值可以定义成专色，输出时，可以让某些对象输出专色版，用于有特殊要求的印刷，一般用来提升印刷效果或节省印版。

方正飞翔支持CMYK模式、RGB模式、灰度模式、专色模式。

三、为对象着色

为对象着色如图9-5所示。

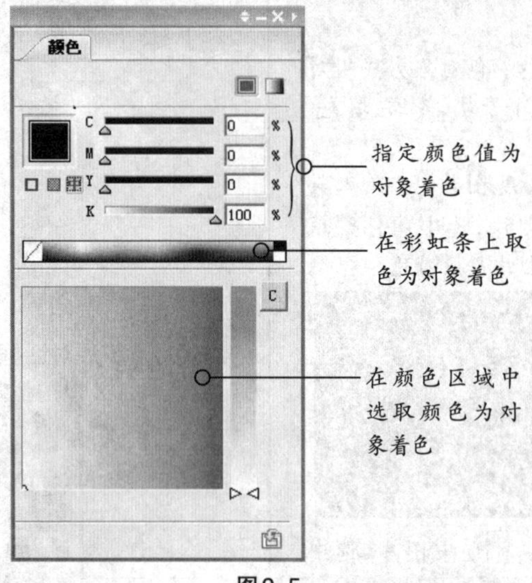

图9-5

四、存为色样 ★★

【颜色】面板里的颜色只对当前选中的对象有效，如果有一些对象颜色相同，需要经常改动的，则可以把这些颜色定义为颜色样式，简称【色样】，想改颜色时，只要改色样，则这些对象的颜色都改变。

【颜色】面板里定义好要定义为色样的颜色，点击【颜色】面板上的按钮，或者在【颜色】浮动窗口扩展菜单里选择【存为色样】，弹出【存为色样】对话框，如图9-6所示。

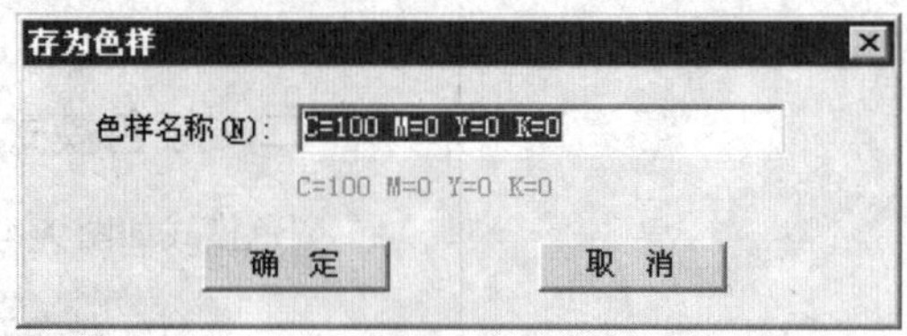

图9-6

在【色样名称】编辑框内为色样命名，单击【确定】按钮即可将当前颜色值保存为色样。

五、渐变色

在【颜色】浮动窗口里单击渐变色按钮，使【颜色】浮动窗口切换到【渐变色】对话框，如图9-7所示。

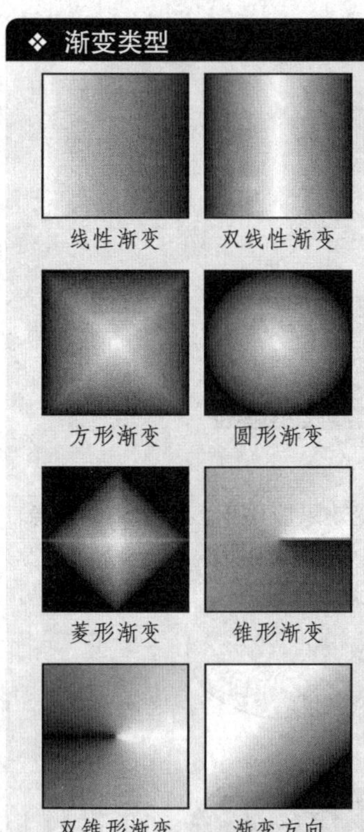

图9–7

渐变类型:在【颜色渐变类型】下拉列表里选择渐变类型,包括:线性渐变、双线性渐变、方形渐变、圆形渐变、菱形渐变、锥形渐变、双锥形渐变。

通过对开始颜色和结束颜色的设置,并且通过拖动两个颜色值之间的菱形滑块,可以调整起始颜色值间的颜色渐变位置。

双击颜色条,可以添加分量点。将分量点拖动到颜色条最左端或最右端,或者向下拖动分量点,即可删除分量点。

单击【取反】按钮,可以反转渐变方向,如图9–8所示。

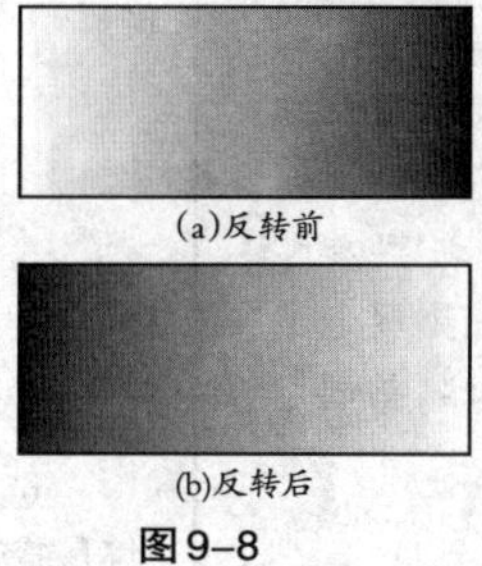

(a)反转前

(b)反转后

图9–8

第2节　颜色工具

一、渐变工具　★★★

❖ 渐变工具添加渐变色

- 对象块,如果没有底纹,则渐变工具不起作用。
- 渐变工具添加的渐变色是按照【颜色】浮动窗口里设定的渐变类型和分量点颜色着色,可以通过【颜色】浮动窗口修改渐变色。

方正飞翔可以使用渐变工具为对象着色,还可以调整渐变中心和渐变角度。着色时渐变类型和分量点颜色依据【颜色】浮动窗口里的设定。

(1)先选中带底纹的对象,再选择工具箱里的渐变工具,此时光标变成形状,用渐变工具在版面上画出任意角度的线段,即可为对象添加渐变色。

(2)先选中带渐变底纹的对象,用渐变工具在版面上画出任意角度的线段,即可交互式改变对象里的渐变色方向等相关设置,如图9–9

所示。

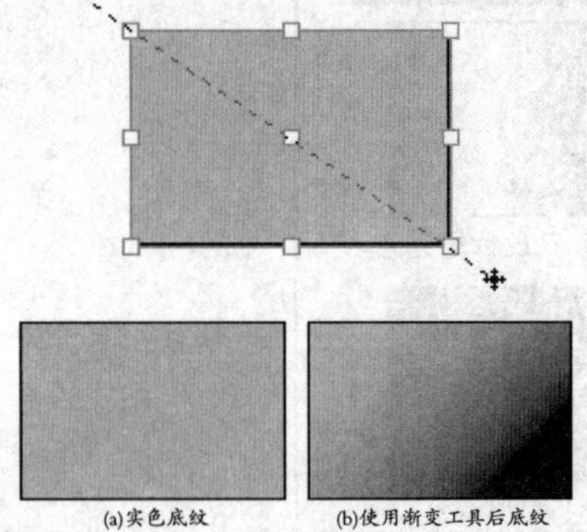

(a)实色底纹　(b)使用渐变工具后底纹

图9-9

当选中多个对象画线时，可以将渐变效果应用于多个选中的对象。使用此功能可以制作出丰富的渐变效果，如图9-10所示。

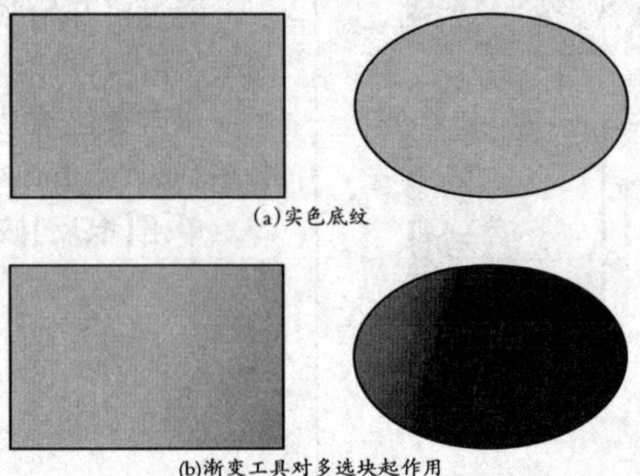

(a)实色底纹

(b)渐变工具对多选块起作用

图9-10

1. 渐变设置

选中填充了渐变色的对象，可以在【颜色】浮动面板的扩展菜单中选择【渐变设置】，设定渐变中心和渐变角度的精确值。

选中有渐变色填充的对象，选择【窗口】→【颜色】，弹出【颜色】浮动面板。点击浮动面板右上角的三角按钮，弹出扩展菜单，如图9-11所示。

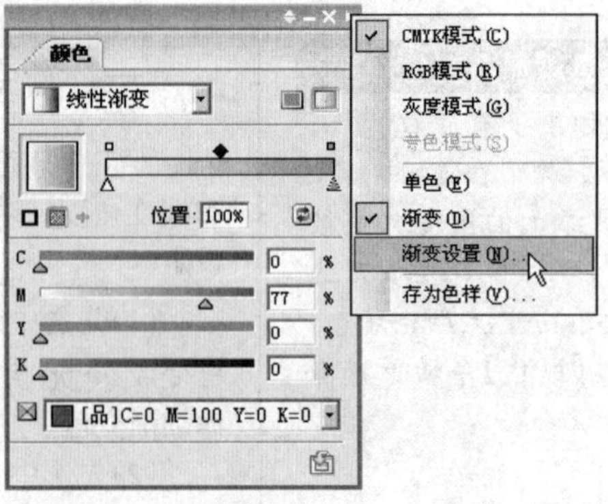

图9-11

❖ 渐变工具划线渐变规则

- 线段起点应用渐变颜色的起始分量点的颜色，线段终点应用渐变颜色的终止分量点的颜色。
- 线段起点作为渐变类型的中心，例如选择菱形渐变，线段点击的起点即菱形渐变的中心。
- 划线角度作为渐变类型旋转的角度。
- 线段长度为渐变半径，锥形和双锥形渐变除外。

❖ 颜色吸管操作限制

- 不能吸颜色：环境设置中如果设置了【不使用RGB颜色】，则颜色吸管不能吸取图片颜色，方正飞翔版面默认是禁止使用RGB颜色的。
- 不能上颜色：文字块实施了【编辑锁定】的操作，则吸取的颜色不能作用于文字，需要解锁才能操作。

❖ 颜色吸管类型

- 工具箱中颜色吸管。
- 快捷键“Shift+C”使用颜色吸管。
- 颜色吸管吸颜色时光标。
- 颜色吸管可以为边框着色时光标。
- 不能吸取颜色下光标为。
- 可以着色时光标为。

❖ 颜色吸管为对象着色

- 颜色吸管移动到图元边框上，光标为时，为图元边框，则为边框着色。
- 颜色吸管光标为时，单击图元内部则为图元铺设底纹。
- 颜色吸管移到文字中，光标显示为，选中文字即可为文字着色。
- 颜色吸管移到文字块或单元格中时光标显示为，如果按住“Ctrl”键，这时光标显示为，点击文字块或单元格内部，则对选中的文字块或单元格着底色。

在【颜色】浮动面板的扩展菜单中选择【渐变设置】，弹出【渐变设置】对话框，如图9-12所示。

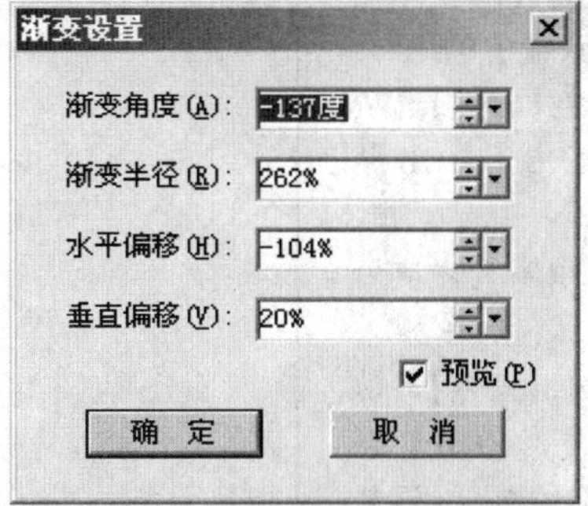

图9-12

点击【确定】按钮，即可按设置完成渐变。

2.【渐变设置】对话框中选项说明

【预览】：选中后可实时查看设置效果。

【渐变角度】：用于调节渐变旋转的角度，正数值表示逆时针旋转填充，负数值表示顺时针旋转填充。

【渐变半径】：用于调节渐变半径，渐变半径量为对象长度的百分比（锥形渐变和双锥型渐变没有渐变半径选项）。

【水平偏移】：用于调节渐变中心相对于对象中心的水平方向上的偏移。以中心的水平偏移量占对象水平长度的百分比表示。

【垂直偏移】：用于调节渐变中心相对于对象中心的垂直方向上的偏移。以中心的垂直偏移量占对象垂直长度的百分比表示。

二、颜色吸管工具 

方正飞翔提供颜色吸管，可以吸取图像及图元上的颜色，应用于图形边框和底纹、文字和文字块底色、单元格底色。

清空颜色吸管使用方法：按“ESC”键或点击版面空白处可以清空吸管中所吸取的颜色，此时光标为。

第3节　颜色样式

❖ 色样批量修改对象颜色

使用色样来对图形块、文字、表格块……等对象着色后，修改色样，则所有使用这个色样的对象颜色都可以同时改变。

一、【色样】浮动窗口

在方正飞翔里可以将颜色保存为色样，需要时直接调用即可。色样表支持导入/导出操作，可以在不同的机器或文件间共享色样表。

选择【窗口】→【色样(Shift+F6)】，弹出【色样】浮动窗口，如图9-13所示。

❖ RGB颜色环境设置

- 选择菜单【文件】→【工作环境设置】→【文件设置】，弹出文件设置对话框，在【常规】选项卡中可设置【不使用RGB颜色】选项。

  选中此项：文件中不允许使用RGB颜色，包括不允许排入RGB颜色的图像，【颜色】浮动窗口里不允许使用RGB颜色空间等。具体影响包括：限制排入RGB模式的图像，当排入RGB颜色的图像时，系统弹出提示框，用户可以自己选择是否排入RGB颜色图像。
- 所有有关颜色设置的窗口，均不能使用RGB颜色模式，包括颜色窗口、色样窗口、新建色样、编辑色样、灰度图自定义着色、自定义颜色等。
- 不选中【不使用RGB颜色】选项：允许使用RGB颜色。

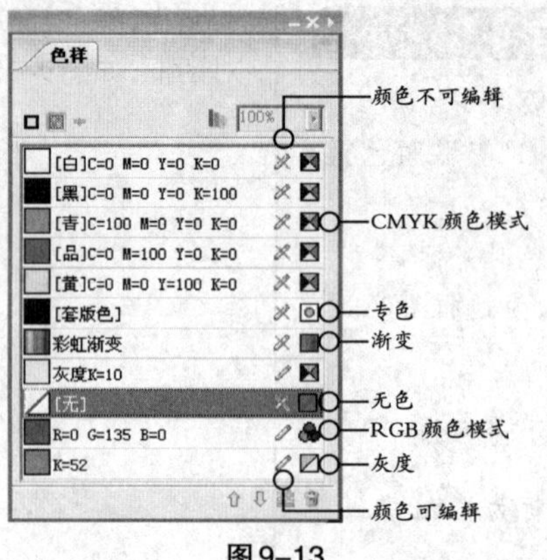

图9-13

二、应用色样

使用选取工具选中对象后，选择填色对象为边框、底纹或文字，鼠标单击色样，则将选中色样应用于对象。

三、调整色调

色调是指颜色的深浅度。在【色样】浮动窗口的【色调】编辑框内输入色调值，或者单击编辑框右边的三角按钮，拖动滑竿设置色调值，如图9-14所示。

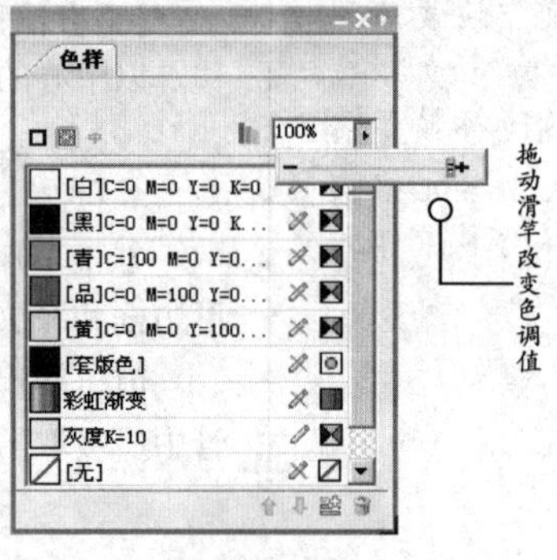

图9-14

四、新建色样

单击【色样】浮动窗口底部的按钮，或者在【色样】浮动窗口的扩展菜单里选择【新建色样】，弹出【新建色样】对话框，如图9-15所示。

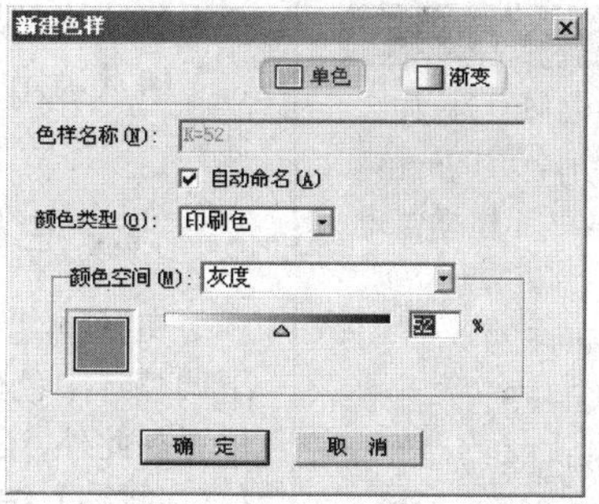

图9-15

❖ 白颜色与无色

- 如果CMYK四色值都设为0，则为白颜色，白色会压在背景上，形成白底效果。
- 无色是没有颜色，如封闭图元不填充颜色等。
- 设定一个封闭图元为无色的操作：选中图元后在颜色浮动窗里，选中图标▩，再点击图标◿，即可设置颜色为无色。

五、编辑色样

在【色样】浮动窗口里，鼠标左键双击色样，将弹出【编辑颜色】对话框，如图9-16所示，可以修改色样颜色值或名称。

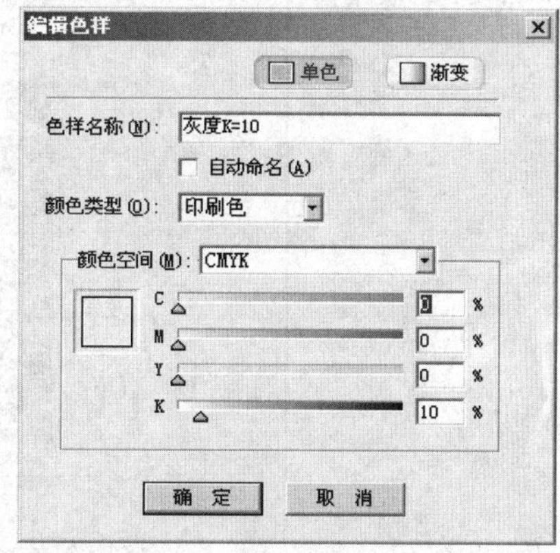

图9-16

六、删除色样

除系统提供的默认色样不可删除外，用户定义的色样都可以删除。

(1)按住“Ctrl”键或“Shift”键选中多个色样。

(2)单击【色样】浮动窗口底部的按钮🗑或者在【色样】浮动窗口的扩展菜单中选择【删除色样】，弹出【删除色样】对话框，如图9-17所示。

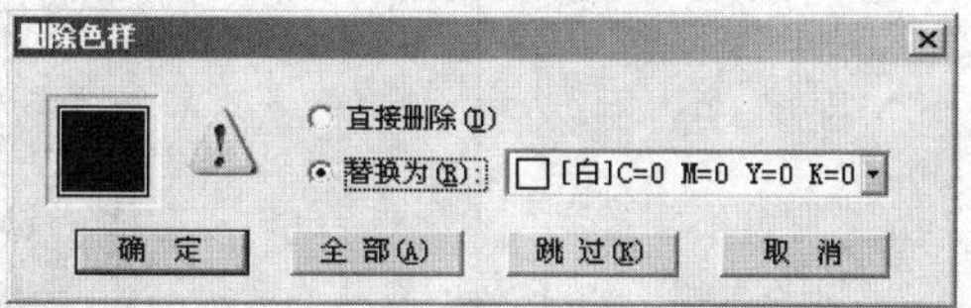

图9-17

(3)选中【直接删除】，则直接将色样删除，保留应用了原色样的对象颜色。选中【替换为】，在后面的下拉列表中选择一种替换色样，则删除原色样后，应用了原色样的对象颜色更新为替换色样，单击【确定】按钮，即执行删除操作。如果选中了多个色样，系统将弹出多个对应的【删除

❖ 常用颜色

- 选中需要设置颜色的对象，如文字、图元、图像，选择【美工】→【颜色】，在二级菜单中可选择常用的对象颜色：
  白色（Ctrl+Shift+F2）
  青色（Ctrl+Shift+F3）
  品色（Ctrl+Shift+F4）
  黄色（Ctrl+Shift+F5）
  黑色（Ctrl+Shift+F6）
  【自定义（F6）】，在【颜色】浮动窗口里自定义颜色。
- 对图元或图像设置常用颜色时，仅对边框着色，不设置底纹颜色。

色样】对话框，提示用户进行操作。

（4）【确定】按钮：完成当前色样的操作，继续下一个色样的删除操作。

七、色样排序

在【色样】浮动窗口里选中色样，单击窗口底部的按钮⇧、⇩，可以上下调整选中色样的排列顺序。也可以使用鼠标直接拖拽色样到需要的位置。此外，还可以在【色样】浮动窗口的扩展菜单里选择【升序排列】或【降序排列】，按色样名称升序或降序排列。

八、导出色样表

在【色样】浮动窗口的扩展菜单里选择【另存色样表】弹出【另存为】对话框，如图9–18所示。

图9–18

选择要保存文件的驱动器和文件夹，在【文件名】文本框中输入该色样表文件名，单击【保存】按钮，在所选目录下将生成一个*.clr文件。

九、导入色样表

（1）在【色样】浮动窗口的扩展菜单里选择【导入色样表】，弹出【打开】对话框，如图9–19所示。

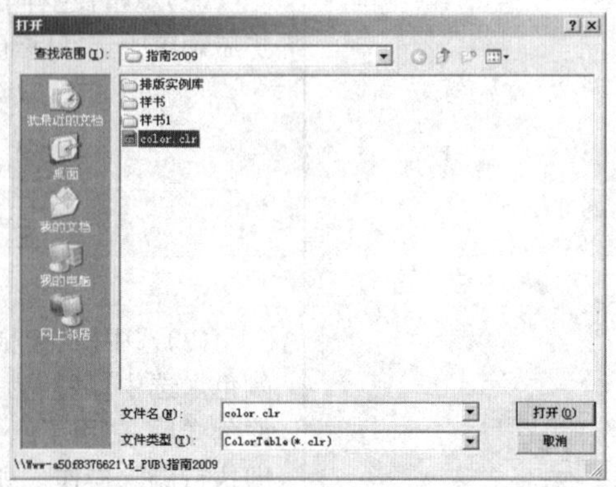

图9–19

❖ 共享色样表

如果多人或多个文件共享，则需事先约定好色样名称以及每个色样的颜色值，保证只有一个色样文件被共享，防止多人制作多个色样表文件，色样名称相同，但色样颜色值不同的现象出现。

(2)在【文件类型】里选择*.clr，选择一个色样表文件。

(3)单击【打开】，弹出【选择色样】对话框，如图9-20所示。

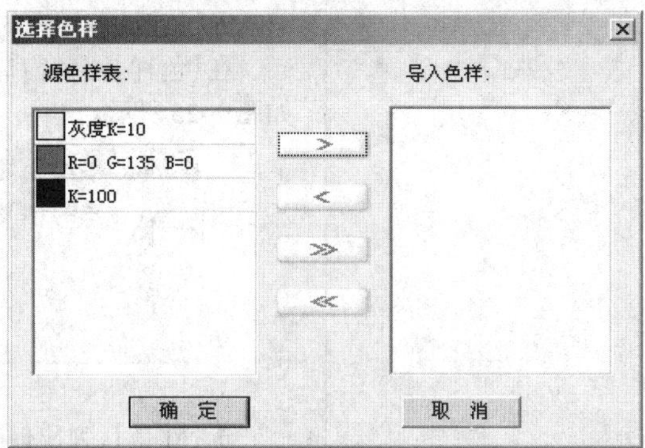

图9-20

(4)从【源色样表】里选中需要导入的色样，单击按钮 > 添加到【导入色样】里。单击 ≫ 按钮则全部添加；单击按钮 < 则在导入色样列表里移除指定色样，单击 ≪ 按钮则全部移除。

(5)单击【确定】按钮即可将色样添加到当前的色样表里。

(6)导入色样时，如果碰到同名色样，系统将弹出提示，如图9-21所示。选择【覆盖】，则用导入色样，替换当前色样面板中的同名色样。选择【自动命名】，系统自动为导入色样命名。选择【重命名】，在编辑框内输入导入色样的新名称。

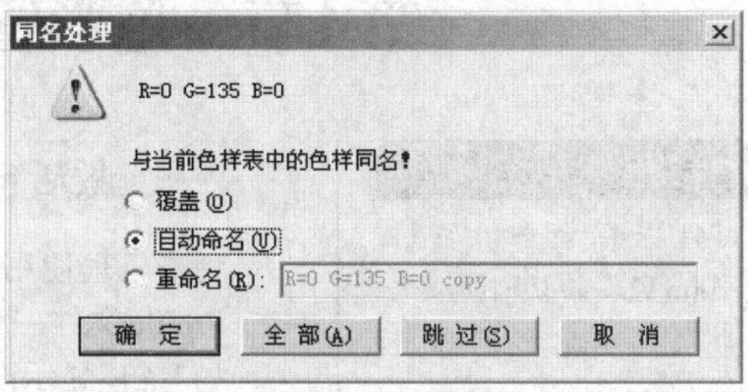

图9-21

十、复位色样表

通过复位色样表的操作可以使色样表恢复到默认状态。在【色样】浮动窗口的扩展菜单里选择【复位色样表】，弹出警示框，如图9-22所示，选择【是】，则执行复位操作，选择【否】，取消此次操作。

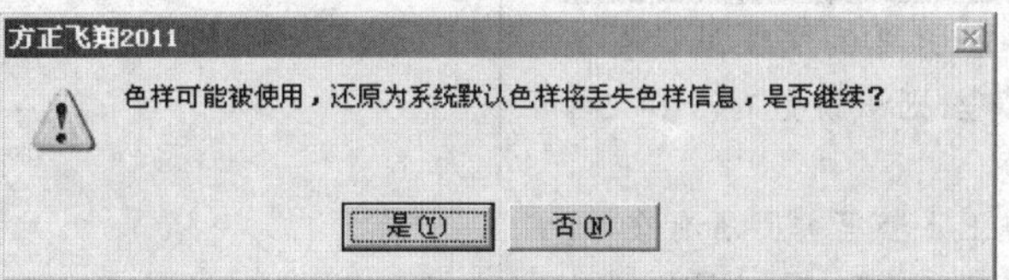

图9-22

十一、替换色样表

通过替换色样表的操作可以使用新的色样表替换当前色样表。

在【色样】浮动窗口的扩展菜单里选择【替换色样表】，弹出提示框，如图9-23所示。

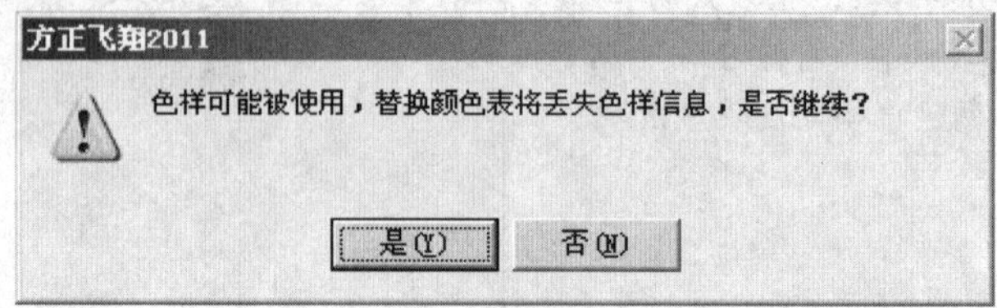

图9-23

选择【是】，弹出【打开】对话框，在【文件类型】下拉列表里选择替换的色样表文件*.clr，单击【确定】按钮，即用新文件的色样表替换当前文件里的色样表。

十二、删除未使用色样

当色样表中的色样没有应用于对象，即未使用过时，可以通过【删除未使用色样】清除。在【色样】浮动窗口的扩展菜单里选择【删除未使用色样】。

第4节 色彩管理

❖ ICC文件路径

ICC特性文件保存于系统目录windows/system32/spool/drivers/color。用户从任何路径下导入的特性文件(*.icc,*.icm)将自动复制保存于该目录下。

❖ 设置色彩管理应用范围

- 在一个打开的文件里设置色彩管理，则该设置对当前文件有效。
- 在方正飞翔里关闭所有文件，设置色彩管理，则该设置对所有新建文件都有效。

一、激活色彩管理

色彩管理使用ICC Profile文件进行颜色的精确显示和输出。

Profile文件一般分为三类：

(1)描述显示设备(如显示器)的Profile；

(2)描述输入设备(如扫描器、数码相机)的Profile；

(3)描述输出设备(如打印机、打样环境、油墨等)的Profile。

选择菜单【文件】→【工作环境设置】→【色彩管理】，弹出【色彩管理】对话框，如图9-24所示。

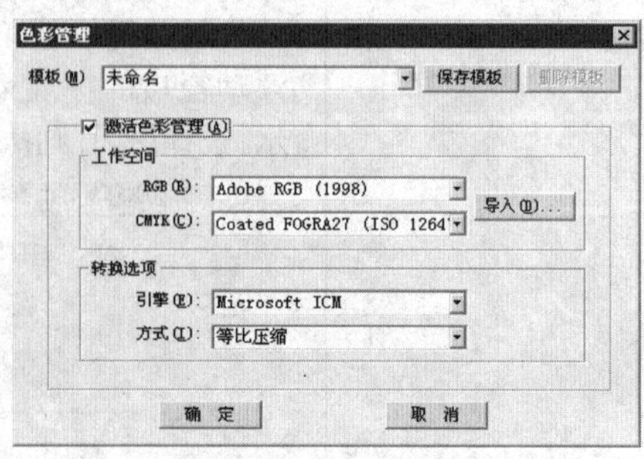

图9-24

❖ 图像颜色设置选项

● 特征文件

使用文件缺省设置
Adobe RGB (1998)
Apple RGB
CIE RGB
ColorMatch RGB
NTSC (1953)
PAL/SECAM
SMPTE-C
Wide Gamut RGB
KODAK DC Series Digital Camera
ProPhoto RGB
sRGB IEC61966-2.1

● 转换方式

设定工作空间，导入ICC特性文件。方正飞翔提供了几种RGB和CMYK的特性文件，供用户选择，用户也可以点击【导入】按钮，选择导入ICC特性文件。

设定引擎工作方式：方正飞翔默认提供Microsoft ICM颜色转换引擎。可供选择的转换方式有以下几种。

(1)【等比压缩】：将原颜色范围转换成输出设备的颜色范围试着平衡图像中的颜色，适合于照片。

(2)【饱和】：将原颜色范围转换成输出设备的颜色范围试着创建鲜艳的颜色，适合于图表和类似幻灯片的图形。

(3)【绝对色度】：在输出过程不对颜色调整。结果，允许图像使用两种相似的颜色，例如，由于打印机有限的颜色范围，最终采用同样的颜色输出。

(4)【相对色度】：与绝对色度相似，转换所有颜色以补偿监视器配置文件设置的监视器上的白点(实质上，调整输出的亮度以补偿监视器上微暗或过亮的所有点)。

二、图像色彩管理

通过【图像色彩管理】可以使用新的ICC Profile文件替换当前图像的ICC Profile。对不带有ICC Profile的图像可为其指定ICC Profile。选中图像。选择菜单【美工】→【图像色彩管理】，如图9-25所示。请注意，如果没有启用【色彩管理】，则【图像色彩管理】选项置灰不可选。

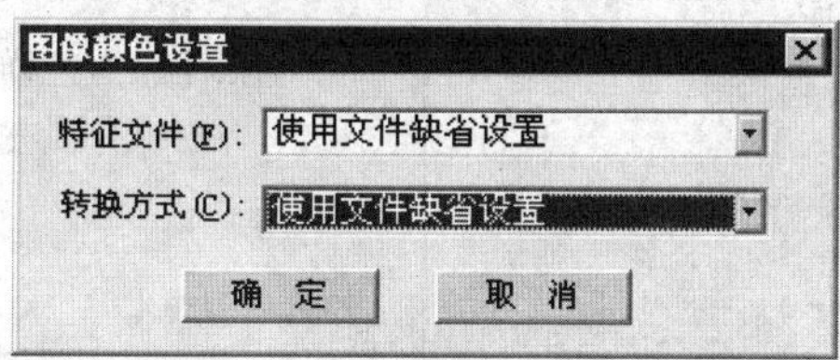

图9-25

【特征文件】：可选择使用图像默认自带的特征文件。也可选择新的特征文件嵌入图像中，为用于不同目的设备的图像选择相应的特征文件。

【转换方式】：定义图像的色彩转换方式。

第5节 色彩处理实例练习

一、制作专色练习 ★★★★

在颜色浮动窗口中，定义一个颜色，这里CMYK四色值为C60%，M45%，YK均为0，如图9-26所示。

❖ 学习要点

- 专色用于替代或补充印刷色(CMYK)油墨。在印刷时每种专色都要求专用的印版。
- 某些情况下,如一个文件使用了少数颜色,如版面上只用了两种颜色,一种C25%,M50%,Y50%,另一种为K100%。则可以把颜色C25%,M50%,Y50%定义成专色。这样原来需要输出四块印版,现在只需输出两块版就可以了。

❖ Photoshop专色通道

- 在Photoshop里,制作专色通道或生成双色调或多色调图像。
- Photoshop生成的有专色的图像要存储为DCS 2.0格式或PDF格式存储。
- 另存为对话框的选项里要选"专色"一项。

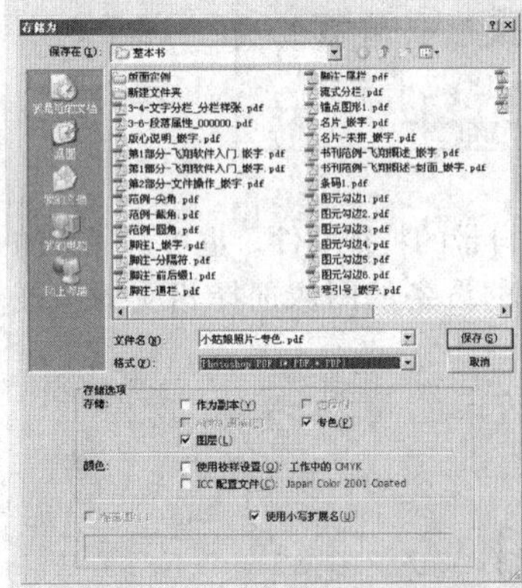

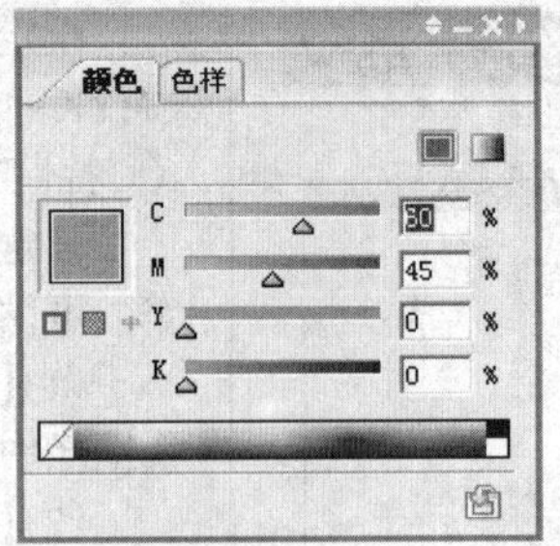

图9-26

单击对话框下面的【存为色样】按钮,把这个颜色存到色样里,如图9-27所示。

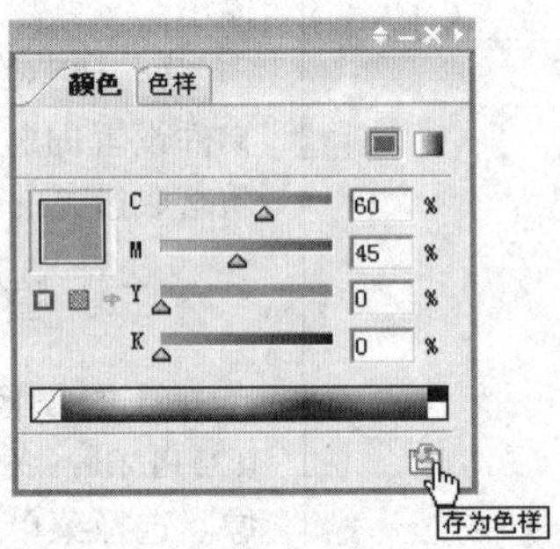

图9-27

弹出【存为色样】对话框,如图9-28所示。

图9-28

在【色样名称】的编辑框里输入名称,点【确定】按钮,修改成功。

在色样列表中选中新增的色样名称,如图9-29所示。

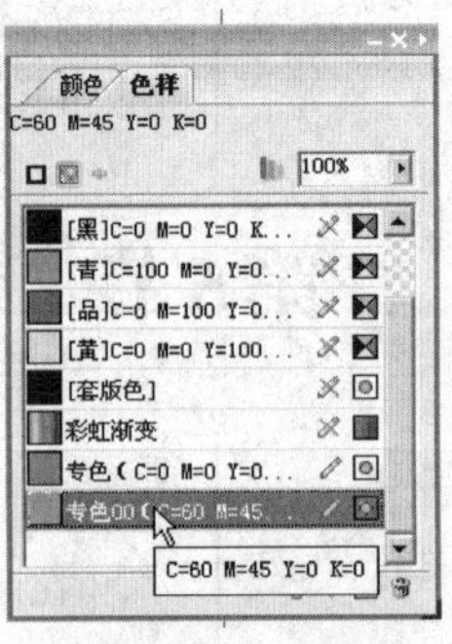

图9-29

在对话框的扩展菜单中编辑色样:弹出编辑色样对话框,如图9-30所示。

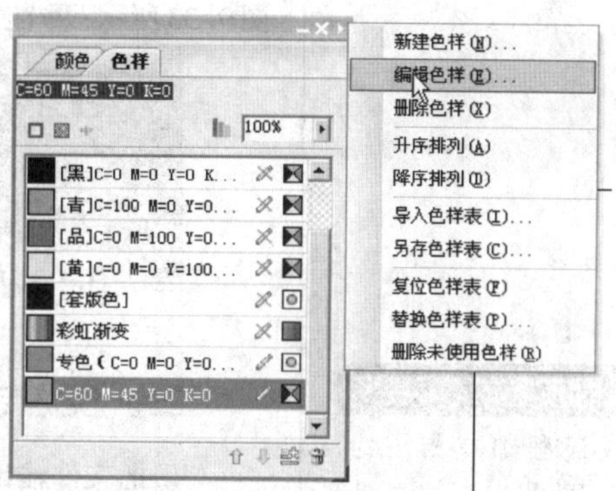

图9-30

弹出【编辑色样】对话框，如图9-31所示。

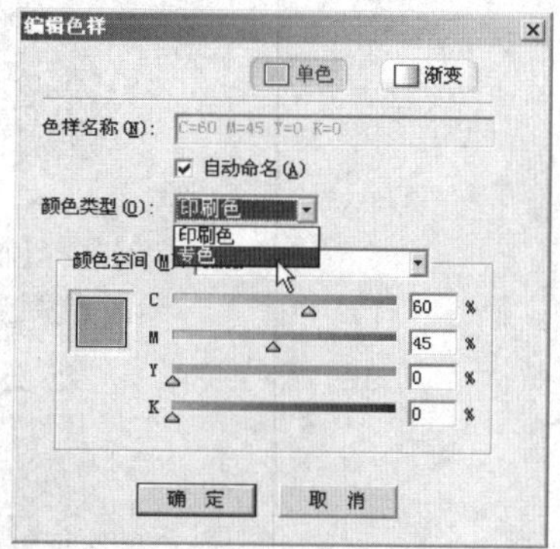

图9-31

颜色类型中选择专色。如果专色名称想用自定义的，则可以不选中【自动命名】一项，如图9-32所示。

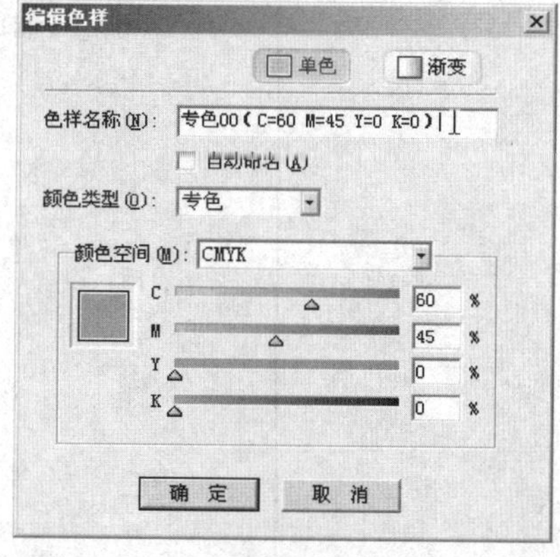

图9-32

❖ 专色输出注意事项

- 如果文件中设置了专色，而在输出时RIP相关设置为不支持专色，则专色会转为CMYK色输出。
- 因此，在输出时一定要向输出操作人员讲清楚，以免造成错误。

二、使用专色 ★★

这里画两个图元块，选中图元块后，在色样点一下专色名称，结果如

图9-33所示,两个图元块分别使用了两个专色。

“专色”(C=0 M=0 Y=0 K=100%)

“专色00”(C=60% M=45% Y=0 K=0)

图9-33

三、预览专色 

> **❖ 专色输出时预览**
>
> 专业的RIP或流程都有相应的专色预览设置,输出时一定要仔细察看这些设置,以确保输出效果正确。

(1)把文件输出为PDF文件,在Acrobat中打开PDF文件,如图9-34所示。

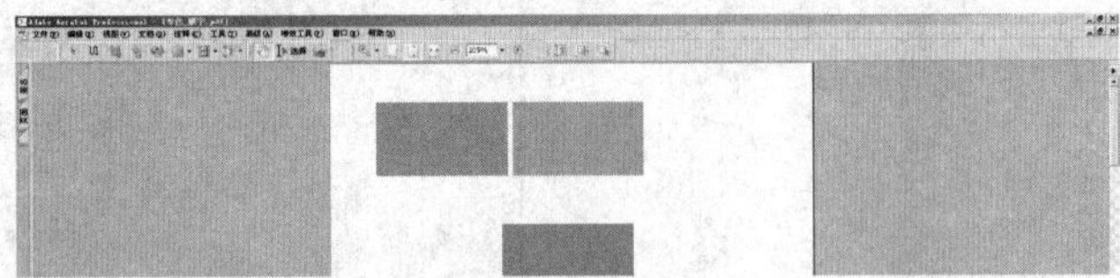

图9-34

(2)选择【输出预览】,如图9-35所示。

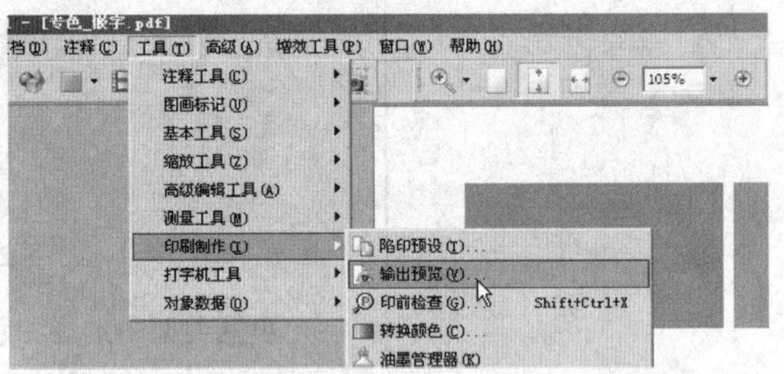

图9-35

(3)弹出【输出预览】对话框,如图9-36所示。

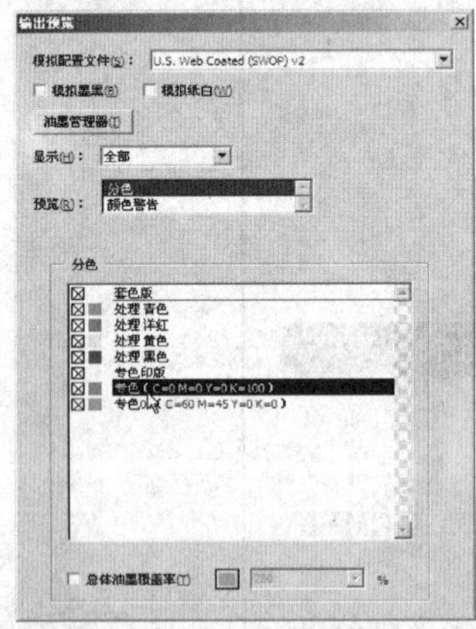

图9-36

可以看到分色列表里多出专色印版,专色印版下面有事先定义好的两个专色。

第10章 用图形装饰版面

本章主要帮助读者学习常规绘制基本图形、学会图形变换类操作，同时掌握一些自己常用的高级图形制作实例与实用技巧。

第1节 图形基本操作

❖ 图形工具

● 创建图形工具

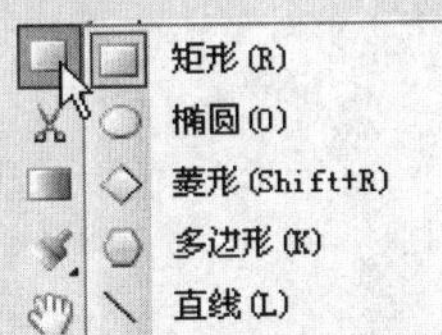

选中一个工具后，可以在版面上画相应的图形。

● 画图工具

钢笔工具可以画贝塞尔曲线或折线段。

画笔工具支持随手画图操作，可以绘出任意形状的曲线。

删除节点工具可以对一个或选中的多个节点进行删除操作。

一、建立图形操作

1. 绘制直线

单击工具箱中的直线工具(L)，进入绘制线段状态，光标变成后，在任意位置单击，该点即为线段的起点，按住鼠标左键不放，拖动鼠标到线段终点，释放鼠标即可生成直线。

绘制水平、垂直、45°角的斜线：绘制过程中，按住“Shift”键，分别朝水平、上下、斜角方向拖动，将分别产生水平、垂直或倾斜角度为45°的线段。

2. 绘制矩形

选择工具箱中的矩形工具(R)，进入绘制矩形状态，此时光标变成，将光标移至待绘制矩形的左上角位置单击，并按住鼠标左键不放，拖动鼠标到矩形的右下角。释放鼠标左键，即可生成矩形。

绘制正方形：绘制过程中，按住“Shift”键，系统自动生成一个正方形。

3. 绘制椭圆

选择工具箱中的椭圆工具(O)，进入绘制椭圆的状态，光标变成，将光标移至待绘制的椭圆的左上角，按住鼠标左键不放，拖动鼠标到椭圆右下角，松开鼠标左键，即可生成椭圆。

绘制正圆：绘制过程中，按住“Shift”键，自动生成正圆。

4. 绘制菱形

选择工具箱中的菱形工具(Shift+R)，进入绘制菱形状态，光标变成，将光标移至待绘制的菱形的左上角位置，按下鼠标左键不放，拖动鼠标左键到菱形右下角，松开鼠标左键，系统生成菱形。

绘制正菱形：绘制过程中，按住“Shift”键，则系统自动生成正菱形。

5. 绘制多边形

选择工具箱中的多边形工具(K)后进入绘制多边形状态，光标变成，将光标移至待绘制的多边形的左上角位置，按下鼠标左键不放，拖动鼠标左键到多边形右下角，松开鼠标左键，系统生成多边形。

绘制正多边形：绘制过程中，按住“Shift”键，则生成正多边形。

6. 绘制任意图形

选取画笔工具(D)，系统进入画笔状态。

在版面的任意位置按下鼠标左键，就确定了曲线的起点。在版面拖动鼠标，系统根据鼠标的移动，自动绘制贝塞尔曲线，松开鼠标左键将结束作图，光标所在点即是曲线的终点。

画笔续绘：把画笔工具移动到一条不封闭曲线的端点，则可在此端点处续绘此曲线。

7. 绘制折线或贝塞尔曲线

(1)绘制折线：选取钢笔工具(P)，依次在版面上点击即可在各节点之间形成折线。

(2)绘制贝塞尔曲线：使用钢笔工具可以绘制贝塞尔曲线，并可以调整曲线的弧度和方向，如图10–1所示。

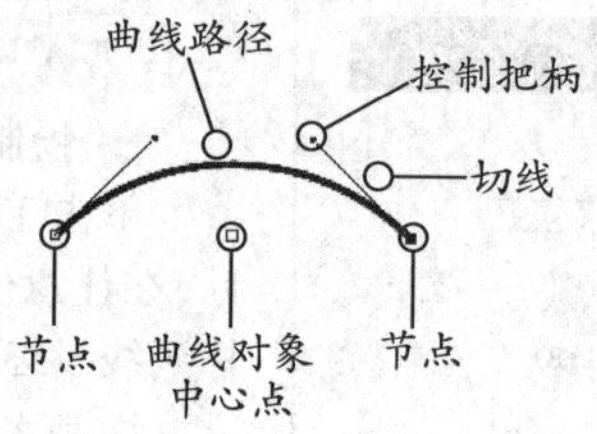

图10–1

选取钢笔工具(P)，版面上点击后，创建曲线段开始端点，松开鼠标左键，移动光标到第二个点再次按下鼠标左键后，创建曲线段节点，然后，继续按住鼠标左键，在版面上拖动控制把柄，可以调整切线的方向及长短，即可调整曲线的弧度。

松开鼠标左键，再移动鼠标到另一个位置点击，创建下一个曲线段节点，拖动鼠标即可绘制连续曲线，绘制过程中按“Ctrl”键可以将光滑节点变为尖锐节点。

结束绘制：双击鼠标左键或单击鼠标右键即可结束绘制。

(3)绘制封闭曲线：绘制时终点与起点重合即可。将鼠标置于起点上，光标变为，点击起点即可；如果点击起点时按住鼠标左键拖动，可以调整最后一个节点两侧曲线的弧度；如果点击到起点，按下鼠标左键不放，同时按住“Ctrl”键，拖动鼠标，则可以单独调整最后一段曲线的弧度。

续绘：将钢笔工具置于曲线或折线的端点上，光标变为，点击节点可以继续绘制曲线。利用续绘功能可以连接两条非封闭的曲线或折线。

如果两个非封闭的曲线带有不同的属性，则完成连接后的曲线，取

❖ 多边形设置

- 双击多边形工具，弹出【多边形设置】对话框。

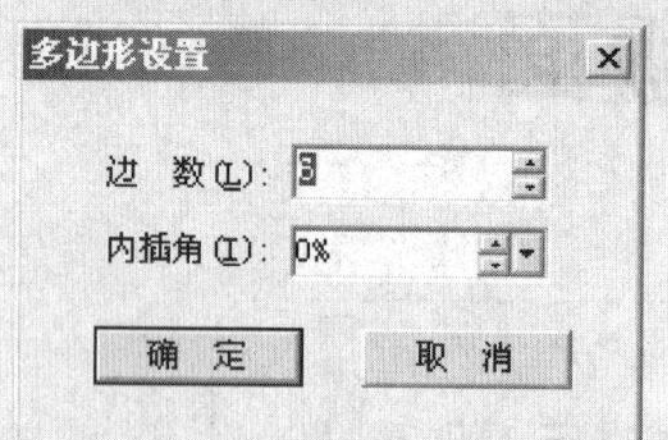

- 设置多边形边数，以及内插角度数。

❖ 画笔工具设置

双击画笔工具，弹出【画笔工具】对话框。

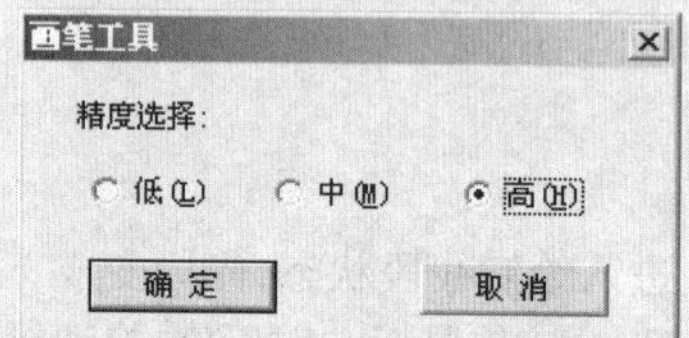

可以设置高、中、低三种精度，默认高精度。

❖ 钢笔工具设置

双击钢笔工具，弹出【钢笔工具】设置的提示框。

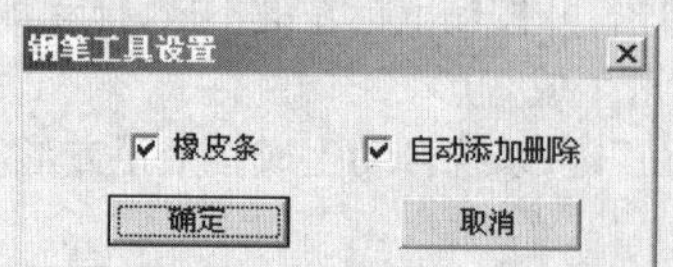

- 【橡皮条】：钢笔工具鼠标移动过程中带有连接线，绘制可变曲线段。
- 【自动添加删除】：表示绘制过程中点击前一个节点，可以删除该节点，也可以在非节点处增加新节点。

最后一个被连接的曲线属性。

二、图形编辑操作

1. 使用穿透工具

方正飞翔提供穿透工具，用于编辑图元、图像、文字块等对象的边框或节点。也用于选中组合对象里的单个对象，还可以单独选中图像。

穿透工具移动到图形上，当光标显示为时，表示当前穿透工具下可以对节点操作。

当光标显示为时，表示当前穿透工具可以对线段操作。

当光标显示为时，表示穿透工具可以移动图形对象。

2. 移动边框

使用穿透工具单击图元边框，用鼠标拖动边框，与该边相关的节点和边线也随之改变。

在拖动的过程中，如果按住“Shift”，则为45°、垂直或水平移动。

3. 移动节点

使用穿透工具单击图元节点，鼠标拖动节点，与该节点相关的边也改变。

在拖动的过程中，如果按住“Shift”，则为45°、垂直或水平移动。

4. 增加节点

用穿透工具选中要修改的图元，将显示出该图元的节点，双击鼠标左键即可在双击处增加一个节点。

5. 删除节点

双击图元节点，即可删除节点，如果多边形的节点数小于3个，则不可删除。

6. 选中成组对象里的单个对象

使用穿透工具可以选中成组对象里的单个对象，也可以选中文字块里的盒子。

选中单个对象后，拖动对象中心点，可以移动单个对象。

选中对象后切换到选取工具，还可以调整对象大小。

7. 选中图像

方正飞翔图像带有边框，使用穿透工具可以单独选中图像，调整图像在边框内的显示区域。

8. 删除节点工具

除了穿透工具可以删除节点外，飞翔提供删除节点工具，可以同时选中和删除多个节点。

选择删除节点工具，单击图元或图像，使图元或图像呈选中状态。然后可以使用以下几种方法删除节点。

点击节点：使用删除节点工具点击到图元或图像的节点，即可删除该节点。

框选节点：按“Del”键。使用删除节点工具在版面上拖画出矩形区域，即可选中区域内的所有节点，按“Del”键即可删除节点。

点击边框：使用删除节点工具点击到图元或图像边框，即可删除

> **❖ 钢笔工具操作**
>
> - 删除上一节点：绘制过程中按“Esc”键。连续按“Esc”键，可以连续取消上个节点。
> - 取消当前节点一侧的切线：绘制过程中按住“Ctrl”键，点击当前节点。
> - 绘制直线：绘制过程中按住“Shift”键。
> - 绘制过程中，光标放在需要删除的节点上，当光标变为时，单击鼠标左键删除节点。

> **❖ 节点类型**
>
> - 尖锐节点表示调整切线时仅调整节点一边的曲线。
> - 光滑节点表示调整切线时节点两边的曲线同时调整。

> ❖ 贝塞尔曲线节点
>
> • **光滑节点**
>
> 调整切线时，光滑节点两侧曲线同时变动，切向量保持在一条直线上。
>
> • **尖锐节点**
>
> 尖锐节点两侧曲线仅有一侧的曲线发生变动，该侧曲线的切向量独立变化，尖锐节点显示为红色。
>
> • **比例节点**
>
> 比例是指该控制点两侧切向量反向且长度保持原有比例。
>
> • **对称节点**
>
> 对称是指控制点两侧切向量反向但长度相同。

边框。

9. 编辑贝塞尔曲线

用穿透工具单击要修改的贝塞尔曲线，将显示出该曲线的节点。

穿透工具选中节点即可拖动节点。

穿透工具点击到节点之间的曲线上，即可拖动曲线。

穿透工具点击到切线上，拖动切线两端的把柄，即可调整切线方向和曲线弧度。

说明：在拖动节点、曲线和切线的过程中，按住"Shift"键，则拖动时节点、曲线和切线沿垂直、水平或45°方向移动。

穿透工具选中曲线或节点后，在右键菜单里可以进一步编辑贝塞尔曲线，如图10–2所示。下面分别介绍各种功能。

图10–2

使用鼠标操作：使用穿透工具双击节点，即可删除节点；使用穿透工具双击两个节点之间的曲线即可在曲线上增加节点。

使用右键菜单操作：使用穿透工具选中曲线，在右键菜单里选择【增加】即可在选中曲线上增加节点；使用穿透工具选中节点，在右键菜单里选择【删除】即可删除选中的节点。

变直或变曲：使用穿透工具选中一段曲线，在右键菜单里选择【变直】即可将选中折线变为直线。使用穿透工具选中一段直线，在右键菜单里选择【变曲】即可将选中直线变为曲线，拖动曲线上的切线，即可调整曲线弧度。

断开或闭合曲线：在闭合贝塞尔曲线上的任一处右键单击，选择弹出菜单中的【断开】命令，将在该处断开该曲线。

在非闭合贝塞尔曲线的任意处右键单击，选择弹出菜单中的【闭合】命令，可以将该曲线闭合。

三、图形属性设置操作

1. 线型设置

选择菜单【窗口】→【线型与花边(Ctrl+Shift+L)】，或在选中图元的右键菜单里选择相应选项，弹出【线型与花边】浮动窗口，如图10–3所示，选中要设置花边的图元，在窗口里选择需要的设置选项即可。

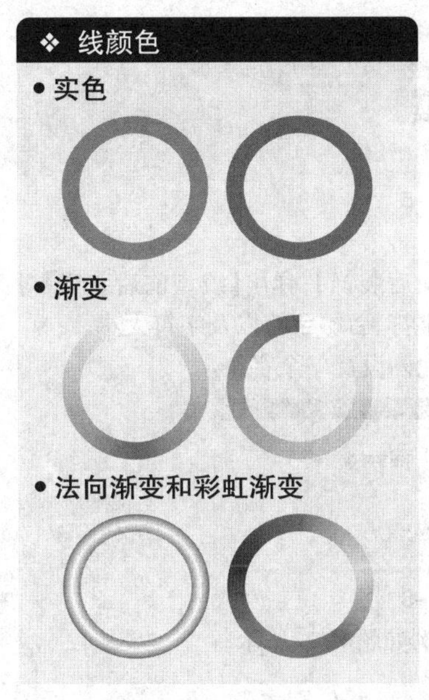

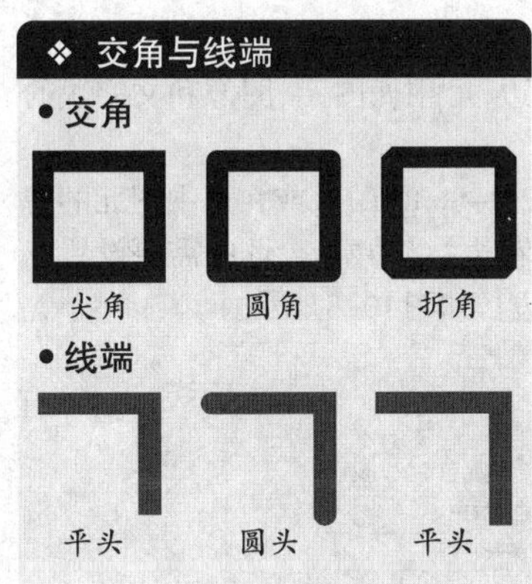

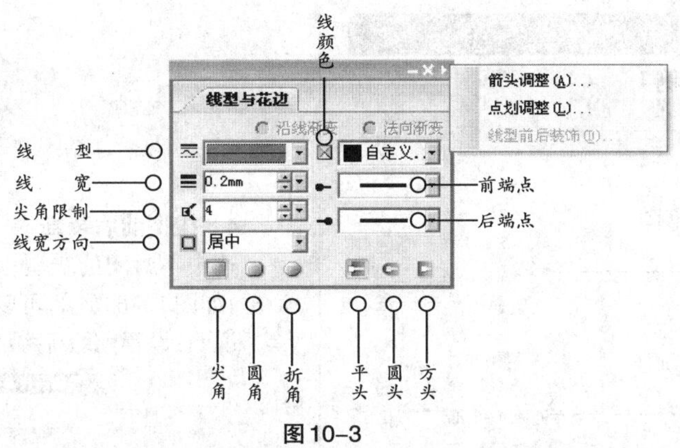

图10–3

(1)线型:在下拉列表里选择线型。

(2)线宽:设置线框的粗细。

(3)颜色:设置线框颜色。方正飞翔支持设置沿线渐变和法向渐变。

(4)尖角限制:当线框转角处角度较小时,可以通过尖角幅度控制尖角的长度。

(5)前端点和后端点:在前端点和后端点下拉列表里选择端点类型。

(6)线宽方向:线条加粗时加粗部分添加在线框哪个部分,可以选择外线、居中和内线。外线表示线条加粗部分添加在线框外部;居中表示以线框为中轴,向内和向外添加;内线表示线条加粗部分添加在线框内部。

(7)端点角效果:设置线型端点为平头、圆头或方头。

(8)交角类型:设置线框交角类型为尖角、圆角或折角。

线框的常用操作"线型"、"线宽"和"线宽方向",也可以通过控制窗口设置。

【线型与花边】窗口的扩展菜单里提供箭头调整、点划调整以及线型前后装饰的功能。

2. 箭头调整

此功能用来调整各种箭头的形状和相关大小。选中箭头,点击【箭头调整】,弹出【箭头调整】对话框,如图10–4所示,可以设置箭头的长度、宽度和距离。

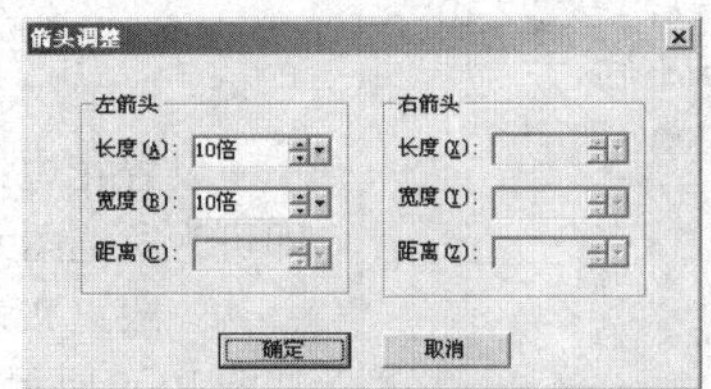

图10–4

3. 点划调整

方正飞翔提供3种点划线类型。

选中划线,点击【点划调整】,弹出【点划调整】对话框,如图10–5所示,可以设置划长、点长以及间隔。

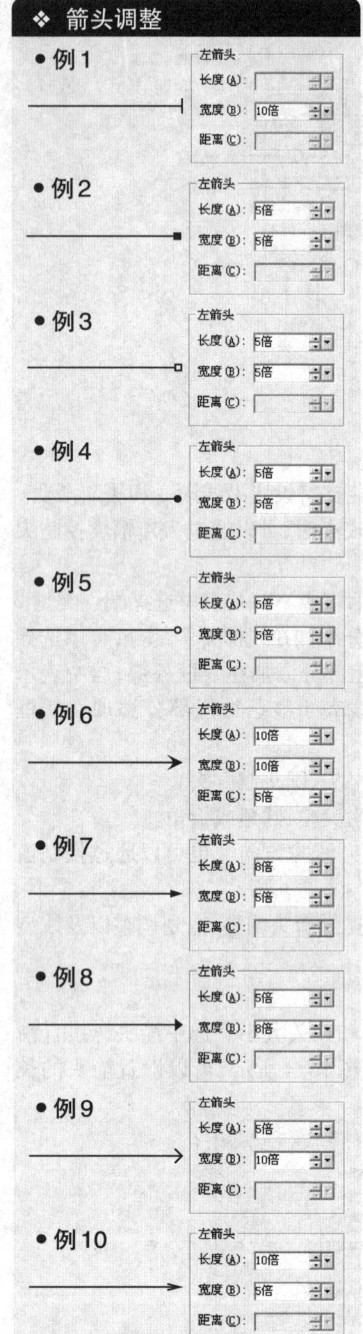

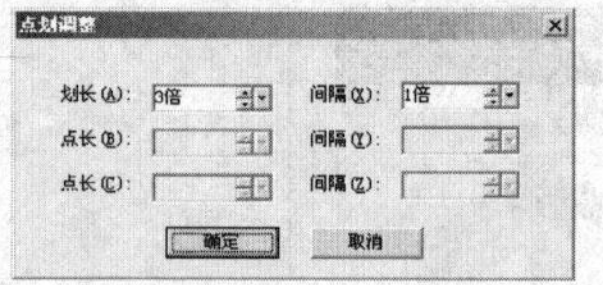

图10-5

4. 线型前后装饰

选中不封闭的线型，点击【线形前后装饰】，弹出【线型前后装饰】对话框，如图10-6所示，可以设置前缀字符、后缀字符以及字符大小。

说明：设置前缀/后缀字符时，只允许设置一个字符。

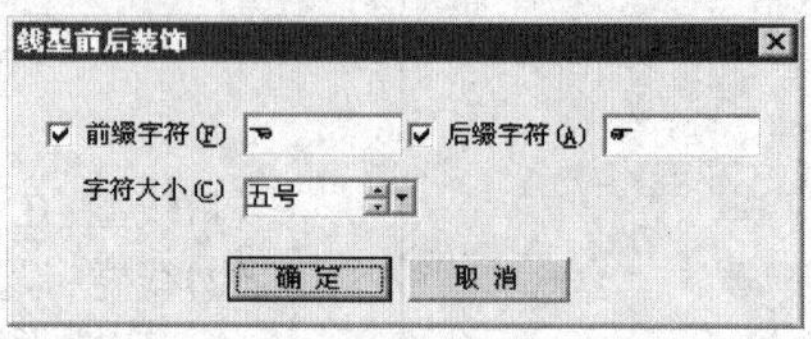

图10-6

设置前缀字符和后缀字符后，图例如图10-7所示。

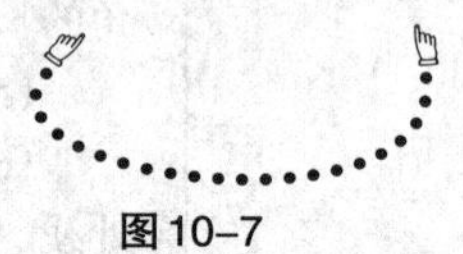

图10-7

5. 花边设置

方正飞翔提供0~99号共100种花边，可用做图元、图像和文字块的边框。还可以用指定的字符作为花边。

选择菜单【窗口】→【线型与花边(Ctrl+Shift+L)】，或在选中图元的右键菜单里选择相应选项，弹出【线型与花边】浮动窗口，选中需要设置花边的图元，在线型下拉列表里选择【花边】，如图10-8所示。

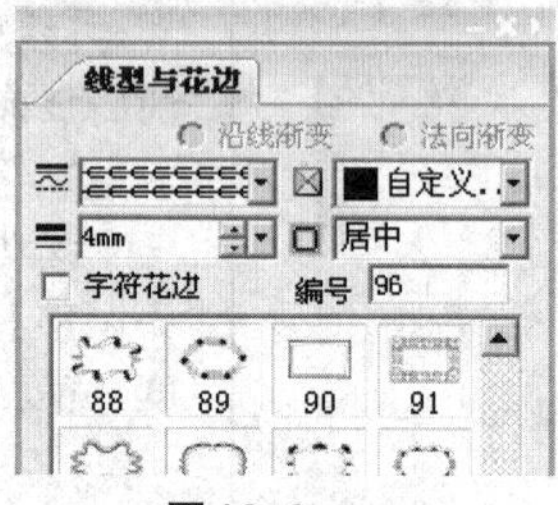

图10-8

设置花边：单击花边图案，或者在【编号】编辑框内输入花边的编号，即可为所选图元设置花边效果。

一般正文为5号或小5号时，花边线粗细设置为4mm左右，实例效果如图10-9所示。

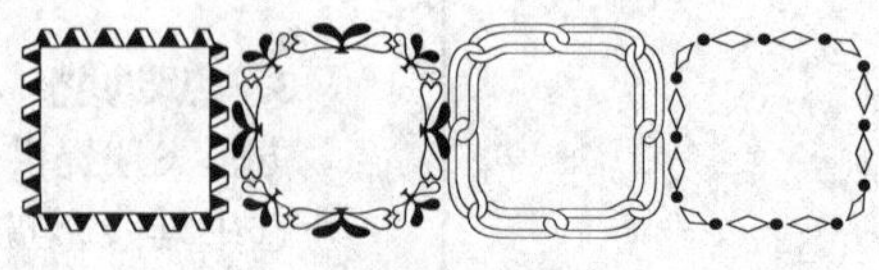

图10-9

❖ 曲线花边

利用在曲线上沿路径排版的功能，把图片当做盒子或任意字符放入沿线排版文字中，可以实现在曲线上排版花边功能。

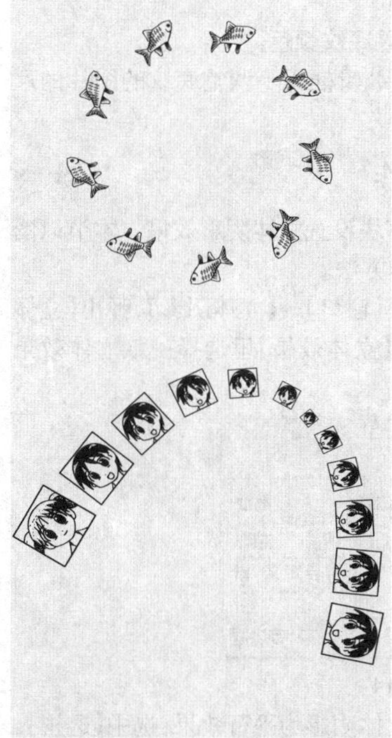

❖ 曲线与花边的关系

- 花边不能作用于椭圆或曲线。
- 不支持曲线设置花边。

6. 字符花边设置

选中【字符花边】，在【字符】编辑框里输入1个字符，在【字体】下拉列表里选择字符所要设置的字体，如图10-10所示。字符可以是英文、中文或数字等，但只能是1个字符。

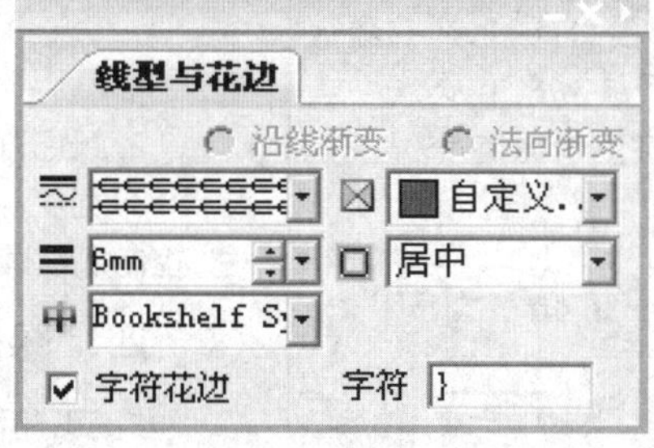

图10-10

实例效果如图10-11所示。

图10-11

7. 底纹设置

方正飞翔提供的273种底纹可作用于图元、文字块、表格。选中图元，选择【窗口】→【底纹(Ctrl+Shift+B)】，或在选中图元的右键菜单里选择相应选项，弹出【底纹】浮动窗口，如图10-12所示。

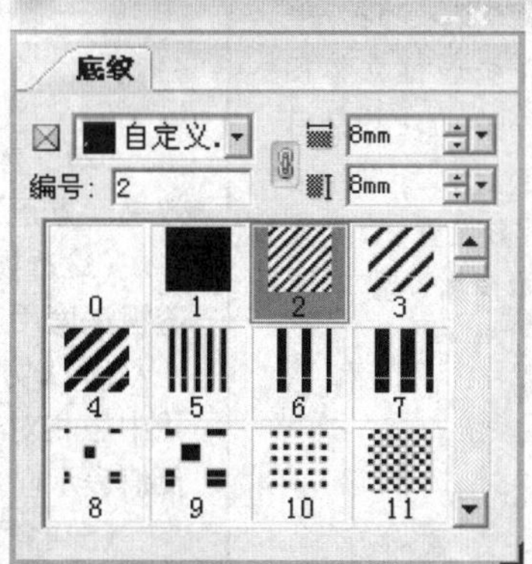

图10-12

(1)设置底纹类型：鼠标单击底纹图案，或者在【编号】编辑框内输入底纹对应的编号，即可将底纹作用于所选图元，如图10-13所示。

❖ 底纹的背景颜色

- 底纹默认有白底,会覆盖下层对象,如果要取消,可以在【透明】浮动窗中选择【叠底】颜色混合模式取消白底,但底纹颜色也会和下层对象有叠底关系,应根据实际情况使用。

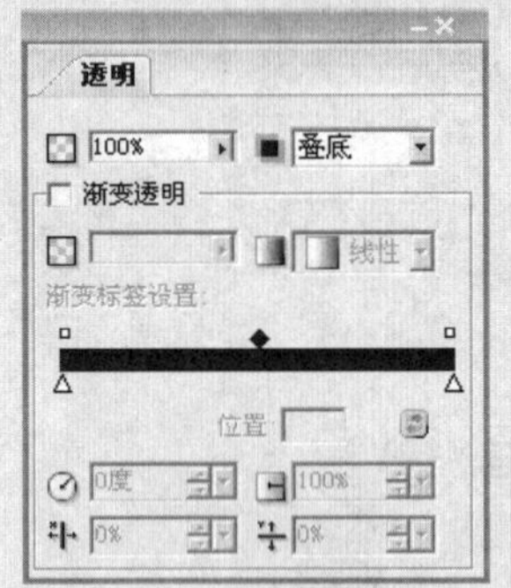

- 两个底纹图形,有叠底关系的实现了透底效果。

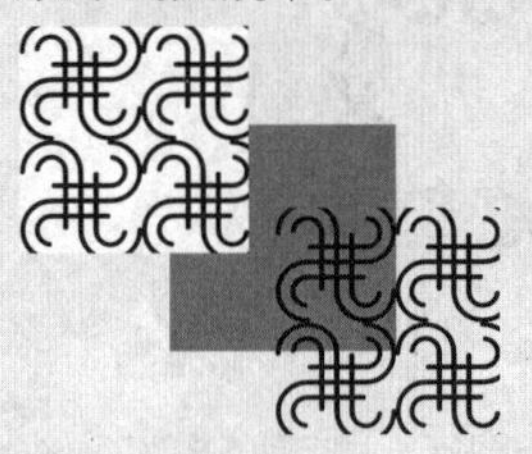

❖ 多选块进行立体阴影

当同时选中多个块进行立体阴影设置时,如果所选的块均是可设置立体阴影的块,则可以给多个块进行立体阴影设置;否则置灰,不能进行立体阴影设置。

图 10–13

(2)颜色:在【颜色】下拉列表里设置底纹颜色。

(3)宽度和高度:【宽度】和【高度】编辑框用于调整底纹的图片的尺寸,控制底纹疏密程度。

四、图形立体阴影设置操作 

方正飞翔可以对图元、图像或文字块设置立体阴影效果。本节以图元为例,讲述设置立体阴影效果的操作方法。

选中要设置立体阴影的图元,选择【窗口】→【立体阴影】,弹出【立体阴影】浮动窗口,如图 10–14 所示。在【立体效果】里选择一款立体效果后,即可激活各项设置。

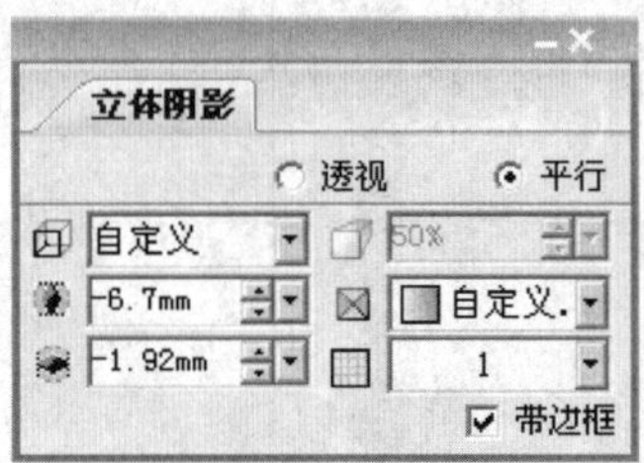

图 10–14

(1)平行或立体:选中【平行】,则立体阴影为平行效果;选中【透视】,则立体阴影为透视效果,如图 10–15 所示。

图 10–15

(2)立体效果:在“立体效果”下拉列表里,单击某图标,即可应用该效果。方正飞翔提供了多种类型的立体效果。

(3)透视深度:当应用类型为透视效果时,激活“透视深度”微调框,透视深度用来定义立体底纹透视效果的程度。

(4)X 方向偏移和 Y 方向偏移:方向偏移是指平行(或透视)后的图元中心相对于原图元中心的偏移值。正值表示立体底纹向右、向下偏,负值表示向左、向上偏。

(5)底纹和颜色:在“底纹”下拉列表里,可以设置立体部分的底纹,底纹类型的默认设置为空。单击【颜色】按钮,弹出“颜色”下拉列表,默认颜色为“K100”。

(6)【带边框】:边框指立体阴影的边框,不选择【带边框】选项,则立体阴影不带边框,仅保留底纹等效果;选中【带边框】,则生成的立体阴影

❖ 文字加立体阴影

如果对文字进行立体阴影，必须先把文字转成曲线。

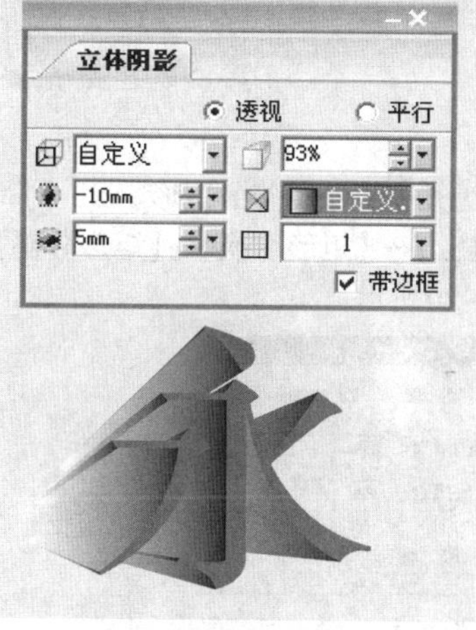

❖ 角效果

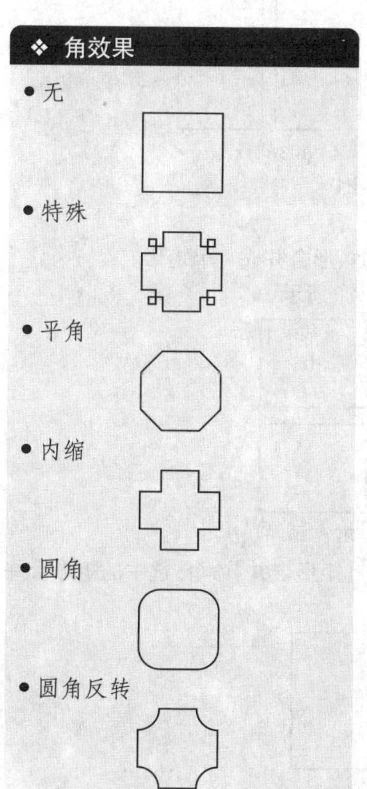

的线型和线宽与图元的线型和线宽保持一致。

五、图形角效果设置操作

方正飞翔可以对矩形或其他图元设置角效果。角效果有特殊、平角、内缩、圆角、圆角反转等。

选择菜单【美工】→【角效果】，弹出【角效果】对话框，如图10-16所示。

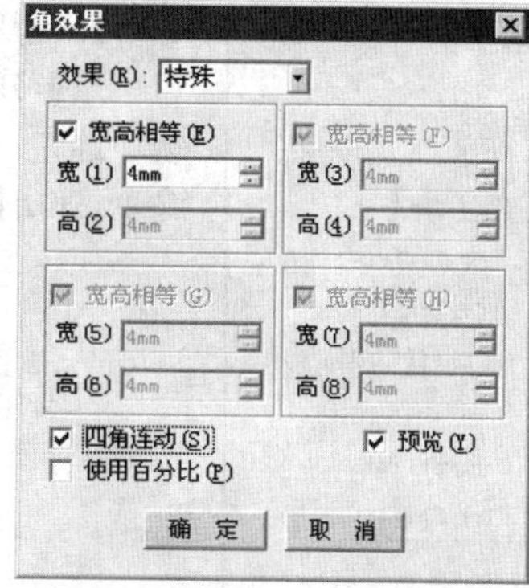

图10-16

在【效果】下拉列表里选择一种角效果。在设置的过程中，保持【预览】的选中状态，即可实时查看版面效果，如图10-17所示。

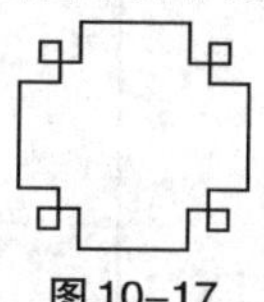

图10-17

选择【效果】后，激活四角设置选项，分别对应矩形四个角。在高度和宽度编辑框内指定圆角宽和高的长度值，当选中【宽高相等】时，宽度与高度连动。

如果选中【四角连动】，当设置了矩形一个角后，其他角也相应连动。

选中【使用百分比】，则【高】和【宽】的值用百分比表示。

如果选中的是非闭合曲线，则弹出【角效果】对话框，如图10-18所示。

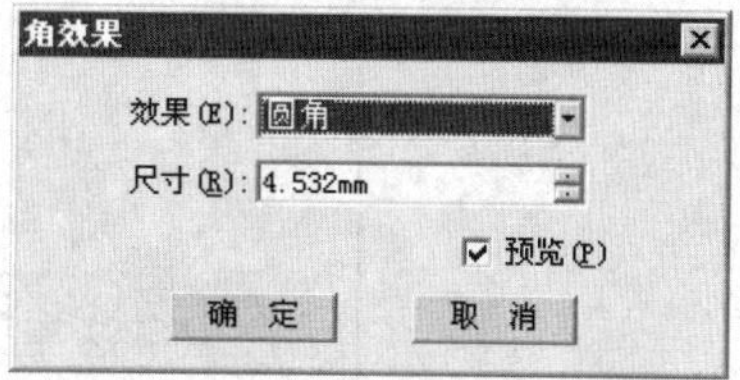

图10-18

实例效果如图10-19所示。

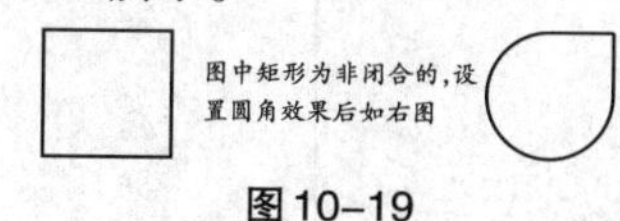

图10-19

第2节　图形变换操作

❖ 转成文字块

图元块可以转成文字块，具有文字属性。

选中一个图元块，在弹出的右键菜单中执行【转成文字块】命令。

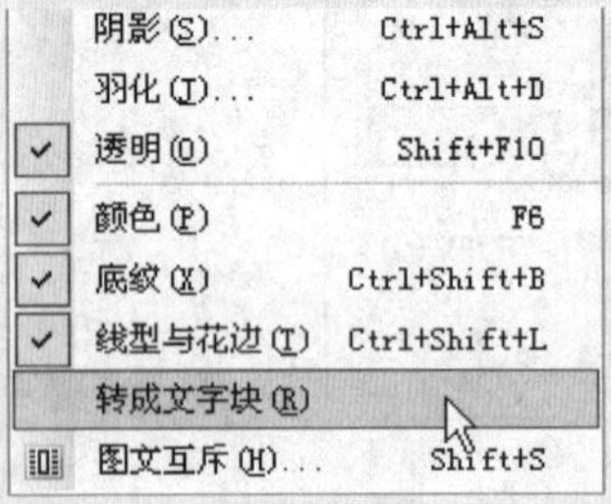

阴影(S)... Ctrl+Alt+S
羽化(T)... Ctrl+Alt+D
透明(O) Shift+F10
颜色(P) F6
底纹(X) Ctrl+Shift+B
线型与花边(T) Ctrl+Shift+L
转成文字块(R)
图文互斥(H)... Shift+S

一、矩形分割操作 ★★★

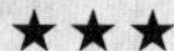

1. 矩形分割

矩形分割可以将一个矩形平均分为几个大小相等的矩形。

选中一个矩形对象，选择菜单【美工】→【矩形变换】→【矩形分割】命令，弹出【矩形分割】对话框，如图10–20所示。

矩形分割
宽　度: 26.704mm
高　度: 22.698mm
横分割(I): 2
横间隔(K): 2mm
纵分割(V): 2
纵间隔(J): 2mm
确　定
取　消

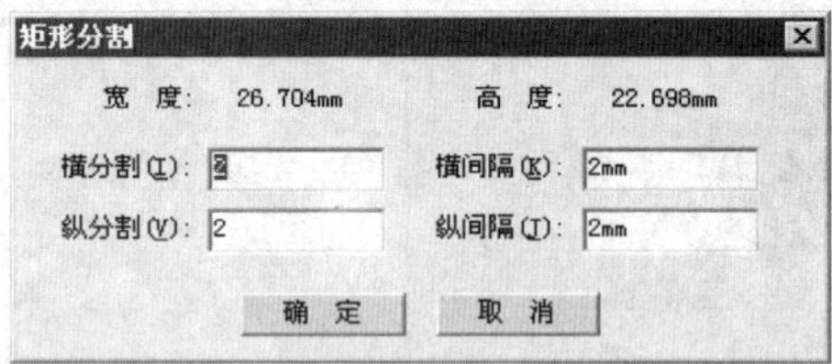

图10–20

设置【矩形分割】对话框参数后，单击【确定】按钮后结果如图10–21所示。

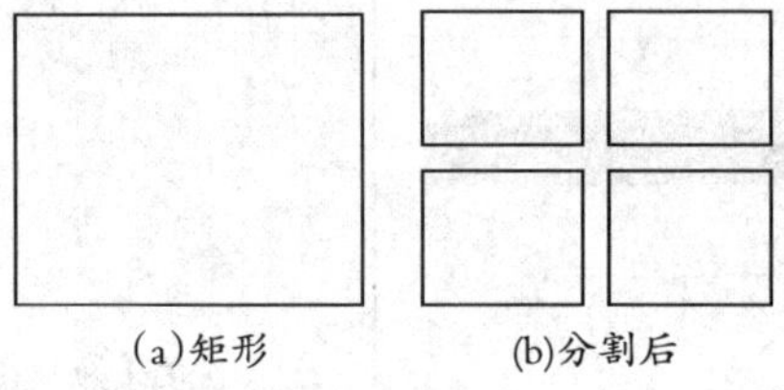

(a)矩形　　(b)分割后

图10–21

2. 矩形合并

矩形合并可以将几个任意大小的矩形合并成一个矩形。

选中要合并的所有矩形，如图10–22所示。

图10–22

单击菜单【美工】→【矩形变换】→【矩形合并】命令，选中的矩形合并成为一个矩形，如图10–23所示。

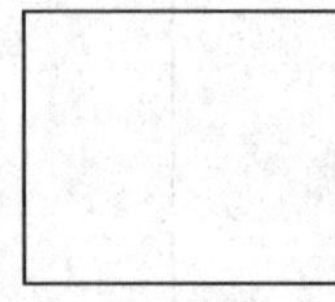

图10–23

二、隐边矩形操作 ★★

> **❖ 隐边矩形**
> - 用穿透工具编辑隐边矩形后，隐边功能失效。
> - 隐边矩形进行矩形分割或矩形合并后，新的矩形仍有隐边效果。

隐边矩形是不显示矩形的某边，该操作对矩形有效。

选中一个矩形，单击菜单【美工】→【隐边矩形】命令，弹出【隐边矩形】对话框，如图10-24所示。

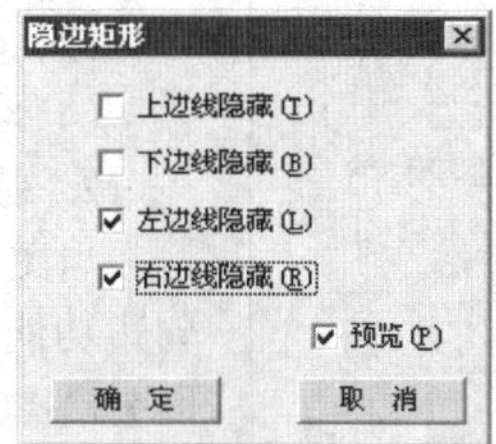

图10-24

选择需要隐藏的边框，【预览】选中，可实时查看设置效果。如图10-25所示为选中【左边线隐藏】和【右边线隐藏】的效果。

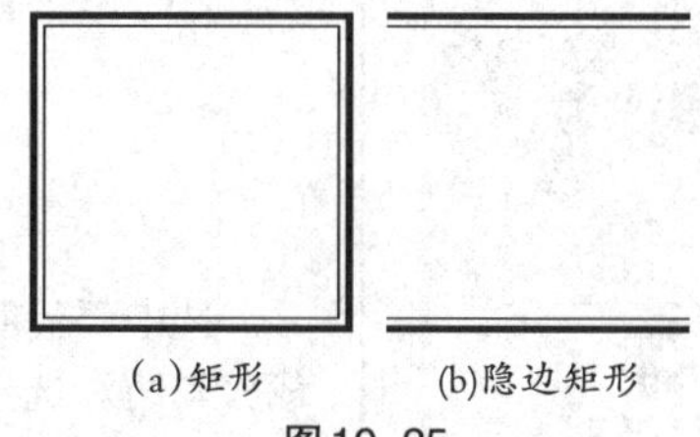

(a)矩形　(b)隐边矩形

图10-25

三、图元勾边操作 

> **❖ 图元勾边**
> 直接勾边

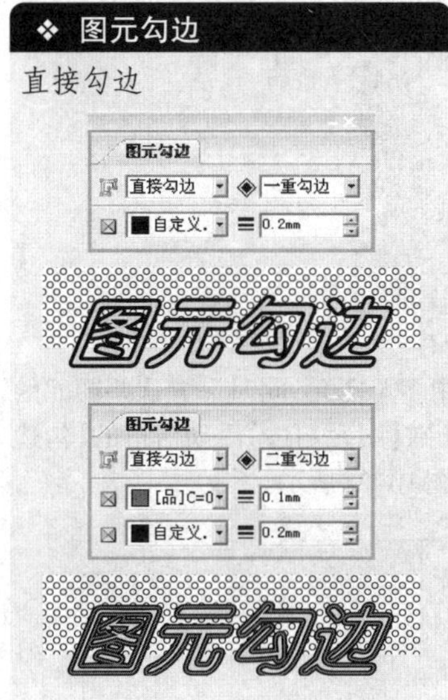

图元勾边分为直接勾边和裁剪勾边。裁剪勾边即当勾边的图元压在图像或图元上时，保留压图部分的勾边效果，裁剪掉不压图部分的勾边效果。

1. 直接勾边

直接勾边可以在图元边框线的内外两侧同时勾边，并可设置勾边线的颜色和粗细。

用选取工具选中需勾边的图元，选择【窗口】→【图元勾边】，弹出【图元勾边】浮动窗口，如图10-26所示。

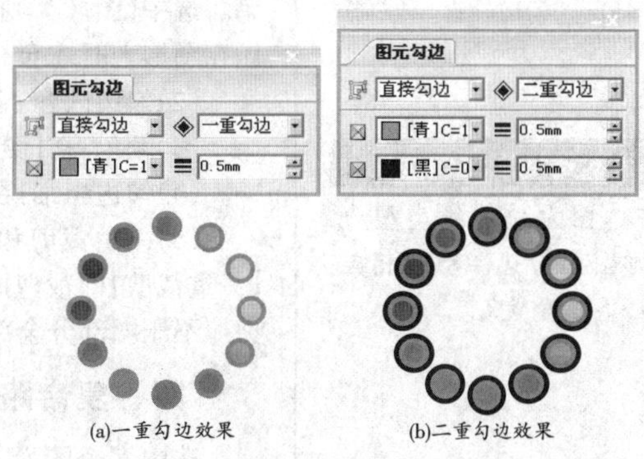

(a)一重勾边效果　(b)二重勾边效果

图10-26

❖ 图元勾边

裁剪勾边

(1)勾边类型：无、直接勾边、裁剪勾边三种，选择【无】，则取消图元勾边。

(2)◈勾边内容：在【勾边内容】下拉列表里可以选择【一重勾边】或【二重勾边】。一重勾边在原线框内外添加一层边框，二重勾边可以在一重勾边的基础上再加一层边框。

(3)⊠颜色：在【颜色】下拉列表里选择勾边颜色。

(4)≡勾边粗细：在【勾边粗细】编辑框内设置边框粗细值。

2. 裁剪勾边

当图元压图时，往往不能清晰地显示图元轮廓，此时可以使用裁减勾边功能对压图部分的图元勾边，给图元添加与底图色差较大的边框，以突出图元，如图10–27所示。

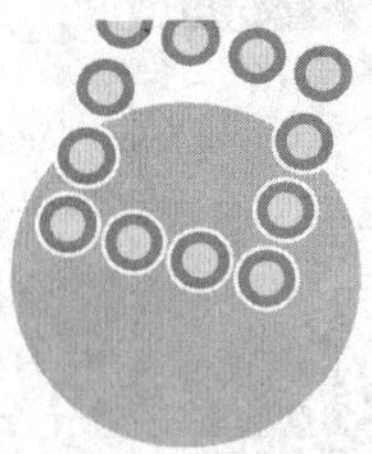

图10–27

选中要裁剪勾边的图元。可以选中多个图元，同时设置这些图元的裁剪勾边。选择【窗口】→【图元勾边】，在【图元勾边】浮动窗口的【勾边类型 】下拉列表里选择【裁剪勾边】，如图10–28所示。

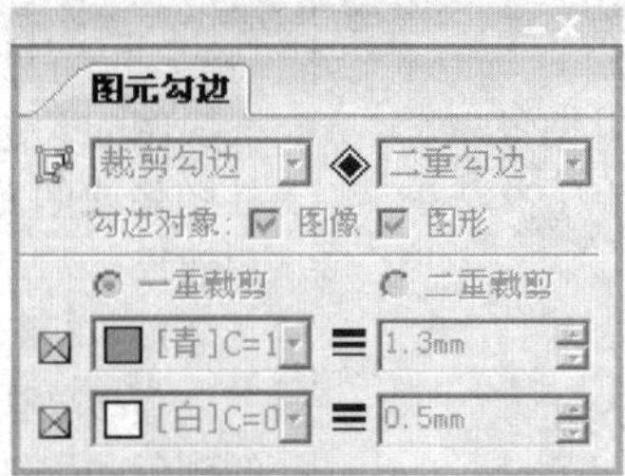

图10–28

(1)勾边对象：设置裁剪勾边的图元在何种对象上有裁剪勾边的效果。选中【图像】，则图元压在图像上时有勾边效果；选中【图形】，则图元压在图形上时才会有勾边效果。

(2)勾边内容 ：选择【一重勾边】或【二重勾边】。

(3)颜色：在【颜色】下拉列表里选择勾边颜色。

(4)勾边粗细：在【勾边粗细】编辑框内设置边框粗细值。

(5)一重裁剪和二重裁剪：选中【二重勾边】时，此选项被激活，选择【一重裁剪】即裁剪掉不压图部分第二层勾边效果；选择【二重裁剪】即裁剪掉不压图部分全部勾边效果。

❖ 花边线不支持图元勾边

如果选中的图元块的线类型为花边线，则图元勾边浮动窗相应选项置灰，不能设置。

四、复合路径操作 ★★★

选中多个图元，执行【对象】→【复合路径】后合并成为一个图元块，重叠部分镂空，即被挖空，其他部分图元线型颜色与最上层图元相同。

❖ 路径运算

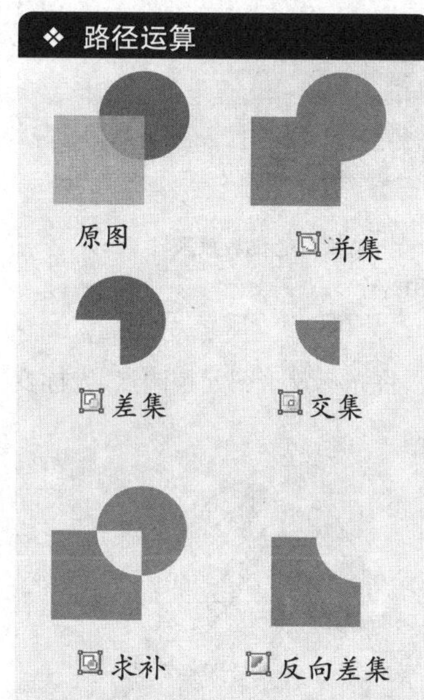

❖ 复合路径

- 图元不能和成组块一起进行复合路径操作。
- 文字转曲线后是一个复合路径对象，选中它，使用菜单【对象】→【复合路径】→【取消】或右键菜单【复合路径】→【取消】取消它。

取消后，如果想重做复合路径，需要使用偶层镂空。

镂空有两种类型，一种是奇层镂空；另一种是偶层镂空。

在对象操作工具条上，也可以直接点击相应按工具图标执行复合路径操作，如图10–29所示。

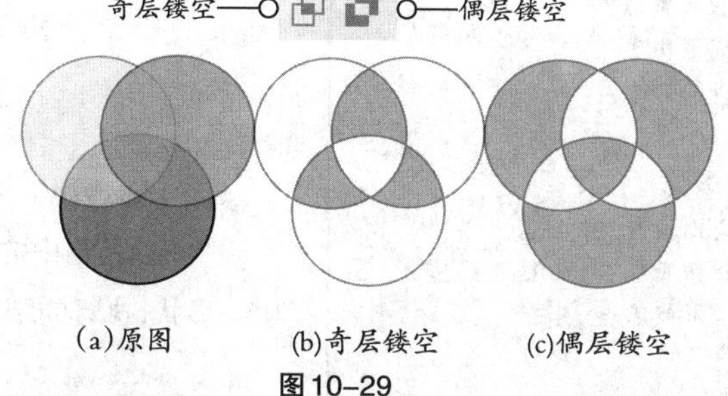

(a)原图　(b)奇层镂空　(c)偶层镂空

图10–29

选中执行了复合路径的图元块，单击菜单【对象】→【复合路径】→【取消】命令，将合并块分离。分离后的块保持原形状，但所有块的底纹属性取合并时最上层图元的底纹属性。

五、路径运算操作 ★★★★

选中多个图元，执行图元的路径运算，即可得到另一个图元。路径运算也适用于图元与图像的运算。

选中几个图像，选择【对象】→【路径运算】，即可在二级菜单里选择运算类型，包括【并集】、【差集】、【交集】、【求补】和【反向差集】，效果如图10–30所示。

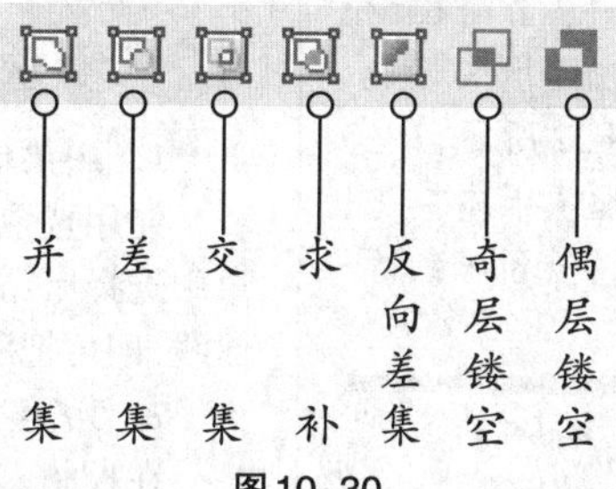

图10–30

原来的几个图元运算后形成一个独立的图元，最终图元的属性在做【并集】、【交集】、【求补】或【反向差集】时取上层图元的属性，在做【差集】运算时取下层图元属性，与选中先后顺序无关。

六、透视操作

透视使图形看起来有一种由近及远的感觉。可以进行透视的对象包括：图元和转换成曲线的文字。

1. 扭曲透视

选择工具箱中的扭曲透视工具，将光标置于图元控制点，光标变为形状，执行的结果如图10–31所示。

❖ 透视操作

• 扭曲透视

扭曲变形扭曲
变形扭曲变形
扭曲变形曲变
形扭曲变形

• 平面透视

扭曲变形扭曲
变形扭曲变形
扭曲变形曲变
形扭曲变形

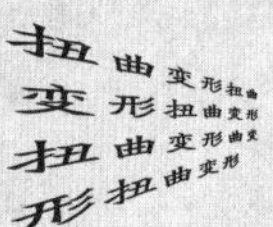

❖ 默认图元环境设置

选择菜单【文件】→【工作环境设置】→【文件设置】，弹出文件设置对话框，如图10–32所示。在【默认图元设置】选项卡中。可以设置默认图元线型和底纹的属性。

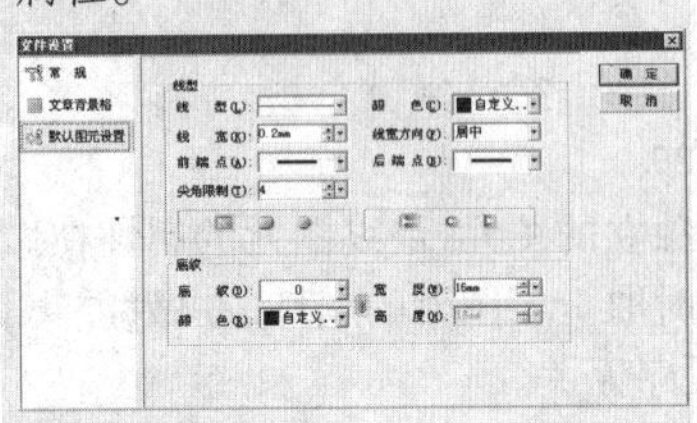

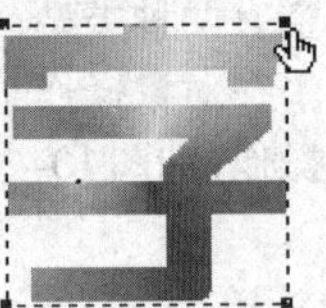

(a)原图　　(b)扭曲透视后效果

图10–31

2. 平面透视

选择工具箱中的平面透视工具，将光标置于图元控制点，光标变为形状，执行的结果如图10–32所示。

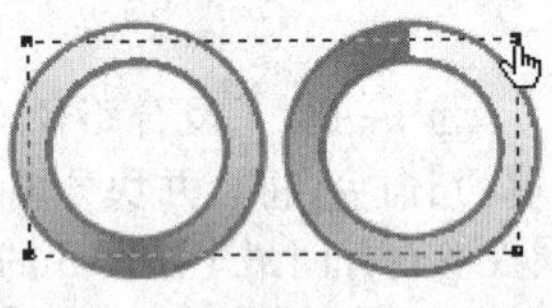

(a)原图

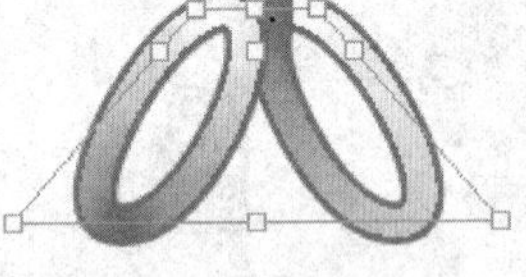

(b)平面透视后效果

图10–32

(1)取消透视属性，选中透视图元后，选择菜单【美工】→【取消透视】即可。

(2)使用透视工具编辑后的图元，若要与普通图元一样进行编辑，必须转为曲线。选中有透视效果的图元，选择菜单【美工】→【转为曲线】，即可将带透视属性的图元转为普通图元。

七、块变形操作

1. 用菜单进行块变形

使用选取工具选中图元后，选择菜单【美工】→【块变形】，在二级菜单中选择所需要的类型：矩形、圆角矩形、菱形、椭圆、多边形、对角直线、曲线，即可把所选图元转为指定的图元类型。

2. 用美工工具条上的工具进行块变形

在控制窗区域弹出右键菜单，选中【美工工具条】。

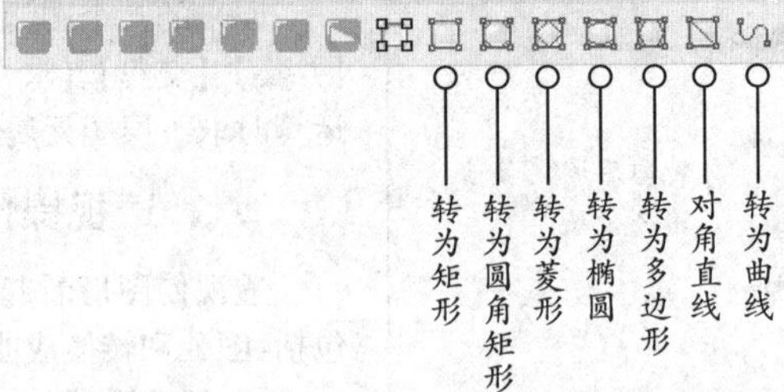

第3节　图形制作高级应用

❖ 学习要点

利用花边可以使用自定义字符的功能，可以制作自定义字符的花边线。

一、自定义字符花边 ★★★★

1. 取字符

在操作系统中打开【字符映射表】对话框，在对话框的【字体】列表里找需要的图案字库，如图10–33所示。

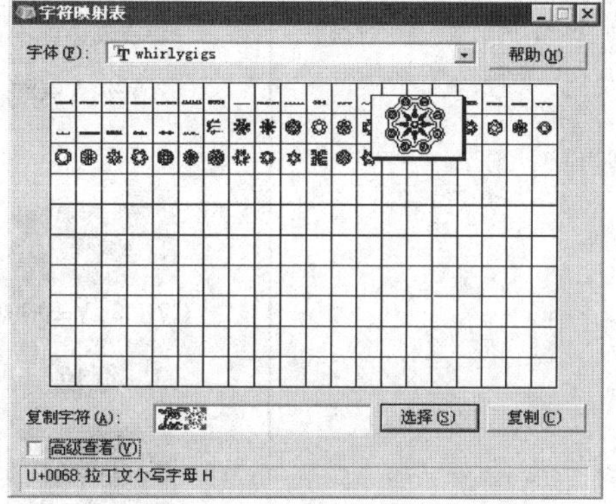

图10–33

用鼠标双击选中的字符，则自动复制字符内码到剪贴板中。

2. 画直线

调整直线长度，选中直线，在【线型与花边】浮动面板中，把线型设置为花边类型，如图10–34所示。

图10–34

这时【字符花边】可选，选中【字符花边】，在字符花边的字符编辑框中，粘贴在【字符映射表】对话框里复制的字符，并在字符花边的字体列表中输入图案字体的字体名称，如图10–35所示。

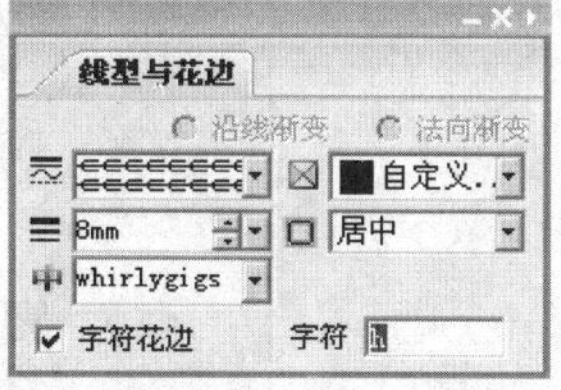

图10–35

制作完毕效果如图10–36所示。

图10–36

❖ 学习要点

- Y颜色值大于M颜色值，则颜色偏黄。
- C和Y组合在一起时，C大于Y，颜色为青绿，C小于Y，颜色偏于黄绿。
- M和Y组合，M小于Y，趋于红色。M大于Y，颜色趋于品红。
- C和M组合为紫色且C小于M。C大小M时，颜色趋于蓝色。

二、常用设置颜色练习 ★★

1. 黄色

M10%，Y90%

M35%，Y90%

M55%，Y90%

2. 绿色

C15%，Y90%

C35%，Y90%

C55%，Y90%

C75%，Y90%

C70%，Y=90%

C72%，Y76%

C69%，Y71%

C100%，Y100%

3. 红色

M80%，Y80%

M90%，Y90%

M100%，Y100%

M100%，Y80%

4. 品红

M90%

M90%，Y20%

M90%，Y40%

M=90%，Y60%

5. 紫色

C10%，M90%

C30%，M90%

C50%，M90%

C70%，M90%

6. 蓝色

C100%，M90%

C100%，M80%

C100%，M70%

7. 青色

C70%，M30%

C80%，M30%

C90%，M30%

C100%，Y60%

C100%，Y40%

C100%

❖ 学习要点

- 以【多重复制】排列花边线，可以制作底纹。
- 符号字库可以单独输入在一个文字块里，设置字符字体为符号对应的字体，然后文字块转曲。转成的曲线图形用【多重复制】进行横向和纵向的复制，形成底纹图案排列。

三、利用自定义花边制作底纹 ★★

1. 制作自定义花边(图10–37)。

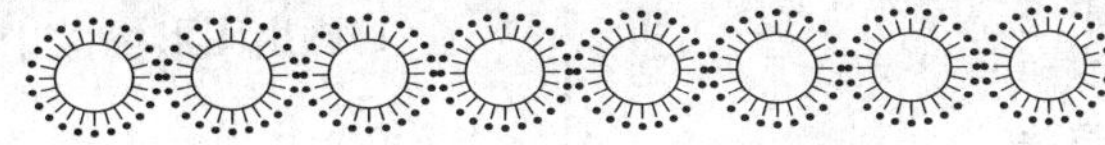

图10–37

2. 用【多重复制】功能制作底纹

选中花边，选择菜单【编辑】→【多重复制】，弹出【多重复制】对话框，设置【竖直偏移量】值为花边的线宽，如图10–38所示。

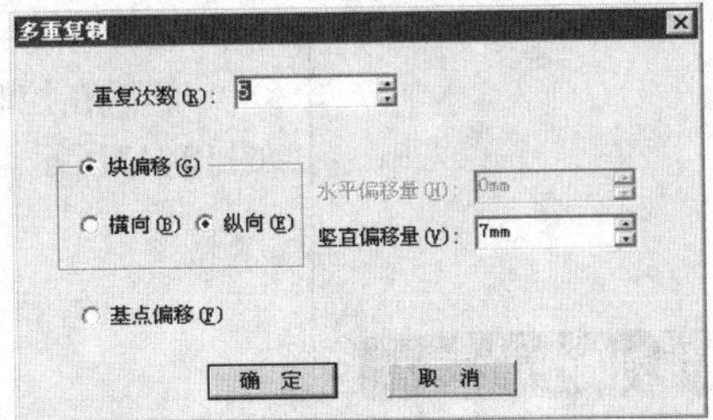

图10–38

按【确定】按钮后，全选成组，如图10–39所示。

图10–39

3. 用裁剪路径制作任意形状的底纹

要制作任意形状的底纹，则可以先画出图形，设置为【裁剪路径】属性，选中图形与底纹图案块，执行成组操作，如图10–40所示。

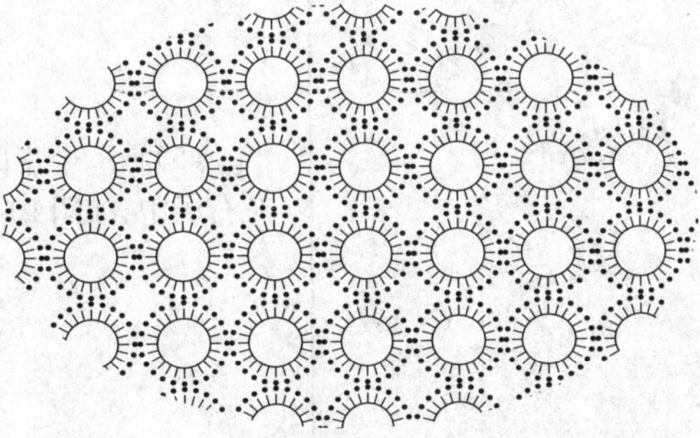

图10–40

❖ 学习要点

- 九宫位位置设置
- 圆的旋转度的均分计算
- 复制对象块
- 旋转对象块
- 图形路径的并集、差集操作

❖ 一些环形排列的例子

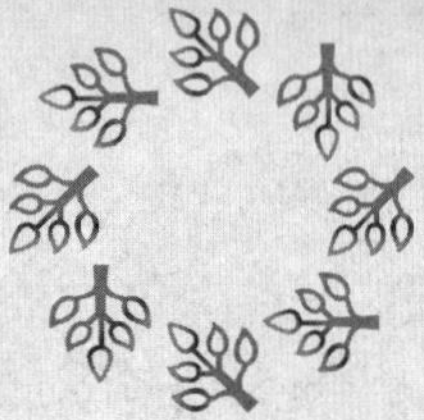

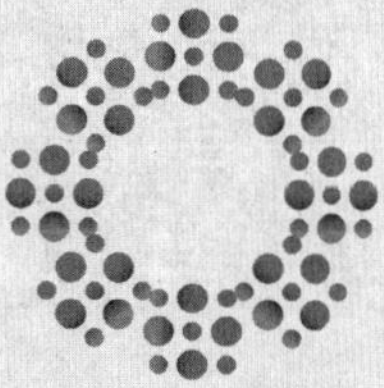

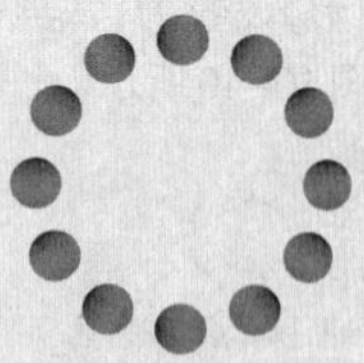

四、图形组合、复制与旋转练习 ★★★★

1. 块旋转组合图形

(1)画出图形块,如图10–41所示。

图10–41

(2)原位复制粘贴出4个同样的图形。

(3)选中一个图形,在控制条的九宫位上选择中间位置。

然后在控制窗口上的旋转度编辑框中键入“45”,意思为旋转45°,如图10–42所示。

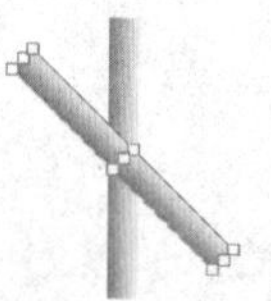

选择另一个图形

图10–42

在旋转编辑框中键入“45*2”,这里用乘法运算的方式,旋转90°,依次类推,选择一下图形,录入“45*3”,最终图形如图10–43所示。

图10–43

(4)在对象操作工具条上,选择【并集】,如图10–44所示。

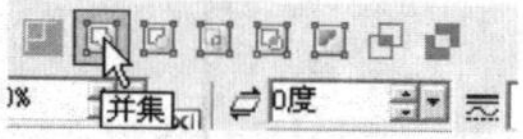

图10–44

结果如图10–45所示。

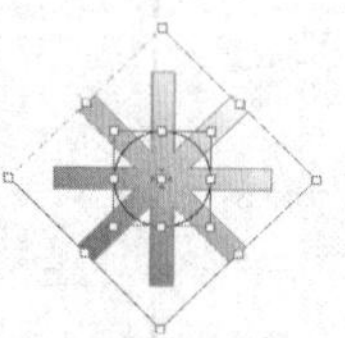

图10–45

(5)画一个正圆形,调整好大小后,将正圆形和刚才生成的图形上下左右居中,如图10–46所示。

图10–46

❖ 学习要点

- 依照环形排列的原理，任意对象块都可以这样做，包括图片块、文字块、图形块等。

(6)在对象操作工具条上，选择【差集】，如图10-47所示。

图10-47

完成效果制作。

用以上方法制作的文字美工装饰范例如图10-48所示。

图10-48

2. 块的环形排列(图10-49)

图10-49

(1)画一个小椭圆图形块。

(2)把它再复制一个，选择两个图形块，执行【纵向中齐】对齐操作，如图10-50所示。

图10-50

(3)选中组合块，复制出6个。

(4)选中一个块，九宫位选择中间位置⊞，在旋转编辑框中键入"60"，意思为旋转60°。块旋转后，再选择一个块，键入"60*2"，意思为旋转120°。依此类推，所有块都这样依次旋转，如图10-51所示。

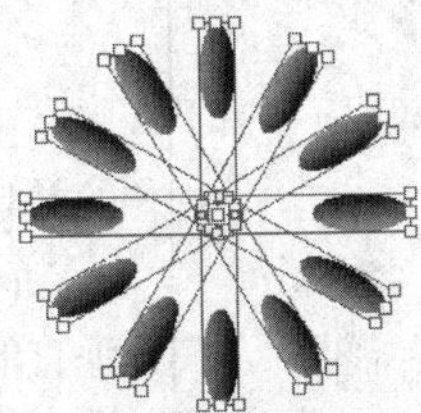

图10-51

❖ 学习要点

- 设置版面背景格类型为方格，水平和垂直间隔均为1mm。
- 捕捉设置标尺捕捉和提示线捕捉。
- 制作尺寸规整的文字块，即块的高宽均为整数。
- 通过复制、移动等操作逐级完成框图制作。

❖ 流程图样张

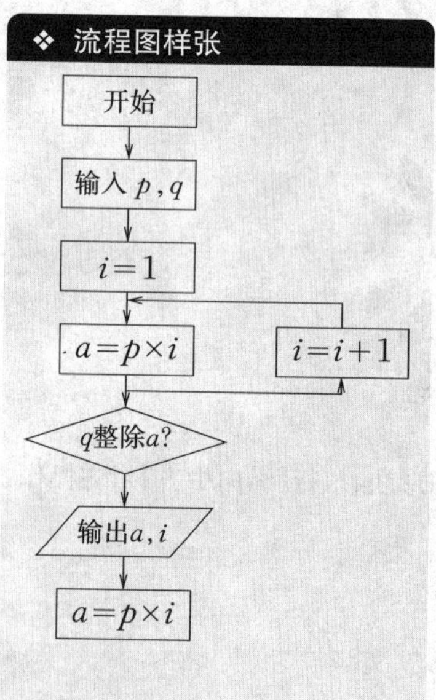

五、制作流程图框图 ★★★

(1)版面设置(图10-52)

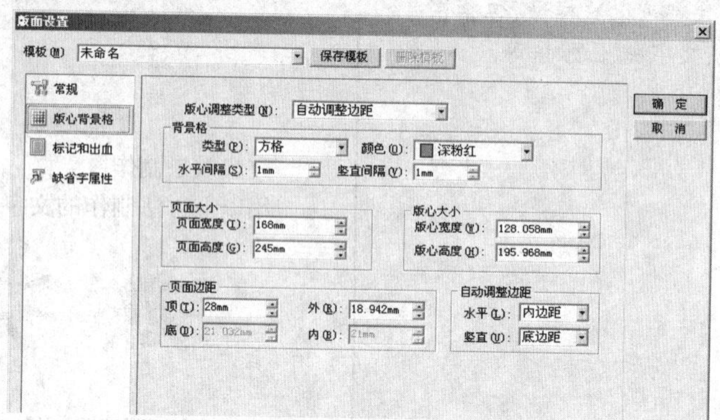

图10-52

背景格为方格，间隔均为1mm。在缺省字属性中，设置好字体、字号。

(2)设置显示背景格：选择菜单【显示】→【背景格】。这时页面上显示出背景格。显示背景格的目的，主要是便于看到块与四周块之间的对齐关系，便于块的捕捉与对齐操作。

(3)画第1个空文字块，文字块填入文字，用选取工具选取文字块，按“Ctrl+U”键弹出【纵向调整】对话框，如图10-53所示。

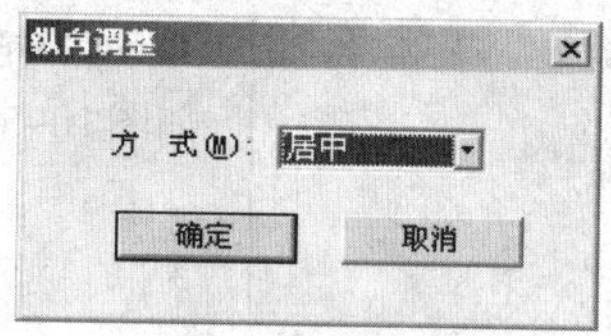

图10-53

在控制窗口上选择居中按钮，如图10-54所示。

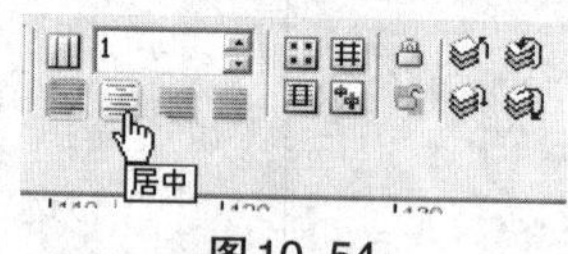

图10-54

这样文字就在文字块内上下左右居中了，如图10-55所示。

开始

图10-55

由它开始，进行流程图的下一步制作，文字块的尺寸必须是整数倍的并且为偶数倍，如12mm、8mm宽等，这样能够更好地捕捉中点位置。

(4)流程图中块与块之间是用箭头线联结的，如“↓”，画一条水平或垂直的直线后，选中直线段，在【线型与花边】浮动窗中选择前端点或后端点的箭头类型，然后在浮动窗的扩展菜单中选择【箭头调整】，弹出【箭头调整】对话框，如图10-56所示。

❖ 学习要点

- 用钢笔工具画水平或垂直线段，按“Shift”键不放，逐步点击即可生成此种图形。
- 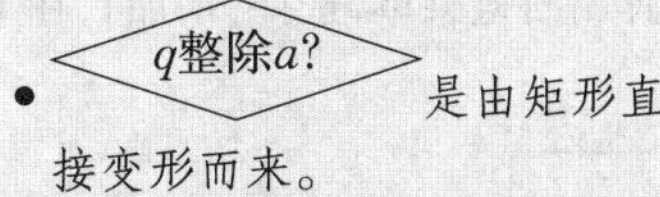

是由矩形直接变形而来。
- 输出a,i 由矩形设置倾斜40°得到。

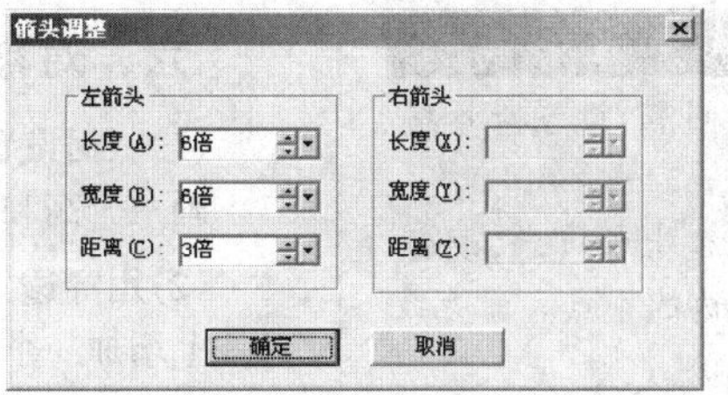

图10-56

点击【确定】按钮后，结果为“←——”。

(5)拖放箭头线到 开始 的下面左右居中位置，由于已经设置了捕捉提示线，且单位为1mm，所以只需移动箭头线就可以快速靠近 开始 ，如图10-57所示。

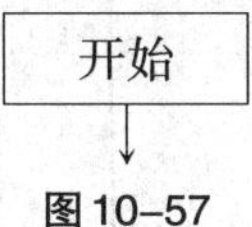

图10-57

(6)选中 开始 ，按住“Ctrl”键向下拖放，复制出一个块来，修改文字内容后，把 输入p,q 这个块放到箭头线的下方，如图10-58所示。

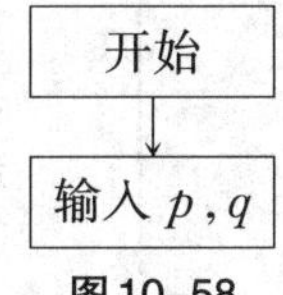

图10-58

(7)照此操作，直到把纵向的块都排列好，然后用钢笔工具画直角折线，完成后效果如图10-59所示。

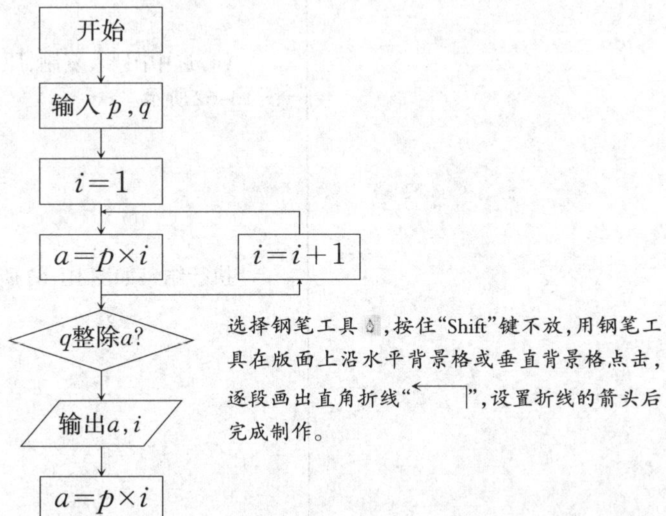

图10-59

❖ 学习要点

- 设置背景格间隔，设置背景格捕捉。
- 在矩形某一边上加节点，改变节点位置为边的中点。

六、对称图形制作练习 ★★

(1)版面设置中设置背景格2mm间隔，设置捕捉背景格。

画一个高和宽均为8mm的矩形。

(2)用穿透工具 选中矩形上边，弹出右键菜单，选择【增加】，在上边线上增加一个节点，如图10-60所示。

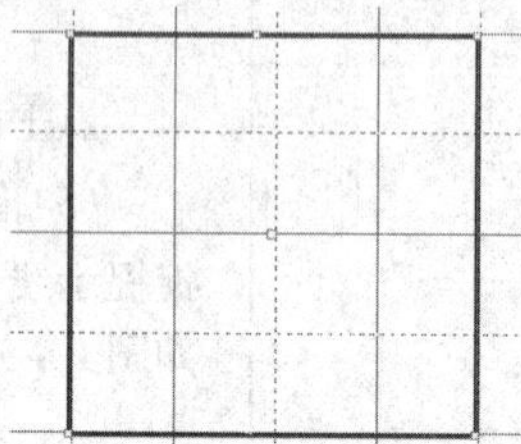

图10-60

(3)拖动节点，移动背景格对应矩形中点位置，使新增节点成为上边线的中点，如图10-61所示。

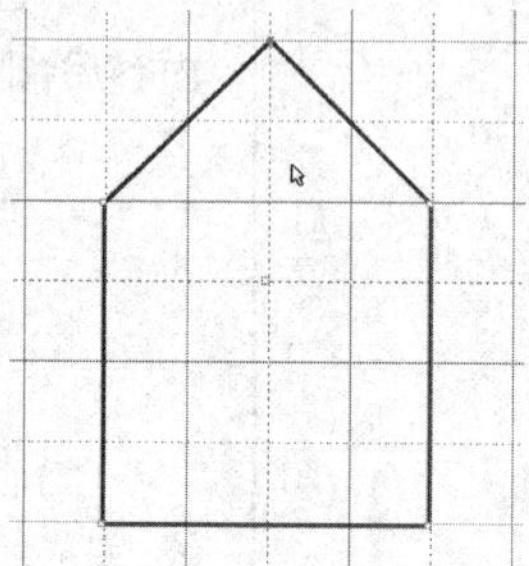

图10-61

(4)选中图形，复制，原位粘贴一个，在控制窗口上选择镜像工具，如图10-62所示。

图10-62

执行结果如图10-63所示。

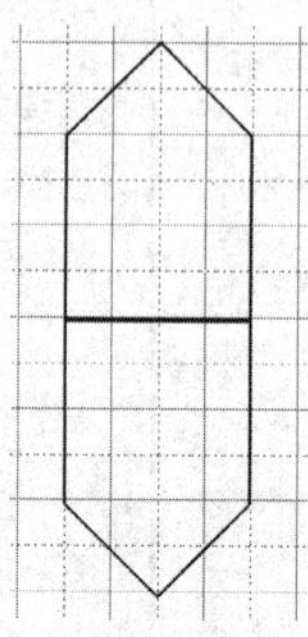

图10-63

❖ 学习要点

- 对图形进行镜像操作。
- 对两个图形进行路径的【并集】操作。

将镜像后的图形的位置向上移动，如图10–64所示。

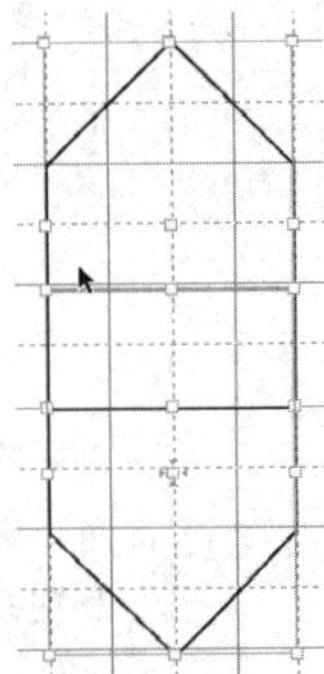

图10–64

选中两个图形后，在对象操作工具条上点【并集】按钮，如图10–65所示。

图10–65

执行【并集】后，制作结果如图10–66所示。

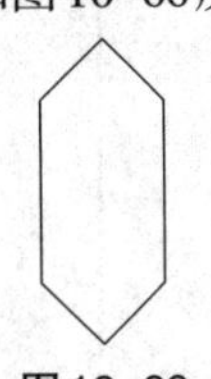

图10–66

❖ 学习要点

- 设置提示线和版面背景格，便于对齐操作。
- 剪刀工具沿提示线划开图形。
- 如果是要沿某一角度划开图形，可以把图形设置九宫位的旋转基点，指定旋转角度就可以了。

七、扇形制作练习 ★★★★

(1)设置版面背景格间隔为2mm，设置背景格捕捉。

(2)画一个正圆，高宽相同，数值为2的倍数。拖出两条提示线，水平和垂直提示线分别过圆中心，如图10–67所示。

图10–67

(3)用剪刀工具 选中圆，然后水平或垂直画线。画线时，要沿着过圆中心的水平或垂直提示线画，这样就把圆切开成几个扇形，如图10–68所示。

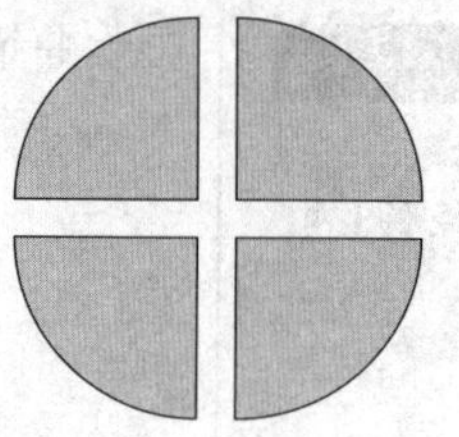

图10-68

选中左上角的扇形，在控制窗口中的九宫位中选择右下位置：

然后在旋转编辑框时键入“-15”，然后用剪刀工具沿垂直提示线上下划线，这时就会形成两个图形，如图10-69所示。

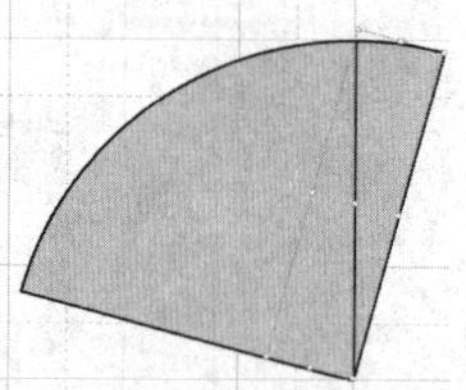

图10-69

这时就生成了一个扇形，如图10-70所示。

图10-70

选中扇形，在旋转编辑框中录入“-7.5”，扇形从倾斜状态变为垂直状态，如图10-71所示。

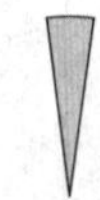

图10-71

八、版面的黄金分割布局 ★★

黄金分割律是一个几何的比例关系，即整体与较大部分之比，等于较大部分与较小部分之比，如1.618∶1或1∶0.618。接近于这个比值的如3∶1.8、8∶5、21∶13等比例所组成的矩形是最能令人产生美感的图形，在版面的设计中，可以把文字版面或图片布局尽量处理为符合黄金分割律的矩形比例，如图10-72所示。

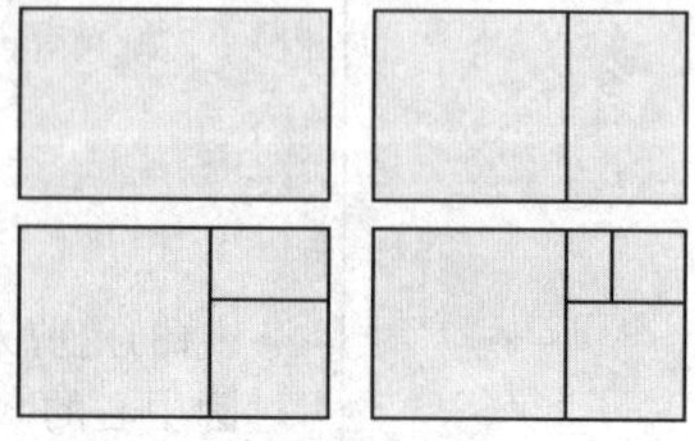

图10-72

❖ 黄金分割的由来

古希腊人就已发现各部分关系都符合于这种分割的物体，具有严格的比例性。公元12世纪后，意大利一位数学家费旁诺尔演示出黄金分割为1∶0.618。

第11章　版面的对象操作

本章重点讲解了文字块、图片块、多种类型的图元块、提示线、背景格等这些版面上的对象的操作和处理技巧。对象操作既是排版人员应熟悉的基本操作，同时也在排版过程中占有重要的主导地位。

第1节　对象基本操作

❖ 九宫位

- 九宫位在对象的对齐、位置移动时，可以快速定点到对象的上中下左中右等位置点上。
- 熟练掌握九宫位置的使用，可以快速定位。

一、九宫位设置 

当选中对象时，控制窗口左边出现九宫位控制点，每个点分别对应对象外框的九个点，对象进行旋转、变倍、倾斜时以九宫位对应的点为基准点进行变换。

(1)九宫位控制点，每个点分别对应对象外框的九个点，如图11–1所示。

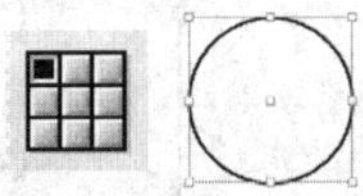

图11–1

(2)用户可以点击九宫位切换基准点，也可以使用数字键1~9切换九宫位基准点。1~9按小键盘上的布局对应九宫位每个点，如图11–2所示。

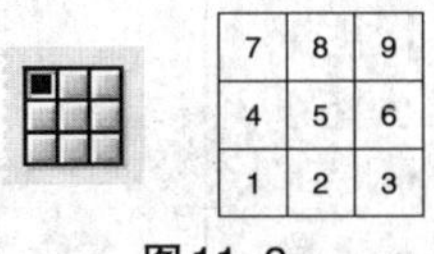

图11–2

二、选中对象操作

要对对象进行各种操作，首先必须选中要操作的对象。

(1)单选对象：用工具箱中的选取工具可以选中一个对象，单击要选择的对象，对象显示控制点(对象周围的8个点)，对象呈选中状态。

(2)多选对象：按住“Shift”键的同时用选取工具选中一个对象，如果单击其他对象，可以选中多个对象；同理，已经选中了多个对象，按住“Shift”再单击每个对象，选中的对象即被逐一放弃。

(3)画框选取：使用选取工具，按住鼠标左键在版面上拖动画出一个虚线框，在虚线框内的对象被选中。

(4)全选对象：选择菜单【编辑】→【全选】，在二级菜单里选择。

(5)全选(Ctrl+A)：选中档案里所有对象块。如果在文字编辑时，选中文章里所有文字。

(6)选中页内块：选中页内所有物件，包括部分内容在页面上的物件。

(7)选中页外块：选中辅助版上的所有物件。

三、移动对象

在方正飞翔中可以将对象移动到任何需要的位置，下面介绍使用鼠标移动对象和使用控制窗口移动对象。

使用鼠标移动对象：选中工具箱中的选取工具，单击要移动的对象，使对象呈选中状态，当光标为✥形状时可以拖动对象到达合适位置，释放鼠标。

移动过程中，按住“Shift”键，则对象按水平、垂直或45°方向移动。

使用控制窗口移动对象：选中对象后，在对象控制窗口中的X、Y坐标的编辑框中输入X/Y坐标，达到定位移动对象的目的。

编辑框内数值支持加减乘除四则运算。

四、编辑对象

(1)复制：选中对象，按快捷键“Ctrl+C”完成对象的复制。

(2)剪切：选中对象，按快捷键“Ctrl+X”完成对象的剪切。

(3)粘贴：按快捷键“Ctrl+V”，完成对象的原位粘贴；

按快捷键“Shift+Ins”，完成对象的原位粘贴。

(4)删除：选中对象，按“Delete”键即可删除所选对象。

(5)多重复制：选中对象，执行菜单【编辑】→【多重复制】命令，弹出【多重复制】对话框，如图11-3所示。

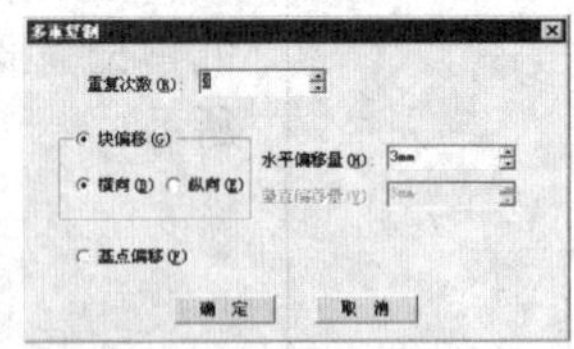

图11-3

单击【确定】按钮。对象将自身按照用户设置的方向和数目复制在版面上。

五、对象的大小

1. 使用鼠标调整对象大小

选择工具箱中的选取工具选中对象，对象显示控制点，如图11-4所示。

❖ 框选对象环境设置

选择菜单【文件】→【工作环境设置】→【偏好设置】，弹出【偏好设置】对话框，在【常规】选项卡中，设置框选对象方法。

- 【全部选择】：鼠标框选对象时，必须将对象整体框选在矩形选取区域内才能选中该对象。
- 【局部选择】：将部分对象框选在矩形选取区域内，可选中该对象。

❖ 拖放方法复制对象

- 在菜单【文件】→【工作环境设置】→【偏好设置】→【常规】窗口中，选中【按住Ctrl拖拽复制】一项。
- 按住“Ctrl”键的同时用选取工具选中复制的对象，当光标变为✥形状时拖动对象，可将对象复制到新的位置。

❖ 粘贴的位置

- 原位粘贴：菜单【粘贴】、快捷键“Ctrl+V”可以在原始位置粘贴对象。
- 原位粘贴的位置是相对于整个版面(Spread)而言的，而不是相对于页。
- 非原位粘贴方法：用右键菜单粘贴时，右键菜单点击的地方就是粘贴位置。

❖ 多重复制选项

- 重复次数：需要复制的对象个数。
- 块偏移：制定重复块横向偏移或者纵向偏移，并且可以在【水平偏移量】或者【竖直偏移量】编辑框内指定块与块之间的偏移量。
- 基点偏移：以控制视窗上的九宫位指定的块对象基点为准进行偏移。

❖ 从成组中复制出对象

用选取工具双击选中成组对象中的子对象，然后按住“Ctrl”键的同时按下鼠标左键拖动，则可以把子对象在版面上复制一个。

❖ 文字块缩放操作

- **等比例缩放**
  先按住控制点，再按住“Shift”键，然后拖动鼠标。
- **调整为不规则文字块**
  先按住“Shift”键，再按住控制点拖动鼠标，则可调整文字块形状。

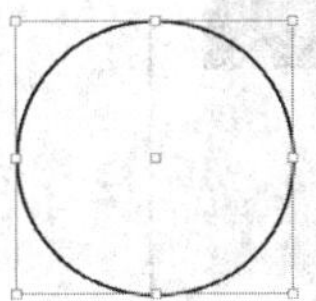

图11–4

光标移动到控制点上呈双箭头形状，按住鼠标左键拖动，当达到所要求的大小时，释放鼠标左键，效果如图11–5所示。

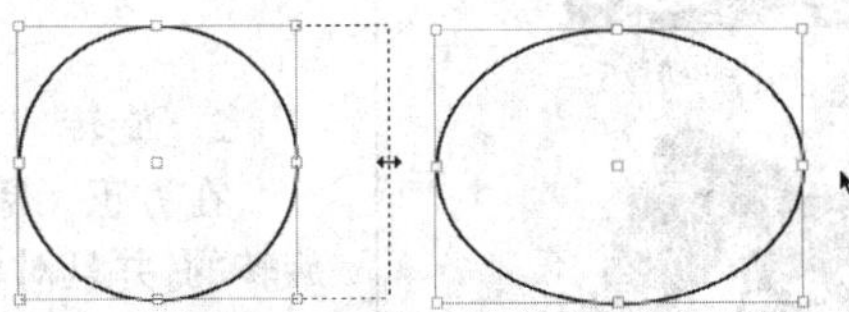

图11–5

按住“Shift”键同时拖动对象控制点，则进行等比例缩放。

按住“Ctrl”键同时拖动控制点，则以正方形或正多边形进行缩放。

2. 使用对象控制窗口调整对象大小

选中对象或对象处于选中状态时，在对象控制窗口中输入对象的宽度和高度值可以用数值来精确改变对象的大小，如图11–6所示。

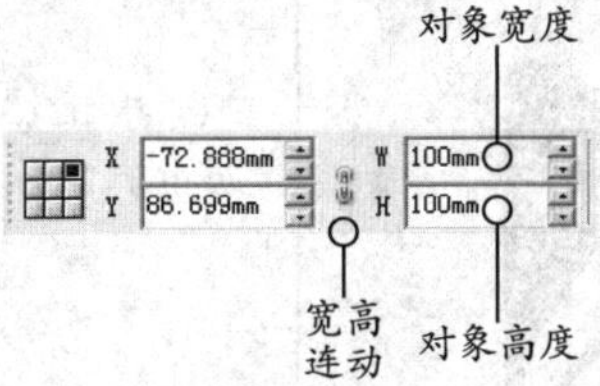

图11–6

六、对象的倾斜、旋转和变倍

1. 倾斜

使用工具箱中的旋转变倍工具选中对象，如图11–7所示。

图11–7

再次单击倾斜的对象，使对象显示出倾斜控制点，如图11–8所示。

拖动一个倾斜控制点到所要求的角度时，释放鼠标左键，完成倾斜操作。

❖ 倾斜与旋转的关系

• 九宫位置选居中位。

• 对象控制条上，旋转25°。

• 倾斜度设置为25，形成上下倾斜的效果。

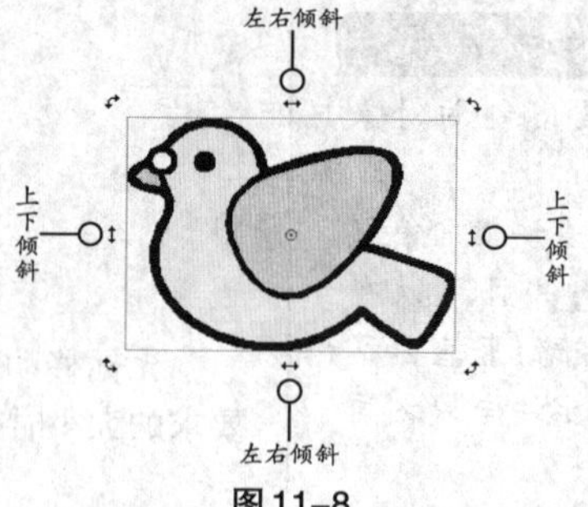

图11-8

2. 旋转

在方正飞翔中可以旋转版面中的对象，旋转时是以旋转中心为原点旋转的，并且对象的旋转中心可以移动到任意需要的位置。

用旋转变倍工具选中对象，如图11-9所示。

图11-9

单击已经选中的要旋转的对象，显示控制点的形状如图11-10所示。

图11-10

向要旋转的方向拖动旋转控制点，当旋转到所要求的角度时，释放鼠标左键，完成旋转操作。

3. 变倍

用旋转变倍工具选中对象，出现对象呈现实心控制点，如图11-11所示。

图11-11

变倍控制点在左上角、右上角、左下角与右下角。向缩放方向拖动变倍控制点，当达到所要求的变倍比率时，释放鼠标完成操作。

4. 使用控制窗口实现倾斜、旋转、变倍

用旋转变倍工具选中对象，把光标点击到对象控制窗口中的【倾斜】编辑框、【旋转】编辑框和【缩放】编辑框内输入数值，即可实现对象的倾斜、旋转或变倍的精确操作，如图11-12所示。

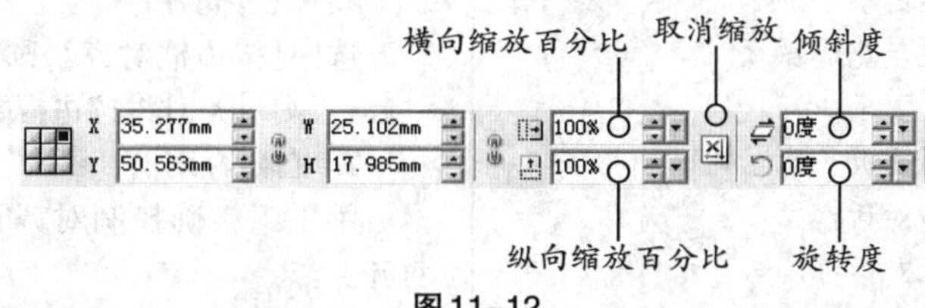

图11-12

七、对齐

在方正飞翔中提供了使多个对象以特定的基准对齐排列的功能。

1. 对象基准点

以最后选中的对象为基准对象，对齐时所有对象与基准对象对齐。选中对象时，基准对象的中心点有特殊标记。使用“Ctrl+A”全选对象，或框选法选中多个对象时，则默认以版面上最新创建的对象为基准对象，此时用户可以点击其他对象的中心点，将默认的基准点改到新对象。

2. 改变对象基准点

先选中块2，再选块1，则基准点如图11-13所示。

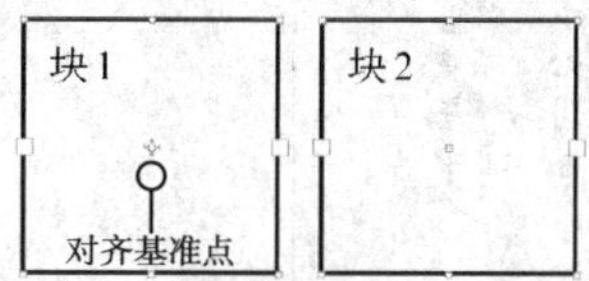

图11-13

改变块2为基准对象，则接着点击块2的中心点则基准如图11-14所示。

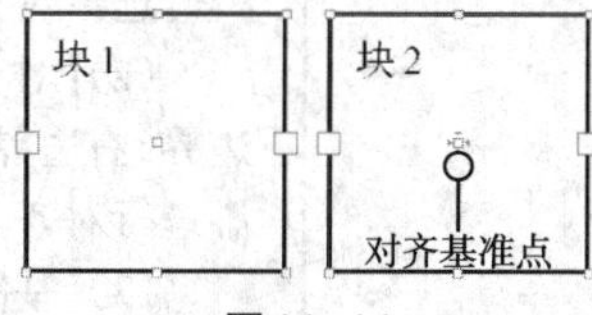

图11-14

3. 用菜单命令对齐

选择菜单【对象】→【对齐】二级菜单中某一对齐方式。

4. 用控制条对齐

控制条上的对齐图标，如图11-15所示。

图11-15

❖ 缩放的基准点

- 按住“Ctrl”键变倍，则以对象中心为基准点，任意缩放对象。
- 按住“Shift”键变倍，则以对象中心为基准点，等比例缩放对象。

❖ 取消缩放

- 穿透工具选中对象，点击控制条上的图标，可以取消缩放，恢复原始大小。
- 如果想恢复或改变某个成组块中的子对象的大小，可以先用穿透工具选中子对象边框，再切换工具到选取工具，子对象自动处于选中状态。这时就可以进行改变大小的操作了。

❖ 按边框对齐范例

范例为两个方框，线宽均为1mm，对两个方块选中后点击工具条上图标，执行【左右边齐】操作。

按边框对齐	不按边框对齐
线宽方向：居中	线宽方向：居中
线宽方向：外线	线宽方向：外线
线宽方向：内线	线宽方向：内线

❖ 支持重复操作的操作

- 字体字号
- 行距对话框
- 纵向调整
- 颜色面板
- 色样面板
- 线型与花边面板
- 底纹面板
- 透明面板
- 阴影对话框
- 羽化对话框

❖ 控制条对齐工具

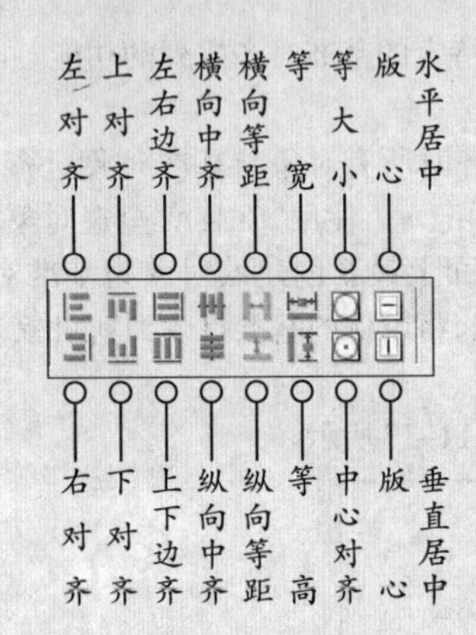

5. 用工具条对齐

对齐工具条，如图11-16所示。

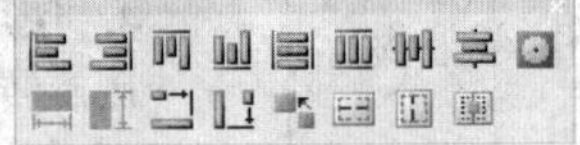

图11-16

6. 按边框对齐

选中【按边框对齐】，则在进行对齐操作时，对象相邻的边框重合在一起，否则对齐时将按边框宽度对齐。

7. 自定义对齐

用手工精确控制对齐方式，并且可以按指定间距，实现等间距的对齐。

用选取工具或旋转变倍工具选中多个对象，选择【对象】→【对齐】→【自定义】，弹出【自定义对齐】对话框，如图11-17所示。

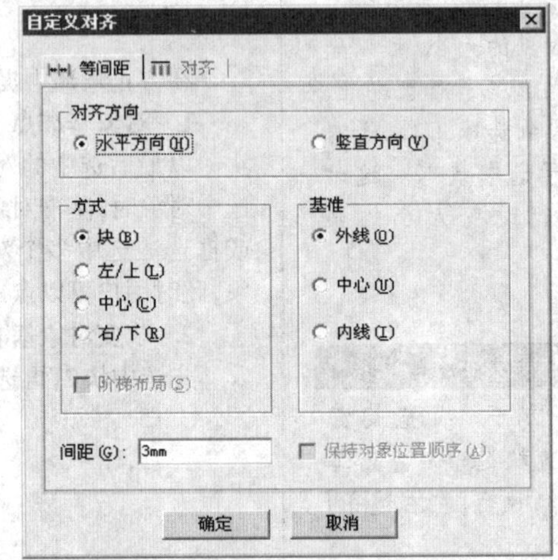

图11-17

(1)【等间距】标签：等间距是指定相邻对象之间按同等间距排列。

在【对齐方向】里选择水平方向或者竖直方向对齐。

选择对齐方式为【块】，以两相邻对象之间的距离相等安排对象。

(2)【对齐方向】为水平方向时，可以选择左、中心和右，以对象的左边界、右边界或中心进行对齐；为垂直方向时，以对象的上或下边界或中心进行对齐。

(3)【基准】：在【基准】选项组设置对齐的基准，即以对象的线宽方向为基准，线宽方向有中心、内线或外线三种类型。

(4)【保持对象位置顺序】：对齐时其他对象默认排在中心对象右边，如果选中【保持对象位置顺序】，则以中心对象为基准，不改变其他对象与中心对象的原始方位。

(5)【阶梯布局】：快速精确定义多个对象按阶梯对齐。

(6)【对齐】标签：对齐是按指定对齐方式对齐。

指定对象对齐方式和基准位置，在【位置】编辑框内指定基准对象距

❖ 控制条上镜像操作工具

控制条上列出了几个镜像的常用工具,可以快速实现镜像。

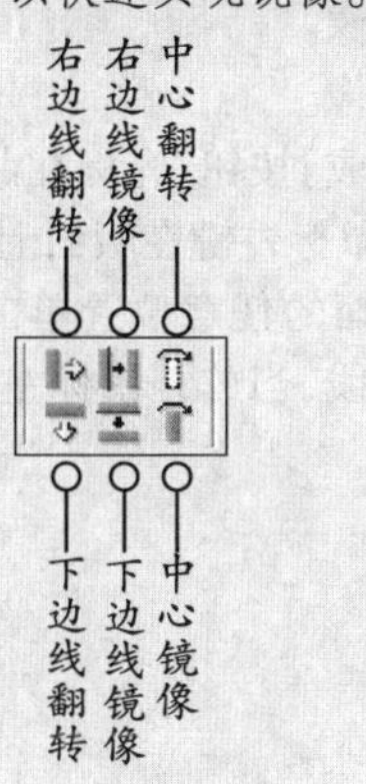

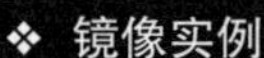

❖ 镜像实例

- 选中对象块。

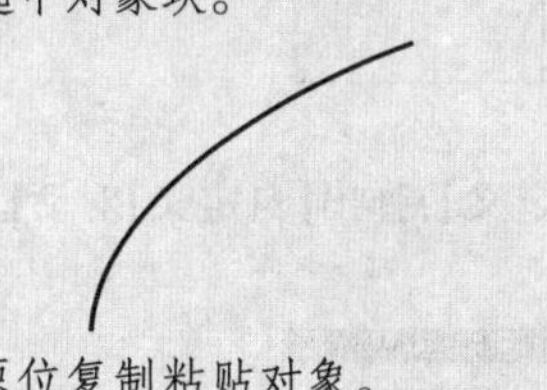

- 原位复制粘贴对象。
- 再次选中最上层对象,执行控制条【上下边线翻转】图标,结果如下。

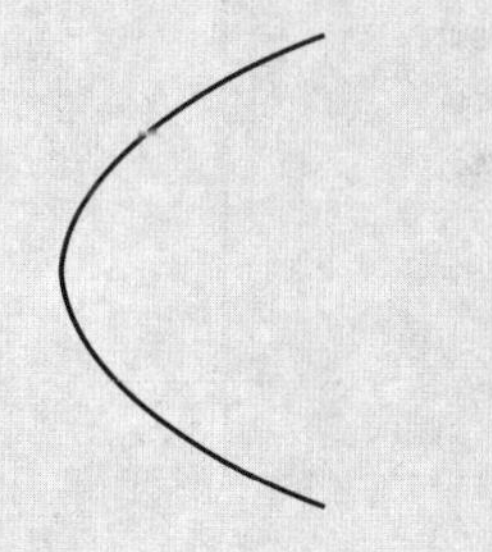

离版心左上角的距离。其他同【等间距】标签设置,如图11-18所示。

对齐操作	对齐前	对齐后
左对齐		
右对齐		
上对齐		
下对齐		
左右靠齐		
上下靠齐		
横向中齐		
纵向中心		

对齐操作	对齐前	对齐后
横向等距		
纵向等距		
等宽		
等高		
等大小		
中心对齐		
水平居中		
垂直居中		
跨页居中		

图11-18

八、镜 像

镜像是指对象按设置的基准线(点)进行水平、垂直等方向的翻转。

1. 镜像对话框

用选取工具 选中对象,用菜单命令【对象】→【镜像】弹出【镜像】对话框,如图11-19所示。

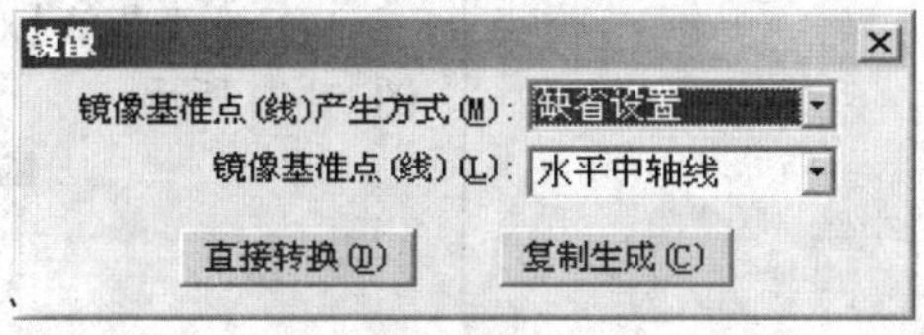

图11-19

单击 直接转换(D) 按钮或 复制生成(C) 按钮,生成镜像。【直接转换】是一种翻转效果,在特定位置生成镜像对象,不保留原对象。【复制生成】表示原有对象保持不变,同时产生镜像对象。

2. 【镜像基准点(线)产生方式】

缺省:以对象自身为基准。选择此项后,需要在【镜像基准线】里接着选择以对象哪部分作为基准线。

自定义:选择自定义后,不需选择【镜像基准线】,直接点击【直接转换】或【拷贝生成】,使用鼠标在版面上自定义镜像的基准线(点),即可完成镜像。

3. 【镜像基准线】

在【基准线(点)产生方式】内选择【缺省】时,可进一步在【镜像基准线】内选择具体以对象哪一部分作为镜像的基准。

水平中轴线:以通过对象中心的水平线为基准生成镜像。

垂直中轴线:以通过对象中心的垂直线为基准生成镜像。

中心:以对象的重心为基准生成镜像。

左边线:以对象的左边线为基准生成镜像。

右边线:以对象的右边线为基准生成镜像。

上边线:以对象的上边线为基准生成镜像。

下边线:以对象的下边线为基准生成镜像。

【自定义】:单击【直接转换】或【拷贝生成】按钮,光标在版面上变成(直接转换)或(复制生成)。此时单击鼠标左键在版面上任意位置,则以此中心按点对齐方式生成镜像;在版面的任意位置单击鼠标左键后,按住鼠标左键拖动,此时会显示一条虚线,当放开鼠标左键,则以这条虚线为基准生成镜像。

第2节 对象高级应用

❖ 学习要点

- 掌握按边框对齐与不按边框对齐设置的操作。
- 掌握多个选中块之间的相对距离的设置。

一、实例练习:对齐操作

(1)设置两个块的相对距离为5mm,如图11-20所示,选中两个块,选中顺序是先选中块1,再选块2。

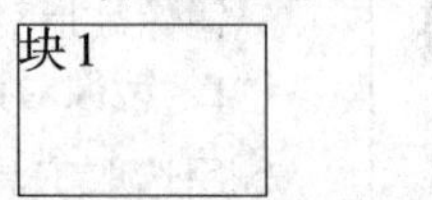

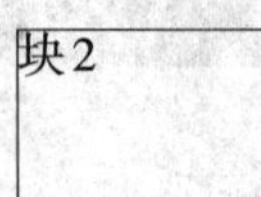

图11-20

(2)选择菜单【对象】→【对齐】→【自定义】:弹出【自定义】对话框,如图11-21所示。

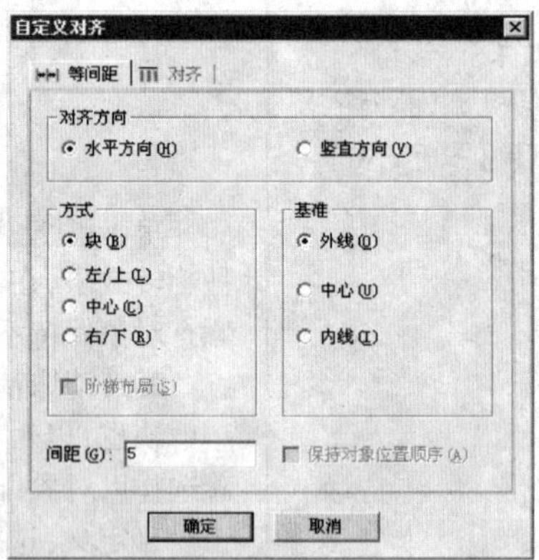

图11-21

间距设为5mm,排版结果如图11-22所示。

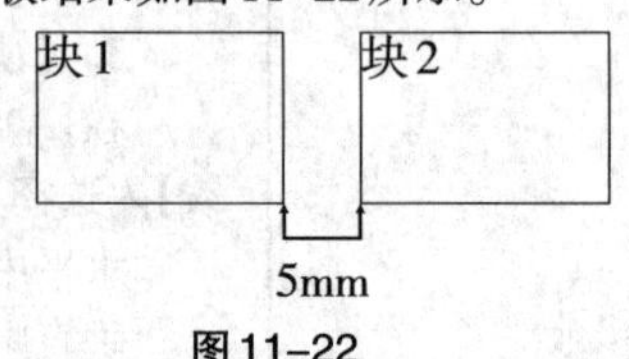

图11-22

❖ 学习要点

- 掌握制作流程图中常用的箭头线制作。
- 图形说明文字的对齐。

二、实例练习：多种靠齐方式

下面这个图形的对齐操作练习，如图11–23所示。

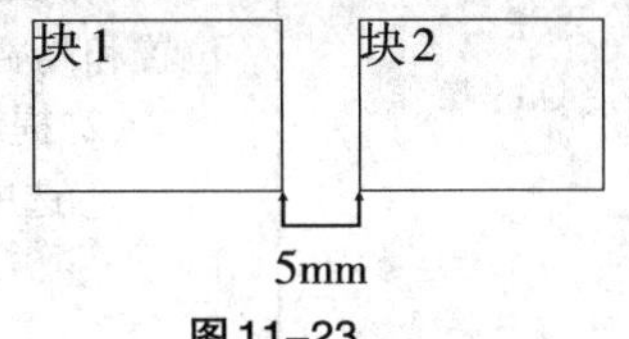

图11–23

(1)制作箭头线

用矩形工具画一个矩形，这里已经知道两个块的间距为5mm，则选中块，设块的宽度为5mm，高为3mm，如图11–24所示。

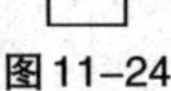

图11–24

首先，把穿透工具 放在矩形的上边线上，弹出右键菜单中选择【断开】，则在鼠标弹出右键菜单的地方，断开，变为不闭合的线段，如图11–25所示。

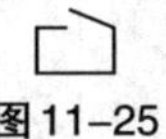

图11–25

穿透工具双击断开的两个端点，删除这两个线的端点，结果如图11–26所示。

图11–26

用选择工具选中图形，设置双向箭头，完成箭头线排版，如图11–27所示。

图11–27

(2)表示宽度的说明文字块与箭头靠齐，距离1mm，如图11–28所示。

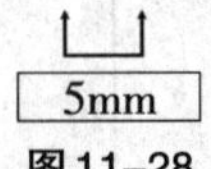

图11–28

第一种方法：先选中文字块，再选箭头线，在【自定义对齐】对话框中选中【竖直方向】，【方式】选中为【块】，【间距】值设置为1mm。

第二种方法：选中文字块，右键菜单中选择【文字块内空】，上边空设为1，其他边空为0，然后选中文字块，再选中箭头线，用工具上的【上下对齐】，如图11–29所示。

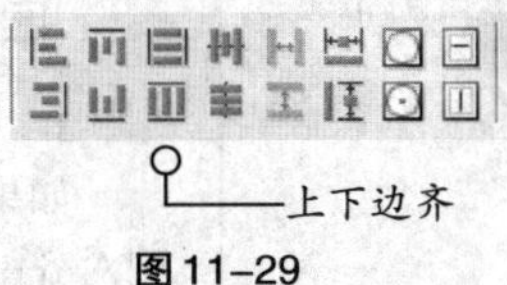

图11–29

> ❖ 学习要点
> - 掌握九宫位在各种位置、尺寸、对齐操作里的用法。
> - 掌握提示线准确定位的操作。

三、实例练习：九宫位操作练习 

(1)在进行块定位操作时，如果是要精确操作的，则要牢记块的XY位置和高宽尺寸等数值的加减乘除操作。

(2)提示线定位到块的水平中心操作。

①选中块，如图11–30所示。

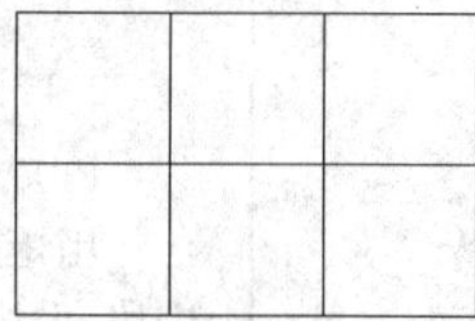

图11–30

②察看控制窗口中，块的九宫位是否在中心位置，如果不是，请选中，如图11–31所示。

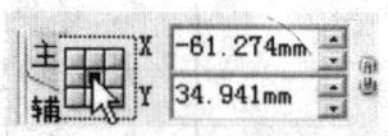

图11–31

这时，在XY位置的编辑框中显示出了块的中心坐标值，复制Y编辑框中的数值。

③从标尺上拉出一个水平提示线，选中提示线，这时控制窗口中，显示提示线的Y坐标编辑框，如图11–32所示。

图11–32

在编辑框中粘贴，则提示线移到矩形中心位置，如图11–33所示。

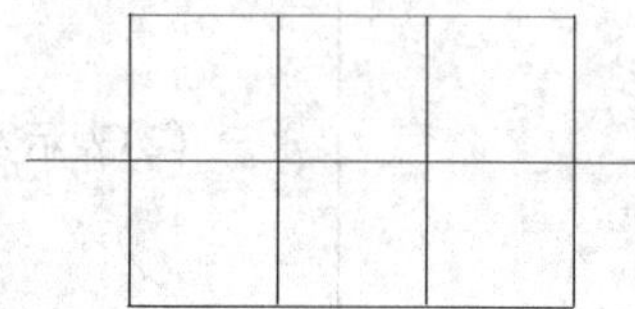

图11–33

同理，可以把提示线准确移动到块的上下左右四边和上下左右四个边的中点位置。

(3)如果是对版心或页面进行对位，则可以先用文字块画出一个版心大小文字块或页面块，然后依照上面方法操作。

> ❖ 学习要点
> - 掌握页码块与普通块的对齐。
> - 指定多个块的相对距离。
> - 在XY坐标编辑框中直接指定数值。

四、实例练习：页码块的位移操作练习

1. 页码块的对齐

如果页码块设置了【左右页码对称】，则只选中一个页码块对齐，否则对齐一个页码块后，再选中另一个页码块再次操作，如图11–34所示。

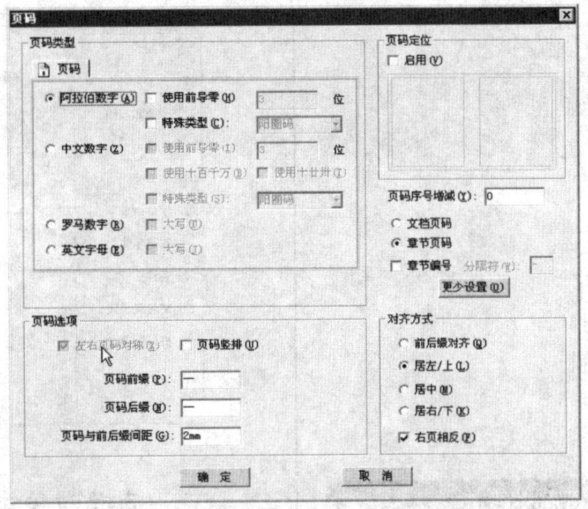

图11–34

2. 把页码块紧贴版心框(图11–35)

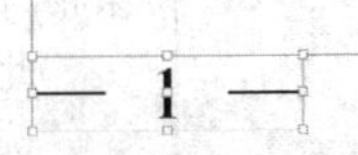

图11–35

选中页码块,在控制窗口中的Y坐标编辑框数值的后面加上1mm,如图11–36所示。

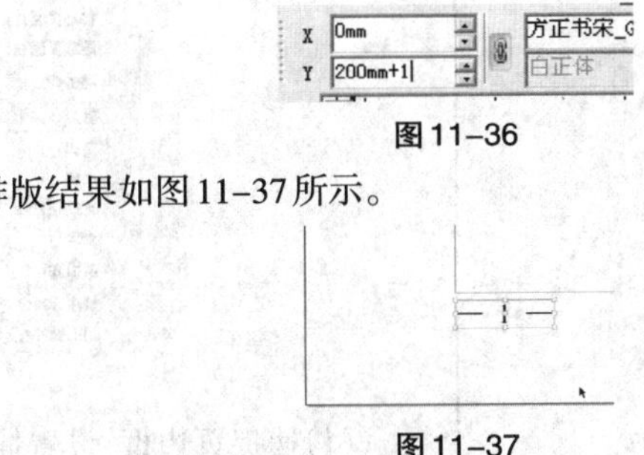

图11–36

排版结果如图11–37所示。

图11–37

第3节 对象捕捉操作

一、捕捉距离设置

捕捉即对象移动或缩放时,可以捕捉某些标识,即自动吸附并贴靠某个标识。使用捕捉可以方便对对象进行准确的定位。

选择菜单【文件】→【工作环境设置】→【偏好设置】,弹出【偏好设置】对话框,如图11–38所示。在【常规】选项卡中,可设置捕捉距离。当捕捉对象进入被捕捉对象的捕捉距离内,即产生捕捉效果。

❖ 设置合适的捕捉距离

由于出血一般设为3mm,默认的捕捉距离也为3mm,则可能在对出血线和警戒线捕捉时,不易捕捉其中之一,这里建议在环境设置参数里把捕捉距离设置为2mm就可以了。

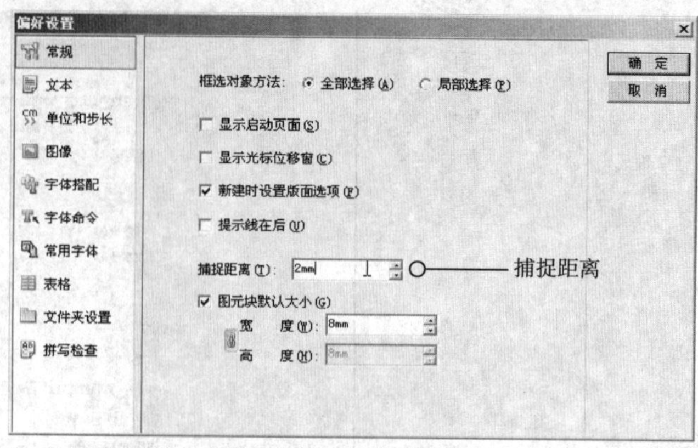

图 11–38

❖ 捕捉页面栏线

背景格类型为稿纸或报版类型时捕捉页面栏线才起作用。

二、捕捉对象类型

捕捉页边框、捕捉版心线、捕捉出血线和警戒线、捕捉标尺、捕捉背景格、捕捉提示线、捕捉页面栏线。

此外方正飞翔还提供了快速取消/恢复捕捉的功能。

选择菜单【版面】→【捕捉】,捕捉选项如图 11–39 所示。

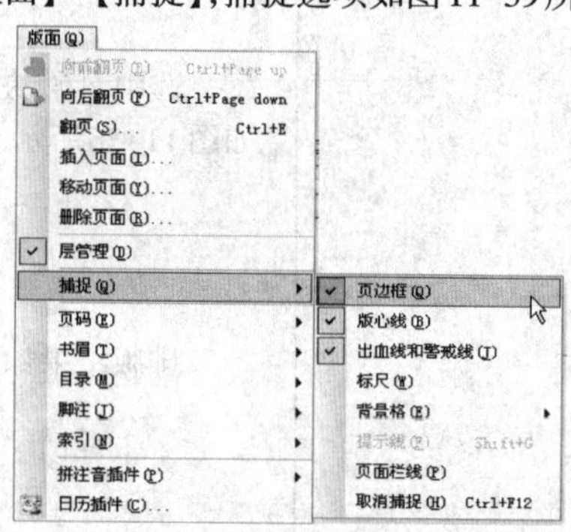

图 11–39

(1)捕捉页边框:设置捕捉页边框后,当对象移动到页面边框及版心附近时,或在缩放对象时将缩放点移动到页面边框及版心边框处都会产生吸附效果,自动贴近边框线。

(2)捕捉版心线:设置捕捉版心线后,当对象移动到页面版心框附近时或在缩放对象时将缩放点移动到页面的版心框处都会产生吸附效果,自动贴近边框线。

(3)捕捉出血线和警戒线:页面有出血和警戒内空后,设置捕捉出血线和警戒线后,可以捕捉出血框和警戒框。

(4)捕捉标尺:一般来说,随着对象的移动或缩放,在标尺上始终都能看到虚线轨迹,显示对象移动或缩放的位置。当设置捕捉标尺后,只有当对象移动到标尺刻度线位置时,才会在标尺上显示移动痕迹。

(5)捕捉背景格:选择菜单【版面】→【捕捉】→【背景格】→【捕捉背景格(Ctrl+G)】,对象的缩放和移动操作将以背景格的单位宽度和高度为单

❖ 捕捉设置全局参数

在没有打开任何文件时，捕捉设置作为系统全局量，应用于以后所有新建或打开的文件。

❖ 捕捉背景格单位

- 捕捉整字
- 捕捉整行
- 捕捉半字
- 捕捉1/4字
- 以字或行为单位捕捉

❖ 提示线捕捉

- 把提示线放在主页上，用在版式设计上，页面上排版时能快速准确地把对象放在版式的某些位置。
- 把提示线放在图层上，页面排版时，不需要捕捉提示线，但还是要保留提示线的，则可以设置图层的显示选项、编辑选项。

位，根据设定的值整字、整行、半字地移动。

如果希望看到背景格，可以点击菜单【显示】→【背景格】命令。

(6)捕捉提示线(Shift+ G)：与捕捉页面边框线类似，对象在靠近提示线时，吸附提示线。

(7)捕捉页面栏线：该选项用于设置文字块边框捕捉版心背景格的栏边线，便于文字块贴齐版心栏线排版。

(8)取消/恢复捕捉：选择菜单【版面】→【捕捉】→【取消捕捉(Ctrl+ F12)】，可以取消所有的捕捉设置。此时菜单变为【恢复捕捉】，用户点击【恢复捕捉】即可恢复到取消前的状态。

三、版面上的捕捉对象

版面上的捕捉对象如图11–40所示。

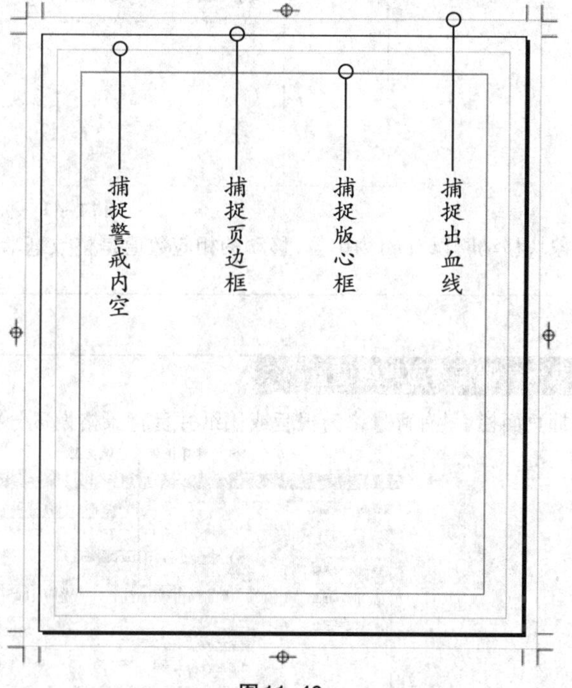

图11–40

❖版面实例：整毫米精确捕捉

页面对象需要用鼠标精确移动或调整大小时，可以使用背景格捕捉。

(1)捕捉选项中选中捕捉背景格菜单。

(2)在版面设置对话框中版心背景格相关设置中，选择方点类型背景格。

(3)方点背景格的水平间隔和竖直间隔都设为相同的大小，这里设为1mm，如图11-41所示。

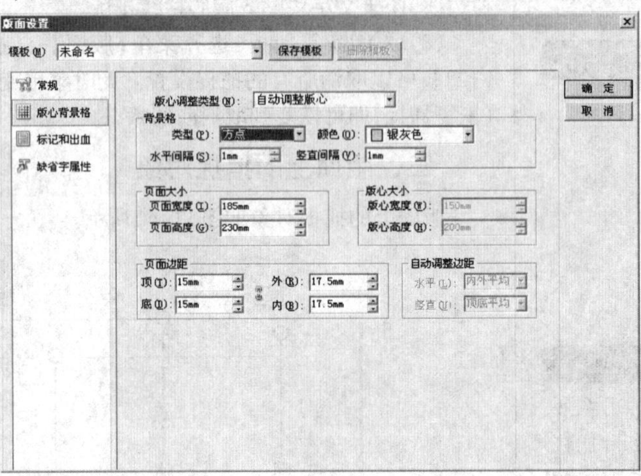

图11-41

对象块移动时以1mm为单位，移动的相应数值是整数毫米。调整大小时，高宽的数值也是整数。

❖版面实例：捕捉页面栏线设置

捕捉页面栏，只有背景格为报版或稿纸并且背景格设置分栏时才起作用，如图11-42所示。

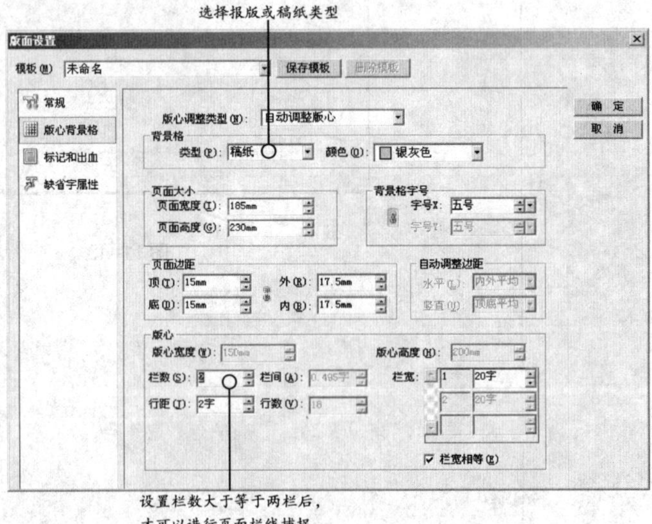

图11-42

第4节　对象层管理与层次关系

❖ “层管理”浮动窗口

- 显示 :层上内容显示在版面上;图标上有红叉时,表示不显示也没输出。
- 编辑 :层处于可编辑状态;图标上有红叉的层不可编辑。
- 输出 :输出时该层对象可输出;图标上有红叉的层不输出。
- 上移 :选中层,单击此按钮,则选中层上移一层。
- 下移 :选中层,单击此按钮,则选中层下移一层。
- 新建 :单击此按钮,快速创建一个新层。
- 删除 :单击此按钮,删除选中的层。
- 当前层:图标显示为 时,本层为当前工作的层。

❖ 选中块移到指定图层

- 选中一个对象,图层上的钢笔图标右侧会有一个小方块,表示选中对象的对象图标。

- 拖动这个对象图标,就可以把选中对象移到指定层上。

❖ 移动图层

按住“Shift”或“Ctrl”键可选择多层同时移动,但如果选中的层不是连续叠放的,那么 或 按钮不可用。

一、层管理窗口浏览

方正飞翔可以将对象分组,分别放在不同的层中,层与层之间是独立存在的,在一个层上进行的操作,不会影响到其他层。

选择菜单【窗口】→【层管理】,弹出【层管理】浮动窗口,如图11-43所示。点击层管理标题栏上的三角按钮可以弹出层管理菜单。

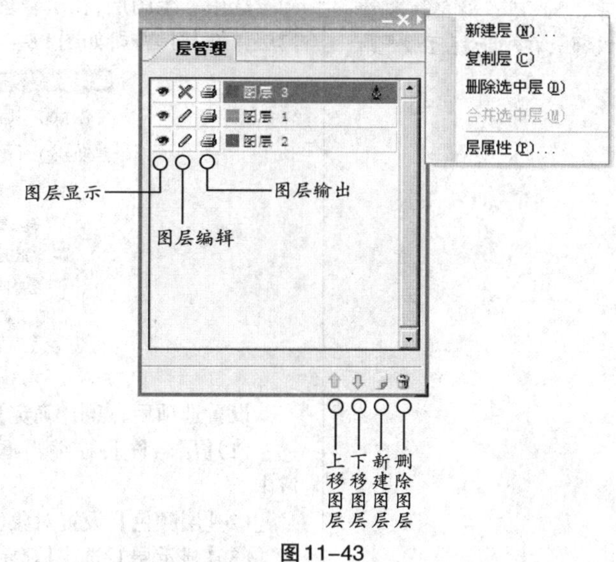

图11-43

二、层管理基本操作

1. 新建层

单击【层管理】面板上的新建层铵钮 ,建立新层。

选择层管理菜单项中的【新建层】命令,建立新层。

使用层管理菜单中的【复制层】,则以当前选中层为复制对象,创建一个新层。

2. 删除层

选中要删除的层,单击面板上的删除层按钮 或者选择层管理扩展菜单中的【删除选中层】命令,即可删除选中的层。当面板中只有一层时,该层不可删除。

3. 选中层

要在层上进行操作,首先要选中该层。鼠标左键单击层即可选中层,按住“Shift”键可以选中多层。

把选中层变成当前工作的图层,用鼠标双击图层,当图层图标为 时,表示本层为工作图层,创建或粘贴的对象都会放在本层上。

❖ 选中下层对象

当多个对象重叠时，按住“Ctrl”键，点击对象，即可选中下层对象，但不会改变叠放层次。

❖ 对象块部分在辅助板时

对象块的一部分在页面上，一部分在辅助板区域时，会改变上下层次关系，因此建议对象块都放在页面或都放在辅助板区域上。

4. 改变层的下下排列顺序

拖放图层：选中一个或多个层，按住鼠标左键不放，上下拖动到合适的位置，松开鼠标左键即可。

移动图层：选中一个或多个层，单击层管理面板中的⇧图标可上移，单击⇩图标下移图层。

5. 合并层

选中多个层，单击【层管理】窗口菜单中的【合并选中层】，即可将所有选中的层合并到最上层的层中。

三、层属性设置

选中一个图层，在层管理面板的扩展菜单中选择【层属性】，出现【编辑层属性】对话框，如图 11-44 所示。

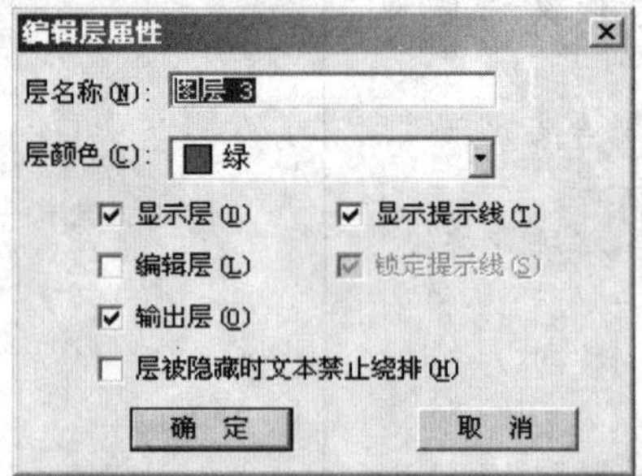

图 11-44

设置选项后，点击【确定】按钮，即可完成层属性的更改。

(1)【层名称】：在编辑框内输入层的名称，该名称显示在层管理窗口中。

(2)【层颜色】：设置对象（包括提示线）被选中时的边框线颜色。

(3)【显示层】：选中【显示层】，则该层在版面上显示；不选中，则不显示，同时该层内容也不输出。

(4)【编辑层】：选中【编辑层】，则该层上的内容可以编辑；不选中，则该层不可编辑。

(5)【输出层】：该层在发排 PS、PDF 时能否输出。

(6)【显示提示线】：选中该项，则显示该层中的提示线；不选中，则层中的提示线不显示。

(7)【锁定提示线】：选中该项，该层中所有提示线被锁定。

(8)【层被隐藏时文本禁止绕排】：当层设为隐藏层时，层内的文本不绕排。

四、图层上的对象层次

在同一层上多个重叠的对象可以调整它们的上下排列关系。

(1)用菜单命令调整层次：选中对象，选择菜单【对象】→【层次】，在二级菜单中选择命令【上一层】、【下一层】、【最上层】或【最下层】。或者在可以选中对象后，在右键菜单的【层次】中选择相应选项，如图 11-45 所示。

❖ 层与图层的关系

对象块位于图层之上，同一图层之间的多个块有上下层次关系。

❖ 学习要点

熟悉图层中编辑、打印、显示的设置在实际排版中的应用。

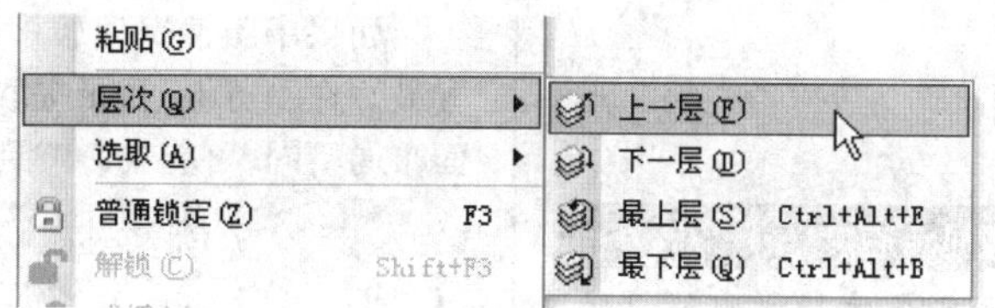

图11-45

(2)用控制条里层次工具调整层次，如图11-46所示。

上一层——○ ○——最上层
下一层——○ ○——最下层

图11-46

点击对应的图标，即可调整对象层次关系。

五、实例练习：利用图层不输出属性制作目录 ★

现代版面制作越来越复杂，有大量的标题都是用图形制作特效，导致标题失去了文字属性，进行目录排版提取不到目录文字时，解决办法如图11-47所示。

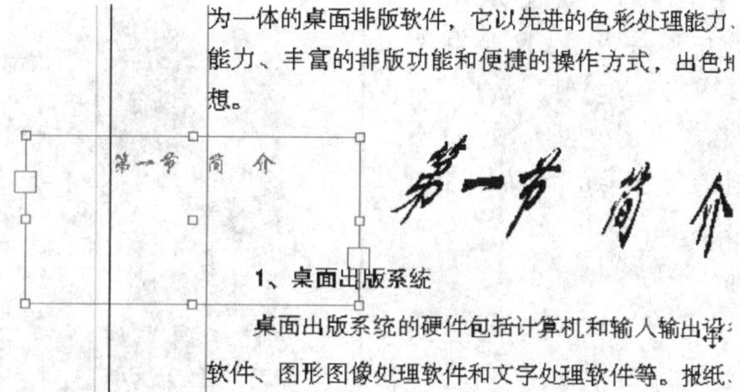

图11-47

(1)单独建立一个图层，图层设为不输出，如图11-48所示。

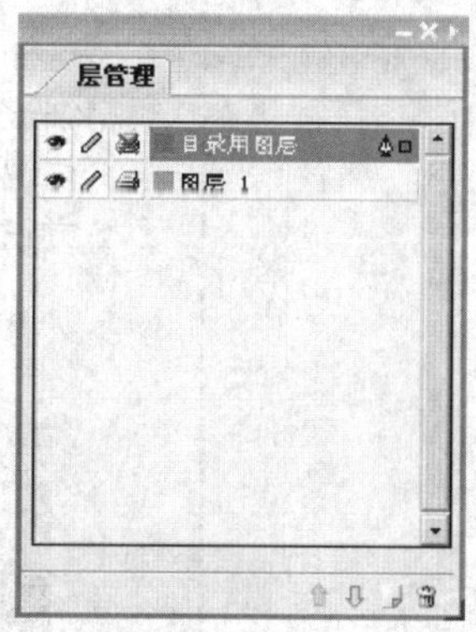

图11-48

(2)目录文字块，放在【目录用图层】这个图层上，图层颜色选为红色，这样版面上显示得更醒目。

(3)这样，提取目录时，是从目录文字块中提取，但输出时，是不输出这些文字的。

如果串版情况比较多，目录文字块要和图形标题放一页上，并且位置最好在一行上，目录提取的顺序是从上往下，从左往右顺序提取的，版面布局不同，可能会影响到目录顺序，可能与内文中对应的顺序不一致。

❖ 图像显示速度

掌握利用图层的显示与不显示属性，来提高排版效率的方法。

六、实例练习：利用图层提高版面显示效率

1. 用层不显示方法提高图像显示效率

当版面有大块的、复杂的图形图像时，可以单独放在一个层上，进行其他排版操作时，可以不显示本层，这样，排版操作时显示速度就会快很多。

2. 用快速改变图像显示精度的方法提高图像显示效率

同一版面里，有些情况下，需要图像粗略显示就可以，有时由于排版需要，又必须精细显示，需要反复在图像显示菜单中进行选择，略显烦琐。

❖ 环境设置参数

同层互斥：选择菜单【文件】→【工作环境设置】→【文件设置】，在下级菜单中选择设置项目【常规】。选中同层互斥，则当对象设置了【图文互斥】时，只对同一层的对象产生图文互斥效果；不选中，则对所有层的对象均可产生互斥效果。

可以用一个比较简单的方法：把图像放在一单独的图层上，复制这个图层，在这两个层上选中一个图层上的图像，显示精度设为精细显示，另一层上的图设为粗略显示或不显示图像，如图11–49所示。

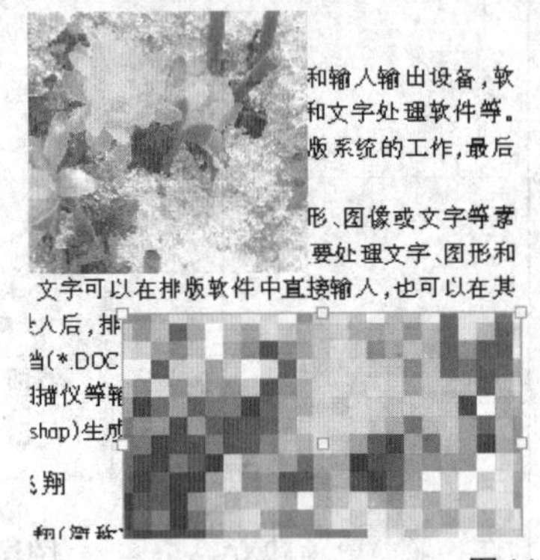
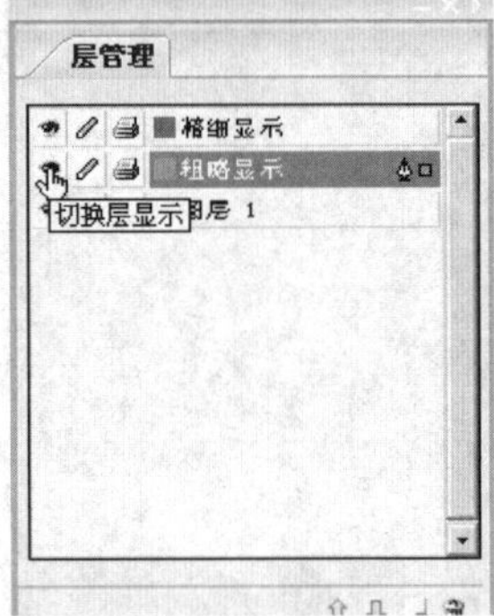

图11–49

这样，排版操作需要精细显示时，就显示精细显示图像的那个层，不想精细显示的，就显示粗略显示图像的那个图层，关闭精细显示图层。

切记，两个图层只能有一个图层显示，不能同时显示。

方正飞翔输出时，不显示的图层是不输出的，如图11–50所示。

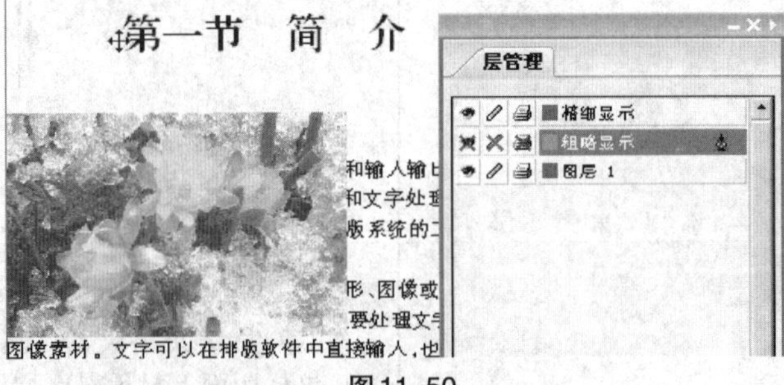

图11–50

第5节　成组及锁定

❖ 成组块的属性

设置成组块的底纹颜色时，成组块里的每个子块都单独设置底纹颜色。

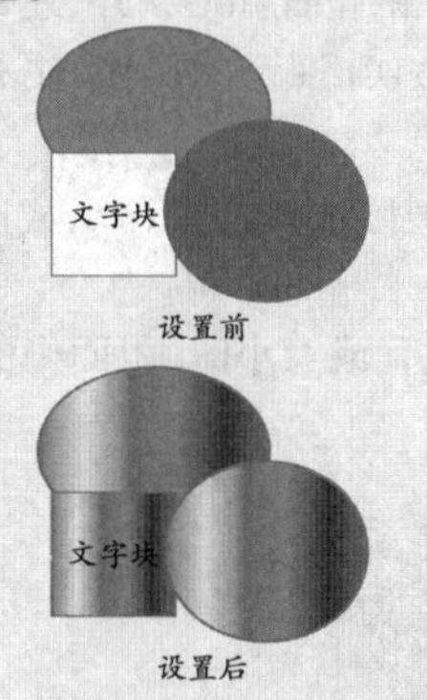

一、组操作控制条界面浏览

控制条上的锁定与解锁、成组与解组图标，如图11-51所示。

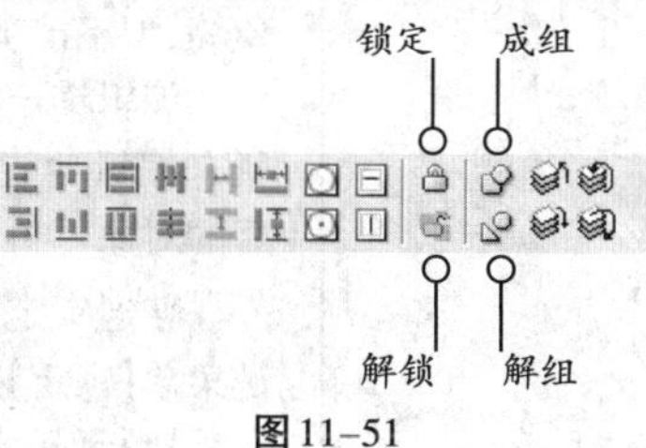

图11-51

二、组的基本操作

1. 成组

选中一个或多个对象块，使用菜单【对象】→【成组(F4)】命令、单击控制窗口中的成组图标 或者在右键菜单里选择【成组】命令执行成组操作。

2. 解组

用选取工具 ，选中成组块后，选择【对象】→【解组(Shift+F4)】或者在右键菜单里选择相应选项，或单击控制窗口中的解组图标 。

在方正飞翔中，也可以选中多个成组的对象组进行解组操作，多个成组对象解组为子对象。

如果对象的成组是逐层嵌套成组的，反之，解组也逐层解组。

❖ 选中成组块中的子块

- 使用穿透工具 单击成组对象中的单个对象。
- 使用选取工具 双击成组对象中的单个对象。
- 表格单元格中的盒子，要选中盒子中的子对象，必须使用直选工具 点击子对象，此时不能移动子对象块，可以进行图形编辑操作。

三、成组块里的子对象操作

1. 移动子对象

要移动成组块里的子对象的位置，可以双击选中单个对象后拖动对象中心点即可，如图11-52所示。

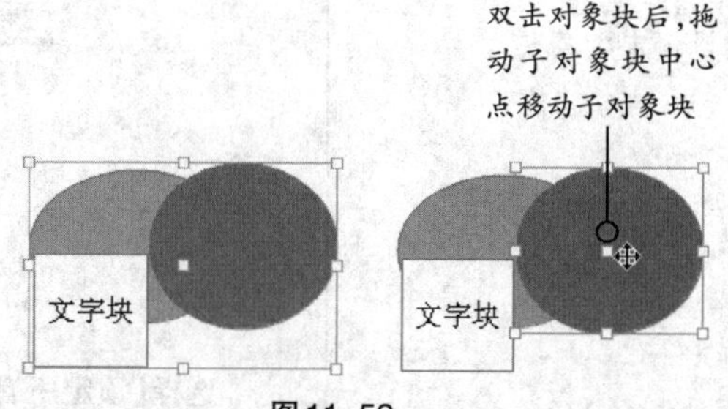

图11-52

2. 跨层对象成组

几个不同图层上的对象成组后，所有子块位于一个图层上，这个图层是所有子对象原来最上层那个图层。

❖ 快捷键

- 锁定：F3
- 解锁：Shift+F3
- 成组：F4
- 解组：Shift+F4

四、锁定和解锁

1. 锁定对象形状或位置

选中一个准备锁定的对象，选择【对象】→【锁定】，在二级菜单下选择锁定模式为【普通锁定(F3)】或【编辑锁定(Ctrl+F3)】。

普通锁定：仅锁定对象的位置和形状，对象的属性可以编辑，例如设置图元的线型或底纹，增加或删除文字，设置文字的属性，复制、粘贴对象等，但不能剪切对象。

编辑锁定：更彻底地锁定，除了锁定对象的位置和形状外，还锁定了所有编辑功能，仅能进行复制(Ctrl+C)、粘贴(Ctrl+V)的操作，注意粘贴后的对象不再有锁定的特性。

普通锁定的操作可以通过单击控制窗口中的锁定图示🔒，或选择右键菜单【锁定】命令实现。

执行【锁定】命令后，当改变该对象的位置或大小时，版面中的鼠标指针会变为一把小锁，如图11-53所示。

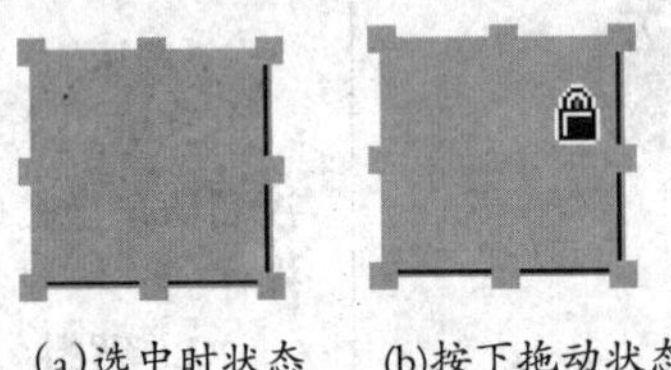

(a)选中时状态　(b)按下拖动状态

图11-53

2. 解锁

选中准备解锁的对象，选择【对象】→【解锁(Shift+ F3)】，或在右键菜单中选择相应命令，或单击控制窗口中的解锁图标，即可解除选中对象的锁定状态。

❖ 锁定块的可编辑属性

- 在【图像管理】窗口选中多个编辑锁定的图像可进行【路径重设】。
- 可修改编辑锁定的文字块样式。
- 图像可以对编辑锁定的文字块进行互斥。
- 可以编辑锁定的条码。

五、成组块和锁定块操作

选中一个块对象和一个锁定对象进行成组操作时，会弹出【成组警示】对话框，如图11-54所示。

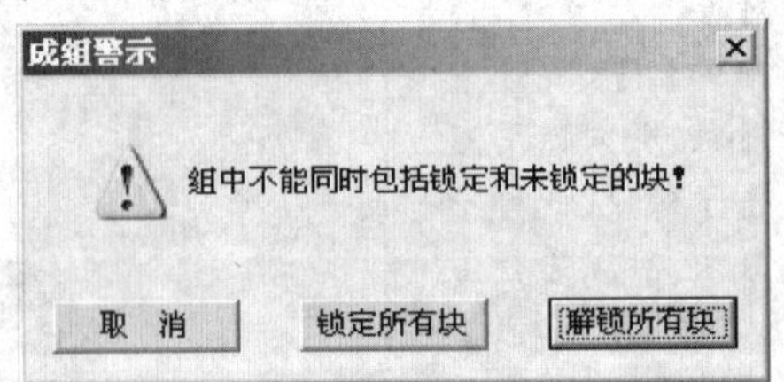

图11-54

选择【锁定所有块】：成组后，成组块内的所有块都是锁定的。

【解锁所有块】：成组后，成组块内的所有锁定块都解锁。

第6节　对象的图文混排

❖ 取消盒子自动独立成行

当盒子自动独立成行时可以用右键菜单中的盒子操作设置或者取消独立成行效果。

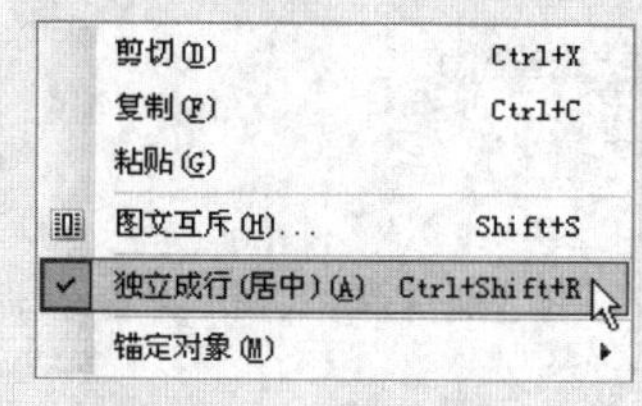

❖ 穿透工具中盒子说明

穿透工具选中盒子时，如果盒子是一个成组对象时，不会选中成组对象，而是会选中盒子中的每一个单一对象。

例如下面文字中的盒子是一个成组对象，成组对象由两只小狗图像组成。穿透工具选中盒子时，只能选中一个小狗图像。

一、盒子编辑操作

盒子是插入到文字中的对象，图像、图元、文字块和表格都可以作为盒子插入到文字中，包括插入到文字块和表格单元格里。盒子可以被当做一个普通对象进行操作，也可以设置盒子在文字中的属性。

1. 插入盒子

对象被复制或剪切后，选择工具箱的文字工具T，将文字光标插入到文字里，单击菜单【编辑】→【粘贴(Ctrl+V)】即可将复制或剪切的图像插入到文字中。

2. 选中盒子

文字中的盒子，可以用选取工具或者穿透工具选中。

表格中的盒子，表格没选中的情况下可以用选取工具选中盒子。

成组对象中的盒子，可以用穿透工具选中单一对象盒子，穿透工具不能移动盒子，只能编辑路径或设置互斥属性。

文字中的盒子也可以先选中文字，然后用快捷键“Ctrl+Q”切换工具到选取工具后，可自动选中文字所在的文字块。

3. 复制盒子

使用文字工具T选中盒子或者用键盘操作【Shift+→】键，或【Shift+←】键选中盒子，此时复制后的下步操作和文字操作一样。

使用选取工具或者穿透工具选中盒子后复制，复制出来的是盒子对象。

4. 调整盒子大小

盒子选中时，会在盒子四周出现控制点，拖动控制点即可调整盒子的大小，如图11–55所示。

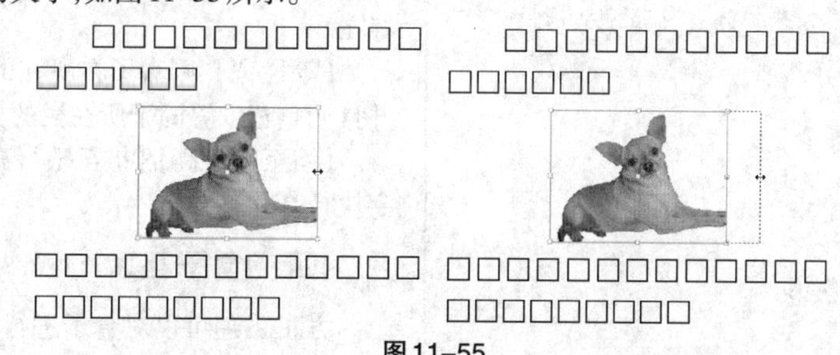

图11–55

5. 释放盒子

使用选取工具选中盒子，复制(Ctrl+C)或剪切(Ctrl+X)盒子后，再到版面上粘贴(Ctrl+V)盒子，即可将盒子释放出来，还原为独立的对象。

二、盒子大小随文

使用文字工具选中盒子，选择菜单【格式】→【盒子大小随文】或右键菜单【盒子大小随文】,通过盒子大小随文可以使盒子等比例缩放,使其高度与文字一致。

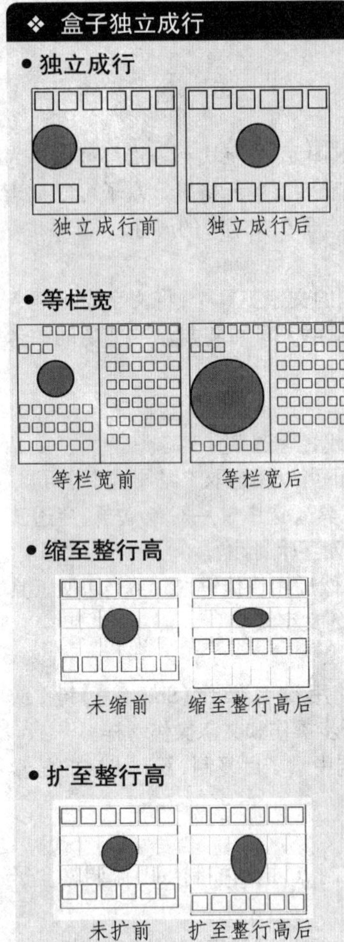

三、盒子独立成行 ★★

选中成组对象类型的盒子时,则右键菜单如图11-56所示。

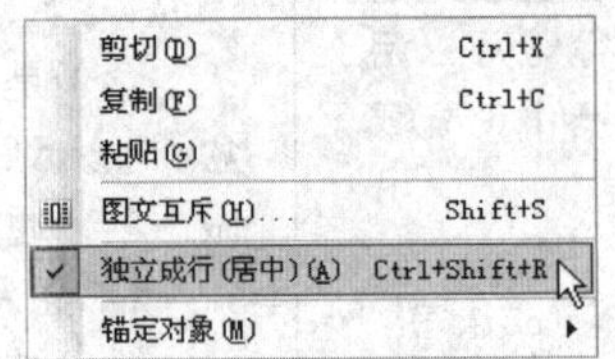

图11-56

此种盒子类型不能有进行“等栏宽”、“缩至整行高”、“扩至整行高”等设置。

选中单一对象对象类型的盒子时,则右键菜单选择【盒子操作】,弹出扩展菜单,如图11-57所示。

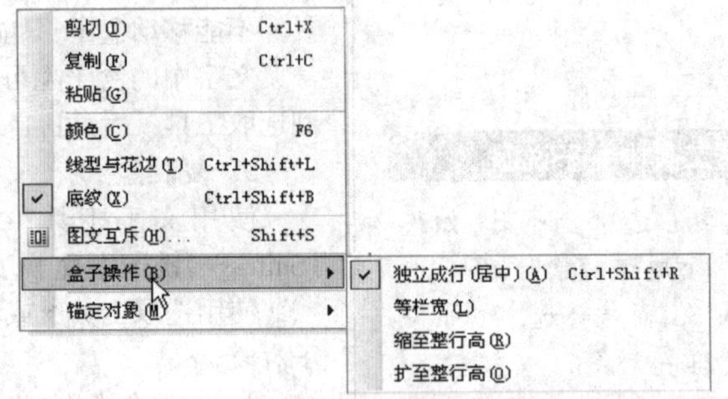

图11-57

【独立成行】:则盒子在所在的文字流中,另起一段,独立占一行存在。

【等栏宽】:则盒子在所在的文字流中,另起一段,独立占一行存在,并且调整宽度等同于所在栏的栏宽。

【缩至整行高】/【扩至整行高】:调整盒子的高度,缩小/扩大至当前文字块行高的整数倍。

四、盒子互斥

方正飞翔可以对盒子进行互斥操作,对下行文字实现互斥效果,但盒子在行首时,才可以对本行进行互斥。

选中盒子,右键菜单下选择【图文互斥】,弹出【图文互斥】对话框,如图11-58所示。

选择【轮廓互斥】或者【外框互斥】后,位置选项被激活。

❖ 盒子本行互斥

盒子在行首时，才可以对本行进行互斥。

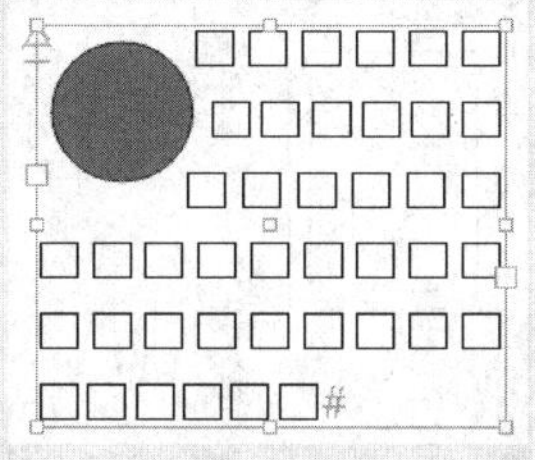

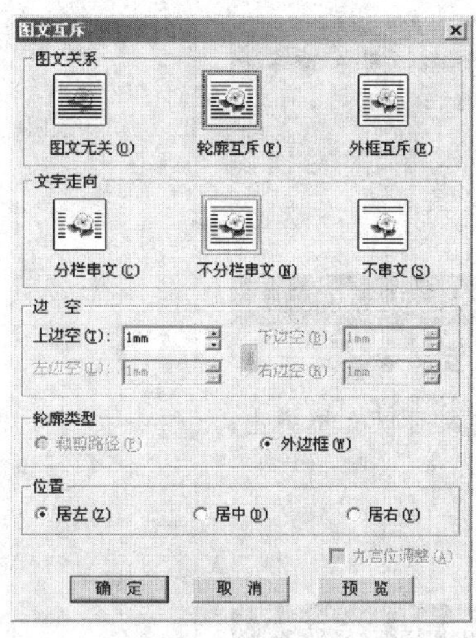

图 11–58

说明：位置指的是盒子在当前所处文字流中的锚定位置。

❖ 排入图像盒子

当表示T工具的插字符在文字中时，可以用菜单命令【文件】→【排入】→【图像】或快捷键“Ctrl+Shift+D”，直接将图像排入到文字中。

盒子可转为锚定对象，通过设定锚定关系，可以将盒子转为锚定对象。

五、锚定对象 ★★

锚定工具是将对象拖拽到文字流中形成锚定关系。此对象称之为锚定对象，锚定对象与文字流中的锚点标志符绑定，可以随文字流动而移动，保证了对象与文字的跟随关系。这使图片、表格等锚定对象的排版更加方便、简洁。

1. 生成锚定对象

用锚定工具⚓选中图片或表格对象，然后直接拖拽到文字流中，就可以形成锚定关系。利用同样方法，在同一文字流中可以随时改变锚点位置。一旦拖拽到空白版面，就解除了锚定关系，成为独立对象，如图11–59所示。

图 11–59

❖ 锚定与盒子对象嵌套

文字盒子的文字中可以再插入盒子，但不能插入锚定对象。

成为锚定对象的图片、表格等会自动带上图文互斥属性。

2. 设定锚定关系

通过【设定锚点关系】，可以快速、准确地设置锚定对象与锚点之间的锚定关系。

在锚定对象的右键菜单中选择【设定锚定关系】，【锚定对象选项】对话框，如图11-60所示。

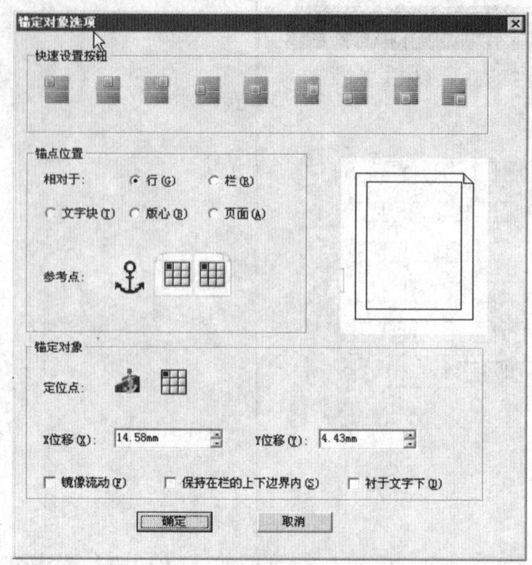

图11-60

(1)【快速设置按钮】：提供了9种锚定关系的按钮，通过单击按钮可以快速设置，如图11-61所示。

图11-61

(2)【锚点位置】：设置锚点的相对位置，可以选择相对于锚点所在的【行】、【栏】、【文字块】、【版心或者页面】，如图11-62所示。

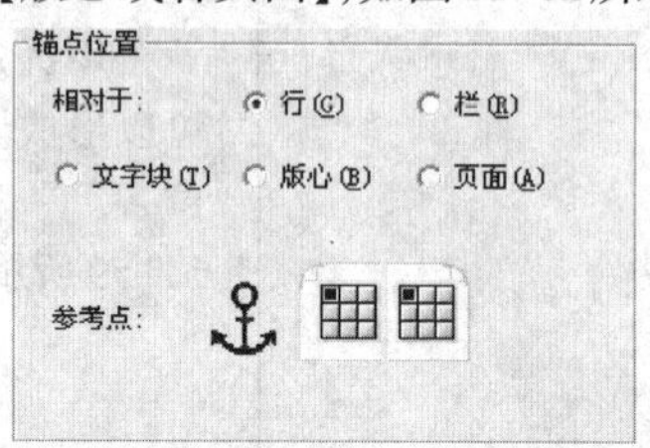

图11-62

(3)【锚定对象】：显示或者设置锚定对象的定位点，表示锚定对象的定位点与参考点在水平或垂直方向的位移。可以单击九宫位图进行设置；在【快速设置按钮】中选择一个按钮时，会对应地显示锚定对象定位点，如图11-63所示。

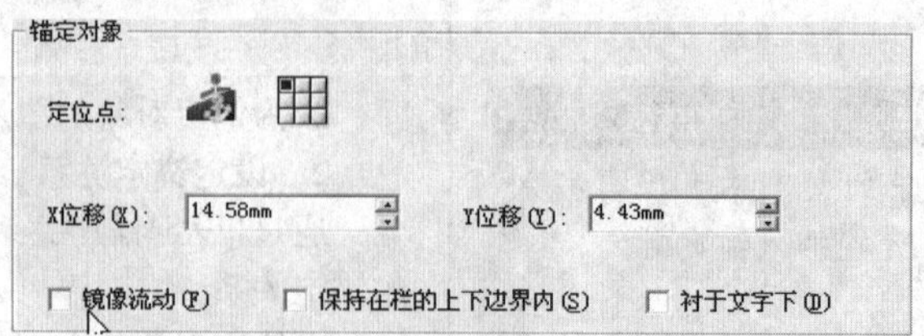

图11-63

❖ 垂直或平移锚定对象

按住“Shift”键进行拖动时，可以进行垂直的上、下移动，或者平行的左、右移动。

❖ 快速弹出锚定对象窗

使用锚定工具 ⚓ 或者选中工具 ↖ 双击锚定对象可以直接弹出锚定对象选项界面，设置锚定对象的位置。

❖ 锚定对象的行首互斥

- 锚定对象应用互斥排版时，只能在锚定对象插入点所在行的下行开始互斥。

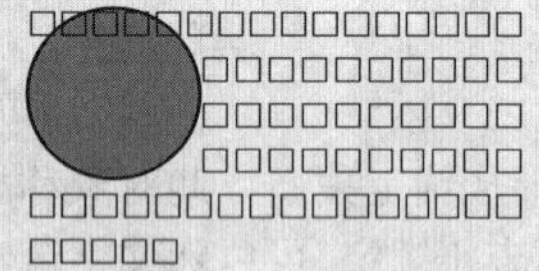

- 盒子对象互斥时且插入点在行首时可以在行首处开始互斥，其他情况在下行互斥。

❖ 镜像流动

- 当前页

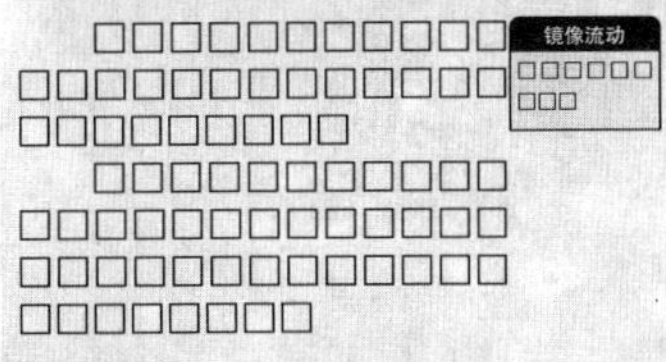

- 下一页

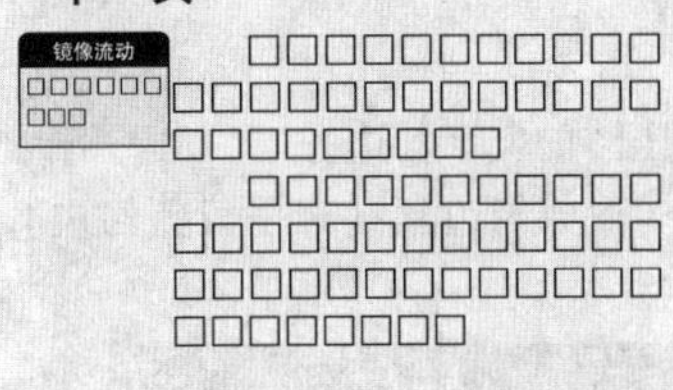

❖ 裁剪路径做互斥效果

互斥的对象块类型为图像时，如果图像是带裁剪路径的，则可以使用【轮廓互斥】，使用图像内部的裁剪路径做互斥。

轮廓互斥

外框互斥

(4)【镜像流动】：当设置的锚定对象流动到下一页时，会进行镜像显示。

(5)【保持在栏的上下边界内】：勾选此项，锚定对象不会超出版心。当锚点往下或者往上流动时，与之锚定的锚定对象不会超出版心。

(6)【衬于文字下】：锚定对象默认为与文字互斥，勾选此项，锚定对象会位于文字底层。适用于文字下铺底图，与文字一块流动，如图11-64所示。

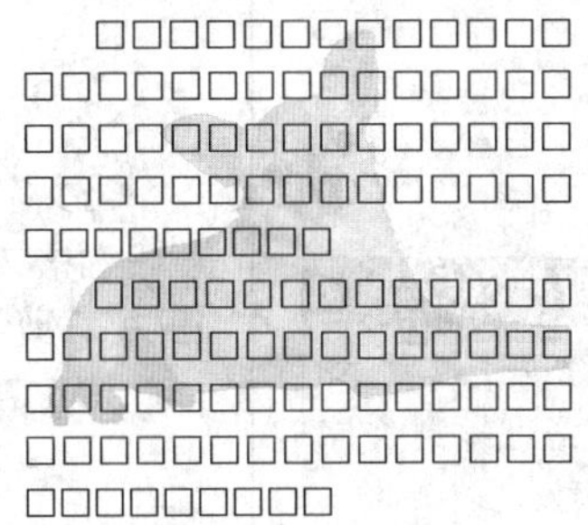

图11-64

3. 解除锚定关系

在锚定对象的右键菜单选择【解除锚定关系】，即可解除锚定对象的所有锚定设置，恢复为单纯的图片或者表格等对象。或者使用锚定工具将锚定对象拖拽到空白版面，也可以解除锚定关系。

六、图文互斥 ★★★

图文互斥可以设置文字与其他对象块在混合排版时的绕排效果。菜单命令中选择【格式】→【图文互斥(Shift+S)】，弹出【图文互斥】对话框，如图11-65所示。

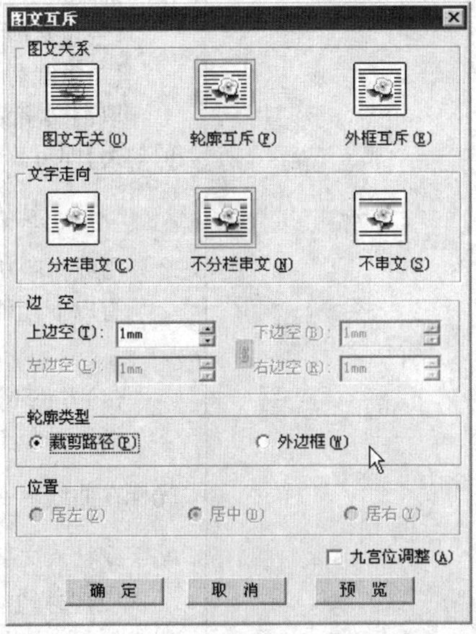

图11-65

> **❖ 文不绕排**
>
> 如果选中图像按正确操作设置了图文互斥后，文字没有绕排图像，可以选中文字块，查看【格式】→【文不绕排】是否被勾选上了，取消【文不绕排】设置即可。

> **❖ 多重裁剪效果**
>
> - 文字设置裁剪勾边效果后，如果文字和图形成组排到文字中，效果可能无效。
> - 文字必须位于图形块或图像块的上层。
>
> 文字一重勾边
>
> 二重勾边一重裁剪
>
> 二重勾边二重裁剪

两种轮廓类型效果如图11-66所示。

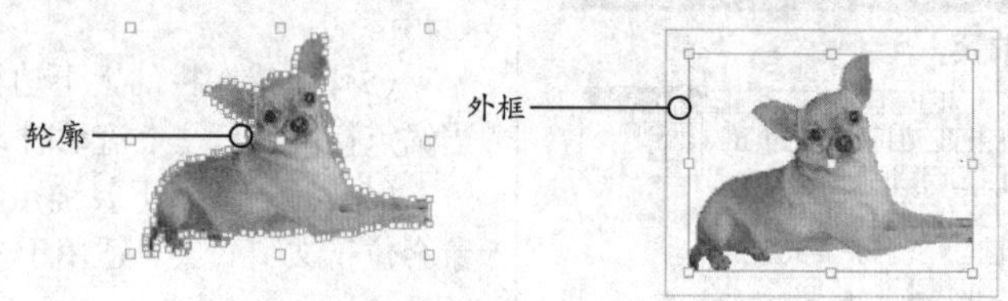

图11-66

七、文字裁剪勾边

当文字块压在图元或图像上时，对压图的文字勾边。

选中文字块后，选择菜单【美工】→【裁剪勾边】→【文字裁剪勾边】，【文字裁剪勾边】对话框如图11-67所示。

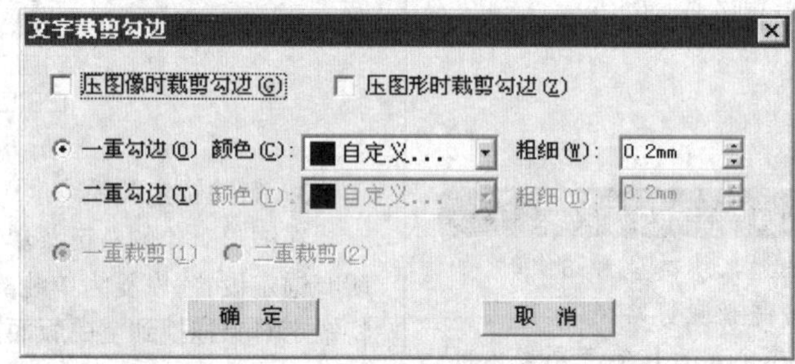

图11-67

选中【压图像时裁剪勾边】，则当文字块压图像时勾边。

选中【压图形时裁剪勾边】，则当文字块压图形时勾边。

选中【一重勾边】，设置勾边颜色和粗细。

选中【二重勾边】，可以为文字添加【一重勾边】和【二重勾边】效果。

【一重裁剪】：则清除文字不压图部分的一重勾边；

【二重裁剪】：则清除文字不压图部分的全部勾边。

取消文字裁剪勾边，则不选择【压图像时裁剪勾边】或【压图形时裁剪勾边】即可。

八、制作沿线排版版面

沿线排版功能可以让文字沿图形路径排版。

有以下几种创建沿线排版的方法。

(1)方正飞翔工具箱里选择沿线排版工具：沿线排版(Shift+T)。

沿线排版工具选中后，光标变为，光标移到曲线路径上，这时光标在曲线上变为，点击，在曲线路径上直接输入文字或粘入文字后生成沿线排版结果：床前明月光。

(2)选择T工具，按住"Ctrl+Alt"键，鼠标在图元上点一下，即可在图元内录入文字如图11-68所示。用选择工具选中图元，在沿线排版浮动窗口的扩展菜单中选择【形成沿线排版】，生成沿线排版结果，如图

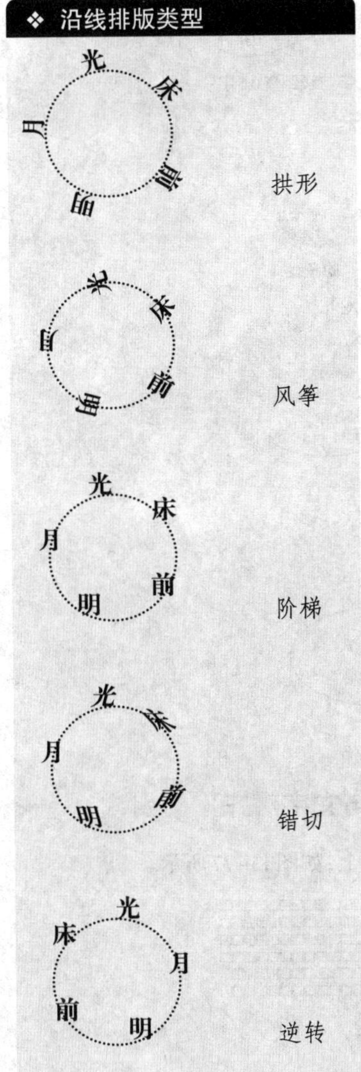

11-69所示。

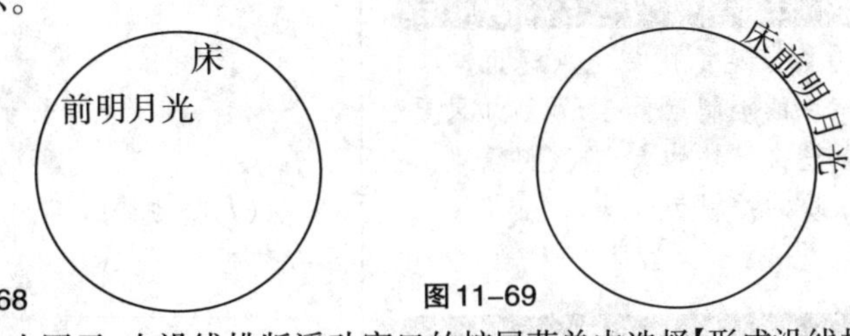

图11-68　　图11-69

(3)选中图元，在沿线排版浮动窗口的扩展菜单中选择【形成沿线排版】，图元就会生成【沿线文字】字样，在沿线文字区域输入文字即可，如图11-70所示。

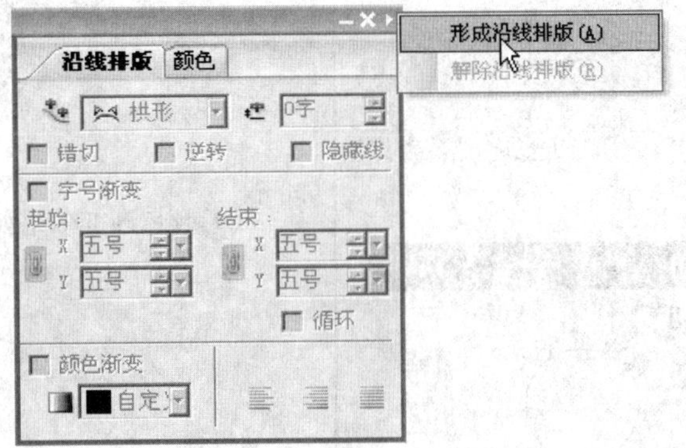

图11-70

(4)改变首尾位置：选中图元，文字区域出现沿线排版的首尾标记，如图11-71所示。

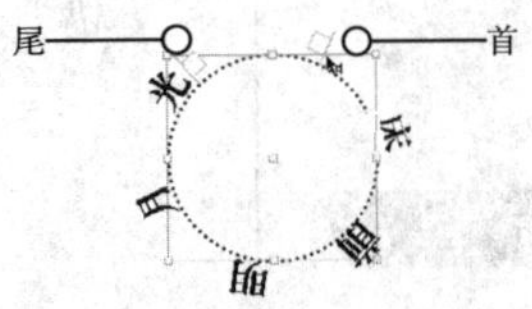

图11-71

将选择工具光标置于首或尾标记上，靠近首或尾标记竖线时，光标变为形状时，按住鼠标并拖动首或尾标记沿路径到需要的位置。

(5)解除沿线排版：使用选取工具选中图元，单击鼠标右键，在右键菜单里选择【解除沿线排版】，如图11-72所示。

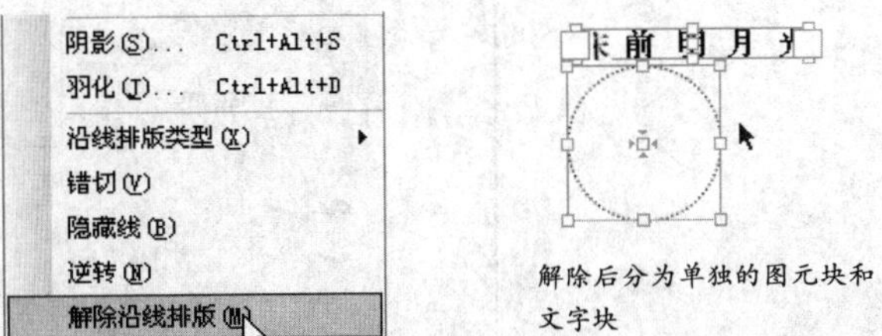

图11-72

(6)字与线距离效果如图11-73所示。

❖ 注意事项

要尽量避免将首尾点标记与文字块的控制点重合，否则如果要调整文字块的大小时，将很难选中块的控制点。

❖ 沿线排版类型

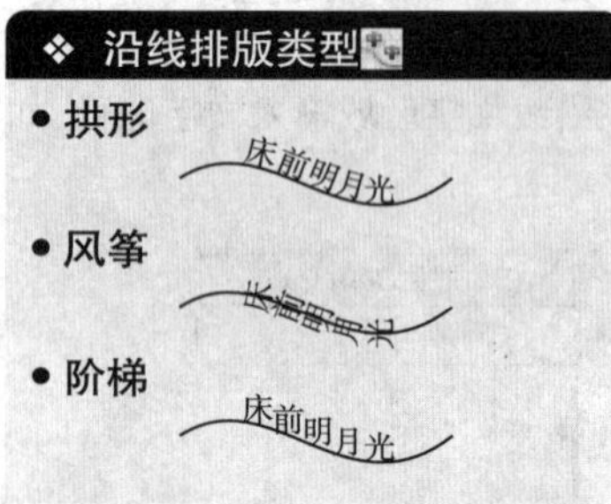

❖ 错切

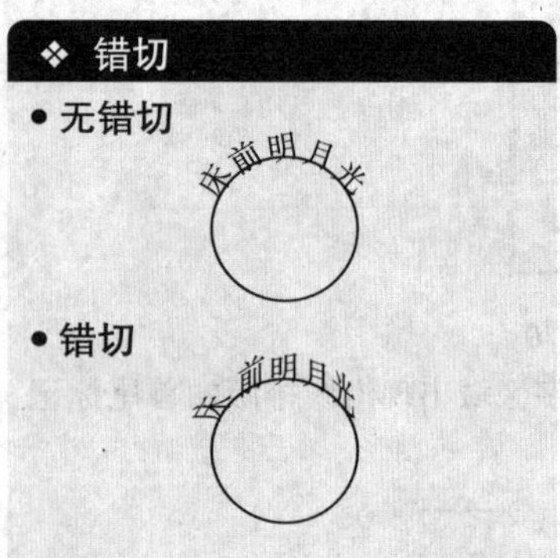

❖ 逆转

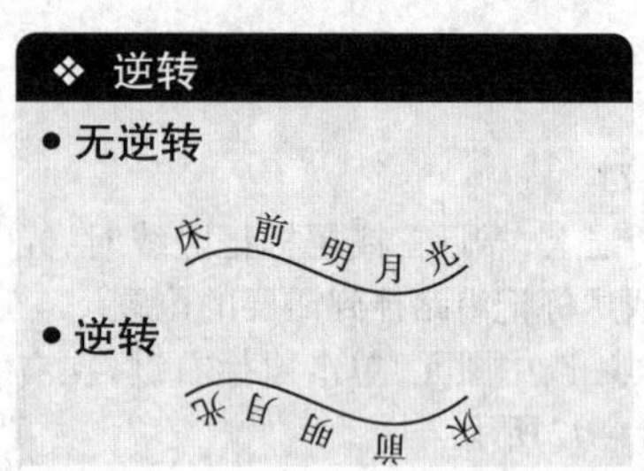

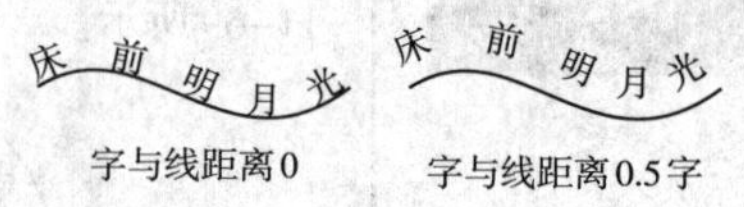

图 11-73

(7)隐藏线效果如图11-74所示。

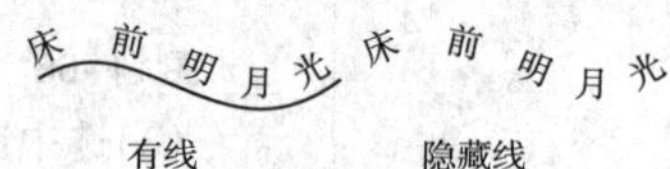

图 11-74

(8)字号渐变效果如图11-75所示。

图 11-75

(9)颜色渐变效果如图11-76所示。

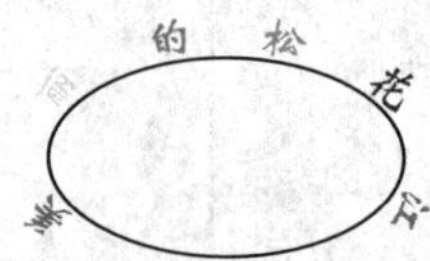

图 11-76

九、实例练习：锚定对象与文字对齐 ★

锚定工具 选中图形块拖到文字上，如图11-77所示。

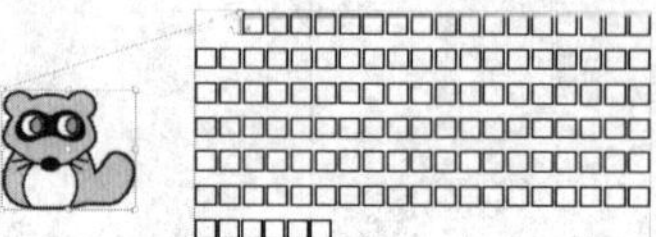

图 11-77

(1)锚定对象与文字的字框对齐，如图11-78所示。

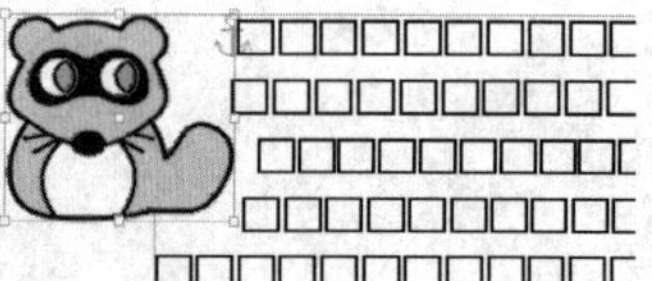

图 11-78

(2)锚定对象与文字块外侧对齐，如图11-79所示。

❖ 学习要点

- 锚定对象的位置，如果是相对版心镜像流动的，就要选中锚点位置以版心为参考点，同理，以页面为参考位置。
- 如果以后有改变页面或版心的操作，锚点会自动适应这种调整。

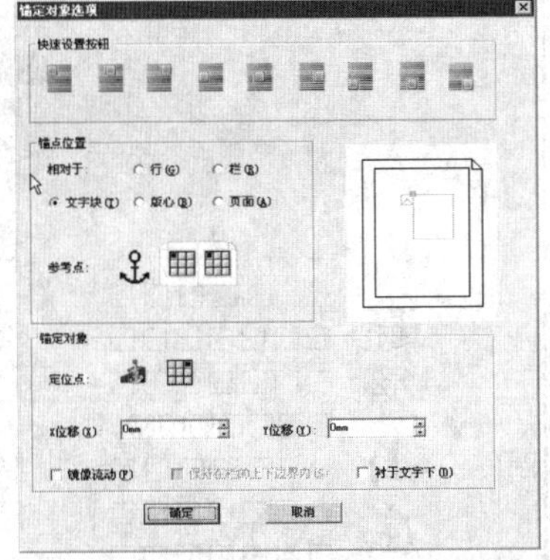

图 11–79

(3)锚定对象在文字块的右侧，如图 11–80 所示。

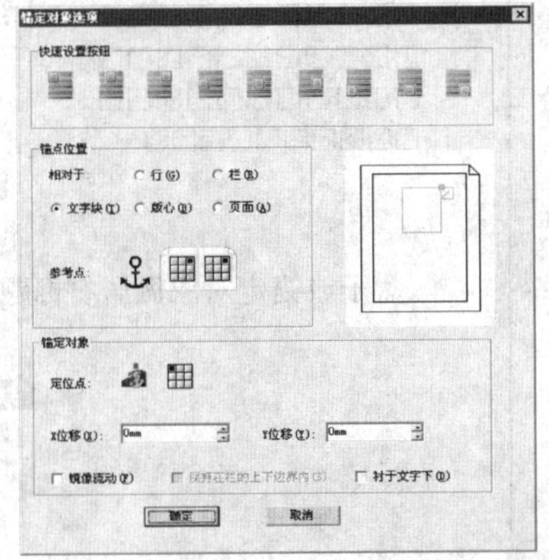

图 11–80

❖ 学习要点

锚定对象的特定位置，如居中、居左、居右等位置如果是相对于块的，则块改变形状或大小时，锚定对象的位置选项仍然可以保持。

十、实例练习：盒子与锚定对象制作标题 ★

锚定对象做居中标题，如图 11–81 所示。

图 11–81

盒子用图文互斥做居左标题，如图 11–82 所示。

❖ 学习要点

锚定对象不支持在首行互斥，所以要用盒子对象实现。

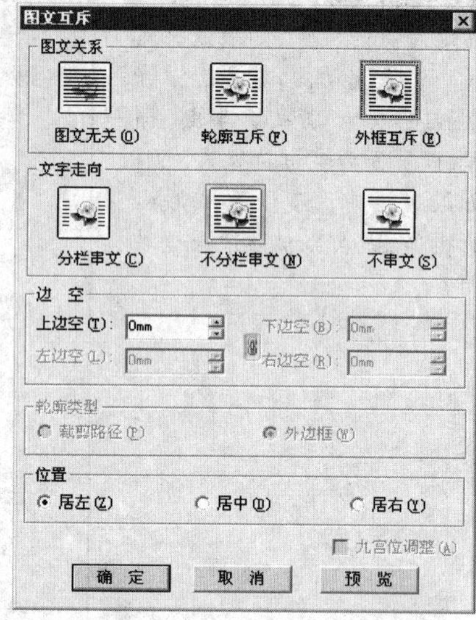

图11-82

盒子或锚定对象做居右标题，如图11-83所示。

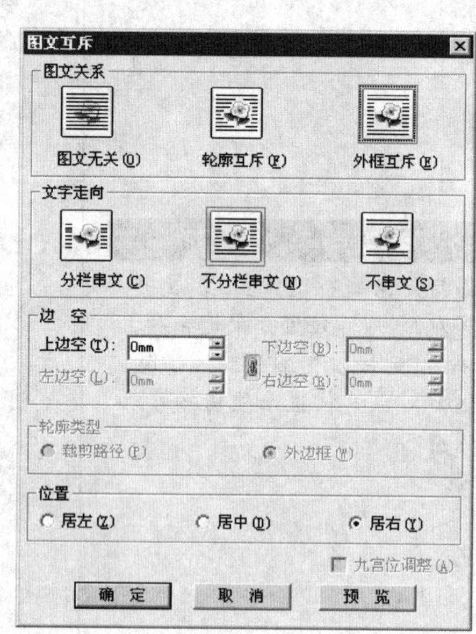

图11-83

盒子或锚定对象做居上标题，如图11-84所示。

避暑山庄

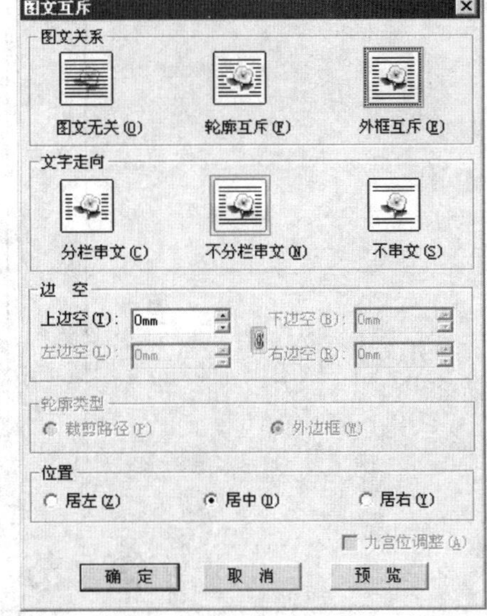

图11-84

> 利用锚定对象的“镜像流动”属性，实现版面块在单双页上左右对称版式的制作。

十一、实例练习：锚点对象的镜像流动

制作要做锚点的对象块，用锚点工具拖到文字中后，形成锚定对象，选中锚定对象，按快捷键“Alt+F8”，弹出【锚定对象选项】对话框，如图11-85所示。

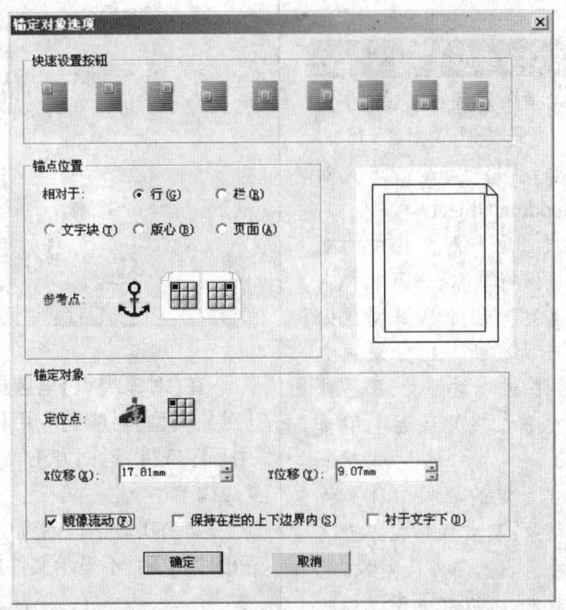

图11-85

在对话框里选中【镜像流动】选项。

这样，锚定对象排在单页上或双页上时，其位置会左右对称放置，如

图11-86所示。

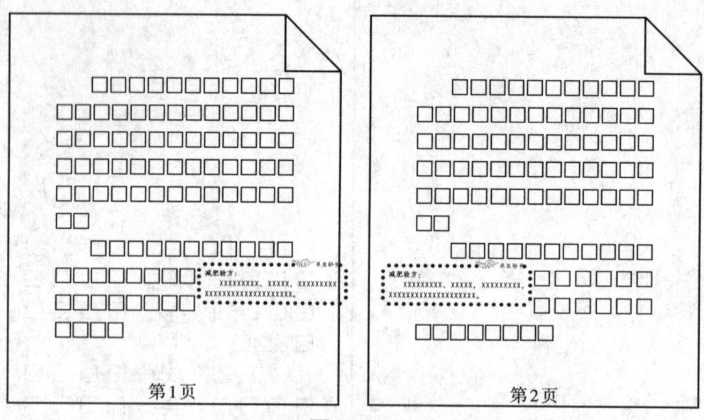

图11-86

第7节　OLE对象操作

❖ OLE对象与多页文件

对于多页的文件，以OLE方式插入只读取第一页。

❖ OLE对象类型

根据对象插入版面的方式，分为两类：一类是链接式对象（Linking Object），另一类是嵌入式对象（Embedding Object）。

- 链接式对象与源文件中的对象数据保持联系，当源文件中的数据更新时，链接式对象的数据自动更新。但如果源文件被删除或者被移动，那么就不能在方正飞翔版面上编辑对象了。
- 嵌入式对象的数据与源文件没有联系，独立保存在方正飞翔文件里。需要修改对象时，双击对象，可以在方正飞翔版面上调出对象的源程序。

一、插入OLE对象

在版面上插入新的OLE对象，该对象为嵌入式对象。

选择【编辑】→【插入OLE对象】，单击【新建】选项卡，如图11-87所示。

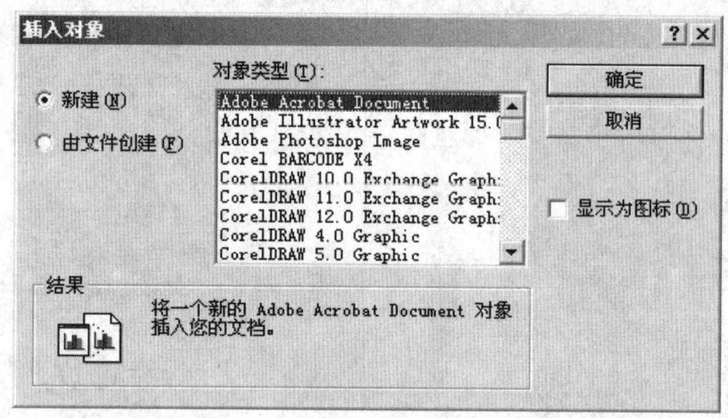

图11-87

在【对象类型】里选择创建的对象类型，单击【确定】按钮，即可启动【对象类型】对应的应用程序，并自动创建一个新文件。完成后，关闭应用程序文件，返回方正飞翔程序。将灌文光标点击到版面即可插入OLE对象。

如果在对话框内选中【显示为图标】，则在版面上插入应用程序图标和图标说明，不显示文件内容，双击图标可切换到应用程序进行编辑。

二、创建OLE对象

在版面上插入已有的文件，可以选择插入方式为嵌入式或链接式。

用菜单【编辑】→【插入OLE对象】，单击【由文件创建】选项卡，如图

11-88所示。

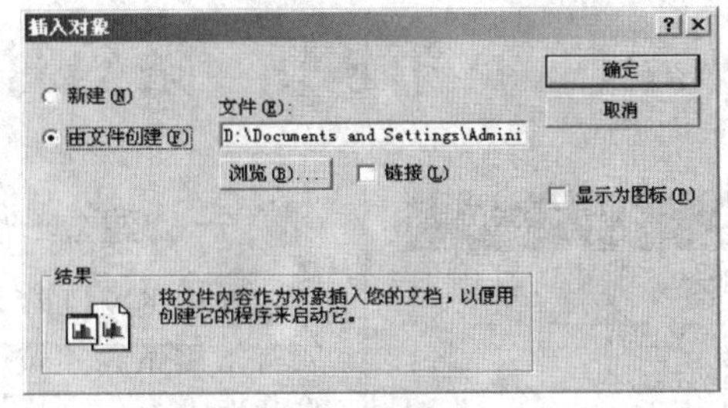

图11-88

单击【浏览】按钮，选择插入的文件。

如果选中【链接】，则对象以链接方式插入版面，插入到方正飞翔版面上的对象与源文件数据之间保持链接关系，当源文件更新时，版面对象自动更新。如果不选中【链接】，则对象以嵌入方式插入版面，独立于源文件。

选中【显示为图标】，则版面上将插入一个应用程序图标代替具体的文件内容。

单击【确定】按钮，将灌文光标点击到版面即可插入OLE对象。

用复制粘贴方法创建OLE对象：用户可以使用复制粘贴方式直接从第三方软件中复制需要的内容到方正飞翔的版面。在不选中任何对象的情况下，选择粘贴，即可形成一个OLE对象，双击该对象即可打开编辑文件。

三、编辑OLE对象

双击OLE对象：在方正飞翔版面里双击要修改的OLE对象，在当前版面上打开OLE对象所对应的应用程序的菜单和工具栏等。此时，即可在方正飞翔版面上修改OLE对象的内容，如同修改方正飞翔自己的内容一样方便。完成修改后，用鼠标在版面上OLE对象外的部分单击一下，则退出编辑状态，返回版面。

通过右键菜单编辑OLE对象：选中OLE对象，在右键菜单里选择编辑方式，如图11-89所示。

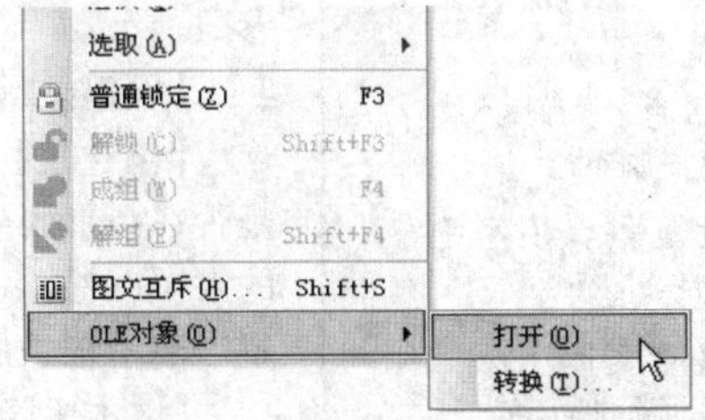

图11-89

打开：选择【打开】，将直接启动对应的应用程序，并打开该对象。

转换：选择【转换】，将激活对话框。选择一个转换类型，单击【确定】按钮。如果以图标方式显示，还可以单击【更改图标】按钮，修改显示图标。

❖ OLE对象块操作

- 作为方正飞翔的普通对象进行编辑，包括移动对象、更改大小、缩放、剪切、复制、粘贴、多重复制、成组、层次调整、普通锁定和编辑锁定（编辑锁定后双击操作无响应）、捕捉、存为ODF素材、作为盒子插入文字块或表格。
- 更改OLE对象所处图层。
- 将OLE对象作为主页对象。
- OLE对象具有互斥属性，包括自动文压图。
- 选中OLE对象输出。
- 含有OLE对象合并文件。
- 含有OLE存为文件片断，支持导入含有OLE对象的文件片断。
- 撤销/恢复OLE对象的操作。这里的撤销/恢复指对OLE对象的操作，而不是对OLE内部的编辑。对OLE内部的编辑不支持撤消/恢复。

❖ OLE对象粘贴

如果在方正飞翔版面粘贴Word的内容时，T光标置入到了文字里，则该内容仅能粘贴到文字块，不能形成OLE对象，双击该对象时不能打开原来的Word软件编辑。

❖ OLE对象编辑

对于链接式对象，可以直接在Windows中启动OLE对象对应的应用程序，修改相应的文件，修改结果将反映到版面上。

第8节　条码对象操作

❖ 条码类型

• 一维条码类型

Codabar(库德巴码)
Code 39
Code 39 Extended
Code 93
Code 128A
Code 128B
Code 128C
Code 128 Auto
EAN-8
EAN-13
UCC/EAN-128A
UCC/EAN-128B
UCC/EAN-128C
UCC/EAN-128AUTO
ISBN
ISSN
ITF(交插二五码)
ITF-14
UPC-A
UPC-E

• 二维条码类型

PDF417
QRCode

❖ 一维条码选项

- 条码颜色：表示条码竖条型的颜色。
- 模块大小：设置组成条码的基本单元的大小。
- 条高：设置条码中条的高度。
- 宽窄比：定义了条形码中宽元素与窄元素的宽度之间的比例。这是特定选项，仅适用于以下类型：Code39 Extended、Code39、Codabar、ITF、ITF-14。
- 供识读文字组：供识读文字是条型图周边的字符。
- 字体字号、颜色：设置识读文字的字体、字号和颜色。
- 对齐效果：设置供识读字符与条码的对齐方式。
- 码与字间隔：表示供识读字符与条码条的底端的间隔。
- 文字间间隔：当对齐方式设置为【码对齐】时，【文字间间隔】置灰。
- 显示文字：表示显示在条码下方的字符。

一、建立一维条码

方正飞翔目前支持20种一维条码、2种二维条码和公文条码，覆盖所有常用条码领域。公文二维条码严格遵守GB 0626—2005国家标准自动生成。

选择菜单【对象】→【创建条码】→【一维条码】，弹出【一维条码】对话框，如图11-90所示。

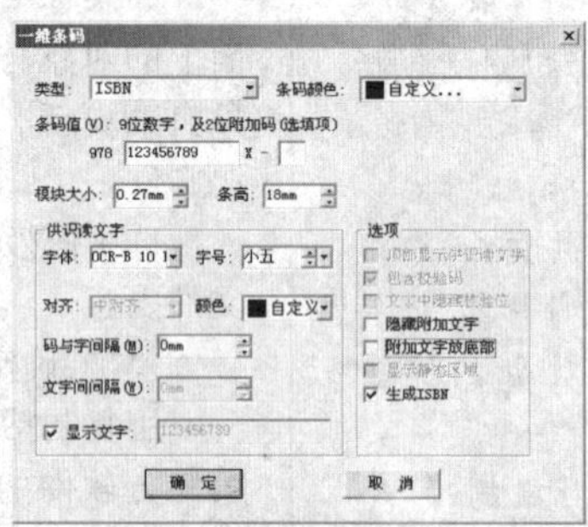

图11-90

【类型】选项中选择【ISBN】类型，在【条码值】里输入需要生成的条码编号：【123456789】，单击【确定】按钮，光标变为┼▌▌▌，鼠标左键在版面上点击或者在版面上拖画出一个区域即可生成条码，如图11-91所示。

图11-91

需要修改条码时，双击条码，即打开【一维条码】对话框，修改相应参数。

【顶部显示供识读字符】：控制是否在条码顶部显示供识读字符。

【包含校验码】：使用条形码属性页上的包含校验码选项，可以指定是否在条形码中添加校验码。校验码是一个可选字符，可附加在条形码的末尾以检验错误。有几种符号体系始终带校验位打印。因此，如果指定当前所选条形码使用这些符号体系，校验位选项为选中状态并灰显。

【文本中隐藏校验位】：用于选择在条码下面的供识读字符中是否将校验码对应的字符隐藏。选中【包含校验码】时，该项变亮，否则置灰。

二、二维条码

选择菜单【对象】→【创建条码】→【二维条码】，弹出【二维条码】对话框，如图11-92所示。

❖ PDF417条码选项

- 截短：在相对【干净】的环境中，条码损坏的可能性很小，右行指示符可以省略，终止符可以减为一个模块的条。截短的四一七条码与标准的四一七条码完全兼容。
- 行数：可选择自动、3～90；列数：可选择自动、1～30。
- 纠错级别：可选择自动、0～8。国标 GB/T 17172—1997 中 4.6.4 描述了纠错级别的选择，给出了在开放式系统中，不同数量的编码数据所对应的错误纠正等级的推荐值。

❖ QRCode条码选项

- 掩码：可使符号中深色与浅色模块的比例接近1∶1，使因相邻模块的排列造成译码困难的可能性降为最小。可选择：自动、0～7。默认为自动。
- 启动模式
  ①字母数字：字符包括 0 - 9、大写 A - Z、空格、$、%、*、+、-、.、:、/
  ②日文汉字：Shift JIS 值 8140 (HEX) - 9FFC (HEX) 和 E040 (HEX) - EAA4 (HEX)。
  ③二进制：符合 JIS X 0201 的 JIS 8 位字符集(拉丁字母和假名)。
- 纠错级别：4种纠错级别，可恢复的码字比例为 L-恢复 7%、M-恢复 15%、Q-恢复 25%、H-恢复 30%。

❖ 公文二维条码说明

关于书写规范请参见《机关公文二维条码使用规范》。

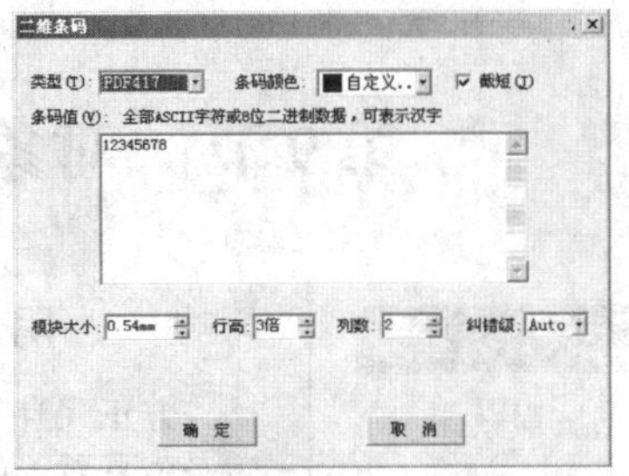

图 11–92

在【类型】选项中选择需要设置的条码类型，PDF417 或 QRCode，在【条码值】里输入需要生成的条码信息。

单击【确定】按钮后，在版面上拖画出一个区域即可生成条码，如图 11–93 所示。

图 11–93

二维条码值：PDF417 最大为 1850 个文本字符，或 2710 个数字，或 1108 个字节。

QRCode 可表示数字数据 7089 个字符，或字母数字数据 4296 个字符，或 8 位字节数据 2953 个字符，或中国汉字、日本汉字数据 1817 个字符。其中中国汉字字符为 GB 2312《信息交换用汉字编码字符集 基本集》对应的汉字和非汉字字符。

修改条码：双击条码，即打开【二维条码】对话框，修改相应参数。

三、公文二维条码

选择菜单【对象】→【创建条码】→【公文条码】，弹出【公文二维条码】对话框，如图 11–94 所示。

图 11–94

按照公文要求输入特定内容，点击【确定】按钮。将光标点击到版面上即可生成条码，如图 11–95 所示。

图 11–95

第9节　对象的阴影、羽化、透明效果

❖ 阴影选项

- 选中【预览】，预览版面效果。
- 混合模式：颜色正常、叠底。
- 不透明度：0~100%。
- XY偏移。
- 模糊半径。
- 颜色：定义阴影颜色。
- 取消阴影：在【阴影】对话框取消【阴影】选中状态。

一、阴影

方正飞翔可以对文字、图形图像和表格等各种对象添加阴影效果，使对象具有立体效果。

选取工具选中对象，选中菜单【美工】→【阴影(Ctrl+Alt+S)】，弹出【阴影】对话框，如图11-96所示。

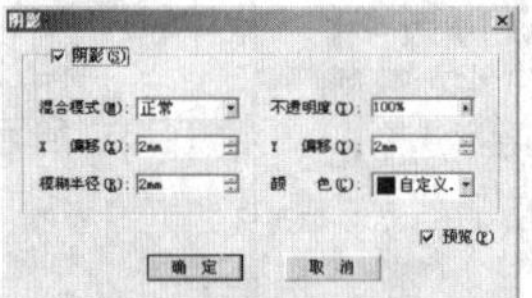

图11-96

点击【确定】按钮，将阴影效果作用于对象，如图11-97所示。

图11-97

❖ 羽化选项

- 宽度：设置羽化的宽度。
- 角效果：圆角、扩散。
- 选中【预览】：预览羽化效果。
- 取消羽化：在【羽化】对话框取消【羽化】选中状态。

二、羽化

方正飞翔可以对文字块、图元块和图像块等各种对象添加羽化效果。

选中对象，选中菜单【美工】→【羽化(Ctrl+Alt+D)】，弹出【羽化】对话框，选中【羽化】选项，则激活羽化选项，如图11-98所示。

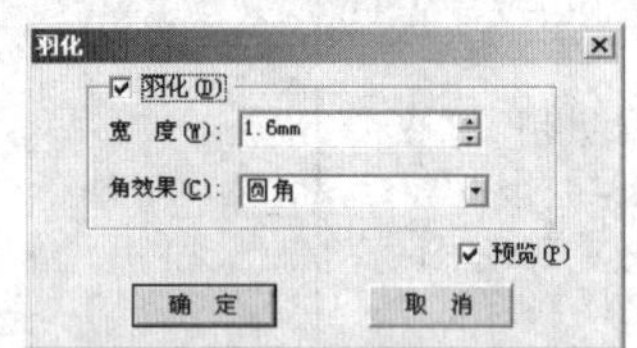

图11-98

点击【确定】按钮，将设置作用于图像，如图11-99所示。

圆角　　扩散

图11-99

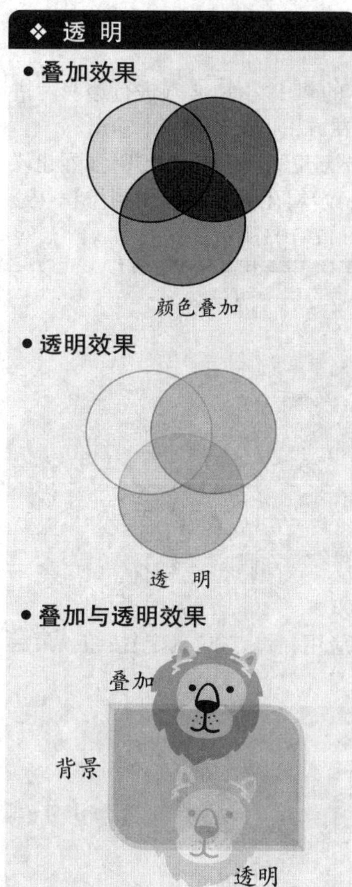

三、透明 ★★

方正飞翔可以对文字块、图元块和图像块等各种对象设置透明效果，可以透过对象显示下层图案，如图11–100所示。

图11–100

如果勾选了渐变透明，还可以对透明设置渐变的效果。

选中需要设置透明效果的对象块，点击菜单【美工】→【透明(Shift+F10)】，弹出【透明】浮动窗口，如图11–101所示。在窗口中可以直接设置不透明度，也可以点击右边的三角按钮，拖动滑块设置不透明度。

选择【正常】或【叠底】透明方式，即透明对象与下层对象重叠部分的效果。

如果需要取消透明设置，可以将不透明度恢复为100%即可。

根据需要可以勾选【渐变透明】，设置渐变的相关参数，如图11–101所示。

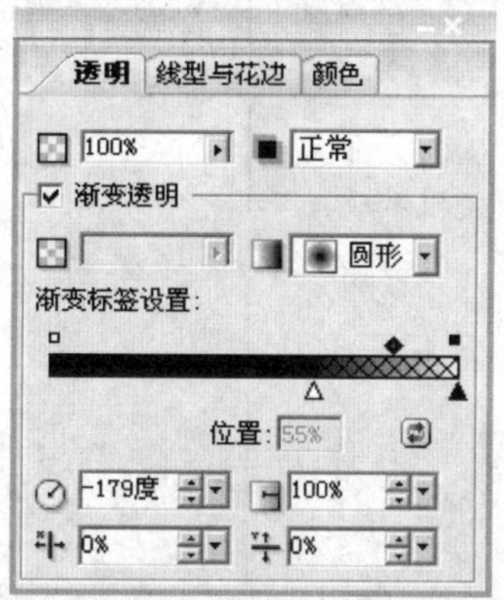

图11–101

"渐变透明"效果如图11–102所示。

(a)原图 (b)渐变透明

图11–102

取消透明渐变效果，可以将浮动窗上的透明渐变一项不选中。

❖ 学习要点

- 重点掌握透明与透明渐变的输出处理，确保制作的效果能够正确输出。
- 老版的PDF解释器不支持PDF1.4版本的透明功能，方正飞翔的透明、羽化、阴影都属于这个范围，因此必须把它转为PS或PDF1.3版本才能正确输出。
- 强烈推荐使用方正世纪RIP4.0或方正畅流来处理飞翔的PDF，它们都使用了最新的PDF RIP，可以支持PDF 1.7版本。
- 方正飞翔自身也带有透明拼合功能，当输出PS或PDF1.3版本的文件时，隐含这些功能。

  但也有很多时候生成了PDF1.4版的PDF文件，又没有方正飞翔时，就要使用本教程来解决。

四、透明度的拼合处理实例 ★★★

使用透明效果的PDF 1.4以上版本的PDF文件，必须进行透明度拼合，才能让方正飞翔生成的PDF正确地在方正世纪RIP3.0上输出。

对于印刷用户来说，用Acrobat打开方正飞翔生成的PDF，强烈建议不要使用其他厂商的PDF显示软件，用菜单【工具】→【印刷制作】→【透明度拼合】调出透明度拼合对话框，如图11-103所示。

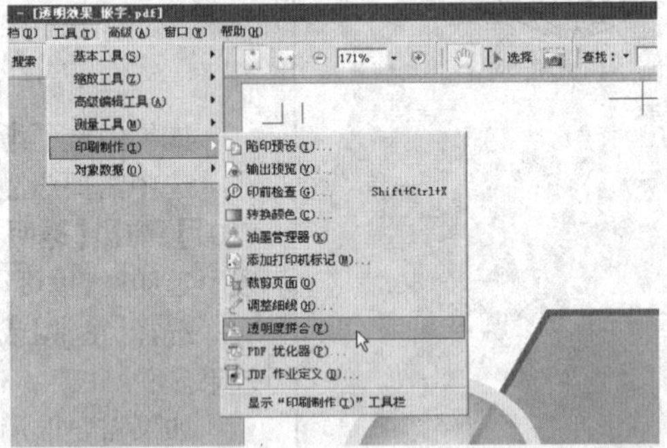

图11-103

各项设置如图11-104所示，点击【应用】后，点击【确定】按钮。最后存盘。

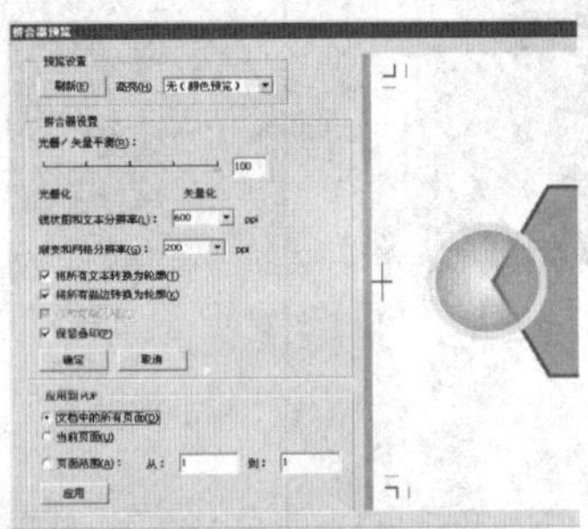

图11-104

五、PDF优化实例 ★★

选择菜单【工具】→【印刷制作】→【PDF优化器】弹出【PDF优化器】对话框，如图11-105所示。

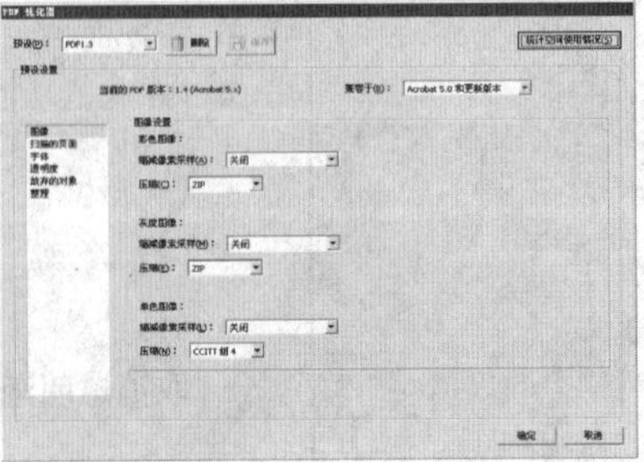

图11-105

❖ 学习要点

- Acrobat 的版本说明：请使用 Adobe Acrobat 的专业版，不要使用 Reader 版本，Reader 只能察看，不能另存为 PS。
- 透明拼合、另存为 PS，请按教程设置，否则可能会有问题。
- 使用方正世纪 RIP4 或畅流输出不需要这些操作。

透明度拼合如图 11–106 所示。

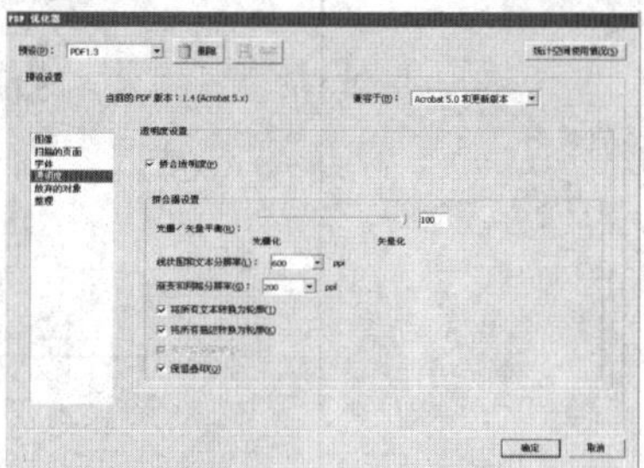

图 11–106

六、另存成 PS 文件实例 

❖ 学习要点

另存 PS 时，如果选择了 PostScrip 2 级并且选中【将 TrueType 转为 Type1】，则嵌入 PDF 中的 TrueType 字体和笔画不会变细，否则，在照排输出时，有很大可能会出现宋体等字体笔画特别细的现象，容易给印刷带来困难.

在 Acrobat 中选择菜单【文件】→【另存为】，把 PDF 另存为 PS。PS 设置的【另存设置为】对话框如图 11–107 所示。

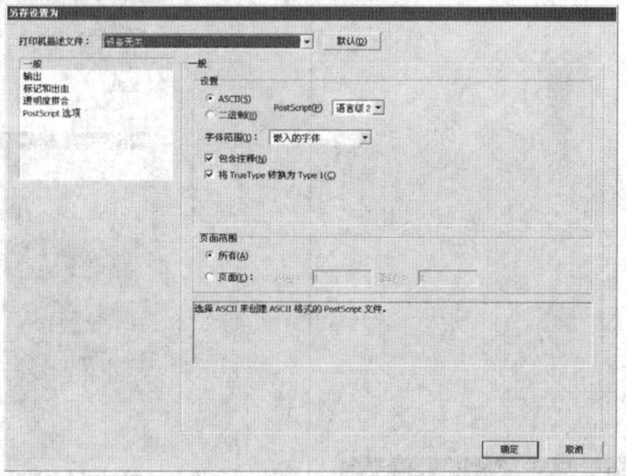

图 11–107

输出与颜色设置，如图 11–108 所示。

❖ 学习要点

- 方正飞翔中使用的正文字体，最好是方正兰亭字体，并且输出 PDF 时不嵌这些字体。
- 确保后端方正世纪 RIP4 或畅流工作流程安装有这些后端的 CID 字库，这样在照排输出时，可以得到最完美的文字质量。

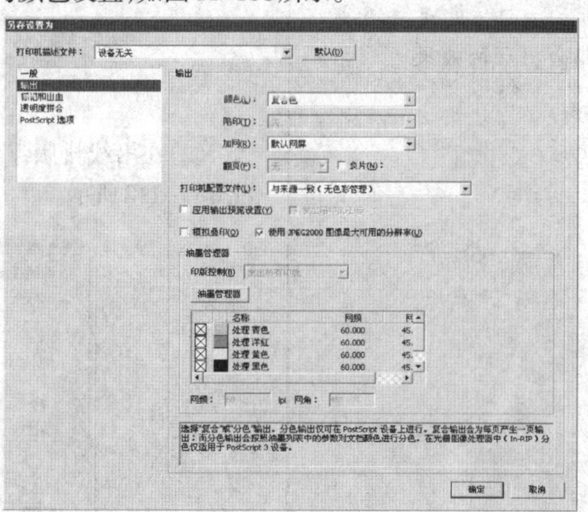

图 11–108

透明度拼合如图 11–109 所示。

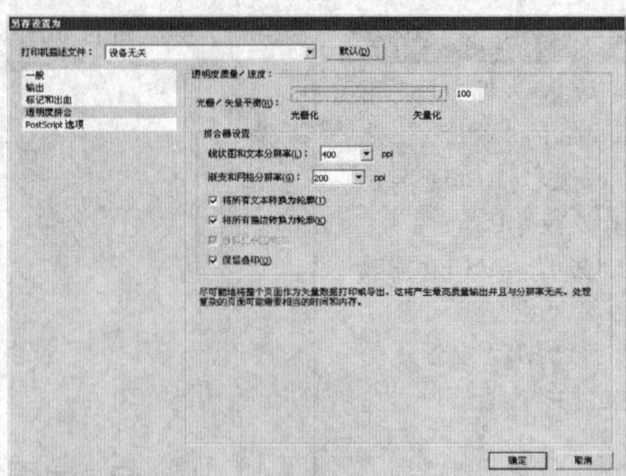

图 11-109

设置【PostScript 选项】,如图 11-110 所示。

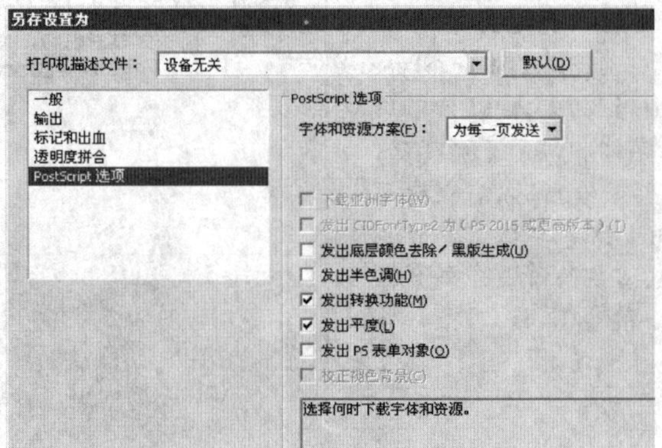

图 11-110

> ❖ 学习要点
> - 沿线排版,文字中粘入盒子。
> - 用这种办法间接实现任意对象块,沿线排版的效果。

七、实例练习:任意对象块沿线排版练习 ★★

(1)用钢笔工具画一条曲线,如图 11-111 所示。

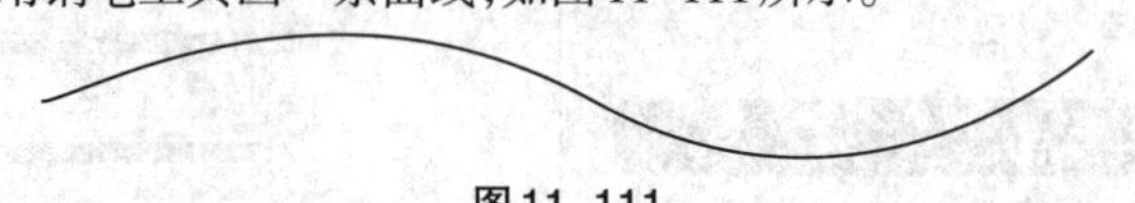

图 11-111

(2)在沿线排版浮动面板的扩展菜单中执行【形成沿线排版】命令,如图 11-112 所示。

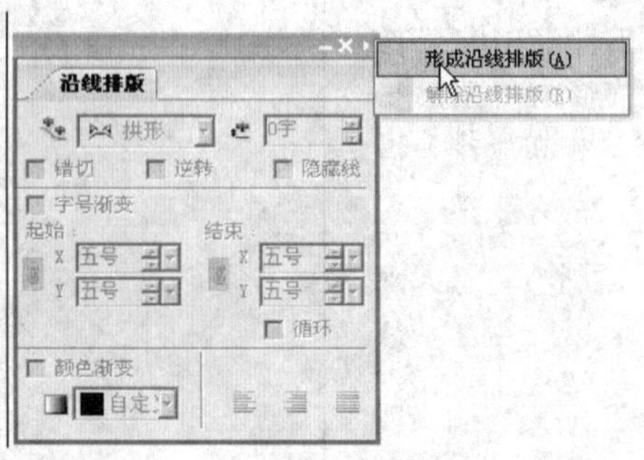

图 11-112

曲线上出现沿线文字，如图11-113所示。

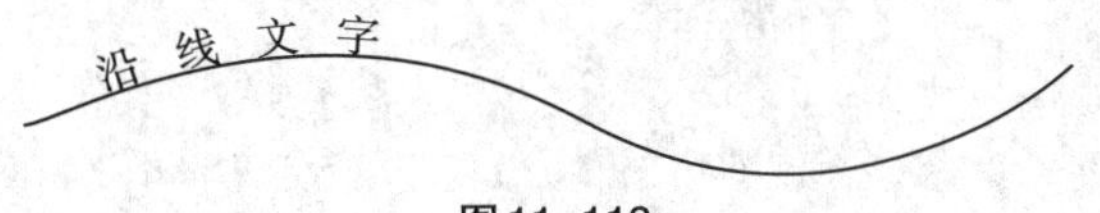

图11-113

(3)把图案图形选中复制后粘入“沿线文字”区域中，复制一定数量后，执行撑满命令，形成的效果如图11-114所示。

图11-114

八、三种类型阴影效果的区别 ★

> **❖ 学习要点**
>
> 阴影的不透明度和颜色值的不同设置，可以导致阴影效果的变化。仔细区分不同效果的设置，可以准确地制作出自己想要的阴影效果。

1. 普通阴影(不透明度100%，颜色K100%)

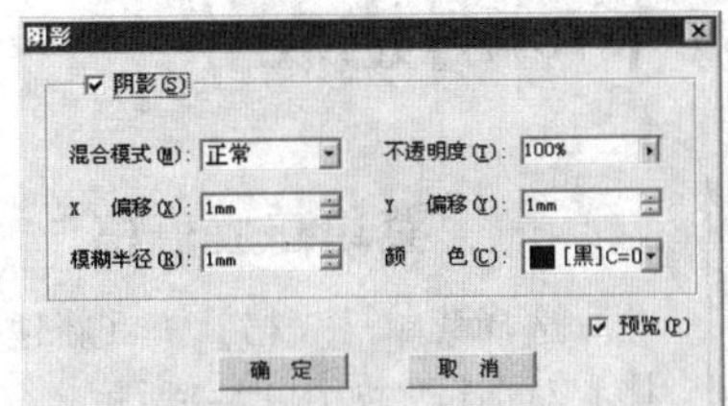

图11-115

2. 阴影(不透明度70%，颜色K100%)

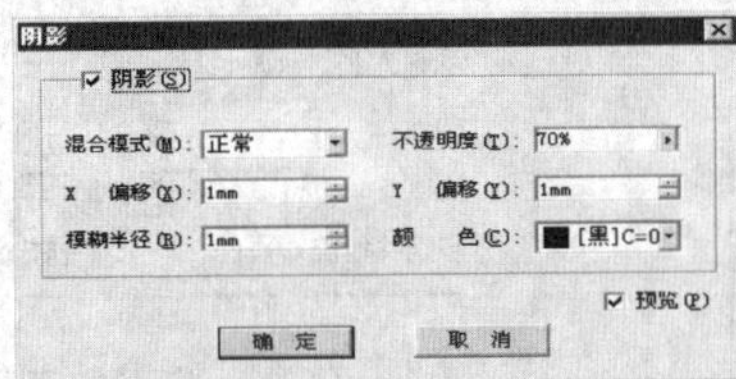

图11-116

3. 阴影(不透明度100%，颜色K70%)

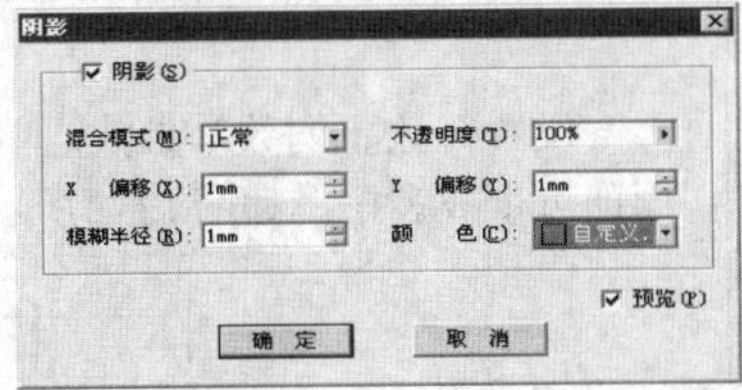

LOAVES
OPEN!!

图11-117

第12章　表格排版

方正飞翔拥有强大的表格排版能力，不论是创建表格还是进行特殊的表格版式排版，都能让使用者有得心应手的感觉，对于Word和Excel表格的完美支持，大大节省了时间，提高了工作效率。本章提供了大量从实际中得来的实例技巧，为读者在操作方正飞翔软件时涉及的排版难点提供了一些解决的思路。

第1节　创建表格

❖ 自定义行高列宽

- **自定义行高格式**

  行高×行数+行高×行数+……。其中行高为实数，行数为整数，行数的默认值为1，省略号表示还可以有别的“+行高*行数”跟在后面。

  例：“4*1+2*3”，表示第1行高4，第3行、第4行、第5行高2。

- **自定义行高格式**

  列宽×列数+列宽×列数+……。例：“10*1+5*3”，表示第1列宽10，第2列、第3列、第4列宽5。

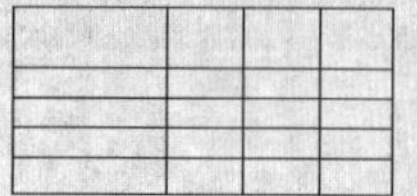

一、菜单建立表格 ★

选择菜单【表格】→【新建表格（Ctrl+Shift+N）】，弹出【新建表格】对话框，如图12-1所示。

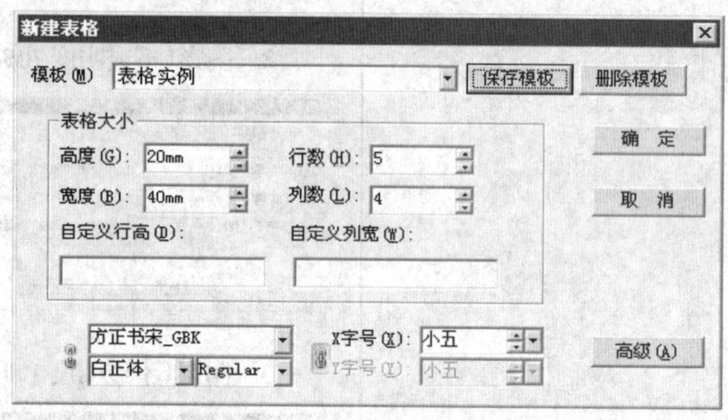

图12-1

设置行数、列数等参数，单击【确定】按钮，将光标点击到版面即可生成表格，如图12-2所示。

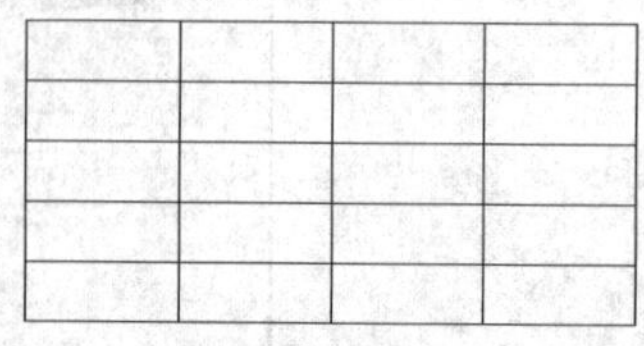

图12-2

1. 表格大小

高度和宽度：指定表格整体的高度和宽度。

❖ 分页数

分页数指定为2。

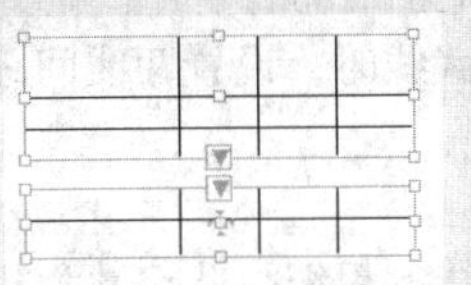

❖ 分页表内线

- 分页表使用内线不选中。

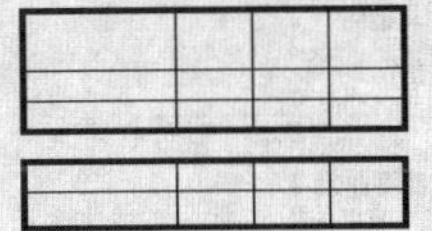

- 分页表使用内线选中。

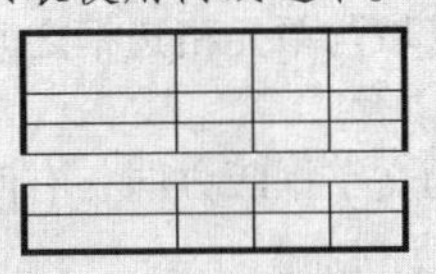

❖ 表格框架

新建时选中【表格框架】前面的复选框，点击【表格框架】按钮可以设置线框和文字属性的框架模板。

行数和列数：在设定的表格高度和宽度范围内，将表格均分为指定的行数和列数。

2. 表格字体和字号

字体和字号：指定表格内文字的字体和字号。

自定义行高、自定义列宽：在新建表格时，在自定义行高和自定义列宽编辑框中键入字符命令，直接指定行高、行数、列宽、列数等。

点击【高级】按钮，设定新建表格的属性和单元格属性。

3. 表格属性

【表格属性】对话框如图12–3所示。

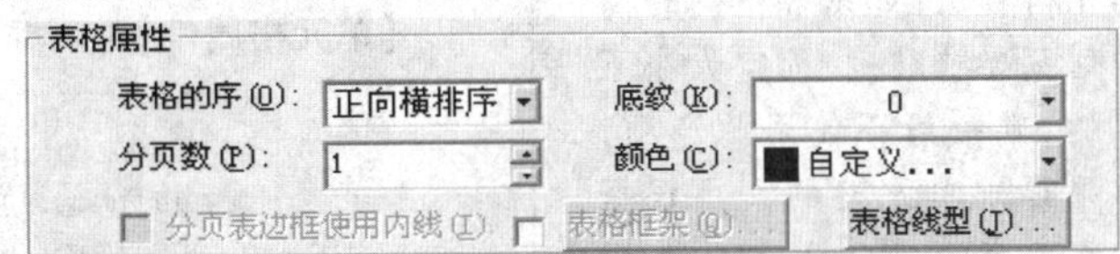

图12–3

(1)【表格的序】：设置文字在单元格间的流动方向，可以从下拉列表里选择正向横排序、正向竖排序、反向横排序或反向竖排序，默认为正向横排序。

(2)【分页数】：按指定的分页数，将生成几个有连接关系的表格块，并显示在同一版面内。各表格块之间用三角标记表示连接关系。

(3)【分页表边框使用内线】：选中该项，则分页表格在分页处的线型使用表格内部的线型。

(4)【底纹】：设置表格的底纹，默认为0号底纹，即为无底纹。

(5)【颜色】：设置表格底纹颜色。

(6)【表格线型】：单击【表格线型】按钮，弹出【表格线型】对话框。首先单击窗口中的按钮外边框、水平线或垂直线，指定需要设置线型的表格边框，激活表格线型参数，如图12–4所示。

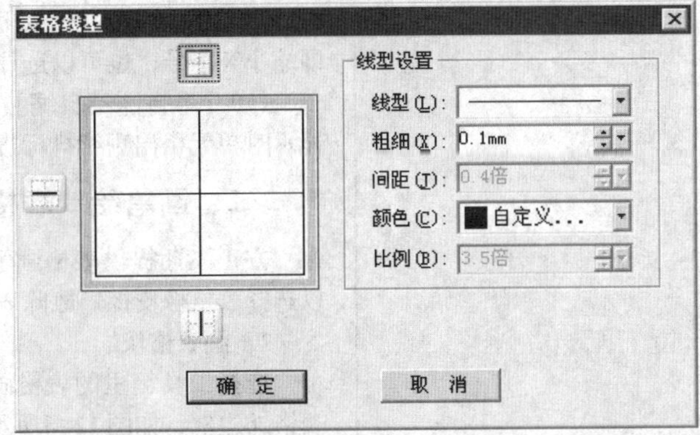

图12–4

□表示将当前线型设定应用到表格四周的外边框线上。

⊟表示将当前线型设定应用到表格单元格的所有水平中线上。

⏸表示将当前线型设定应用到表格单元格的所有垂直中线上。可以同时选中三个按钮。

❖ 单元格属性

- 文字内空：合理设置单元格的文字内空属性，单元格内文字录入好后，可以直接使用【调整行高】、【调整列宽】两个功能自动根据文字内空和内容的多少来自动调整行高和列宽。
- 单元格自涨：如果表格的行高和列宽要求准确、固定大小不变的，则一般不使用此选项；如果要求单元格的大小根据文字内容的多少自动涨缩，则要使用本选项。

❖ 擦除表线

- 表格橡皮擦工具不能擦除表格外边框和影响到其他单元格完整性的表线，遇到不可擦除的表线时光标为⊘。
- 在表格画笔或者表格橡皮擦的状态下，按“Esc”键可以切换到文字工具。

（1）【线型】：空线、单线、双线、文武线、点线、短划线、点划线型。

（2）【粗细】：设置线型的粗细值，默认为0.1mm。

（3）【间距】：当选中线型为双线、文武线时，设置两线间距。以双线粗细的倍数为基准，默认为0.4倍。

（4）【颜色】：设置边线的颜色。

（5）【比例】：用倍数的方式调整文武线的粗细，此倍数为相对文线的倍数。

4. 单元格属性

【单元格属性】对话框如图12–5所示。

图12–5

（1）【文字内空】：设置单元格内文字区域与单元格边框之间的距离，包括上、下、左、右边空。

（2）【文字排版方向】：设置单元格内的文字排版方向，有四个选项：正向横排、正向竖排、反向横排、反向竖排。

（3）【横向对齐】：设置单元格内文字横向对齐方式，包括居左、居中、居右、撑满等。

（4）【纵向对齐】：设置单元格内文字纵向对齐方式，包括居上/右、居中、居下/左等。

（5）【单元格自涨】：选中此选项后，当单元格无法容纳所有文字时，自动调整单元格大小，以容纳所有文字。

（6）【文字自缩】：选中此选项后，当单元格无法容纳所有文字时，自动缩小文字字号以适应单元格大小。缩小方式，可以选择【X】即缩小X字号；也可以选择【XY】即同时缩小XY字号。

（7）【不自涨不自缩】：选中此选项后，当单元格内文字无法全部显示时单元格出现续排标志。

二、画笔绘制表格

方正飞翔提供表格画笔绘制表格，绘制过程中如果不满意，可以选择表格橡皮擦删除表线。

1. 画表格块

选择工具箱里的表格画笔工具，在版面上拖画出一个矩形，即表格外边框，如图12–6所示。

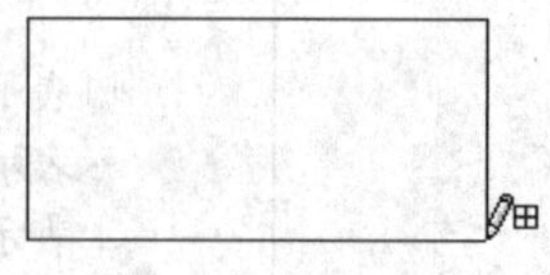

图12–6

2. 画表线

使用表格画笔工具在表格中按下鼠标左键，在表格中沿水平或垂直方向向画，释放鼠标后，在表格中生成表线，如图12–7所示。

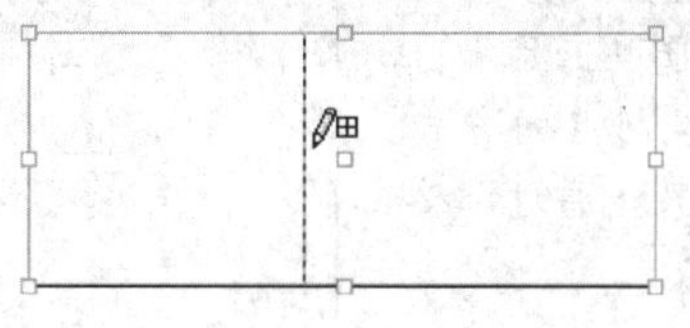

图12–7

3. 擦除表线

选择表格橡皮擦工具，将光标置于表线上，按住鼠标左键沿表线方向拖动即可擦去表线，如图12–8所示。

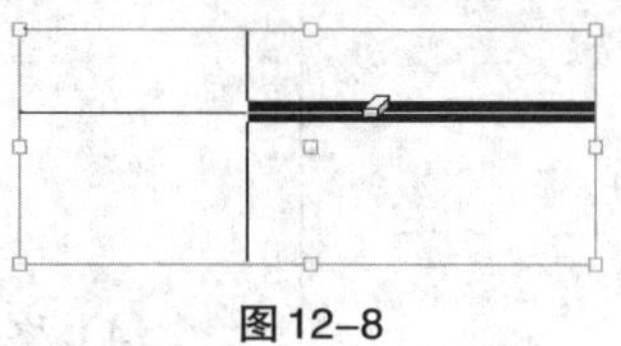

图12–8

第2节　表格基本操作

❖ 表格块对象操作

• 缩放

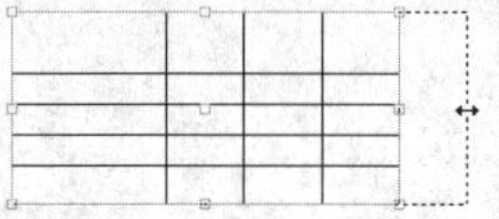

• 倾斜

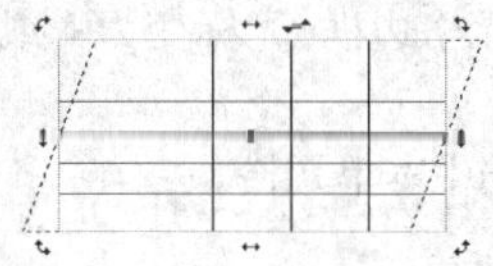

• 旋转

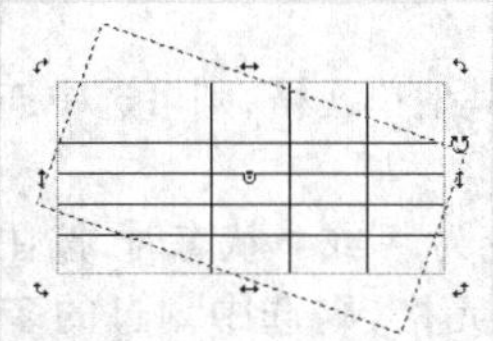

一、表格块对象操作

表格可以如普通对象一样,调整大小,制作旋转、倾斜和变倍效果。

使用选取工具选中表格,拖动外框控制点即可调整表格大小。使用旋转变倍工具选中表格,即可执行旋转、倾斜和变倍操作。

选中表格后在控制窗口编辑框内设定缩放、倾斜和旋转的精确数值。注意表格控制窗口分为主、辅两个面板,需要单击顶端的【辅】字,切换到辅助面板,才能设定旋转、倾斜和缩放数值,如图12–9所示。

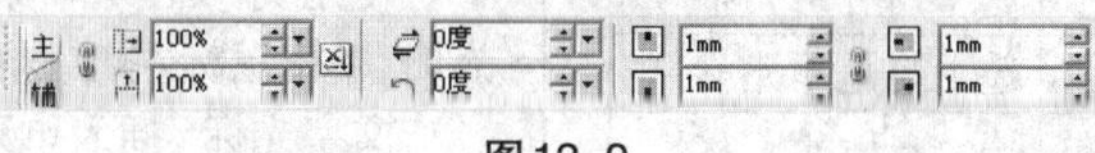

图12–9

二、移动表线

(1)选择工具箱中的文字工具T,将光标靠近要移动的表线,当光标变为⇔或⇕时,按下鼠标左键拖动,即可移动表线,如图12–10所示。

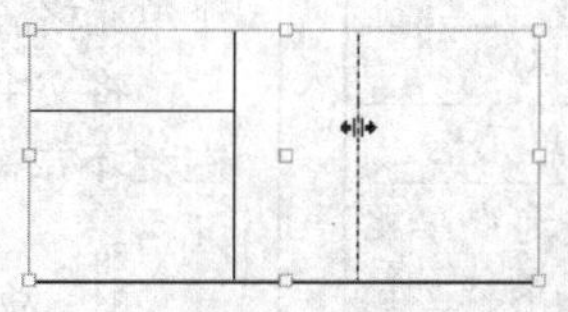

图12–10

(2)移动时按住“Shift”键,移动当前表线及其以后的所有表线,并保

❖ 续排的表格块对象操作

如果表格块是有续排关系的或者是流式表格有拆分关系的表格块，此时不能用选取工具 通过拖动表格外框控制点的方式来调整表格大小，只能通过调整单元格大小来实现。

❖ 表格选中快捷键

快捷键	作　用
大键盘1，2,3……9	隔行选中
Shift+大键盘1,2,3……9	隔列选中
[	选中列首单元格
]	选中列尾单元格
,	选中行首单元格
.	选中行尾单元格
X	选中整行
Y	选中整列
A	选中所有单元格
I	反选单元格
N	弃选所有单元格
J	正向阶梯选中单元格，阶梯幅度为一行
Shift+J	反向阶梯选中单元格，阶梯幅度为一行

持表线间距不变。如图12-11所示。

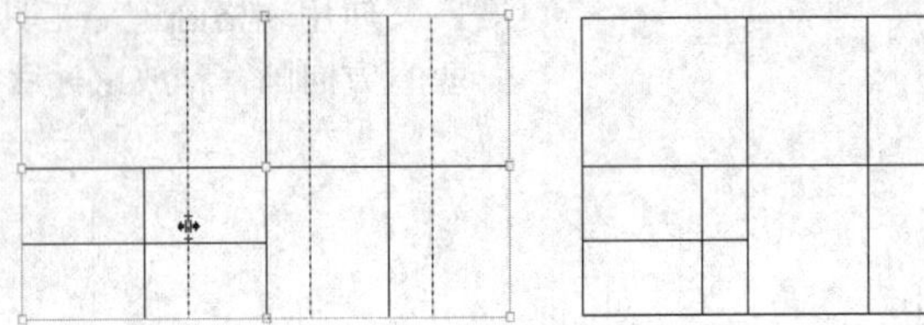

图12-11

（3）移动时按住"Ctrl"键，移动鼠标单击位置单元格的一段表线，如图12-12所示。

图12-12

（4）移动时按住"Ctrl+Shift"键，移动鼠标单击位置单元格的一段表线及该表线以后的所有表线，如图12-13所示。

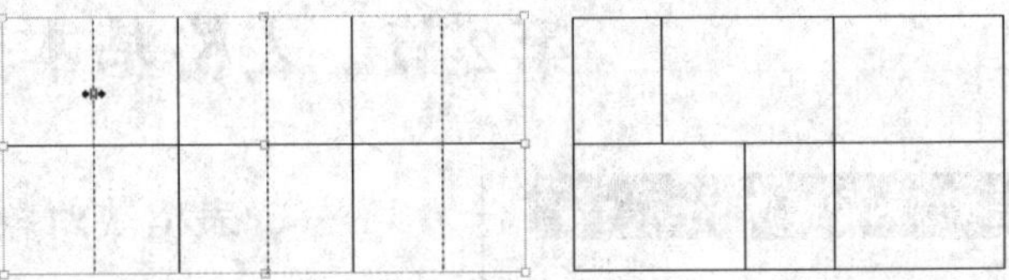

图12-13

三、单元格选中操作

1. 选中一个单元格

使用文字工具T按下鼠标左键不放，拖动鼠标即可选中单元格。

使用文字工具T，将文字光标靠近单元格边框，光标变为⬇或⬈状态时，单击鼠标左键，选中该单元格。

文字光标I插入单元格中，按"Esc"键选中本单元格。

2. 选中多个单元格

选中一个单元格，然后按住"Ctrl"键，点击其他单元格，即可选中所点击的多个单元格。

选中一个单元格，按住"Shift"键，点击其他单元格，则可选中连续多个单元格。

将文字光标I靠近单元格边框，光标变为⬇或⬈状态时，按住鼠标左键不放，拖动光标，将光标划过多个单元格，则选中划过的多个单元格。

3. 选中整行和选中整列

选中整行：将文字光标靠近单元格左边框，光标呈⬈状态时，双击鼠标左键选中整行，如图12-14所示。

❖ 删除快捷键

快捷键	作　用
Delete	删除选中单元格的内容
Shift+ Delete	删除选中表格及所有分页表

❖ 单元格内容移动快捷键

快捷键	作　用
F	单元格内容前移
B	单元格内容后移

❖ 复制与选中快捷键

快捷键	作　用
选中单元格,Esc	T光标插入到单元格首
选中一个单元格,Enter	T光标插入到单元格末
选中单元格,Ctrl+,	复制本单元格的文字到行首单元格
选中单元格,Ctrl+.	复制本单元格的文字到行尾单元格
选中单元格,Ctrl+[	复制本单元格的文字到列首单元格
选中单元格,Ctrl+]	复制本单元格的文字到列尾单元格
选中单元格,Shift+,	选中本单元格到行首之间的单元格
选中单元格,Shift+.	选中本单元格到行尾之间的单元格
选中单元格,Shift+[	选中本单元格到列首之间的单元格
选中单元格,Shift+]	选中本单元格到列尾之间的单元格
Ctrl+↑、↓、←、→	复制选中单元格内容

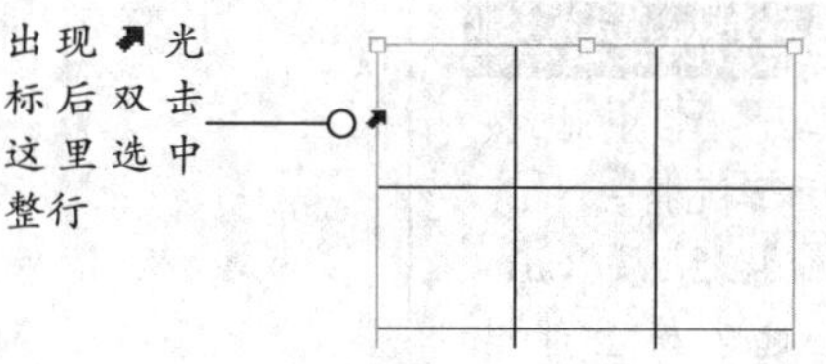

图12-14

选中整列:将文字光标靠近单元格上边框,光标呈⬇状态时,双击鼠标左键选中整列,如图12-15所示。

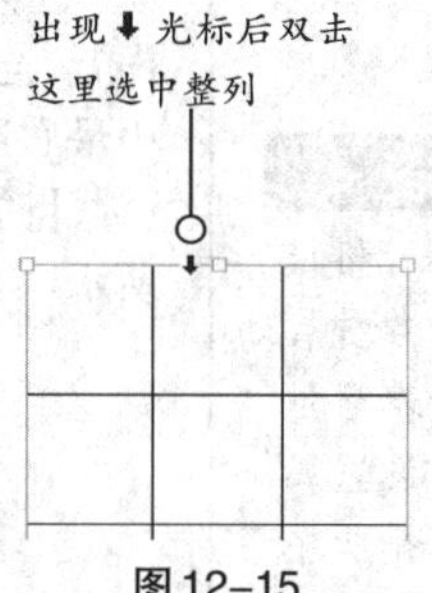

图12-15

4. 使用菜单选中单元格

选中一个或几个单元格,选择菜单【表格】→【选中】,即可在二级菜单中选择选中类型:整行、整列、全选、反选、隔行、隔列或阶梯。

【反选】:反选是置换单元格的选中状态。

【隔行/列选中】:方正飞翔可隔行选中多行单元格。

选中表格或选中任意单元格,选择【表格】→【选中】→【隔行】或【隔列】,弹出【隔行/列选中】对话框,如图12-16所示。

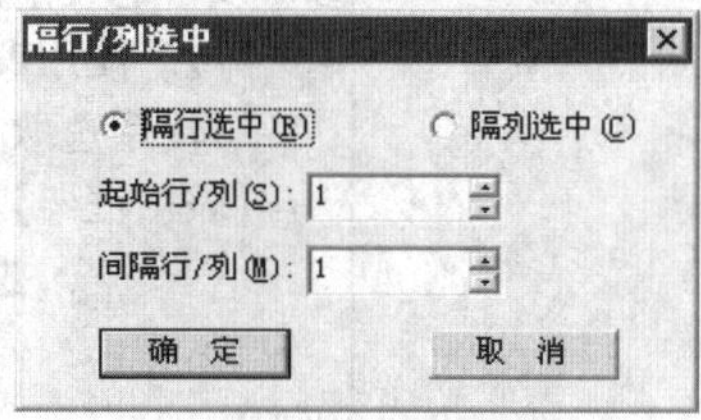

图12-16

选择【隔行选中】或【隔列选中】。在【起始行/列】编辑框里设置间隔行/列的起始位置,默认为弹出该对话框之前选中的单元格所在的行/列数;最大值为当前表格的最大行/列数,如图12-17所示。

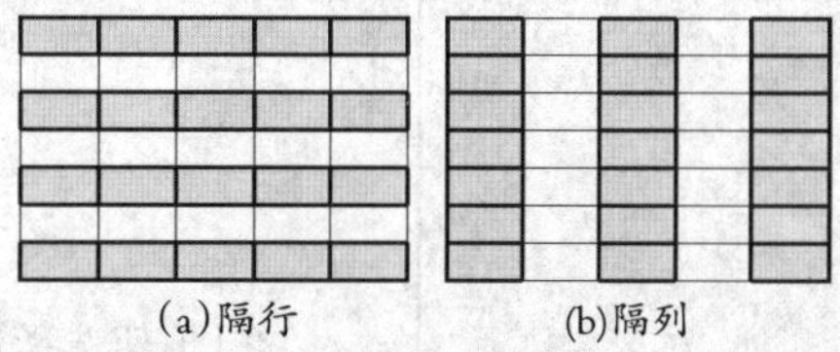

(a)隔行　　(b)隔列

图12-17

【阶梯选中】:选中最左边整列,或最右边整列,或顶端整行,选择【表格】→【选中】→【阶梯】,弹出【阶梯选中】对话框,如图12-18所示。

❖ 选中单元格常用快捷键

- 文字光标在单元文字中时，按“Esc”键选中本单元格。
- 选中一个单元格后，按“Ctrl+A”键可以全选表格全部单元格。

❖ 表格框架

表格框架的作用，类似于表格模板或样式，定义好表格的各种属性，对选中表格执行一个表格框架设置，可以对全表自动设置属性，在某些有规则的表格排版中可以提高效率。

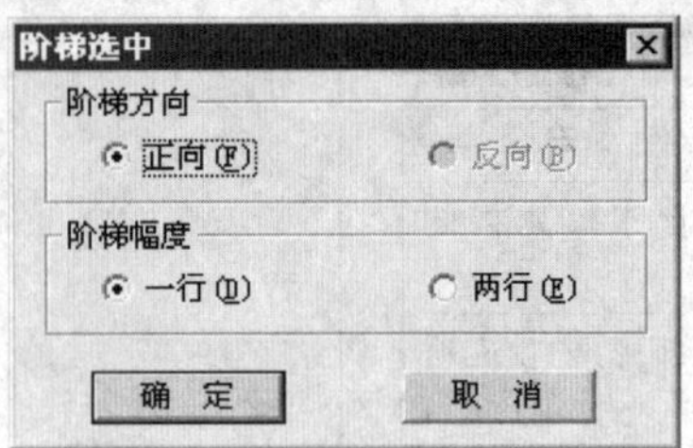

图12-18

【阶梯方向】：选中表格顶端整行，设置阶梯方向为【正向】或【反向】。当选中最左边整列时，选项【反向】置灰，只可设置正向阶梯；当选中最右边整列时，选项【正向】置灰，只可设置反向阶梯。

【阶梯幅度】：选择阶梯幅度为【一行】或【两行】，效果如图12-19所示。

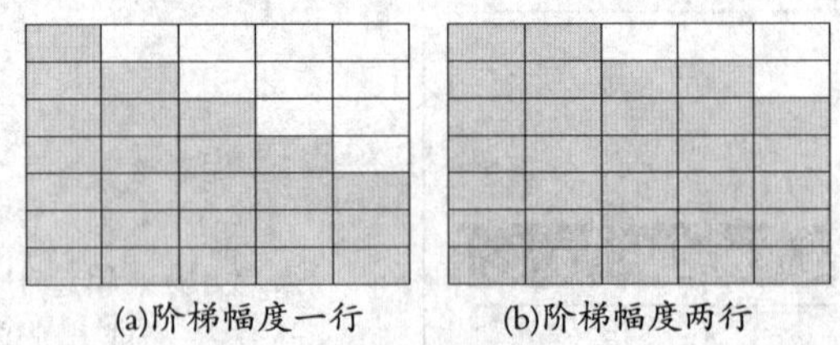

(a)阶梯幅度一行　　(b)阶梯幅度两行

图12-19

四、表格框架

方正飞翔提供表格框架模板，一次性完成对表格样式的设置，制定表格线框和表格文字属性等。方正飞翔提供了几套自带的模板，用户也可以自定义模板，通过对话框的预览图可以看到设置的样式。

1. 使用表格框架

使用选取工具选中表格，选择菜单【表格】→【应用表格框架】，弹出【表格框架】对话框，如图12-20所示。

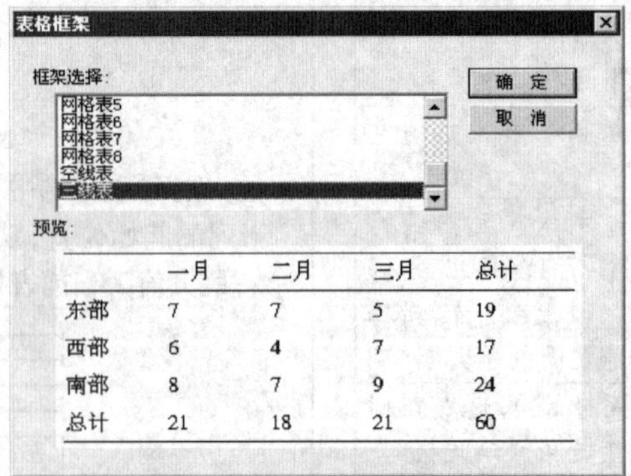

图12-20

在【框架选择】里选中【三线表】模板，通过【预览】可以看到表格框架样式。

点击【确定】按钮即可应用模板，结果如图12-21所示。

年份	总数	年份	总数
1959	13,768	1970	—
1960	15,921	1971	23,990
1961	15,926	1972	21,340
1962	14,686	1973	25,572

(a)原表

年份	总数	年份	总数
1959	13,768	1970	—
1960	15,921	1971	23,990
1961	15,926	1972	21,340
1962	14,686	1973	25,572

(b)应用表格框架三线表模板

图 12–21

❖ 表格框架参数操作

- 导出：选择菜单【表格】→【新建表格框架】，在【框架选择】列表里选中需要导出的表格框架，点击【导出】按钮，即可导出表格框架。
- 导入：选择菜单【表格】→【新建表格框架】，点击【导入】按钮即可选择需要的表格框架。

2. 新建表格框架

如果系统自带的模板不能满足需要，可以自定义表格框架。

选择菜单【表格】→【新建表格框架】，出现【表格框架】对话框，如图 12–22 所示。

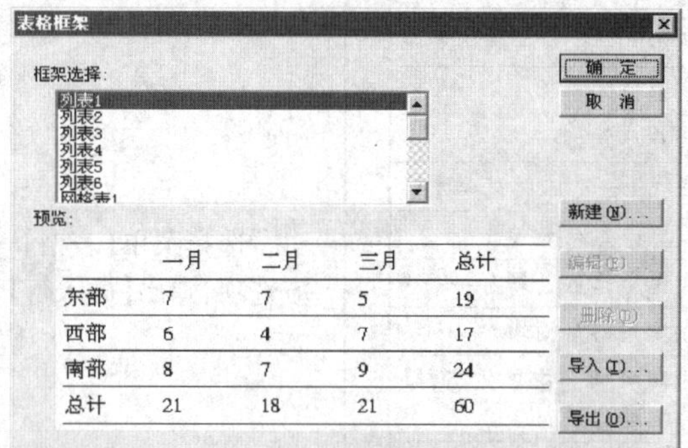

图 12–22

在【表格框架】对话框里点击【新建】按钮，如图 12–23 所示。

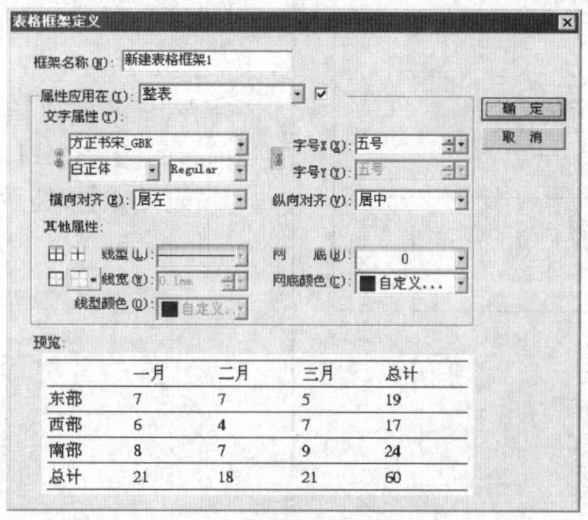

图 12–23

在【框架名称】编辑框内为表格框架命名。

在【属性应用在】下拉列表里指定属性应用范围。例如，选择【首行】，并选中后面的复选框，设置首行的文字属性和其他属性。

选中【属性应用在】后面的复选框后，即可激活属性设置。

文字属性：设置单元格文字的字体和对齐属性。

其他属性：设置线框属性和底纹属性。

完成设置后点击【确定】按钮返回上一级对话框，点击【确定】按钮即可。如果需要修改表格，可以选中表格，点击【编辑】按钮。

第3节　表格行列操作

❖ 插入行、列快捷键

快捷键	作　用
L	锁定行高
O	显示表格的序号
R	显示行列值序号
D	开始(结束)定义表格的序
S	分裂单元格
M	合并单元格
G	寻找下一个未排完单元格
P	设置单元格属性
H	在单元格后面增加一行
C	在单元格后面增加一列
J	正向阶梯选中单元格，阶梯幅度为一行
Shift+J	反向阶梯选中单元格，阶梯幅度为一行
E	删除整行(列)
Shift+鼠标选中表格续排标志拖拽	调整续排表
选取工具双击表格	切换到T工具并定位到表格内

一、插入行、列

1. 插入行

选中整行或该行内的单元格，如图12-24所示。

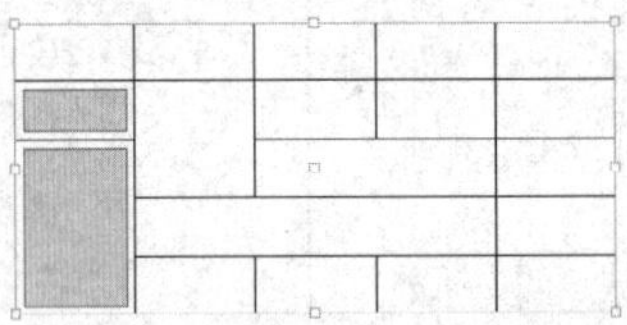

图12-24

选择菜单【表格】→【行列操作】→【插入行】，或在右键菜单里选择相应选项，弹出【插入行】对话框，如图12-25所示。

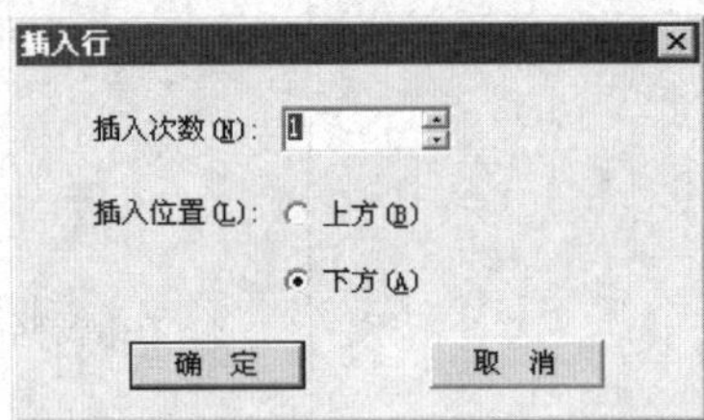

图12-25

在【插入次数】编辑框内输入要插入的行数。在【插入位置】设置在当前行的【上方】或【下方】插入行。

按【确定】按钮后，完成插入表行操作，效果如图12-26所示。

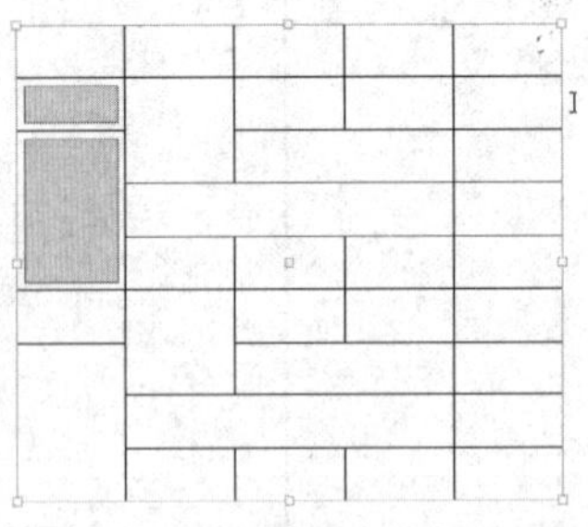

图12-26

2. 插入列

选中整列，或该列内的单元格后，选择菜单【表格】→【行列操作】→【插入列】，或在右键菜单里选择相应选项，弹出【插入列】对话框，在【插入次数】编辑框内输入要插入的列数。在【插入位置】设置在当前列的

❖ 插入行、列快捷键

- 选中单元格后，按快捷键“H”，增加一行；按快捷键“C”，增加一列。
- 表格的最后一行为规则行时，选中该行的最后一个单元格或将文字光标插入最后一个单元格，按“Tab”键，则默认在最后插入一行，行的结构与最后一行一致。可连续按“Tab”键，继续增加行。

❖ 调整行高列宽

- 对于有文字自缩的行列参与调整之后，文字恢复成不自缩的状态，单元格的自缩属性不会被改变。
- 选中行或列，在表格控制窗口里单击调整行高的按钮或调整列宽的按钮，即可完成相应操作。

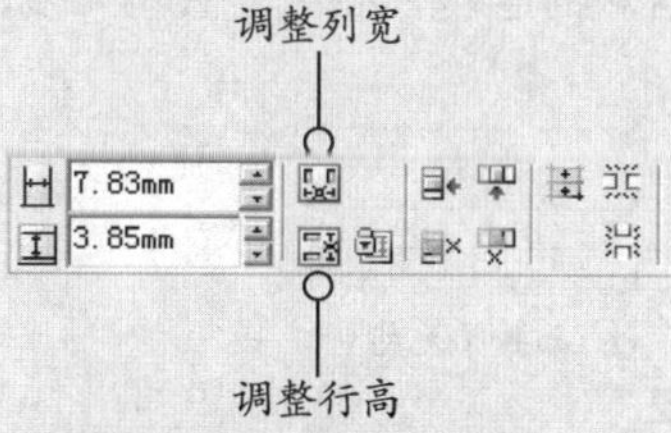

- 调整行高和列宽前，要先设置好单元格的上、下、左、右边空大小，防止单元格文字内容紧贴表线。

【左侧】或【右侧】插入列，单击【确定】按钮后，即完成插入列的操作。

二、删除行/列

选中要删除的行/列，或将文字光标置于要删除的行/列中，选择【表格】→【行列操作】→【删除行】或【删除列】，或在右键菜单中选择相应选项，即可删除选中行/列。

三、调整行高、列宽

1. 调整行高

调整行的高度为单元格文字的高度。选中表格行，选择菜单【表格】→【行列操作】→【调整行高(Ctrl+F7)】，排版结果如图12-27所示。

年份	总数	年份	总数
1959	13,768	1970	—
1960	15,921	1971	23,990

(a)调整前

年份	总数	年份	总数
1959	13,768	1970	—
1960	15,921	1971	23,990

(b)调整行高后

图12-27

2. 调整列宽

调整列的宽度为单元格文字的宽度。选中表格列，选择【表格】→【行列操作】→【调整列宽(Shift+F7)】，排版结果如图12-28所示。

年份	总数	年份	总数
1959	13,768	1970	—
1960	15,921	1971	23,990

(a)调整前

年份	总数	年份	总数
1959	13,768	1970	—
1960	15,921	1971	23,990

(b)调整列宽后

图12-28

四、锁定行高

设定选中行的高度固定不变，有三种方法实现锁定行高功能。

(1)选中一行或多行，选择菜单【表格】→【行列操作】，选中【锁定行高】，则可锁定行高。取消【锁定行高】即可恢复原状。

(2)选中行后，按快捷键“L”，锁定行高。

(3)表格控制窗口里单击锁定行高的按钮，锁定行高，如图12-29所示。

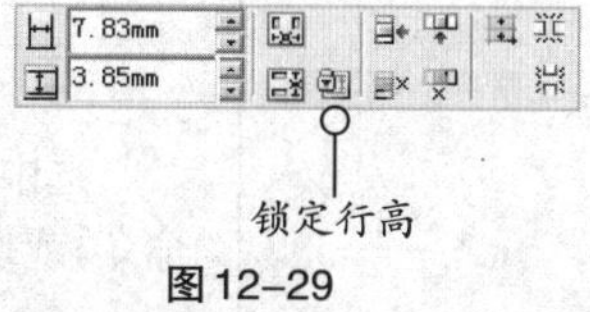

图12-29

五、平均分布行和列

1. 平均分布行

选中多行，选择菜单【表格】→【行列操作】→【平均分布行】，使选中的表格行的行高相同，排版结果如图12-30所示。

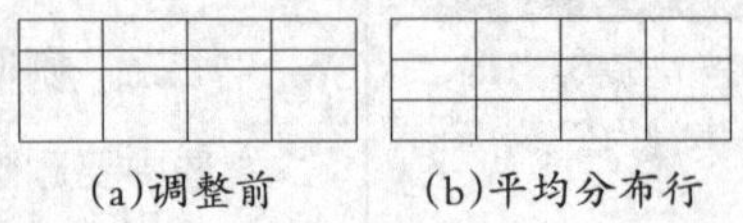

(a)调整前　　(b)平均分布行

图12-30

2. 平均分布列

选中多列，选择菜单【表格】→【行列操作】→【平均分布列】，使选中的多列的列宽相同，排版结果如图12-31所示。

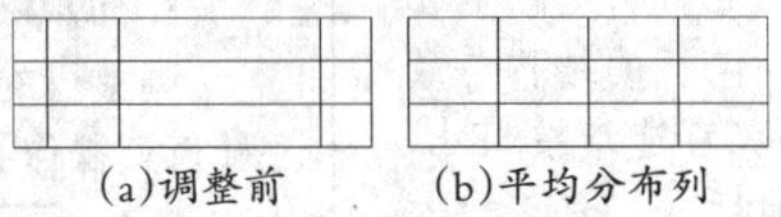

(a)调整前　　(b)平均分布列

图12-31

只有选中多行且均为通行时，才可以执行平均分布列操作。

否则菜单项【平均分布行】、【平均分布列】置灰。

如果某行设置了【锁定行高】，当选中多行实施平均分布行时，该行不参与平均分布行的操作。如果需要解锁，可以选中该行，取消菜单【表格】→【行列操作】→【锁定行高】的设置即可。

选中多行或多列执行平均分布，忽略单元格自涨属性，平均分布后若文字无法完全显示则出现续排标志。

第4节　单元格操作

一、单元格合并 ★

选中多个连续的单元格，选择菜单【表格】→【单元格合并】命令，或按快捷键"M"，当前选中的多个单元格合并为一个。

按住"Ctrl"键，可以同时选中多个区域的连续单元格，合并单元格，排版结果如图12-32所示。

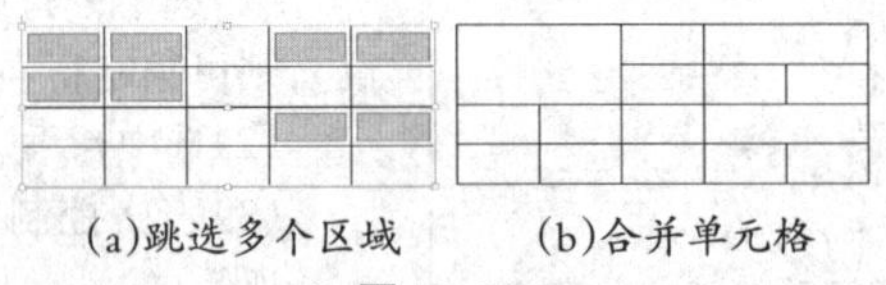

(a)跳选多个区域　　(b)合并单元格

图12-32

> ❖ 单元格自涨自缩
>
> - 要求单元格大小适应文字内容，则可以设置单元格自涨属性。
> - 要求单元格大小固定，则不设置单元格自涨属性，如果文字内容装不下，可以全选单元格内的文字，用调整字号、字距、行距等方法解决。

二、单元格均分 ★

选中要分裂的一个或多个单元格，选择菜单【表格】→【单元格均分】命令，或按快捷键"S"，弹出【单元格均分】对话框，如图12-33所示。

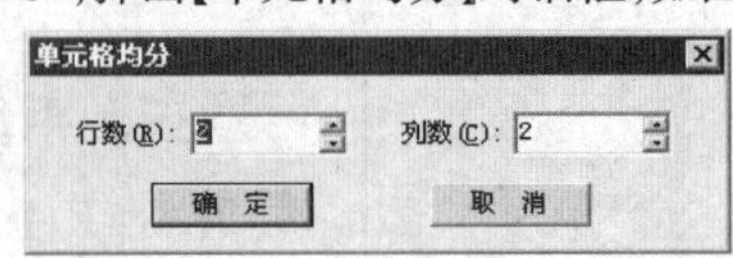

图12-33

❖ 单元格文字缩小

- 文字缩小比率默认有50%、60%、70%、80%、90%。
- 设置

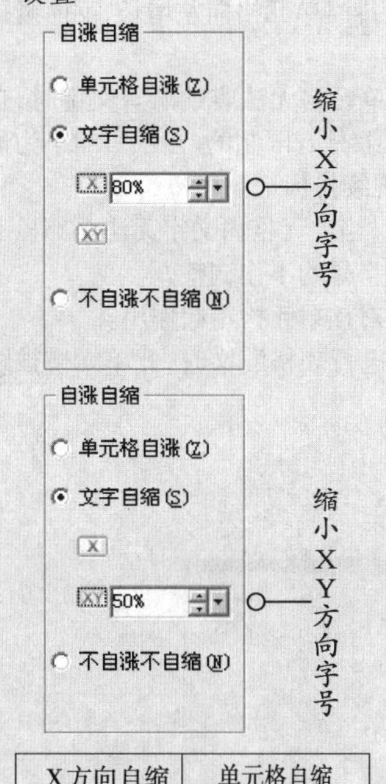

X方向自缩	单元格自缩
XY方向自缩	单元格自缩

设置分裂的列数和行数，单击【确定】按钮即可，如图12-34所示。

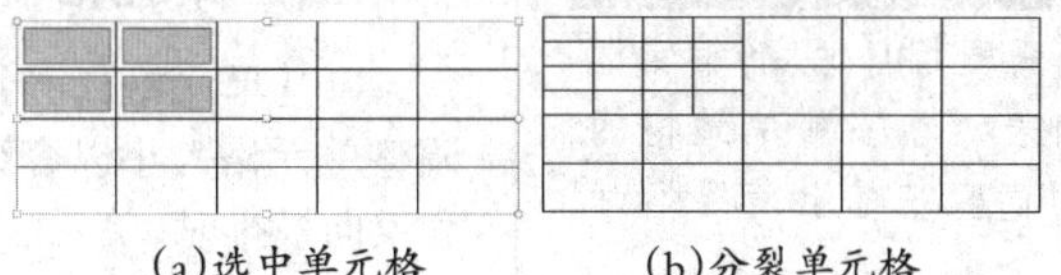

(a)选中单元格　　(b)分裂单元格

图12-34

三、单元格属性

选中一个或多个单元格，选择菜单【表格】→【单元格属性】→【常规】，或按快捷键"P"或者在右键菜单里选择【单元格属性】，即弹出【单元格属性】对话框，如图12-35所示。

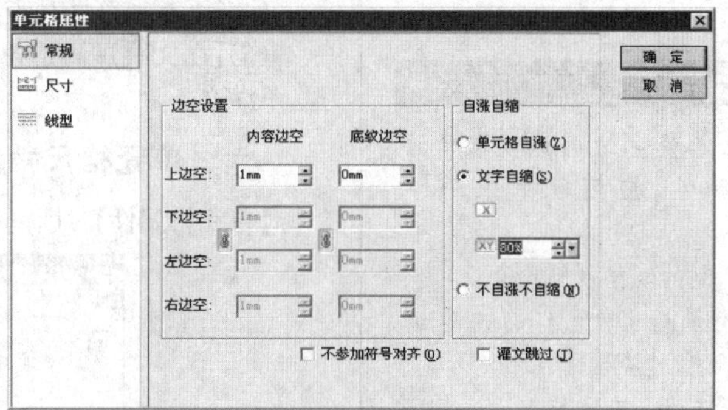

图12-35

四、单元格边空设置 ★

【内容边空】：内容边空表示文字区域与单元格外框的距离，可分别设定【上边空】、【下边空】、【左边空】和【右边空】的值，也可以单击连动按钮，使各边空值相等。

【底纹边空】：当单元格设置了底纹时，可以在底纹边空里设定底纹与单元格外边框的距离。可分别设定【上边空】、【下边空】、【左边空】和【右边空】的值，也可以单击连动按钮，使各边空值相等。边空值可以是负值，如图12-36所示。

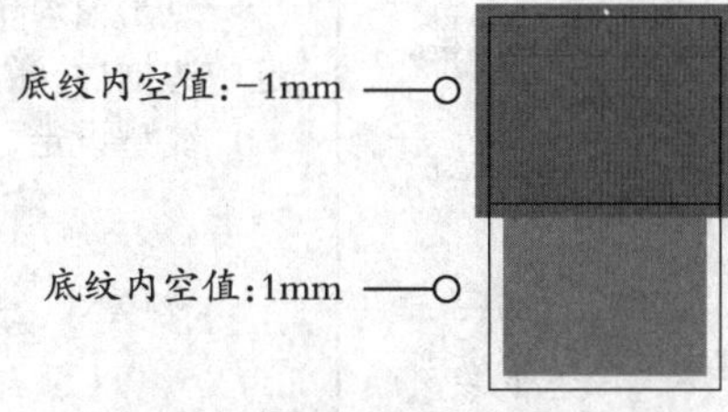

图12-36

表格工具条上的边空设置，如图12-37所示。

图12-37

五、单元格自涨自缩

(1)【单元格自涨】:选中此选项后,当单元格无法容纳文字时,自动调整单元格大小以容纳所有文字。当单元格文字排版方向为正向横排和反向横排时,单元格向下增长;正向竖排时单元格向左增长,反向竖排时单元格向右增长。

(2)【文字自缩】:选中此选项后,当单元格无法容纳所有文字时,自动缩小文字字号以适应单元格大小。自缩是有限制的,当字号缩小为最小幅度仍然排不下时,则单元格也会出现续排标记。

(3)【不自涨不自缩】:选中此选项后,当单元格内文字无法全部显示时,将出现续排标记,单元格大小及文字字号均不作调整。

(4)【不参加符号对齐】:【符号对齐】对该单元格不起作用。

(5)【灌文跳过】:选中该选项后,当进行表格灌文时,此单元格被跳过,不灌文。

六、单元格尺寸设置

【单元格属性】对话框如图12-38所示。

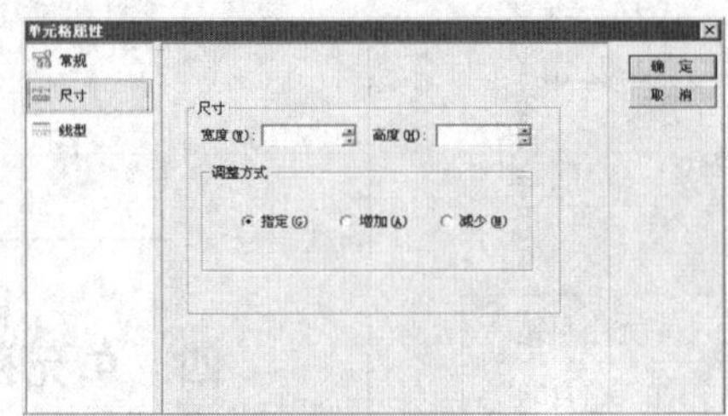

图12-38

(1)【尺寸】:在【高度】和【宽度】编辑框内输入调整的单元格的高度值和宽度值。

(2)【指定】:【高度】和【宽度】编辑框内的值表示调整后单元格的高度和宽度。

七、单元格线型设置

点击窗口中的边框示意按钮,指定需要设置线型的单元格边线。当选中边框后,激活【线型设定】选项组,设置线型。

线型设定,如图12-39所示。

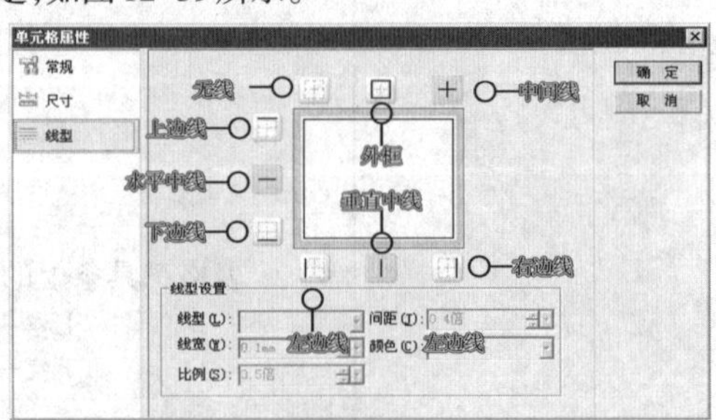

图12-39

❖ 单元格尺寸增加减少

- 增加:【高度】和【宽度】编辑框内的值表示在当前单元格的高度和宽度基础上需要增加的值。
- 减少:【高度】和【宽度】编辑框内的值表示在当前单元格的高度和宽度基础上需要减少的值。

❖ 表格吸管

使用表格吸管可以吸取单元格的属性,应用于另一个单元格。

可以复制的表格属性如下。

- 边空属性:单元格的内容边空、底纹边空。
- 自涨自缩:单元格自涨、文字自缩、不自涨自缩。
- 单元格的底纹:类型、颜色。
- 单元格的纵向对齐属性:居上/居左、居中、居下/局右。
- 单元格的横向对齐属性。
- 单元格的文字属性。

❖ 表格吸管操作

- 复制属性:表格吸管工具,单击需要吸取属性的单元格,光标变为吸满状态。
- 粘贴属性:表格吸管在单元格里点击。
- 清空吸管:鼠标单击版面空白处或按“Esc”键,可以清空吸管,此时吸管状态图标为。
- 表格盒子:表格作为盒子插入到文字块中时,需要使用穿透工具选中表格,然后使用表格吸管工具。

(1)【线型】:在下拉列表里选择线型的样式,如单线、双线等。

(2)【线宽】:设置线型的粗细值。

(3)【间距】:当选中线型为双线、文武线时,可以设置两线间距以及双线粗细的倍数。

(4)【颜色】:设置边线的颜色。

(5)【比例】:用倍数的方式调整文武线的粗细,此倍数为相对文线的倍数。

控制窗口设置单元格线型:选中单元格,在控制窗口里设置相应参数。

第5节　表格文字操作

❖ 表格灌文

- 续排:当表格中单元格过少而无法容纳全部小样时,表格出现表格续排标志,点击表格的续排标志,光标变化为,将光标点击版面,生成续排表,也可以点击到空的表格,导入其他表格。
- 直接灌入小样:不选中表格,直接在【排入小样】对话框选择小样,单击【确定】按钮后,将灌文光标单击表格,则小样被排入表格。
- 设置了表格的顺序,则灌文时按所设的顺序排入各个单元格。

❖ 横向对齐和纵向对齐

控制窗口中对齐

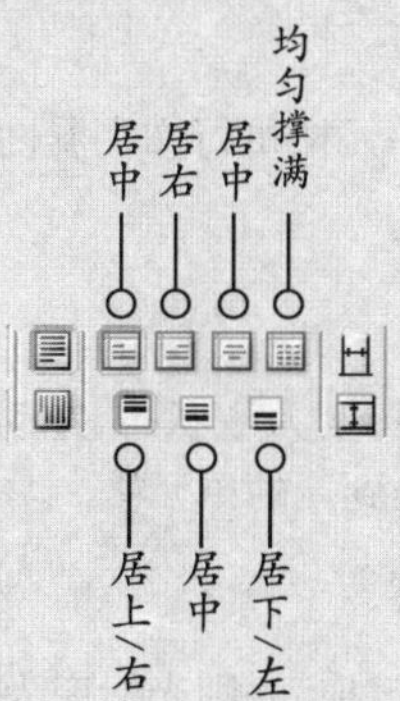

一、录入文字

选中文字工具 T,点击在需要录入文字的单元格内,即可录入文字。按"Tab"键可将文字光标跳至下一个单元格,继续录入文字。按"Shift+Tab"键可返回上一单元格录入文字。

二、灌入文字

选中表格,或选中几个单元格。

选择菜单【文件】→【排入】→【小样(Ctrl+D)】,或者点击工具栏排入文字图标,弹出【排入小样】对话框,如图12–40所示,选择要排入的小样文件*.TXT。

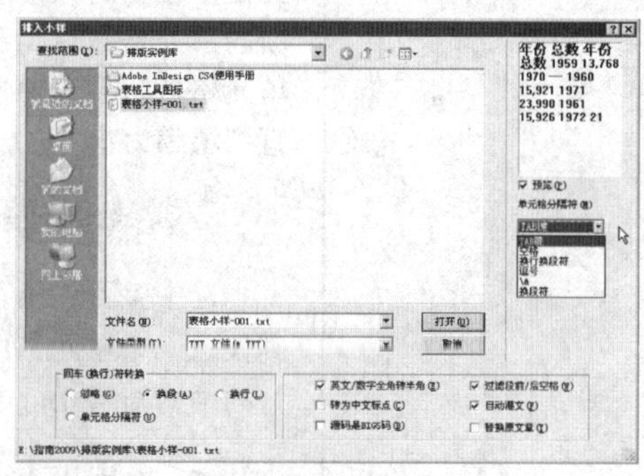

图12–40

在【排入小样】对话框指定单元格分隔符种类,当*.TXT文件里出现分隔符时,表示分隔符后面的内容排到下一单元格。该对话框有两处可以指定单元格分隔符,一处是在【单元格分隔符】下拉列表中选择单元格分隔符;另一处是选择【回车(换行)符转换】选项组里的【单元格分隔符】,表示将回车符作为单元格分隔符。两种分隔符可以同时起作用。

单击【确定】按钮,即可将小样灌入表格或选中的单元格中。

三、查找未排完单元格

选中单元格,选择菜单【表格】→【查找未排完单元格】,或者按快捷键“G”，当遇到未排完单元格时，系统自动选中未排完单元格。

继续按快捷键“G”或者执行菜单命令【表格】→【查找未排完单元格】，则继续查找未排完单元格。

选中全部未排完单元格：选中表格或单元格，选择菜单【表格】→【选中全部未排完单元格】，则自动选中表格里全部未排完单元格。

❖ 表格查找/替换范围

- 查找范围：【当前文章】、【到文章末】、【到文章首】指从当前单元格开始在表格内循环查找。
- 查找范围：【当前文件】范围内查找指在文档内进行版面查找，从表格外查到表格内，从表格内查到表格外。

四、查找/替换

选中表格或单元格或者将 T 工具光标 I 置入单元格内，选择【编辑】→【查找/替换(Ctrl+Shift+F)】，弹出【查找替换】对话框，如图12-41所示。表格查找与普通文字查找/替换功能一致，参见查找/替换。

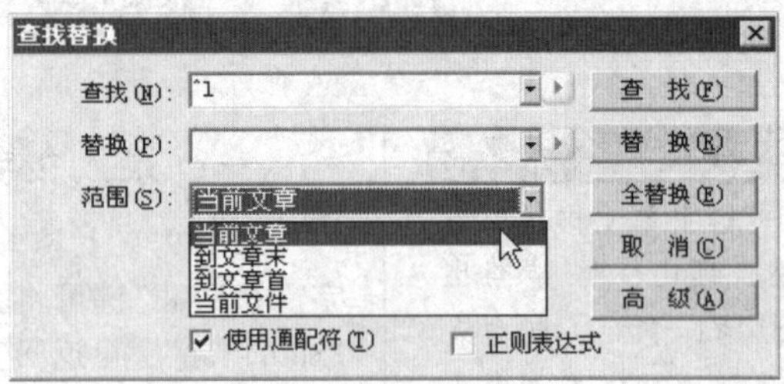

图12-41

五、复制/粘贴单元格内容 ★★

选中一个或多个单元格，按快捷键“Ctrl+C”复制单元格。

选中新的单元格，按快捷键“Ctrl+V”，原单元格文字粘贴到新的单元格。粘贴时按照新单元格结构将内容一一对应到新单元格内。如果新的单元格数目少于原单元格，那么部分原单元格内容丢失；如果新的单元格数目多于原单元格，则循环依次从旧单元格中粘入新单元格内，直到填满为止。

六、粘贴整行单元格（包括单元格内容和结构）

选中整行（一行或多行）单元格，按“Ctrl+C”复制，文字光标 I 点击到任意一个单元格内，按“Ctrl+V”，在光标插入点所在行的下方，按原来行的结构新增几行单元格。

七、单元格内逐行文字属性粘贴 ★

复制粘贴单元格的文字属性。粘贴时，单元格每行文字属性一一对应复制的单元格内文字属性。

八、移动一个单元格内容

选中一个单元格，按住鼠标左键拖动，光标变为状态，拖动到新的单元格放开鼠标左键，则整个单元格内容移动到新的单元格。

九、移动时复制一个单元格内容

选中一个单元格，拖动过程中按住“Ctrl”键拖动，则光标变为，表示复制单元格内容到新的位置。

十、键盘快捷键操作复制

选中一个单元格，按住“Ctrl”键，按键盘上的方向键↓、↑、←、→移动，将选中单元格的内容复制到目标单元格内。

十一、通篇移动单元格内容

选中一个单元格，按下“B”键，在当前位置增加一个空的单元格，选中单元格及其后面的单元格内容依次后移。

按“F”键，将当前单元格内容删除，当前单元格后所有单元格内容前移一个单元格。

❖ 符号居中

例子中的符号为一个空格。

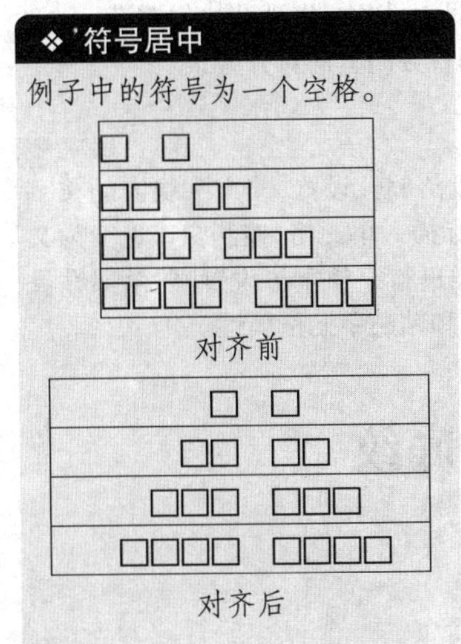

十二、符号对齐

通过符号对齐可以使一列中的内容按指定符号对齐。【符号对齐】里的【符号】可以是小数点，也可以是字母、汉字或其他特殊符号。

选中规则的整列单元格，选中部分、非整列、多区域的单元格不能设置符号对齐。选择菜单【表格】→【符号对齐(Ctrl+Shift+U)】，弹出【符号对齐】对话框，如图12-42所示。

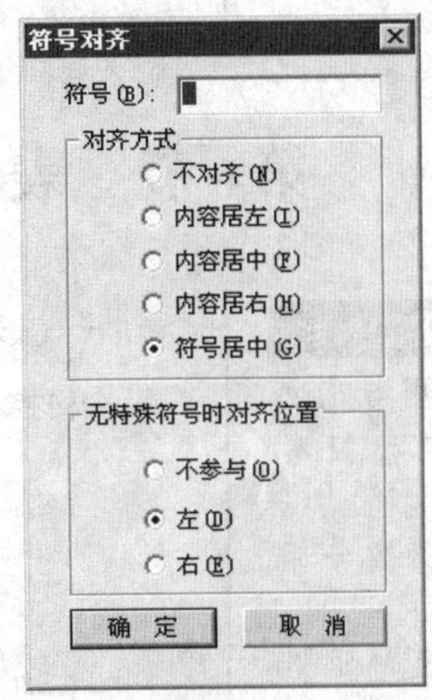

图12-42

在【对齐方式】里选择一种对齐方式，包括：【内容居左】、【内容居中】、【内容居右】、【符号居中】，选择【不对齐】即取消对齐设置。

选择对齐方式后，即可激活其他选项。在【符号】编辑框内输入一个对齐的符号。

在【无特殊符号时对齐位置】里指定没有特殊符号的单元格如何对齐。

【不参与】选项：选中此选项后，当选中列里某单元格不包含【符号】编辑框指定的符号时，则不参与符号对齐，保持原来的格式。

【左】选项：选中此选项后，当选中列里某单元格不包含【符号】编辑框指定的符号时，则此单元格内容的左边和其他单元格内容里的符号对齐。

【右】选项：选中此选项后，当选中列里某单元格不包含【符号】编辑框中指定的符号时，则此单元格内容的右边和其他单元格内容中的符号对齐，如图12-43所示。

小数点对齐	千分空对齐
12.5222	2 123 456
45.67	45 678

图12-43

十三、横向对齐和纵向对齐

【横向对齐】：指定文字在单元格水平方向上的对齐方式。

选中一个或多个单元格，在右键菜单里选择【横向对齐】，在二级菜单中可以选择的对齐方式包括：居左、居中、居右、撑满和均匀撑满。

【纵向对齐】：指定文字在单元格垂直方向上的对齐方式。

十四、单元格文字属性

单元格内的文字属性设置，以及段落属性设置，与文字块内的文字属性操作和排版操作相同。将文字光标插入单元格，控制窗口也变为文字块控制窗口，可以如普通文字块一样进行字体字号设置、段落属性设置等相关操作，可以用表格吸管来复制和粘贴单元格属性。

第6节　表格线型、边框和底纹

❖【线型与花边】窗设置表线

- 菜单【美工】→【线型与花边(Ctrl + Shift + L)】弹出控制窗口。
- 选中表格：设置表格全部线型。
- 选中单元格：设置单元格线型。

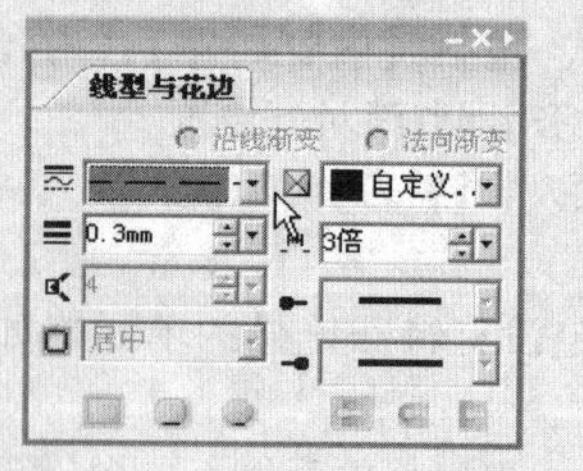

一、表格控制窗口浏览

表格控制窗口如图12-44所示。

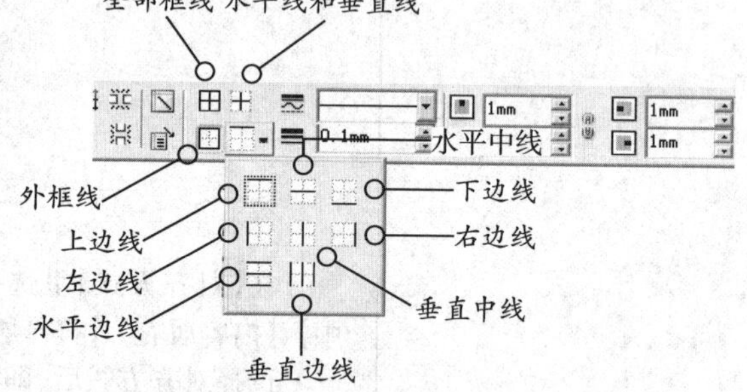

图12-44

用表格控制窗口设置表格边框线，如图12-45所示。

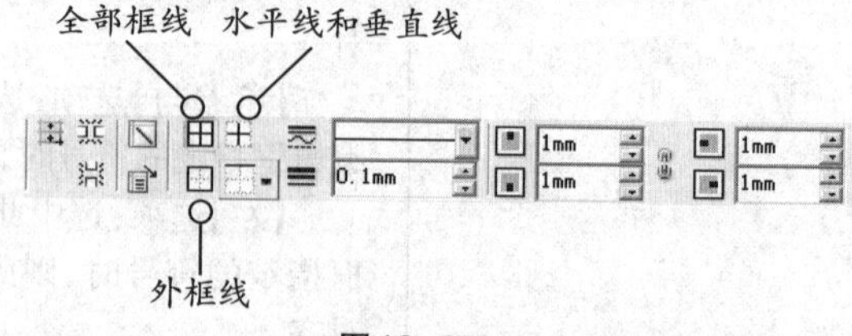

图12-45

选中表格，在控制窗口里首先选中边框按钮，然后设置线型和粗细即可。可以设置的表格边框包括：表格全部框线、表格外边框和表格水平线和垂直线。

二、用【表格外边框】对话框设置表格外边框

使用选取工具选中表格，选择菜单【表格】→【表格外边框(Ctrl+Shift+Y)】，或在右键菜单里选择相应选项，弹出【表格外边框】对话框，如图12-46所示。

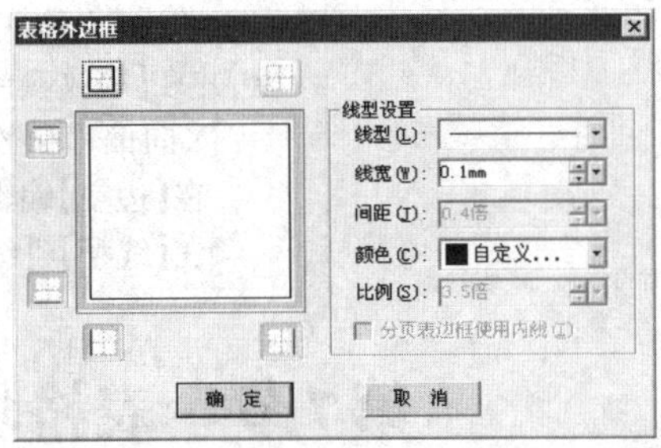

图12-46

单击窗口中的边框按钮，选中要设置线型的表格边线。边线按钮分别代表设置表格四周边线、上边线、下边线、左边线、右边线。

选择【线型】为点线、短划线、点划线时，可以在【间距】编辑框里设定点或划线之间的间距倍数。选择【线型】为文武线时，激活【比例】编辑框，可以设置文线和武线的粗细比例。

(1)通过【单元格属性】设置单元格线型：选中单元格，在右键菜单里选择【单元格属性】，也可以按快捷键"P"，在【单元格属性】对话框里选择【线型】标签，即可设置单元格线型。

(2)通过单元格控制窗口设置单元格边框线：如图12-47所示，选中单元格，在控制窗口里首先选择边框按钮，然后设置线型和粗细即可。

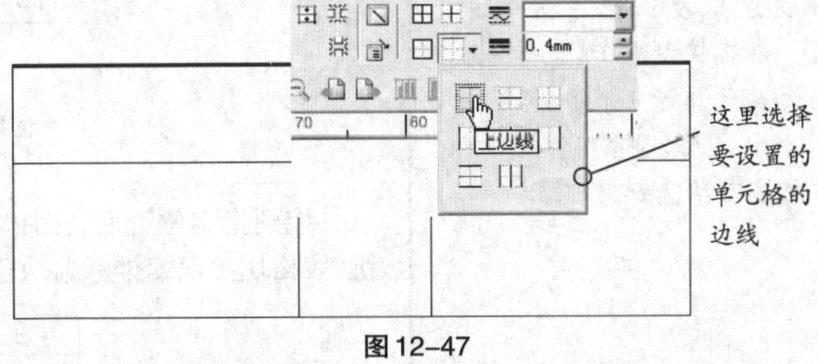

图12-47

❖ 单元格立体底纹

- 选中表格：设置表格单元格立体底纹。
- 选中单元格：设置单元格立体底纹。

三、单元格立体底纹

选中单元格，点击菜单【表格】→【单元格立体底纹】，弹出【单元格立体底纹】对话框，如图12-48所示。

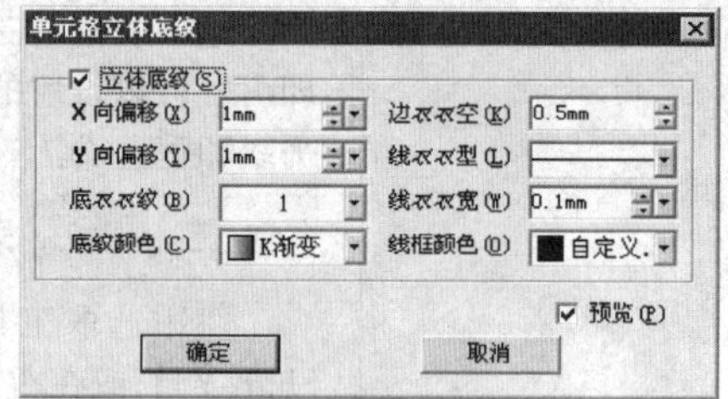

图 12–48

选中【立体底纹】，激活选项设置，在【底纹】下拉列表里选择底纹类型，并在【底纹颜色】下拉列表里设置底纹颜色。

X向偏移和Y向偏移：调整底纹在X方向和Y方向的位移。

在【边空】编辑框内设置底纹与单元格边框的间距。

在【线型】、【线宽】和【线框颜色】编辑框内设置底纹边框。

第7节　表格块的操作

一、生成纵向分页表

分页表即将1个表格分为多个表格块，每个表格块之间均有连接关系，在一个分页表里删除行列，会影响下一个分页表的结构及文字流动。

使用选取工具选中表格后，按图12–49操作。

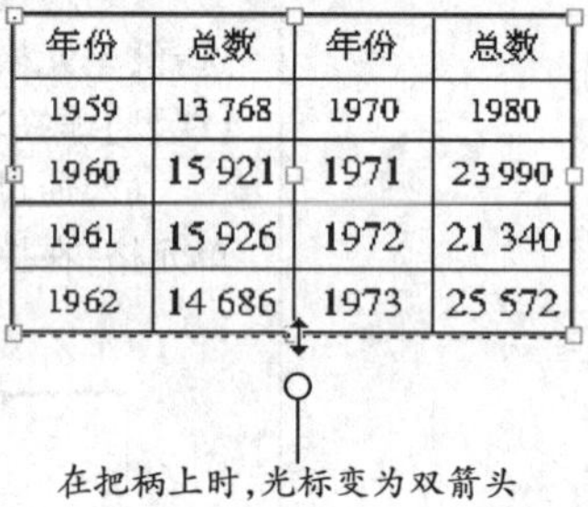

年份	总数	年份	总数
1959	13 768	1970	1980
1960	15 921	1971	23 990
1961	15 926	1972	21 340
1962	14 686	1973	25 572

在把柄上时，光标变为双箭头

图 12–49

拖到指定位置后，按住“Shift”键同时鼠标左键向上拖，松开鼠标左键，表格块出现续排标志，如图12–50所示。

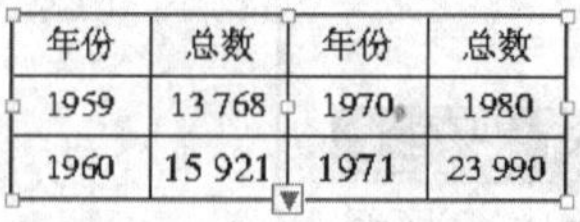

年份	总数	年份	总数
1959	13 768	1970	1980
1960	15 921	1971	23 990

图 12–50

鼠标单击续排标志，光标变为⊑，在版面任意位置单击鼠标左键，或按住鼠标左键拖画出一个矩形区域，即生成新的分页表，如图12–51所示。

❖ 改变分页表大小

- 使用文字工具拖动表线，改变单元体积大小。
- 选中分页表块，表格控制窗口主窗口里设置全部分页表的列宽和行高。
- 选中分页表块单元格，表格控制窗口主窗口里设置选中单元格的列宽和行高。
- 缩放分页表：选中分页表块，表格控制窗口辅助窗口里设置分页表横向纵向缩放百分比，缩放指整体缩放，单元格内容也会同时缩放。

❖ 流式表格的大小调整

- 流式表格不能用选取工具调整整表大小。
- 可以通过调整列宽、行高的办法调整表格大小。

❖ 删除分页表

- 选中一个分页表，按“Del”键，将删除选中的分页表。
- 选中一个分页表，按“Shift+Del”键，将删除所有分页表。

❖ 表头设置

- 选中不连续的行或列无法设置表头。
- 表格最后一行、最后一列无法设置表头。

年份	总数	年份	总数
1959	13 768	1970	1980
1960	15 921	1971	23 990

年份	总数	年份	总数
1961	15 926	1972	21 340
1962	14 686	1973	25 572

图12–51

二、生成横向分页表

使用选取工具选中表格，光标置于侧面中间的控制点，如图12–52所示。

年份	总数	年份	总数
1959	13 768	1970	1980
1960	15 921	1971	23 990
1961	15 926	1972	21 340
1962	14 686	1973	25 572

光标在这里操作

图12–52

按住“Shift”键与鼠标左键，向左拖动鼠标压缩表格块，拖到指定位置后，松开鼠标，此时表格右边线出现续排标志，如图12–53所示。

年份	总数
1959	13 768
1960	15 921
1961	15 926
1962	14 686

图12–53

鼠标单击续排标志，光标变为⌸，在版面任意位置单击鼠标左键，或按住鼠标左键拖画出一个矩形区域，即生成新的分页表，如图12–54所示。

年份	总数
1959	13 768
1960	15 921
1961	15 926
1962	14 686

年份	总数
1970	1980
1971	23 990
1972	21 340
1973	25 572

图12–54

三、合并分页表

将选取工具置于带三角箭头的控制点，按住“Shift”键与鼠标左键，向下拖动到另一个分页表边线，松开鼠标左键即可合并两个分页表，如图12–55所示。

❖ 分页表操作

- 使用文字工具拖动表线，改变单元体积大小。
- 选中分页表块，表格控制窗口主窗口里设置全部分页表的列宽和行高。
- 选中分页表块单元格，表格控制窗口主窗口里设置选中单元格的列宽和行高。
- 缩放分页表：选中分页表块，表格控制窗口辅助窗口里设置分页表横向纵向缩放百分比，缩放指整体缩放，单元格内容也会同时缩放。

年份	总数	年份	总数
1959	13 768	1970	1980
1960	15 921	1971	23 990

拖动三角箭头控制点到另一个表格块边线上。

1961	15 926	1972	21 340
1962	14 686	1973	25 572

图12–55

四、设置斜线

在方正飞翔里可以制作斜线单元格，每个斜线区域自成一个独立的排版区域，可以在斜线区域内输入文字。

使用文字工具选中需要设置斜线的一个或多个单元格，选择菜单【表格】→【单元格斜线】，弹出【单元格斜线】对话框，如图12–56所示。

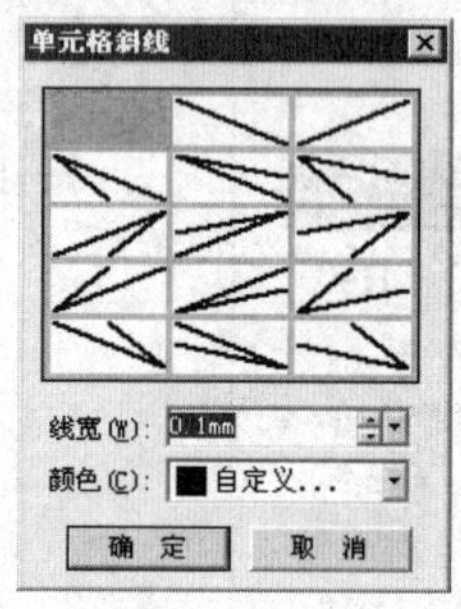

图12–56

在窗口中单击需要的斜线模板，可以在【线宽】编辑框和【颜色】下拉列表里设置线型属性。

取消斜线：在【单元格斜线】对话框里选择空白模板。

斜线区域输入文字：选择文字工具，单击斜线区域，即可在斜线区域内输入文字。

五、设置表头

当一个表格被分成几个续排关系的表格块时，可以为这些分页表设置相同的表头。

选中要设为表头的行，注意必须是整行或整列。选择菜单【表格】→【表头】→【设置】，即可为其他表格块自动添加表头。

选中设定了表头的行或列，选择【表格】→【表头】→【取消】，即可取消表头。

六、表格流式拆分

在文字流中的表格，能够自动进行流式拆分。也就是说，如果表格前的内容增加，使表格超出文字块时，表格会自动进行拆分，超出版面的表格进入到下一页。

❖ 自动生成跨页表

- 对表格灌文时没有排完，出现续排标志时，才可以进行跨页表的操作。
- 分页表关系的跨页表：生成的表格有续排关系，可以对整个表格进行编辑调整。
- 独立跨页表：生成的跨页表格无续排关系，各自为独立表格块。

❖ 阶梯表

对阶梯表进行删除行(列)、插入行(列)、制作分页表等操作时,如果单元格出现多线或缺线的情况,用户可以使用表格橡皮擦去多余的线,或使用表格画笔添加缺线部分。

七、生成独立跨页表 ★

使用选取工具选中有续排标记的表格。

选择菜单【表格】→【自动生成跨页表】,弹出【自动生成跨页表】对话框,如图12-57所示。

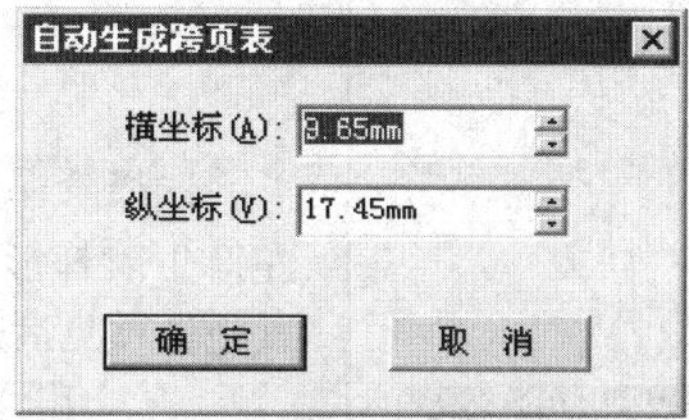

图12-57

在【横坐标】和【纵坐标】编辑框内输入参数,指定跨页表左上角顶点在后续页面中的坐标值。默认坐标值与当前表格左上角位置相同。

单击【确定】按钮即可在后续页面中生成跨页表,如果一个跨页表排不下内容,则继续在下一页面生成跨页表,直到排完所有内容为止。如果原表页面为最后一页,系统将自动创建后续页面,生成跨页表。

八、生成有分页表关系的跨页表 ★

选中带续排标记的表格,按快捷键“Ctrl+Shift+M”即可生成有分页表关系的跨页表。

九、生成阶梯表

选中第一行、第一列或最后一列的连续多个单元格。如图12-58所示,选中第一行。

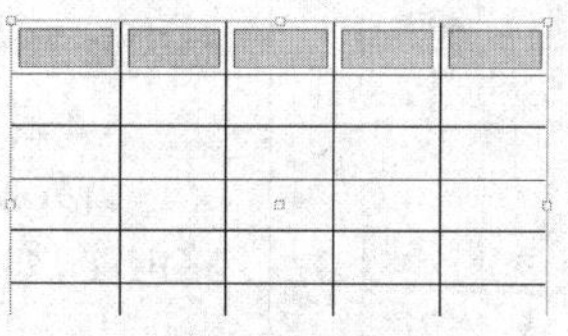

图12-58

选择【表格】→【阶梯表(Ctrl+Shift+H)】,弹出【阶梯表】对话框,如图12-59所示。

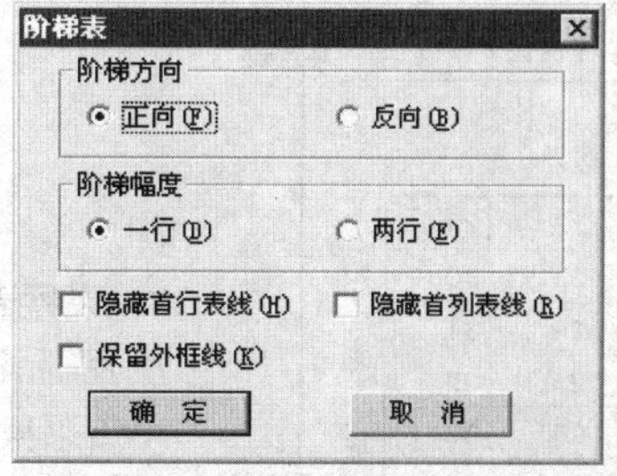

图12-59

按确定按钮后,排版结果如图12-60所示。

❖ 单元格分隔符

- Tab 键
- 空格
- 换行换段符
- 逗号
- \&
- 换段符

❖ 四种单元格排序

- **正向横排序**

1	2	3	4	5
6	7	8	9	10
11	12	13	14	15
16	17	18	19	20
21	22	23	24	25
26	27	28	29	30
31	32	33	34	35

- **反向横排序**

5	4	3	2	1
10	9	8	7	6
15	14	13	12	11
20	19	18	17	16
25	24	23	22	21
30	29	28	27	26
35	34	33	32	31

- **正向竖排序**

29	22	15	8	1
30	23	16	9	2
31	24	17	10	3
32	25	18	11	4
33	26	19	12	5
34	27	20	13	6
35	28	21	14	7

- **反向竖排序**

1	8	15	22	29
2	9	16	23	30
3	10	17	24	31
4	11	18	25	32
5	12	19	26	33
6	13	20	27	34
7	14	21	28	35

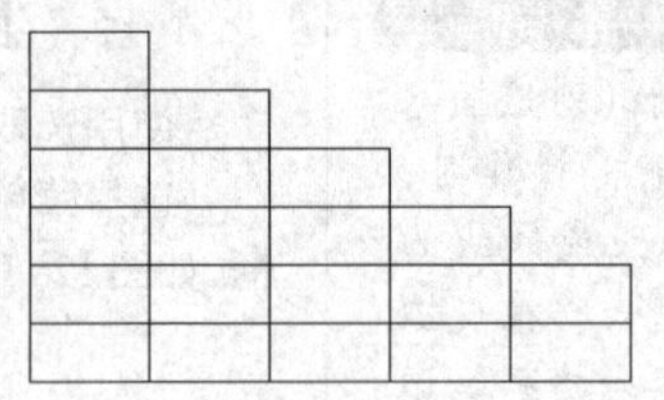

图 12-60

选择阶梯方向为正向或反向。正向为向右产生阶梯形状，反向为向左产生阶梯形状。选择阶梯幅度为一行或两行，效果如图 12-61 所示。其他选项见后述介绍。

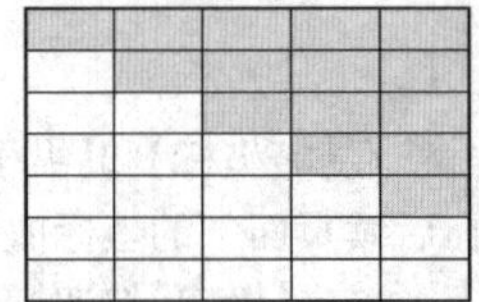

(a)阶梯幅度 1 行

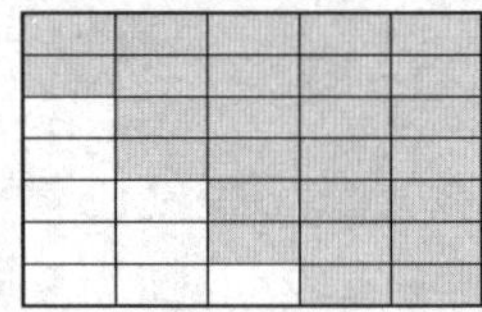

(b)阶梯幅度 2 行

图 12-61

【隐藏首行表线】则阶梯表不显示首行表线。

【隐藏首列表线】则阶梯表不显示首列表线。

【保留外框线】则生成阶梯表后保留表格的边框。

十、表格设序

表格的序是文字灌入表格时单元格的排序。设序类型包括正向横排、正向竖排、反向横排、反向竖排和自定义序。

用户可以选择在新建表格时设置表格的序，也可以在新建完成后调整表格的序。

1. 显示表格序

首先使用文字工具 T 选中单元格，然后按下字母“O”键，即可显示表格的序，如图 12-62 所示。再次按字母“O”键，则退出序的显示状态。

1	2	3	4	5
6	7	8	9	10
11	12	13	14	15
16	17	18	19	20
21	22	23	24	25
26	27	28	29	30
31	32	33	34	35

图 12-62

2. 设置表格序

使用选取工具 选中表格，或使用文字工具 T 选中单元格。

单击菜单【表格】→【表格设序】，在二级菜单中选择【正向横排】、【正向竖排】、【反向横排】、【反向竖排】，如图 12-63 所示。

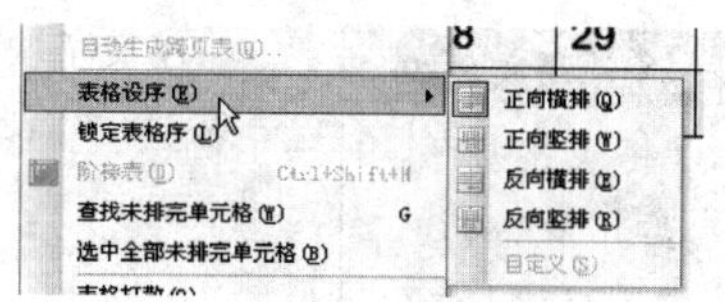

图12–63

3. 自定义表格序

使用文字工具T选中一个或多个单元格,选择菜单【表格】→【表格设序】→【自定义】,或者按快捷键"D",弹出【自定义起始序】对话框,如图12–64所示。

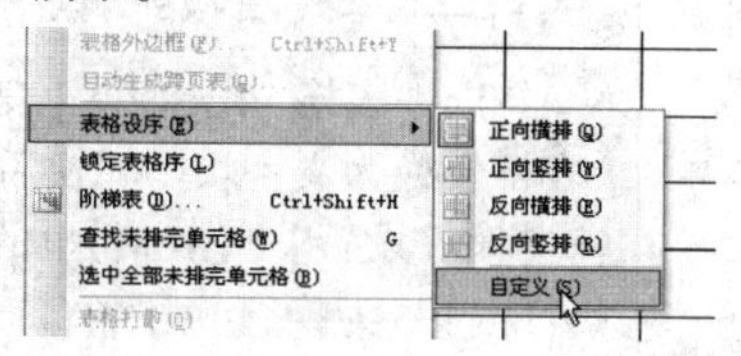

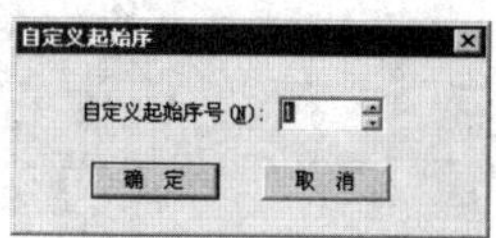

图12–64

设置起始序号,单击【确定】按钮后,鼠标单击单元格,该单元格序号即为设定的起始序号,然后单击下一个需要设置序号的单元格,即可为下一单元格设序,单元格序号依次递增。

完成自定义序后,选择菜单【表格】→【表格设序】→【自定义】,或者按快捷键"D",即可退出设序状态,返回到版面,完成设序操作。

4. 锁定表格序

选中表格或单元格,选中菜单【表格】→【锁定表格序】,则禁止对表格设序。选中多个表格时,该功能仅对第一个选中的表格有效。

第8节 内容操作

❖ 学习要点

- 重点学习文本转表格时,单元格分隔符的使用。
- 学习表格转文本时,单元格分隔符和行分隔符的区别。

一、文本转表格

先定义单元格分隔符。选择菜单【文件】→【工作环境设置】→【偏好设置】→【表格】,设置【单元格分隔符】为Tab键,表格换行符为【换行换段符】,如图12–65所示。

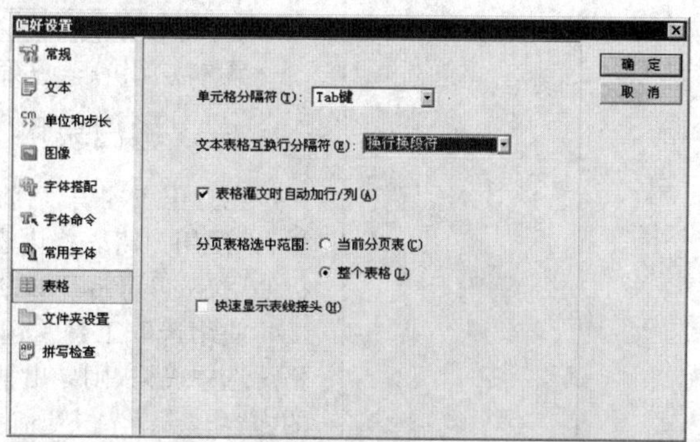

图12–65

❖ 表格打散的特殊用法

表格打散功能可以将表格打散为一个个文字块。选中表格，选择菜单【表格】→【表格打散】，即可将表格打散为文字块。

1	2	3	4
5	6	7	8

每个文字块做旋转操作。

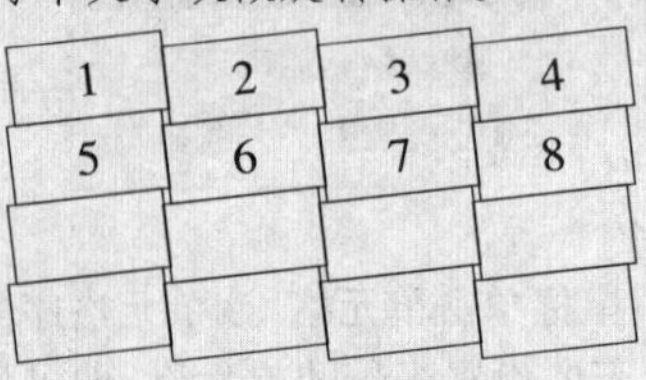

在文字块里录入字符“Tab”，每行之间以【换段符】结束，然后，选中文字块，选择【表格】→【内容操作】→【文本转表格】即可，如图12-66所示。

1961 → 15·926 → 1972 → 21·340 →↙
1962 → 14·686 → 1973 → 25·572 →#

1961#	15·926#	1972#	21·340#
1962#	14·686#	1973#	25·572#

图12-66

二、表格转文本 ★

选中表格，单击菜单【表格】→【内容操作】→【表格转文本】，即可将表格转换为文字块。转换后的分隔符取菜单【文件】→【工作环境设置】→【偏好设置】→【表格】里的设定。例如：单元格分隔符号为Tab键，行分隔符号为换行换段符(转为换段符)，转换为文字块，效果如图12-67所示。

1961#	15·926#	1972#	21·340#
1962#	14·686#	1973#	25·572#

1961 → 15·926 → 1972 → 21·340 →↙
1962 → 14·686 → 1973 → 25·572 →#

图12-67

表格转文本后，可以复制这些文本，再粘贴到Excel等更专业的表格处理软件中，利用这些软件的功能实现行列互换等方正飞翔不支持的功能，几个范例见相关实例练习。

如表12-1执行表格转文本后，行列互换，再文本转表格，如表12-2所示。

表12-1

序号	年度	年收益	季收益
1	1989	938243	285886
2	1990	1198698	381182
3	1991	1163127	476484

表12-2

序号	1	2	3
年度	1989	1990	1991
年收益	938243	1198698	1163127
季收益	285886	381182	476484

具体实例讲解，见第10节的“十六、表格行列快速互换”。

三、输出表格

在方正飞翔里，可将整个表格或部分单元格内容直接另存为文本小样，方便用户将表格内容备份。表格也可以另存为CSV格式的文件，直接使用Excel可打开*.CSV文件。

使用选取工具 选中表格，或使用文字工具T选中任意多个单元格。选中表格，则导出整个表格的内容，选中单元格，则导出选中单元格的内容。

第9节 图表排版

❖ 图表的制作

图表制作使用的表格数据，建议不要生成复杂的表头结构，如表头包含子表等，只包含必要的表题文字和单元格数据即可。表行部分也不要有子表结构。

一、生成图表

选中表格，在右键菜单里选择【创建图表】，或者选择菜单【表格】→【图表插件】→【创建图表】，如图12–68所示。

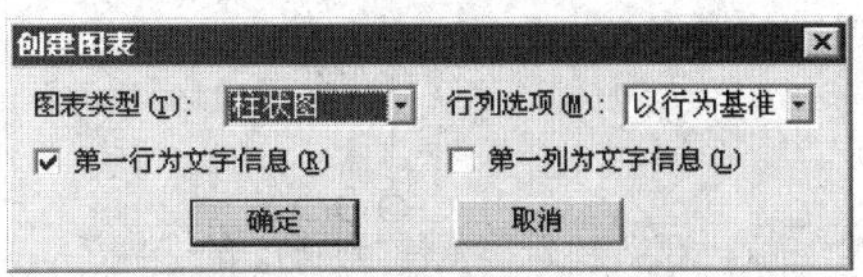

图12–68

在【创建图表】对话框里选择生成的图表类型，在【行列选项】里选择以行为基准，或者以列为基准生成图表。如果首行、首列为文字，需要选中【第一行为文字信息】和【第一列为文字信息】，效果如图12–69所示。

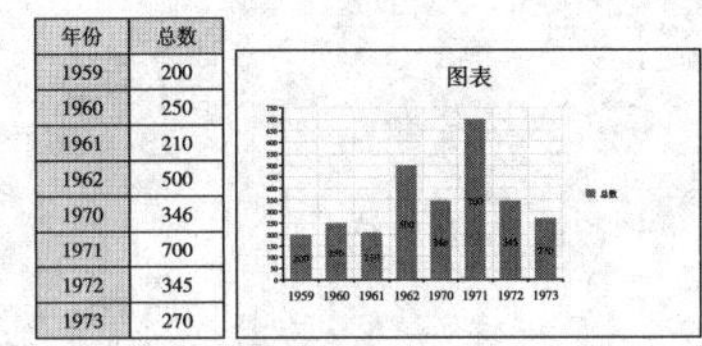

年份	总数
1959	200
1960	250
1961	210
1962	500
1970	346
1971	700
1972	345
1973	270

图12–69

二、编辑数据

生成图表后，如果数据值有变，可以选中图表，在右键菜单里选择【编辑数据】，将光标点击到数据中完成修改即可，如图12–70所示。

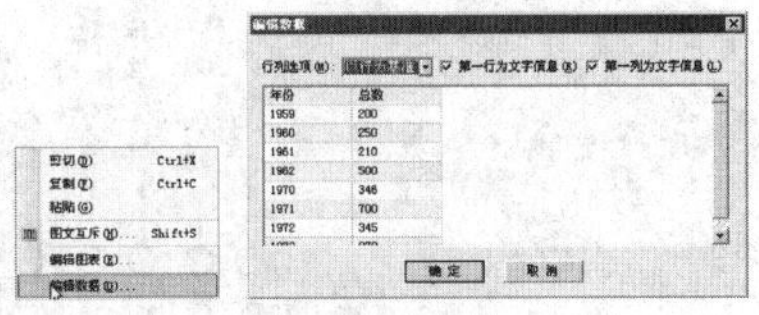

图12–70

三、编辑图表

选中图表，在右键菜单里选择【编辑图表】，或者选择主菜单【表格】→【图表插件】→【编辑图表】，弹出【图表参数】对话框，在对话框里可以修改图例、标题的格式等选项，如图12–71所示。

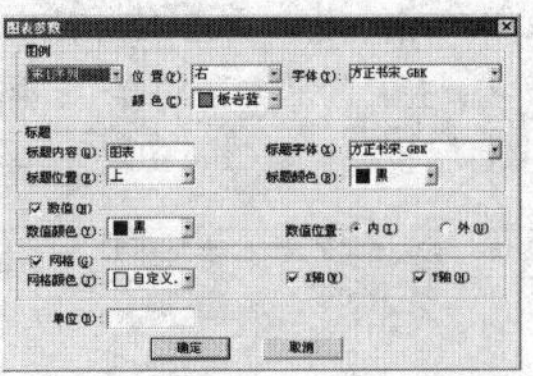

图12–71

❖表格控制窗口

表格进行工作时，控制窗口有以下几种状态：

(1)选中表格，显示表格控制窗口，单击窗口顶端的“主”、“辅”图标可以切换两个窗口，如图12-72、图12-73所示。

主窗口：

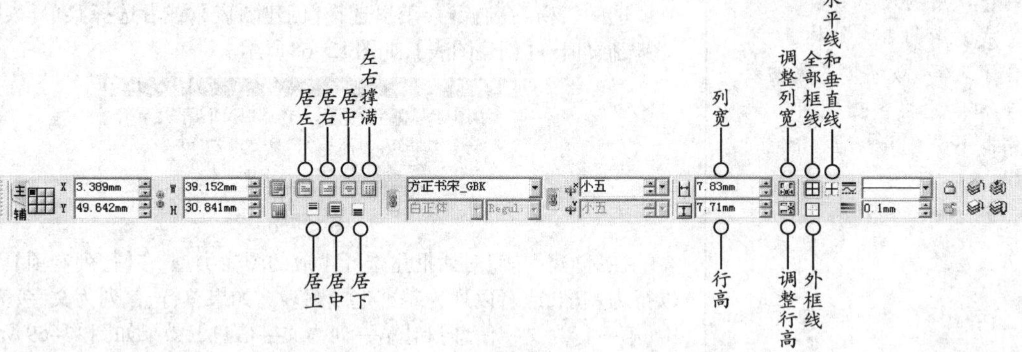

图12-72

辅窗口：

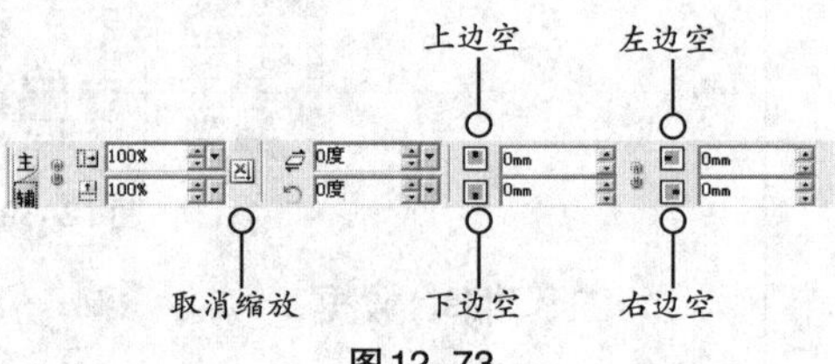

图12-73

(2)选中单元格，控制窗口，如图12-74所示。

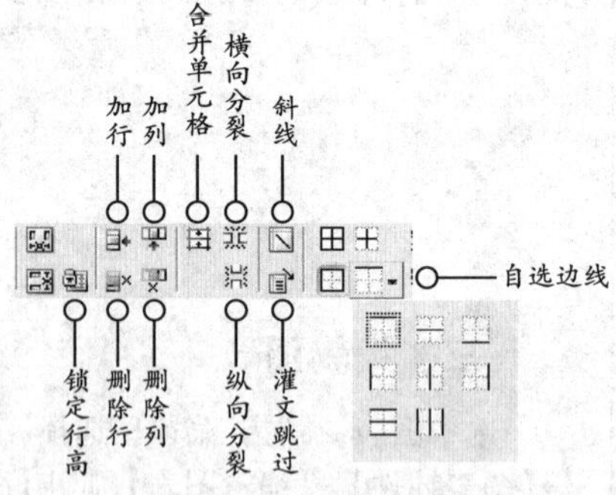

图12-74

(3)文字工具插入单元格，进入文字编辑状态，则显示文字控制窗口，如图12-75所示。

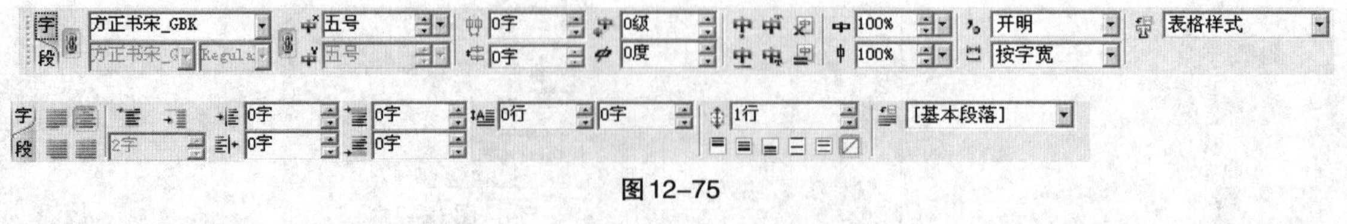

图12-75

第10节　表格排版高级应用

❖ 学习要点

- 利用流式表格的无线表，实现对照版面的制作。
- 掌握上下表行间距与正文文字行距的关系。
- 本例中是个分三栏的对照版式，要确定三个栏的栏宽，由栏宽确定表格三列的列宽，设置表格列宽时，要考虑到分栏的栏间距。

一、用无线表做对照排版练习 ★★

(1)制作一个与版心同宽的表格，表格一行，三列。把表格复制粘进正文中变成流式表格。

(2)用T工具选中单元格，设置表格内容【居上/右】。

(3)设置行距：选中单元格状态下，设置单元格内空左、右、上三面均为0，下空大小为正文行距大小，如正文行距为0.5,则这里也设为0.5，段首空为2字，以上设置和正文中的设置要保持一致。

(4)设置栏宽和栏间距。

①设定栏宽和栏间距，三栏对照，则栏间距有两个。

总栏间距宽=栏间距×2。

②选中表格中间一列，宽度加上总栏间距宽，然后，选中间这列，单元格左右边空设为栏间距大小。

(5)表格行对齐为左对齐，表格所有线型均为【空线】。

(6)灌文后，执行“Ctrl+F7”，以后调整也用这个快捷键。

灌入文字，如图12-76所示。

中文	英文	日文
□□□□□□□□ □□□□□,□□□ □□□□□□□□□ □□□□□□□□。	□□□□□□□□ □□□。	□□□□□□□□ □□□□,□□□□ □□□□□□□□□ □□□□□□□□。
□□□□□□□□ □□□□□。	□□□□□□□□ □□□□,□□□□□ □□□□□□□□□□ □□□□□□□□.	□□□□□□□ □□□□。

图12-76

❖ 学习要点

- 学习掌握文字中表格盒子选中方法。
- 掌握表格盒子中单元格中的成组盒子选中方法。
- 掌握成组盒子中单一对象的选中方法。

二、文字流中的表格选中操作练习

熟练掌握流式表格有关的各种选中操作，会大大提高工作效率。

在文字流中表格的单元格中粘进一个成组盒子，盒子里是二个图元对象，这里暂称它为图元盒子，我们对它进行操作练习，如图12-77所示。

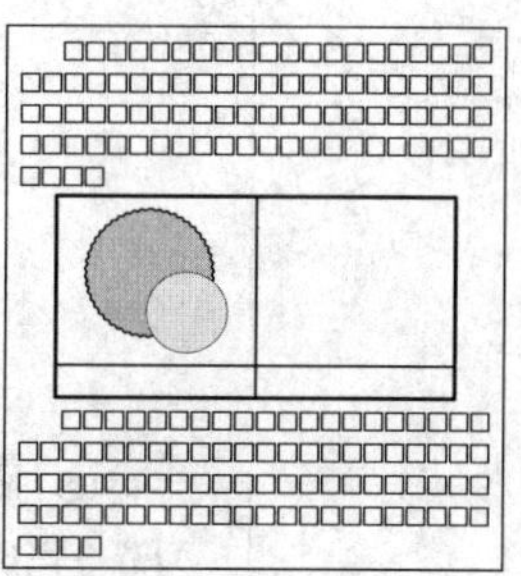

图12-77

(1)选中表格：用选取工具 可以直接选中流式表格。

(2)选中图元盒子：表格盒子未被选中的情况下，选取工具 可以直接点击选中图元盒子。

(3)选中成组盒子中的图元对象：选取工具选中图元盒子后，双击图元盒子中每一个单独的图元对象，能够选中单独的一个图元对象块；如果按住“Shift”键同时双击单一图元对象，则工具变为穿透工具 ，用穿透工具能够对节点或线段进行路径编辑操作。

(4)选中单一对象：直接使用穿透工具 可以直接选中表格、直接选中单一图元对象，但不能选中成组盒子。

❖ 学习要点

把部分表题文字复制为文字块，然后用锚定对象，把它定位到行居中位置。

三、用锚定对象做表题文字行内局部居中 ★★

有时有这样的版式：标题排版时，同一行中，既有居左，也有居中和居右，如图 12-78 所示。

下面介绍几种这种版式制作的方法：

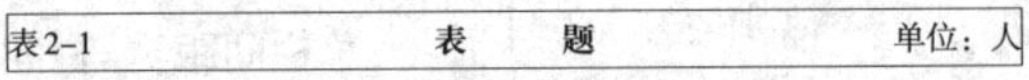

表 2-1	表　　题	单位：人

图 12-78

(1)用文字光标选中“单位：人”，使用快捷键“Ctrl+T”，执行【部分居右】功能，让“单位：人”居右。

(2)选中“表题”，执行剪切操作，然后，在版面上画个块，把“表题”文字粘贴进文字块里。

(3)用锚定工具 拖动“表题”文字块到“表 2-1”文字处，如图 2-79 所示。

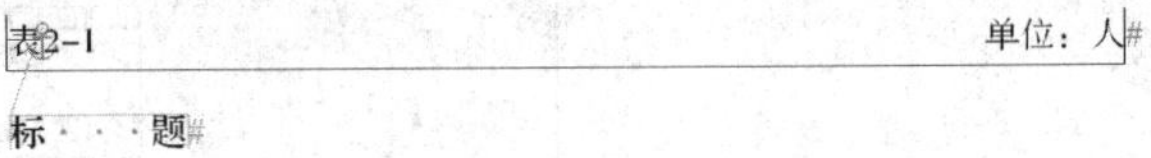

表2-1　　　　　　　　　　单位：人#

标　·　·题#

图 12-79

(4)用选取工具双击【表题】文字块，这时会弹出【锚定对象选项】对话框，如图 12-80 所示。

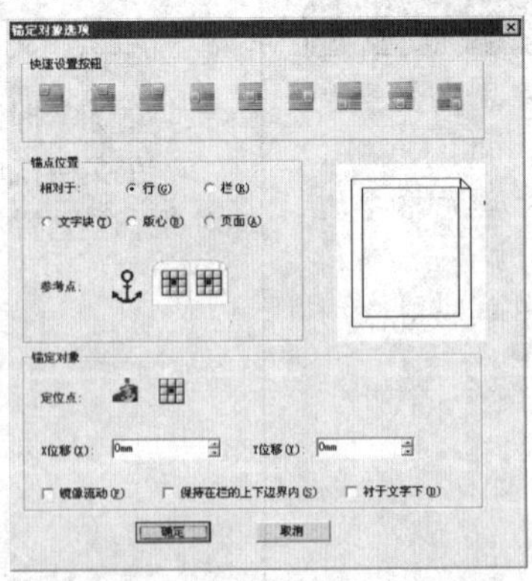

图 12-80

(5)按对话框选择锚定位置、锚定对象的定位点，调整 X、Y 位移值均为0。完成排版，如图 12-81 所示。

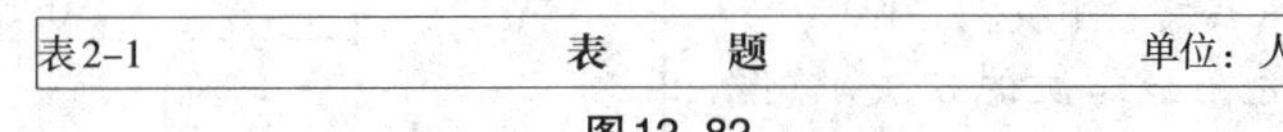

图12-81

四、用Tab定位做行内文字局部居中居右 ★

> ❖ 学习要点
>
> 学习掌握利用Tab键定位可以指定位置的特点，根据文字块的宽度计算文字块的横向中点和文字块右侧边的坐标。

表题如图12-82。

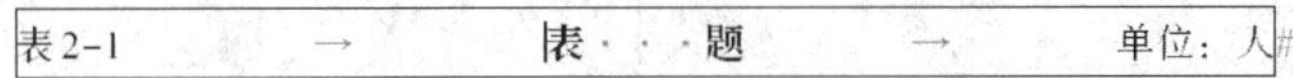

图12-82

把文字光标放在“表2-1”和“表　题”部分文字之间，键入“Tab”键，插入一个Tab符，在“表　题”后面也插入一个Tab符，如图12-83所示。

表2-1　→	表 · · 题　→	单位：人#

图12-83

全选本行文字，选择菜单【格式】→【TAB键】，如图12-84所示。

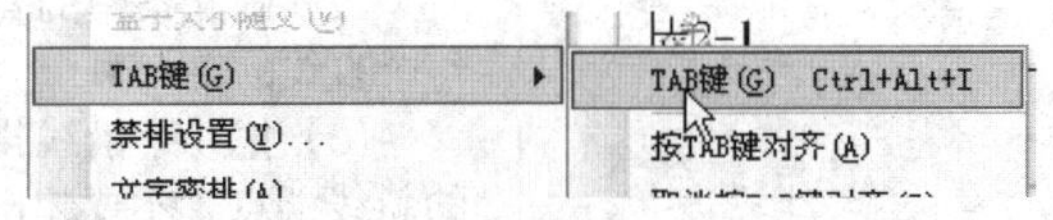

图12-84

弹出TAB操作窗口，如图12-85所示。

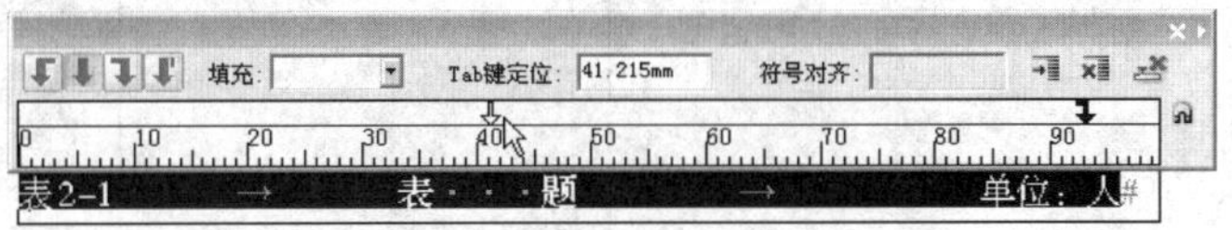

图12-85

(1)设置Tab位置：在Tab窗口的标尺上方点两下，在标尺上会出现两个Tab定位符，选中第1个Tab定位符，设置其为中齐，选中第2个Tab定位符，设置其为右齐，但这两个定位所导致的行内文字对齐，并没有居中和右齐。

(2)选中文字块，察看控制窗口里文字块的宽度，记下宽度数值，这里文字块的宽度为100mm，选中居右的Tab定位符，在【Tab键定位】的编辑框里键入“100mm”，这里“单位：人”这些字符就正好居右到文字块右端，选中中齐Tab定位符，在Tab键定位的编辑框里键入“100mm/2”，移出焦点或按“Enter”键确定，数值自动变为“50mm”，这时，“表　题”这几个文字也在文字块内左右居中，如图12-86所示。

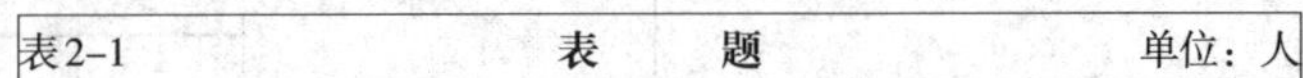

图12-86

(3)选中制作好的表题文字，创建一个表题段落样式，这样以后再排此类版式时，只要选中表题文字，插入两个“Tab”键，执行段落样式，就可以自动在一行内实现居中、居右同时存在的效果了。

❖ 学习要点

- 方正飞翔提供了在单元格里设置斜线的功能，但未能提供斜线文字的排版功能，这里用间接的办法进行操作，可以实现斜线文字排版。
- 利用沿线排版的方法，制作表格单元格内斜线文字。

五、表格斜线文字制作练习 ★★★

（1）选择表格中有斜线的单元格，复制，然后在版面上粘贴，这时生成只有一个单元格的表格，如图12–87所示。

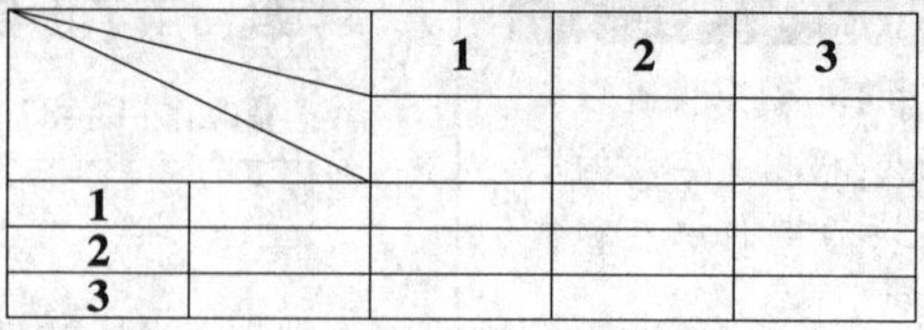

		1	2	3
1				
2				
3				

图12–87

粘贴出来的小表格，如图12–88所示。

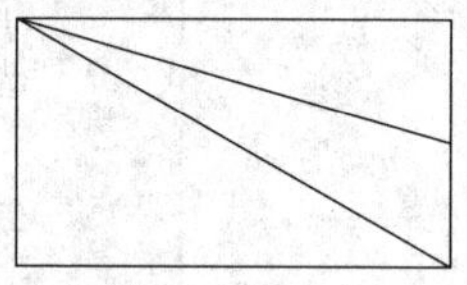

图12–88

（2）画几条斜的直线，用沿线排版工具在斜线上录入文字，调整好每个直线的端点。

（3）把几个沿线排版的文字块和小表格块放置好，用来沿线排版的斜线端点，不要超出小表格的矩形范围，把小表格块和几个沿线排版的文字块成组，如图12–89所示。

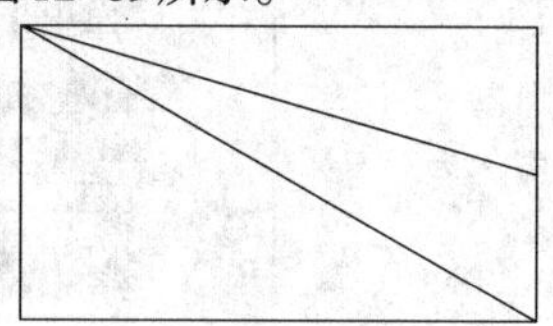

图12–89

（4）选中大表中有斜线那个单元格，执行【取消斜线】操作，同时设置单元格内空，四边均为0，如图12–90所示。

		1	2	3
1				
2				
3				

图12–90

（5）选中成组块，把它粘进要放斜线的那个单元格内，如图12–91所示。

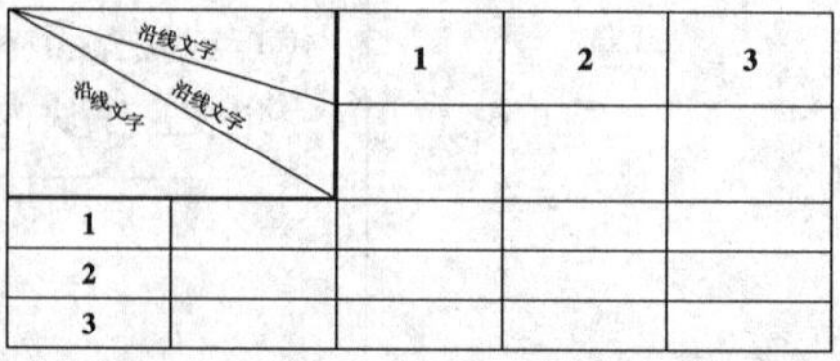

沿线文字 沿线文字 沿线文字		1	2	3
1				
2				
3				

图12–91

如果粘进去后，单元格出现续排，没排下，则可以选中本单元格，用“Ctrl+F7”快捷键执行【调整行高】命令，让单元格的高度自动适应斜线成组块的大小，这时可以完成排版了。

❖ 续表字排版要点

- 利用文字变量自动生成续表表量。
- 注:盒子里的变量插入表格单元格,变量无效。

六、表格续表字的排版练习

(1)续表字是【续表】文字排版:此类续表字排版,可以建立一个文字块,录入【续表】文字,然后把第2页的文字块下移一行高度,把【续表】文字块放在空出的一行位置处,以后各页均照此手工排版,效果如图12-92所示。

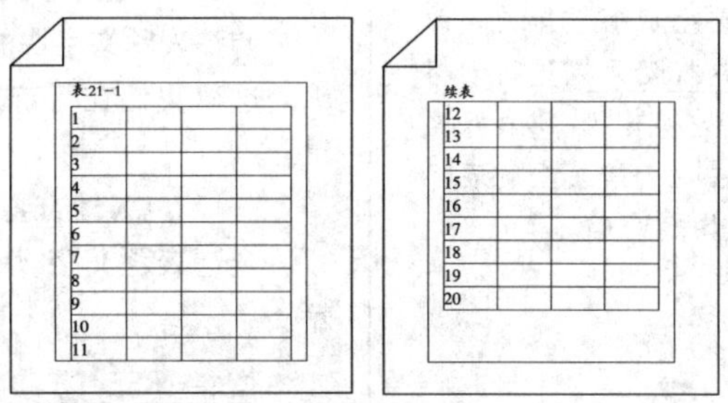

图12-92

(2)续表字是【续表2-1】的文字排版,这里,表格序号文字【表2-92】,首先定义一个段落样式【表题】。

首先画一个文字块,录入文字【续】,然后在【续】字的后面,插入文字变量,变量类型为【段落文本】,其他设置见对话框,如图12-93所示。

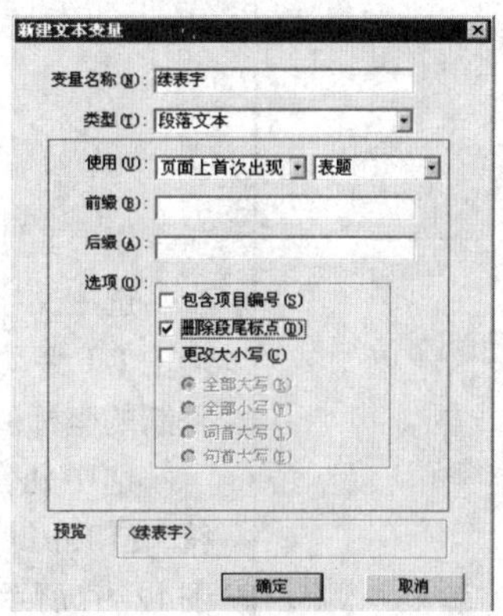

图12-93

插入变量后结果为"续<续表字>",排版结果如图12-94所示。

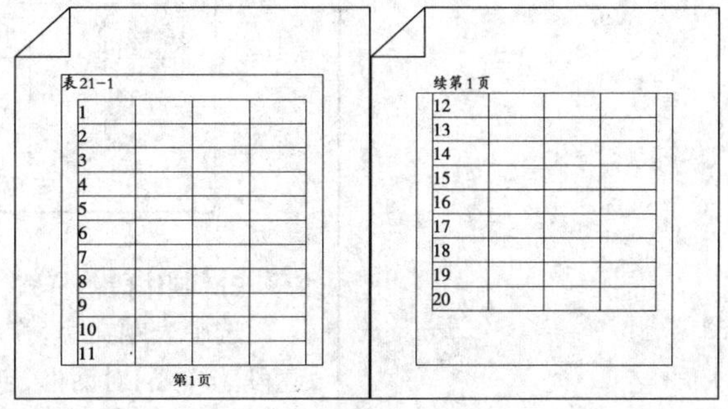

图12-94

❖ 学习要点

- 利用"Tab"键定义表题中间的间距
- 表格分页：跨页的一个表格不能把它拆成两个独立的表格块，而是要生成有续排关系的分页表，这样仍可以进行表格的编辑修改操作，改变表行高度时，左右两个跨页上的表格行高，可以保持一致。

七、跨页的对照表和跨页的表题 ★★★★

1. 制作表题中间空白

由于表格标题是跨页的，则中间折缝处是不能有文字的，表题中间必须空出空白，这里用插入两个"Tab"键的办法来解决，表题文字如下：

"XXXX地方委员会换届和领导班子召开民主生活会情况"

调整表题文字块的大小调整左页版心左侧到右页版心右侧的宽度。

这里我们在行首插入一个"Tab"键，在**"换届和"**的后面插一个Tab键：

"→XXXX地方委员会换届和→领导班子召开民主生活会情况"

全选表题文字，快捷键"Ctrl+Alt+I"弹出TAB对话框，如图12-95所示。

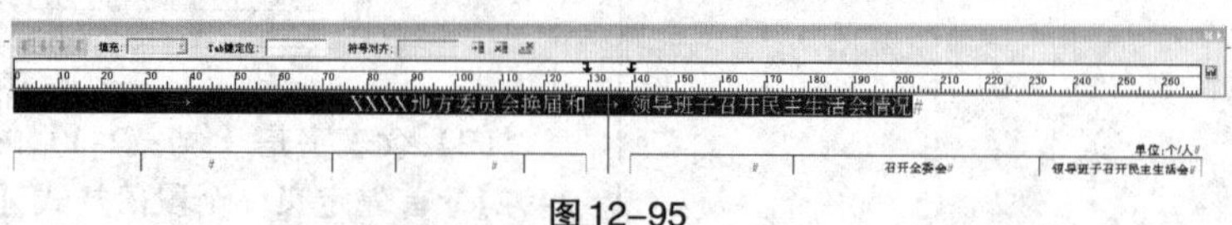

图12-95

标尺上第1个Tab定位符，设置为右齐，第二个设置为左齐，如图12-96所示。

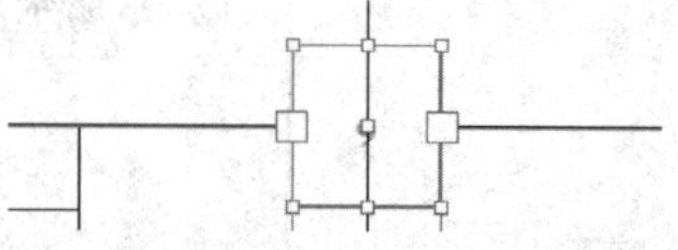

图12-96

用T工具在左页版心右侧到右页版心左侧之间画文字块。

选中文字块，在控制条上的九宫位上选左上位置▦，记下X坐标值，选中Tab浮动窗的第1个Tab定位符，在【Tab键定位】编辑框里粘入刚才复制的坐标值，这是定位表题左半边部分的位置。

选中九宫位的右上角▦，同上面的操作步骤，选中第2个Tab定位符，在【Tab键定位】编辑框里键入数值，作为表题右半边部分的位置。如图12-97所示。

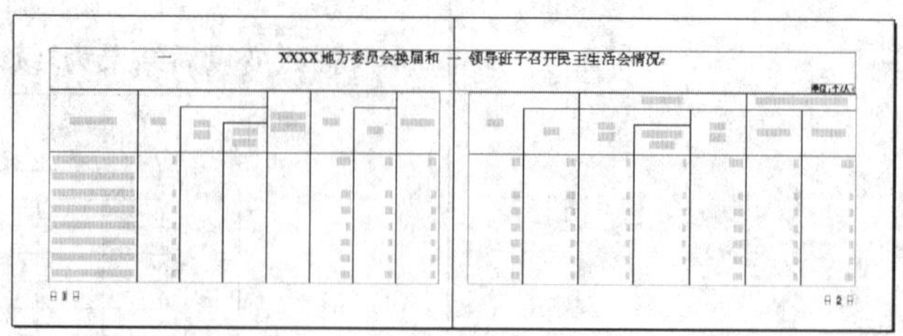

图12-97

2. 制作段落样式

选中表题文字，弹出右键菜单，选择【创建段落样式】命令，弹出【创建段落样式】对话框，创建一个表题样式，以后制作类似的版式时，插入两个"Tab"键后，执行这个段落样式就可以自动对齐了。

八、横向表格90° 旋转

❖ 学习要点

横向大表竖排，一般情况表头是朝向里口方向。

（1）插图或表格要旋转90°的，一律向左侧，逆时针旋转90°，如图12-98所示。

经 营 报 表 之 一

表2-1　　　　单位：元

项目名称	2003年	2004年		2005年
单项金额	123 334	12	567	23
总计金额	67 234	34	33	5 234

图12-98

（2）如图12-99所示，表头方向朝向页面里口方向。

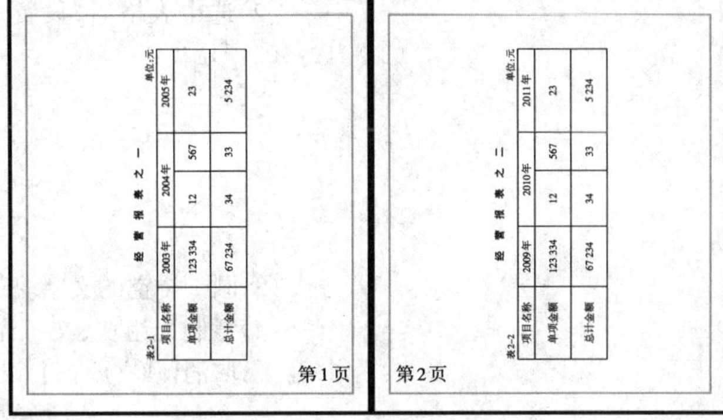

图12-99

九、用表格做图注排版 ★★★★

❖ 学习要点

- 图注的特点是跟随图片走，同时，图注排版区域的大小，也要能自动适应图注内容。
- 表格单元格具有行自动调整的功能，利用它可以间接实现图注排版。

图注、题注之类的版面一般要求图注排版区域紧贴图片，因为图注的文字内容多少不定，所以图注排版区域的高度要能自动调整。

（1）首先创建一个表格，表格表行二行，第1行是放图片的区域，第2行为文字排版区域，放图注文字内容。

（2）用T工具选中上下两个单元格，设置单元格的内空，四边均为0，选中放图注的单元格，设置单元格内容纵向对齐方式为【居上/右】，快捷键是"Ctrl+Shift+G"，设置它的单元格内空的上边为0.5mm或者指定的数值，作为图注与图片的间距。

（3）单独建立一个空的文字块，把它和表格块成组，表格块在上层，文字块在下层，效果如图12-100所示。

图12-100

(4)排版后的调整。把图注成组块,粘进正文中,排的图片粘入表格的图片单元格里,图注文字放图注单元格,如果大小不适合,如字没装下,或图大了或小了,全选表格单元格,执行“Ctrl+F7”和“Shift+F7”快捷键自动调整行高、自动调整列宽。

❖ 学习要点

利用表格行可以调整高度的特点,把表格作为盒子插入行首,互斥开文字,把表行高调整到合适位置就可以了。

十、用表格制作文字悬挂式版式

(1)首先制作一个表格,如图12-101所示。

读者文摘

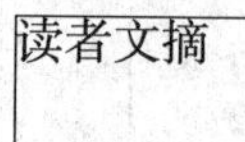

图12-101

(2)选中表格后,设置表格外边框,上、左、下三边线为无线,如图12-102所示。

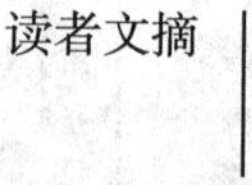

读者文摘

图12-102

(3)画一个空的文字块,表格在最上层,文字块在下层,二者成组。

(4)复制成组块,文字光标放在段首字前,粘贴,然后用选取工具选择盒子,取消【独立成行】,设置盒子的图文互斥属性,如图12-103所示。

图文互斥
图文关系
图文无关
轮廓互斥
外框互斥
文字走向
分栏串文
不分栏串文
不串文
边 空
上边空
下边空
左边空
右边空
轮廓类型
裁剪路径
外边框
位置
居左
居中
居右
九宫位调整
确 定
取 消
预 览

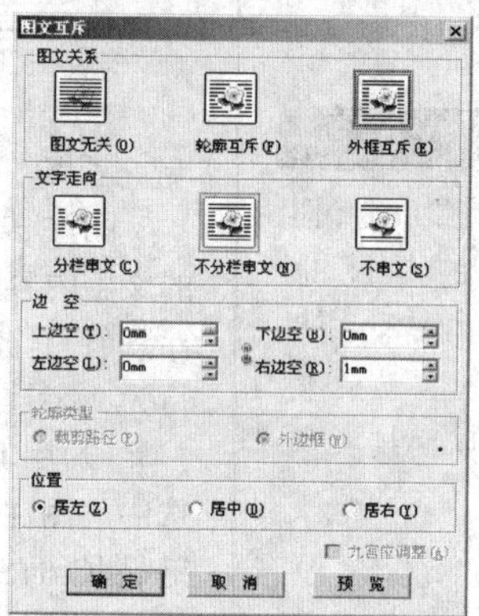

图12-103

把文字光标放进表格内,调整下边线的距离到适合的位置。

(5)版面样张,如图12-104所示。

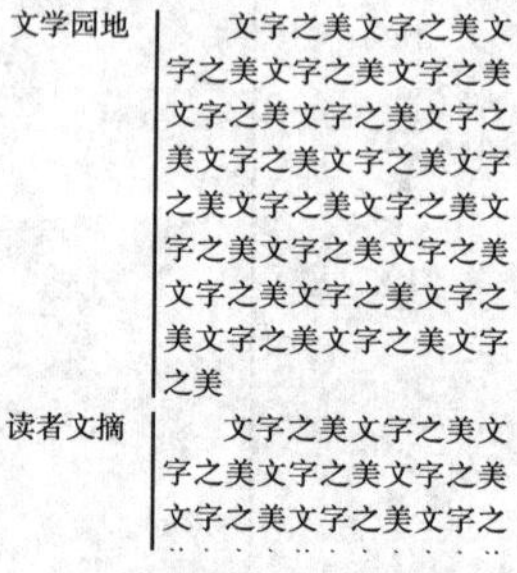

文学园地
文字之美
读者文摘
文字之美文字之美文字之美文字之美文字之美文字之美文字之美文字之美

图12-104

> ❖ 学习要点
> - 用Excel整理数据。
> - 用表格自动分页生成各页版式。
> - 单元格灌文跳过选面。

十一、用通讯录排版练习 ★★★★

在Excel或Accesst等电子表或数据库软件中，都可以导出带分隔符的TXT文本、CSV文本，如果数据少，也可以在软件中选择数据项，直接复制到方正小样编辑器中。

利用表格自动灌文的特点，自动生成分页表的方式制作通讯录，如图12-105所示。

6.tif	姓名	李晓红	性别	女
	出生日期	1968年2月21日	民族	苗族
	单位	市委党校学员处		
	职务	班主任		
电话	办：	863345348	宅：	863341107
	手机：	13915695355		

– 7 –

图12-105

（1）Microsoft Excel中打开通讯录的小样文件，如图12-106所示。

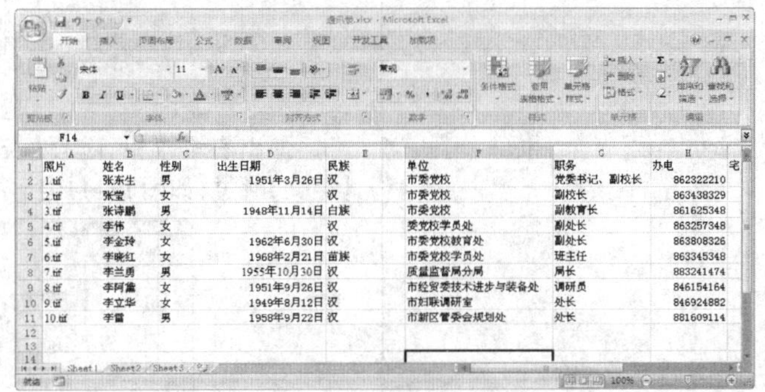

	A	B	C	D	E	F	G	H
1	照片	姓名	性别	出生日期	民族	单位	职务	办电
2	1.tif	张东生	男	1951年3月26日	汉	市委党校	党委书记、副校长	862322210
3	2.tif	张莹	女		汉	市委党校	副校长	863438329
4	3.tif	张诗鹏	男	1948年11月14日	白族	市委党校	副教育长	861625348
5	4.tif	李伟	女		汉	委党校学员处	副处长	863257348
6	5.tif	李金玲	女	1962年6月30日	汉	市委党校教育处	副处长	863808326
7	6.tif	李晓红	女	1968年2月21日	苗族	市委党校学员处	班主任	863345348
8	7.tif	李兰勇	男	1955年10月30日	汉	质量监督局分局	局长	883241474
9	8.tif	李阿鑫	女	1951年9月26日	汉	市经贸委技术进步与装备处	调研员	846154164
10	9.tif	李立华	女	1949年8月12日	汉	市妇联调研室	处长	846924882
11	10.tif	李雷	男	1958年9月22日	汉	市新区管委会规划处	处长	881609114

图12-106

（2）在Excel中全选文字内容，复制，打开【方正小样编辑器】，在编辑器里粘入Excel的文字内容，如图12-107所示。

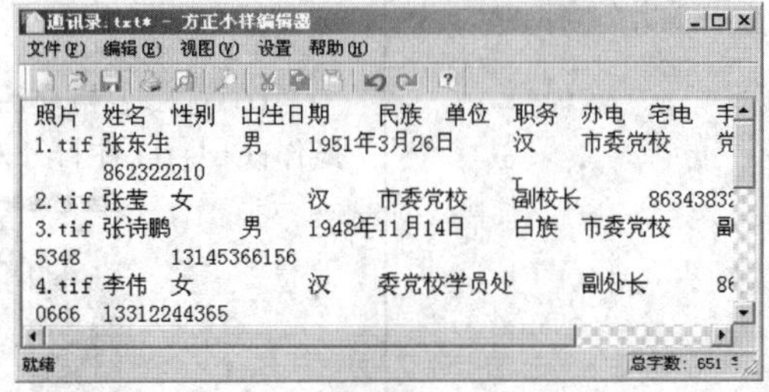

图12-107

（3）在方正小样编辑器里，把通讯录文字内容存为TXT文件，内码为Unicode，这样小样文件就制作完成了。

（4）用表格工具画表格，按照通讯录版式要求把表格和行列调整好，然后，调整页面大小和版心，让版心大小和表格块相同，如图12-108所示。

❖ 学习要点

单一的表格块大小和版心大小相同。

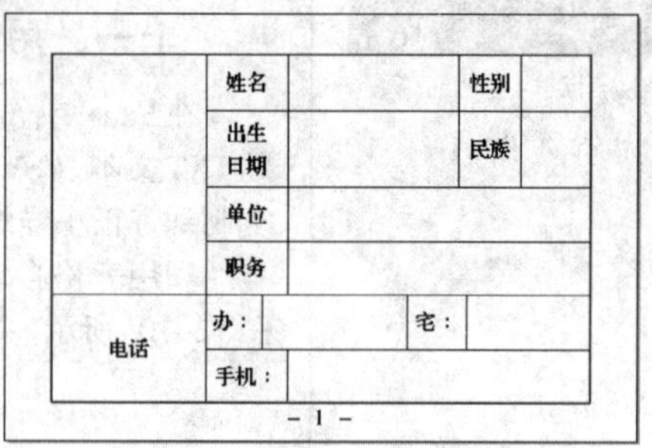

图12–108

(5)用T工具选中表格中各个栏目名称，如图12–109所示。

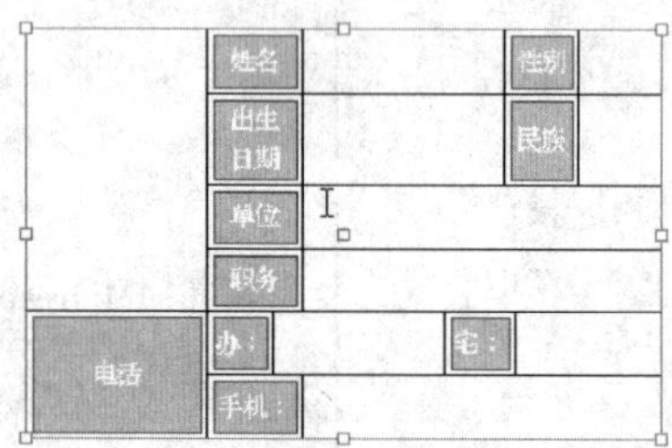

图12–109

弹出右键菜单，选择【表格属性】，在【单元格属性】对话框里，选中【灌文】跳过，如图12–110所示。

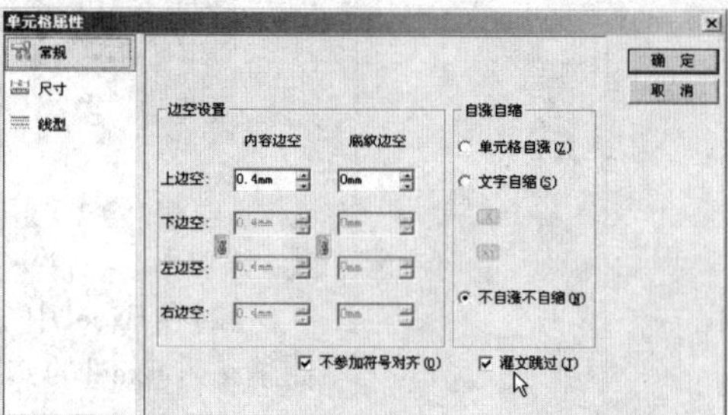

图12–110

(6)选中表格块后，在工具条上选择【排入小样】图标，执行排入小样操作(Ctrl+D)，在打开对话框中选择“通讯录.txt”文件，如图12–111所示。

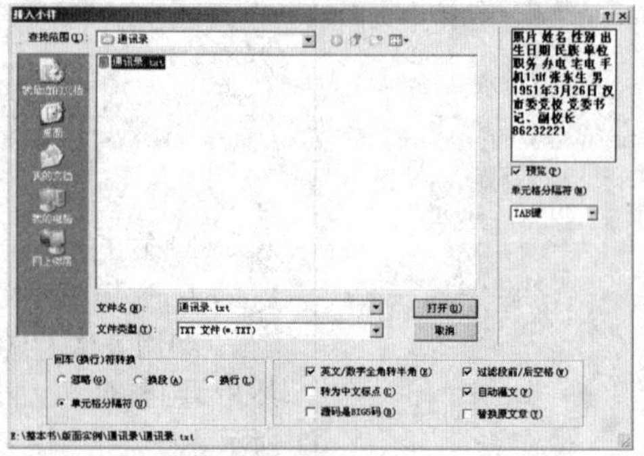

图12–111

> ❖ 学习要点
>
> 使用【自动生成跨页表】功能自动生成以后各页表格。

在打开对话框中，【回车(换行)符转换】选中【单元格分隔符】，【单元格分隔符】选中【Tab键】。

点击【打开】，出现排文图标，在表格块上点一下，文字就灌入表格中了，由于表格没有排下全部文字内容，所以下一步要用分页表操作。

(7)表格出现续表标记后，选中表格，执行“Ctrl+Shift+M”，自动生成有续关系的分页表。如果选择菜单【表格】→【自动生成跨页表】，则各页上的表格块，没有续排关系，排版结果如图12–112所示。

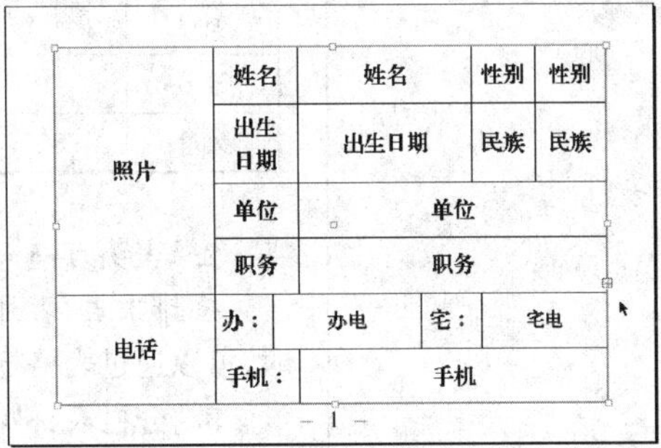

图12–112

> ❖ 学习要点
>
> - 介绍了通用的一些表格排版规则。
> - 学习掌握表格分栏排版。
> - 学习掌握横表分段排版。
> - 学习掌握表格行列互换排版。

十二、表格排版通用规则

1. 表格转行

(1)表格分栏：栏目较少的表，而全表却很长时，常要进行表格分栏排版，两栏的中间用双线隔开，选中表头，选择菜单【美工】→【表头】→【设置】，这样每一个分栏表都自动带上表头，如图12–113所示。

序号	名称	
1		
2		
3		
4		
5		
6		
7		
8		

序号	名称		序号	名称	
1			5		
2			6		
3			7		
4			8		

图12–113　直表分栏排

(2)横表分段排：若表是横长竖短，并且横向超过版口，可把它拆成两段，上下叠排。在排下面的一段时，必须把左边第一栏的项目重复排出，并在上下两截之间用双线分隔，如图12–114所示。

项目	一年级	二年级	三年级	四年级	五年级	六年级
排名	1	3	5	7	9	11
数量	22	423	23	82	4	35

项目	一年级	二年级	三年级
排名	1	3	5
数量	22	423	23

项目	四年级	五年级	六年级
排名	7	9	11
数量	82	4	35

图 12-114　横表分段

2. 表头互换

横排大表，表列比较多，横向超过版心宽，而表行比较少的表格排版时，可以通过表格行列互换。

3. 分栏表、横向拆分的表及竖向拆分的续排表

(1)分栏表或对照表：需要跨两面书页接排的横向表格，采用表格分栏的方法。即将其排成从双页码跨到单页码的表，使整个表在同一个跨页上。对照表既可横排，也可竖排。

(2)横向的续排表：横放的对照表一定要从双页码开始，即由双页码到单页码顺序排。

(3)对照表的双页码上排表头，而单页码上不排表头，也可采用省去表头或加排表头的方法。

(4)竖向的续排表：多页续排的表格，既可从单页码开始，也可从双页码开始。但每页都必须排表头，续表的上方或右上方加排续表或表×(续)字样，每页表下必须加横线(反线)。

(5)位置：横放的表一般居中排，不串文。在竖放的表旁串文时，不论其页码单、双，表都安放在切口。若有两个表以上，则按第一个表靠切口，第二个表靠订口的顺序交叉排。

❖ 学习要点

先新建一个指定行列数的表格。再分别选中奇数行和偶数行，设置它们的行高。

十三、利用表格做稿纸版式

稿纸的制作，主要练习表行的插入与复制，隔行选中。

(1)建立一个表格，40行，20列，按下快捷键“Ctrl+Shift+N”弹出【新建表格】对话框，如图 12-115 所示。

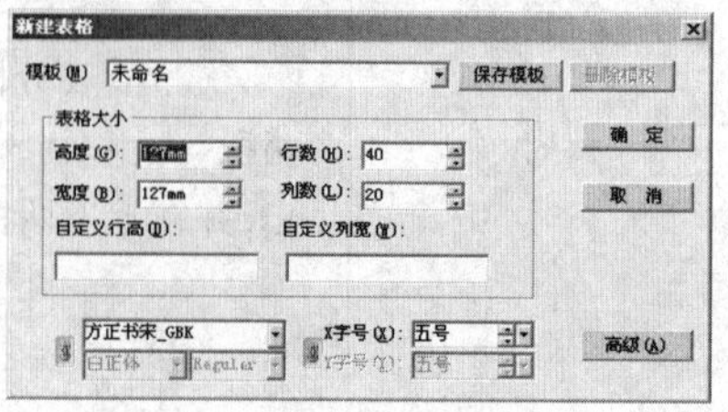

图 12-115

❖ 稿纸样张

20行×20字=400字

(2)选择菜单【表格】→【选中】→【隔行】,弹出【隔行/列选中】对话框,如图12-116所示。

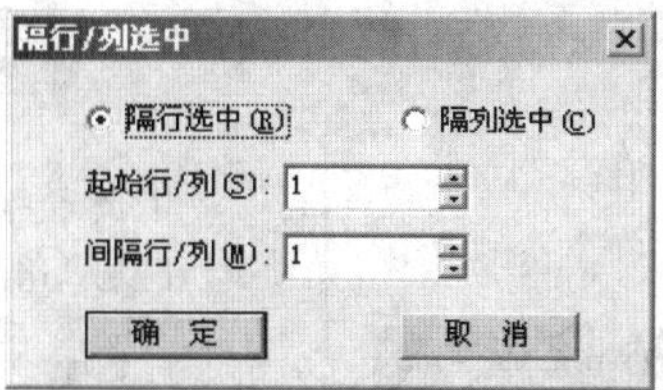

图12-116

选中奇数行,设置单元格高宽设置为2字。

再一次同样选择,起始行设置为【2】,对话框如图12-117所示。

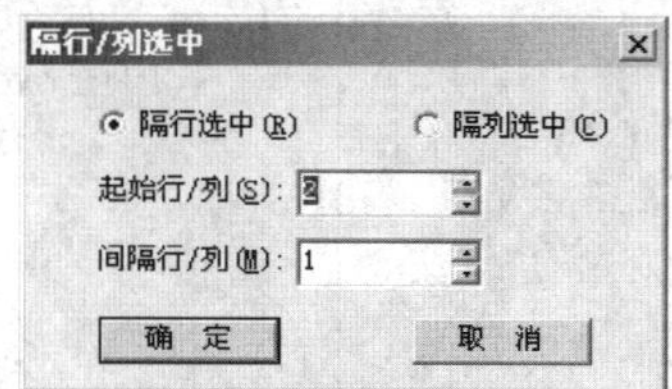

图12-117

选中偶数行,单元格高宽设置为1字。

这样稿纸就制作好了,最后删除表格最后一行的空行。

在表格最下面,加上"20行×20字=400字"的文字,完成稿纸排版。

❖ 学习要点

表格分栏版式,现在只能手工制作,因此事先考虑好前后版面内容的移动情况,尽量少出现串版现象,以减少手工调整的工作量。

十四、表格内分栏版式

表内分栏,也叫竖表分栏,有些出版社对此类表有严格规定,各单元格灌文的顺序如图12-118所示。

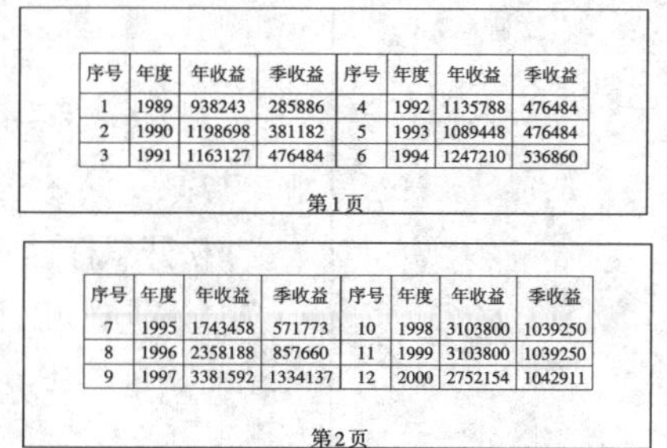

序号	年度	年收益	季收益	序号	年度	年收益	季收益
1	1989	938243	285886	4	1992	1135788	476484
2	1990	1198698	381182	5	1993	1089448	476484
3	1991	1163127	476484	6	1994	1247210	536860

第1页

序号	年度	年收益	季收益	序号	年度	年收益	季收益
7	1995	1743458	571773	10	1998	3103800	1039250
8	1996	2358188	857660	11	1999	3103800	1039250
9	1997	3381592	1334137	12	2000	2752154	1042911

第2页

图12-118

(1)做好一个小表格,如图12-119所示。

序号	年度	年收益	季收益

图12-119

把表格小样文件灌入表格内,这时表格会出现续排图记,点击续表标记,在版面上点一下,生成一个续排表,把这个续表块和前面的放一起,对齐如图12-120所示。

序号	年度	年收益	季收益	序号	年度	年收益	季收益
1	1989	938243	285886	4	1992	1135788	476484
2	1990	1198698	381182	5	1993	1089448	476484
3	1991	1163127	476484	6	1994	1247210	536860

图 12-120

依此类推，每一页上都这样操作，直到排完表格。

(2)尽量不要有串版的操作，会导致表格每一页都得重新操作调整。

❖ 学习要点

- 利用 Excel 的一些自动化功能，生成序号数据，序号数据存成文本，再灌入飞翔的指定列中。
- 某些单元格不想灌入序号数据的，可以全选这些单元格，在单元格属性里设置为"灌文跳过"。

十五、行序号的自动生成 ★★

有些表格栏目下有连续的序号，如果表格行很多，就会很麻烦，利用Excel制作各种类型序号很方便，制作好后，复制序号，再排到飞翔的表格里。

(1)在Excel单元格中键入数字【1】，如图12-121所示。

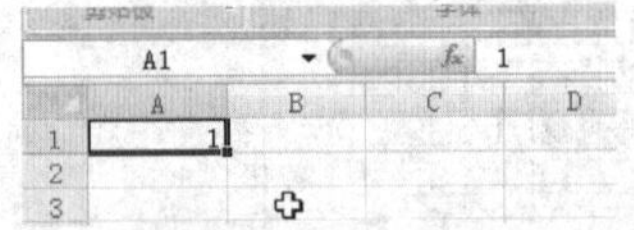

图 12-121

光标放在A1单元格的右下角，按住不放，如图12-122所示。

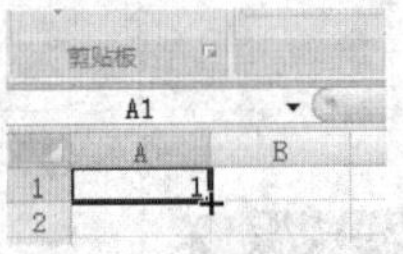

图 12-122

向下拖动，如图12-123所示。

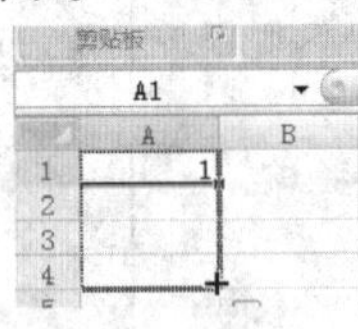

图 12-123

松开鼠标，如图12-124所示。

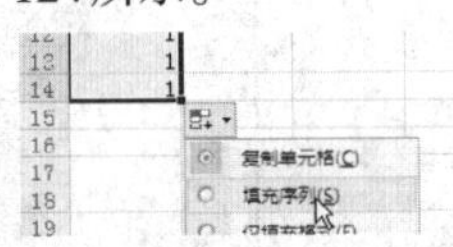

图 12-124

点击选择框右下角图标，出现的菜单里选择【填充序列】，完成序号生成操作，如图12-125所示。

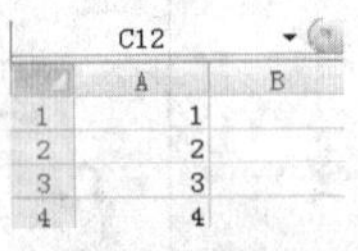

图 12-125

(2)复制单元格文字到文字编辑器中，存成Unicode内码的文本文件，在方正飞翔中把表格不填序号的单元格属性设为【灌文跳过】，把序号文本TXT灌入表格中，完成序号生成操作。

❖ 学习要点

- 利用其他一些表格处理软件，来处理飞翔不擅长的操作，可以大大提高排版效率。
- 本例中要学习掌握利用Excel中行列互换功能，为方正飞翔提供行列互换排版提供一个辅助的方法。
- 把方正飞翔表格转成文本，把文本数据复制到Excel中，在Excel中复制，然后在Excel中执行选择性粘贴，进行行列转置后，把表格数据复制到方正飞翔中，生成文字块，再把文字块转成表格。

十六、表格行列快速互换 ★★

有时会把行列互换过来，如图12-126所示。

序号	年度	年收益	季收益
1	1989	938243	285886
2	1990	1198698	381182
3	1991	1163127	476484

图12-126

互换后如图12-127所示。

序号	1	2	3
年度	1989	1990	1991
年收益	938243	1198698	1163127
季收益	285886	381182	476484

图12-127

(1)选中表格块，选择菜单【表格】→【内容操作】→【表格转文本】，如图12-128所示。

```
序号    年度    年收益   季收益
1    1989    938243  285886
2    1990    1198698 381182
3    1991    1163127 476484
```

图12-128

(2)选择表格文本，在Excel中粘贴，然后，在Excel中再次复制，新建一个Excel表格，选中一个单元格，在粘贴图标上点击，弹出的菜单如图12-129所示。

在菜单中选择【选择性粘贴】，弹出【选择性粘贴】对话框中选择【转置】，如图12-130所示。

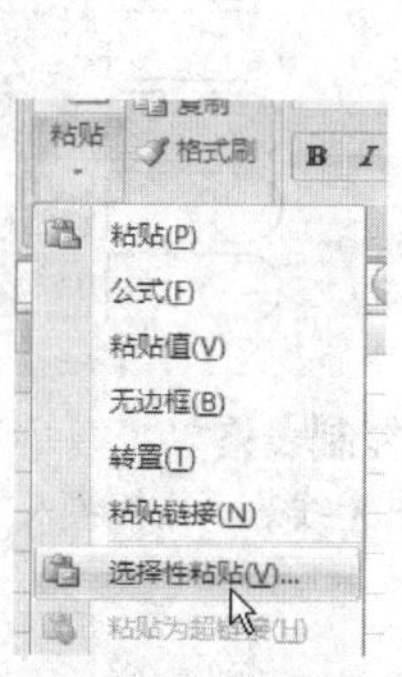

图12-129

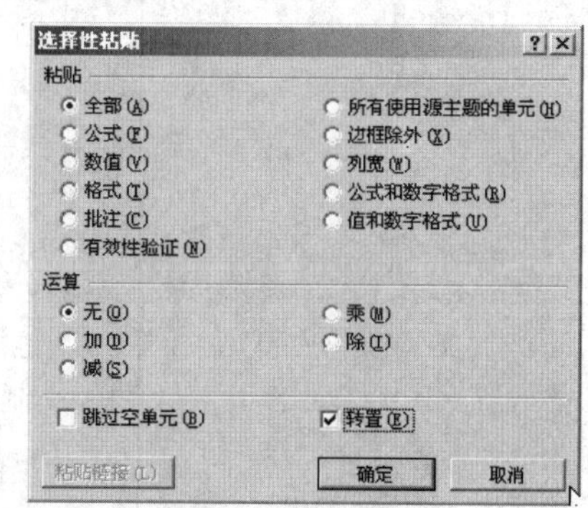

图12-130

按【确定】按钮后，进行【行列互换】的操作，选中这些转后的单元格，复制，在方正飞翔中文字块中粘贴，把文字转成表格，完成排版。

❖ 制作要点

● 把矩形左上和左下的角设置为圆角。

● 制作两层表格，下层为有图形装饰的无线表，上层为灌入文字的无线表格。两表居中重叠。

十七、表格行背景装饰 ★★★

一个餐饮菜单如图12–131所示。

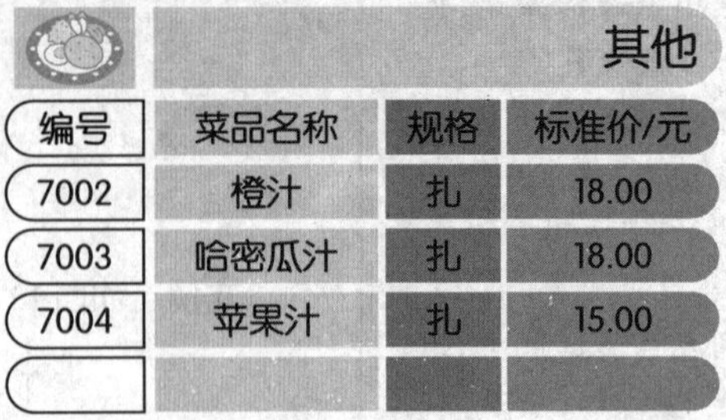

			其他
编号	菜品名称	规格	标准价/元
7002	橙汁	扎	18.00
7003	哈密瓜汁	扎	18.00
7004	苹果汁	扎	15.00

图12–131

1. 版式分析

(1)文字后面有图形装饰。

(2)行数很多。

根据以上版面特点，决定以表格排版。

2. 小样处理

首先处理好文字小样，单元格字符以Tab分隔，表行以换段符分隔。

3. 图形装饰的处理

把制作好的图形以盒子形式粘进单元格中。

4. 制作表格

根据文字和图形装饰的大小，确定表题和表行单元格的大小，如图12–132所示。

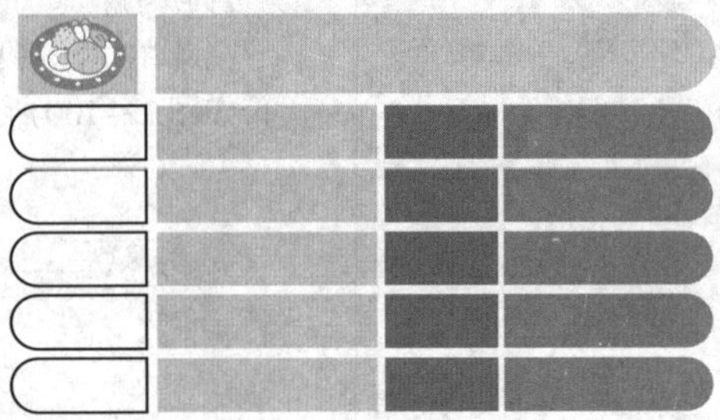

图12–132

5. 复制表格

制作无线表，用来灌入文字，如图12–133所示。

			其他
编号	菜品名称	规格	标准价/元
7002	橙汁	扎	18.00
7003	哈密瓜汁	扎	18.00
7004	苹果汁	扎	15.00

图12–133

把无线表和图形表格位置居中对齐就完成了本版面的制作。

第13章　科技排版

方正飞翔2011排版软件提供了世界首创的数学公式输入法，提高数学公式排版效率10倍以上；独创的化学排版插件，解决了化学排版的世界难题。

本章通过一些实例讲解了数学公式排版的常见操作以及一些科技排版的规则。

第1节　公式排版基本操作

❖ 公式风格说明

- 公式排版有两种风格：S92和西文风格，在进行公式排版前，要先确定一种风格。
- 使用S92风格，排出的公式版面风格接近于方正书版的数学排版风格。
- 如果在日常工作中，经常使用方正书版进行数学排版，并且书版是使用S92风格排版的，那么建议使用方正飞翔排数学公式时，也使用S92风格。

一、公式操作界面浏览

1. 公式插件菜单

主菜单上的【公式插件】菜单项如图13–1所示。

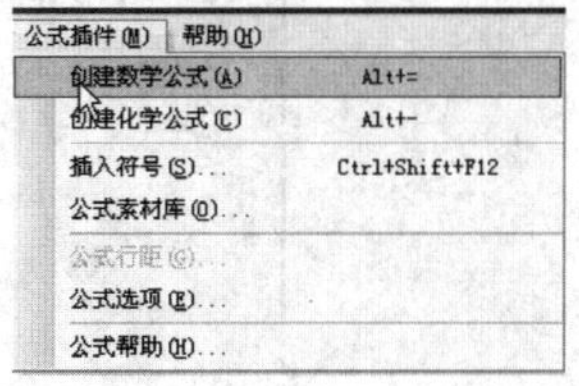

图13–1

2. 排版工具条(图13–2)

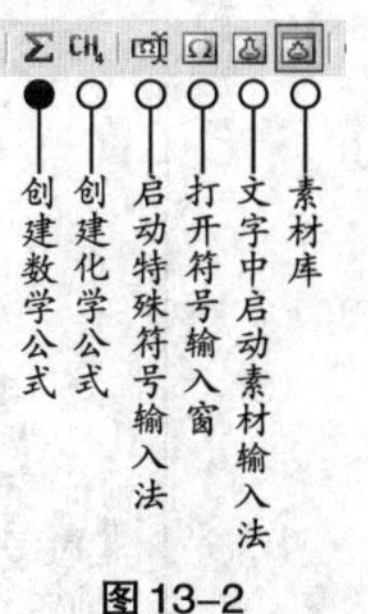

图13–2

3. 公式控制窗口

包含常用符号、数学式和常用操作三个区域，如图13–3所示。

❖ 正体自动识别说明

【公式选项】对话框中单击【正体自动识别】，弹出【正体自动识别】对话框：

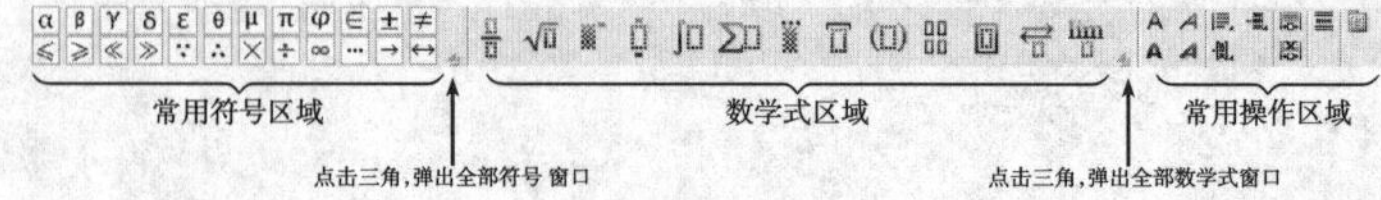

图13–3

(1)常用符号区域：默认给出了最常用的符号，可点击三角按钮弹出包含全部符号的窗口，如图13–4所示。

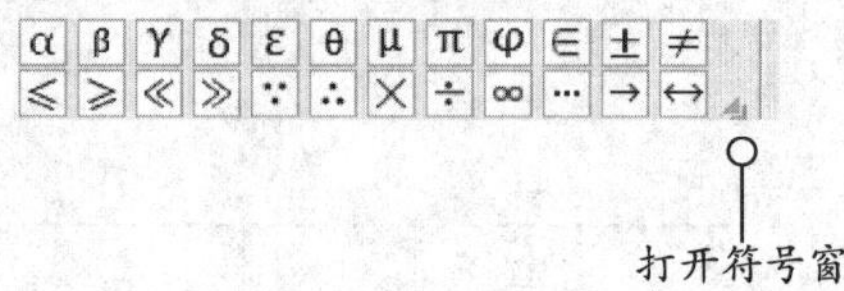

图13–4

(2)数学式区域：包含13类数学式分类，单击某个数学式分类，会展开该类中所包含的所有数学式。点击三角按钮会弹出包含全部数学式的窗口，如图13–5所示。

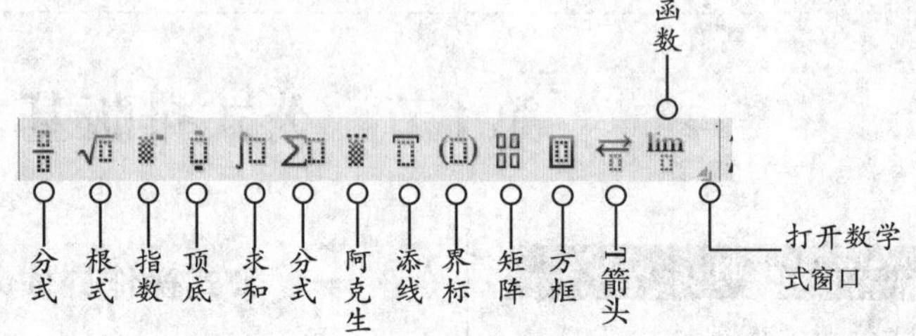

图13–5

(3)常用操作区域：给出了一些常用排版操作的命令按钮，如图13–6所示。

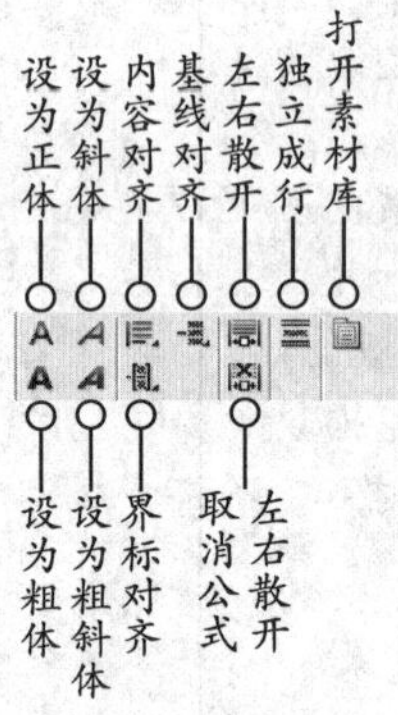

图13–6

4. 公式符号窗口

T光标状态下，通过相关菜单或使用快捷键“Ctrl+Shift+F12”，打开【符号】窗口，如图13–7所示。可以浏览全部的符号，并可以按类型分类浏览。

❖ 输入法自动调频

“空格”键启动输入法，输入条列出了一些常用符号；公式选项中的“输入条初始符号动态更新”如果弃选，这些符号不会变化；如果选中，这些符号会动态更新，空格不变，从第二个符号开始是最近使用过的符号。

❖ 空格的作用

- 空格键启动输入法。
- 助记符：助记符一般采用名称简拼。
- 录入“空格”：连续按两次“空格”键，启动输入法后按住“1”还可以连续输入“空格”。
- 出现工具条后，按“空格”键，则选中第1个符号。

❖ 助记符的说明

- 数学助记符，一般是公式或符号的读音的简写，也有的是拼音的简写，还有一部分，是方正书版注解的简写，方便方正书版用户使用熟悉的注解来直接排版。
- 化学助记符一般采用过分子或者离子中元素的首个大写字母组合，或者所有字母组合，或者名称简拼。

图13–7

5. 自定义助记符

在【符号】窗口中的【输入法】编辑框中录入助记符后，单击【更改】按钮，可以实现自定义助记符。

6. 公式选项窗口

选择菜单【公式插件】→【公式选项】，弹出【公式选项】对话框，如图13–8所示。

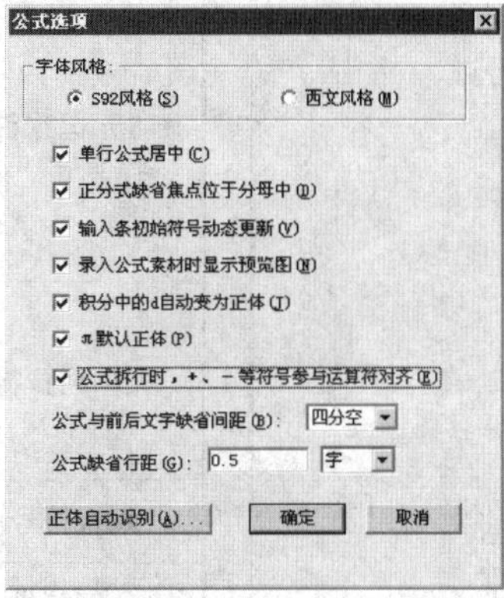

图13–8

二、数学公式输入法

(1)创建公式盒子：文字光标状态下，按下快捷键“Alt+ =”，就可以在文字中创建一个公式盒子 数学公式 。

(2)使用数学输入法：在数学公式盒子中按下“空格”键，可以弹出数学公式输入法工具条，输入数学公式的助记符如sx(上下，书版注解拼音简写)，出现 后工具条上第1个公式就是这个分式，按“空格”键或数字“1”后，公式中会插入一个公式，按“Tab”键或按方向键，焦点跳至分母虚线框中，录入分母 $\frac{1}{2}$，完成分数的排版。

❖ 化学公式助记符

助记符一般采用分子或者离子中元素的首个大写字母组合，或者所有字母组合，或者名称简拼。

❖ 助记符优先级

空格启动输入法，输入条列出了一些常用符号；公式选项中的“输入条初始符号动态更新”如果弃选，这些符号不会变化；如果选中，这些符号会动态更新，空格不变，从第二个符号开始是最近使用过的符号。

三、化学公式输入法

（1）创建化学盒子：文字光标状态下，按下快捷键“Alt+ –”，就可以在文字中创建一个公式盒子 化学公式 。

（2）使用化学输入法：在公式盒子中，按下“空格”键，就会弹出化学输入法工具条 fe Fe²⁺ Fe³⁺ Fe₂O₃ FeO ，弹出工具条后，录入“fe”，出现工具条后按下“空格”键或“1”，公式为“ Fe^{2+} ”，完成化学公式排版。

四、录入常用数学符号 ★

（1）录入符号如果在公式工具条上的常用符号区内，可以直接点击符号图标录入符号。

（2）如果不在常用符号区域内，可以弹出符号窗口，在里面找到所要的符号，录入符号。

（3）如果知道符号的助记符，可以通过公式输入法来录入符号，如表13–1所示。

表13–1 常用数学符号

符号名称	练习	符号名称	练习
二元运算符	±(加减jj)、 ∓(减加jj)、 ×(乘号cy)、 ÷(除号cy)、 ·(点乘dc)	希腊符号	α(阿尔法alpha) β(贝塔beta) γ(伽玛gamma) δ(德尔塔delta) π(派pai)
关系运算符	≠、<、>、⩽、≈、	其他符号	∑、♀、%、△、▽、№、∏、∐、¥、¥、
集合符号	∈、∉、∅、ℝ	S92扩展符号	℃、℉、§、∽、
几何符号	⊙、∟、△、∡	逻辑符号	∨、¬、∃、∵、∴
箭头符号	→、←、↑、↓		

五、改变输入法的助记符的优先级

有相同助记符的符号按优先级列出，可以改变顺序，举例输入“空格+sgm”我们可以得到 sgm 1∑ 2∑ 3σ 4ς 5∑ 6∑ 的顺序。

如果不满意这种默认的顺序，我们可以在全部符号窗口中，通过鼠标拖动符号改变优先级，如图13–9所示。

❖ 正体自动识别

正体自动识别功能能将一些常用的函数默认为正体，菜单【公式插件】→【公式选项】→【正体自动识别】，可以自定义正体识别的函数。

❖ 使用Tab键

- Tab键跳到下一个区域。
- 快捷键“Shift+Tab”返回上一个区域。
- “空格+tab”可插入Tab键。

❖ 微分运算符

- 在积分中，微分运算符 $\mathrm{d}x$ 和 $\mathrm{d}y$ 与前面的被积函数之间应该留有很小的空格。
- $\int_a^b f(z)\,\mathrm{d}x$ 加个空格

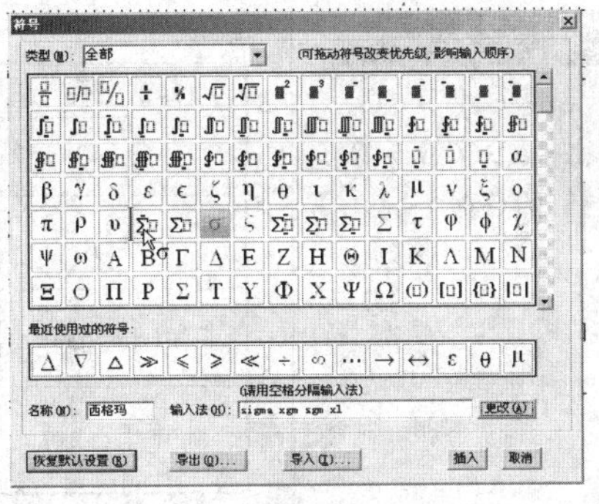

图13-9

改变优先级后，输入“空格+sgm”得到顺序改变后的结果，如图13-10所示。

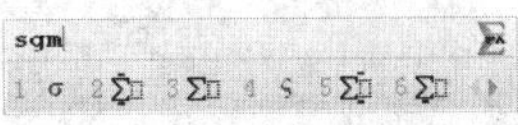

图13-10

六、公式的定位和选择 ★

使用快捷键在公式中快速定位和选择内容，对编辑、排版都非常重要，如表13-2。

表13-2 公式定位和内容选择快捷键

名称	功能	名称	功能
Tab	光标走位	Shift+Tab	光标反向走位
Ctrl+A	选中当前区域的所有内容	方向键	上下左右走位，也可实现光标进出公式
Home	光标定位到当前区域的最前端	End	光标定位到当前区域的最尾端
Shift+方向键	选择内容	Ctrl+方向键	光标跳过数学式
Shift+Home	选中光标至光标所在区域最前端的内容	Shift+End	选中光标至光标所在区域最尾端的内容
Ctrl+Home	光标定位到公式盒子最左边置	Ctrl+End	光标定位到公式盒子最右边

七、常用数学公式练习（表13-3） ★

表13-3 常用数学公式

公式名称	实例	公式名称	实例
指数(zs、fs、sb、xb)	a^2、a_2、a_2^1	求积(qj)	$\prod_{i-1}^{n} x_i^2$
分数(fs、sx)	$\frac{1}{2}$、$1/2$、½	界标(jb、kh)	$\left(\frac{1}{n}\right)$、$\overbrace{i-1}^{n}$
开方	$\sqrt{i-1}$、$\sqrt[2]{i-1}$	矩阵(jz)	□□□ □□□

❖ 助记符的相似符号

在输入条中键入+、-、=、(、)、[、]、{、}、|、%、~、*、$、!、<、>、/、u、v 等可以输入与之相似的符号。

续表

公式名称	实例	公式名称	实例
顶底(dd)	$\underset{2}{\overset{1}{A}}$、$\overset{1}{A}$、$\underset{1}{A}$	方框(fk)	$\overline{\lvert A}$、$\underline{\lvert A}$、$\boxed{A}$
积分(jf)	$\int_0^{\pi}A$、$\oiint A$、$\oint_0 A$	T箭头(tjt)	$\xrightarrow{\square}$、$\underset{\square}{\overset{\square}{\longleftrightarrow}}$
求和(qh,sigma)	$\sum_{i=-1}^{n}x_i^2$	函数(hs)	$\lim_{x\to 0}$、$\log_n$、C_n^m
阿克生(aks)	A'、A''、A'''、$\bar{\bar{A}}$、$\vec{A}$	添线(tx)	$\overline{i-1}$、$\overbrace{m-n}$

第2节　公式排版高级应用

❖ 两种三连点的应用

- 表示省略的三连点有时要与指定的符号中齐，下面是两种变化。
- $a_0, a_1, \ldots, a_n$
- $a_0 + a_1 + \cdots + a_n$

一、公式独立成行

文字流中的公式如果要独立成行，选中公式，执行右键菜单的【公式独立成行】，可以实现公式居中的效果；也可以通过控制窗口的【公式独立成行】按钮来实现，如图13-11所示。

三角函数$\tan 2\alpha = \dfrac{2\tan\alpha}{1-\tan^2\alpha}$的排版。

图13-11

排版结果如图13-12所示。

三角函数

$$\tan 2\alpha = \frac{2\tan\alpha}{1-\tan^2\alpha}$$

的排版。

图13-12

提示：以上操作基本都可以通过控制窗口按钮，鼠标右键和输入法来实现。

二、文字左齐时的公式居中 ★★

在“因为:”文字后面用“Ctrl+=”键插入数学公式“ $a^2+b^2=c^2$ ”，

在“所以:”文字后面用“Ctrl+=”键插入数学公式“ $c=\sqrt{a^2+b^2}$ ”，如图13-13所示。

因为：$a^2+b^2=c^2$

所以：$c=\sqrt{a^2+b^2}$

图13-13

文字光标在公式中时，右键菜单执行【公式左右散开】或用快捷键“Ctrl+Shift+M”，最终的版面如图13-14所示。

❖ 矩阵

- 矩阵中三连点的运用

$$\begin{matrix} a_{11} & a_{12} & \cdots & a_{1n} \\ \vdots & \vdots & \ddots & \vdots \\ a_{n1} & a_{n2} & \cdots & a_{n2} \end{matrix}$$

- 矩阵中线的应用

$$A=\left|\begin{array}{cc|cc} 0 & 1 & 0 & 1 \\ 1 & 0 & 1 & 0 \\ \hline 0 & 1 & 0 & 1 \\ 1 & 0 & 1 & 0 \end{array}\right|$$

- 矩阵变通用法

$$\operatorname{sgn}(x)=\begin{cases} 1 & x\geq 0 \\ -1 & x<0 \end{cases}$$

选中矩阵后,弹出右键菜单:

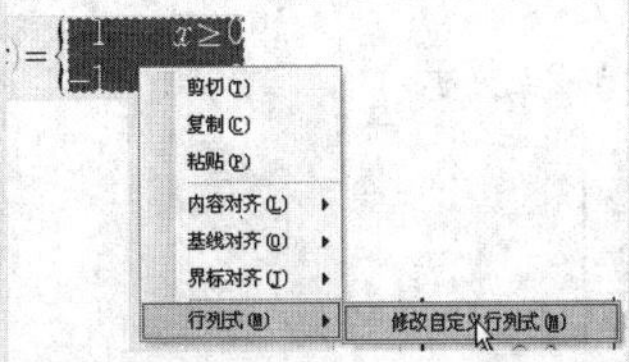

弹出【自定义行列式】对话框。

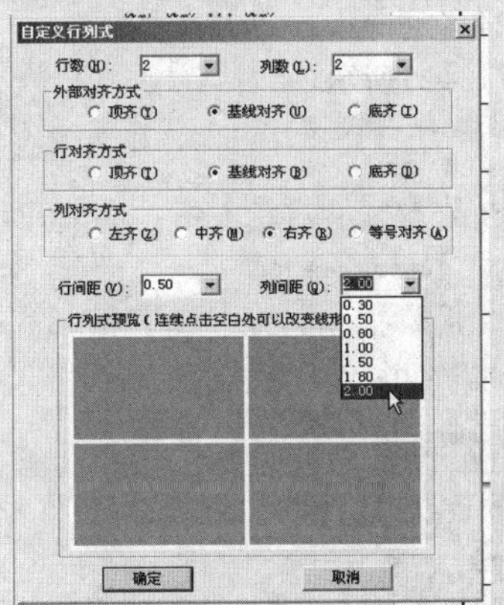

进行列对齐方式、列间距等设置。

因为:	$a^2+b^2=c^2$
所以:	$c=\sqrt{a^2+b^2}$

图 13–14

三、文字右齐时的公式居中

插入一个公式“$f(x)=a(x-h)^2+k(a\neq 0)$”,在公式外面再录入文字“(1·1)”,如图 13–15 所示。

$f(x)=a(x-h)^2+k(a\neq 0)$ (1,1)

图 13–15

文字光标放在公式内部,右键菜单中选择【公式左右散开】,如图 13–16 所示。

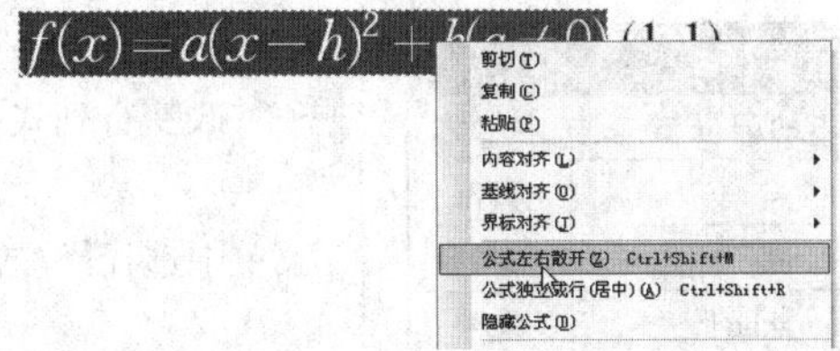

图 13–16

排版最终结果如图 13–17 所示。

$$f(x)=a(x-h)^2+k(a\neq 0) \qquad (1,1)$$

图 13–17

四、方程组 

【例 1】方程组如图 13–18 所示。

A. $x^2+y^2+=r^2$

$x=2y$ (2·2)

左齐部　　左部　右部　　行方程号

图 13–18

(1)全选全部文字设置为文字属性【基线对齐】,文字光标放在公式中,右键选择【基线对齐】→【首行基线对齐】,如图 13–19 所示。

A. $x^2+y^2+=r^2$ (2·2)

$x=2y$

图 13–19

(2)光标选中方程号“(2·2)”和它前面的空白处,如图 13–20 所示。

A. $x^2+y^2+=r^2$ (2·2)

$x=2y$

图 13–20

设置文字属性对齐为“下齐”,如图 13–21 所示。

A. $x^2+y^2+=r^2$

$x=2y$ (2·2)

图 13–21

❖ 逻辑符号(lj)

实　例	助记符	名　称
∨	huo v lj	或
¬	fei lj	非
∃	cz lj	存在
∄	bcz lj	不存在
∵	yw lj	因为
∴	sy lj	所以
∀	sy lj ry renyi	所有
∧	yu lj	与

❖ 二元运算符

实例	助记符	名　称
±	zf jj +	实例
∓	fz jj +	实例
×	cy chenghao *	乘号
÷	cy chuhao /	除号
/	xc xiechuhao /	斜除号
*	xh xing chenghao *	星乘号
·	dc dian chenghao * .	点乘号
·	jzh .	加重号
∘	fhhs	复合函数

【例2】

(1)操作方法同上,选中操作如图13-22所示。

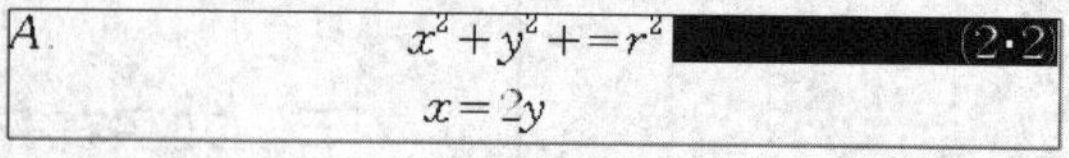

$$A\quad x^2+y^2+=r^2 \quad (2\cdot2) \qquad x=2y$$

图13-22

(2)设置文字属性对齐为"中齐",如图13-23所示。

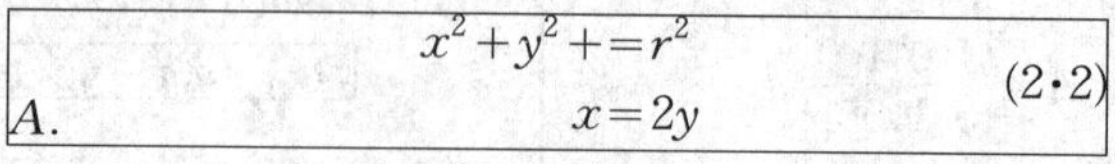

$$A.\quad \begin{matrix} x^2+y^2+=r^2 \\ x=2y \end{matrix} \quad (2\cdot2)$$

图13-23

五、行列公式编辑

改变行列式中的线型:$\begin{pmatrix} a_{11} & a_{12} & a_{13} \\ a_{21} & a_{22} & a_{23} \\ a_{31} & a_{32} & a_{33} \end{pmatrix}$,在公式中选中行列式,在右键菜单中选择【修改自定义行列式】,如图13-24所示。

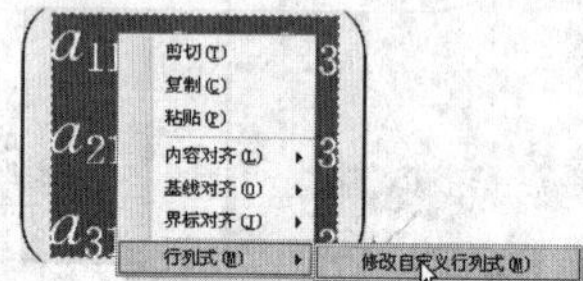

图13-24

弹出【自定义行列式】对话框,如图13-25所示。

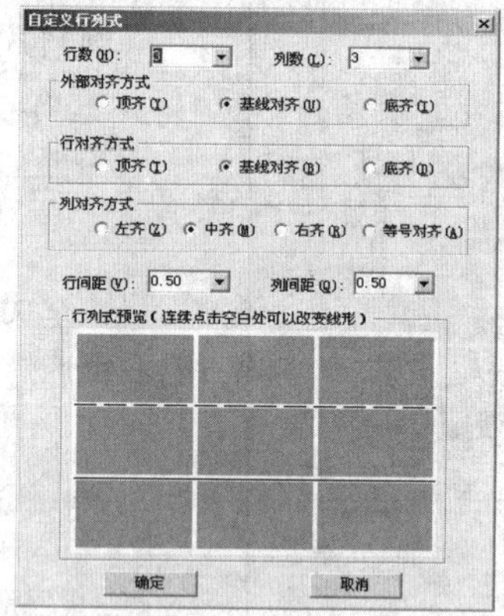

图13-25

在需要画线的位置单击,即可添加一条线,再次单击可在实线和虚线之间转换。按【确定】按钮后,排版结果如图13-26所示。

$$\left(\begin{array}{ccc} a_{11} & a_{12} & a_{13} \\ \hline a_{21} & a_{22} & a_{23} \\ \hline a_{31} & a_{32} & a_{33} \end{array}\right)$$

图13-26

❖ 阿克生（aks）

阿克生	助记符	名　称
A'	yp，fen	一撇
A''	lp，miao	两撇
A'''	sp，	三撇
$\bar{A}$	yh，–	一横
$\bar{\bar{A}}$	lh，–	两横
$\overset{\rightharpoonup}{A}$	yh，–	一横
$\overset{\leftharpoonup}{A}$	yh，–	一横
$\dot{A}$	yd	一点
$\ddot{A}$	ld	两点
$\dddot{A}$	sd	三点
$\tilde{A}$	blx，~	波浪线
$\hat{A}$	xkh，(	小括号
$\breve{A}$	xkh，)	小括号
$\hat{A}$	jian，<	尖
$\breve{A}$	jian，>	尖
$\vec{A}$	yh，–	一横
$\overleftarrow{A}$	yh，–	一横
$\overleftrightarrow{A}$	yh，–	一横
$\not{B}\,\not{O}$	xx，/	斜线

六、界标公式类练习

【例1】界标练习

$$\operatorname{sgn}(x)=\begin{cases}1 & x\geqslant 0\\ -1 & x<0\end{cases}$$

【例2】分数线

$$\left(\frac{X}{Y}\right)\Big/\left(\frac{Y}{X}\right)=1$$

【例3】大括号

$$a=\begin{cases}A\begin{cases}B\\C\\D\end{cases}\\ E\\ F\begin{cases}G\\H\\I\end{cases}\end{cases},\ A\begin{cases}\underset{(0,1)}{B}\begin{cases}D\\E\end{cases}\\ \underset{(0,1)}{C}\end{cases}\text{的}\ \underset{(0,1)}{B}\ \text{与}\begin{cases}D\\E\end{cases}$$

【例4】有界标的公式拆行练习

拆行前

$$A=\left\{\frac{\partial}{\partial x}(\cdots\ )+\frac{\partial}{\partial y}(\cdots\ )+\frac{\partial}{\partial z}(\cdots\ )\right\}$$

拆行后

$$\begin{aligned}A=\Big\{&\frac{\partial}{\partial x}(\cdots\ )+\frac{\partial}{\partial y}(\cdots\ )\\&+\frac{\partial}{\partial z}(\cdots\ )\Big\}\end{aligned}$$

七、上下标排版的顺序练习

（1）先上标后下标(sb,xb)：${a^{2}}_{i}$；

（2）先下标后上标(xb,sb)：${a_{i}}^{2}$；

（3）上下标排版(sxb)：a_{i}^{2}；

（4）前后上下标（C左边sxb,C右边sxb）：${}_{2}^{1}\mathrm{C}_{4}^{3}$。

八、添线排版(如何取消已经加的添线)

（1）字母加添线：$\overline{A}+\overline{B}$。

（2）公式加添线：$\overline{A+B}$。

九、顶底类排版

先排 $a_1,a_2,\ldots,a_n$ ，再排添线 $\underbrace{a_1,a_2,\ldots,a_n}$ ，然后再用顶底加“n项”，最终结果为：$\underbrace{a_1,a_2,\ldots,a_n}_{n\text{项}}$ 。

十、开方和开方数

无开方数时 $\sqrt{x+1}$ ，现在又想加开方数 $\sqrt[m]{x+1}$ ，先对 $x+1$ 加带开方数的开方排版，再把 $\sqrt[m]{x+1}$ 复制出来，选中原来的 $\sqrt{x+1}$ ，粘贴替换掉没开方数的开方排版结果。

十一、上下排版

多个上下格式嵌套排版，要分清主次关系，一般由主到次的关系逐级排版,如：$\dfrac{1}{a+\dfrac{1}{a+\dfrac{1}{a+n}}}$，$\dfrac{a+\dfrac{1}{a+\dfrac{1}{a+n}}}{a+\dfrac{1}{a+\dfrac{1}{a+n}}}$。

第3节　公式排版操作小结

❖ 公式排版常用快捷键

快捷键	功能
Alt+=	创建数学公式
Ctrl+Alt+=	主文字流中启动模板输入法
Ctrl+Shift+M	公式左右散开
Ctrl+Shift+O	内容对齐—运算符对齐
空格键	公式盒子中启动公式输入法
Ctrl+Shift+F12	打开符号窗口
Ctrl+Shift+I	内容对齐—中对齐
Ctrl+Alt+O	内容对齐—最后一个运算符对齐
左 Shift+Enter	增加行列式的行
右 Shift+Enter	增加行列式的列
Ctrl+Shift+R	公式独立成行

一、公式内的对齐操作 ★

公式的对齐操作分为内容对齐、基线对齐、界标对齐几种：

选中公式内容后，右键菜单里选择一种对齐类型，如图 13–27 所示。

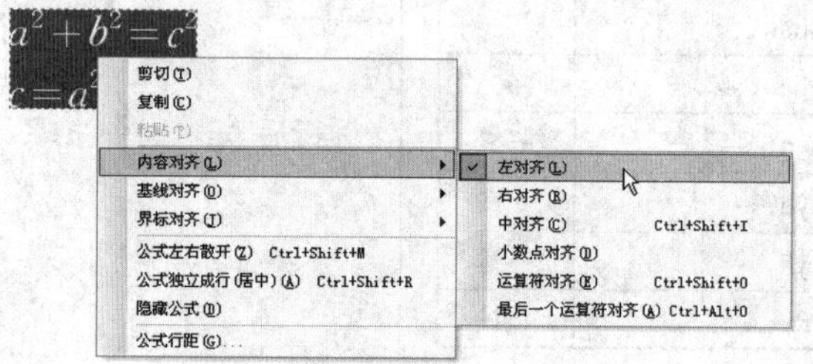

图 13–27

表 13–4　公式内的对齐类型

内容对齐	$\begin{array}{l}a^2+b^2=c^2\\c=a^2\end{array}$ 左对齐	$\begin{array}{c}a^2+b^2=c^2\\c=a^2\end{array}$ 中对齐	$\begin{array}{r}a^2+b^2=c^2\\c=a^2\end{array}$ 右对齐
内容对齐	$\begin{aligned}x^2+y^2&=r^2\\x&=2y\end{aligned}$ 运算符对齐	$\begin{aligned}x=y&=z\\x&=y\end{aligned}$ 最后一个运算符对齐	12.345 324.1 12345.678 小数点对齐
基线对齐	方程 $\begin{array}[t]{r}x_1+x_2=y_1\\2x_2+3x_3=y_2\\3x_1+2x_3=y_3\end{array}$ 首行基线对齐	方程 $\begin{array}{r}x_1+x_2=y_1\\2x_2+3x_3=y_2\\3x_1+2x_3=y_3\end{array}$ 基线对齐	方程 $\begin{array}[b]{r}x_1+x_2=y_1\\2x_2+3x_3=y_2\\3x_1+2x_3=y_3\end{array}$ 底行基线对齐
界标对齐	$\begin{pmatrix}a^2+b^2\\x^2+y^2\end{pmatrix}=a$ 基线对齐	$\begin{pmatrix}a^2+b^2\\x^2+y^2\end{pmatrix}=a$ 基线中心对齐	$\begin{pmatrix}a^2+b^2\\x^2+y^2\end{pmatrix}=a$ 中心对齐

❖ 数学态

公式盒子中的外文字母、数字符号等均默认按照数学排版规则进行了处理。因此，在排版时，要严格区分正文中与公式盒子中数学状态下的符号的录入，如果是要严格符合数学排版规则的，则必须要放入数学公式盒子中排版。

二、常用助记符 ★★

表13–5　常用助记符

符号	名称	输入法	命令	名称	输入法
α	阿尔法	alpha,xl	A	粗正体	zt,cxt
β	贝塔	beta,xl	A	正体	zt
μ	缪	miu,mu,xl	A	斜正体	zt xt
θ	西塔	theta,xl	A	斜粗体	zt ct jc jiacu
π	派	pai,pi,x		左对齐	dq nrdq zdq
±	加减	zf,jj,+		中对齐	dq nrdq zdq
×	乘号	cy,chenghao,*		右对齐	dq nrdq ydq
÷	除号	cy,chuhao,/		运算符对齐	dq nrdq ysfdq
≠	不等于	bdy,=		小数点对齐	dq nrdq xsddq
⩽	小于等于	xydy,xy,<		最后一个运算对齐	dq nrdq zhysfdq
≪	远小于	yxy,xy,<		基线中心对齐	dq jxdq
∈	集合–属于	jh,sy		基线对齐	dq jxdq
∃	逻辑–存在	cz,lj		中心对齐	dq jxdq
//	平行	px		首行基线对齐	dq jbdq
→	右箭头	jt,qy,quyu		基线对齐	dq jbdq
↔	左右箭头	jt,zyjt		底行基线对齐	dq jbdq
⇒	右双箭头/推断	jt,sjt,lj,td,tuiduan,ysjt,yjt		公式左右散开	gszysk
:	比例	bi,bl,:		取消公式左右散开	qxgszysk
∵	逻辑–因为	yw,lj		公式独立成行	gsdlch
…	三连点	sld,slh,...	∪	并集符号	bj,bing,u
∞	无穷大	wqd	∂	偏微分	pwf,pian

表 13-6　常用数学式

数学式	名称	输入法	数学式	名称	输入法
$\frac{\square}{\square}$	正分式	fs,sx	$\sqrt{\square}$	根号	gh,kf,gs
$\tfrac{\square}{\square}$	小分式	fs,sx	$\int_{\square}^{\square}\square$	积分	jf
$\square_{\square}^{\square}$	指数-上下标	zs,sxb	$\overbrace{\square\square\square\square\square}^{\square}$	大括号	jb,kh,dkh,{
$\square^{\square}$	平方	pf	$\{\square$	大括号	jb,kh,dkh,fc,fangcheng,{
$\begin{pmatrix}\square\square\\\square\square\end{pmatrix}$	小括号	jb,kh,xkh,qujian,(	$\lim\limits_{\square}$	函数-lim	hs,dd,jx,lim
$\log_{\square}$	函数-log	hs,log	$\square'$	阿克生一撇	aks,yp,fen
$\sum\limits_{\square}^{\square}\square$	求和	qh,sigma,xgm,sgm	$\begin{matrix}\square & \square\\\square & \square\end{matrix}$	2×2矩阵	jz,hls
$\xrightarrow{\square}$	T右箭头	tjt,tyjt			

第 4 节　数学公式排版常识

❖ 正斜体

应该尽量使用公式的自动正斜体识别功能来做正斜体转换。否则某些函数符号会有问题。如直接录入 $Ar\sinh$，手工把斜体转成正体后 Ar sinh，可见函数间距并不正确。把这些函数名称加入正体自动识别库中，然后在公式盒子中录入函数名后，生成结果正确 Arsinh。

一、用白正体的外文字母和符号 ★★

1. 三角函数符号

sin (正弦)、cos (余弦)、tg 或 tan (正切)、ctg 或 cot (余切)、sec (正割)、csc 或 cosec (余割)。

2. 反三角函数符号

arcsin 、arccos 、arctg 或 arctan 、arcctg 或 arccot 、arccsc 或 arccosec 。

3. 双曲线函数符号

sh (双曲正弦)、ch (双曲余弦)、th 或 tanh (双曲正切)、cth 或 coth (双曲余切)、sech (双曲正割)、csch 或 cosech (双曲余割)、th 或 tanh (双曲正切)。

4. 反双曲线函数符号

Arsh 或 Arsinh 、Arch 或 Arcosh 、Arth 或 Artanh 、Arcth 或 Arcoth 、Arsech 、Arcsch 或 Arcosech 。

5. 对数符号

log (通用对数符号)、lg (常用对数)、ln (自然对数)。

6. 公式中常用缩写和常数符号

max (最大值)、min (最小值)、lim (极限)、Re (复数实部)、Arg (复数的幅角)、const (常数符号)、mod (模数)、sign (符号函数)。

7. 公式中常用运算符

∑ (连加符号)、∏ (连乘)、d (微分算子)、△ (差分符)

8. 罗马数字

9. 化学元素符号

单字母排大写;双字母前者大写,后者小写;常用化学元素符号如Ag(银)。

10. 法定计量单位符号

kg(公斤)、m(米)等。

11. 温度符号

℃(摄氏度)、℉(华氏温度)、K(绝对温度)

12. 硬度符号

H_B(布氏硬度)、G_V(维氏硬度)、H_s(肖氏硬度)、H_R(洛氏硬度)、H_{AA}(A标洛氏硬度)、H_{RB}(B标洛氏硬度)、H_{RC}(C标洛氏硬度)、H_{RF}(F标洛氏硬度)。

13. 代表形状、方位的外文字母

T形、V形、U形、N(北极)、S(南极)……

14. 国名及专家缩写

P.R.C.(中华人民共和国)、U.S.A.(美利坚合众国)、IDF(独立函数)……

15. 各种计算机程序语言语句

16. 参考资料中的外文书刊名

二、用白斜体的外文字母及符号 ★★

(1)代数中的已知数,如:a,b,c,……未知数,如x,y,z……

(2)几何中代表点(A,B,C……),线段(a,b,……),角度($\alpha,\beta,\gamma,\theta$……)

(3)化学易与元素符号混的外文字母如(L—左型,D—右型,N—当量……)。

(4)易与数据码混的字母,如"1"应用"l"。

(5)其他未特殊标注的数学式符号。

三、用黑体的外文符号 ★★

(1)近代物理学各代数学中的"张量"用黑正体,如张量**S**,张量**T**等。

(2)近代物理学各代数学中的"矢量"用黑斜体,如矢量***A***,磁场***H***等。

四、科技书中外文字母大小写的用法 ★

(1)科技书中,同一字母的大、小写所代表的数或量往往不同。所以排版时是特别注意外文字母大小写的使用,例如pH值(氢离子的浓度),其中"p"是用小写,否则可能导致含义改变。

(2)化学元素符号,凡是由两个字母组成的,第二个字母必须排小写,如Cu、Fe、Zn等。

(3)仔细区别相似字母的大小写:C c,K k,O o,P p,V v,W w,X x,Z z。

(4)数字0和字母O的区别。

❖ 不易区分的符号

有些字符在外观视觉上比较接近,不易区分,可以在方正飞翔的状态条上看字符的内码是多少,这样可以准确区分字符。

第14章　书刊排版进阶

方正飞翔2011排版软件大大增强了书刊的专业排版功能，本章对这些功能进行了讲解并有一些相关实例供读者学习使用。

第1节　页面与章节

❖ 页面管理窗扩展菜单

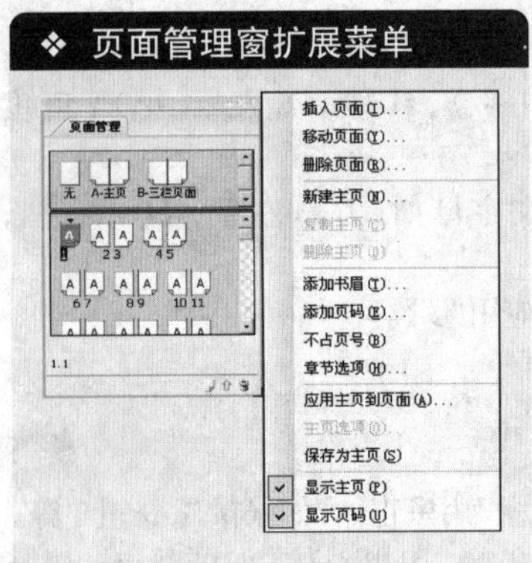

一、页面操作

下面以一篇小说的实例排版来说明有关页面操作方法。

1. 浏览页面管理窗口

选择菜单【窗口】→【页面管理(F12)】，弹出【页面管理】浮动窗口，如图14–1所示。

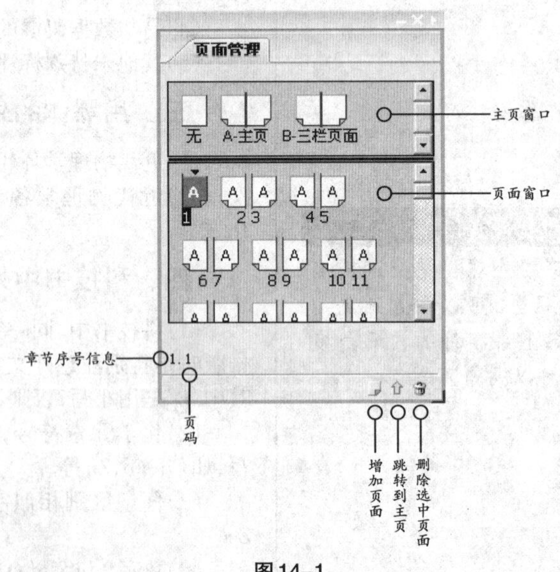

图14–1

❖ 页码与页序说明

- 页码：页码是直接添加在版面上的标明页面排序的数值，由用户指定。如果是章节页码，【删除页面】编辑框里填的页码为“1.8–1.9”，意思为删除章节1的8页和9页。
- 页序：页序是页面的逻辑排序，即占文件所有页面的第几页。删除第8和第9页，【删除页面】编辑框里录入“8–9”即可。

2. 增加多个页面

前面的一篇文章结束后，需要增加几个页面来安排下篇文章。

首先选中一个页面，弹出右键菜单，如图14–2所示。

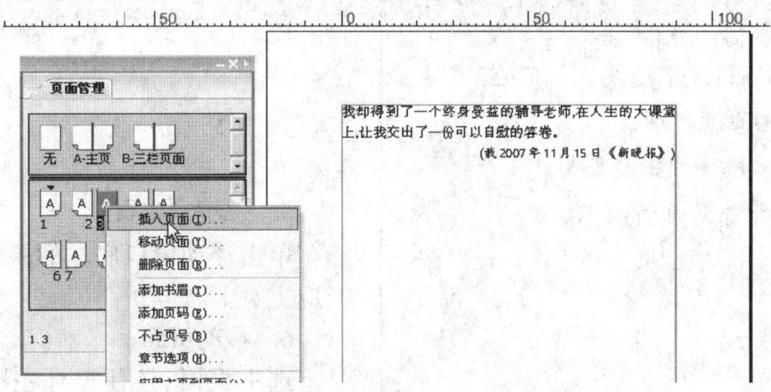

图14–2

选择【插入页面】弹出【插入页面】对话框，如图14–3所示。

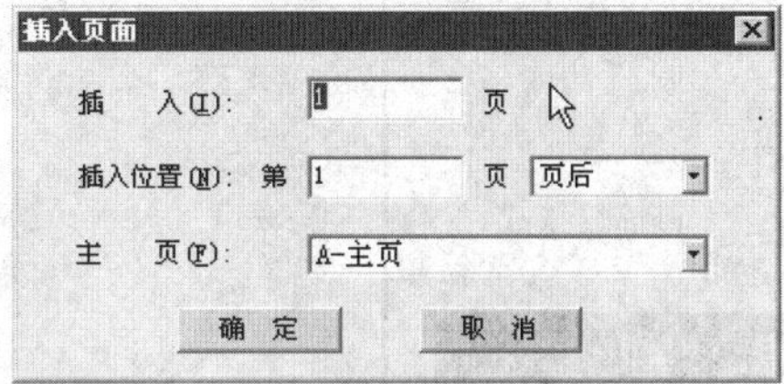

图14–3

按【确定】按钮，在当前页后增加一页，通过改变插入编辑框中的数值，也可以一次增加多页。

3. 指定文档总页数

小说的总页数限制在8页，现在多出几页，可以在【版面设置】对话框中【页数】编辑框中录入总页数“8”，这样多余的页就会自动删除，如图14–4所示。

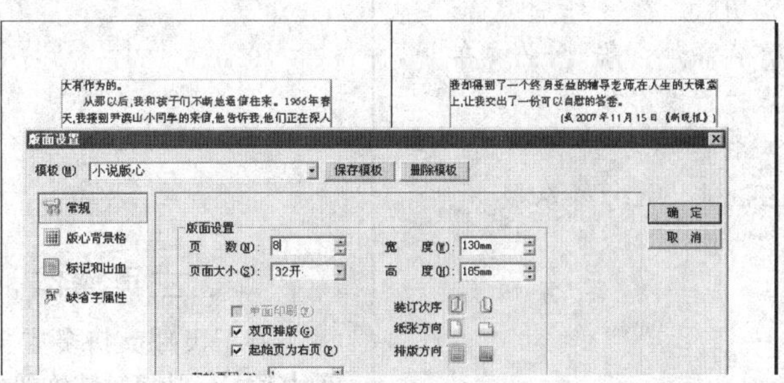

图14–4

4. 删除部分页面

选中要删除的页面，右键菜单选中【删除页面】，如图14–5所示。

❖ 版面左下角的滚动条

版面左下角的滚动条上也可以进行增加页面、跳转到主页和删除页面的操作。

17 18 | 19 20 | 1/102

页面图标；

⇧跳转到主页图标；

删除页面图标。

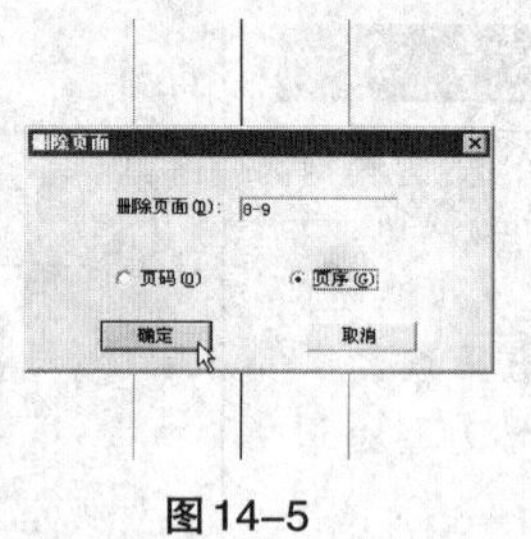

图 14–5

5. 跳转到主页

单击浮动窗口底端的跳转到主页图标⇧选中普通页就可以跳转到对应主页上。

6. 移动页面

选中页面，按住鼠标左键可以将页面拖动到其他位置，如图 14–6 所示。

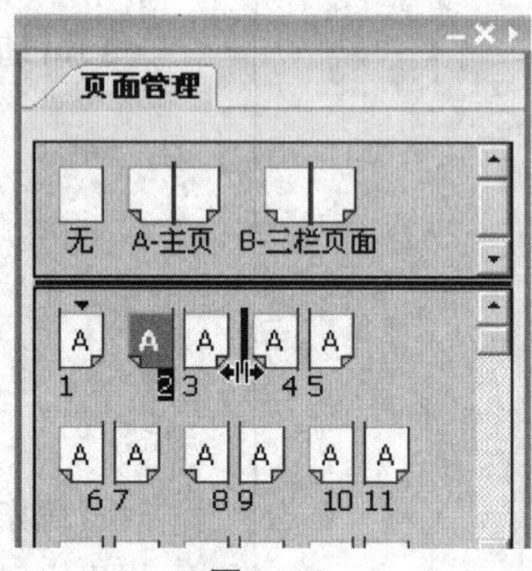

图 14–6

也可以在右键菜单中选择，【移动页面】，然后在对话框里指定目标位置，单击【确定】按钮即可，如图 14–7 所示。

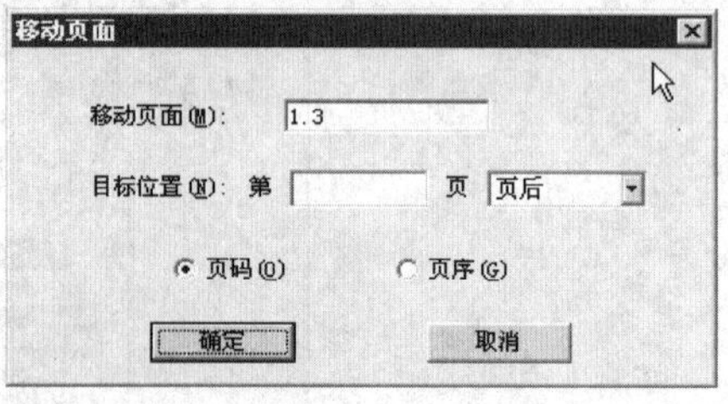

图 14–7

二、主页操作 

方正飞翔支持多主页操作，对于文档内多个章节使用多套页码、多种书眉、不同背景装饰等版面效果，均要使用多主页实现。

1. 制作主页

制作主页有多种方法，一种是先制作版面，再把页面转为主页。在两个空白页面上，安排书眉页脚及版面装饰，作为全书统一的版面设计，如图 14–8 所示。

❖ 主页的特点

- 主页本身不能单独作为实际页面打印或输出。
- 主页可以如普通页面一样编辑版面内的对象，添加在主页上的内容将应用到各页面里。
- 方正飞翔可以设置多主页，并可为每个主页指定应用的页面范围。
- 为文件添加页码时，必须在主页上进行操作。
- 为文件添加页眉、页脚时，必须在主页上进行操作。

❖ 把页面保存为主页

在方正飞翔里可以将页面保存为主页,页面即为新主页的基础主页。

❖ 拖动页面

如果是双页排版的页面,则必须按住"Ctrl"键或"Shift"键选中双页,然后拖动到【主页】窗口。

❖ 基础主页的说明

- 在基础主页中进行全书每页都有的排版对象处理,书的其他主页新建时都基于这个基础主页,这些新建的主页用来排书的每一部分不同的内容。
- 还有一个就是改版的需求,基础主页放置全书统一的要改变的排版对象,改版时,只改基础主页就可以了。
  例:建立一个主页起名【页码主页】,在这个主页上排页码,本例中每页中页码都是一样的,所以放在这个主页中。
- 然后新建的其他主页的基础主页都是"页码主页",这些主页用来排每一部分不同的章节。

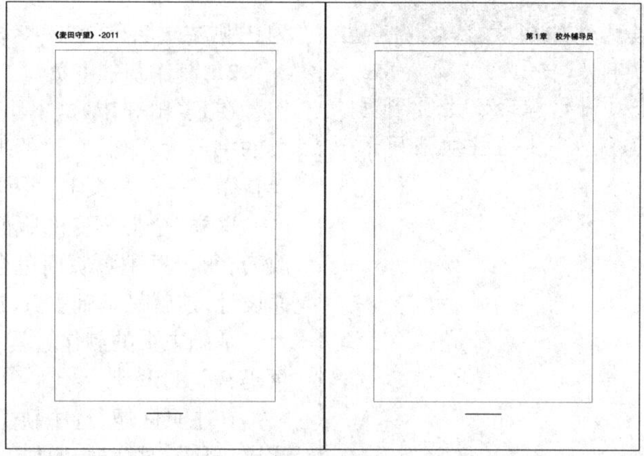

图14-8

在【页面管理】窗口中选中这两个页面的图标,按住鼠标左键拖动到【主页】窗口里,松开鼠标左键即可创建新的主页,如图14-9所示。

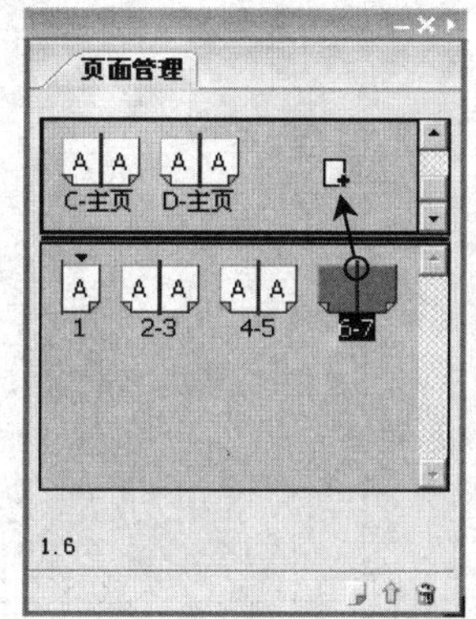

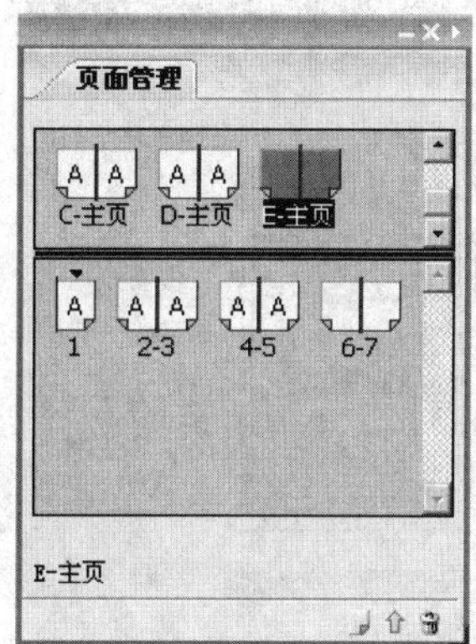

图14-9

也可以选中两个页面图标,在右键菜单里选择"保存为主页",效果同上。

另一种方法是,先制作主页,再制作主页版面内容。用【新建主页】菜单,在弹出的【新建主页】对话框里,设置新建主页参数后,直接在主页区生成新主页,如图14-10所示。

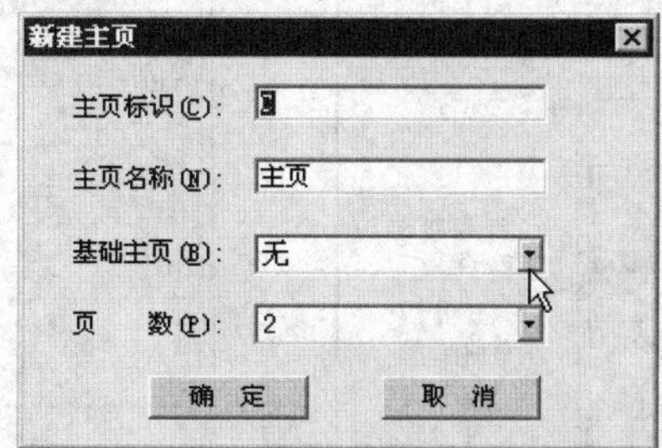

图14-10

【主页标识】:主页名称前面的标记,用于标识在页面上。例如:命名

❖ 应用主页时的单双页

页面为单页，主页为双页（有左右两个页面），拖动双主页到页面时，系统默认将左主页应用于页面。

❖ 应用主页的几种方法

主页图标拖到这个位置时，生成新页面，新页面的主页为拖动的主页

主页图标拖到这个位置时，应用到双页上

主页图标拖到这个位置时，应用到单页

为B，则主页名称为“B–名称”，应用了该主页的页面图标显示为 。

2. 制作基础主页

在《麦田守望》这本小说的版面设计中，每一章的书眉都不相同，单页的书眉为章名，双页的书眉为书名。全书页码位置固定，所以把页码单独做在一对主页上，页码主页用做章主页的基础主页。

这样，全书不变的版面内容都放在基础主页上，如果这些内容进行改变，每个章主页版面也会自动更变，不用单独去调整每个章主页的版面设计，这就是基础主页的好处。

基础主页的制作过程和前面建立主页的操作相同，只是版面上只有页码有关的设计。

在主页区域，选中新生成的这对主页，右键菜单中选择【添加页码】，弹出【页码】对话框，增加左右位置居中的页码后如图14–11所示。

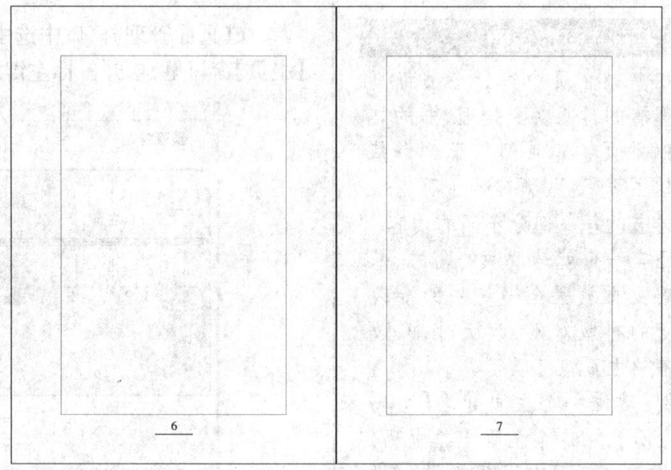

图14–11

3. 使用基础主页

选中主页图标，使用右键菜单弹出【主页选项】对话框，改变基础主页为“E–页码主页”，如图14–12所示。

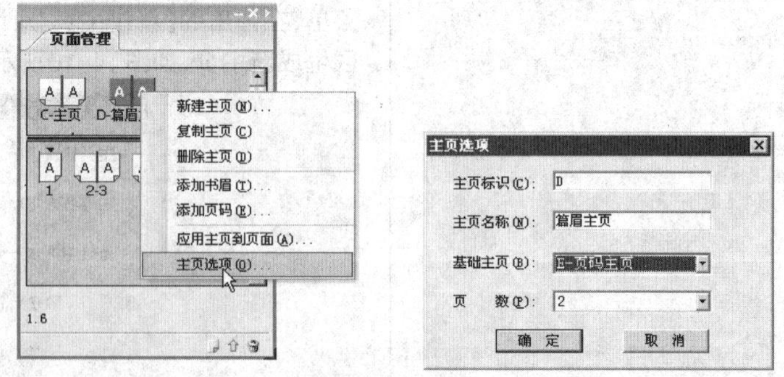

图14–12

结果如图14–13所示。

❖ 主页对象分离

在普通页找到想要编辑的主页对象，按住“Ctrl+Shift”键，同时在对象上单击即可选中该对象，此时该对象已从主页上分离出来。

❖ 不显示主页

- 选中页面图标，在右键菜单里取消【显示主页】的选中状态。

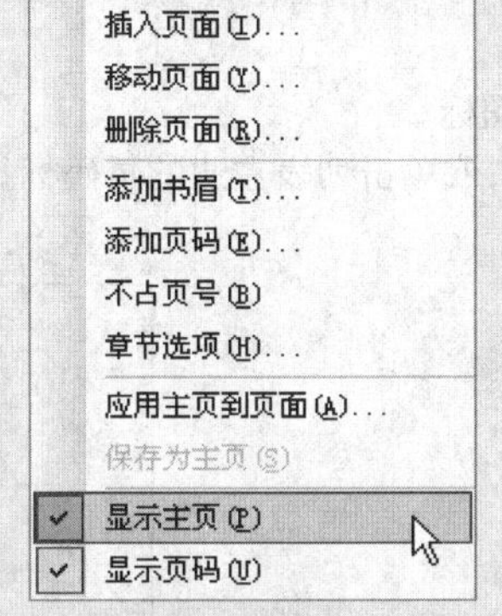

- 不显示主页后，【显示页码】一项也不选中，如果想不显示主页，但显示页码，可以先不显示主页，再选中显示页码。

❖ 页码块

主页上的页码是一个文字块，文字内容不可编辑，但页码块可以设置文字属性，页码块也可以拖动、对齐操作等。

图14–13

4. 使用主页

新建主页后，即可为主页指定应用的页面范围。

(1)对选中页面应用主页。

选中页面，使用【应用主页到页面】菜单，弹出【应用主页】对话框，如图14–14所示。

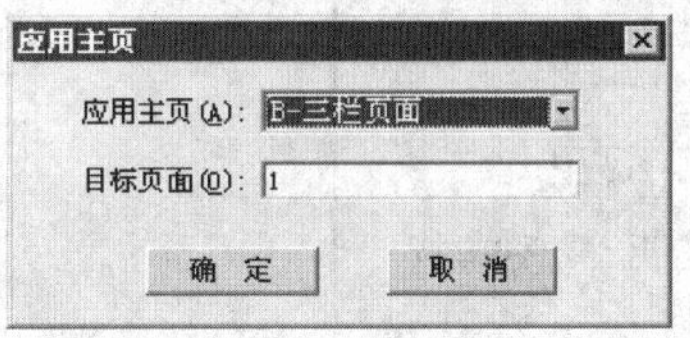

图14–14

按【确定】按钮，应用主页到这个选中页面上。

(2)对指定的章节页面应用主页。选中有章节标记的页面，如图14–15所示。

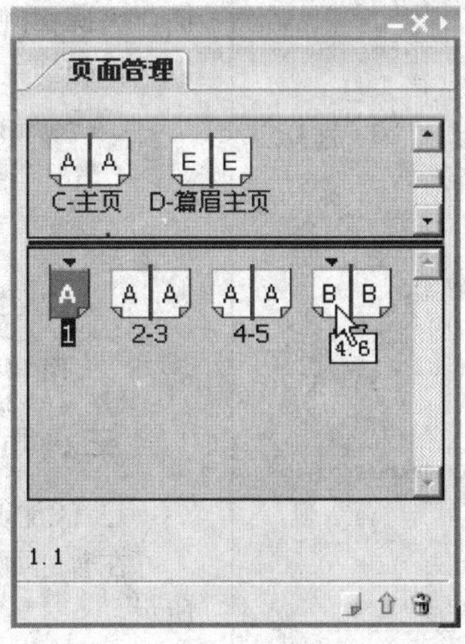

图14–15

❖ 章节页码

只有在主页上添的页码是章节页码，章节选项才起作用。

❖ 页码块与版心框位置

页码块精确定位

- 生成页码后，页码块距离版心框的间距可能不一定合适，这时，尽可能不要用鼠标拖动方法来调整页码块位置，可能导致多个主页时，不同主页上页码块位置有误差。
- 页码块选中后，会出现页码控制窗口，在其中设置X和Y位置的编辑框中，键入数值，例如，要求页码块和版心框间距2mm，则可以表示Y方向位置的编辑框中Y值后录入+2mm如下：

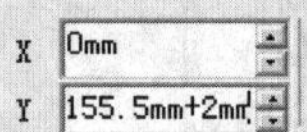

按“Tab”键或移出焦点或按“Enter”键执行。

❖ 页码块的特殊效果

- 支持页码块的阴影效果。
- 支持页码块的羽化效果。
- 不支持页码块的透明设置。选中页码块，右键菜单中选择相应命令：

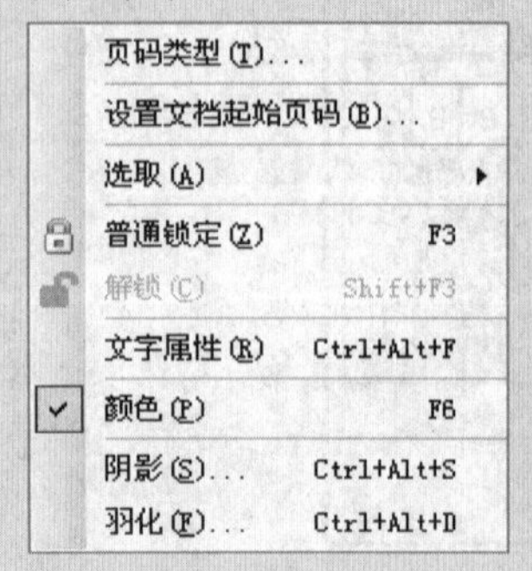

使用【应用主页到页面】菜单，弹出【应用主页】对话框，按【确定】按钮后，会有提示对话框出现，如图14–16所示。

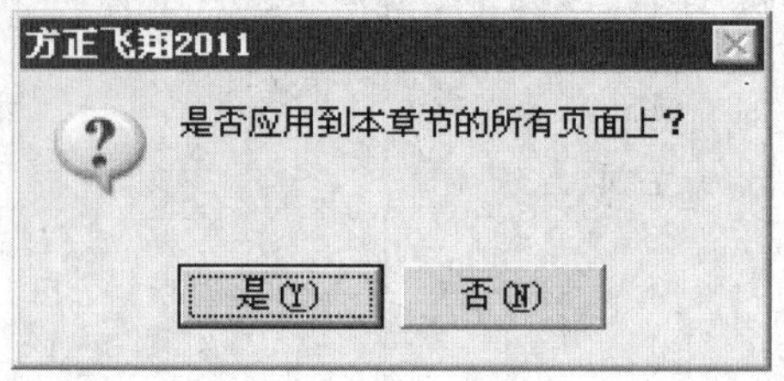

图14–16

选择【是(Y)】，则主页应用在本章所有页面上。

(3)用拖动主页方法应用主页。拖动主页图标到普通页面上，对选中页面应用主页。应用主页图标到有章节标记的页面上时，会把主页应用到章节内的所有页面上。

5. 翻页

在【页面管理】浮动窗口里双击页面图标。

在页面左下方页码列表中选择页面，或单击列表左边的页码标签，如图14–17所示。

图14–17

选择菜单【版面】→【翻页(Ctrl+E)】，如图14–18所示，指定翻到的页面。当选择【普通页】时，可以选择按【页码】翻页或按【页序】翻页。也可以选择翻到主页，如图14–19所示。

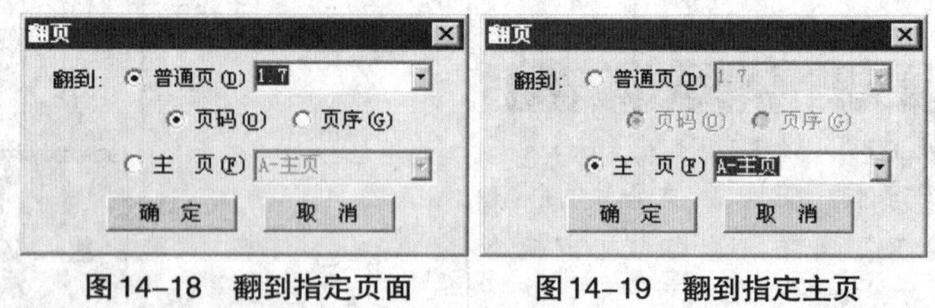

图14–18 翻到指定页面　　图14–19 翻到指定主页

三、页码操作

1. 添加页码

在普通页或主页上的右键菜单中选择【添加页码】命令，如图14–20所示。

❖ 页码类型范例

- 阿拉伯数字：-1-
  使用前导零：-001-
  特殊类型：
  阳圈码：-①-
  阴圈码：-❶-
  阳框码：-1-
  阴框码：-1-
  立体方框码：-1-
  横括号码：-⑴-
  点码：-1.-
  多位数字码：-12-
- 中文字数字：三五
  使用前导零：〇三五
  使用十百千万：三十五
  使用十廿卅：卅五
  特殊类型：
  阳圈码：三五
  阴圈码：三五
  阳框码：三五
  阴框码：三五
  立体方框码：三五
  横括号码：(三五)
  点码：三五
  多位数字码：三五
- 罗马数字：ⅰ、ⅱ、Ⅰ、Ⅱ
- 英文字母：a、b、A、B

- 【使用前导零】和【特殊类型】不能同时设置，选中【特殊类型】，则【使用前导零】置灰，取消【特殊类型】选项即可设置【使用前导零】。
- 选择【多位数字码】时，与其阴圈码等其他特殊类型不同，不是修饰页码，而是以特殊的字体显示页码。

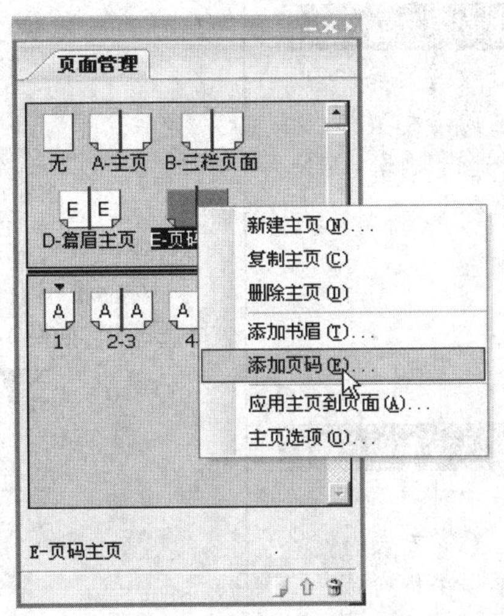

图 14-20

或者选择菜单【版面】→【页码】→【添加页码(Ctrl+ Alt+ A)】等几种方法都会弹出对话框，如图 14-21 所示。

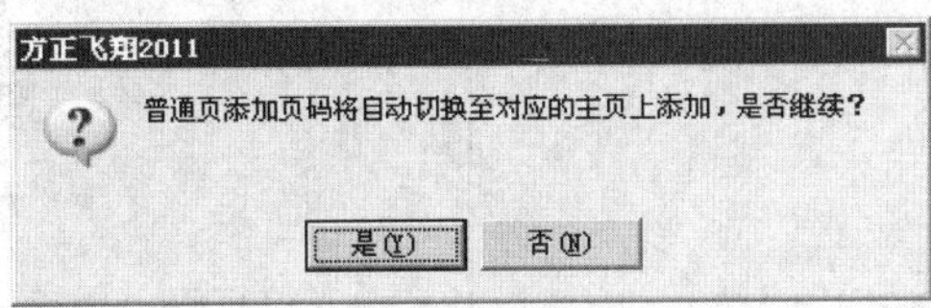

图 14-21

如果选择【是(Y)】会弹出【页码】对话框，如图 14-22 所示。

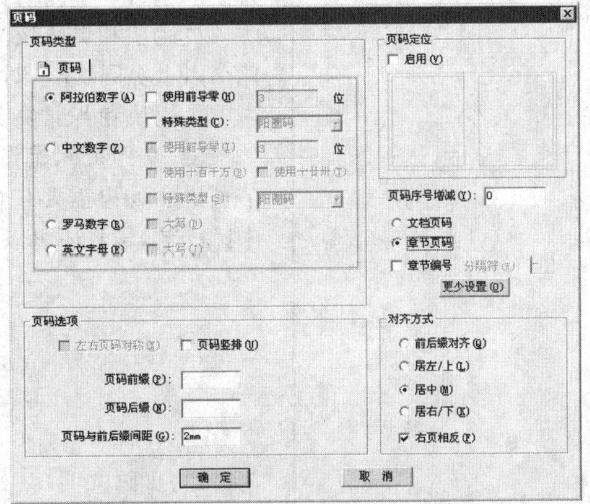

图 14-22

设置好页码参数后，单击【确定】按钮即可在页面上添加页码。

2. 页码的参数设定

设置页码类型：翻到设置了页码的主页，选中页码块，在右键菜单中选择【页码类型】，如图 14-23 所示。

❖ 文档页码转章节页码

如果先生成的是文档页码，可以选中页码块，在页码类型中，选中【章节页码】，这时页码类型转变为章节页码。

❖ 单双页与页码对齐

- 当单双页码居中时：
  所有页码统一对齐方式。
- 当单双页码不居中排列时：
  单页与单页的页码对齐，双页与双页的页码对齐。

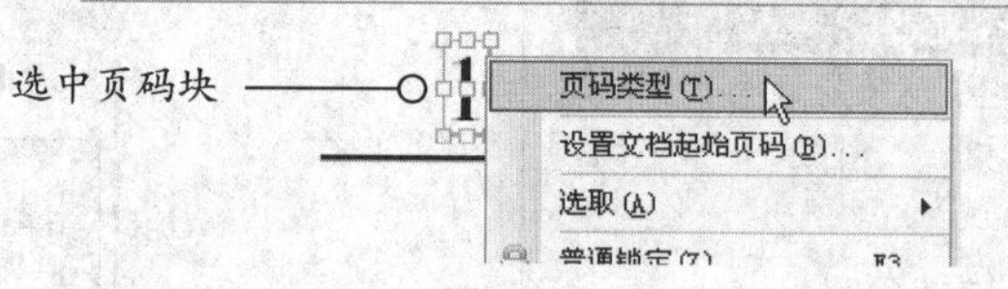

图 14–23

弹出页码对话框，在对话框中可以对页码进行类型设定。

对话框里有【页码类型】、【页码定位】、【页码选项】和【对齐方式】四个选项组，如图 14–24 所示。

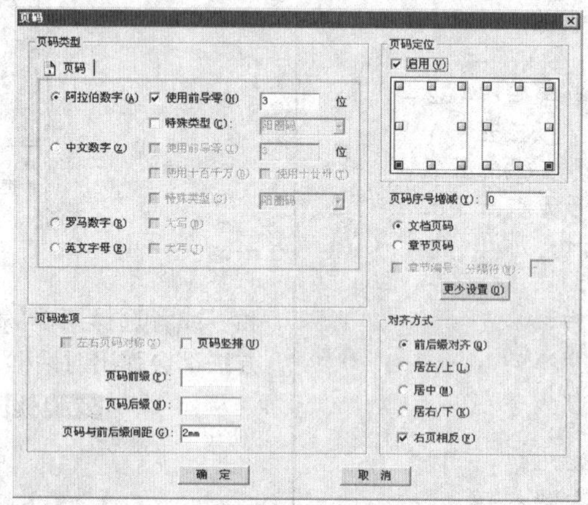

图 14–24

(1)页码定位。

鼠标单击【页码定位】中的定位点即可指定页码在页面上的排版位置。如果选中了【左右页码对称】选项，则两个页面页码是对称的位置。

页码块和页码块之间不支持对齐工具条操作，选中的块中有两个或两个以上页码块时，对齐工具条相应工具按钮置灰。

页码块和普通块支持对齐工具条操作。

(2)文档页码是设置文章的文档页码，而章节页码是设置文章的章节页码。如果需要包含章节编号和章节页码，选中【章节页码】，并且选中【章节编号】，还可以对分隔符进行编辑，如图 14–25 所示。

图 14–25

(3)页码选项。

①【左右页对称】：左页和右页的页码位置对称排列，如果修改了左页页码位置，则右页页码位置自动重排，与之对称。

②【页码竖排】：将页码排版方向置为竖排。

③【页码前后缀】：在【页码前缀】和【页码后缀】编辑框内指定页码的前后缀，编辑框内最多可输入 2 个字符。

④【页码与前后缀间距】：在编辑框内指定页码与前后缀的距离。

❖ 页码显示方式

- 不显示页码：页面上不显示页码，但该页面仍参与页码排序，如第2页不显示，则下页码为第3页。
- 不占页号：指定页面不占页号，则该页面不参与页码排序。如第2页不占页号，下1页的页码为第2页。

(4)对齐方式。

设置文件里所有页码的对齐方式，如图14-26所示。

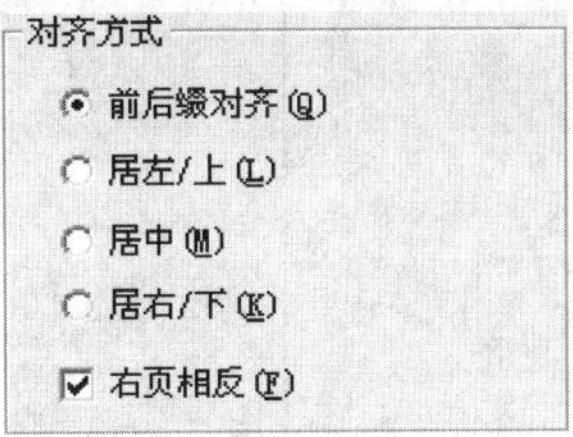

图14-26

如果页码块有这样的装饰效果：21 100，页码块在某个图形中上下左右居中，则页码对齐方式必须选择居中，否则位数不同的页码因页码宽度不同可能导致不居中。

设置页码块文字属性：设置页码块的文字属性可以用文字属性浮动窗来设置，选中页码块后，用右键菜单【文字属性】命令或快键捷“Ctrl+Alt+F”调出【文字属性】浮动面板，如图14-27所示。

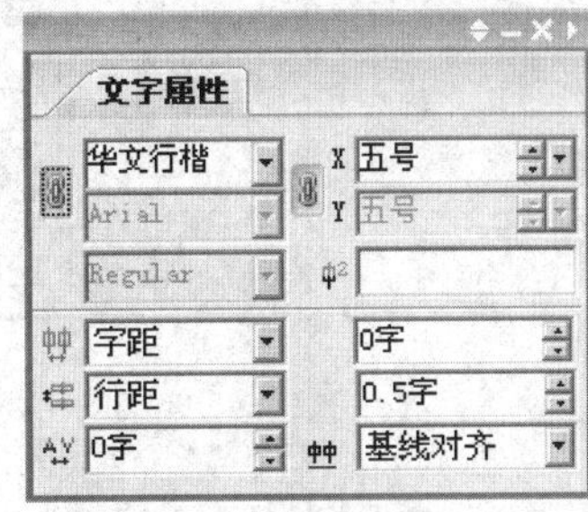

图14-27

也可以选中页码块后，在页码控制窗口设置字体字号与位置，如图14-28所示。

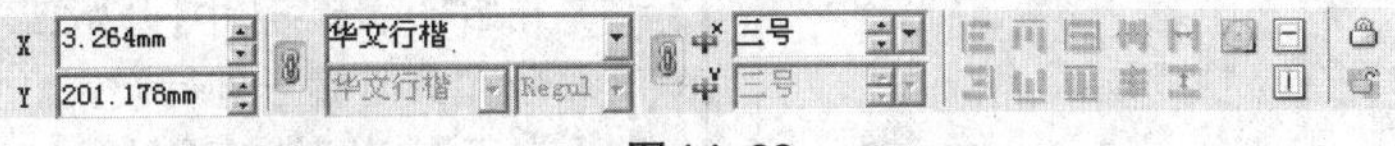

图14-28

3. 不显示页码

选中不需要显示页码的页面，在右键菜单里取消【显示页码】选项，或者在【页面管理】浮动窗口扩展菜单中取消【显示页码】，即可隐藏该页的页码。

4. 不占页号

选中页面，选中【版面】→【页码】→【不占页号】，则页码跳过该页，继续排列。如果需要该页参与到页码中，再次点击【不占页号】命令，取消【不占页号】的选中状态即可。

❖ 文档起始页码和章节

- 文档起始页码能够影响文档中首个章节的页码编号，如果后面章节的页码是重新编号的，不受文档起始页码影响。
- “版面设置”对话框中也可以设置文档起始页码。

四、章节操作 ★★★

1. 设置文档起始页码

起始页码是指文件第1页的页号，选择【版面】→【页码】→【设置文档起始页码】，弹出【文档页码选项】对话框，在编辑框里输入页码即可，如图14-29所示。

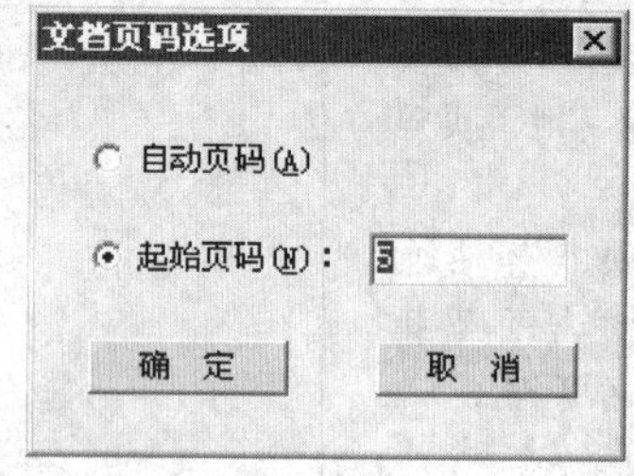

图14-29

2. 章节选项

> ❖ 显示章节页码
>
> 主面中设置了章节页码，页面上的章节页码设置才起作用，才能显示出来。

选中页面，在右键菜单中选择【章节选项】，会弹出【章节选项】对话框，如图14-30所示。

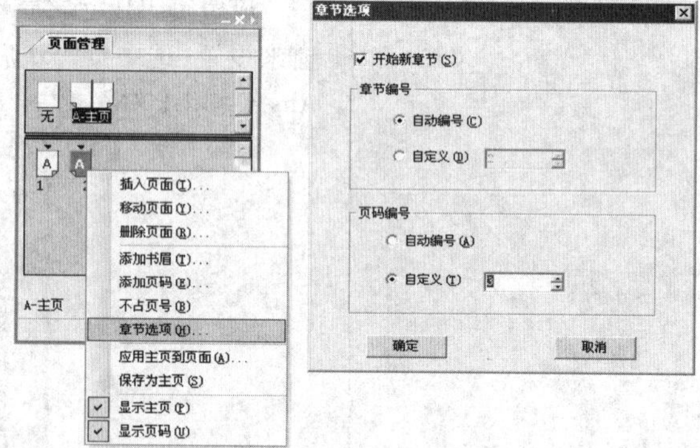

图14-30

设置章节自动编号：如果章节编号和前面章节编号是连续的，则选中【自动编号】。

开始新章节：选中【开始新章节】，即可开始新的章节，此时可以对章节编号和页码编号进行设置。如果需要重新定义编号，选择【自定义】，即可自行指定开始的编号。

章节的页码编号：如果各章节的页码是连续的，则选中【自动编号】，如果不连续，即有多个起始页号，选择【自定义】，输入开始页号。

五、设多页码

> ❖ 页码序号增减
>
> - 使用“页码序号增减”，可以对页码的起始页自行设置。
> - 在设置“页码序号增减”时需注意页码不能为负数。

方正飞翔支持多页码，在一个主页上，可以设置多个文档页码、多个章节页码。

1. 多页码的增减

选择【版面】→【页码】→【添加页码（Ctrl+Alt+A）】，或者在主页的右键菜单中选择【添加页码】，会弹出【页码】对话框，如图14-31所示。

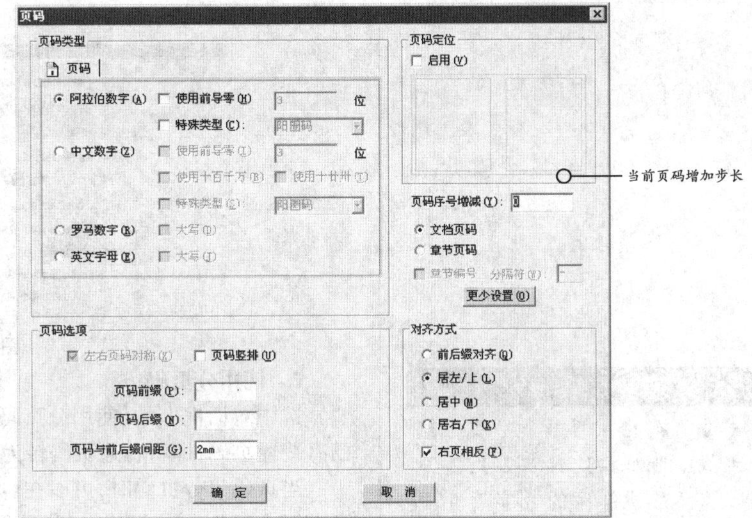

图 14–31

可以增加多组页码，如图 14–32 所示。

图 14–32

2. 多页码的修改

选中页码块后通过“页码类型”进行修改。

选中单个或多个页码块，右键菜单执行【页码类型】命令，弹出【页码】对话框，设置页码类型时。修改时只选中的块有效。

3. 多页码与章节的关系

同一章内可能出现多种风格的页码，这时可以将章节与多页码功能关联使用。通过设定页码序号增减可以保证多个章节彼此间页码的连续，通过设置多页码还可以显示对应章节的编号。

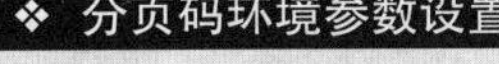
❖ 分页码环境参数设置

选择菜单【文件】→【工作环境设置】→【文件设置】，在下级菜单中选择设置项目【常规】中，选中【使用分页码】一项，则在文档中使用分页码。

六、设置分页码

方正飞翔默认添加普通页码，还可以设置分页码。

1. 添加分页码

选择菜单【文件】→【工作环境设置】→【文件设置】→【常规】，弹出

【文件设置】对话框，如图14–33所示。

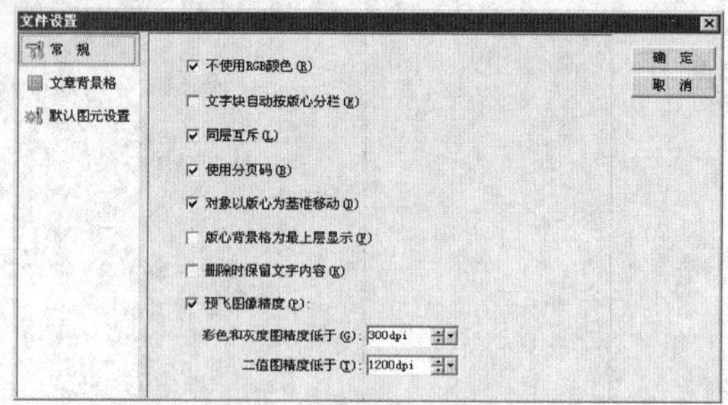

图14–33

❖ 分页码

- 分页码由主页号和分页号组成，例如1–1，1–2，2–1，2–2。符号“–”前面的数字为主页号，后面的数字为分页号。这类页码通常用来定义章节页码。
- 章节页码也可以用章节页码来设置。

2. 使用分页码

选中对话框上的【使用分页码】一项，单击【确定】按钮。如果版面上已有普通页码，即将普通页码转为分页码。

当页码为分页码时，可以在【页码】对话框上设置分页参数。页码类型有两个标签“主页码”和“分页码”，单击标签，可以分别设置主页码和分页码的类型。在【分隔符】编辑框内可以设置主页码与分页码之间的分隔符号，如图14–34所示。

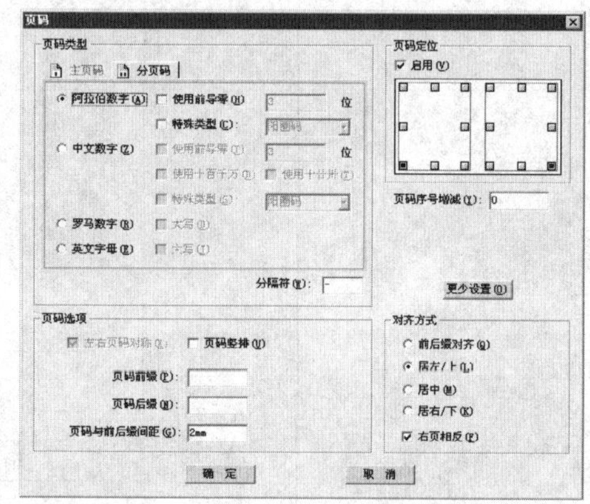

图14–34

❖ 重起分页号

- 下例中文档共4页，设置了分页码后页码显示如下：1–1，1–2，1–3，1–4。
- 翻页到1–3页，设置重起分页号，则分页码显示如下：1–1，1–2，2–1，2–2。

3. 重起分页号

当版面页码为分页码时，选择【版面】→【页码】→【重起分页号】选项被激活，如图14–35所示。执行该命令后，从当前页开始重起分页号，即当前页的主页号加1，分页号从1开始重置，后面的分页号依次递加。例如，将翻到页码为“1–10”的页面，选择重起分页号，页码变为“2–1”。

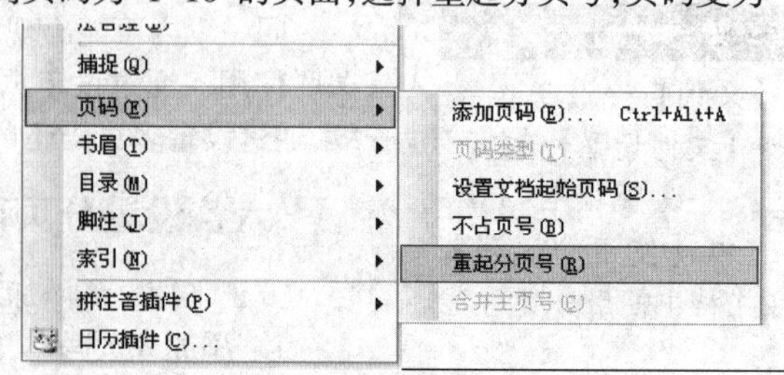

图14–35

❖ 合并主页号

- 下例中文档共4页，设置了分页码后页码显示如下：1–1，1–2，2–1，2–2。
- 翻页到2–1页，设置合并主页号，则分页码显示如下：1–1，1–2，1–3，1–4。

4. 合并主页号

页面重起分页号后，如果想恢复原状，与前面的页号接着排，可以选择合并主页号。鼠标点击到重起分页号的版面，也可以将鼠标双击【页面管理】浮动窗口里的相应页面图标，将其置为当前页面，选择【版面】→【页码】→【合并主页号】即可。执行该命令后，从当前页起，主页号与上一页的主页号合并，分页号接上一页的分页号续排。

第2节　提取目录

一、标记目录段落 ★

(1)使用段落样式：对要提出目录的段落应用段落样式。

(2)使用义目录级别：将文字光标放在需要提取目录的段落中，选择【版面】→【目录】，选择目录级别，如【一级目录】、【二级目录】等，如图14-36所示。

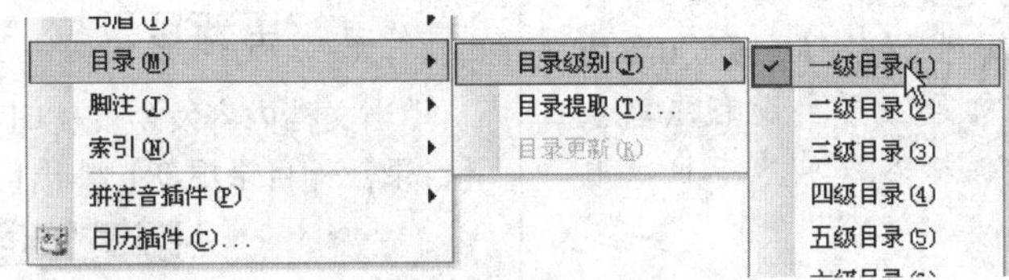

图14-36

二、提取目录内容

选择【版面】→【目录】→【目录提取】，弹出【目录提取】对话框，如图14-37所示。

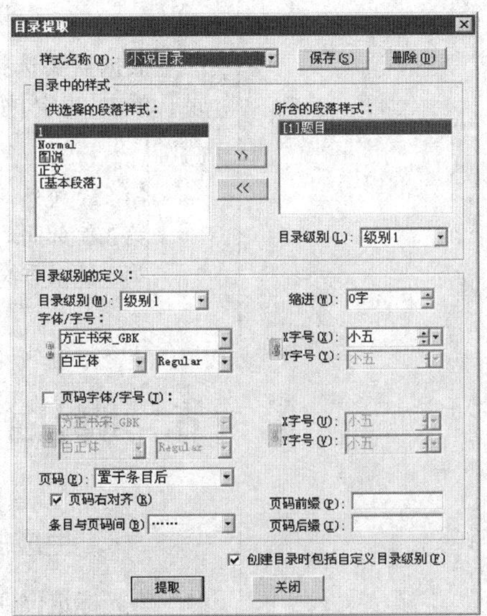

图14-37

> ❖ 范文说明
>
> 《麦田守望》这本书共分三章，前两章的标题使用了段落样式“题目”，第3章没有使用“题目”样式，不能提取出来目录，因此用目录级别功能把第3章标记为“一级目录”。

> ❖ 提取目录的顺序
>
> - 如果要提取目录的文字块，在版面上有多个，按文字块在版面上的排列顺序，从上到下、从左往右的顺序来提取。
> - 提取的顺序与文字块的生成顺序无关，和它在版面的位置有关，因此，目录中条目在前的，版面中文字块的位置也要在前面。

> ❖ 目录排版
>
> 方正飞翔可以把定义了段落样式或者目录级别的段落文字作为目录提取出来。用户可以选择需要提取的段落样式或者目录级别，并且可以定义每一级目录的格式。

❖ 目录提取说明

- 提取应用了某个段落样式的段落。
- 提取标记了目录级别的段落。
- 如果既选择了段落样式方式也选择了目录级别标记的段落，则两者都提取。
- 如果标记了目录级别的文字块或包含要提取目录的段落样式的文字块在辅助板上，则不参与目录提取。

❖ 提取页码

提取页码与普通页保持一致。如果普通页上存在多页码，则提取【页码序号增减】最接近0值的页码；如果主页上没有添加页码，则提取的目录块中也没有页码。

(1)如果定义了段落样式，则“供选择的段落样式”窗口中列出所有段落样式，选中需要作为目录的段落，点击 >> 加入按钮，将选中的段落样式添加到“所含的段落样式”窗口中，然后在“目录级别”下拉列表里选择该段落样式对应的目录级别。按此方式将所有需要作为目录的段落样式选中并对应到相应的目录级别上。

(2)如果定义了目录级别，则 创建目录时包括自定义目录级别(F) 选中该项，即可将指定了目录级别的段落提取出来。

上述两种提取方式可以同时进行。

点击 提取 ，完成目录提取，在文件当前页生成目录块，如图14-38所示。

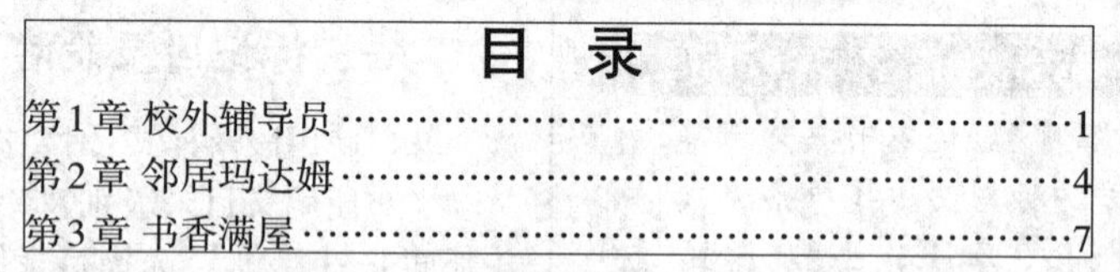
目 录

第1章 校外辅导员……………………………………1
第2章 邻居玛达姆……………………………………4
第3章 书香满屋………………………………………7

图14-38

三、更新目录 

当文档内容发生变化时，文档目录也需要同步更新。选择【版面】→【目录】→【目录更新】，弹出【目录更新】界面，如图14-39所示。

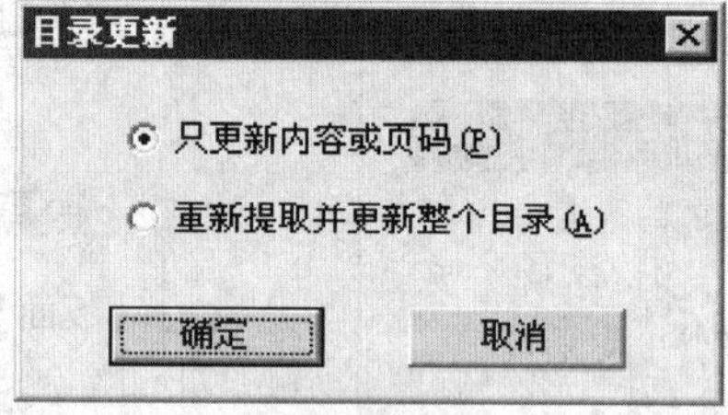

图14-39

根据需要选择【只更新内容或页码】或者【重新提取并更新整个目录】，单击【确定】按钮，即可完成目录的更新，如图14-40所示。

目 录

第1章 校外辅导员……………………………………1
第2章 邻居玛达姆……………………………………4
第3章 书香满屋………………………………………100

图14-40

第3节 脚注排版

一、生成脚注

将光标定位到文档中需要插入脚注的位置，如图14-41所示。

❖ 脚注选项

更改脚注选项后,对文档时插入的所有脚注都起作用。

❖ 脚注跳转

- 光标在脚注区域中,选择【版面】→【转到脚注引用】,跳转到文档中脚注的位置。
- 光标在脚注的位置,选择【版面】→【转到脚注文本】,跳转到脚注文本。

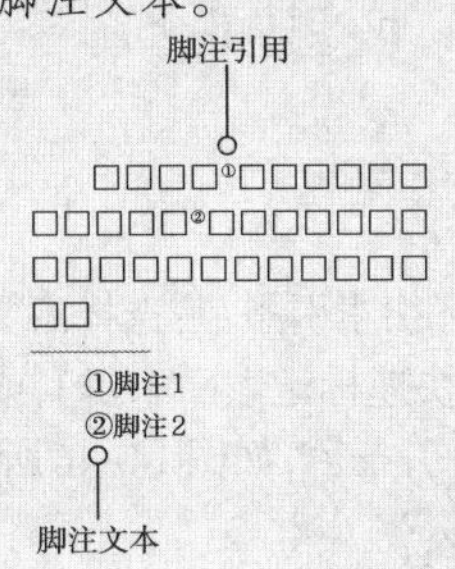

前几天,在报上看到建国以来我省著名的劳模名单,柳玉芳老师的名字后面注着“已故”,我心里一阵难过,不由得想起一段难忘的往事。

那是四十多年前的一个秋天,我突然接到一封哈尔滨

图 14–41

选择【版面】→【脚注】→【插入脚注】或者使用快捷键“Ctrl+F10”,就会插入脚注,在脚注文本区域填写脚注内容,如图 14–42 所示。

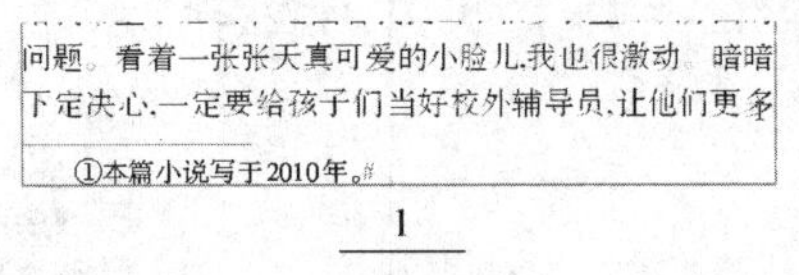

图 14–42

二、脚注选项

选择菜单【版面】→【脚注】→【脚注选项】,弹出【脚注选项】对话框,如图 14–43 所示。

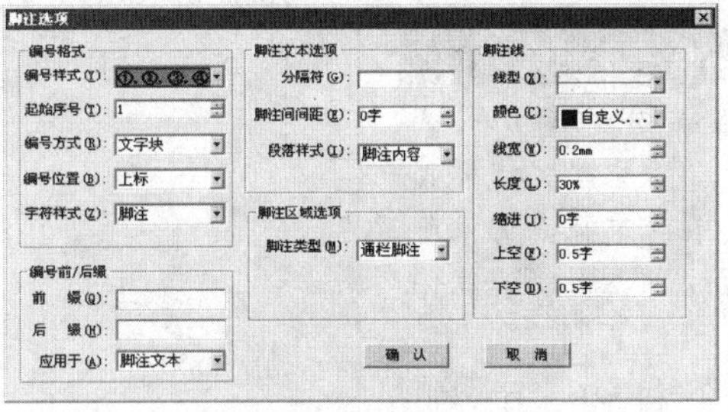

图 14–43

编号方式:文字块方式是每个文字块内脚注编号连续,如1,2,3,4。另一个文字块重新开始编号1,2,3,4;文章为单元是指文章内的脚注序号连续,如文章的首个文字块内为1,2,3,4,下一个文字块的脚注编号为5,6,7,8。

三、脚注类型

脚注类型如图 14–44 所示。

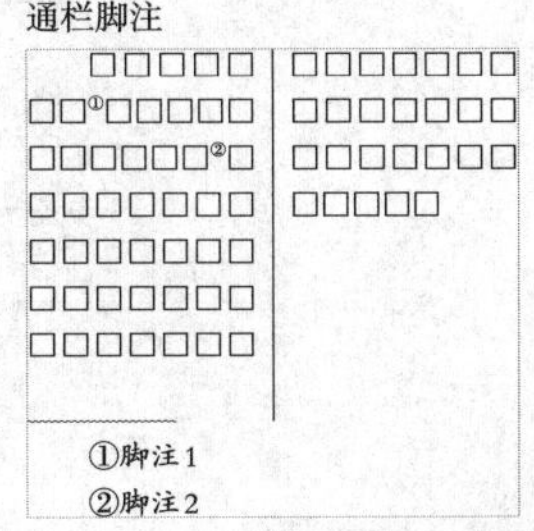

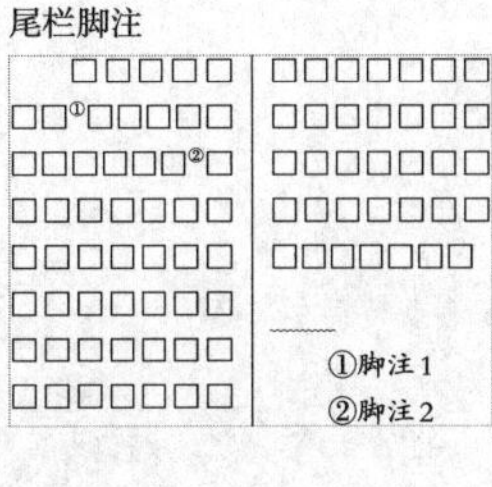

图 14–44

第4节　索引排版

❖ 索引的标志符

标记为索引条目的内容，在内容的前面会有索引的标志符“:”。例如：:索引。

一、新建索引条目

方正飞翔提供索引功能，通过索引功能可以创建文档的索引。

为了显示索引标记，在控制条上选择“显示文本隐含符号”，如图14-45所示。

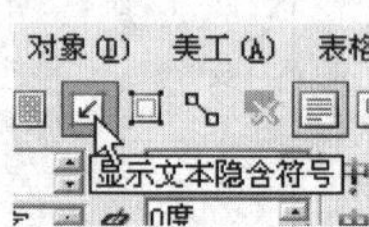

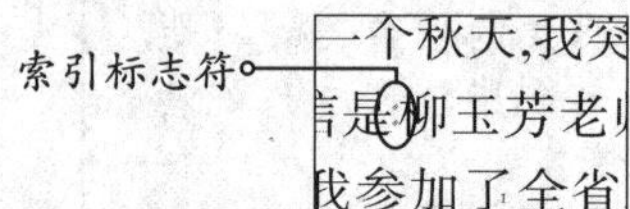

图14-45

建立索引条目有三种方法。

1. 快速标记索引条目

快速标记索引条目适用于在文档中单个标引索引条目：选择需要标引为索引的内容，选择菜单【版面】→【索引】→【快速标记索引条目】，或者使用快捷键“Ctrl+ /”，选择的内容就会标记为索引条目，如图14-46所示。

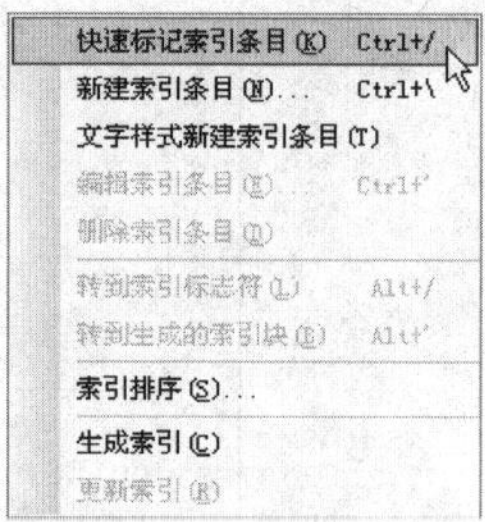

图14-46

选择内容默认为一级索引，索引值为当前页码。

❖ 使用文字样式标记索引

- 使用文字样式新建索引条目，可能有的应用文字样式的文字，不一定是索引，所以提取索引前或提取后要仔细检查。
- 建议专门创建一个用于标记索引的文字样式。

2. 新建索引条目

选择菜单【版面】→【索引】→【新建索引条目】，或者使用快捷键“Ctrl+ \”，弹出【新建索引条目】对话框，如图14-47所示。

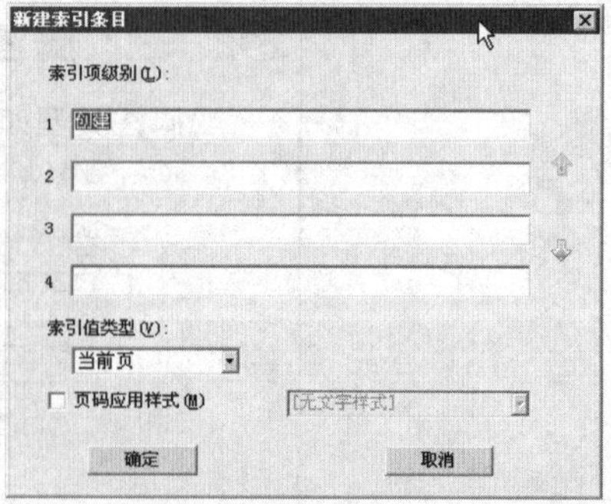

图14-47

填写索引项级别中相关级别中的内容，单击【确定】按钮即可。

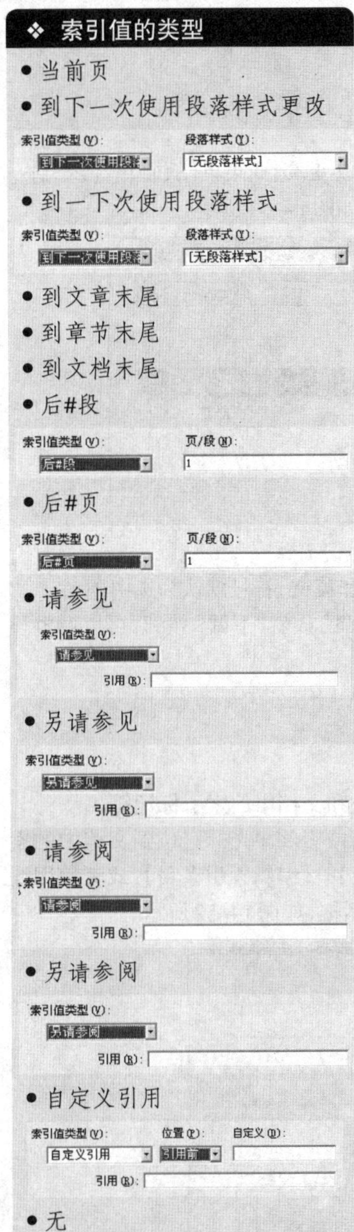

索引值类型：在索引值类型下拉菜单选择索引值的范围，例如到文章末尾、章节末尾等；或者请参见、另请参见等引用方式。

选择索引值的应用范围时，需要定义页码的应用样式；选择请参见等引用方式时，索引项为引用的内容。

3. 文字样式新建索引条目

文字样式新建索引条目，是通过文字样式批量新建索引的方法，即将使用特定文字样式的内容提取为索引条目。

选择菜单【版面】→【索引】→【文字样式新建索引条目】，弹出【新建索引条目】对话框，如图14–48所示。

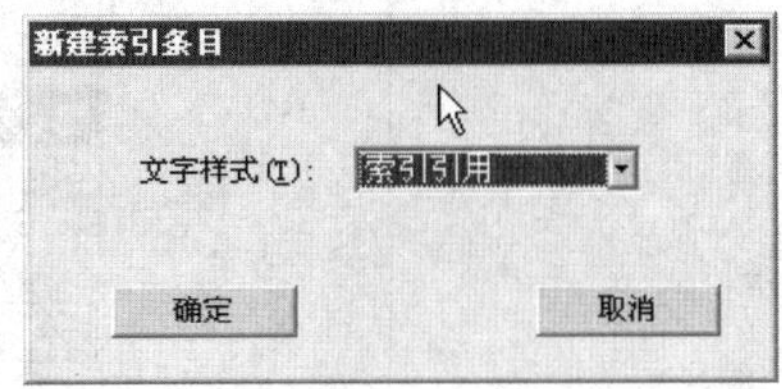

图14–48

在文字样式下拉菜单中列出了所有的文字样式，选择指定的文字样式，单击【确定】按钮，那么应用了选择的文字样式的内容就会标记为索引条目，即内容前面出现索引标志符。

二、生成索引

完成索引条目的创建后，选择菜单【版面】→【索引】→【生成索引】，弹出【索引生成】对话框，如图14–49所示。

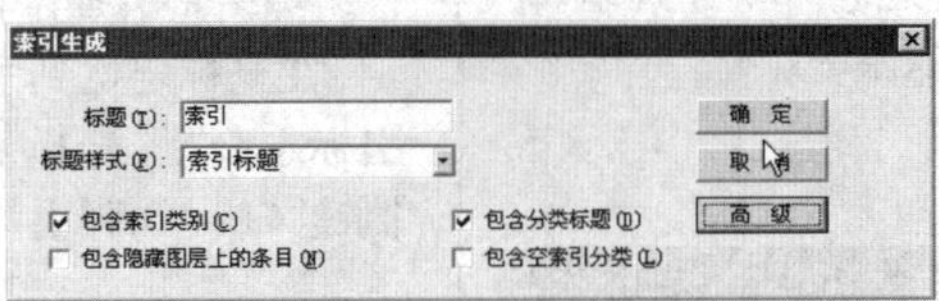

图14–49

单击【高级】可以设置更多的索引格式，如级别样式、索引样式和条目分隔符等，如图14–50所示。

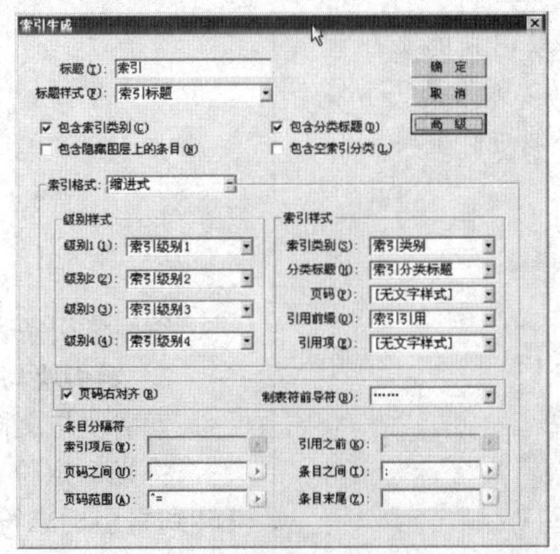

图14–50

单击【确定】按钮，出现灌文符号，在需要添加索引的页面单击，即可自动生成索引块。

> **❖ 重新生成索引**
> 如果添加了索引条目或修改了索引条目，需要重新生成索引。

三、索引排序

索引抽取的类型和显示顺序可以改变，选择菜单【版面】→【索引】→【索引排序】，弹出【索引排序】对话框，如图14-51所示。

图14-51

选中需要显示的类别：中文、数字和英文，符号默认为选中项。

选择一个类别，通过右下角的“上调”或者“下调”按钮，可以调整显示顺序的优先级。

> **❖ 编辑索引条目对话框**
> 请参见、另请参见等引用方式的索引，需要在文档中的索引标记符进入编辑索引条目对话框。即只有索引值为页码的情况下，才能弹出编辑对话框，否则只能选中索引标记符才能进入编辑索引条目对话框。

四、编辑索引

1. 编辑索引条目

编辑索引条目有两种入口：索引块和文档中的索引标记符。

T光标定位到索引块中的索引项，或者将T光标定位到文档中的索引标志符“ ”，选择菜单【版面】→【索引】→【编辑索引条目】，或者使用快捷键“Ctrl+`”，弹出【编辑索引条目】对话框，如图14-52所示。

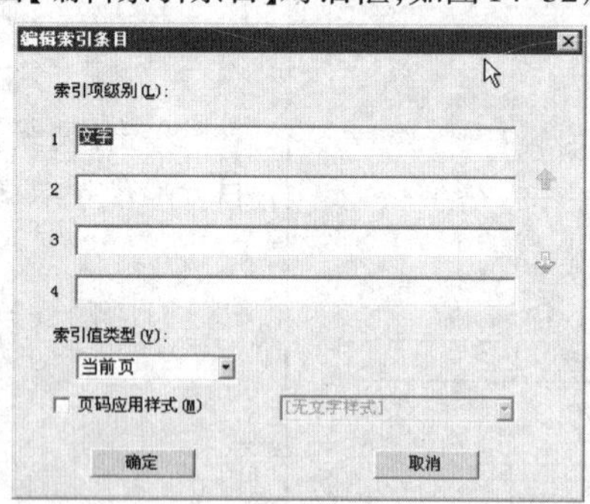

图14-52

编辑索引条目，与新建索引条目一样，单击【确定】按钮即可。

2. 索引块与标记符跳转

索引块与文档中的索引标志符之间可以快速跳转。

将光标定位在索引块中一个索引项，选择菜单【版面】→【索引】→【转到索引标志符】，或者使用快捷键“Alt+/”，即可跳转到文档中相应的索引标志符。

> **❖ 索引跳转**
> - 请参见、另请参见等引用方式的索引，从索引块不能跳转到索引标志符。
> - 只有自动提取出来的页码才能编辑或跳转，如果是手动修改的页码，不能进行跳转。

将光标定位在文档中的索引标志符，选择菜单【版面】→【索引】→【转到生成的索引块】，或者使用快捷键"Alt+´"，即可跳转到索引块。

3. 删除索引

在文档中选择包含有索引标志符的内容或选择全部文字内容，选择菜单【版面】→【索引】→【删除索引条目】，就会删除内容的索引标志符，一旦生成或更新索引时，删除的索引项就不存在。

五、更新索引

如果文档内容有变动，可能使索引条目的页码发生了改变，选择菜单【版面】→【索引】→【更新索引】，索引就会同步更新。

第5节　浏览长文档——书签定位操作

一、书签浮动窗口

使用书签可以快速地进行文档定位。

选中菜单【窗口】→【书签】，打开书签浮动窗口，如图14-53所示。

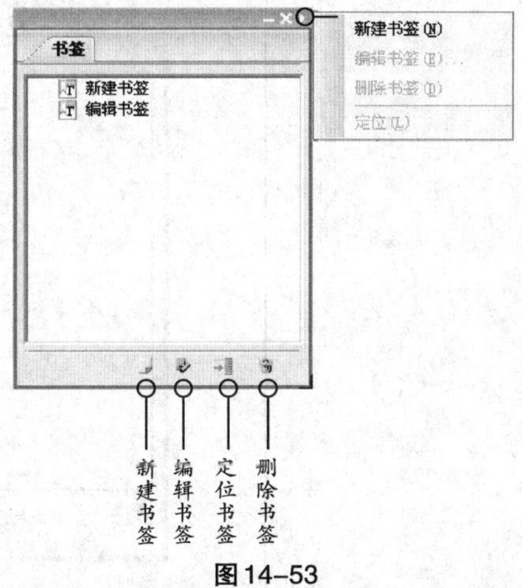

图14-53

二、书签的主次关系

定位书签位置或者选中内容后，选中父书签，点击【新建书签】按钮，在父书签下生成一个子书签，如图14-54所示。

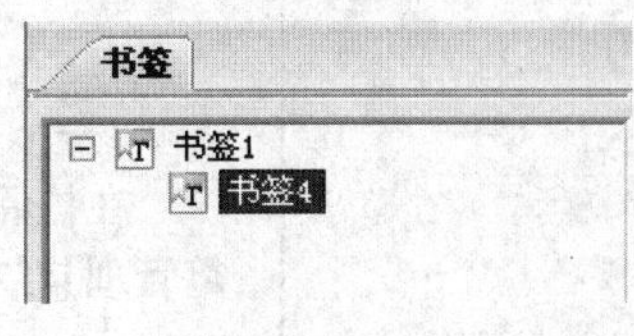

图14-54

❖ 无文字时的书签定位

- 某些情况下，需要快速定位到某些页面上的某个位置，但是又没有文字，此时无法进行书签定位。
  这时可以建立一个空的文字块，T工具在空文字块里点一下，执行【新建书签】命令后【书签】浮动窗口里会出现"书签1"、"书签2"等自动建立的书签名。
  可以选中书签，然后执行【编辑书签】命令，改变书签名称。
- 书签名称应该尽量短小、精干，同一类型的书签最好有数字序号如："第1章图1"、"第1章图2"等。

❖ 子书签的删除

如果一个书签含有子书签，需要先将子书签删除才能删除父书签。

❖ 定位书签

选择一个书签，执行浮动窗口上的【定位选中标签】或者扩展菜单【定位】命令即可跳转到文档中书签的位置。

三、编辑书签

选择一个书签，点击【编辑书签】按钮，弹出编辑书签的对话框，如图14–55所示。

图14–55

编辑书签名称，单击【确定】按钮即可。

第6节 用书籍管理实现整本书的管理

❖ 书籍管理

利用书籍管理实现整本书的管理，可以定义书籍管理的每个文件的页码是否续排、统一发排等。

一、书籍界面浏览

选择菜单【文件】→【书籍管理】，弹出【书籍管理】浮动窗口，如图14–56所示。

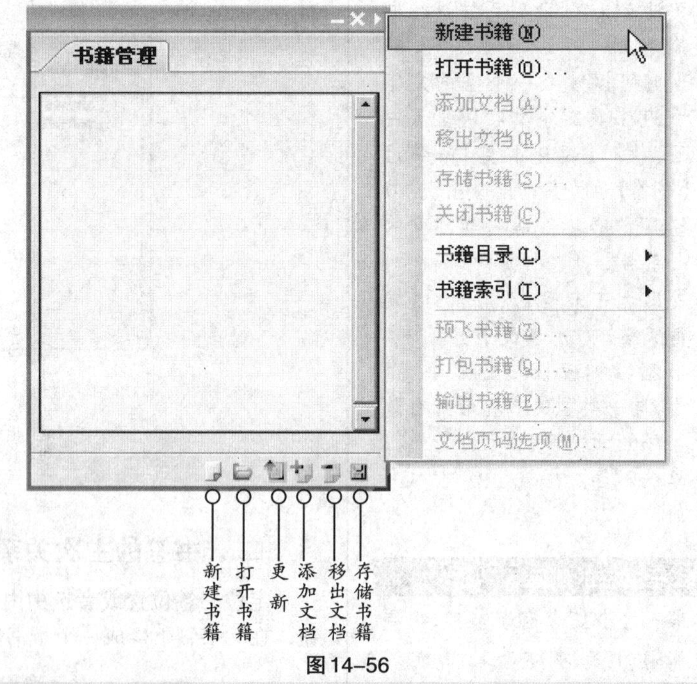

图14–56

二、新建书籍

在扩展菜单中选择【新建书籍】，会新建一个新的书籍文件，弹出【书籍管理】浮动窗口，如图14–57所示。

❖ 调整顺序

如果书籍管理窗口文件列表的顺序不对，可以选中一个文件名，拖动到指定位置，就可以移动列表。

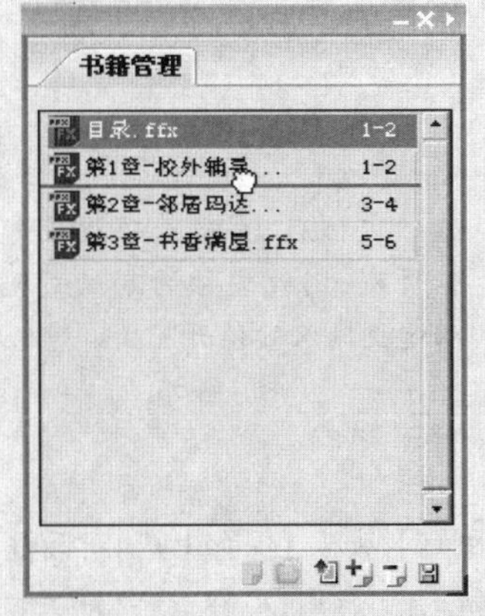

❖ 加入文档注意事项

- 加入的文件页码不对，要检查书籍窗口的【文档页码选项】，重新选一次，就可以刷新页码了。
- 如果加入书籍中的文件，一个文件是由多个小文件合并而来的，可能会存在多个章节，也就可能存在多个起始页码的可能，导致页码不连续。
  解决办法就是，打开每一个文件，在页面管理中察看小页状态，有章节选项的取消【新章节】选项。

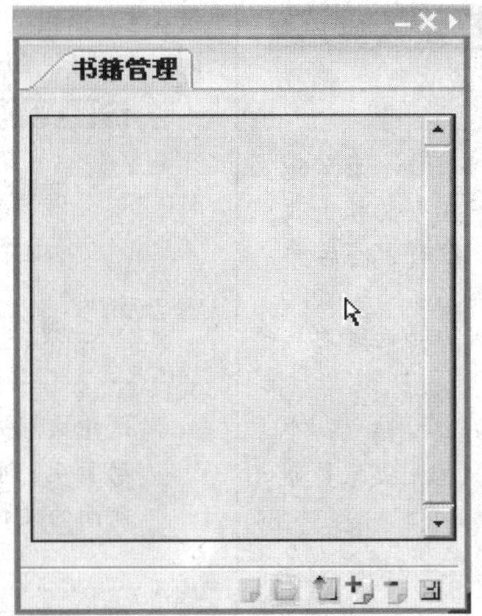

图14–57

在书籍管理浮动窗口的扩展菜单中的【添加文档】或点击浮动窗口下面的图标，弹出打开对话框，选中需要添加的文档，确定后在书籍管理窗口中会增加一个新添加的文档名称，如图14–58所示。

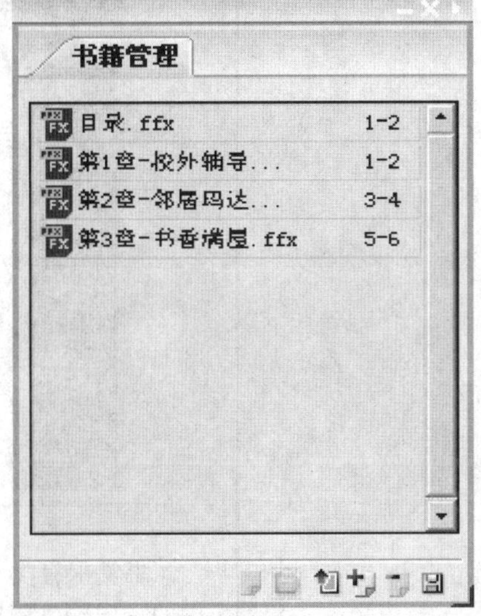

图14–58

三、修改书籍

1. 调整顺序

如果添进来的文档顺序不对，可以用鼠标拖动列表移动，从而改变上下顺序。

2. 调整页码

在文件名称列表中选择一个文档，在展开菜单中选择【文档页码

❖ 提取目录

- 主页上没有设置页码的，则提取的也没有页码。
- 提取目录前，要先在书籍管理列表中看一下各个文档的页码范围是否正确，然后再提取。
- 确保各个文档的文档页码选项正确。
- 目录文档，最好单独建立一个文档，在这个文档里提取更新页码。

选项】，弹出【文档页码选项】对话框，可以设置自动页码和起始页码，如图14–59、图14–60所示。

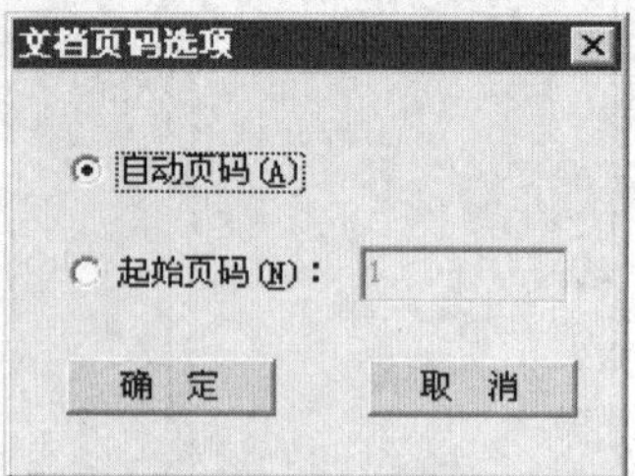

选中文档后，页码选项设为自动页码，则此文档页码序号与前面的文档连续。

图14–59

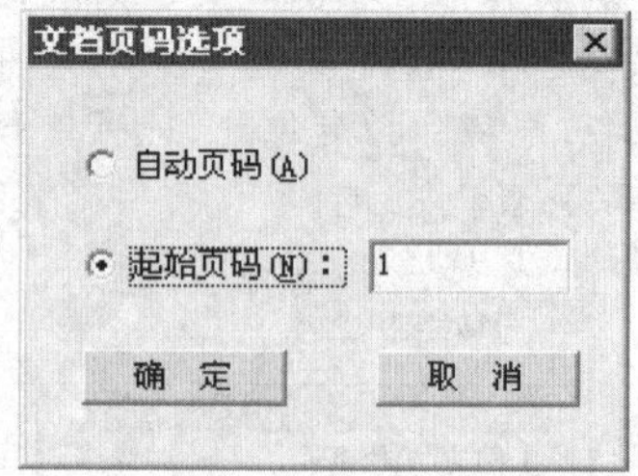

选中文档后，页码选项设置起始页码，则此文档的起始页码从这里输入的值开始。

图14–60

四、保存书籍

在书籍管理窗口菜单中选择【存储书籍】，弹出【保存书籍】对话框，或者点击【书籍管理】窗口下面的存储书籍，弹出【保存书籍】对话框，如图14–61所示。

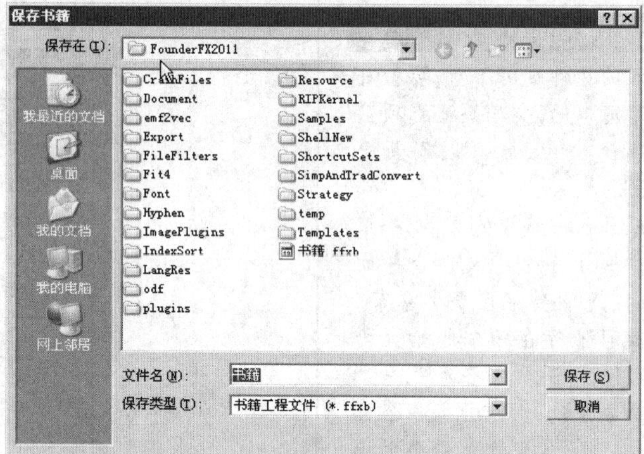

图14–61

书籍保存类型为.ffxb格式，保存的书籍可以通过浮动窗口扩展菜单中的“打开书籍”打开，继续进行编辑。

五、书籍目录

1. 提取目录

在扩展菜单中选择【书籍目录】→【提取目录】，弹出【目录提取】对话框，如图14–62所示。

选择需要提取的段落样式，并可以进行目录级别的定义，单击【提取】即可提取目录。

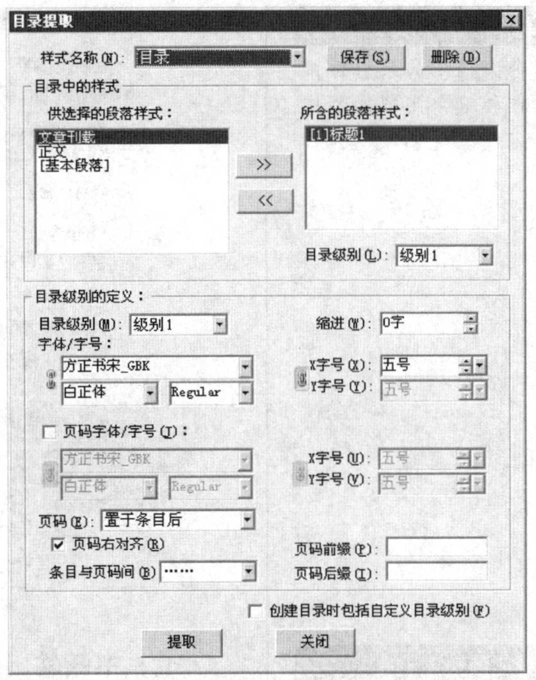

图 14-62

❖ 目录更新

目录提取后，版面制作完成，如果目录条目内容与正文中标记目录的段落内容不符，会自动更新本条目内容。

2. 更新目录

如果书籍中任何一个文档的内容发生改变，书籍目录需要同步更新，选择扩展菜单中【书籍目录】→【更新目录】，弹出【目录更新】对话框，如图 14-63 所示。

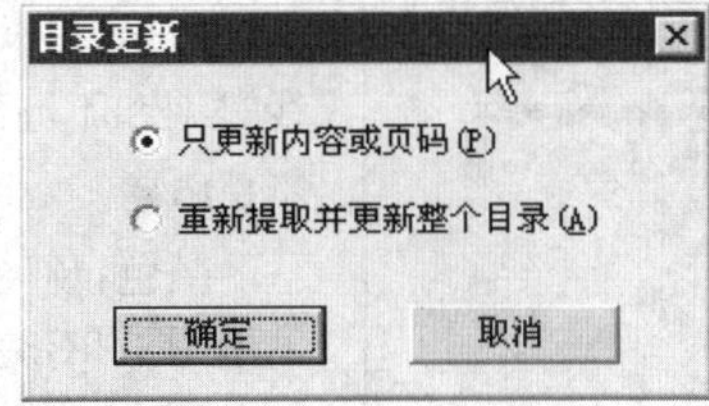

图 14-63

点击【确定】按钮，执行更新目录操作。

六、书籍索引

1. 提取索引

在文档中创建书籍的索引条目，然后选择扩展菜单中的【书籍索引】→【提取索引】，会提取文章的索引。【索引生成】对话框如图 14-64 所示。点击【确定】按钮后，开始提取索引。

2. 更新索引

如果文档的内容有变动，可能会影响索引的页码，选择扩展菜单中的【书籍索引】→【更新索引】进行同步更新。

❖ 书籍的目录和索引

- 索引的提取，要在书籍管理窗中的扩展菜单中【提取索引】来提取，不要在【版面】→【索引】→【生成索】提取。
- 目录的提取：要在书籍管理窗口的扩展菜单下进行目录提取操作，不要用主菜单【版面】→【目录】下的提取目录命令操作。

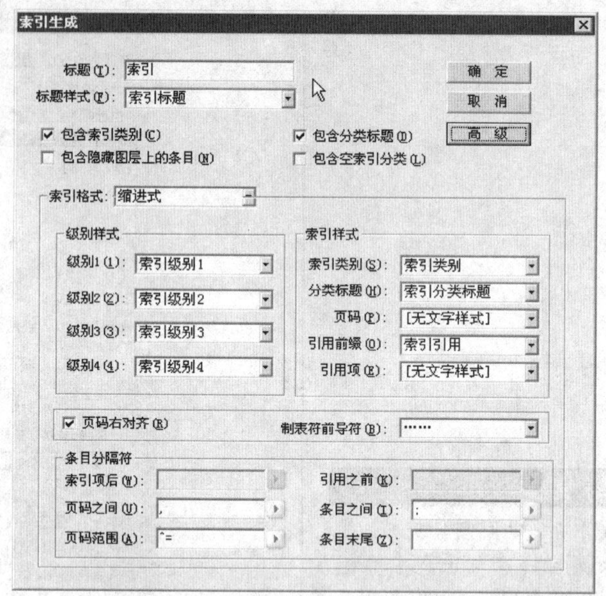

图14-64

七、书籍输出

1. 预飞书籍

在输出书籍之前可以进行书籍预飞,检查的内容有以下几项。

字体:缺字体、缺字符或存在字体受保护的状态。

图像:缺图或图像被更新时。

对象:预飞时检查续排文字块或表格块、空文字块、图压文、字过小、线过细和不输出的图层。【字过小】指字号小于2磅,【线过细】指线宽小于0.15磅。

颜色:预飞过程中检查到文件中使用了RGB颜色时,在“颜色”中显示采用了RGB颜色的对象、对象所在的页面,并显示采用RGB颜色的图像文件的路径。使用了RGB颜色的对象可以是文字、图元或图像。

出血与警戒:当预飞时检查到文件中有内容超越出血线或警戒内空时,将在“出血与警戒”中列出该状态,并显示对应的页面。

在书籍管理窗口菜单中选择【预飞书籍】,弹出【预飞文件】对话框,选择预飞文件保存的路径,填写文件名称,单击“保存”即可。

保存后显示预显信息,如图14-65所示。

2. 打包书籍

为方便输出中心检查文件信息,方正飞翔提供打包功能,收集版面上的图像文件,并统计版面中用到的字体和图像等信息,将这些信息生成打包报告。

❖ 索引制作

书籍中每个文档中的索引标记等排版操作和单个文档的制作是一样的。

❖ 图像精度预飞

图像精度低于一定值也将预飞报警,精度警戒值可以在文件设置里修改,选择菜单【文件】→【工作环境设置】→【文件设置】→【常规】,即可修改【预飞图像精度】。

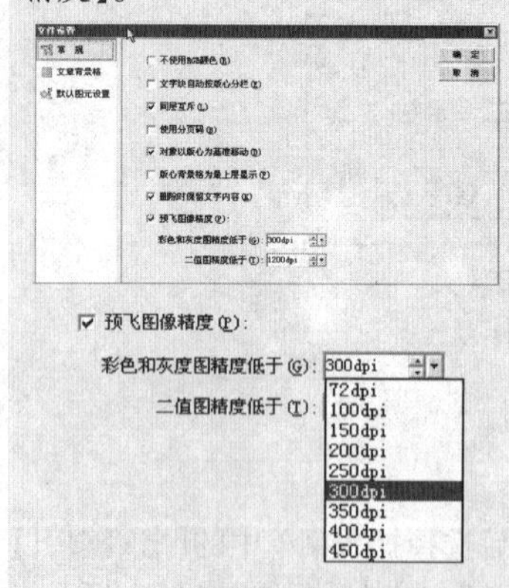

❖ 书籍管理打包文件夹

书籍中有几个方正飞翔文档,就会生成几个打包文件夹。

❖ 书籍打包文件

一般来说在打包路径下创建与源文件同名的方正飞翔文件*.FFX、打包报告*.TXT和*.CSV文件，如果选中【收集ICC Profile】和【收集图像】选项，则还将列出Image文件夹和ICC Profile文件夹。

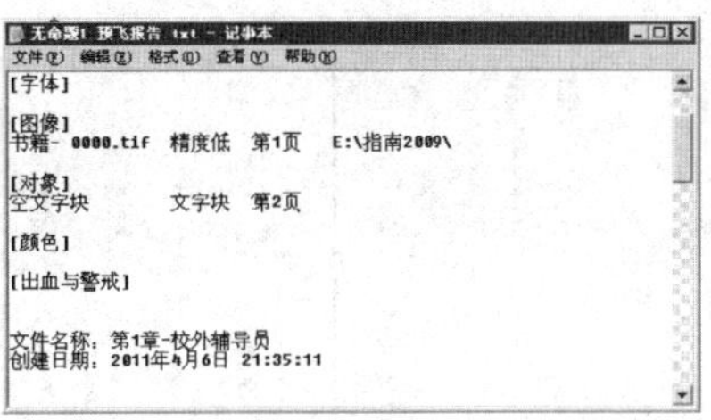

图14-65

(1)【收集字体列表】：选中此项，则打包时在生成的*.TXT文件中，列出版面中所用到的字体名称、使用状态、是否受保护等信息。

(2)【收集图像】：选中此项，在打包路径下自动创建一个Image文件夹，把当前飞翔文件版面中的所有图像，收集到此image文件夹中。

(3)【更新图像链接路径为打包路径】：选中【收集图像】后，激活此选项。选中此选项后，则打包所创建的方正飞翔文件副本里，其图像链接路径更新为打包路径下的Image路径。不选中此项，则图像路径保持原路径。

如果版面中缺图，则无论是否选中该项，缺图的图像路径不会改变。

(4)【检查报告】：选中此项，打包完成后立即打开*.TXT格式的报告文件。

(5)【收集ICC Profile】：选中此项，则打包时创建名为“ICC Profile”的文件夹，收集文件中使用的ICC Profile。

❖ 书籍管理输出字体

现在书籍输出的PDF里是默认嵌入字体的，没有输出模板可以选择。进行高质量的输出时，要注意。

选择书籍管理窗口菜单中的【打包书籍】，弹出打包对话框，如图14-66所示。

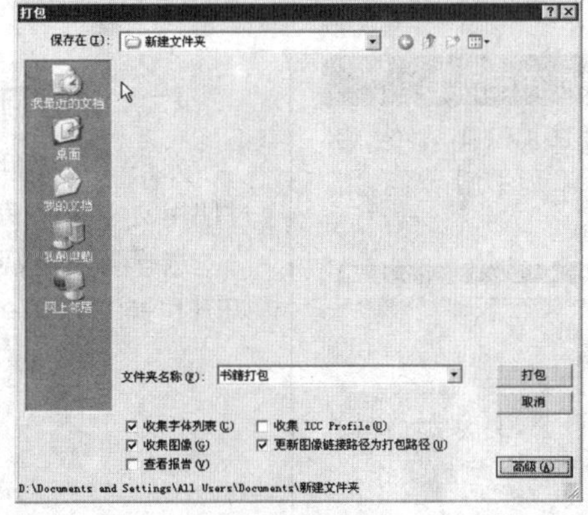

图14-66

在【保存在】下拉列表里选择打包目标路径，也可以在【文件夹名称】编辑框内输入打包目标路径和文件夹名称，设置打包选项后，点击【打包】，即可完成打包。

3. 输出书籍

书籍可以输出为PDF或者Cebx两种格式，输出书籍如图14-67所示。

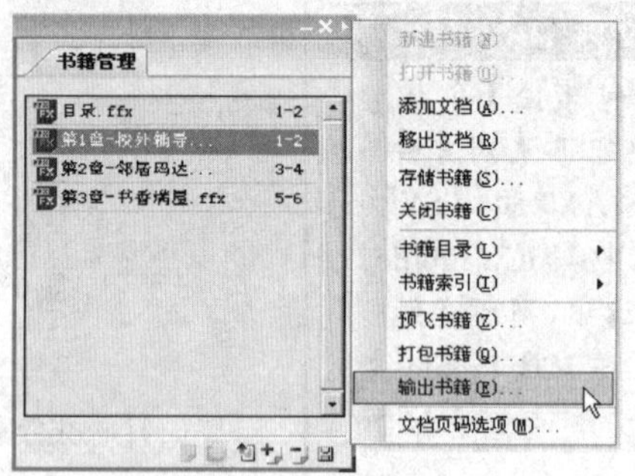

图 14-67

选择【输出书籍】菜单，弹出【输出文件】对话框，如图14-68所示。

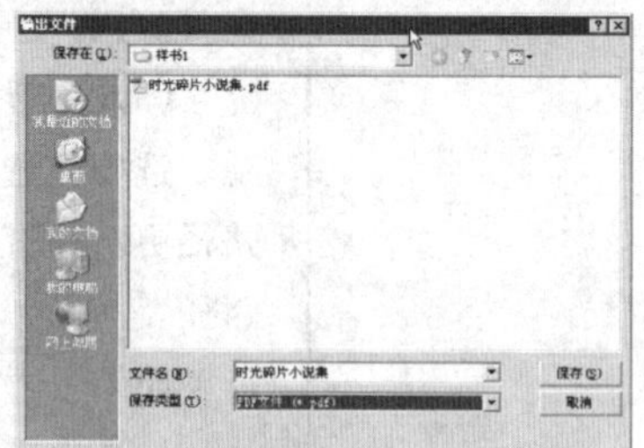
图 14-68

选择输出文件的保存路径，填写保存的文件名，在保存类型下拉菜单中选择PDF或者cebx格式；单击【确定】按钮，输出选择的类型文件。

第7节　书眉模板的重用

一、添加书眉 ★★

方正飞翔提供了书眉排版功能，可以添加页眉、页脚或者边眉。通过使用文本变量，可以使页眉、页脚能够自动更新，使排版更加方便。

选择菜单【版面】→【书眉】→【添加书眉】，弹出【添加书眉】对话框，如图14-69所示。

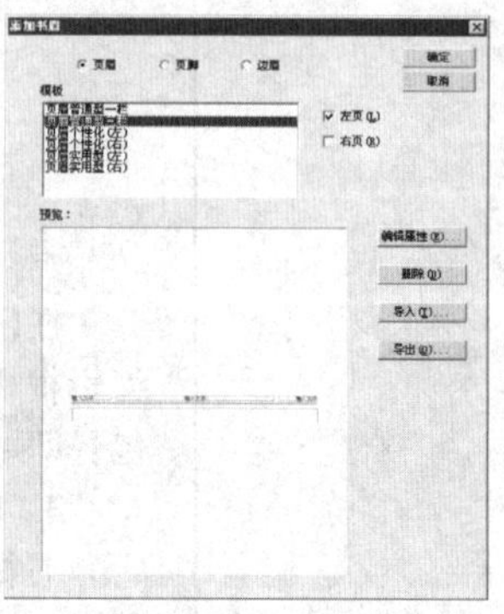
图 14-69

❖ 书眉对象加在主页上

书眉是要加在主页上的，如果选中页面，执行添加书眉功能，则会有提示对话框 。

选择【是】，则会弹出【添加书眉】对话框，进行添加书眉的操作。

选择书眉类型：页眉、页脚或者边眉。

然后在模板列表中选择一个模板名称，对模板进行编辑和删除后，单击【确定】按钮即可将选择的书眉插入到版面中，如图14-70所示。

图14-70

❖ 书眉对象自适应版心

添加书眉模板时，是依据保存时的状态适应当前版心，会自动按比例缩放到版心的宽或高。添加完后，就是版面对象块，可以在文本框中修改和添加内容。也就是说，书眉模板对象具有一定的智能排版特性。

二、书眉条目

将T光标插入到书眉位置的文本框中，选择菜单【版面】→【书眉】→【插入书眉条目】，弹出【书眉条目】对话框，如图14-71所示。

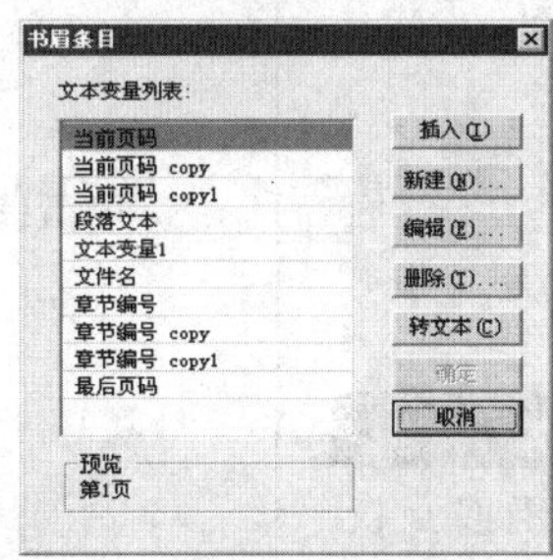

图14-71

❖ 取主页上的书眉对象

按“Ctrl+Shift”键的同时单击普通页上的页眉，可以将页眉从主页中分离出来，这时就可以对页眉进行修改了。

1. 插入书眉变量

选择一个变量，单击【插入】即可将变量（书眉条目）插入到书眉中。只有插入后按确定键，才可以最终插入实际的版面中。

2. 新建书眉条目

定义自己的书眉变量。单击【新建】弹出【新建文本变量】对话框，如图14-72所示。

❖ 书眉变量类型

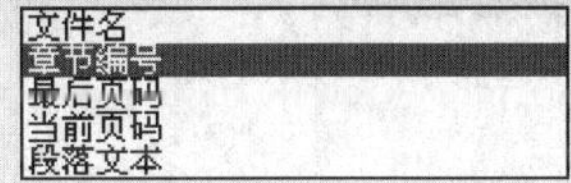

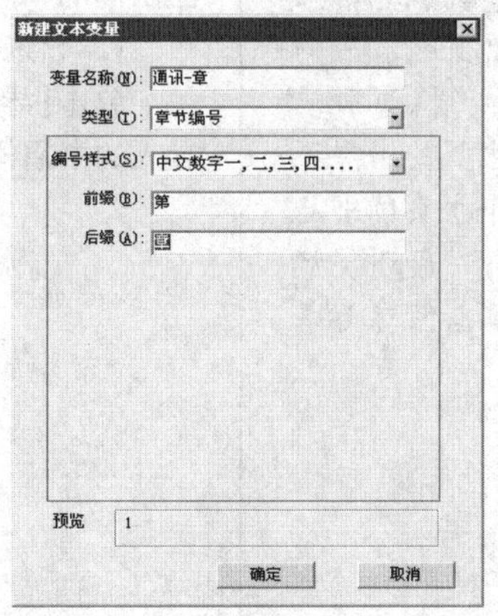

图14-72

还可以填写相关设置后单击【确定】按钮创建一个文本变量，即书眉条目。

3. 编辑书眉条目

单击【编辑】，弹出【编辑文本变量】对话框，如图14-73所示。

❖ 删除书眉条目

- 删除变量内容
- 转文本
- 替换变量为

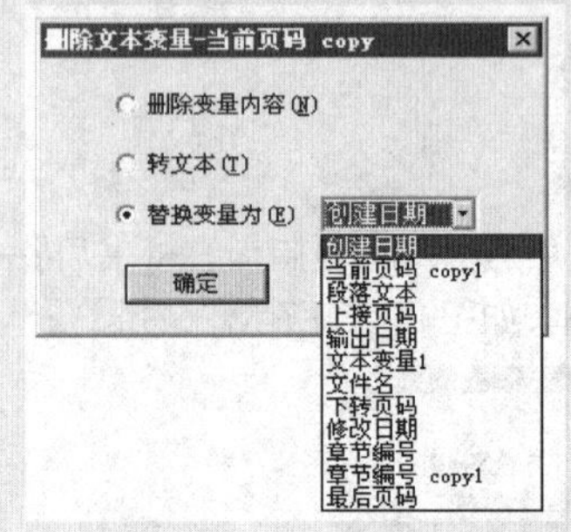

❖ 书眉对象的嵌套

保存书眉对象不要进行多层嵌套成组，否则下次添加书眉时可能会变形。因此书眉对象最好是单独的块，不要成组。

❖ 左主页和右主页书眉

保存书眉模板时能根据书眉的位置，自动识别为页眉、页脚或边眉。如果左、右主页的书眉不相同，则保存了一个主页的书眉模板后，如左主页，一般还要把另一个主页的书眉也保存为书眉模板。

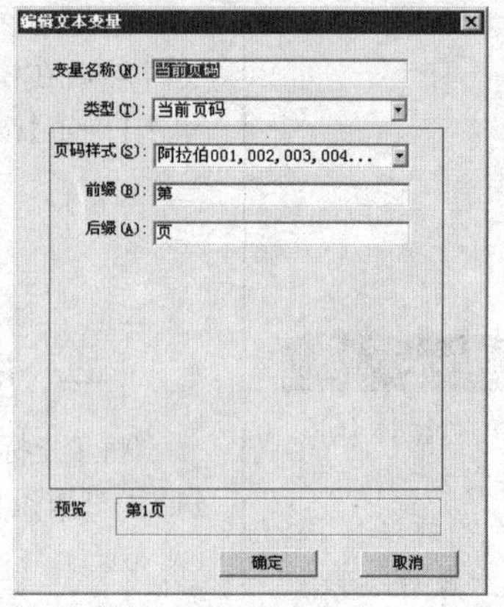

图 14–73

单击【删除】，弹出【删除文本变量】对话框，如图 14–74 所示。

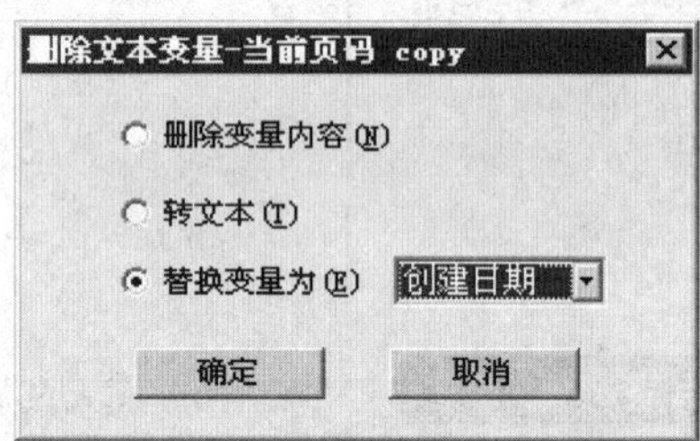

图 14–74

三、导入、导出、保存书眉

通过导入、导出功能，可以导入已经制作好的书眉模板，也可以将自己制作的书眉导出为模板，以供其他人使用，达到资源共享的目的。

1. 导入书眉

单击【导入】，弹出【导入书眉库】界面，如图 14–75 所示。选择需要导入的书眉模板文件，单击【打开】即可导入书眉模板。

图 14–75

2. 导出书眉

选择一个书眉模板，单击【导出】，可以将书眉模板导出为书眉文件，弹出的【导出书眉库】对话框如图 14–76 所示。

❖ 导出书眉

- 多人共享书眉文件：导出的书眉文件，可以多人共享，保持了相同版面书眉的一致性、规范性。
- 不同种类版面的书眉：一个排版单位可能要排很多种书报刊等，其中一些版面是有规律的，如一本杂志的每期的书眉版式都是固定的，仅是其中文字内容不同，就可以把这本杂志的书眉版面导出，以后可以反复使用。

图14–76

3. 保存书眉

在主页上设置好的书眉，可以保存为书眉模板。

选中左主页或右主页上所有当做书眉的块对象，单击【版面】→【书眉】→【保存书眉】，弹出【书眉命名】对话框，如图14–77所示。:

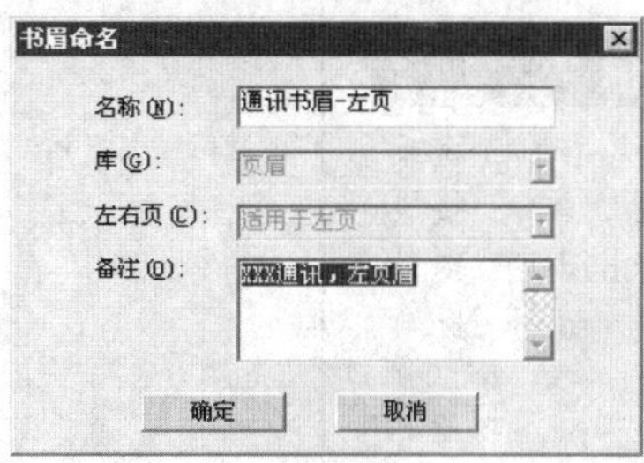

图14–77

输入书眉的名称，单击【确定】按钮即可。

第8节　使用文本变量

❖ 文本变量不能换行

文本变量具有文字盒子的特性，变量文本只能位于同一行中，不能换行，所以文本变量内容不要太多。

一、插入变量 ★★★

文字中插入的文本变量，变量内容会相应地自动更新。

选择菜单【文字】→【文本变量】→【插入变量】，弹出【文本变量】对话框，如图14–78所示。

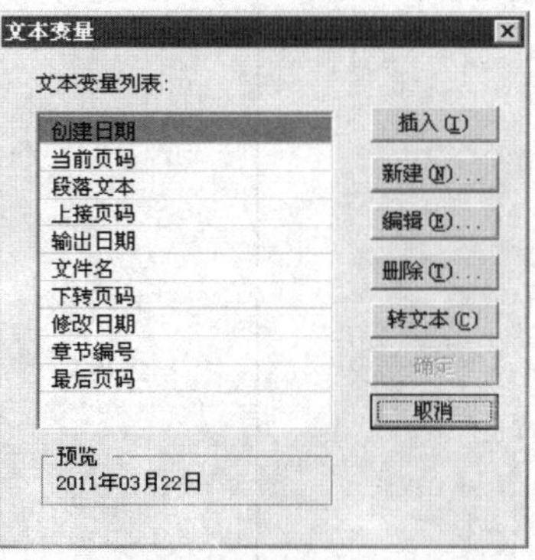

图14–78

❖ 变量转文本

- 全部转换为文本:在文本变量对话框选择一个变量,然后单击“转文本”,会将文字内容中插入的所有的该文本变量转换为文本。
- 选中文本变量转为文本:在文字中用T工具选中插入的文本变量,单击菜单【文字】→【文本变量】→【变量转文本】,可以将选中的文本变量转换为文本。

❖ 文本变量说明

文变量共有以下几种:创建日期、当前页码、段落文本、上接页码、下转页码、输出日期、文件名、修改日期、章节编号、最后页码。

❖ 文件名变量

- 插入一个文件名类型的文本变量,当文件进行改名操作时,版面上的文件名变量会自动更新文件名称。
- 例如,插入一个变量:《3-2-文本变量.ffx》,文件另存为“测试.ffx”后,则变量自动变为《测试.ffx》。

文本变量列表列出了当前的文本变量，选择一个文本变量，单击【插入】即可将文本变量插入到当前光标所在的版面位置，单击【确定】按钮即可完成当前插入文本变量操作。

二、新建文本变量

单击【新建】，弹出【新建文本变量】对话框，如图14-79所示。

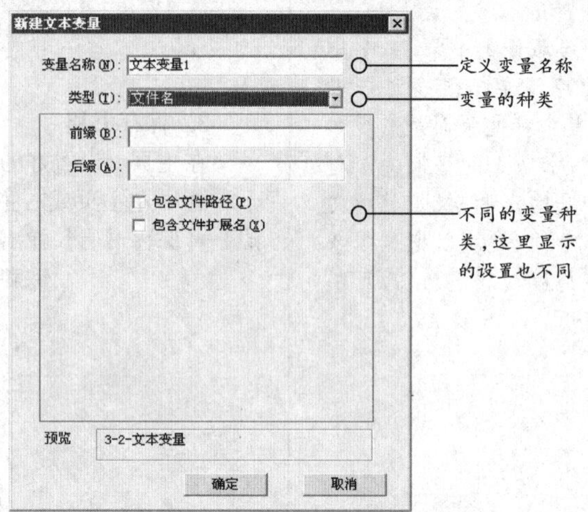

图14-79

设置好后，点击【确定】按钮，则新建变量名称加入到列表中。

1. 编辑文本变量

选择一个文本变量，单击【编辑】按钮会弹出【编辑文本变量】对话框，与新建的界面一样，修改完成后单击【确定】按钮即可。

2. 变量转文本

文本变量可以转换为文本。

三、文本变量种类

1.【文件名】类型文本变量

其【新建文本变量】对话框,如图14-80所示。

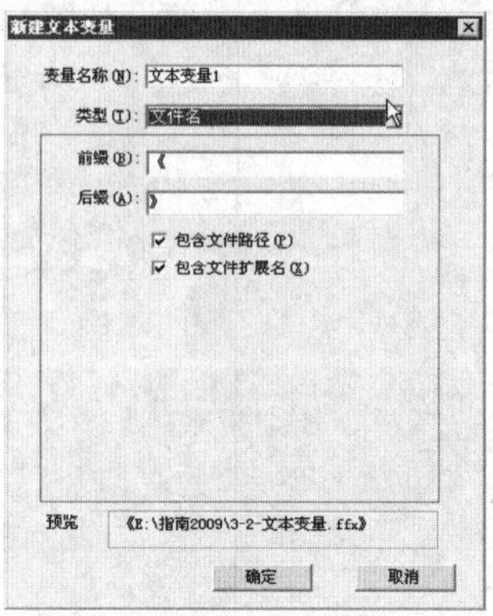

图14-80

创建【文件名】变量后，变量内容随当前文档的文件名称改变而改变。

2. 【创建日期】、【修改日期】、【输出日期】类型文本变量

其【新建文本变量】对话框，如图14-81所示。

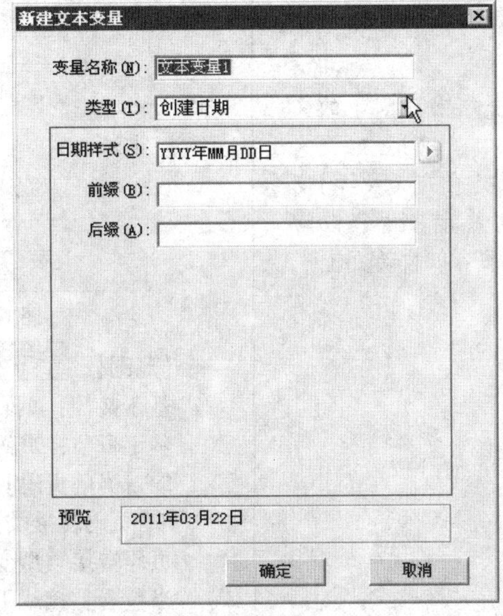

图14-81

3. 【章节编号】类型文本变量（图14-82）

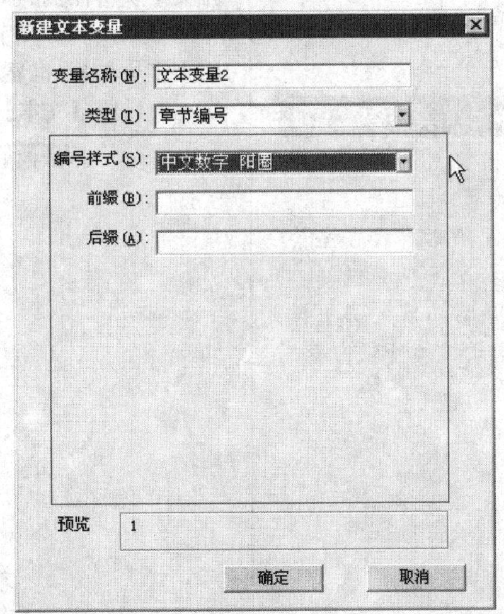

图14-82

章节编号指的是如果在页面管理窗口里设了章节选项，指定了章节编号，则【章节编号】变量内容显示为当前章节的编号。

❖ 日期类变量

- 日期类变量分为【创建日期】、【修改日期】、【输出日期】几种，它们的设置方法相同。
- 例如，创建修改日期变量：插入修改日期变量后《2011年9月8日21时》，当修改文件时，则变量内容自动变为修改时的日期、时间。

❖ “最后页码”文本变量

- 基于文档：页码为文档页码时，最后页码指定文档的最后一页的页码。
- 基于章节：页码为章节页码时，指的是文档最后一页的章节页码。例如：章节页码为1章的页码为1，2，3；2章的页码为1，2，3，4。则最后页码为4。

❖ 自定义文本变量

- 在文本内容中插入【自定义文本】类型文本变量后，变量内容可以弹出文本变量对话框，可编辑定义好的自定义文本变量。
- 如果一本书中有些固定的文字串，经常有变动，可以把文字串定义成【自定义文本】变量，如果这些字串内容改动了，则整本书可以自动更新。

❖ "段落文本"类型变量

- 指定的段落样式的文本内容作为文本变量。
- 如果指定的段落样式在当前页面中有多个，则可以选择首次出现或最后出现的那个样式的内容作为文本变量内容。

4. 【最后页码】类型文本变量（图14–83）

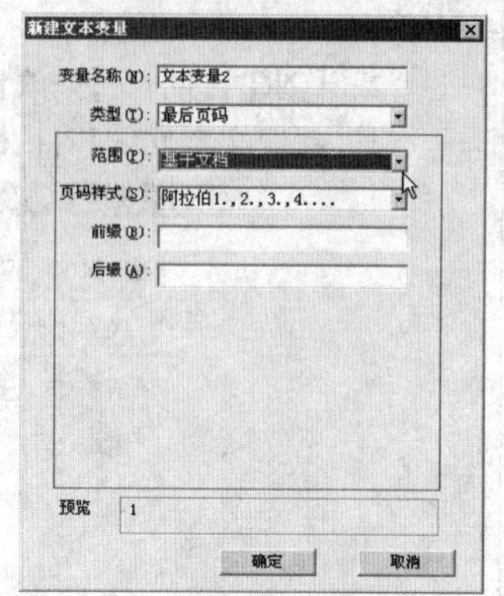

图14–83

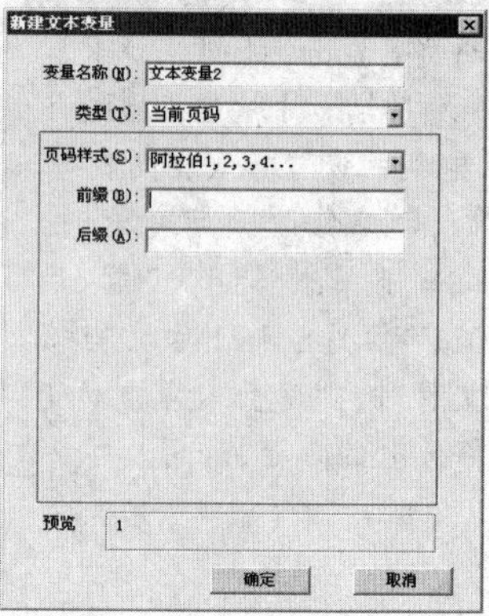

图14–84

【范围】：基于文档 基于章节

基于文档：页码为文档页码。

基于章节：页码为章节页码。

5. 【当前页码】类型文本变量（图14–84）

6. 页码转接类型文本变量

页码转接类型变量分为分两种：上接页码变量和下转页码变量。

当包含上接或下转文本变量的文字块，和续排文字块最大外包矩形重叠时，文本变量内容变为上一个续排文字块所在页的页码或下一个续排文字块所在页的页码。

如果没有和文字块重叠显示当前页的页码；如果和独立无续排关系的文字块重叠，也显示当前页码，使用时要注意。

7. 【段落文本】类型文本变量（图14–85）

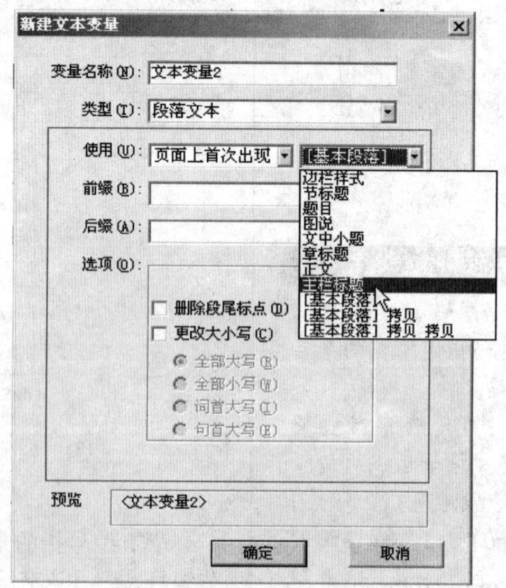

图14–85

更新变量内容的时机 页面上首次出现 / 页面上最后出现 。

使用指定段落样式的段落为要提出的段落文本。

8.新建【自定义文本】类型文本变量（图14–86）

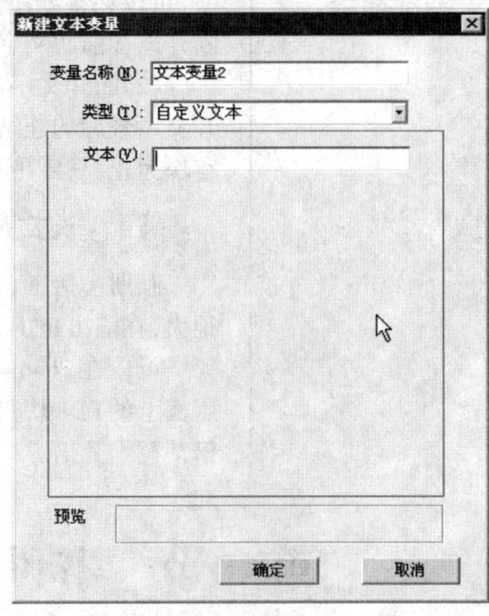

图14–86

第9节　长文档排版要点

> **❖ 长文档排版要点**
>
> 方正飞翔2011具备了一些长文档排版的功能，使得方正飞翔在书刊排版领域得到进一步的应用。因为交互式排版软件与书版软件的不同，方正飞翔在处理长文档版面时，也有一些注意事项是与书版不同的。

一、注意长文档排版文件操作的规范性　★★

长文档的操作中，因为每一次的改版都可能是工作量很大的，因此每个文档的规范性就非常重要。

(1)页面尺寸、版心大小、边空、出血尺寸等要有统一的规定，可以先把文件另存为模板文件，从模板文件生成每个排版文件。

(2)可以在版面设置的各个参数设置好后，存为版面设置参数模板，以后新建文件时，选择指定的版面设置参数模板。

(3)预先定义好段落样式、文字样式、标点类型、空格宽度等。

能设为全局参数的，设为全局参数。

(4)字体命令、重复操作、目录和索引的制作都要事先考虑好。

(5)复杂的美工标题排版，要考虑好是否参与提取目录与索引。

二、重视长文档排版的文件安全性　★★

如果要进行大容量的文字内容操作，有可能不支持撤销及重做操作，建议凡此类操作前，要先保存一下文件，这样，如果不适合，可以再次打开文件，恢复原来的版面。

长文档操作中，安全性是很重要的，养成随时存盘的好习惯。

三、提高拆分长文档章节的效率 ★★

(1)一个文章很长,排版时排版刷新就会很慢,为提高软件处理效率,可以在某些章节处,使用分页符分隔符,将文字在章节处分开,然后断开连接前后文字块连接。使各章节成为不连续的文字块。

(2)断开文字块连接关系时,要从文章后面向前操作,每次都要先断开文章最后的连续块续排关系,断开后,依此类推,一直向前断开到文章首块为止,只要是和分页类的操作,都要这样做。

四、长文档排版的图像处理 ★

画册类版面,往往会使用一些质量很高的图片,图片的大小往往也很大,在输出PDF时,会大大影响输出效率,要等待很长时间。

可以在Photoshop中另存为可编辑的PDF文件,这样,方正飞翔会把版面上的PDF块直接写入到要输出的PDF的文件中,输出效率会提高几倍甚至十几倍。

第10节　书刊排版进阶实例练习

❖ 主页共享要点

共享主页是利用文件合并的功能来实现的。

一、共享主页

(1)几个文件中要共享主页的,主页做好以后,页面上不排任何内容,存为一个单独的文件,举例起名为"共享主页"的文档。

(2)用文件合并的方法把共享主页的文件连到当前文件的后面。【文件合并】对话框如图14-87所示。

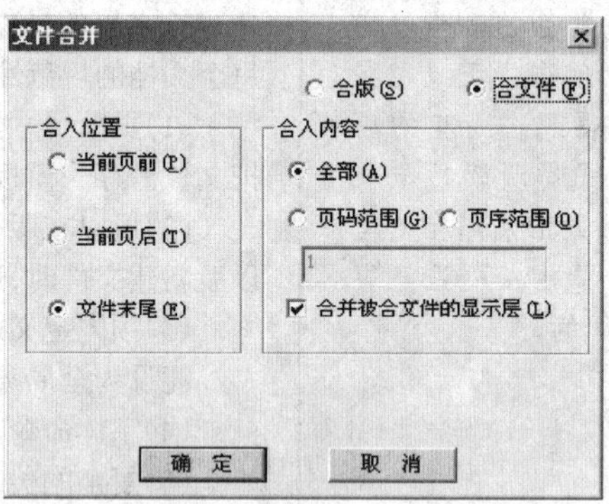

图14-87

点【确定】按钮后,出现提示对话框,如图14-88所示。

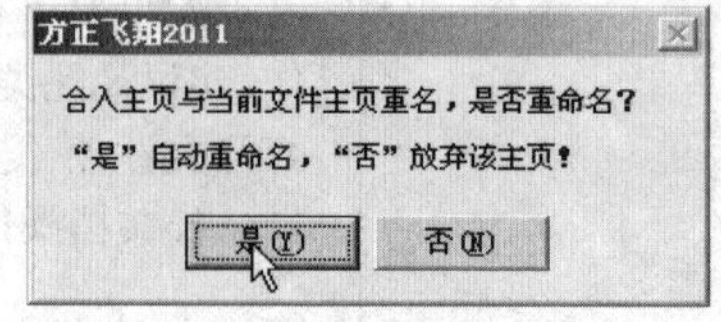

图14-88

选【是】,这时,共享主页就出现在文件的主页窗口中了,如图14-89所示。

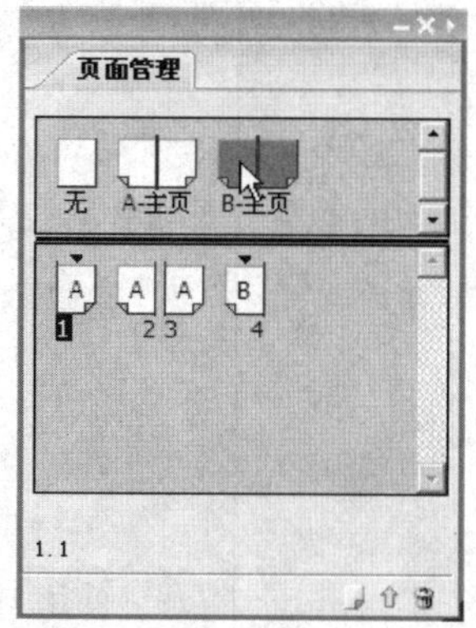

图14-89

> **❖ 样式文件共享要点**
> 文字样式和段落样式都可以导入和导出,实现共享。

二、共享样式文件

在段落样式浮动窗口中,点击窗口菜单项【导出样式】,弹出【另存为】对话框,如图14-90所示。

图14-90

给要存的样式文件起个名,保存好。

在其他要共享样式的文件中,在导入样式的时候,把共享样式导进来。

三、合并文件中的样式

多个文档要合并为一个,最好先让每个文档统一版式,统一样式名,然后再导入。

这样合并文件完成后,在样式窗口中,相同名称的样式不会重复导入,否则,可能导致样式窗口中出现很多样式名称。

四、用文本变量做可变书眉练习 ★★★★

(1)杂志的栏目如果是有规律出现的,则可以把它定义成文本变量的书眉。在过去用方正飞翔2009排版时,需要定义十几个主页来实现,使用文本变量则只需要一个主页就可以了。

(2)这里以一本实际的杂志介绍可变书眉的制作方法,页面版式如

图14-91所示。

图14-91

使用与不使用文本变量的主页变化，如图14-92所示。

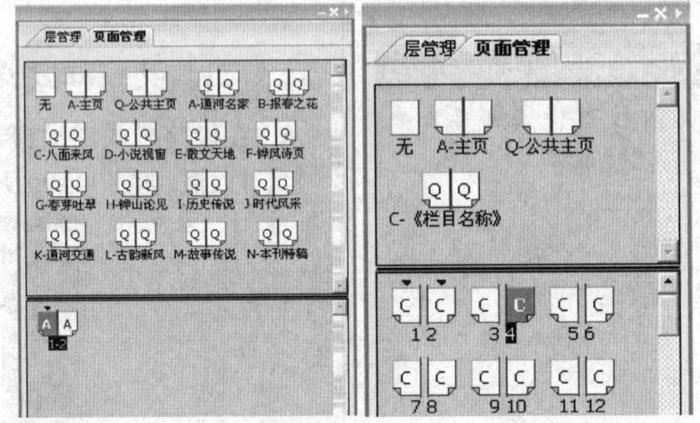

（a）老方法用多主页制作栏目名称　（b）用文本变量做栏目名称

图14-92

使用文本变量更简单，只使用了一个主页就做到了。

（3）首先定义一个段落样式：【栏目名称】。

在主页放置【栏目名称】文字的地方，画一个文字块。

把文字光标放在文字块里，选择菜单【文字】→【文本变量】→【插入变量】，弹出【新建文本变量】对话框，如图14-93所示。

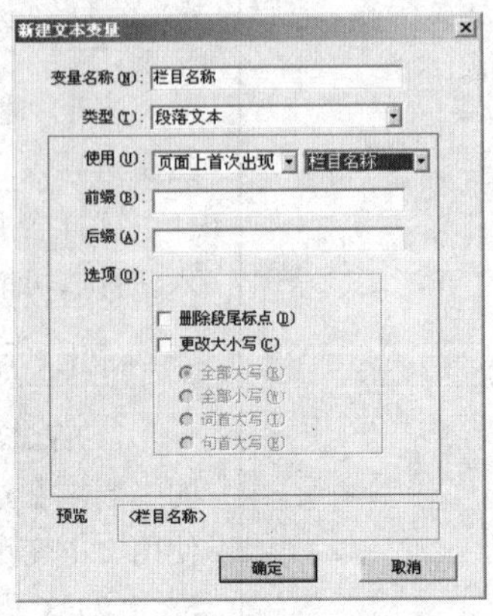

图14-93

❖ 用文本变量做书眉

如果想用某篇文章的标题文字做书眉，但这个标题是一个图片或盒子等制作而成的，并没有文字内容，此种情况，可以新建一个文字块，在文字块录入文章的标题文字内容，并应用一个段落样式。文字块的位置在本篇文章开始处，并且文字块要单独放在一个设置了不输出属性的图层上。

❖ 学习要点

- 使用文本变量做书眉，在一些版面中可以替换多个主页做书眉。
- 这本杂志页面上是没有栏目名称文字的，所以要单独制作【栏目名称】的文字块，以供文本变量抽取文字内容使用，【栏目名称】文字块要单独建立一个图层，图层输出属性为不输出。

(4)新建一个【栏目名称】的文本变量，类型为【段落文本】，使用段落样式【栏目名称】，这样，文本变量的文字内容就会变为页面应用了【栏目名称】样式的文字。

文本变量建立好后，就可以插入到版面上，如图14–94所示。

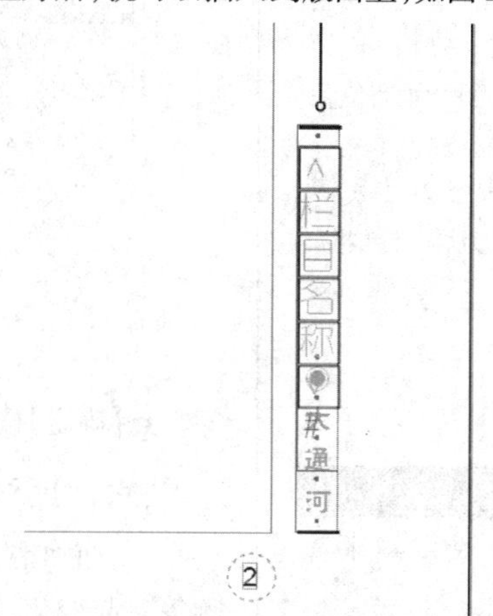

图14–94

(5)回到页面上，新建一个名称为【栏目名称】的图层，输出属性设置为不输出，在每个栏目开始的页面上，在【栏目名称】图层上画文字块，文字块内容为栏目名称，文字内容应用【栏目名称】段落样式。

❖ 学习要点

主页分离后，主页上就不显示这个对象了，要想恢复，就要再执行一次主页。

五、主页对象分离的恢复练习

如果当前页面不需要主页的某些对象或者要编辑这些对象，可以用主页对象分离操作，分离出主页对象后再进行删除或编辑操作，版面如图14–95所示。

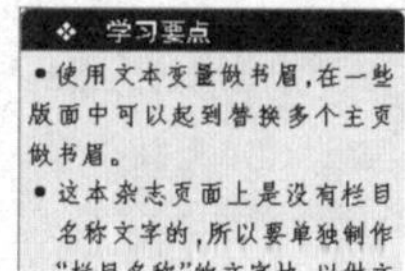

● 用文本变量做可变书眉练习

•杂志的栏目如果是有规律出现的，则可以把它定义成文本变量的书眉。在过去用飞翔2009排版时，需要定义十几个主页来实现，使用文本变量则只需要一个主页就可以了。

•这里以一本实际的杂志介绍可变书眉的制作方法

图14–95

按下"Ctrl+Shift"键的同时，使用鼠标左键点一下栏线，此线被分离，如图14–96所示。

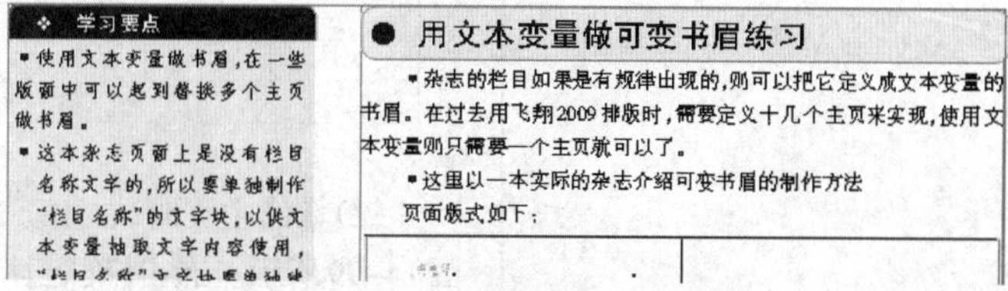

图14–96

在主页上右键菜单【应用主页到页面】，弹出【应用主页】对话框，如图14–97所示。

❖ 文本变量注意事项

- 文本变量不能放到锚定对象中。
- 如果文本变量没有变化。请检查文本变量中使用的段落样式名称,是否为版面上使用的段落样式名称。
版面布局风格是否为传统风格,如果是,请改为体验风格。

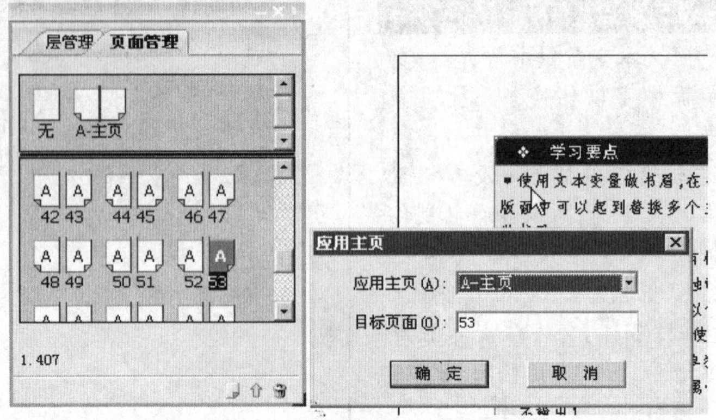

图14-97

点【确定】按钮后,主页上就又恢复栏线的显示了。

❖ 学习要点

- 掌握主页设置里的基础主页概念。
- 根据常见期刊分析哪些主页设置是要使用主页继承的方法来制作主页的?哪些不用?一般来讲,全书不变的内容放基础主页上,章节可变的,放每一个单独的主页上。
这样,将来如果主页内容要改版式,则可只更改基础主页就可以了。

六、期刊版式中基础主页的使用 ★★★★★

(1)期刊杂志经常有这样的版式,页面页码等一起变化,篇眉栏目名称等一起变化。这就需要制作两类主页,一页做基础主页,上面放页码等。另一类主页,从基础主页上继承而来,上面放篇眉栏目等。

如图14-98所示的版式中,左上角的眉和两个主页上的页码都是放在基础主页名称为【公共主页】上的,栏目名称等是单独一个主页,它的基础主页为【公共主页】,这样,页码等版式变化时,不用每个主页都去改动,只改基础主页就可以了。

图14-98

(2)新建主页时,在主页选项上的基础主页,选择【Q-公共主页】,如图14-99所示。点击【确定】按钮,完成新主页制作。

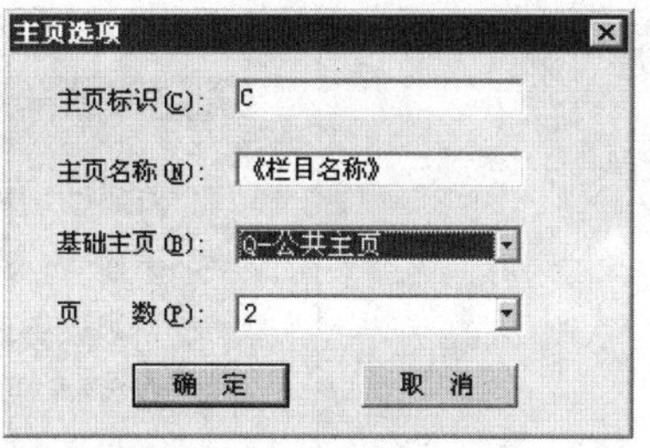

图 14-99

❖ 学习要点

- 学习用文字块做锚定对象。
- 目录或索引等需要提取文字内容的操作，如果所要提取的文字是图形盒子，则都可以用这里的方法间接实现。

七、图形文字抽取索引练习 ★★★

如果一些文字是图形盒了制作的，因为不是文字，所以没有文字内容，也就无法无法提取索引。用以下的方法解决。

首先建立一个文字块，文字块里是图形盒子所代表的文字内容，把这个块用锚定对象 ⚓ 放在图形文字所在的位置。

把锚定对象的大部分放页面外面，文字只有少数空白文字块边框放页面内，如图 14-100所示。

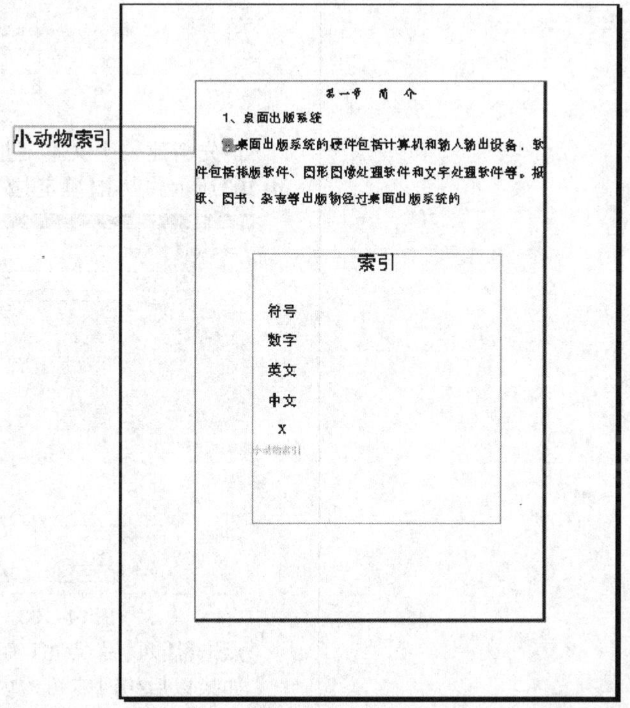

图 14-100

这样，索引文字块可以随图形文字在文字中流动，同时也可以准确提出索引内容。

选择菜单【版面】→【索引】→【生成索引】，弹出【索引生成】对话框，如图14–101所示。

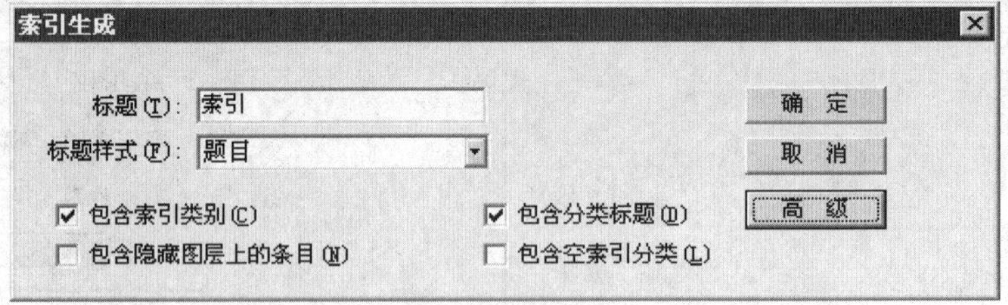

图14–101

点击【确定】按钮,生成索引。

❖ 学习要点

学习文本变量中的自定义文本的使用。

八、文章可变短语练习

文档内某些固定词语可能是随文章的版本而变化的,这种版式可以使用【自定义文本】变量解决,常用于反复出版,部分词语略有变化的刊物中。

如下面"**方正飞翔2009**"为一个【自定义文本】变量,如图14–102所示。

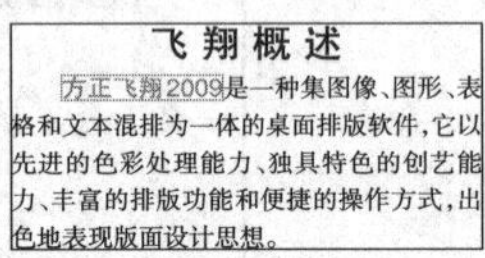

图14–102

首先新建一个文本变量,具体设置见下面对话框各项设置,如图14–103所示。点击【确定】按钮,生成【飞翔短语】,如图14–104所示。

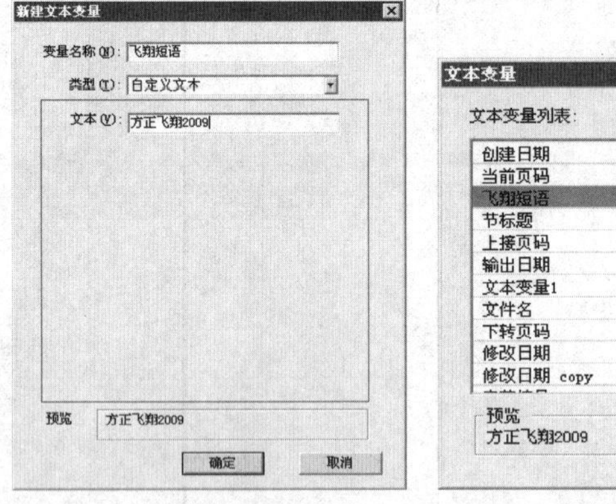

图14–103　　图14–104

点击【插入】后,点击【确定】按钮,完成变量插入。

如果以后想改变短语内容,只需要编辑"飞翔短语"的自定义文本内容。

❖ 学习要点

主页上加第1个页码，页码序号增减设为0。

九、一个页面上同时排单双页页码练习 ★

选中一个主页，如图14–105所示。

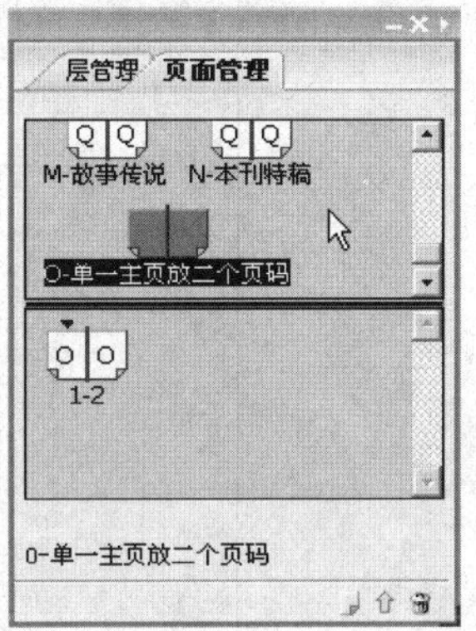

图14–105

在弹出的右键菜单【添加页码】，弹出【页码】对话框，把页码序号增减设为0，如图14–106所示。

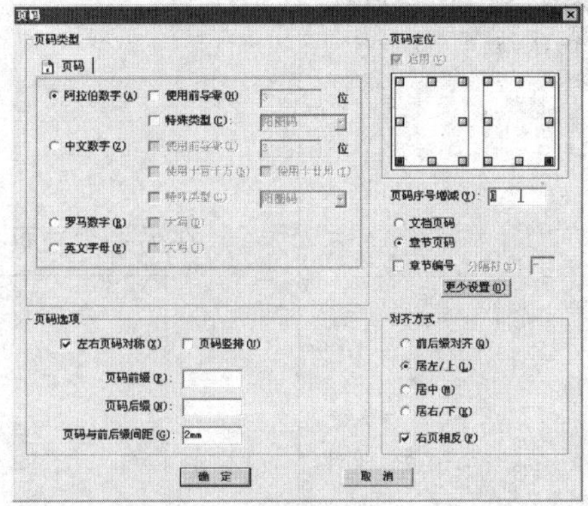

图14–106

效果如图14–107所示。

图14–107

加入一个页码后，再次加一个页码，页码序号增减设为1，如图

14-108所示。

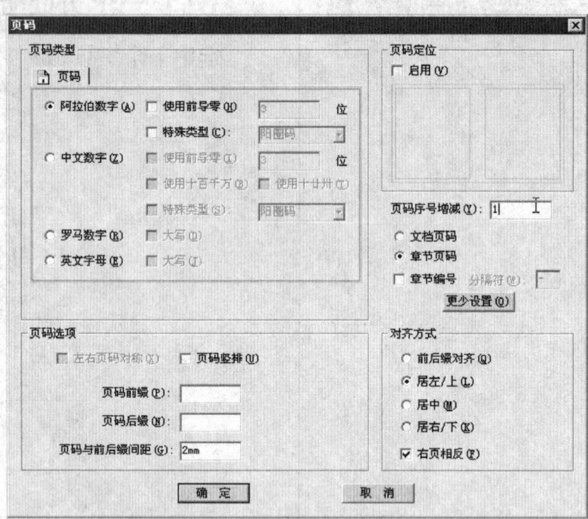

图14-108

加入的页码，调整位置后如图14-109所示。

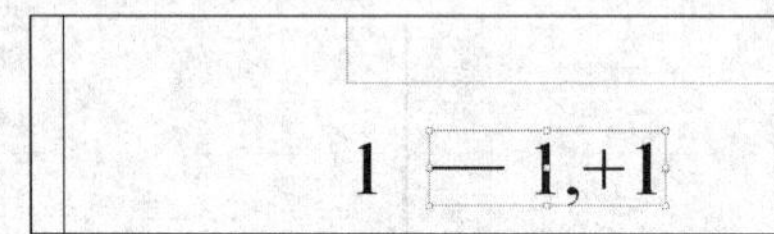

图14-109

在另一个主页上，删除所有页码后，如图14-110所示。

图14-110

❖ 学习要点

主页上加第二个页码，页码序号增减设为1。

附录一　方正书版插件

方正飞翔中书版插件使用书版注解命令进行排版，由于书版插件直接使用的是书版的排版引擎，因此它能够兼容几乎所有的书版注解，排版结果与方正书版完全一致，书版强大规范的排版功能对方正飞翔是一个强有力的补充。

第1节　书版插件基本操作

一、安装

（1）双击书版插件安装文件Setup.exe，按照提示向导完成安装。

（2）重新启动方正排版软件，在菜单栏显示【插件】→【书版插件】，工具箱显示BD工具。

二、使用BD注解排版

书版插件提供了4种排BD注解的方式，具体如下。

（1）BD编辑器。BD编辑器是一个独立窗口，可以录入BD注解或者打开FBD小样编辑，并能将排版结果时时更新到版面上。

（2）文字块转BD块后，支持BD注解的录入与编辑。

（3）灌入FBD小样。直接把FBD小样灌入到版面上，灌入的FBD小样以S2人样结果直接排入版面，排入的内容按版心排版并能自动分页。

（4）书版插件单独提供了一个BD工具，安装在工具箱尾部，点击BD工具即可在版面上画BD块。

三、BD编辑器

在BD编辑器里录入BD注解，如同书版的小样编辑器，可以录入任何一个BD注解。

（1）启动BD编辑器，录入BD注解和文稿后，在版面排入BD块，BD块转大样块后，版面上就会显示出排版结果。

（2）在BD编辑器中录入BD注解，或者在右键菜单里选择【打开小样文件】，选择一个FBD小样文件导入。光标定位在BD编辑器里，点击右键菜单还可以实现复制粘贴、查找替换、定位、开启动态键盘等常用的编辑功能，在右键菜单里还提供了恢复和重做的操作，BD编辑器如图1

❖ 书版插件特点

- 可以灌入书版FBD小样，对于长文档可以自动分页。
- 书版插件提供BD编辑器，如同书版的小样编辑窗口一样，在BD编辑器里可以录入任何BD注解，切换到版面即可形成BD块。
- 版面中的任何一个文字块都可以在文字块里录入BD注解后，通过书版插件实现文字块和BD块相互转换，即可生成大样。
- 可以生成标准的公式，具有和书版排版结果一样的规范性。

❖ 符号显示

在BD编辑器中输入的特殊符号，如果在主版本中没有对应的字体，可能无法在版面上正常显示，但是转大样后可以正常显示。

所示。

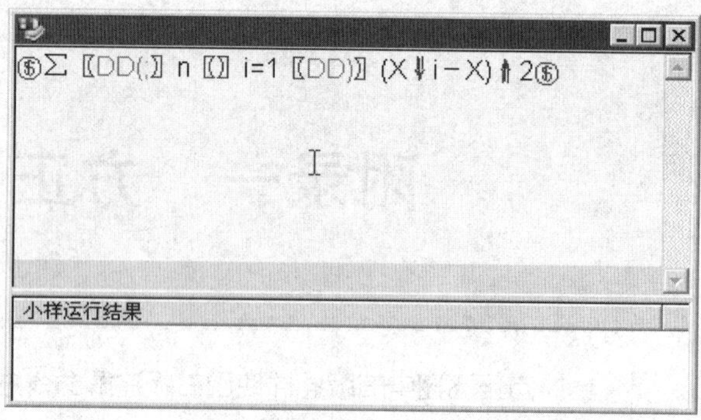

图1

(3)按“Shift+F5”键开始排版，排版结束后，将鼠标移动到方正排版软件版面上，光标变为BD，点击版面即可生成BD块；如果录入的BD注解有错误，按“Shift+F5”键后，将会弹出提示，并将错误显示在下面的【小样运行结果】窗口，可以在BD编辑器中反复编辑，直到没有错误为止。

(4)选中BD块，右键菜单里选择【BD块转大样(Shift+F5)】，即可生成大样。如果大样块右下方有红色小方块■，则表示该块有续排内容，需要拖动块到足够大小，以容纳所有内容，如图2所示。

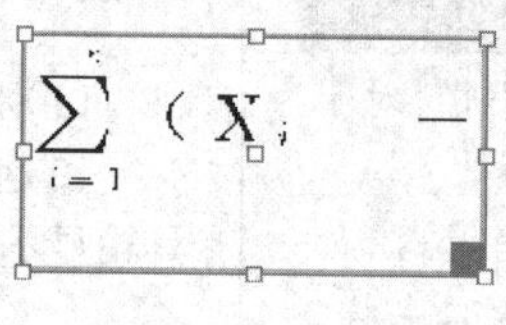

图2

(5)在BD编辑器中修改注解。在排版的过程中，BD编辑器一直打开着，用户可以随时在窗口里修改注解，完成修改后，按“Shift+F5”即可改变大样结果。

关闭BD编辑器后，选中大样，重新启动BD编辑器(Ctrl+F6)，可以再次修改注解。

四、文字块转BD块

方正飞翔的普通文字块可以转成BD块，在里面直接编辑注解，BD块可以转成大样块，显示排版结果，可以直接调出BD编辑器，在编辑器中反复调试注解命令和排版。

大样块还可以转成EPS块排在版面上，可以选中大样块，在右键菜单里选择【大样转EPS】即可。

五、灌入FBD小样

方正排版软件可以直接灌入BD小样，以透明S2大样排到版面中。特别是灌入多页的FBD小样时，可以自动分页，并且可以识读书眉、索引、目录、书眉、页码、词条、边文、边注、注文等注解，对于多页的长文档文件，都会自动以透明S2大样按页排到版面中，直至排完。

❖ 书版插件快捷键

- 启动BD编辑器(Ctrl+F6)。
- 按“Shift+F5”键可以在BD块、大样、BD编辑器之间来回切换。

❖ BD块与盒子

在方正排版软件的文字块里插入T光标，然后启动BD编辑器，则最后生成的BD块作为一个盒子插入到文字块里，如果需要修改注解，可以使用穿透工具选中盒子，选择菜单【书版插件】→【启动BD编辑器(Ctrl+F6)】，修改即可。

❖ BD块的字号

- BD块转大样时，大样默认使用版心字的大小，单击右键菜单中的【块信息】，弹出块信息对话框，改变字号的大小，在BD转大样时，大样字号会是改变后的版心字。
- 字号改变后，对使用BD注解规定字号的字不起作用。

❖ BD块与大样块转换

- 可以选中多个文字块转BD块，同样，也可以选中多个BD块转大样块。
- 选中部分文字，然后在菜单里选择【选中文字转大样】，或者使用快捷键“Shift+F5”，可以将选中文字转成大样。

选择【书版插件】→【灌入BD小样】,选择导入的FBD小样,点击【确定】按钮,点击到版面上,即可排入版面。

第2节　书版插件高级应用

一、书版插件选项

书版插件选项提供选择书版大样类型、转义字符处理等参数设置。选择【书版插件】→【书版插件选项】,弹出【书版插件选项】对话框,如图3所示。

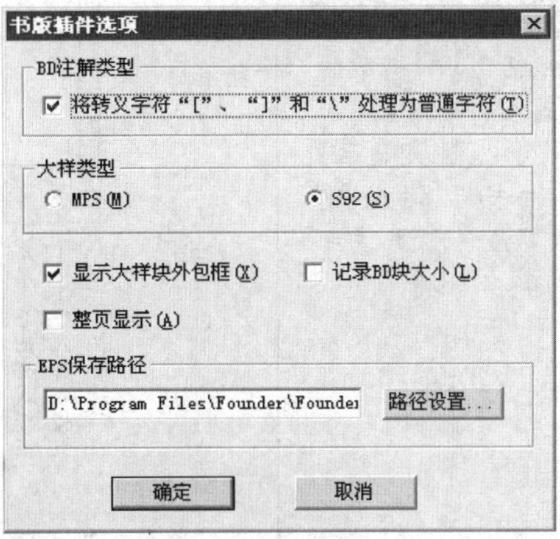

图3

将转义字符"["、"]"和"\"处理为普通字符。当小样中出现"["、"]"和"\"字符时,默认作为注解使用,选中此项,则将此类字符作为普通字符处理。

大样类型:选择生成的大样为MPS类型或者S92类型。

显示大样外包框:版面中的大样块是否显示外包框。

记录BD块大小:不选中此项,则生成BD块时自动缩小外框尺寸,以适应文字排版区域;选中此项,则维持原尺寸。

整页显示:没有选中此项,则无法正确支持居中、边文注解。

EPS保存路径:当执行大样转EPS的操作后,生成的EPS将收集在指定的目录下面。点击【路径设置】,可以修改保存路径。

二、BD素材库

书版插件提供了BD素材库,内置大量公式模板,可以将需要的公式模板排入版面,使用BD注解修改公式,这是一种更为直观的公式排版方式。

打开【公式模板】浮动窗口。选择菜单【书版插件】→【BD素材库】,打开【公式模板】浮动窗口,准备开始操作,如图4所示。

❖ BD块盒子与正文距离

文字中插入的BD块类型盒子,插入的公式后端留有一个空格,整体效果上与前后混排文字的距离不相等。用户可以使用T工具插入到公式前面,敲一个空格,使公式处于前后混排文字的中间。

❖ 大样块字体不对

有时在BD注解里设置的字体,转为大样后字体发生改变了。就要检查一下操作系统中是否安装了此款字体。安装BD注解设置的字体后,大样中的字体就可以正常显示了。

❖ 转黑白版说明

书版插件生成的大样块的显示，是由书版插件控制的，不受方正排版软件【转黑白版】命令的控制。

❖ 整页显示

选择菜单【书版插件】→【书版插件选项】命令，在【书版插件选项】对话框里选中【整页显示】后，支持录入的书眉、词条、边文、边注、注文等注解，大样块可以显示这些内容。

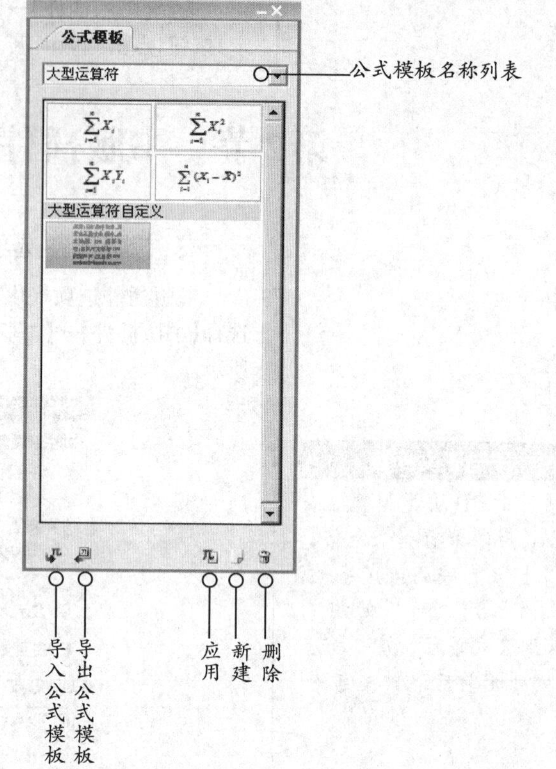

图4

将公式拖入版面，或者选择文字工具，并点击到文字块里需要插入公式的位置，双击公式即可将公式插入光标所在点。

1. 自定义公式模板

(1)新建模板：选中一个已有的公式，点击“公式模板”窗口右下角的新建按钮，即可在窗口中出现新建的模板。

(2)删除模板：在【公式模板】窗口中选择一个自定义的模板，点击右下角的删除按钮，即可删除自定义的模板。

2. 应用模板

方法1：在BD素材库里选中一个公式，拖拽到版面任意位置，即可形成一个公式大样。

方法2：将T光标插入文字中，选中公式，点击应用按钮，可将公式注解插入文字中。

方法3：版面上画一个BD块，选中BD素材库里的公式，点击应用按钮，则此公式以BD注解形式排入BD块。

3. 导入、导出公式模板

自定义的公式可以导出为*.mmd格式或者*.fbd格式的模板文件，从而供不同的机器使用。点击公式模板左下角的导入、导出数学公式模板按钮，即可完成导入、导出的操作。

附录二　正则表达式查找

方正飞翔排版软件提供了正则表达式查找功能，正则表达式在一些规范的文字处理上有很高的效率，可以进行一些自动化排版处理。该附录由浅入深地介绍了正则表达式查找的功能，一些常用的正则表达式可以直接应用在实际生产中。（注意：本部分内容只适用于方正飞翔2011–803版本！）

第1节　正则表达式入门

❖ 方正飞翔的正则表达式

用正则表达式查找操作，结合字体、字号、颜色、样式的替换，可以在一定程度上实现自动化排版。

❖ 语法说明：空白类字符

空白类字符包括空格、制表符、换页符等。

- 匹配任何空白字符　\s
- 匹配连续的空白字符　\s+
- 匹配任何非空白字符　\S
- 匹配连续的非空白字符　\S+

一、查找字符串

在排版软件中使用正则表达式，可以通过查找符合特定排版特征的文字串，来判断是否是标题文字或为选中正文中特定字符串等，灵活使用正则表达式查找操作，结合字体、字号、颜色和样式的替换，可以在一定程度上实现自动化排版。

二、查找字符

- **查找制表符（Tab键）**

正则表达式	范例文字	查找结果
^t	制表符(Tab)：“→”	制表符(Tab)：“→”

- **查找换段符(0x0d)“↙”**

正则表达式	范例文字	查找结果
\r	换段符的查找↙ 换段符的查找	换段符的查找↙ 换段符的查找

- **查找换行符**

正则表达式	范例文字	查找结果
\n	换段符的查找↙ 换段符的查找	换段符的查找↙ 换段符的查找

❖ 语法说明：匹配数字

- 指0到9之间的数字，不包括全角数字。
- 匹配一个数字字符 \d
- 匹配连续的数字字符 \d+
- 匹配一个非数字字符 \D
- 匹配连续非数字字符 \D+

❖ 正则表达式限定符说明

- “*”、“+”、“?”、“{n}”、“{n,}”、“{n,m}” 均为限定符。
- 限定符用来指定正则表达式的一个给定组件必须要出现多少次才能满足匹配。有*、+、?、{n}、{n,}和{n,m}共6种。

- **查找任何一个字符：不包括换行符**

正则表达式	范例文字	查找结果
.	换段符的查找↙ 换段符的查找	换段符的查找↙ 换段符的查找

- **查找一个数字字符：每次选中一个字符**

正则表达式	范例文字	查找结果
\d	数字字符12的查找	数字字符12的查找

- **查找空白符（空格符、回车符、换行符、制表符、换页符）**

正则表达式	范例文字	查找结果
\s	空白字符　的查找	空白字符　的查找

- **查找一个单词字符**

正则表达式	范例文字	查找结果
\w	数字字符12的查找	数字字符12的查找

三、查找字符进阶

正则表达式部分元字符（“?”、“+”、“*”属于正则表达式限定符）。

- **正则表达式部分元字符的区别**

正则表达式	范例文字	查找结果
第\d?章	第1章　正则查找 第12章　正则查找 第章　正则查找	第1章　正则查找 第12章　正则查找 第章　正则查找
第\d*章	第1章　正则查找 第12章　正则查找 第章　正则查找	第1章　正则查找 第12章　正则查找 第章　正则查找
第\d+章	第1章　正则查找 第12章　正则查找 第章　正则查找	第1章　正则查找 第12章　正则查找 第章　正则查找

- **查找一串数字字符：每次选中一串字符**

正则表达式	范例文字	查找结果
\d+	数字字符12的查找	数字字符12的查找

- **查找空白符串**

正则表达式	范例文字	查找结果
\s+	空白字符　　的查找	空白字符　　的查找

- **查找一串单词字符**

正则表达式	范例文字	查找结果
\w+	数字字符12的查找	数字字符12的查找

❖ 语法说明：匹配单词

- 匹配包括下划线的任何单词字符。等价于“A–Z”、“a–z”、“0–9”、“_”。
- 匹配1个单词 \w
- 匹配连续的单词 \w+
- 匹配任何非单词字符 \W
- 匹配连续的非单词字符 \W+

❖ 方正飞翔定位符说明

- 字符串的开始 ^
- 文章的结束 $
- 段落的结束 \r
- 描述单词的前或后边界 \b
- 非单词边界 \B

- **查找一个字符或另一个字符，匹配方括号内的任意字符**

正则表达式	范例文字	查找结果
x|y	一个字符x或另一个字符y	一个字符x或另一个字符y
(Ctrl)|(Alt)	按下【Ctrl】键或按下【Alt】键执行。	按下【Ctrl】键或按下【Alt】键执行。

- **查找字符集合内的字符，匹配方括号内指定范围的任意字符**

正则表达式	范例文字	查找结果
[abc]	字符a集b合c的查找	字符a集b合c的查找

- **查找不在字符集合内的字符，匹配不在方括号内指定范围的任意字符**

正则表达式	范例文字	查找结果
[^abc]	字符a集合b的c查找	字符a集合b的c查找

- **查找指定范围内的任意字符**

正则表达式	范例文字	查找结果
[a–z]	可以匹配“a”到“z”范围内的“h”任意小写字母字符。	可以匹配“a”到“z”范围内的“h”任意小写字母字符。

- **查找不在指定范围内的任意字符**

正则表达式	范例文字	查找结果
[^a–z]	可以匹配不在“a”到“z”范围内的“h”任意小写字母字符。	可以匹配不在“a”到“z”范围内的“h”任意小写字母字符。

第2节　正则表达式高级应用

一、查找次数操作(正则表达式限定符)

- **指定匹配次数**

正则表达式	范例文字	查找结果
o{2}	fod，food	fod，food

- **指定至少匹配次数**

正则表达式	范例文字	查找结果
o{0，}	fod，food	fod，food
o{1，}	fod，food	fod，food
o{2，}	fod，food	fod，food

❖ 语法说明：空白字符

- 匹配一个换页符 \f
  等价于\x0c和\cL
- 匹配一个换行符 \n
  等价于\x0a和\cJ
- 匹配一个回车符 \r
  等价于\x0d和\cM
- 匹配一个制表符 \t
  等价于\x09和\cI
- 匹配一个垂直制表符 \v
  等价于\x0b和\cK

❖ 正则表达式定位符说明

用来描述字符串或单词的边界，不能对定位符使用限定符。

- 字符串的开始 ^
- 字符串的结束 $
- 描述单词的前或后边界 \b
- 非单词边界 \B

- **在指定的次数范围内匹配**

正则表达式	范例文字	查找结果
o{0，1}	fod，food，fooood	fod，food，fooood
o{1，2}	fod，food，fooood	fod，food，fooood
o{2，3}	fod，food，fooood	fod，food，fooood

二、位置查找（正则表达式定位符）

- **选中段首开始文字**

正则表达式	范例文字	查找结果
^文字	文字内容查找↙ 利用正则表达式在文字中进行查找操作，能大大提高工作效率。	文字内容查找↙ 利用正则表达式在文字中进行查找操作，能大大提高工作效率。

- **选中一个段落文字**

正则表达式	范例文字	查找结果
^.+[^\r]	换段符的查找↙ 换段符的查找	换段符的查找↙ 换段符的查找

三、标题类型文字查找 ★★★

- **章节标题查找**

正则表达式	范例文字	查找结果
^(第\d+节)(.+)[^\r\n]	第1节 正则表达式的概述	第1节 正则表达式的概述
^(第\d+章)(.+)[^\r\n]	第1章 正则表达式的概述	第1章 正则表达式的概述
^(第[一二三四五六七八九十百千零]+章)(.+)[^\r\n]	第十一章 正则表达式的概述	第十一章 正则表达式的概述

- **正文小题查找**

正则表达式	范例文字	查找结果
^(第[一二三四五六七八九十百千零]+条)	第十条 国家保护承包方依法、自愿、有偿地进行土地承包经营权流转。	第十条 国家保护承包方依法、自愿、有偿地进行土地承包经营权流转。
^(\d+\.)([^。]+)。	3.定植。无霜期已过，即可定植。 4.田间管理。茄子地土壤要保持经常湿润。	3.定植。无霜期已过，即可定植。 4.田间管理。茄子地土壤要保持经常湿润。